Friedhelm Kuypers

# Physik für Ingenieure

## Band 1: Mechanik und Thermodynamik



VCH

**Physik für Ingenieure**

F. Kuypers (Hrsg.)
Band 2: Elektrik, Wellenlehre, Optik, Atom- und Kernphysik

Friedhelm Kuypers

# Physik für Ingenieure

## Band 1:
## Mechanik und Thermodynamik

Mit 106 Beispielen und 132 Aufgaben
mit ausführlichen Lösungen

VCH

Weinheim · New York · Basel
Cambridge · Tokyo

Herausgeber des Gesamtwerks und Autor des 1. Bands:
Prof. Dr. Friedhelm Kuypers
Fachhochschule
Prüfeninger Straße 58
D-93049 Regensburg

Das vorliegende Werk wurde sorgfältig erarbeitet. Dennoch übernehmen Autor und Verlag für die Richtigkeit von Angaben, Hinweisen und Ratschlägen sowie für eventuelle Druckfehler keine Haftung.

1. Auflage 1996

Lektorat: Roland Wengenmayr
Herstellerische Betreuung: Dipl.-Wirt.-Ing. (FH) Hans-Jochen Schmitt

Bild auf dem Umschlag: Siehe Aufgabe (4–9).

Die Deutsche Bibliothek – CIP-Einheitsaufnahme
**Kuypers, Friedhelm:**
Physik für Ingenieure / Friedhelm Kuypers. – Weinheim ; New York ; Basel ; Cambridge ; Tokyo : VCH

Bd. 1 Mechanik und Thermodynamik : mit 106 Beispielen und 132 Aufgaben mit ausführlichen Lösungen. – 1996
ISBN 3-527-29361-2



Gedruckt auf säurefreiem und chlorfrei gebleichtem Papier.


Druck: Druckhaus Diesbach, D-69469 Weinheim
Bindung: Großbuchbinderei W. Osswald, D-67433 Neustadt/Wstr.
Printed in the Federal Republic of Germany

# Vorwort

Dieses Buch ist der erste Band eines zweibändigen Werkes der Physik und beschäftigt sich mit Mechanik und Thermodynamik. Der zweite Band beinhaltet die Elektrik, Wellenlehre, Optik, Atom- und Kernphysik. Es wurde in erster Linie für Ingenieurstudenten an Fachhochschulen, Technischen Hochschulen und Universitäten ab dem ersten Semester geschrieben. Aber auch Physiker und andere Naturwissenschaftler können dieses Buch mit Gewinn lesen. Für das Verständnis werden nur sehr elementare Grundkenntnisse der Differential- und Integralrechnung vorausgesetzt.

In den letzten Jahren sind mehrere neue Lehrbücher erschienen, die denselben Leserkreis ansprechen und die Physik auf vergleichbarem Niveau darstellen. Dieses Buch unterscheidet sich in der Zielsetzung, den inhaltlichen Schwerpunkten und vor allem im didaktischen Konzept von den anderen Büchern. Im folgenden werden die Besonderheiten aufgezählt.

- *Stoffbeschränkung:* Der Inhalt wird auf den Stoff beschränkt, den Studenten in den ersten beiden Semestern begreifen und erarbeiten können und der klausurrelevant ist. Themen, die erst in höheren Semestern zu verstehen sind oder für Ingenieure keine allzu große Bedeutung haben, entfallen; dies sind u. a. Planeten- und Kreiselbewegungen, Relativitätstheorie, Quantentheorie, Elementarteilchenphysik, Probleme mit partiellen Differentialgleichungen.

  Eine Stoffbeschränkung ist aber auch deshalb erforderlich, weil die behandelten Themen sorgfältig dargestellt, von mehreren Seiten beleuchtet und durch viele Beispiele und vollständig gelöste Aufgaben verdeutlicht werden sollen. Nur so ist das Buch auch zum Selbststudium geeignet.

  Die Physikvorlesung hat ja nicht nur die Aufgabe, möglichst viele physikalische Theorien und Gesetze zu lehren – hier macht das Buch Abstriche – und das Weltbild der Physik vorzustellen, sondern darüber hinaus auch die ganz wesentliche Aufgabe, *in physikalisches Denken einzuführen und mit physikalischen Arbeitsweisen und Methoden vertraut zu machen.* Ein Student, der an der Hochschule ein solides Grundwissen erworben hat und gelernt hat, wissenschaftlich zu arbeiten und mit Problemen effektiv umzugehen, kann auch später im Beruf erfolgreich neue Technologien lernen und sich auf neue Anforderungen einstellen. Das ist in der heutigen Zeit mit ihren schnellen technischen Änderungen und Umwälzungen wichtiger als jemals zuvor.

- *Beispiele und Aufgaben mit vollständigen Lösungen:* Zahlreiche und sorgfältig ausgewählte Beispiele sowie Aufgaben mit *ausführlichen* Lösungen – nicht nur mit Endergebnissen wie in den meisten Büchern – werden eng in den Lehrstoff eingearbeitet. Die Beispiele werden durch einen grauen Balken markiert. Bei jeder Aufgabe wird der subjektiv geschätzte Schwierigkeitsgrad – leicht, mittel, schwer – angegeben. Bei der Auswahl der Beispiele und Aufgaben waren drei Kriterien maßgebend:

  **1 :** *Die Beispiele und Aufgaben sollen die Theorie verdeutlichen und veranschaulichen, Rechenmethoden und physikalisches Denken einüben* sowie ein Gefühl für Größenordnungen in Physik und Technik geben.

  **2 :** Bekanntlich lernen Studenten am besten, wenn sie mit interessanten Aufgaben konfrontiert werden. Das sind in erster Linie *Aufgaben aus dem Alltagsleben und aus der industriellen Praxis.* Warum bildet sich beim Öffnen einer Bierflasche Nebel über der Flüssigkeit? Wie arbeitet ein Laserdrucker?

**3 :** Die meisten Beispiele und Aufgaben sind ehemalige Klausuraufgaben und daher *klausurrelevant*. Sie kommen in ähnlicher Form immer wieder an den Hochschulen und in der Literatur vor.

- *Kontrolle und Veranschaulichung:* Oft sind Klagen zu hören, daß viele Studenten Rechnungen und Ergebnisse völlig ungeprüft und kritiklos übernehmen. Jeder Student sollte sich angewöhnen, Rechnungen immer zu überprüfen. In diesem Buch werden Resultate regelmäßig getestet und zugleich veranschaulicht, indem sie auf bereits bekannte *Spezialfälle* angewendet, *Abhängigkeiten von Parametern und Anfangsbedingungen* untersucht, Zahlen eingesetzt und die Einheiten kontrolliert werden.

  Kontrollen erhöhen aber nicht nur das Vertrauen in die Richtigkeit der Rechnung, sondern geben vielfach auch ein vertieftes Verständnis.

- *Hinweise auf typische Fehler:* Fehler, die in Übungen und Klausuren immer wieder gemacht werden, Fallen und häufige Mißverständnisse werden ausdrücklich genannt. So kann der Leser nicht nur aus den eigenen Fehlern, sondern auch *aus den geschilderten, „klassischen" Fehlern anderer Studenten lernen.*

- *Behutsame, physikalische Einführung in Differential- und Integralrechnung*: Es ist eine alte Erfahrung, daß die Differential- und vor allem die Integralrechnung – selbst wenn sie in der Schule oder in der Mathematikvorlesung gut verstanden wurden – unerwartete Schwierigkeiten bereiten können, wenn sie an der Hochschule zum ersten Mal in physikalischen Gleichungen auftreten. Probleme bereiten nicht so sehr die Berechnungen der Integrale, d. h. die Integrationen, sondern vielmehr die Herkunft der Integrale und ihre Bedeutung in der Physik. Warum z. B. ist die Arbeit das Wegintegral der Kraft? Wie kommt dieses Integral zustande und was bedeutet es?

  Deshalb werden die Differential- und vor allem die Integralrechnung ausführlich an Hand von *physikalischen* Aufgaben und Fragestellungen eingeführt. Die dabei gewonnenen Erkenntnisse werden später immer wieder nützlich sein, da Integrale sehr oft auf die gleiche Art anschaulich (und wissenschaftlich exakt) eingesetzt werden und zu interpretieren sind.

  Die Ausführlichkeit der Einführung in die Differential- und Integralrechnung geht deutlich über den Rahmen vergleichbarer Lehrbücher hinaus.

- *Zusammenfassung:* Am Ende jedes Kapitels werden die wichtigsten Gleichungen, Sätze und Aussagen zusammengefaßt. Zusammenfassungen bieten eine Übersicht des behandelten Stoffes und können daher auch *vor* dem Studium eines Kapitels gelesen werden. Unter Umständen können sie auch Klarheit verschaffen, da sie den Blick auf das Wesentliche richten – ohne Nebenrechnungen, Beispiele und ohne allzu viele Erläuterungen.

Abschließend möchte ich allen danken, die zur Entstehung dieses Buches beigetragen haben. Besonders danke ich Prof. Dr. K. Heift für eine gründliche Fehlersuche in Teil „A Mechanik". Prof. Dr. P. Dato hat den größten Teil der Thermodynamik kritisch gelesen und zahlreiche Verbesserungsvorschläge gemacht. Frau M. Treindl hat mit Sorgfalt und großer Zuverlässigkeit das schwierige Manuskript mit allen Formeln geschrieben und hat bei den vielen Software-Problemen nie die Geduld verloren. Herr Th. Brückner hat mit Geschick die übersichtlichen Zeichnungen erstellt. Mein besonderer Dank gilt Herrn Wengenmayr vom VCH-Verlag für die freundliche Unterstützung, für viele hilfreiche Diskussionen über die Didaktik der Physik und über die Erwartungen der Studenten an ein Lehrbuch und für sinnvolle Vorschläge zur Gestaltung des Layouts.

Regensburg, im September 1995 Friedhelm Kuypers

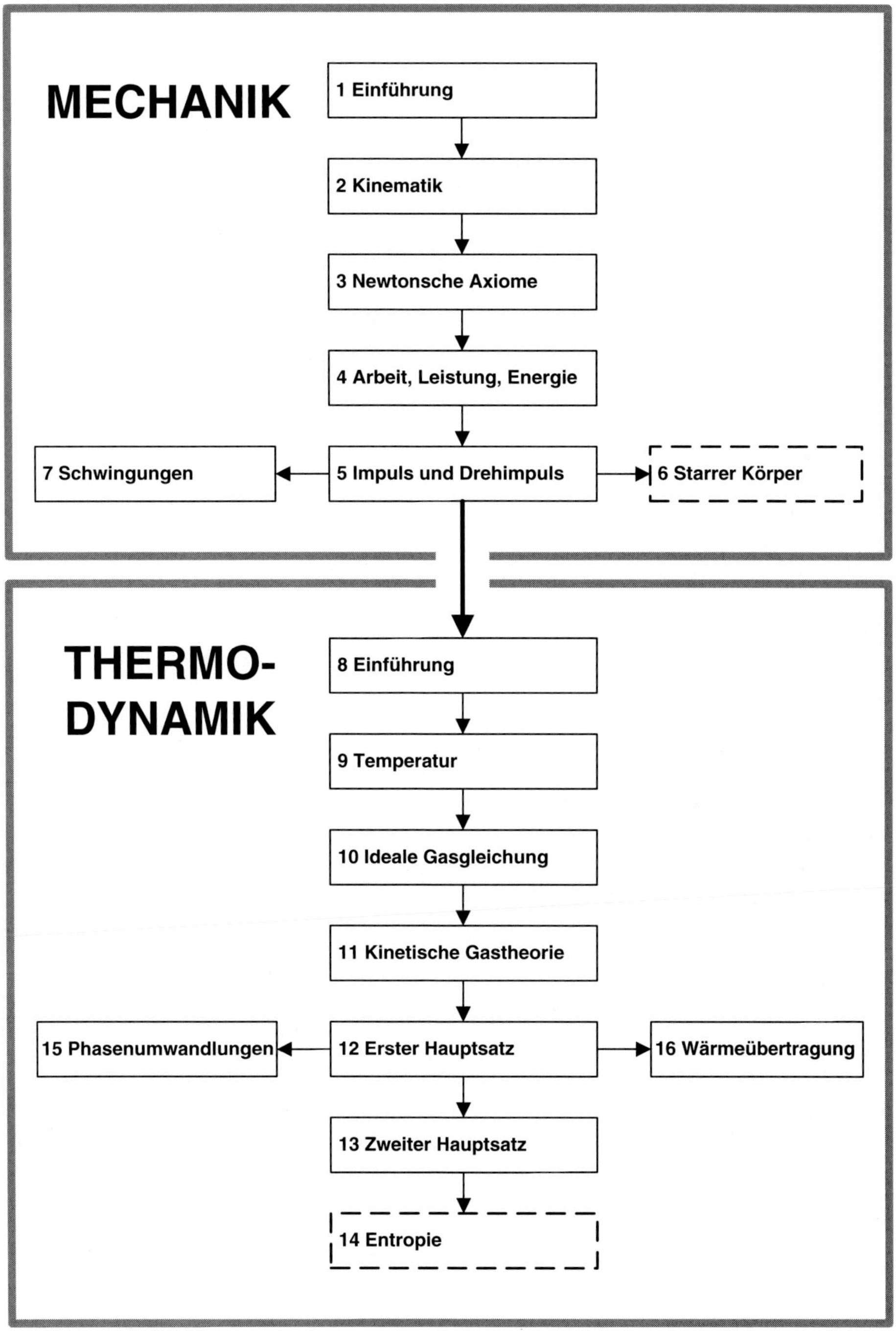


Hinweis für Leser: Das Ende eines Beweises wird durch das Zeichen ♦ markiert.

# Inhaltsverzeichnis

## A Mechanik

# B Thermodynamik

# A Mechanik

# 1 Einführung

## 1.1 Einleitung

Die Physik beschäftigt sich mit der Natur und versucht ihre Gesetze zu enträtseln. Genauer: Die Physik hat die Aufgabe, Eigenschaften und Aufbau der Materie und die Wechselwirkungen der Grundbausteine zu verstehen und daraus alle natürlichen Phänomene und Beobachtungen der unbelebten (und teilweise auch belebten) Natur abzuleiten. Die Physik ist daher die grundlegendste aller Naturwissenschaften. Sie hat starke Verbindungen zu den anderen Naturwissenschaften, zu den Ingenieurwissenschaften und zur Mathematik:

- Die Chemie ist mit der Physik verwandt, da sie sich großenteils mit der Anwendung physikalischer Gesetze auf die Bildung, Umwandlung und Untersuchung von Molekülen beschäftigt.
- Die Biologie wiederum stützt sich teilweise auf die Physik und Chemie und erklärt Vorgänge in lebenden Organismen. Die "Synergetik" ist ein wichtiger neuer Zweig der Physik und untersucht die *Selbstorganisation* von Materie und von lebenden Organismen.
- Die Ingenieurwissenschaften beruhen direkt auf den physikalischen Grundlagen. Ohne die Erkenntnisse der Physik gibt es kein Auto, kein Radio, keinen Computer.
- Die Mathematik schließlich ist *die* Wissenschaft, die der Physik direkt zuarbeitet und die ihrerseits wichtige Anregungen und Anstöße der physikalischen Forschung verdankt. Mathematik ist zwar auch ohne Physik denkbar, aber ohne Physik würde die heutige Mathematik sicherlich anders aussehen.

Die Physik stellt den anderen Wissenschaften aber nicht nur grundlegende theoretische Fundamente zur Verfügung; sie entwickelt auch Methoden und Arbeitsgeräte, die auf fast allen Gebieten der angewandten und reinen Forschung benutzt werden. Erinnert sei hier nur an die Geräte in der Medizin (Vom Röntgengerät bis zum Computertomographen) oder an die

Archäologie (Luftbildaufnahmen im nicht-sichtbaren Bereich und Altersbestimmungen mit der Radio-Carbon-Methode).

Der physikalische Fortschritt vollzieht sich durch eine *wechselseitige Befruchtung von Theorie und Experiment.* Am Anfang stehen in der Regel Beobachtungen und Messungen der Experimentalphysiker. Der theoretische Physiker schlägt daraufhin ein *Modell* vor, *das auf Axiomen (Postulaten) beruht, die nicht bewiesen, also nicht mathematisch aus anderen Gesetzen abgeleitet werden können, sondern nur von der Erfahrung ausgehen (Induktive Methode).* Wenn das Modell die bereits bekannten experimentellen Befunde richtig beschreibt, werden weitere, evtl. noch nicht bekannte Vorhersagen mathematisch aus dem Modell hergeleitet und experimentell überprüft (*Deduktive Methode*). Unter Umständen muß man das Modell dann modifizieren oder erweitern oder bestimmte Gültigkeitsgrenzen stecken; evtl. ist das Modell auch völlig zu verwerfen.

Die gegenseitige Verknüpfung von Theorie und Experiment ist für den ungeheuren Fortschritt der modernen Wissenschaft verantwortlich. Die erst zu Beginn der Neuzeit hergestellte Verbindung zwischen Theorie und Experiment verlangt die Überprüfung jeder neuen Theorie an der Wirklichkeit, am Experiment. Neben der Forderung nach der inneren Widerspruchsfreiheit und dem Wunsch, daß die Modelle und Gesetze möglichst einfach und "schön" aussehen sollen, ist die Übereinstimmung mit der Realität das entscheidende Kriterium, das über Annahme oder Ablehnung des Modells entscheidet. Diese Arbeitsweise war z. B. den alten Griechen, die sich intensiv mit den Naturgesetzen beschäftigt und viele bedeutende Gelehrte hervorgebracht haben, völlig fremd. Für sie war die Erforschung der Natur keine Wissenschaft in unserem Sinn, sondern Philosophie; ihre Gedanken und Modelle waren reine *Spekulationen*, die zwar auch widerspruchsfrei und möglichst einfach sein sollten, aber nicht an der Wirklichkeit überprüft wurden. Dies ist der Hauptgrund dafür, daß die Naturwissenschaften in der Antike und im Mittelalter nur relativ wenige Erfolge aufzuweisen hatten.

Mehr als jeder andere Wissenschaftler arbeitet der Physiker quantitativ, also mit Zahlen und Gleichungen. Man kann durchaus sagen, daß der Physiker eine Beobachtung oder eine Information erst dann richtig verstanden hat, wenn er sie in eine Gleichung gefaßt hat oder durch eine Gleichung bestätigt hat. *Die Mathematik ist die Sprache der Physik*; ohne sie sind physikalische Theorien nur sehr unvollständig zu beschreiben. Die Mathematik ist für den Physiker ein unentbehrliches Werkzeug, dessen gute Beherrschung unabdingbar ist.

## 1.2 Messung und Maßeinheit

Physikalische Erkenntnisse und Zusammenhänge werden durch *physikalische Größen* dargestellt. Darunter versteht man meßbare Eigenschaften physikalischer Objekte, Zustände oder Vorgänge, z. B.

| | | |
|---|---|---|
| Die Länge eines Stabes | $\Leftrightarrow$ | Objekt |
| Die Stärke eines elektr. Feldes | $\Leftrightarrow$ | Zustand |
| Die Dauer einer Schwingung | $\Leftrightarrow$ | Vorgang |

*In der Mechanik gibt es drei unabhängige Grundgrößen: MASSE, LÄNGE und ZEIT.* Alle anderen Größen der Mechanik werden aus diesen drei fundamentalen Größen abgeleitet, sind also abgeleitete Größen. Z. B.

$$\text{Geschwindigkeit} = \frac{\text{Länge}}{\text{Zeit}}$$

$$\text{Beschleunigung} = \frac{\text{Geschwindigkeit}}{\text{Zeit}}$$

$$\text{Kraft} = \text{Masse} \cdot \text{Beschleunigung}$$

Insgesamt gibt es in der Physik sieben unabhängige Grundgrößen:

- *In der Elektrizitätslehre wird eine weitere unabhängige Grundgröße benötigt, die Stromstärke mit der Einheit ´Ampere´.*
- *In der Thermodynamik sind die Temperatur mit der Einheit ´Kelvin´ oder ´Grad Celsius´ und die Stoffmenge mit der Einheit ´Mol´ zwei weitere Grundgrößen.*
- In der Optik kommt schließlich kommt die Lichtstärke mit der Einheit ´Candela´ hinzu.

Die Messung einer physikalischen Größe erfolgt durch den Vergleich mit einer Einheit. Einheiten sind international festgelegte, reproduzierbare Größen, die durch einen Prototyp (wie z. B. früher beim Kilogramm) oder durch eine Meß- oder Zählvorschrift definiert werden. Einheiten brauchen nur für die Grundgrößen festgelegt werden. Die Einheiten der abgeleiteten Größen erhält man dann mit den Definitionsgleichungen dieser (abgeleiteten) Größen.

Die drei Einheiten der Mechanik sind folgendermaßen definiert:

- Das KILOGRAMM ist die Einheit der Masse.
  Das Kilogramm ist die Masse eines Prototypes aus Platin, der in Paris aufbewahrt wird. Neuerdings definiert man ein Kilogramm als die Masse von $5,0188 \cdot 10^{25}$ Atomen des Isotops ${}^{12}_{6}\mathrm{C}$. Die relative Unsicherheit ist $10^{-9}$.

- Das METER ist die Einheit der Länge.
  Das Meter ist die Länge der Strecke, die das Licht im Vacuum während der Dauer von 1/299.792.458 Sekunden zurücklegt.[1] Die relative Unsicherheit ist nur $10^{-14}$.

- Die SEKUNDE ist die Einheit der Zeit.
  Die Sekunde ist der $1 / 31.556.925,975$ – Teil der Dauer des tropischen Jahres 1900. Neuerdings definiert man die Sekunde lieber durch atomare Eigenschaften. Danach ist eine Sekunde das 9.192.631.770-fache der Periodendauer der dem Übergang zwischen

---

[1] Hiermit erhält die Lichtgeschwindigkeit im Vacuum einen festen Wert zugeordnet, nämlich 299.792.458 m/s.

den beiden Hyperfeinstrukturniveaus des Grundzustandes von Atomen des Nuklids $^{133}_{55}Cs$ entsprechenden Strahlung. Die relative Unsicherheit ist nur $10^{-14}$.

Physikalische Größen werden durch das Produkt aus folgenden zwei Faktoren bestimmt:

- Zahlenwert {G}, der aussagt, wie oft die Einheit in der gemessenen Größe G enthalten ist.
- Einheit [G], die bei der Messung von G verwendet wird.

$$\text{Physikalische Größe} = \text{Zahlenwert} \cdot \text{Einheit} = \{G\} \cdot [G]$$

Beispiel: Bei einer Längenmessung wird festgestellt, daß die Längeneinheit 2,3-mal in der gemessenen Länge enthalten ist. Dann ist die gemessene Länge $2,3 \cdot 1\ \text{m} = 2,3\ \text{m}$.

# 2 Kinematik der Massenpunkte

*Die Kinematik ist die Lehre von den Bewegungen der Körper* (Griechisch: Kinema = Bewegung). Dabei werden die Ursachen der Bewegungen, d. h. die beteiligten Kräfte, und die Wirkungen der Bewegungen auf andere Körper nicht untersucht. Die Kinematik ist eine rein mathematische Disziplin und berechnet lediglich Bahnkurven, Geschwindigkeiten und Beschleunigungen.

*Ruhe und Bewegung sind relative Begriffe.* Für einen im Zug reisenden Beobachter ist eine neben ihm sitzende Person in Ruhe, für einen draußen am Bahnsteig stehenden Beobachter hingegen ist diese Person in Bewegung. Deshalb haben die Begriffe "Ruhe" und "Bewegung" nur dann einen eindeutigen Sinn, wenn das Bezugssystem angegeben wird, auf das sie sich beziehen. *Wenn nichts anderes vereinbart wird, ist in der Physik und in der Technik stets ein mit der Erde fest verbundenes Bezugssystem zugrunde gelegt.*

## 2.1 Idealisierungen

Bei der Berechnung von Bewegungen ist es oft zulässig und sinnvoll, von der Ausdehnung des Körpers abzusehen und den Körper als *Punktmasse* – auch *Massenpunkt genannt* – zu idealisieren. Dies hat den Vorteil, daß

- der Körper sich nicht drehen kann
- alle auf den Körper einwirkenden Kräfte in einem Punkt angreifen
- der Körper sich nicht verformen kann.

Idealisierungen, die nicht die Wirklichkeit beschreiben, sondern bestimmte Eigenschaften und Sachverhalte bewußt und gezielt außer acht lassen, werden in der Physik mit großem Erfolg sehr häufig vorgenommen. Die Vernachlässigung unerwünschter Nebeneffekte und die Konzentration auf das Wesentliche sind so typisch für die Arbeitsweise des Physikers, daß wir kurz über Zulässigkeit und Nutzen von Idealisierungen bzw. Vernachlässigungen sprechen müssen.

- *Die Zulässigkeit von Idealisierungen hängt von dem untersuchten Objekt und der Aufgabenstellung ab.* Dazu drei Beispiele:

  1) Bei einer fallenden Stahlkugel kann die Luftreibung vernachlässigt werden, bei einer fallenden Feder nicht.

  2) Bei der Berechnung der Planetenbahnen können die Planeten als punktförmig angese-

hen werden, in der Wetterkunde nicht.

3) In Laborversuchen dürfen die Corioliskräfte der Erdrotation in der Regel vernachlässigt werden, in der Wetterkunde aber spielen sie eine ganz entscheidende Rolle.

Der Wissenschaftler muß in jedem einzelnen Fall entscheiden, ob die vorgesehenen Idealisierungen zu vernachlässigbaren oder zumindest tolerierbaren Ungenauigkeiten führen oder nicht.

- Die *exakte* Beschreibung der Vorgänge in Natur und Technik ist in nahezu allen Fällen völlig unmöglich. Deshalb ist es erforderlich, Randeffekte außer acht zu lassen und dafür kleine – evtl. sogar vernachlässigbare – Ungenauigkeiten in Kauf zu nehmen. Viele Vernachlässigungen sind sehr gebräuchlich und weit verbreitet. Kein Maschinenbauer käme auf die Idee, relativistische Massenänderungen oder Corioliskräfte der Erdrotation zu berücksichtigen. Auch Reibungskräfte werden oft nicht in Betracht gezogen.

  *Zulässige Idealisierungen*, d. h. Idealisierungen, die die Fragestellung nicht berühren und nur zu unwichtigen Abweichungen in den Ergebnissen führen, *sind sinnvoll, wenn man dadurch den Rechen- oder Arbeitsaufwand gering halten oder den Blick auf das Wesentliche richten kann.*

Es kommt nicht darauf an, ob Idealisierungen auch in der Wirklichkeit realisiert werden können. Die Wissenschaft arbeitet oft mit *fiktiven Modellen*, die wenig Bezug zur Wirklichkeit haben, aber *leicht überschaubar sind und sich auf das Wesentliche, auf die zu untersuchende Frage konzentrieren.*

Wir nehmen im folgenden an, daß die betrachteten Körper punktförmig sind. Punktmassen können sich nicht drehen und ihre zeitabhängige Position wird durch den sog. „Ortsvektor" $\mathbf{r}(t)$ beschrieben.

## 2.2 Geschwindigkeit

Wir betrachten zuerst den einfachsten Fall, die gleichförmige Bewegung. Darunter versteht man eine geradlinige Bewegung, die in gleichen Zeitabständen $\Delta t$ stets gleiche Strecken $\Delta x$ zurücklegt. Der konstante Quotient $\Delta x / \Delta t$ wird „Geschwindigkeit" $v$ der gleichförmigen Bewegung genannt:

$$v := \frac{\Delta x}{\Delta t} \quad \text{für gleichförmige Bewegungen} \qquad (2.2\text{–}1)$$

Die Einheit der Geschwindigkeit ist nach Gl. (2.2–1) m/s. Häufig wird auch die Einheit km/h verwendet. Zwischen diesen beiden Einheiten gibt es folgende Umrechnung

$$3,6\,\frac{\text{km}}{\text{h}} = 1\,\frac{\text{m}}{\text{s}} \qquad (2.2\text{–}2)$$

Wenn eine gleichförmige Bewegung zur Zeit $t = 0$ im Punkt $x(t = 0) := x_0$ beginnt, so gilt

$$v = \frac{x(t) - x(0)}{t - 0} = \frac{x(t) - x_0}{t}$$

| | | |
|---|---|---|
| $x(t) = x_0 + v\,t$ | für gleichförmige Bewegungen | (2.2–3) |

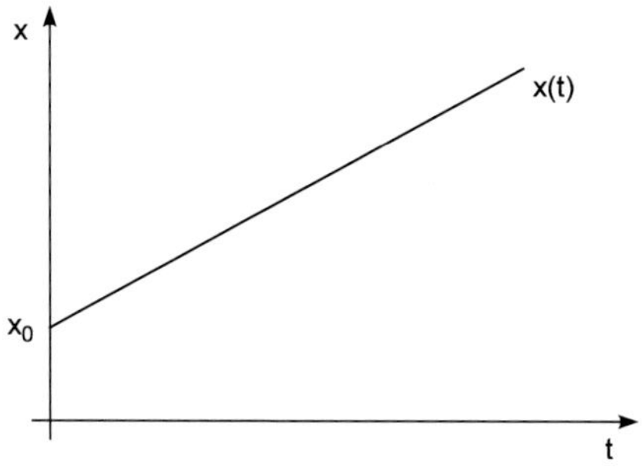


**Abb. (2.2–1) Weg-Zeit-Diagramm einer gleichförmigen Bewegung**

Das sog. „Weg-Zeit-Diagramm" einer gleichförmigen Bewegung ist eine Gerade (siehe Abb. (2.2–1)) mit der Steigung $v$. Daraus folgt insbesondere, daß für die in verschieden großen Zeitabschnitten $\Delta t_1$, $\Delta t_2$, ... zurückgelegten Strecken $\Delta x_1$, $\Delta x_2$, ...die Quotienten

$$v = \frac{\Delta x_1}{\Delta t_1} = \frac{\Delta x_2}{\Delta t_2} = \ldots$$

stets gleich groß sind.

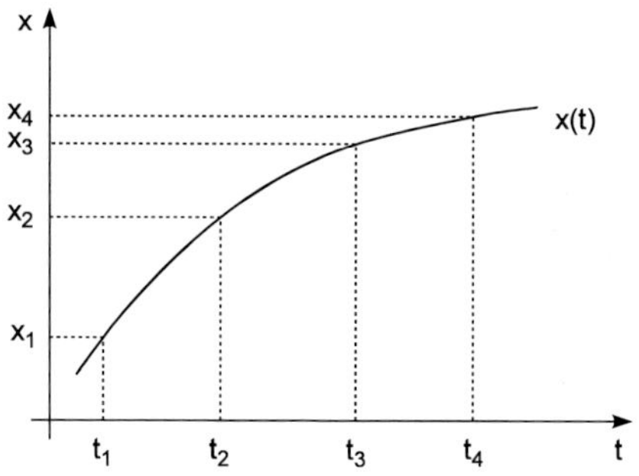


**Abb. (2.2–2)** Weg-Zeit-Diagramm einer ungleichförmigen Bewegung

Als nächstes betrachten wir einen etwas schwierigeren Fall, nämlich die ungleichförmige Bewegung auf einer Geraden. Jetzt werden in gleich großen Zeitintervallen nicht mehr gleich große Strecken zurückgelegt, so daß das Weg-Zeit-Diagramm in Abb. (2.2–2) keine Gerade mehr ist, sondern eine gekrümmte Kurve. Die in den beiden gleich großen Zeitintervallen

$$\Delta t = t_2 - t_1 = t_4 - t_3$$

zurückgelegten Wege

$$\Delta x = x_2 - x_1 \quad \text{und} \quad \hat{\Delta} x = x_4 - x_3$$

sind verschieden groß. Man nennt den Quotienten

$$v_m := \frac{\Delta x}{\Delta t} \tag{2.2–4}$$

„mittlere Geschwindigkeit" oder „Durchschnittsgeschwindigkeit" in dem betreffenden Intervall. *Die durchschnittliche Geschwindigkeit hängt von der Wahl des Zeitintervalls* $\Delta t$ *ab,* und zwar sowohl von seiner Größe als auch von seiner Lage auf der t-Achse.

In Physik und Technik – und auch beim Autofahren – interessiert man sich aber gewöhnlich nicht für die mittlere, sondern für die momentane Geschwindigkeit. Nach Abb. (2.2–3) ergibt sich die momentane Geschwindigkeit im Punkt B zur Zeit $t_2$ *laut Definition* aus der mittleren Geschwindigkeit im Intervall $[t_2, t_3]$, wenn man den Punkt C auf der Kurve $x(t)$ immer näher an den Punkt B heranrückt, so daß das Zeitintervall $\Delta t = t_3 - t_2$ immer kleiner wird. Bei dieser Annäherung ändert sich die mittlere Geschwindigkeit

$$v_m = \frac{x_3 - x_2}{t_3 - t_2}$$

die gleich der Steigung der Sekante ist, i. allg. anfangs noch deutlich. Wenn $\Delta t = t_3 - t_2$ aber genügend klein geworden ist, ändert sich $v_m$ bei weiter fortschreitender Intervallverkleinerung nur noch unwesentlich und nähert sich einem *Grenzwert, der als momentane Geschwindigkeit* $v(t_2)$ *zur Zeit* $t_2$ *definiert ist.* Dabei geht die Sekante langsam in die Tangente im Punkt B über. *Die Steigung der Tangente im Geschwindigkeits-Zeit-Diagramm ist die momentane Geschwindigkeit.*

Man kann die momentane Geschwindigkeit im Punkt B natürlich auch ermitteln, indem man das linksseitige Intervall $[t_1, t_2]$ betrachtet. Die mittlere Geschwindigkeit in diesem Intervall beträgt nach Abb. (2.2-4)

$$v_m = \frac{x_2 - x_1}{t_2 - t_1}$$

und ist wiederum gleich der Steigung der Sekante. Wenn wir den Punkt A auf der Kurve *x(t)* auf den Punkt B zulaufen lassen, ändert sich die Steigung der Sekante in der Regel anfangs noch deutlich. Bei genügend kleinem $\Delta t = t_2 - t_1$ aber ändert sich $v_m$ bei fortschreitender Intervallverkleinerung nur noch wenig und geht schließlich ebenfalls in die momentane Geschwindigkeit $v(t_2)$ zur Zeit $t_2$ über. Dabei geht die Sekante in die Tangente über. Wir sehen an Hand der Abbn. (2.2–3 und 4), daß der rechtsseitige Grenzübergang C $\rightarrow$ B denselben Grenzwert hat wie der linksseitige Grenzübergang A $\rightarrow$ B. (Der mathematische Grund für die Übereinstimmung der links- und rechtsseitigen Grenzübergänge ist die Differenzierbarkeit der "glatten" Funktionen *x(t)*.)

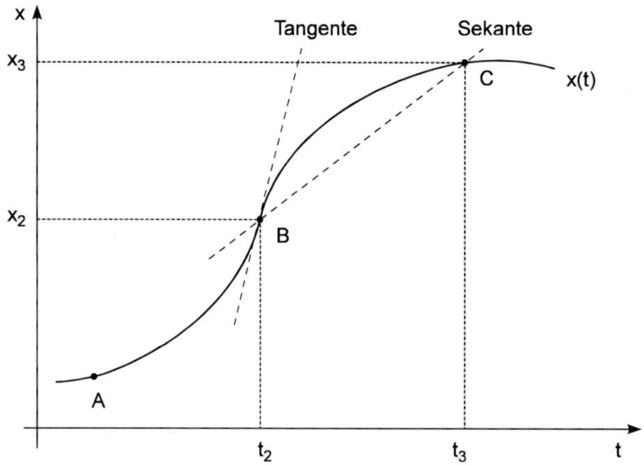


**Abb. (2.2–3)** Für $t_3 \rightarrow t_2$ geht die Steigung der Sekante über in die Steigung der Tangente. Die Steigung der Tangente ist laut Definition die momentane Geschwindigkeit $v(t_2)$.

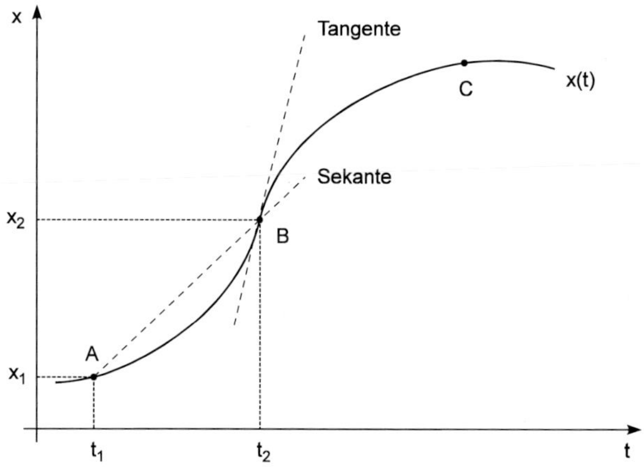


**Abb. (2.2–4)** Beim linksseitigen Grenzübergang ergibt sich dieselbe Sekante wie beim rechtsseitigen Grenzübergang in Abb. (2.2-3).

Wir veranschaulichen den Grenzübergang und die Berechnung der momentanen Geschwindigkeit an einem Beispiel.

**Beispiel (2.2–1) Grenzübergang von der mittleren zur momentanen Geschwindigkeit.**

Berechne die momentane Geschwindigkeit v(t = 1 s) für den freien Fall

$$x(t) = x_0 + \frac{g}{2} t^2 \qquad \text{mit Anfangsgeschwindigkeit } v_0 = 0$$

**Lösung:**

Die momentane Geschwindigkeit zur Zeit $t_1 = 1\,s$ wird ermittelt, indem die mittlere Geschwindigkeit $v_m$ für mehrere, immer kleiner werdende Intervalle berechnet wird.

**1)** $[t_1, t_2] = [1\,s, 2\,\text{s}]$

$$\Rightarrow v_m = \frac{\Delta x}{\Delta t} = \frac{x(2\,\text{s}) - x(1\,\text{s})}{2\,\text{s} - 1\,\text{s}} = \frac{g}{2}(4 - 1)\,\text{s} =$$
$$= 1{,}5\,g \cdot 1\,\text{s}$$

**2)** $[t_1, t_2] = [1\,\text{s}, 1{,}1\,\text{s}]$

$$\Rightarrow v_m = \frac{\Delta x}{\Delta t} = \frac{x(1{,}1\,\text{s}) - x(1\,\text{s})}{1{,}1\,\text{s} - 1\,\text{s}} = \frac{g}{2}\frac{(1{,}21 - 1)}{0{,}1}\,\text{s} =$$
$$= 1{,}05\,g \cdot 1\,\text{s}$$

**3)** $[t_1, t_2] = [1\,s, 1{,}01\,\text{s}]$

$$\Rightarrow v_m = \frac{\Delta x}{\Delta t} = \frac{x(1{,}01\,\text{s}) - x(1\,\text{s})}{1{,}01\,\text{s} - 1\,\text{s}} = \frac{g}{2}\frac{(1{,}0201 - 1)}{0.01}\,\text{s} =$$
$$= 1{,}005\,g \cdot 1\,\text{s}$$

Offensichtlich gilt: Für $t_2 \to t_1$ geht $v_m$ über in $1g \cdot 1\,\text{s}$. Die momentane Geschwindigkeit zur Zeit $t = 1\,\text{s}$ beträgt daher $v(1) = 1g \cdot 1\,\text{s} = 9.81\,\text{m/s}$.

*Die momentane Geschwindigkeit*

$$v = \lim_{\Delta t \to 0} \frac{\Delta x}{\Delta t} \qquad (2.2\text{–}5)$$

*oder genauer* – wenn wir die Zeit noch deutlich in die Definition einbeziehen –

$$v(t) := \lim_{\Delta t \to 0} \frac{x(t + \Delta t) - x(t)}{\Delta t} \qquad (2.2\text{–}6)$$

ist – in der Sprache der Mathematik – *die zeitliche Ableitung des zurückgelegten Weges x(t).* Es ist allgemein üblich, die zeitliche Ableitung nicht durch einen Strich, sondern durch einen Punkt zu kennzeichnen:

$$v(t) := \frac{dx(t)}{dt} = \dot{x}(t) \qquad (2.2\text{–}7)$$

Natürlich können wir hier nicht näher auf die Differentialrechnung eingehen und müssen auf die Mathematikvorlesung verweisen. Wir wollen aber die Geschwindigkeit aus Beispiel (2.2–1) nochmals mit Gl. (2.2–6) bestimmen:

$$v(t) = \lim_{\Delta t \to 0} \frac{x(t + \Delta t) - x(t)}{\Delta t} = \lim_{\Delta t \to 0} \frac{g}{2} \frac{(t + \Delta t)^2 - t^2}{\Delta t} =$$

$$= \lim_{\Delta t \to 0} \frac{g}{2} \frac{2\, t\, \Delta t + \Delta t^2}{\Delta t} = \lim_{\Delta t \to 0} \frac{g}{2} (2\, t + \Delta t) = g\, t$$

$$\Rightarrow \qquad v(t = 1\, s) = g \cdot 1\, s$$

**Beispiel (2.2–2) Kutschenfahrt.**

Ein Kutscher steigt während der Fahrt von seinem Sitz ab und geht acht Schritte zurück zum Ende der mit konstanter Geschwindigkeit $v_K$ fahrenden Kutsche, um dort etwas nachzusehen. Augenblicklich geht er dann wieder zu seinem Sitz zurück, wobei er zwölf Schritte machen muß. Jeder Schritt ist 1 m lang. Wie groß sind die Länge $l_K$ und die Geschwindigkeit $v_K$ der Kutsche?

**Lösung:**
Es seien $t_1, t_2$ die Zeiten für den Hin- und Rückweg. Das Problem enthält die vier Unbekannten $l_K, v_K, t_1, t_2$. Für sie gibt es leider nur die drei Gln.

$$l_K = v_K\, t_1 + 8\,\text{m} \tag{2.2–8}$$

$$l_K + v_K\, t_2 = 12\,\text{m} \tag{2.2–9}$$

$$t_2 / t_1 = 1{,}5 \tag{2.2–10}$$

Wir setzen $t_2$ aus Gl. (2.2–10) in (2.2–9) ein

$$l_K + 1{,}5\, v_K\, t_1 = 12\,\text{m} \tag{2.2–11}$$

und addieren die mit 1, 5 multiplizierte Gl. (2.2–8) und die Gl. (2.2–11):

$$l_K = 9{,}6\,\text{m}$$

Die Geschwindigkeit $v_K$ der Kutsche kann nicht berechnet werden, weil die zwei Gln. (2.2–8 und 11) die drei Unbekannten $l_K, v_K, t_1$ bzw. weil sie nur das Produkt $v_K\, t_1$ enthalten.

Bisher haben wir nur geradlinige Bewegungen betrachtet. Nun kommen wir zum allgemeinsten Fall: Bewegungen auf krummlinigen Bahnen. Die Lage des Massenpunktes wird durch die drei kartesischen Koordinaten $x(t), y(t), z(t)$ beschrieben, also durch den sog. „Ortsvektor" $\mathbf{r}(t)$, der vom Ursprung des Koordinatensystems zum Ort des Teilchens zeigt:

$$\mathbf{r}(t) = x(t)\,\mathbf{e}_x + y(t)\,\mathbf{e}_y + z(t)\,\mathbf{e}_z = \begin{pmatrix} x(t) \\ y(t) \\ z(t) \end{pmatrix} \qquad (2.2\text{–}12)$$

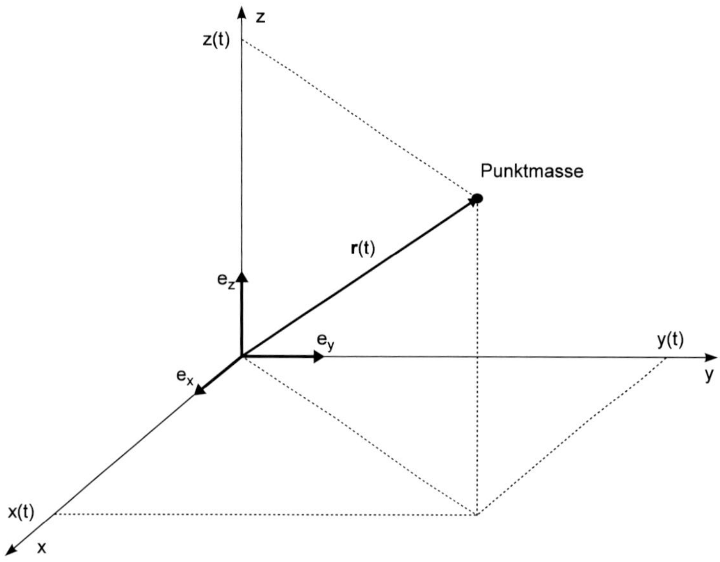


**Abb. (2.2–5)** Kartesisches Koordinatensystem mit den Basisvektoren $\mathbf{e}_x, \mathbf{e}_y, \mathbf{e}_z$. Der Ortsvektor $\mathbf{r}(t)$ der Punktmasse hat die drei Komponenten $x(t), y(t), z(t)$

Beachte, daß die Ortsvektoren im Gegensatz zu den Vektoren in der Mathematik nicht parallel verschoben werden dürfen. Die Ortsvektoren sind ortsfest; ihr Anfang liegt immer im Koordinatenursprung.

Der dreidimensionale Geschwindigkeitsvektor $\mathbf{v}(t)$ ergibt sich ganz einfach durch die zeitliche Ableitung der drei Koordinaten:

$$\mathbf{v}(t) = \begin{pmatrix} v_x(t) \\ v_y(t) \\ v_z(t) \end{pmatrix} = \begin{pmatrix} \dot{x}(t) \\ \dot{y}(t) \\ \dot{z}(t) \end{pmatrix} = \lim_{\Delta t \to 0} \frac{1}{\Delta t} \begin{pmatrix} x(t+\Delta t) - x(t) \\ y(t+\Delta t) - y(t) \\ z(t+\Delta t) - z(t) \end{pmatrix} \qquad (2.2\text{–}13)$$

# 2.3 Beschleunigung

Im Gegensatz zum allgemeinen Sprachgebrauch werden in Physik und Technik nicht nur Bewegungen mit zunehmendem Geschwindigkeitsbetrag $|\mathbf{v}|$, sondern auch solche mit abnehmendem Geschwindigkeitsbetrag beschleunigt genannt. Darüber hinaus werden sogar Bewegungen mit konstantem Betrag $|\mathbf{v}|$, aber veränderlicher Richtung von $\mathbf{v}$ beschleunigt genannt. Ein Beispiel dafür ist die gleichmäßige Kreisbewegung. Nach dem zweiten Newtonschen Axiom $F = m\,a$ ist die Beschleunigung bei der gleichförmigen Kreisbewegung gleich der Zentrifugalkraft dividiert durch die Masse.

Auch hier betrachten wir zuerst wieder den einfachsten Fall, die geradlinige Bewegung, bei der wir skalar rechnen dürfen. *Bemerkenswerterweise werden im folgenden fast dieselben Überlegungen angestellt wie bei der Definition der Geschwindigkeit.* Der wesentliche Unterschied ist nur der, daß wir jetzt nicht mehr im Orts-Zeit-Diagramm arbeiten, sondern im Geschwindigkeits-Zeit-Diagramm. Vom Autofahren ist bekannt, daß Beschleunigung als Geschwindigkeitsänderung pro Zeit definiert ist. Daher *definieren* wir die Steigung der Sekante in Abb. (2.3–1)

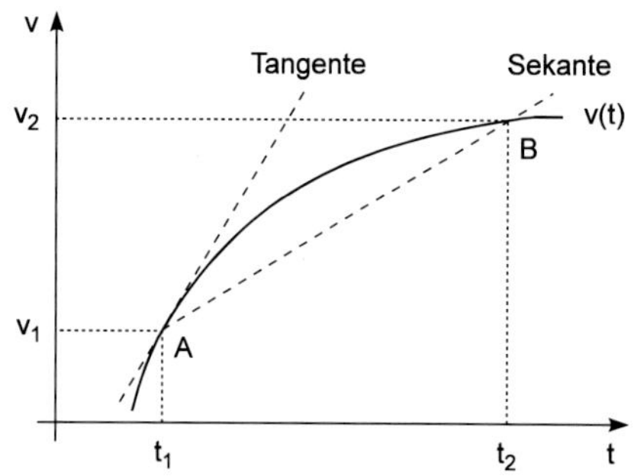


**Abb. (2.3–1)** Die Steigungen der Sekante und Tangente im Geschwindigkeits-Zeit-Diagramm sind laut Definition die mittlere und die momentane Beschleunigung.

$$a_m := \frac{v_2 - v_1}{t_2 - t_1} = \frac{\Delta v}{\Delta t} \tag{2.3–1}$$

als „mittlere Beschleunigung" oder „Durchschnittsbeschleunigung" im Intervall $[t_2, t_1]$. Die Einheit der Beschleunigung ist danach m/s$^2$.

Zur Definition der momentanen Beschleunigung $a(t_1)$ zur Zeit $t_1$ müssen wir genauso vorgehen wie bei der momentanen Geschwindigkeit: Das Intervall $\Delta t = t_2 - t_1$ in Abb. (2.3–1) wird sehr klein gemacht, indem der Punkt B auf der Kurve *v(t)* näher und näher an A herangeschoben wird. Dabei ändert sich die Steigung der Sekante, d. h. die Durchschnittsbeschleunigung. Für genügend kleine $\Delta t$ aber ist die Steigung nahezu konstant und ungefähr gleich der Steigung der Tangente im Punkt A – vorausgesetzt, die Kurve *v(t)* ist glatt" und hat keine Ecken. (Näheres zur Existenz des Grenzüberganges in der Mathematik-Vorlesung). *Für* $\Delta t \to 0$ *geht die Sekante in die Tangente über, deren Steigung als (momentane) Beschleunigung zur Zeit* $t_1$ *definiert ist:*

$$a(t) := \lim_{\Delta t \to 0} \frac{v(t + \Delta t) - v(t)}{\Delta t} \qquad (2.3\text{–}2)$$

Die Beschleunigung ist die einmalige Ableitung der Geschwindigkeit nach der Zeit oder die zweimalige Ableitung des Ortes nach der Zeit.

$$a(t) = \frac{d\,v(t)}{d\,t} = \frac{d^2 x(t)}{d\,t^2} = \ddot{x}(t) \qquad (2.3\text{–}3)$$

Ein besonders wichtiger Spezialfall ist die gleichförmig oder gleichmäßig beschleunigte Bewegung. Sie kommt in unzähligen Beispielen und Anwendungen vor. Hier ist die Beschleunigung konstant, d. h. die Geschwindigkeit ändert sich in gleichen Zeitintervallen immer um denselben Betrag. Die Geschwindigkeit ist im Geschwindigkeits-Zeit-Diagramm eine Gerade.

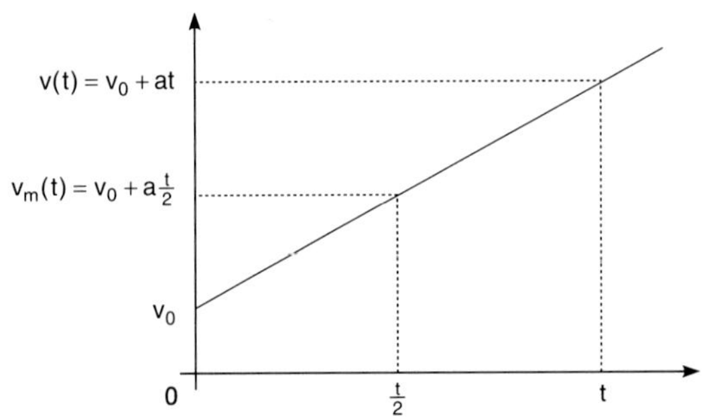


**Abb. (2.3–2)** Geschwindigkeits-Zeit-Diagramm einer gleichförmig beschleunigten Bewegung.

Wenn die Geschwindigkeit zur Zeit $t = 0$ den Wert $v(t = 0) := v_0$ hat, gilt

$$a = a_m = \frac{v(t) - v(0)}{t - 0} = \frac{v(t) - v_0}{t}$$

Daraus folgt

$$v(t) = v_0 + a\,t \qquad \text{für gleichförmige Beschleunigungen} \qquad (2.3\text{–}4)$$

Die mittlere Geschwindigkeit im Intervall [0, $t$] beträgt nach Abb. (2.3–2) offensichtlich

$$v_m = v_0 + a\,\frac{t}{2}$$

Wenn sich das Teilchen zur Zeit $t = 0$ an der Stelle $x(t = 0) := x_0$ befindet, so hat es zur Zeit $t$ die Position

$$x(t) = x_0 + v_m\, t = x_0 + v_0\, t + \frac{a}{2} t^2$$

für gleichförmige Beschleunigungen (2.3–5)

Bemerkungen: 1) Unzählige Übungs- und Klausuraufgaben behandeln gleichförmig beschleunigte Bewegungen. Daher gehören die Gln. (2.3-4 und 5) zu den am häufigsten benötigten Gln. in Mechanik-Klausuren. Der Student sollte ihre Anwendung gut beherrschen.

2) Für den Kenner der Differential- und Integralrechnung ist der Zusammenhang zwischen den Gln. (2.3–4) und (2.3–5) offensichtlich:

Wenn man $x(t)$ in Gl. (2.3–5) einmal nach der Zeit ableitet, erhält man $v(t)$ in Gl. (2.3–4).

Wenn man $x(t)$ in Gl. (2.3–5) zweimal nach der Zeit ableitet, erhält man die konstante Beschleunigung $a$.

Wenn man umgekehrt die konstante Beschleunigung $a$ einmal integriert, erhält man $v(t)$ in Gl. (2.3–4).

Wenn man die konstante Beschleunigung $a$ zweimal integriert, erhält man $x(t)$ in Gl. (2.3–5).

**Beispiel (2.3–1) Aufprall auf eine feste Wand.**

Ein Auto fährt mit der Geschwindigkeit $v_0$ frontal gegen eine feste Wand. Der Einfachheit halber nehmen wir an, daß es beim Aufprall gleichmäßig abgebremst wird. Berechne die (negative) Beschleunigung $a$, wenn die Front des Wagens um die Strecke $s$ zusammengedrückt wird.

**Lösung:**

Mit $x_0 = 0$ lauten die Gln. (2.3–4 und 5), die in fast allen Aufgaben mit gleichförmiger Beschleunigung benötigt werden:

$$v(t) = v_0 + a\,t \qquad\qquad x(t) = v_0\, t + \frac{a}{2} t^2$$

Am Ende des Bremsvorganges ist $v(T) = 0$ und $x(T) = s$.

$$v(T) = 0 = v_0 + a\,T \tag{2.3–6}$$

$$x(T) = s = v_0\, T + \frac{a}{2} T^2 \tag{2.3–7}$$

Wir lösen die Gl. (2.3–6) nach $T$ auf und setzen $T$ in Gl. (2.3–7) ein:

$$a = -\frac{v_0^2}{2s} \qquad \text{für } a = \text{const} \tag{2.3–8}$$

Für $v_0 = 72$ km/h = 20 m/s und $s = 0{,}8$ m ergibt sich

$$a = -\,250\ \text{m/s}^2 \approx -\,25{,}5\ \text{g}$$

Die Gl. (2.3–8) wird bei gleichförmig beschleunigten Bewegungen oft verwendet. Nach $s$ aufgelöst liefert sie den Bremsweg in Abhängigkeit von der Anfangsgeschwindigkeit $v_0$ und der (negativen) Beschleunigung $a$:

$$s = -\frac{v_0^2}{2a} \qquad \text{für } a = \text{const} \qquad (2.3\text{–}9)$$

Schon bei der Führerschein-Prüfung lernt man, daß der Bremsweg proportional ist zum Quadrat der Geschwindigkeit.

**Beispiel (2.3–2) Katapultstart.**

Ein Flugzeug wird auf einem 20 m langen Katapult gleichmäßig auf 108 km/h beschleunigt.

**a)** Wie stark ist die Beschleunigung $a$?

**b)** Wie lange dauert die Beschleunigung?

**Lösung:**

**a)** Mit $x_0 = 0$ und $v_0 = 0$ lauten die Gln. (2.3–4 und 5)

$$v(t) = a\,t \qquad x(t) = \frac{a}{2}t^2$$

Wir lösen die erste Gl. nach $t$ auf und setzen $t$ in die zweite Gl. ein:

$$x(t) = \frac{v^2(t)}{2a} \quad \Rightarrow \quad 20\text{ m} = \frac{(30\text{ m/s})^2}{2a}$$

$$a = 22{,}5\text{ m/s}^2 \approx 2{,}3\text{ g}$$

**b)** $t = v(t)/a$

$$t = \frac{30\text{m/s}}{22{,}5\text{ m/s}^2} = 1{,}333\text{ s}$$

**Beispiel (2.3–3) Konstante Verzögerung.**

Ein PKW verringert durch gleichmäßiges Bremsen seine Geschwindigkeit von 72 km/h auf 36 km/h und legt dabei eine Strecke von 100 m zurück.

**a)** Wie groß ist die (negative) Beschleunigung?

**b)** Wie groß ist die Bremszeit $T$?

**Lösung:**

**a)** Mit $x_0 = 0$ lauten die Gln. (2.3–4 und 5):

$$v(t) = v_0 + a\,t \qquad x(t) = v_0\,t + \frac{a}{2}t^2$$

Wir lösen die erste Gl. nach $t$ auf und setzen $t$ in die zweite Gl. ein:

$$x(t) = v_0\frac{v(t) - v_0}{a} + \frac{[v(t) - v_0]^2}{2a}$$

Mit $x(T) = 100$ m $\quad v(T) = 10$ m/s $\quad v_0 = 20$ m/s folgt:

$$a = \frac{1}{100\,\text{m}}\left[20\,\text{m/s}\cdot\left(10\,\text{m/s} - 20\,\text{m/s}\right) + \frac{1}{2}\left(10\,\text{m/s} - 20\,\text{m/s}\right)^2\right] = -1{,}5\,\text{m/s}^2$$

**b)** $$T = \frac{v(t) - v_0}{a} = \frac{10\,\text{m/s} - 20\,\text{m/s}}{-1{,}5\,\text{m/s}^2} = 6{,}666\,\text{s}$$

Bemerkung: Folgendermaßen hätte man die ganze Aufgabe einfacher und schneller rechnen können: Die mittlere Geschwindigkeit während des Abbremsens beträgt $v_m = 15$ m/s. Die Bremszeit ist daher

$$T = \frac{x(t)}{v_m} = \frac{100\,\text{m}}{15\,\text{m/s}} = 6{,}666\,\text{s}$$

Die Beschleunigung ergibt sich dann zu

$$a = \frac{v(T) - v_0}{T} = -1{,}5\,\text{m/s}^2$$

**Beispiel (2.3–4) 100m-Lauf.**

Ein Läufer legt 100 m in 12 s zurück, wobei er die ersten 20 m gleichmäßig beschleunigt und dann mit konstanter Geschwindigkeit weiter läuft.

Wie groß sind die für die ersten 20 m und die weiteren 80 m benötigten Zeiten $t_1$ und $t_2$ und wie groß ist die gleichförmige Beschleunigung $a$ auf den ersten 20 m?

**Lösung:**

$$t_1 + t_2 = 12\,\text{s} \tag{2.3–10}$$

$$20\,\text{m} = \frac{a}{2}\,t_1^2 \tag{2.3–11}$$

$$80\,\text{m} = v_2\,t_2 = (a\,t_1)\,t_2 \tag{2.3–12}$$

Mit diesen drei Gln. können die drei Unbekannten $t_1$, $t_2$, $a$ bestimmt werden. Wir lösen Gl. (2.3–12) nach $a$ auf und setzen $a$ in (2.3–11) ein:

$$20\,\text{m} = \frac{80\,\text{m}}{2\,t_2}\,t_1$$

Mit (2.3–10) folgt

$$20\,\text{m} = \frac{40\,\text{m}}{12\,\text{s} - t_1}\,t_1$$

$$t_1 = 4\,\text{s} \qquad t_2 = 8\,\text{s} \qquad a = 2{,}5\,\text{m/s}^2$$

## 2.4 Kreisbewegung

Die Kreisbewegung ist eine besonders wichtige Bewegung: Die Massenelemente von Maschinenteilen, die um eine raumfeste Achse rotieren, führen solche Bewegungen aus.

Ein Massenpunkt $m$ läuft in der $x$, $y$-Ebene auf einer Kreisbahn mit Radius $r$ im positiven mathematischen Sinn, d. h. im Gegenuhrzeigersinn. Wir betrachten zuerst wieder den einfachsten Fall, eine gleichförmige Kreisbewegung. Hier werden in gleichen Zeitabständen $\Delta t$ gleiche Winkel $\Delta\varphi$ überstrichen. Der konstante Quotient $\Delta\varphi / \Delta t$ wird – in völliger Analogie zur Geschwindigkeit $v = \Delta x / \Delta t$ – als „Winkelgeschwindigkeit" $\omega$ bezeichnet:

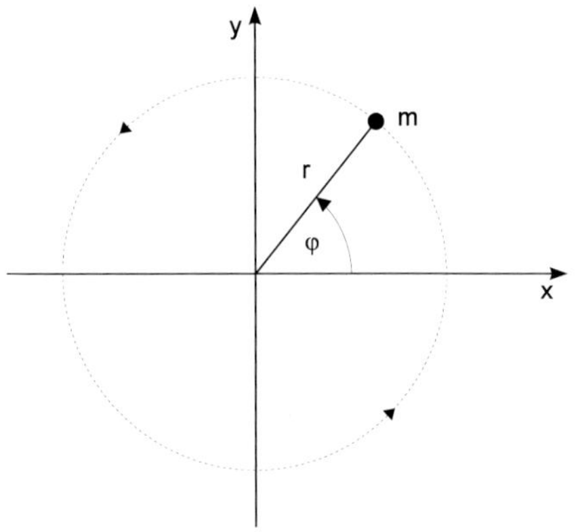


**Abb. (2.4–1)** Kreisbewegung in der x,y-Ebene.

$$\omega := \frac{\Delta\varphi}{\Delta t} \quad \text{für gleichförmige Kreisbewegungen} \qquad (2.4\text{–}1)$$

$\omega$ hat die Einheit $s^{-1}$ und ist gleich $2\pi$ mal Drehzahl. Mit $\varphi(t = 0) := \varphi_0$ gilt

$$\omega = \frac{\varphi(t) - \varphi(0)}{t - 0} = \frac{\varphi(t) - \varphi_0}{t}$$

$$\Rightarrow \quad \varphi(t) = \varphi_0 + \omega t \quad \text{für gleichförmige Kreisbewegungen} \qquad (2.4\text{–}2)$$

(Beachte die Übereinstimmung mit Gl. (2.2-3).) Der vom Fahrstrahl überstrichene Winkel $\varphi(t)$ wächst linear in der Zeit.

Für ungleichförmige Kreisbewegungen ($\Delta\varphi / \Delta t \neq \text{const}$) gibt die Gl.

$$\omega_m := \frac{\Delta\varphi}{\Delta t} \qquad (2.4\text{–}3)$$

nur die mittlere Winkelgeschwindigkeit im Intervall $\Delta t$ an. Die momentane Winkelgeschwindigkeit $\omega(t)$ zur Zeit $t$ ist definiert als

$$\omega(t) := \lim_{\Delta t \to 0} \frac{\varphi(t + \Delta t) - \varphi(t)}{\Delta t} \qquad (2.4\text{–}4)$$

Bemerkenswert und wichtig ist der Umstand, daß die mittlere und die momentane Winkelgeschwindigkeit in völlig gleicher Weise definiert werden wie die mittlere Geschwindigkeit

$v_m$ und die momentane Geschwindigkeit $v(t)$. (Vergleiche die Gln. (2.2–4 und 6) mit den Gln. (2.4–3 und 4).) Dies zeigt sehr deutlich, daß es in der Physik Gedanken, Überlegungen und Rechnungen gibt, die immer wieder in ähnlicher Form auftreten.

Die momentane Bahn- oder Umfangsgeschwindigkeit des Teilchens auf der Kreisbahn beträgt

$$v(t) = \lim_{\Delta t \to 0} \frac{\Delta s}{\Delta t} = \lim_{\Delta t \to 0} \frac{r\,\Delta\varphi}{\Delta t} = r\,\omega(t) \tag{2.4-5}$$

Diese Gl. zeigt deutlich, daß $\omega$ unbedingt *im Bogenmaß* und nicht im Winkelmaß angegeben werden muß; denn nur im Bogenmaß ist $\Delta s = r\,\Delta\varphi$.

Für gleichförmige und auch für ungleichförmige Kreisbewegungen gilt also:

$$v(t) = r\,\omega(t) \tag{2.4–5}$$

Nachdem die Winkelgeschwindigkeit $\omega(t)$ und Bahngeschwindigkeit $v(t)$ als Skalare definiert bzw. berechnet wurden, müssen beide Größen noch zu Vektoren erweitert werden. Der Betrag von $\vec{\omega}(t)$ wird durch die Gl. (2.4-4) gegeben. Wir *definieren*: $\vec{\omega}(t)$ steht senkrecht auf der Bahnebene und weist in die Richtung, in die sich ein Korkenzieher bewegt, der im Umlaufsinn der Masse gedreht wird. *$\vec{\omega}(t)$ ist also laut Definition parallel zur Drehachse.* Bei einer gleichförmigen Kreisbahn sind Betrag und Richtung der Winkelgeschwindigkeit konstant. Bei einer ungleichförmigen Kreisbewegung ist nur die Richtung der Winkelgeschwindigkeit konstant. In Abb. (2.4-2) zeigt $\vec{\omega}$ in die z-Richtung: $\vec{\omega} = (0, 0, \omega)$.

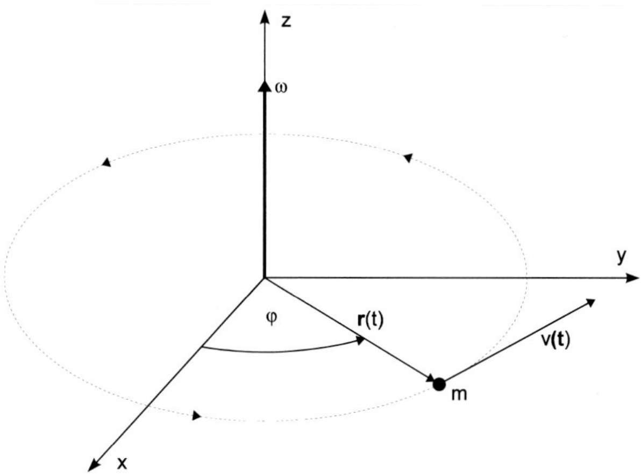


**Abb. (2.4–2)** Die Winkelgeschwindigkeit $\vec{\omega}$ steht senkrecht auf der Kreisbahn und fällt daher mit der Drehachse zusammen.

Der Geschwindigkeitsvektor $\mathbf{v}(t)$ kann leicht durch die zeitliche Ableitung des Ortsvektors $\mathbf{r}(t)$ ermittelt werden. Zur Erinnerung: Der Ortsvektor $\mathbf{r}(t)$ geht vom Ursprung des Koordinatensystems zum Ort des Teilchens. Nach Abb. (2.4-2) gilt:

$$\mathbf{r}(t) = \begin{pmatrix} x(t) \\ y(t) \\ z(t) \end{pmatrix} = \begin{pmatrix} r\cos\varphi \\ r\sin\varphi \\ 0 \end{pmatrix} \qquad (2.4\text{–}6)$$

Daraus folgt sofort

$$\mathbf{v}(t) = \dot{\mathbf{r}}(t) = r\,\dot{\varphi}\begin{pmatrix} -\sin\varphi \\ \cos\varphi \\ 0 \end{pmatrix} = r\,\omega(t)\begin{pmatrix} -\sin\varphi(t) \\ \cos\varphi(t) \\ 0 \end{pmatrix} \qquad (2.4\text{–}7)$$

Bemerkung: Man kann sich leicht von der Richtigkeit dieser Gl. überzeugen:

1) $\mathbf{v}(t)$ hat die richtige Einheit m/s.

2) $\mathbf{v}(t)$ hat in Übereinstimmung mit Gl. (2.4-5) die Länge

$$|\mathbf{v}(t)| = r\,\omega(t)\sqrt{\sin^2\varphi(t) + \cos^2\varphi(t)} = r\,\omega(t)$$

3) $\mathbf{v}(t)$ liegt in der $x$, $y$-Ebene und steht senkrecht auf $\mathbf{r}(t)$, da das Skalarprodukt $\mathbf{r}(t)\cdot\mathbf{v}(t) = 0$ ist.

Behauptung: $\mathbf{v}(t)$ läßt sich als Vektorprodukt schreiben

$$\mathbf{v}(t) = \vec{\omega}(t) \times \mathbf{r}(t) \qquad \text{auch für ungleichförmige Kreisbewegungen} \qquad (2.4\text{–}8)$$

**Beweis:** In Koordinatendarstellung lautet das Vektorprodukt von **a**, **b**

$$\mathbf{a}\times\mathbf{b} = \begin{pmatrix} a_y b_z - a_z b_y \\ a_z b_x - a_x b_z \\ a_x b_y - a_y b_x \end{pmatrix}$$

Wir berechnen nun die rechte Seite der Gl. (2.4-8):

$$\vec{\omega}(t)\times\mathbf{r}(t) = \begin{pmatrix} 0 \\ 0 \\ \omega(t) \end{pmatrix} \times \begin{pmatrix} r\cos\varphi(t) \\ r\sin\varphi(t) \\ 0 \end{pmatrix} = \begin{pmatrix} -\omega(t)\,r\sin\varphi(t) \\ \omega(t)\,r\cos\varphi(t) \\ 0 \end{pmatrix} \underset{\uparrow\,\text{Gl. (2.4-7)}}{=} \mathbf{v}(t)$$

♦

Die zweite Ableitung des Ortsvektors $\mathbf{r}(t)$ nach der Zeit liefert die Beschleunigung

$$\mathbf{a}(t) = r\,\dot{\omega}(t)\begin{pmatrix} -\sin\varphi(t) \\ \cos\varphi(t) \\ 0 \end{pmatrix} - r\,\omega^2(t)\begin{pmatrix} \cos\varphi(t) \\ \sin\varphi(t) \\ 0 \end{pmatrix} =$$

$$= \frac{\dot{\omega}(t)}{\omega(t)}\,\mathbf{v}(t) - \omega^2(t)\,\mathbf{r}(t)$$

Der erste Term ist parallel zur Geschwindigkeit $\mathbf{v}(t)$ und beschreibt die Beschleunigung, die bei einer Änderung von $\omega$ in tangentialer Richtung auftritt. Er verschwindet bei gleichförmigen Kreisbahnen. Der zweite Term beschreibt die Zentrifugalbeschleunigung. Er ist *proportional zum Radius und proportional zu* $\omega^2$ *und weist zum Kreismittelpunkt.* Für $\dot{\omega} = 0$ folgt:

$$\mathbf{a}(t) = -\omega^2\,\mathbf{r}(t) \quad \text{nur für gleichförmige Kreisbewegungen} \tag{2.4–9}$$

Der Betrag der Beschleunigung gleichförmiger Kreisbewegungen ist demnach gleich

$$a = \omega^2 r = v^2 / r = \omega v \quad \text{nur für gleichförmige Kreisbewegungen} \tag{2.4–10}$$

**Beispiel (2.4–1) Kreisender Satellit**

Ein Satellit kreist in 200 km Höhe einmal in 88,8 min um die Erde. Der Erdradius beträgt 6380 km. Wie groß sind $\omega$, $v$, $a$?

**Lösung:**

$$\omega = \frac{2\pi}{88{,}8 \cdot 60s}\,\frac{1}{s} = 1{,}18 \cdot 10^{-3}\,\mathrm{s}^{-1}$$

$$v = \omega\, r = 1{,}18 \cdot 10^{-3} \cdot 6{,}58 \cdot 10^6\,\mathrm{m/s} = 7{,}76 \cdot 10^3\,\mathrm{m/s}$$

$$a = v^2 / r = 9{,}19\,\mathrm{m/s^2} = \text{Erdbeschleunigung in 200 km Höhe}$$

**Beispiel (2.4-2) Überhöhte Eisenbahnkurve**

Um welchen Winkel $\alpha$ muß eine Eisenbahnkurve überhöht werden, damit bei dem Kurvenradius $R$ und bei der Geschwindigkeit $v$ die Resultierende aus Schwer- und Zentrifugalkraft senkrecht auf dem Boden der Waggons steht? Bei dieser Richtung der Resultierenden ist der Fahrkomfort am höchsten und die Wagen können – allerdings nur bei der vorgegebenen Geschwindigkeit $v$ – nicht aus der Kurve getragen werden.

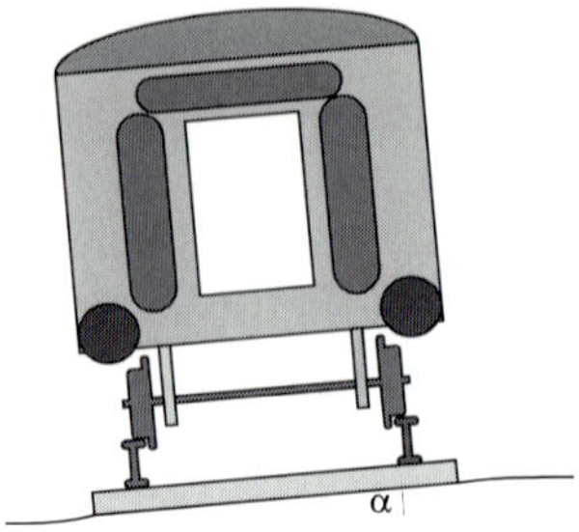


**Abb. (2.4–3)** Eisenbahnwagen in einer überhöhten Kurve

**Lösung:**

Nach dem Kräftediagramm muß folgende Beziehung gelten:

$$\tan\alpha = \frac{m v^2 / R}{m g} = \frac{v^2}{g R}$$

Beim Fahrrad- und Motorradfahren beschreibt diese Gl. den Neigungswinkel.

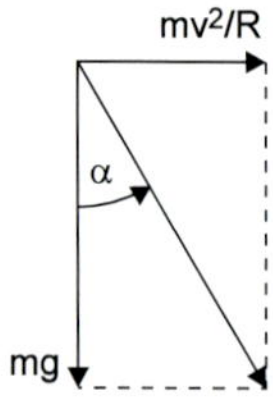


**Abb. (2.4-4)** Kräftediagramm

## Zusammenfassung

**1)** Für gleichförmige Bewegungen ist die Geschwindigkeit definiert als zurückgelegte Strecke dividiert durch die dazu benötigte Zeit: $v := \Delta x / \Delta t$. Für ungleichförmige Bewegungen ist dieser Ausdruck laut Definition die mittlere Geschwindigkeit $v_m$. Die momentane Geschwindigkeit *v(t)* ergibt sich aus der mittleren Geschwindigkeit im Grenzübergang $\Delta t \to 0$:

$$v(t) := \lim_{\Delta t \to 0} \frac{x(t + \Delta t) - x(t)}{\Delta t} = \frac{dx(t)}{dt}$$

Dabei geht im Orts-Zeit-Diagramm die Sekante über in die Tangente. Die momentane Geschwindigkeit ist die Steigung der Tangente im Orts-Zeit-Diagramm bzw. die Ableitung von *x(t)* nach der Zeit.

**2)** Die Definition der Beschleunigung erfolgt in völlig gleicher Weise im Geschwindigkeits-Zeit-Diagramm. Danach ist die momentane Beschleunigung definiert als

$$a(t) := \lim_{\Delta t \to 0} \frac{v(t + \Delta t) - v(t)}{\Delta t} = \frac{dv(t)}{dt}$$

**3)** Besonders wichtig für Anwendungen (und für Klausuren) sind gleichförmig-beschleunigte Bewegungen mit $a = \text{const}$. Für sie gilt

$$x(t) = x_0 + v_0\, t + \frac{a}{2}\, t^2 \qquad v(t) = v_0 + a\, t$$

**4)** Bei Kreisbahnen wird der Umlauf durch den Winkel $\varphi(t)$ zwischen dem Ortsvektor des Teilchens und der x-Achse beschrieben. Die Definition des Betrages der momentanen Winkelgeschwindigkeit erfolgt in bekannter Weise:

$$\omega(t) := \lim_{\Delta t \to 0} \frac{\varphi(t + \Delta t) - \varphi(t)}{\Delta t} = \frac{d\varphi(t)}{dt}$$

**5)** Die Richtung des Vektors der Winkelgeschwindigkeit wird folgendermaßen definiert: $\vec{\omega}(t)$ ist parallel zur Drehachse; der Richtungssinn wird mit der Korkenzieher-Regel festgelegt. Dann gilt

$$\mathbf{v}(t) = \vec{\omega}(t) \times \mathbf{r}(t)$$

Diese Formel ist vor allem für den Maschinenbau von größter Bedeutung.

**6)** Für gleichförmige Kreisbewegungen lautet der Betrag der Zentrifugalbeschleunigung

$$a = \omega^2\, r = v^2 / r = \omega\, v$$

## 2.6 Aufgaben

**(2–1) Leicht Überholvorgang**

Ein LKW fährt mit konstanter Geschwindigkeit $v_L = 36$ km/h an einem stehenden PKW vorbei. Wenn sein Vorsprung $s_1 = 100$ m beträgt, startet der PKW und fährt mit gleichförmiger Beschleunigung $a = 1{,}2$ m/s$^{-2}$ hinterher.

**a)** Wieviel Zeit $T$ benötigt der PKW, um den LKW einzuholen?

**b)** Welche Strecke $s$ legt der PKW dabei zurück?

**(2–2) Leicht Beschleunigter Zug**

**a)** Welche Beschleunigung $a$ hat ein Zug, der in 25 s die Geschwindigkeit von 36 km/h auf 54 km/h erhöht?

**b)** Welche Strecke $s$ legt er dabei zurück?

**(2–3) Mittel Beschleunigtes Auto**

Zur Zeit $t = 0$ startet ein Auto an der Stelle $x = 0$ mit gleichförmiger Beschleunigung $a$. Zur Zeit $t_1$ fährt es in eine 75 m lange Meßstrecke ein, die es 2 s später wieder verläßt. Beim Durchfahren der Meßstrecke wird die Geschwindigkeit verdoppelt.

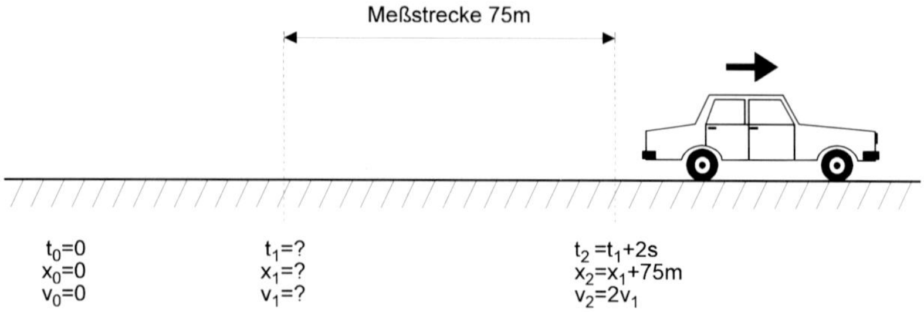


Bestimme die vier Unbekannten $t_1$, $x_1$, $v_1$, $a$.

**(2–4) Mittel Känguruh-Sprünge**

Ein Känguruh macht beim Rennen 6 m weite und 1,5 m hohe Sprünge. Wie groß ist die horizontale (Lauf-)Geschwindigkeit $v$ des Känguruhs?

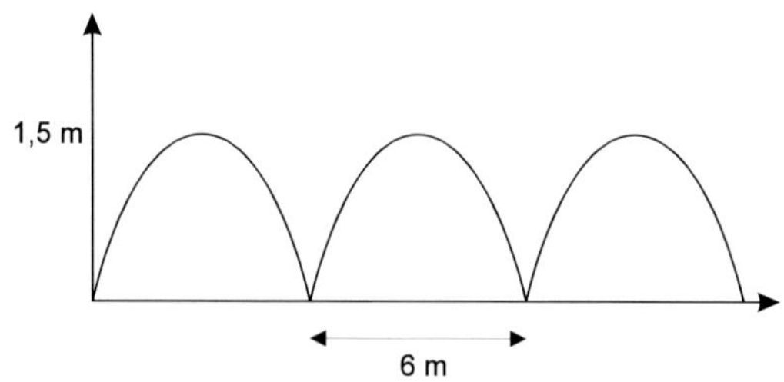


**(2–5) Mittel Notbremsung**

Zwei *identische* Autos fahren im Nebel senkrecht auf eine Wand zu. Der erste Wagen fährt mit 36 km/h und beginnt 10 m vor der Wand mit einer Vollbremsung (blockierende Räder). Er kommt im letzten Augenblick unmittelbar vor der Wand zum Stehen (Abstand Auto – Wand = 0 m).
Der zweite Wagen fährt mit 54 km/h und beginnt 12 m vor der Wand mit einer Vollbremsung. Mit welcher Geschwindigkeit prallt er gegen die Wand?

**(2-6) Mittel Brunnentiefe**

Ein Stein fällt mit der Anfangsgeschwindigkeit $v_0 = 0$ in einen tiefen Brunnen. Nach der Zeit $t$ hört man den Bodenaufprall. Wie groß ist die Brunnentiefe?

Hinweise: Reibungskräfte sollen außer acht gelassen werden. Die Schallgeschwindigkeit beträgt $c = 330$ m/s.

# 3 Newtonsche Axiome und Bewegungen

Die wichtigsten, aber nicht die alleinigen Axiome, auf denen die Mechanik aufbaut, sind die drei Newtonschen Axiome. Sie wurden in dem epochemachenden Werk "Philosophiae naturalis principia mathematica" im Jahre 1687, also vor gut 300 Jahren veröffentlicht. Axiome sind keine mathematisch beweisbaren Sätze; vielmehr sind sie als richtig anzusehen, solange ihre Folgerungen durch die Erfahrung bestätigt werden. Ihre Aufstellung beruht auf Erfahrungen und Beobachtungen.

Auf den ersten Blick scheinen die Newtonschen Axiome sehr einfach und leicht durchschaubar zu sein. Der Praktiker, der nur rechnen und mechanische Probleme lösen will, kann mit einer oberflächlichen Betrachtung und einem groben Verständnis gut leben und arbeiten. Ein theoretisch interessierter Physiker aber, der eine genaue Interpretation wünscht, erkennt bald, daß die Newtonschen Axiome keineswegs einfach sind, sondern im Gegenteil sehr tiefsinnige Überlegungen erfordern. Daher ist es verständlich, daß die Newtonschen Axiome in der Literatur nicht selten falsch interpretiert werden. Wir wollen im folgenden nur andeutungsweise in eine tiefere Interpretation einsteigen.

## 3.1 Das erste Newtonsche Axiom

In seiner bekannten Form lautet dieses Axiom:

> Jeder Körper verharrt im Zustand der Ruhe oder gleichförmigen geradlinigen Bewegung, solange keine Kraft auf ihn einwirkt.

Es wurde bereits um 1640 von Galileo Galilei aus Versuchen an schiefen Ebenen abgeleitet und trägt daher auch den Namen "Trägheitsgesetz von Galilei". Die Entdeckung dieses Gesetzes, das uns heute so trivial zu sein scheint, war eine geniale und bewundernswerte geistige Leistung, denn Bewegungen in Labor und Natur sind nicht gleichförmig und geradlinig. Zur Aufrechterhaltung solcher Bewegungen muß man sogar im scheinbaren Gegensatz zum Trägheitsgesetz Kräfte aufbringen (um die Reibung zu überwinden). Es war daher ein ungewöhnlich hohes Abstraktionsvermögen erforderlich, um von den Reibungen und anderen äußeren Einflüssen abzusehen und zu erkennen, daß kräftefreie Bewegungen gleichförmig und geradlinig sind.

Das Trägheitsgesetz ist also nicht selbstverständlich, sondern eine Extrapolation vieler Beobachtungen auf einen reibungsfreien, d. h. idealisierten Grenzfall. Es kann nicht unmittelbar überprüft werden, da es keine kräftefreien Körper gibt.

Das Trägheitsgesetz war ein großer Durchbruch in der Naturerkenntnis und brach mit der jahrtausendealten Vorstellung, daß jede gleichförmige geradlinige Bewegung einen ständigen Antrieb erfordert. Vor Galilei hatte man stets nach den Ursachen gleichförmiger, geradliniger

Bewegungen gefragt. Nun war sie plötzlich die einfachste und gewissermaßen natürlichste aller Bewegungen, die keiner Einwirkung und daher auch keiner weiteren Erklärung bedarf. Lediglich die Abweichungen von ihr, d. h. die Beschleunigungen mußten von da ab untersucht werden. Das Trägheitsgesetz erforderte ein radikales geistiges Umdenken, da die alten Theorien auf den Kopf gestellt wurden. Kein Wunder, daß es lange dauerte, bis das Trägheitsgesetz von Galilei überall akzeptiert und Allgemeingut der Wissenschaft wurde.

Das Trägheitsgesetz soll jetzt eingehend erläutert werden. Es enthält den Begriff "Kraft", den wir uns zwar mit dem Muskelgefühl qualitativ gut vorstellen können, der aber bisher noch nicht physikalisch definiert wurde. Daher muß die erste Fassung des Newtonschen Axioms so umformuliert werden, daß sie ohne den Begriff der Kraft auskommt. Wir gehen von der Erfahrung aus, daß alle Umgebungseinflüsse mit der Entfernung $r$ abnehmen und schließlich für $r \to \infty$ gegen Null gehen. Dann lautet die zweite Fassung des ersten Newtonschen Axioms folgendermaßen:

> Jeder Körper, der von allen anderen unendlich weit entfernt ist, der also keine Umgebung hat, verharrt im Zustand der Ruhe oder der gleichförmigen, geradlinigen Bewegung.

Auch diese zweite Fassung, die den bisher unbekannten Begriff "Kraft" nicht mehr enthält, ist noch nicht präzise genug. Sie hat nämlich nur dann einen Sinn, wenn das Bezugssystem, auf das sie sich bezieht, angegeben wird. Ein Körper kann ja nicht in allen Bezugssystemen zugleich unbeschleunigt sein. Daher ist eine dritte (endgültige) Formulierung erforderlich:

*Es gibt Koordinatensysteme, in denen sich alle Körper, die keine Umgebung haben, gleichförmig und geradlinig bewegen oder ruhen.*

Wie diese Koordinatensysteme, die man "Inertialsysteme" (lateinisch: inertia = Trägheit) nennt, aussehen, wird im Axiom nicht gesagt.

Nach unserer heutigen Erkenntnis sind alle Systeme, die fest mit dem Fixsternhimmel verbunden sind, inertial. Natürlich sind dann auch alle Bezugssysteme, die sich mit konstanten Geschwindigkeitsvektoren $\mathbf{v}$ gegen den Fixsternhimmel bewegen – ohne zu rotieren –, inertial. Die Geschwindigkeiten in diesen verschiedenen Systemen unterscheiden sich nur durch konstante Relativgeschwindigkeiten. Die Beschleunigungen sind daher in allen Inertialsystemen gleich groß. Es gibt also unendlich viele verschiedene Inertialsysteme; sie unterscheiden sich durch verschiedene Koordinatenursprünge und/oder durch konstante Relativgeschwindigkeiten.

Fest auf der Erde verankerte Bezugssysteme sind wegen der Erdrotation und der beschleunigten Translationsbewegung der Erde im Weltraum nicht exakt inertial. Sie können aber im Maschinenbau und in den meisten Problemen der Mechanik in sehr guter Näherung als inertial angesehen werden.[1] Wenn nicht ausdrücklich etwas anderes vereinbart wird, beziehen sich alle Aussagen der Mechanik immer stillschweigend auf Inertialsysteme.

## 3.2 Das zweite und dritte Newtonsche Axiom

Nach dem ersten Newtonschen Axiom bewegen sich freie Körper, d. h. Körper ohne Umgebung, in Inertialsystemen gleichförmig und geradlinig oder sind in Ruhe. Wir gehen nun einen Schritt weiter und untersuchen die Wirkung der Umgebung auf die Bewegung. Der Einfluß der Umgebung äußert sich in Kräften, die bisher noch nicht definiert wurden, die aber aufgrund des Muskelgefühles intuitiv bekannt sind. Die Kräfte sind für Abweichungen von der gleichförmigen, geradlinigen Bewegung und für das Verlassen der Ruhelage, d. h. für Beschleunigungen verantwortlich. Die Beschleunigung ergibt sich aus dem *zweiten Newtonschen Axiom*, das in der folgenden Form nur für konstante Massen richtig ist:

$$m\,\ddot{\mathbf{r}}(t) = \mathbf{F}\big[\mathbf{r}(t), \dot{\mathbf{r}}(t), t\big] \qquad \text{nur für } m = \text{const} \tag{3.2–1}$$

Nach der rechten Seite dieser Gl. kann die Kraft abhängen

- vom Ortsvektor $\mathbf{r}(t)$, also von der Lage des Teilchens.
  Beispiele: Federkraft $F = -D\,x$ und Anziehungskraft der Sonne auf die Planten $F \sim m_1\,m_2\,/\,r^2$.
- vom Geschwindigkeitsvektor $\mathbf{v}(t)$ des Teilchens.
  Beispiele: Lorentzkraft $\mathbf{F} = q\,\mathbf{v} \times \mathbf{B}$ eines geladenen Teilchens im Magnetfeld und die Reibungskräfte in Gasen und Flüssigkeiten.
- von der Zeit $t$.
  Beispiel: Geladenes Teilchen im Plattenkondensator, dessen Spannung geändert wird.

In der Gl. (3.2–1) treten zwei neue Begriffe auf, die Masse $m$ und die Kraft $\mathbf{F}$. Ohne deren genaue Festlegung ist die Gl. (3.2–1) völlig leer und nutzlos. Wir müssen daher im folgenden Masse und Kraft festlegen.

Wir fangen mit der einfacheren Bestimmung der Masse an. Die Masseneinheit wurde bereits in Abschn. 1.2 definiert. Wir müssen daher nur noch klären, was das Doppelte, Dreifache,

---

[1] Sehr lange dauernde Vorgänge – z. B. die Schwingungen eines Foucault-Pendels – und sehr großräumige Bewegungen – z. B. Geschoßbahnen sowie Luft- und Meeresströmungen – werden aber entscheidend durch die Erdrotation beeinflußt. Daher ist bei langfristigen oder bei großräumigen Bewegungen unbedingt zu berücksichtigen, daß die Erde kein exaktes Inertialsystem ist, sondern rotiert.

Vierfache, ... dieser Masseneinheit ist. Intuitiv ist dieses Problem natürlich ganz einfach zu beantworten, aber wir brauchen eine stichhaltige Begründung in Übereinstimmung mit den physikalischen Gesetzen und Notwendigkeiten. Hier kann nur das *dritte Newtonsche Axiom* weiterhelfen:

> Übt ein Körper 1 auf einen Körper 2 die Kraft $\mathbf{F}_{21}$ aus, so übt der Körper 2 auf den Körper 1 die Kraft $\mathbf{F}_{12}$ aus, die denselben Betrag, aber die entgegengesetzte Richtung wie $\mathbf{F}_{21}$ hat:
>
> $$\mathbf{F}_{21} = -\mathbf{F}_{12} \tag{3.2–2}$$
>
> In Worten: Actio = Reactio

Für zwei konstante Massen, die nur untereinander wechselwirken und vom Rest der Welt unendlich weit entfernt sind, gilt

$$m_1\,\ddot{\mathbf{r}}_1 = \mathbf{F}_{12} \qquad m_2\,\ddot{\mathbf{r}}_2 = \mathbf{F}_{21} = -\mathbf{F}_{12}$$

Daraus folgt

$$\frac{m_1}{m_2} = \left|\frac{\ddot{\mathbf{r}}_2}{\ddot{\mathbf{r}}_1}\right| \tag{3.2–3}$$

Daher ermöglichen die Beschleunigungsmessungen in Systemen mit nur *zwei* Teilchen die Bestimmung jeder Masse als Vielfaches der normierten Masseneinheit. Damit sind die Massen vollständig bestimmt: Die Einheit der Masse ist international festgelegt, das Vielfache der Einheit wird mit der Gl. (3.2–3) eindeutig gemessen.[2]

Wir kommen nun zur Bestimmung der Kräfte. Wir betonen gleich zu Beginn, daß *die Kräfte* $\mathbf{F}(\mathbf{r}, \dot{\mathbf{r}}, t)$ *nicht völlig zweifelsfrei gemessen werden können, sondern letztendlich zu postulieren sind.* Der Grund dafür ist relativ einfach: Die Kraft $\mathbf{F}(\mathbf{r}, \dot{\mathbf{r}}, t)$ hängt von den sieben unabhängigen Variablen $x, y, z, \dot{x}, \dot{y}, t$ ab. Um diese Kraft eindeutig mit Hilfe des zweiten Newtonschen Axioms zu bestimmen, müßte man $m\,\ddot{\mathbf{r}}$ für *alle* (!) Teilchen in *allen* (!) Punkten des siebendimensionalen Raumes messen. Dazu besteht nicht die geringste Chance;

[2] Natürlich kann man die Gl. (3.2–3) auch einfacher beweisen, indem man verschiedene Massen $m_1$, $m_2$, ... einer einzigen Kraft **F** aussetzt, die mit Sicherheit für alle Massen gleich groß ist. Dann gilt

$$\mathbf{F} = m_1\ddot{\mathbf{r}}_1 = m_2\ddot{\mathbf{r}}_2 = \ldots$$

Daraus folgt ebenfalls Gl. (3.2–3). Der Nachteil dieser einfachen Methode besteht darin, daß man absolut sicher sein muß, daß auf alle Teilchen dieselbe Kraft **F** wirkt. In den Zweikörpersystemen ist dies wegen "Actio = Reactio" automatisch sichergestellt.

man kann nur relativ wenige Bahnen vermessen und muß mit diesen unvollständigen und lückenhaften Beobachtungen ein Kraftgesetz vermuten und damit postulieren.[3]

Man geht also bei Postulierung der Kräfte folgendermaßen vor:

- Eine *begrenzte* Zahl von Bahnen wird möglichst genau vermessen, d. h. Geschwindigkeit und Beschleunigung werden entlang der Bahnen gemessen.
- Aufbauend auf diesen Messungen postuliert man eine Kraft $\mathbf{F}(\mathbf{r},\ \dot{\mathbf{r}},\ t)$ so, daß die mit der Gl. $m\,\ddot{\mathbf{r}} = \mathbf{F}(\mathbf{r},\ \dot{\mathbf{r}},\ t)$ berechneten Bahnen mit den gemessenen Bahnen übereinstimmen.
- Alle anderen Bahnen werden dann mit der postulierten Kraft und dem zweiten Newtonschen Axiom berechnet.

Bei vorgegebener Kraft $\mathbf{F}(\mathbf{r},\ \dot{\mathbf{r}},\ t)$ ermöglicht die Gl. (3.2–1) die Berechnung der Bewegung, d. h. die Berechnung des Ortsvektors $\mathbf{r}(t)$ als Funktion der Zeit. Man nennt die Gl. (3.2–1) daher auch "Bewegungsgleichung". Im nächsten Abschn. 3.3 werden wir Bahnen für verschiedene Kräfte berechnen.

Zuvor wollen wir aber nochmals kurz auf die Bewegungsgl. (3.2–1) zurückkommen und auf einen wichtigen Punkt ausdrücklich hinweisen. Wir definieren den Impuls

$$\mathbf{p} := m\,\dot{\mathbf{r}} = m\,\mathbf{v} \qquad (3.2\text{–}4)$$

und stellen fest: Wenn die Masse $m$ konstant ist, läßt sich die Gl. (3.2–1) auch in folgender Form schreiben:

$$\dot{\mathbf{p}} = \mathbf{F} \qquad (3.2\text{–}5)$$

Im Maschinenbau sind die Massen der untersuchten Körper fast immer konstant; dann sind die Gln. (3.2–1) und (3.2–5) äquivalent. Es gibt aber auch Beispiele, in denen sich die Masse ändert:

- Die Masse einer Rakete nimmt wegen des Ausstoßes der abgebrannten Treibstoffe ab.
- Regentropfen, die in nebliger, mit Wasserdampf übersättigter Luft fallen, wachsen infolge der Kondensation und vergrößern ihre Masse.

Nach der Produktregel der Differentialrechnung

---

[3] Probleme dieser Art treten in allen Gebieten der Physik auf: Die nur endlich vielen und nie ganz exakten Messungen lassen immer nur Annahmen zu, die nach vielen Diskussionen und Bestätigungen als Axiome oder Postulate formuliert werden. Mag z. B. das Gesetz "Actio = Reactio" in der Praxis noch so oft bestätigt werden und mag es noch so überzeugend und einsichtig sein, es ist und bleibt ein Axiom. In diesem Sinne müssen auch die Kräfte nach vielen Messungen und Beobachtungen postuliert werden. Die Kraftpostulate gelten als richtig, solange sie in keinem Widerspruch zu Experimenten stehen.

$$\frac{d}{d\,x}\left[u(x)\,v(x)\right] = u'(x)\,v(x) + u(x)\,v'(x)$$

lautet die Gl. (3.2–5) für zeitabhängige Massen $m(t)$

$$\frac{d}{d\,t}(m\,\dot{\mathbf{r}}) = \dot{m}\,\dot{\mathbf{r}} + m\,\ddot{\mathbf{r}} = \mathbf{F}$$

so daß hier ein deutlicher Unterschied zwischen den Gln. (3.2–1) und (3.2–5) besteht und nur eine von ihnen richtig sein kann. *Nur das Experiment* kann entscheiden, welche der beiden Gln. bei veränderlichen Massen richtig ist. Newton hat treffsicher postuliert, daß die Gl. (3.2–5) die richtige Bewegungsgl. ist:

$$\dot{\mathbf{p}} = \frac{d}{d\,t}(m\,\dot{\mathbf{r}}) = \mathbf{F} \qquad \text{für konstante und für veränderliche Massen} \qquad (3.2–6)$$

Daher ist die bekanntere Gl. (3.2–1) nur für konstante Massen richtig:

$$m\,\ddot{\mathbf{r}} = \mathbf{F} \qquad \text{nur für konstante Massen} \qquad (3.2–7)$$

Der Umstand, daß die Gl. (3.2–7) meistens zuerst genannt wird und einen breiteren Raum in der Diskussion einnimmt, ist nicht nur auf die seltene Zeitabhängigkeit der Massen zurückzuführen, sondern auch auf die bessere Verständlichkeit der Gl. (3.2-7).

## 3.3 Lösung von einfachen Bewegungsgln.

Wir beschränken uns vorerst auf eindimensionale Bewegungen entlang der x-Achse, so daß wir skalar rechnen dürfen. Dann lautet das zweite Newtonsche Axiom für konstante Massen

$$m\,\ddot{x} = F(x,\,\dot{x},\,t) \qquad (3.3–1)$$

Aus dieser Bewegungsgl. soll die Bahn, d. h. die Lage $x(t)$ des Teilchens als Funktion der Zeit berechnet werden. Gl. (3.3–1) enthält auf der linken Seite die zweite Ableitung $\ddot{x}(t)$ der gesuchten Funktion $x(t)$ und auf der rechten Seite evtl. – je nach Art der verwendeten Kräfte – auch die gesuchte Funktion $x(t)$ und/oder ihre erste Ableitung $\dot{x}(t)$.

Gln., in denen Ableitungen der gesuchten Funktionen auftreten, heißen "Differentialgleichungen" oder kurz "Dgln".[4]

---

[4] Wir nennen drei Dgln. mit ihren Lösungen:

| | | |
|---|---|---|
| $\dot{x} = 3x^{2/3}$ | mit der Lösung | $x(t) = (t + c)^3$ |
| $\dot{x} = 2t - x$ | mit der Lösung | $x(t) = c\,e^{-t} + 2t - 2$ |

**Beispiel (3.3–1) Harmonischer, ungedämpfter Oszillator.**

Eine Masse $m$ ist an einer Feder aufgehängt und schwingt reibungsfrei auf und ab. Stelle die Bewegungsgl. auf und löse sie mit einem Ansatz.

**Lösung:**

Die Rückstellkraft bei der Auslenkung $x$ aus der Gleichgewichtslage ist nach dem Hookeschen Gesetz gleich

$$F = -D\,x$$

Das Minuszeichen vor $D\,x$ beschreibt die rücktreibende Kraft der Feder auf die Masse und ist für die Lösung der Dgl. von entscheidender Bedeutung. Das Minuszeichen läßt sich leicht beweisen: Bei einer Auslenkung in die positive x-Richtung (siehe Abb. (3.3–1)) wird die Feder zusammengedrückt und übt daher eine negative Kraft, d. h. eine Kraft in die negative x-Richtung auf die Masse $m$ aus. Bei einer Auslenkung in die negative x-Richtung wird die Feder gedehnt und übt daher eine positive Kraft auf $m$ aus.

Nach "actio = reactio" ist die Kraft der Feder auf die Masse entgegengesetzt zur Kraft $+\,D\,x$ der Masse auf die Feder. In das 2. Newtonsche Axiom muß immer die Kraft, die von außen auf die Masse $m$ ausgeübt wird, eingesetzt werden.

Die Bewegungsgl. lautet

$$m\,\ddot{x} = \text{Kraft auf } m = -\,D\,x \qquad (3.3\text{-}2)$$

Diese Gl. enthält die gesuchte Funktion $x(t)$ und ihre zweite Ableitung und ist daher eine Dgl. Eine Funktion $x(t)$ ist zu finden, die zusammen mit ihrer zweiten Ableitung die Dgl. (3.3–2) erfüllt.

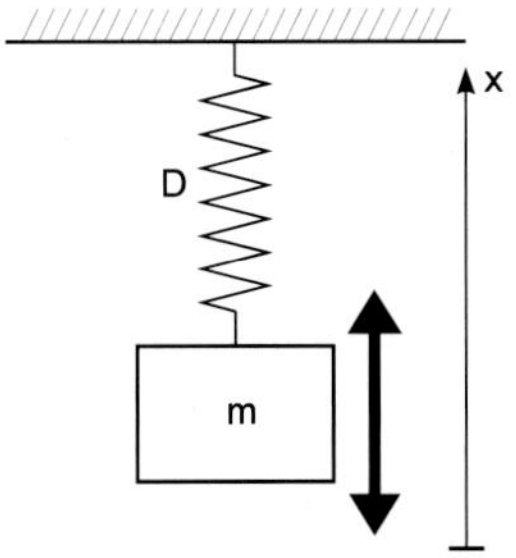


**Abb. (3.3–1)** Harmonischer ungedämpfter Oszillator

---

$\ddot{x} - 4\dot{x} - 5x = 0$ mit der Lösung $x(t) = c_1\,e^{5t} + c_2\,e^{-t}$

Die Lösungen enthalten Konstanten $c$, die sich erst aus den Anfangsbedingungen zur Zeit $t = 0$ ergeben. (Näheres hierzu in der Mathematik-Vorlesung.)

Die Lösung der Dgl. wird üblicherweise in der Physik und in der Mathematik durch einen *Ansatz* gewonnen. Der geeignete Ansatz kann auf zwei Arten gefunden werden:

1. Physikalische Intuition: Die Lösung muß eine periodische Auf- und Abbewegung beschreiben. Wir kennen nur zwei Funktionen, die diese Bedingung erfüllen: die Sinus- und die Cosinusfunktion.

2. Mathematische Intuition: Wir suchen Funktionen, deren zweite Ableitung proportional zur negativen Funktion ist. Auch hier kennen wir nur zwei Funktionen, deren zweite Ableitung auf die mit minus Eins multiplizierte Ausgangsfunktion zurückführt: Sinus- und Cosinusfunktion.

Daher machen wir folgenden *Ansatz* [5]

$$x(t) = c_1 \cos \omega_0 t + c_2 \sin \omega_0 t \tag{3.3–3}$$

für die Lösung der Bewegungsgl. (3.3–2). Die Konstante $\omega_0$ muß in dem Ansatz enthalten sein und die Einheit $s^{-1}$ haben, weil die trigonometrischen Funktionen ebenso wie tan, exp, ln usw. nicht von dimensionsbehafteten Variablen abhängen dürfen.[6]

Bevor wir die Bedeutung der vorerst noch unbekannten Konstanten $\omega_0$, $c_1$, $c_2$ klären, müssen wir zuerst einmal beweisen, daß der (geratene) Ansatz richtig ist. Zu dem Zweck leiten wir den Ansatz zweimal nach der Zeit ab

$$\dot{x}(t) = -c_1 \omega_0 \sin \omega_0 t + c_2 \omega_0 \cos \omega_0 t$$

$$\ddot{x}(t) = -c_1 \omega_0^2 \cos \omega_0 t - c_2 \omega_0^2 \sin \omega_0 t = -\omega_0^2 x(t) \tag{3.3–4}$$

Ein Vergleich der Gln. (3.3–2) und (3.3–4) zeigt: Der Ansatz erfüllt die Dgl. (3.3–2) genau dann, wenn

$$\omega_0 = \sqrt{\frac{D}{m}} \tag{3.3–5}$$

---

[5] Der Ansatz (3.3–3) ist gleich dem Ansatz

$$x(t) = A \cos(\omega_0 t + \varphi_0)$$

der anstelle der Konstanten $c_1$, $c_2$ zwei andere Konstanten $A$, $\varphi_0$ enthält. Wir kommen darauf in Abschn. 7.1 zurück.

[6] Der Grund, warum die Variable $x$ in $\sin x$ keine Dimension haben darf, ergibt sich aus der Taylorentwicklung, die in der Mathematik-Vorlesung ausführlich behandelt wird:

$$\sin x = x - \frac{x^3}{3!} + \frac{x^5}{5!} - \frac{x^7}{7!} + \ldots$$

Wenn die Variable $x$ eine Einheit hätte, würde man auf der rechten Seite der Gl. unerlaubterweise Ausdrücke mit verschiedenen Einheiten summieren.

Die Bedeutung von $\omega_0$ ergibt sich aus der Periodizität der trigonometrischen Funktionen: Wenn wir den Oszillator zu einer beliebigen Zeit $t$ betrachten und dann nach der Periode $T$ erneut betrachten, so erhalten wir denselben Zustand. Das bedeutet

$$\cos\omega_0 t = \cos(\omega_0 t + 2\pi) = \cos\omega_0(t + T)$$

Daraus und aus Gl. (3.3–5) folgt sofort die Periode oder Schwingungsdauer

$$T = \frac{2\pi}{\omega_0} = 2\pi\sqrt{\frac{m}{D}} \tag{3.3–6}$$

Damit haben wir die Konstante $\omega_0$ bestimmt und zugleich die äußerst wichtige Gl. (3.3-6) für die Schwingungsdauer $T$ des ungedämpften harmonischen Oszillators hergeleitet. In Übereinstimmung mit der experimentellen Erfahrung ist die Schwingungsdauer um so größer, je schwerer die Masse $m$ und je weicher die Feder ist.

Die beiden Konstanten $c_1$, $c_2$ ergeben sich aus den sog. "Anfangsbedingungen", d. h. aus der Auslenkung und der Geschwindigkeit des Oszillators zur Zeit $t = 0$.[7] Nach Gl. (3.3–3) gilt zur Zeit $t = 0$:

$$x(t = 0) =: x_0 = c_1$$
$$v(t = 0) =: v_0 = c_2\,\omega_0$$

Die Bewegung des harmonischen Oszillators lautet daher

$$x(t) = x_0 \cos\left(\sqrt{\frac{D}{m}}\,t\right) + v_0\sqrt{\frac{m}{D}}\,\sin\left(\sqrt{\frac{D}{m}}\,t\right) \tag{3.3–7}$$

Die Anfangsauslenkung $x_0$ steht nur vor der Cosinus-Funktion, weil der Cosinus zur Zeit $t = 0$ nur eine Auslenkung, aber noch keine Geschwindigkeit (Steigung) hat. Die Anfangsgeschwindigkeit $v_0$ steht nur vor der Sinus-Funktion, weil der Sinus zur Zeit $t = 0$ nur eine Geschwindigkeit (Steigung), aber noch keine Auslenkung hat.

Nach Gl. (3.3–7) muß man bei der Berechnung der Schwingung des Oszillators die beiden Parameter $m$, $D$ und die beiden Anfangsbedingungen $x_0$, $v_0$ kennen. Ohne Angabe dieser vier Größen kann die Bewegung des Oszillators nicht berechnet werden.

---

[7] Die Anfangsbedingungen, also der Ort und die Geschwindigkeit am Anfang der Bewegung, müssen in der Mechanik immer gegeben sein, wenn man eine Bewegung berechnen will. Ein Beispiel verdeutlicht diese Aussage am besten: Der Wurf eines Steines läßt sich nur ermitteln, wenn man den Ort des Steinwerfers (Anfangsort) und den Vektor der Abwurfgeschwindigkeit (Anfangsgeschwindigkeit) kennt. Genauso verhält es sich auch mit anderen mechanischen Systemen. Siehe z. B. eine Billardkugel.
Der mathematische Grund dafür, daß man gerade *zwei* Anfangsbedingungen braucht (Ort und Geschwindigkeit), läßt sich einfach formulieren: Die *zweite* Ableitung ist die höchste Ableitung, die in der Bewegungsgl. (3.3–1) vorkommt. (Näheres hierzu in der Mathematik-Vorlesung, Theorie der Differentialgln.)

**Beispiel (3.3–2) Berechnung einer Schwingung**

Berechne die Schwingung eines Oszillators mit den Parametern $m = 4$ kg, $D = 100$ N/m, der 3 cm aus der Ruhelage gezogen wird und beim Loslassen zur Zeit $t = 0$ noch einen Stoß mit der Geschwindigkeit 5 cm/s erhält.

**Lösung:**

$$\sqrt{\frac{D}{m}} = 5s^{-1} \qquad x_0 = 0{,}03\ \mathrm{m} \qquad v_0 = 0{,}05\ \mathrm{m/s}$$

Mit Gl. (3.3–7) finden wir sofort

$$x(t) = 0{,}03\,m \cdot \cos(5s^{-1} \cdot t) + 0{,}01\,m \cdot \sin(5s^{-1} \cdot t)$$

**Beispiel (3.3–3) Seil an der Tischkante.**

Ein Seil mit Länge $l$ und Masse $m$ liegt senkrecht zur Tischkante lang ausgestreckt auf einem Tisch, wobei ein kleines Stück der Länge $x_0$ über die Tischkante herunterhängt. Nach dem Loslassen des linken Seilendes rutscht das Seil völlig reibungsfrei zu Boden. Berechne die Länge $x(t)$ des herunterhängenden Seilstückes als Funktion der Zeit.

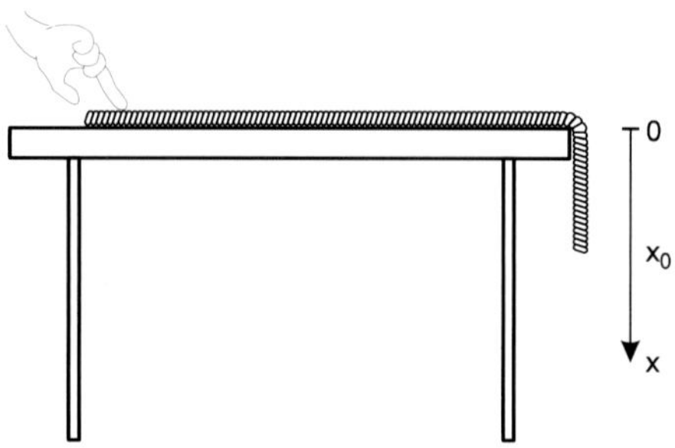


**Abb. (3.3–2)** Ein Seil rutscht reibungsfrei über eine Tischkante zu Boden.

**Lösung:**

Das zweite Newtonsche Axiom ergibt

$$m\,\ddot{x} = \hat{G} = \text{Gewichtskraft auf das herunterhängende Seilstück}$$

Da das lang ausgestreckte Seil als ganzes beschleunigt wird, steht auf der linken Seite die gesamte Seilmasse $m$. Offensichtlich ist $\hat{G}$ gleich der gesamten Gewichtskraft $m\,g$ multipliziert mit dem herunterhängenden Anteil:

$$\hat{G} = m\,g\,\frac{x}{l}$$

Daraus folgt die Bewegungsgl.

$$m\,\ddot{x} = m\,g\,\frac{x}{l} \qquad \text{oder} \qquad \ddot{x} = +\frac{g}{l}\,x \tag{3.3–8}$$

Diese Bewegungsgl. hat fast die gleiche Form wie die Bewegungsgl. $\ddot{x} = -D/m\,x$ des harmonischen Oszillators. In beiden Fällen sind die Beschleunigungen $\ddot{x}$ proportional zur Auslenkung $x$. Lediglich die Vorzeichen auf der rechten Seite sind verschieden: Beim Oszillator ist das Vorzeichen negativ, weil die Feder das Teilchen $m$ zurück in die Gleichgewichtslage zieht. Beim Seil tritt ein positives Vorzeichen auf, weil die Gravitation das Seil immer weiter von der Ausgangslage wegzieht. Die ungleichen Vorzeichen sind verantwortlich für die völlig verschiedenen Bewegungen beider Systeme.

Wir wollen die Bewegungsgl. (3.3–8) durch einen Ansatz lösen. Zu diesem Zweck suchen wir Funktionen $x(t)$, deren zweite Ableitungen proportional zu den Funktionen selber sind – mit einem *positiven* Vorzeichen. Die Hyperbelfunktionen Cosinus-hyperbolicus und Sinus-hyperbolicus sind solche Funktionen. Sie sind als Linearkombinationen der Exponentialfunktionen $\exp(\pm\,x)$ definiert:

$$\cosh x := \frac{1}{2}\left(e^{x} + e^{-x}\right) \tag{3.3–9a}$$

$$\sinh x := \frac{1}{2}\left(e^{x} - e^{-x}\right) \tag{3.3–9b}$$

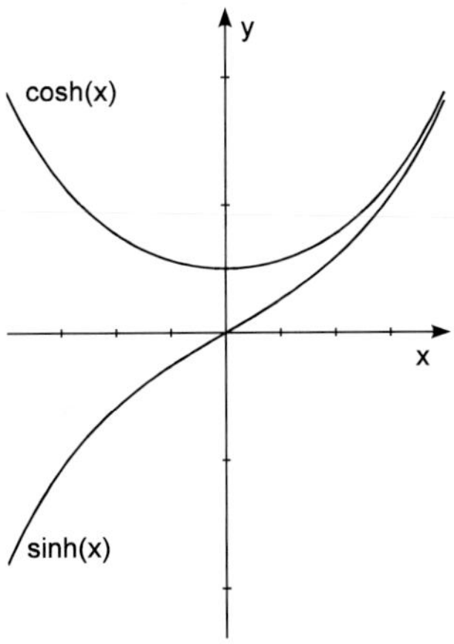


**Abb. (3.3-3)** Hyperbelfunktionen $\cosh x$ und $\sinh x$

$\cosh x$ ist wie $\cos x$ eine gerade Funktion; $\sinh x$ ist wie $\sin x$ eine ungerade Funktion. Darüber hinaus haben diese beiden Hyperbelfunktionen an der Stelle $x = 0$ dieselben Funktionswerte und dieselben Ableitungen wie die trigonometrischen Funktionen. Aus den Gln. (3.3–9) folgt

$$\frac{d}{d\,x}\cosh x = \frac{1}{2}\left(e^x - e^{-x}\right) = \sinh x$$

$$\frac{d^2}{d\,x}\cosh x = \frac{d}{d\,x}\sinh x = \frac{1}{2}\left(e^x + e^{-x}\right) = \cosh x$$

Wir sehen: $\cosh x$ abgeleitet ergibt $\sinh x$; $\sinh x$ abgeleitet ergibt $\cosh x$. Die Ableitungen sind noch einfacher als bei den trigonometrischen Funktionen, weil keine negativen Vorzeichen auftreten. Wegen

$$\frac{d^2}{d\,x^2}\cosh x = \cosh x \qquad \frac{d^2}{d\,x^2}\sinh x = \sinh x$$

haben wir die geeigneten Kandidaten zur Lösung der Dgl. (3.3–8) gefunden. Wir wählen daher den *Ansatz* [8]

$$x(t) = c_1 \cosh(\lambda\, t) + c_2 \sinh(\lambda\, t) \tag{3.3–10}$$

Von der Konstanten $\lambda$ wissen wir bisher nur, daß sie die Einheit $s^{-1}$ hat. Sie wurde eingesetzt, damit die Argumente der Hyperbelfunktionen keine Einheit haben. Wegen

$$\ddot{x}(t) = \lambda^2 \left[c_1 \cosh(\lambda\, t) + c_2 \sinh(\lambda\, t)\right] = \lambda^2\, x(t)$$

erfüllt der Ansatz (3.3–10) die Dgl. (3.3–8) genau dann, wenn wir setzen

$$\lambda = \sqrt{\frac{g}{l}}$$

Die Konstanten $c_1$, $c_2$ ergeben sich wie beim harmonischen Oszillator aus den Anfangsbedingungen. Aus dem Ansatz (3.3–10) folgt

$$x(t = 0) =: x_0 = c_1$$

$$\dot{x}(t = 0) =: v_0 = c_2 \lambda$$

Damit erhalten wir insgesamt folgende Lösung

$$x(t) = x_0 \cosh(\lambda\, t) + \frac{v_0}{\lambda}\sinh(\lambda\, t) \qquad \text{mit } \lambda = \sqrt{g/l} \tag{3.3–11}$$

Verständnisfrage: Aus der Gl. (3.3–11) ergibt sich die Beschleunigung für die Anfangsbedingung $v_0 = 0$ zu

$$\ddot{x}(t) = \lambda^2\, x_0 \cosh(\lambda\, t) = g\,\frac{x_0}{l}\cosh(\lambda\, t)$$

Für genügend große Zeiten $t$ wird die Beschleunigung $\ddot{x}$ des Seiles größer als die Erdbeschleunigung $g$. Wo liegt der Fehler?

---

[8] In Aufgabe (3-11) wird ein Ansatz mit den Exponentialfunktionen $\exp(\pm\,\lambda\, t)$ aufgestellt. Dieser Ansatz wird sich in den Lösungen als umständlicher erweisen.

Neben den Bewegungsgln., die *am einfachsten* durch einen geschickt gewählten Ansatz gelöst werden können (siehe den **un**gedämpften harmonischen Oszillator und das reibungsfreie Seil an der Tischkante), und neben den vielen Bewegungsgln., die *nur* durch einen Ansatz gelöst werden können (z. B. der harmonische Oszillator *mit* Reibung), gibt es unzählige, in der Regel relativ einfache, dafür aber sehr wichtige Bewegungsgln., die am besten mit *Integrationen* berechnet werden können. Sie treten unter anderem bei rein zeitabhängigen Kräften $F(t)$ und bei rein geschwindigkeitsabhängigen Kräften $F(\dot{x})$ auf.

Da die Integralrechnung nicht nur für die Lösung von Bewegungsgln. benötigt wird, sondern auch für die Berechnung von

- kinematischen Problemen wie z. B. die Ermittlung eines zurückgelegten Weges aus der Geschwindigkeit $v(t)$
- Arbeiten und Kraftstößen
- Massen und Volumina, Schwerpunkten
- Massen- und Flächenträgheitsmomenten
- sowie unzähligen Aufgaben in *allen* anderen Gebieten der Physik

wollen wir uns jetzt kurz mit der Integralrechnung beschäftigen.

## 3.4 Einführung in die Integralrechnung

Die Integralrechnung hat für die Naturwissenschaft und Technik die gleiche Bedeutung wie die Differentialrechnung und ist mit dieser eng verknüpft. In der Differentialrechnung sind die Funktionen $f(t)$ gegeben und ihre Ableitungen $\dot{f}(t)$ müssen berechnet werden. Die Integralrechnung hat die umgekehrte Aufgabe: Aus einer gegebenen Ableitung ist die Funktion selber zu bestimmen.[9] Wir verdeutlichen dies an einem sehr einfachen Beispiel.

**Beispiel (3.4–1) Einfache Integration.**

Gegeben sei die Ableitung $\dot{x}(t) = \cos \omega t$.

Berechne alle Funktionen $x(t)$ mit $\dot{x}(t) = \cos \omega t$.

---

[9] Die Integralrechnung wurde bereits in der Schule behandelt und wird an der Hochschule in der Mathematikvorlesung ausführlich besprochen – aber in beiden Fällen nicht sehr eng an die Physik und die Ingenieurwissenschaften angelehnt.
Es ist eine alte didaktische Erfahrung an den Hochschulen, daß bei den ersten Anwendungen der Integralrechnung in Physik und Technik sehr häufig Verständnisprobleme auftreten – selbst bei den Hörern, die in der Mathematikvorlesung die Integralrechnung bestens verstanden haben. Um diese Probleme zu umgehen, wollen wir hier direkt anhand von physikalischen Problemen in die Integralrechnung einführen.

Genauso gut hätte man die Geschwindigkeiten am Ende der Teilintervalle oder irgendwo innerhalb der Teilintervalle berechnen können, weil die $n$ Teilintervalle sehr klein sind und sich die Geschwindigkeit daher innerhalb eines Teilintervalles kaum ändern kann.

Dann ist der im Gesamtintervall zurückgelegte Weg gleich der Summe der in den Teilintervallen zurückgelegten Wege:

$$\begin{aligned} x(t) - x(t_1) &= \sum_{i=1}^{n} \left[ x(t_1 + i\,\Delta t) - x(t_1 + (i-1)\Delta t) \right] \approx \\ &\approx \sum_{i=1}^{n} v(t_1 + (i-1)\Delta t)\;\Delta t \end{aligned} \tag{3.4–3}$$

mit $\Delta t = (t - t_1)/n$. *Die letzte Summe*, die wir "Zwischensumme" nennen wollen, *ist gleich der schraffierten Fläche unter der Stufenfunktion in Abb. (3.4–2).*

Wir lassen nun die Zahl $n$ der Teilintervalle größer und größer werden. Dabei wird die Breite $\Delta t = (t - t_1)/n$ der Teilintervalle immer kleiner. Je schmaler $\Delta t$ wird, desto weniger ändert sich die Geschwindigkeit $v(t)$ innerhalb der Teilstrecken und desto genauer beschreibt die Geschwindigkeitssumme den zurückgelegten Weg $\Delta x = x(t) - x(t_1)$ [11]. Für $n \to \infty$ schließlich strebt die Zwischensumme gegen einen Grenzwert, den man das "Integral" der Funktion $v(t)$ nennt:

$$x(t) - x(t_1) = \lim_{n \to \infty} \sum_{i=1}^{n} v\left[ t_1 + (i-1)\frac{t - t_1}{n} \right] \cdot \frac{t - t_1}{n} =: \int_{t_1}^{t} v(t')\,dt' \tag{3.4–4}$$

*Das Integral ist einerseits gleich der Fläche zwischen der Funktion $v(t)$ und der Abszisse im Intervall $[t_1, t]$ und andererseits gleich dem Zuwachs $x(t) - x(t_1)$ der Stammfunktion.*

---

[11] Ein alltägliches Beispiel verdeutlicht diese Aussage vielleicht am besten: Ein LKW ist auf der Autobahn von Köln nach Frankfurt gefahren. Mit dem Fahrtenschreiber, der die Geschwindigkeit $v(t)$ als Funktion der Zeit aufzeichnet, kann man die Strecke $x(1\ \mathrm{h})$ ermitteln, die der LKW in der ersten Stunde zurückgelegt hat: Man liest z. B. alle 5 Minuten die Geschwindigkeit auf dem Fahrtenschreiber ab, addiert die 12 abgelesenen Geschwindigkeiten und multipliziert die durch 12 geteilte Summe mit 1 h. Das so ermittelte Ergebnis dürfte aber noch recht ungenau sein, da sich die Geschwindigkeit auf der Autobahn in 5 Minuten stark ändern kann. Es ist besser, jede Minute die Geschwindigkeit abzulesen, die 60 abgelesenen Geschwindigkeiten zu addieren und die durch 60 geteilte Summe mit 1 h zu multiplizieren. Noch genauer wäre natürlich eine Berechnung, die auf Ablesungen im Sekundenabstand basiert. Sie würde die gefahrene Strecke $x(1\ \mathrm{h})$ nahezu exakt ermitteln. Es ist wohl einsichtig, daß bei der Verkleinerung der Ableseintervalle $\Delta t$ ein Grenzübergang erfolgt: Wenn $\Delta t$ von 5 Minuten auf 1 Minute verkürzt wird, kann sich die berechnete Strecke noch sehr stark ändern. Wenn $\Delta t$ aber von 5 Sekunden auf 1 Sekunde verkürzt wird, ändert sich die berechnete Strecke kaum noch und stimmt mit der tatsächlich gefahrenen Strecke $x(1\ \mathrm{h})$ sehr gut überein.

Wenn wir $x(t_1)$ in Gl. (3.4–4) auf die rechte Seite bringen, erhalten wir den Ort des Teilchens zur Zeit $t$:

$$x(t) = x(t_1) + \int_{t_1}^{t} v(t')\,dt' \qquad (3.4\text{–}5)$$

$x(t)$ ist die Stammfunktion des sog. "Integranden" $v(t)$. In gleicher Weise läßt sich die wichtige Formel

$$v(t) = v(t_1) + \int_{t_1}^{t} a(t')\,dt'$$

beweisen.

In *Verallgemeinerung* dieser Aussagen auf andere Funktionen erhalten wir die folgenden Integraleigenschaften, die von zentraler Bedeutung für die Mathematik und Physik sind:

- Das Integral

  $$\int_{t_1}^{t} f(t')\,dt' := \lim_{n\to\infty} \sum_{i=1}^{n} f\left[t_1 + (i-1)\frac{t-t_1}{n}\right] \cdot \frac{t-t_1}{n}$$

  ist gleich der Fläche, die von der Funktion $f(t)$ und der Abszisse im Intervall $[t_1,\, t]$ eingeschlossen wird.

- Das Integral über die Funktion $f(t)$ ist gleich der Änderung

  $$F(t) - F(t_1) = \int_{t_1}^{t} f(t')\,dt' \qquad (3.4\text{–}6)$$

  der Stammfunktion des Integranden im gleichen Intervall.

**Beispiel (3.4–2) Beschleunigte Bewegung.**

Für eine Bewegung mit einer quadratisch in der Zeit anwachsenden Geschwindigkeit

$$v(t) = c\,t^2 \qquad \text{mit } c = \text{const} \qquad [c] = \text{m / s}^3$$

soll der in der Zeit von 0 bis $t$ zurückgelegte Weg nicht durch Integration, sondern durch Summenbildung und Grenzübergang $\Delta t \to 0$ berechnet werden.

**Lösung:**

Das Zeitintervall $[0,\, t]$ wird in $n$ gleich große Teilintervalle der Breite

$$\Delta t = \frac{t}{n}$$

unterteilt. Am Anfang des i-ten Teilintervalles hat $v(t)$ den Wert

$$c\left[(i-1)\,\Delta t\right]^2 = c\left[(i-1)\,\frac{t}{n}\right]^2$$

Die Zwischensumme lautet

$$\sum_{i=1}^{n} c\left[(i-1)\,\frac{t}{n}\right]^2 \Delta t = c\,\frac{t^2}{n^2}\,\frac{t}{n}\sum_{i=1}^{n}(i-1)^2$$

Sie heißt in der Mathematik "Untersumme" $U_n$, da sie gleich der Summe der dunkel schraffierten Fläche in Abb. (3.4–3) ist und sich für wachsende $n$ der Fläche unter der Kurve $v(t)$ von unten nähert.

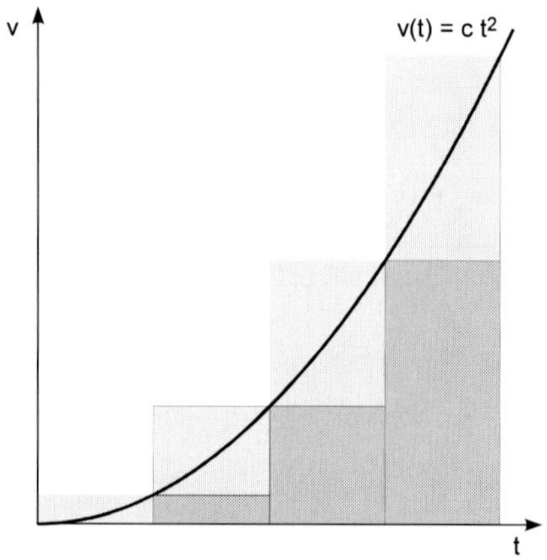


**Abb. (3.4–3)** Die dunkel schraffierte Fläche wird mit den Geschwindigkeiten am Anfang der vier Teilintervalle ermitttelt. Die gesamte schraffierte Fläche wird mit den Geschwindigkeiten am Ende der vier Teilintervalle ermittelt. Wenn die Zahl der Teilintervalle gegen Unendlich geht, nähern sich diese beiden Flächen von unten und oben dem zurückgelegten Weg an.

In der mathematischen Formelsammlung findet man

$$\sum_{i=1}^{n}(i-1)^2 = \frac{n\,(n-1)\,(2n-1)}{6}$$

(Einfacher Beweis durch vollständige Induktion). Damit folgt

$$U_n = \frac{c\,t^3}{6}\,\frac{n(n-1)(2n-1)}{n^3} \qquad \left(< \frac{c\,t^3}{3}\right)$$

Im Limes $n \to \infty$ erhalten wir den zurückgelegten Weg

$$x(t) - x(0) = \lim_{n\to\infty} U_n = \frac{c\,t^3}{3} = \int_0^t c\,t'^2\,d\,t'$$

Das Integral ist

1) gleich der Fläche unter der Geschwindigkeitsfunktion $c\,t^2$ in den Grenzen von 0 bis $t$ und

2) wegen

$$\frac{d}{d\,t}\left(\frac{c\,t^3}{3}\right) = c\,t^2 = v(t)$$

eine Stammfunktion von $v(t)$.

Wenn wir die Geschwindigkeiten nicht am Anfang, sondern am Ende der $n$ Teilintervalle bestimmen, erhalten wir die sog. "Obersumme"

$$O_n = \sum_{i=1}^{n} c\left(i\frac{t}{n}\right)^2 \Delta t = c\frac{t^2}{n^2}\frac{t}{n}\sum_{i=1}^{n} i^2 = \frac{c\,t^3}{6}\frac{n\,(n+1)\,(2n+1)}{n^3} \quad \left(> \frac{c\,t^3}{3}\right)$$

Die Obersumme ist gleich der schraffierten Fläche in Abb. (3.4–3) und nähert sich für $n \to \infty$ von oben dem Wert $c\,t^3/3$. Nach Abb. (3.4–3) gilt für alle $n$

$U_n <$ Fläche unter der Kurve $v(t) < O_n$

Dies beweist eindeutig, daß der gemeinsame Grenzwert von $U_n$ und $O_n$ die Fläche unter $v(t)$ ergibt.

Abschließend behandeln wir ein weiteres einfaches Beispiel, um das Arbeiten mit Integralen und das Lösen von dreidimensionalen Bewegungsgln. einzuüben. Dabei treten sehr einfache Integrale auf.

**Beispiel (3.4–3) Schiefer Wurf ohne Reibung.**

Ein Körper wird mit der Anfangsgeschwindigkeit $v_0$ unter dem Winkel $\varphi$ schräg nach oben geworfen. Wir wählen ein rechtshändiges kartesisches Koordinatensystem mit dem Ursprung an der Abwurfstelle. Die z-Achse zeigt senkrecht nach oben, die x-Achse liegt in der horizontalen Ebene und zeigt in die Wurfrichtung. Der Körper werde zur Zeit $t = 0$ geworfen.

Die Anfangsbedingungen sind

$$\mathbf{r}(t=0) := \mathbf{r}_0 = \begin{pmatrix} x_0 \\ y_0 \\ z_0 \end{pmatrix} = \begin{pmatrix} 0 \\ 0 \\ 0 \end{pmatrix}$$

$$\dot{\mathbf{r}}(t=0) := \dot{\mathbf{r}}_0 = \begin{pmatrix} \dot{x}_0 \\ \dot{y}_0 \\ \dot{z}_0 \end{pmatrix} = \begin{pmatrix} v_0 \cos\varphi \\ 0 \\ v_0 \sin\varphi \end{pmatrix}$$

Berechne den Ortsvektor $\mathbf{r}(t)$ mit Integrationen.

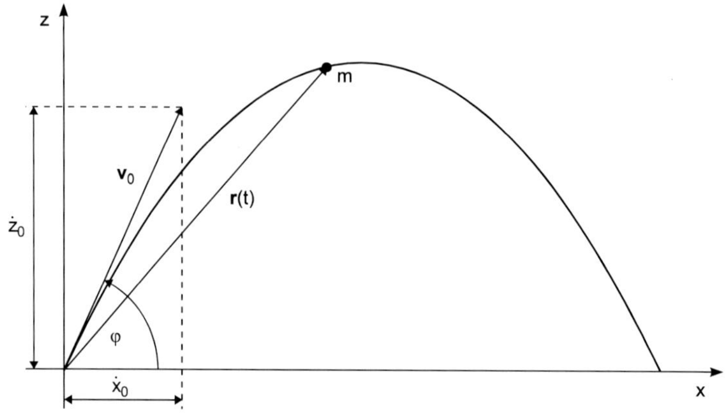


**Abb. (3.4–4)** Schiefer Wurf ohne Reibung.

**Lösung:**

Die Bewegungsgl. lautet nach dem zweiten Newtonschen Axiom

$$m\,\ddot{\mathbf{r}} = m\,\mathbf{g}$$

oder in Koordinatendarstellung

$$\begin{pmatrix} \ddot{x} \\ \ddot{y} \\ \ddot{z} \end{pmatrix} = \begin{pmatrix} 0 \\ 0 \\ -g \end{pmatrix} \tag{3.4–7}$$

Wir können die Dgl. koordinatenweise lösen. Die Lösung der ersten Dgl. $\ddot{x} = 0$ ist sehr einfach: Nach Gl. (3.4–6) beträgt der Zuwachs der Stammfunktion im Intervall $[0,\ t]$

$$\dot{x}(t) - \dot{x}_0 = \int_0^t \ddot{x}(t')\,d\,t' = \int_0^t 0 \cdot d\,t' = 0$$

$$\Rightarrow \quad \dot{x}(t) = \dot{x}_0$$

Eine zweite Integration ergibt

$$x(t) - x_0 = \int_0^t \dot{x}(t')\,d\,t' = \dot{x}_0 \int_0^t d\,t' = \dot{x}_0\,t$$

Mit $x_0 = 0$ und $\dot{x}_0 = v_0 \cos \varphi$ folgt

$$x(t) = v_0\,t \cos \varphi \tag{3.4–8a}$$

Die Lösung der Gl. $\ddot{y} = 0$ erfolgt in gleicher Weise und ergibt

$$y(t) = 0 \tag{3.4–8b}$$

Abschließend wird die Gl. $\ddot{z} = -g$ für den vertikalen Bewegungsanteil gelöst:

$$\dot{z}(t) - \dot{z}_0 = \int_0^t \ddot{z}(t')\, d\, t' = -g \int_0^t d\, t' = -g\, t$$

$$\Rightarrow \quad \dot{z}(t) = \dot{z}_0 - g\, t$$

Eine weitere Integration führt auf

$$z(t) - z_0 = \int_0^t \dot{z}(t')d\, t' = \int_0^t (\dot{z}_0 - g\, t')\, d\, t' = \dot{z}_0\, t - \frac{g}{2} t^2$$

Mit $z_0 = 0$ und $\dot{z}_0 = v_0 \sin\varphi$ folgt

$$z(t) = v_0\, t \sin\varphi - \frac{g}{2} t^2 \tag{3.4–8c}$$

Der Ortsvektor

$$\mathbf{r}(t) = \begin{pmatrix} v_0\, t \cos\varphi \\ 0 \\ v_0\, t \sin\varphi - \frac{g}{2} t^2 \end{pmatrix}$$

zeigt, daß die Wurfbewegung aus zwei unabhängigen Bestandteilen zusammengesetzt ist: Die vertikale Bewegungskomponente (Freier Fall) und die horizontale Bewegungskomponente (Gleichförmige Bewegung) beeinflussen sich nicht gegenseitig. Folglich schlagen zwei Körper, die gleichzeitig in derselben Höhe und mit derselben vertikalen, aber mit verschiedenen horizontalen Geschwindigkeitskomponenten geworfen werden, zur gleichen Zeit auf der Erde auf – unabhängig von der horizontalen Bewegung.

Wenn man die Gl. (3.4–8a) nach $t$ auflöst und $t$ in (3.4–8c) einsetzt, erhält man die Bahnkurve in der x,z-Ebene:

$$z = x \tan\varphi - \frac{g}{2v_0^2 \cos^2\varphi} x^2 \tag{3.4–9}$$

*Die Wurfbahn ist eine Parabel.* (Weitere Eigenschaften des schiefen, reibungsfreien Wurfs werden in Aufgabe (3-1) abgeleitet.)

## 3.5 Zusammenfassung

**1)** Die drei Newtonschen Axiome lauten:

1. Es gibt Koordinatensysteme, in denen sich *alle* Körper, die keine Umgebung haben, also kräftefrei sind, gleichförmig und geradlinig bewegen oder ruhen.
   Diese Koordinatensysteme heißen „Inertialsysteme".

2. In den Inertialsystemen gilt bei Einwirkung von Kräften

$$\mathbf{F}(\mathbf{r}, \dot{\mathbf{r}}, t) = \dot{\mathbf{p}} = \frac{d}{dt}(m\,\dot{\mathbf{r}}) = m\,\ddot{\mathbf{r}} + \dot{m}\,\dot{\mathbf{r}} \underset{\substack{\uparrow \\ \text{nur für } m=\text{const}}}{=} m\,\ddot{\mathbf{r}}$$

3. Actio = Reactio

**2)** Bewegungen werden für konstante Massen mit der Gl. $\mathbf{F}(\mathbf{r}, \dot{\mathbf{r}}, t) = m\,\ddot{\mathbf{r}}$ berechnet. Diese Bewegungsgl. ist eine Dgl., da sie Ableitungen der gesuchten Funktion $\mathbf{r}(t)$ enthält. Die Lösungen werden oft mit einem Ansatz (siehe vor allem die linearen Schwingungen) oder mit Integrationen gewonnen.

**3)** Die Berechnung einer Bewegung durch Lösen der Bewegungsgl. $\mathbf{F} = \dot{\mathbf{p}}$ erfordert die Kenntnis der Anfangsbedingungen $\mathbf{x}(t = 0) =: \mathbf{x}_0$ und $\mathbf{v}(t = 0) =: \mathbf{v}_0$.

**4)** Die Integralrechnung wurde an Hand eines konkreten physikalischen Problems eingeführt: Gegeben ist die Geschwindigkeit $v(t)$ eines LKW und gesucht ist der Ort bzw. der zurückgelegte Weg $x(t)$. Dieses Problem kann mathematisch nur dadurch gelöst werden, daß man die Fahrzeit in genügend kleine *Teilintervalle* $\Delta t$ unterteilt, *in denen die Geschwindigkeit jeweils nahezu konstant ist.* Der in einem Teilintervall zurückgelegte Teilweg ist ungefähr die (nahezu konstante) Geschwindigkeit in diesem Zeitintervall mal $\Delta t$. Der gesamte Weg ergibt sich dann durch die Summe aller Teilwege. Das Ergebnis ist umso besser, je kleiner die Teilintervalle $\Delta t$ sind. Im Grenzübergang $\Delta t \to 0$ wird das Ergebnis exakt und die Summe geht in das Riemannsche Integral über.

**5)** Dieses Vorgehen ist ganz typisch für die Physik und wird uns in den weiteren Kapiteln immer wieder begegnen: Das zugrunde liegende Intervall (es muß nicht unbedingt ein Zeitintervall sein) wird in genügend *kleine Teilintervalle zerlegt, in denen die betrachtete Funktion jeweils nahezu konstant ist. Für konstante Funktionen kann die gewünschte Beziehung leicht aufgestellt werden.* Durch Aufsummation über alle Teilintervalle und anschließenden Grenzübergang geht die Summe in ein Integral über und das aufgestellte Ergebnis wird exakt.

**6)** Das Integral über eine Funktion $f(t)$ liefert nicht nur die Stammfunktion $F(t)$ von $f(t)$, sondern auch die Fläche unter der Funktion $f(t)$.

# 3.6 Aufgaben

**(3–1) Leicht Schiefer Wurf**

**a)** Berechne die Steigzeit $t_S$, d. h. die Zeit zwischen dem Abwurf und dem Erreichen des höchsten Punktes.
**b)** Bestimme die Wurfhöhe $z_{max}$.
**c)** Berechne die Wurfweite $x_{max}$.
**d)** Unter welchem Winkel $\varphi$ muß ein Körper mit gegebenem Geschwindigkeitsbetrag $v_0$ geworfen werden, damit die Wurfweite $x_{max}$ möglichst groß wird?
**e)** Jede Wurfweite unterhalb der maximal erreichbaren Weite kann mit zwei Winkeln $\varphi$ erreicht werden (Flach- und Steilwurf). Berechne den Zusammenhang zwischen beiden Winkeln.
**f)** Zeichne ohne Rechnung, nur nach Intuition grob qualitativ zwei Geschoßbahnen mit denselben Anfangsbedingungen $\varphi_0$, $v_0$, nur einmal mit Reibung und einmal ohne Reibung. Diskutiere die Unterschiede.

**(3–2) Leicht Energieerhaltung**

Betrachte den reibungslosen, freien Fall und setze die in der Vorlesung berechnete Höhe $h(t)$ und die Geschwindigkeit $v(t) = \dot{h}(t)$ in die Energie

$$E = \frac{m}{2} v^2(t) + m\, g\, h(t)$$

ein. Zeige, daß $E$ konstant ist und daß insbesondere gilt:

$$E = \frac{m}{2} v_0^2 + m\, g\, h_0$$

mit $h_0$, $v_0$ = Anfangshöhe und Anfangsgeschwindigkeit.

**(3–3) Schwer Geladene Teilchen im homogenen Magnetfeld**

Ein Teilchen mit der elektrischen Ladung $q$ erfährt im Magnetfeld die sog. „Lorentzkraft"

$$\mathbf{F}_L = q\, \mathbf{v} \times \mathbf{B}$$

die senkrecht auf der Geschwindigkeit **v** und senkrecht auf der magnetischen Induktion **B** steht.

**a)** Berechne die Lorentzkraft in Koordinatendarstellung für ein homogenes Magnetfeld in z-Richtung, also für $\mathbf{B} = (0, 0, B)$.
**b)** Stelle die Bewegungsgl. in Koordinatendarstellung auf.
**c)** Berechne zuerst die einfache Bewegung in z-Richtung.
**d)** Experimente zeigen, daß geladene Teilchen im Magnetfeld $\mathbf{B} = (0, 0, B)$ *gleichförmige Kreisbewegungen* in der x,y-Ebene ausführen. Überlege, ob die Kreisbahn im Uhrzeigersinn oder im Gegenuhrzeigersinn durchlaufen wird, und berechne die Winkelgeschwindigkeit $\omega$ der gleichförmigen Kreisbewegung.
**e)** Stelle mit den Erkenntnissen aus Teil d) *Ansätze* für $x(t)$ und $y(t)$ auf, die die Bewegungsgl. aus Teil b) erfüllen.
**f)** Beschreibe die Bahn des Teilchens in Worten.

**(3–4) Leicht Berechnung einer beschleunigten Masse**

Ein Körper kann auf einer horizontalen Bahn reibungsfrei gleiten. Er wird durch die Kraft $F = 100$ N, die parallel zur Bahn wirkt, aus dem Ruhezustand beschleunigt. Nach der Zeit $t = 5$ s hat er 500 m zurückgelegt. Wie groß ist seine Masse?

**(3–5) Mittel Geladenes Teilchen im Plattenkondensator**

Ein Teilchen mit Ladung $q$ und Masse $m$ bewegt sich im homogenen elektrischen Feld eines Plattenkondensators, dessen Platten den Abstand $d$ haben und in der y,z-Ebene liegen. Das elektrische Feld **E** ist demnach parallel zur x-Achse.

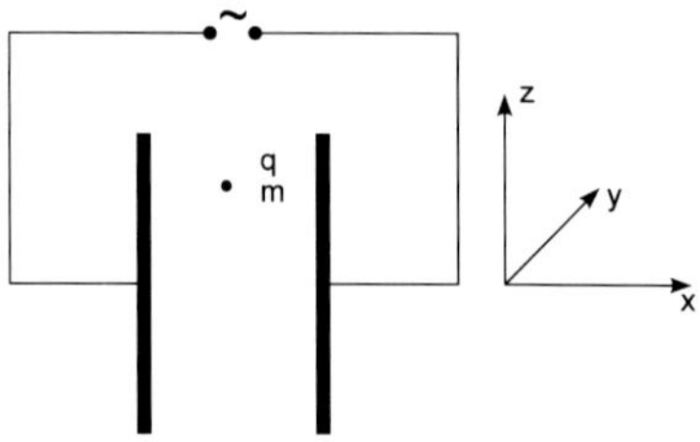


Der Plattenkondensator ist an eine Wechselspannung $U(t) = U_0 \cos \Omega t$ angeschlossen. Auf das Teilchen wirken daher in x-Richtung die Kraft

$$F_x = q\,E(t) = q\,\frac{U(t)}{d} = \frac{q\,U_0}{d} \cos \Omega t$$

und in die negative z-Richtung die Schwerkraft.

Stelle die dreidimensionale Bewegungsgl. auf und integriere sie zweimal wie beim schiefen Wurf in Beispiel (3.4–3).

**(3–6) Mittel Bremskraft**

Ein Geschoß der Masse $m = 50$ g und der anfänglichen Geschwindigkeit $v_0 = 600$ m/s dringt in einen ruhenden Holzklotz ein, der an der Wand befestigt ist. Das Geschoß bleibt nach $s = 0{,}09$ m stecken.
Wie groß ist die Kraft $F$ auf den Holzklotz, wenn man annimmt, daß das Geschoß gleichmäßig abgebremst wird ($a = \text{const}$)?

**(3–7) Mittel Parallelschaltung von Federn**

Eine Feder $D$ der ungedehnten Länge $L$ wird in der Mitte durchgeschnitten. Die beiden Hälften werden nebeneinander gesetzt.
Wie groß ist die Federkonstante $D_2$ der Parallelschaltung? (Mit Beweis)

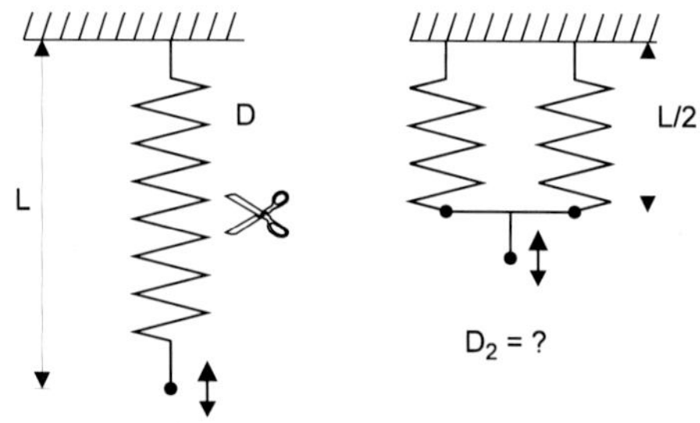


**(3–8) Mittel Kletternde Affen**

An einem Seil, das an der Decke über eine Rolle gelegt ist, hängen schläfrig auf gleicher Höhe zwei Affen mit gleicher Masse $m_1 = m_2 =: m = 80$ kg.
**a)** Wie groß ist in diesem Zustand die Spannkraft des Seils?
Dann hängt der Wärter neben die Rolle ein paar Bananen. Der linke Affe klettert am Seil hoch, der rechte Affe bleibt träge am Seil hängen.
**b)** Erreicht der linke Affe die Bananen früher als der rechte Affe, wenn man die Massen der Rolle und des Seils vernachlässigen kann?
**c)** Erreicht der linke Affe die Bananen früher als der rechte Affe, wenn die Massen der Rolle und des Seils <u>nicht</u> vernachlässigbar sind?

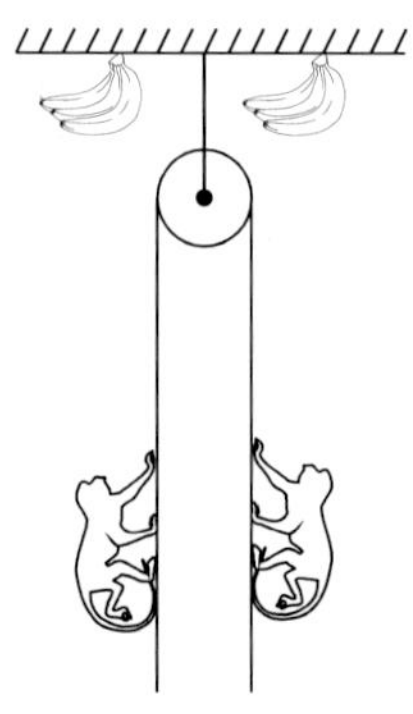

**(3–9) Leicht Fahrt im Aufzug**

Ein Mann mit Masse $m = 80$ kg steht in einem Aufzug. Welche Kraft übt der Boden auf ihn aus, wenn

**a)** der Aufzug mit konst. Geschwindigkeit $v = 4$ m/s nach oben fährt?

**b)** der Aufzug mit konst. Geschwindigkeit $v = 4$ m/s nach unten fährt?

**c)** der Aufzug mit 4 m/s$^2$ nach oben beschleunigt?

**d)** der Aufzug mit 4 m/s$^2$ nach unten beschleunigt?

**e)** Wann übt der Boden keine Kraft auf den Mann aus?

**(3-10) Schwer Freier Fall mit Reibung**

Ein Teilchen der Masse m fällt senkrecht im Schwerefeld und erfährt die geschwindigkeitsproportionale Reibungskraft $c\,\dot{x}$ .

**a)** Stelle die Bewegungsgl. (Dgl.) für $v(t)$ auf.

**b)** Berechne $v(t)$ durch Integration der Dgl. und interpretiere das Ergebnis.

**(3-11) Mittel Seil an der Tischkante**

In Beispiel (3.3-3) wird die Dgl. $\ddot{x} = +g\,x\,/\,l$ mit einem Ansatz gelöst, der die Hyperbelfunktionen enthält.

Löse die Dgl. nun mit dem Ansatz

$$x(t) = c_1\,e^{\lambda t} + c_2\,e^{-\lambda t}$$

und bestimme die Konstanten $c_1$, $c_2$ als Funktionen der Anfangsbedingungen $x_0$, $v_0$ . Warum ist der hier vorgeschlagene Ansatz umständlicher?

**(3-12) Schwer Integration von Zentrifugalkräften**

Ein dünner Ring mit Radius $R$, Dichte $\rho$ , Masse $m$, Querschnittsfläche $A$ rotiert mit konstanter Winkelgeschwindigkeit $\omega$ um eine Achse, die den Ring zweimal durchstößt.

Berechne mit einer Integration über den Umfang die zwei gleich großen Zugkräfte $F_1 = F_2$ , die wegen der Zentrifugalkräfte in den Querschnitten $Q_1$ und $Q_2$ auftreten.

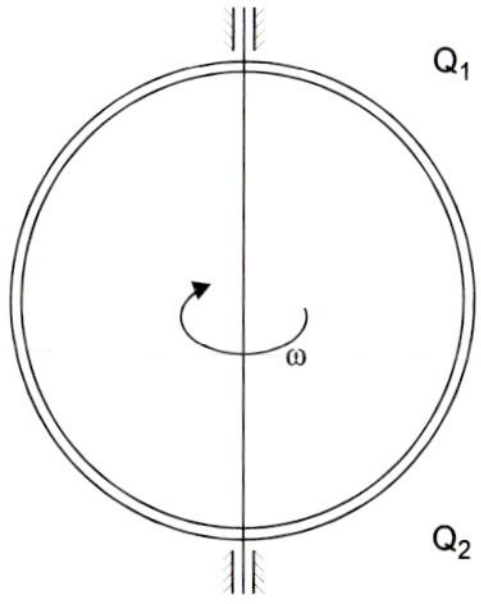

zweiten Semester behandelt. In diesem Buch werden nur die einfachen Integrale entlang geradliniger Wege berechnet.)

**Beispiel (4.1–1) Hubarbeit einer Masse**

Um die Felge eines symmetrischen Rades, das den Radius $R$ hat und sich reibungsfrei um eine horizontale, raumfeste Achse drehen kann, ist ein Seil geschlungen. Eine Masse $m$ wird am tiefsten Punkt A der ruhenden Felge befestigt.

Weise mit dem Wegintegral der Kraft $\int F\, ds$ rechnerisch nach, daß die Arbeit $W = m\, g\, 2\, R$ erforderlich ist, um die Masse durch langsames Ziehen am Seil vom tiefsten Punkt A zum höchsten Punkt B zu befördern, d. h. um das Rad um 180° zu drehen.

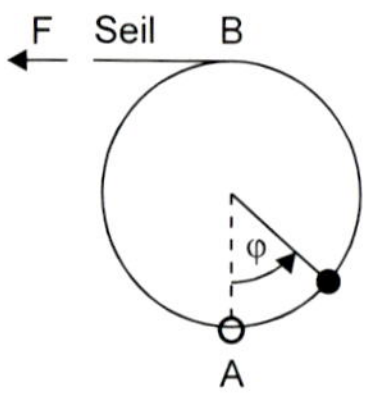


**Abb. (4.1–3)** Durch Ziehen am Seil wird die Masse nach B befördert.

**Lösung:**

Die Seilkraft lautet in Abhängigkeit vom Drehwinkel φ

$$F = m\, g \sin \varphi$$

Da die Kraft $F$ eine Funktion des Drehwinkels ist, muß auch das infinitesimale Wegelement von φ abhängen:

$$ds = R\, d\varphi$$

$$\Rightarrow \quad W = \int F\, ds = \int_0^{\pi} (m\, g \sin \varphi)(R\, d\varphi) = m\, g\, 2\, R$$

Wir untersuchen nun die drei wichtigsten Formen der mechanischen Arbeit:

**1) Hubarbeit:** Um eine Masse vertikal auf die Höhe $h$ anzuheben, ist die Hubarbeit

$$W_H = m\, g\, h \tag{4.1–4}$$

zu verrichten.

Soll der gleiche Höhenunterschied auf einer schiefen Ebene mit dem Neigungswinkel β überwunden werden, ist Arbeit gegen die Hangabtriebskraft $F_H = m\, g \sin \beta$ zu verrichten. Folglich beträgt die Hubarbeit auch hier

$$W_H = (m\, g \sin \beta) \cdot \left( \frac{h}{\sin \beta} \right) = m\, g\, h$$

Die Hubarbeit ist beim senkrechten Anheben genauso groß wie bei der Bewegung auf der schiefen Ebene. Beim Anheben mit dem Flaschenzug kann ebenfalls keine Arbeit gespart werden: Der Arbeitsweg verlängert sich um den gleichen Faktor, um den die erforderliche Kraft abnimmt.

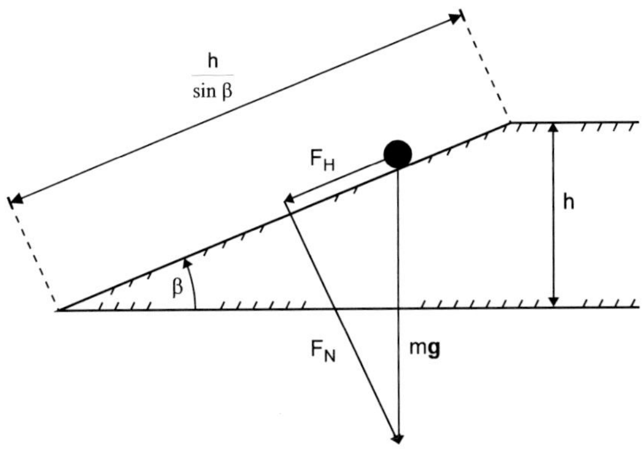


**Abb. (4.1–4)** Schiefe Ebene mit der Hangabtriebskraft $m\,g\,\sin\beta$ und dem zurückgelegten Weg $h\,/\,\sin\beta$.

Mit Gl. (4.1–3) läßt sich zeigen, daß *die Arbeit gegen die Schwerkraft auch bei krummlinigen Wegen nur vom Höhenunterschied h und nicht vom Verlauf des Weges abhängt*; sie ist *immer* gleich $m\,g\,h$. Beispiel (4.1–1) bestätigt diese Aussage.

**2) Elastische Verformungsarbeit:** Beim Spannen einer Feder ist die Kraft $F = D\,x$ aufzubringen. (Das positive Vorzeichen berücksichtigt, daß die aufzubringende Kraft die Richtung der Auslenkung $x$ hat.) Die Verformungsarbeit kann hier auf zwei Arten berechnet werden:

**a)** Die mittlere Kraft, die zur Dehnung der Feder von der entspannten Länge $l$ auf die Länge $(l + x)$ benötigt wird, beträgt

$$F_m = D\,\frac{x}{2}$$

Die Verformungsarbeit ist daher

$$W_V = F_m\,x = \frac{D}{2}\,x^2$$

Die Berechnung einer mittleren Kraft ist nur bei linearen Kraftgesetzen einfach.

**b)** Durch eine Integration über die Kraft kann die Verformungsarbeit auch für nicht-lineare Kraftgesetze leicht berechnet werden. Wir wollen die fertige Gl. (4.1–3) nicht verwenden, sondern stattdessen – zur Verdeutlichung der Integralrechnung – das Wegintegral der Kraft in diesem einfachen Fall nochmals herleiten. Da die Kraft der Feder nicht konstant ist, zerlegen wir die Dehnung $x$ in $n$ gleich große Teildehnungen

$$\Delta x = \frac{x}{n}$$

Für genügend große $n$ ist die Kraft $F_i$ entlang der i-ten Teildehnung ($i = 1, 2, ... n$) nahezu konstant und die bei der Auslenkung $x$ verrichtete Verformungsarbeit beträgt ungefähr

$$W_V \approx \sum_{i=1}^{n} F_i \, \Delta x$$

Wenn die Kräfte an den linken Enden der Teilintervalle berechnet werden, ist diese Zwischensumme gleich der schraffierten Fläche in Abb. (4.1–5). Im Limes $n \to \infty$ geht die Summe in ein Integral über [1]

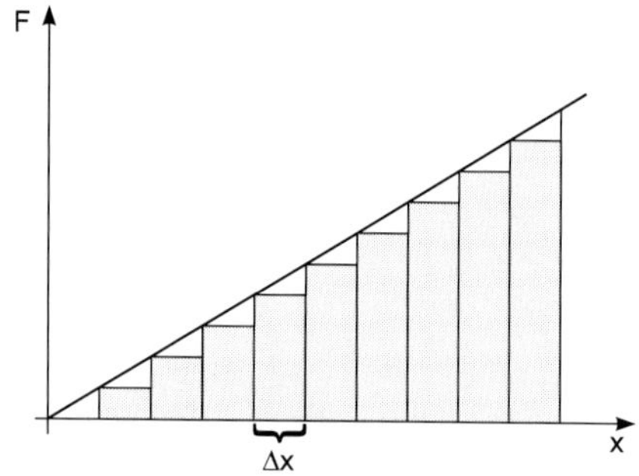


**Abb. (4.1–5)** Berechnung der elastischen Verformungsarbeit mit kleinen Wegstücken $\Delta x$, für die die Kraft $F$ jeweils nahezu konstant ist.

$$W_V = \lim_{n \to \infty} \sum_{i=1}^{n} F_i \, \Delta x = \int_0^x F(x')\, dx' = \int_0^x D\, x'\, dx' = \frac{D}{2} x^2$$

$$W_V = \frac{D}{2} x^2 \qquad (4.1\text{–}5)$$

Die elastische Verformungsarbeit ist proportional dem Quadrat der Auslenkung $x$.

Wenn man eine Feder nicht vom ungespannten Zustand aus dehnt, sondern eine bereits vorhandene Dehnung $x_1$ auf $x_2$ vergrößert, ist die Verformungsarbeit

$$W_V = \int_{x_1}^{x_2} D\, x\, dx = \frac{D}{2}(x_2^2 - x_1^2)$$

aufzubringen. Sie ist gleich der Differenz der Verformungsarbeiten, die man für die Dehnungen von Null auf $x_1$ und von Null auf $x_2$ aufbringen muß.

**3) Beschleunigungsarbeit:** Zum Beschleunigen eines Körpers muß gegen den Trägheitswiderstand Arbeit geleistet werden. Wir betrachten zuerst den einfachsten Fall und berechnen die Beschleunigungsarbeit $W_B$, die erforderlich ist, um eine Masse $m$ gleichförmig aus der

---

[1] Der Grenzübergang $n \to \infty$ läßt sich auch ohne Kenntnis der Integralrechnung leicht durchführen: Die Kraft am Anfang des i-ten Wegelementes beträgt $F_i = D(i-1)x/n$. Mit $\Delta x = x/n$ folgt

$$\sum_{i=1}^{n} F_i \, \Delta x = D \frac{x^2}{n^2} \sum_{i=1}^{n} (i-1) = \frac{D}{2} x^2 \, \frac{n(n-1)}{n^2}$$

Im Limes $n \to \infty$ ergibt sich die Gl. (4.1–5).

Ruhelage $v_0 = 0$ zu beschleunigen. Durch Multiplikation der konstanten Kraft $F = m\,a$ mit dem geradlinigen zurückgelegten Weg $x$ erhalten wir die Arbeit

$$W_B = m\,a\,x \tag{4.1–6}$$

Für gleichmäßig beschleunigte Bewegungen mit $x_0 = 0$ und $v_0 = 0$ gilt:

$$v = a\,t \qquad x = \frac{a}{2}t^2 = \frac{v^2}{2a}$$

Einsetzen von $x$ in Gl. (4.1–6) ergibt

$$W_B = \frac{m}{2}v^2 \tag{4.1–7}$$

Die Beschleunigungsarbeit ist proportional dem Quadrat der Geschwindigkeit.

Gl. (4.1–7) gilt auch für ungleichförmige Beschleunigen, wie wir nun beweisen wollen. Dabei beschränken wir uns wieder auf Bewegungen auf der x-Achse, lassen jetzt aber auch Anfangsgeschwindigkeiten $v_1$ ungleich Null zu. Auch hier ist die Arbeit wieder das Wegintegral der Kraft:

$$W_B = \int_{x_1}^{x_2} F(x)\,dx = m\int_{x_1}^{x_2} a(x)\,dx \tag{4.1–8}$$

Das Integral kann nur berechnet werden, wenn die Beschleunigung $a$ als Funktion von $x$ gegeben ist: $a = a(x)$ (siehe Beispiel (4.1–3)). Wenn $a(x)$ nicht bekannt ist – das ist der Normalfall –, sieht die Angelegenheit im ersten Augenblick hoffnungslos aus. Ein kleiner Trick hilft aber sofort und macht das Problem fast trivial:

$$\begin{aligned} W_B &= m\int_{x_1}^{x_2} a\,dx = m\int_{x_1}^{x_2} \frac{dv}{dt}\,dx \underset{\substack{\uparrow \\ \text{Substitution}}}{=} m\int_{v_1}^{v_2} dv\,\frac{dx}{dt} = \\ &= m\int_{v_1}^{v_2} dv\,v = \frac{m}{2}\left(v_2^2 - v_1^2\right) \end{aligned} \tag{4.1–9}$$

Das “Verschieben” von $dt$ unter $dx$ ändert die Integrationsvariable von $x$ in $v$ und heißt in der Mathematik “Substitution” (Näheres hierzu in der Mathematik-Vorlesung).

Gl. (4.1–7) mit $v_0 = 0$ ist ein Spezialfall von Gl. (4.1–9). Die Beschleunigungsarbeit hängt nur von der Masse und der Anfangs- und Endgeschwindigkeit ab, nicht aber von der Art der einwirkenden Kraft und auch nicht von der Dauer des Beschleunigungsvorganges.

**Beispiel (4.1–2) Beschleunigungsarbeit eines Zuges.**

Beim Anfahren eines Zuges der Masse $m = 10^6$ kg wird die Arbeit $W_B = 8 \cdot 10^8 \mathrm{J} \approx 222\,\mathrm{kWh}$ verbraucht. Wie groß ist die Endgeschwindigkeit $v_E$?

**Lösung:**

$$v_E = \sqrt{2 W_B / m} = 40\,\mathrm{m/s} = 144\,\mathrm{km/h}$$

**Beispiel (4.1–3) Beschleunigungsarbeit.**

Ein Teilchen der Masse $m = 8$ kg wird von einer äußeren Kraft reibungsfrei auf der horizontalen x–Achse von $x_0 = 0$ m bis $x_1 = 10$ m beschleunigt. Dabei wächst die Beschleunigung $a$ – nicht die Geschwindigkeit – linear mit dem zurückgelegten Weg an

$$a = c\,x \qquad \text{mit} \qquad c = 3\,s^{-2}$$

Berechne die Arbeit $W$, die die Kraft im Intervall $[0\ \mathrm{m},\ 10\ \mathrm{m}]$ an dem Teilchen verrichtet.

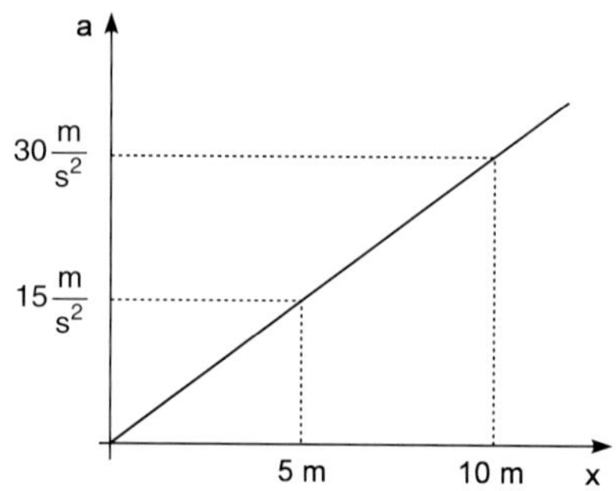


**Abb. (4.1–6)** Beschleunigung als lineare Funktion des Ortes x.

**Lösung:**

$$W = \int_{x_0}^{x_1} F\,dx = \int_{x_0}^{x_1} m\,a\,dx = m\,c \int_{x_0}^{x_1} x\,dx = m\,c\,\frac{x_1^2}{2} = 1{,}2\ \mathrm{kJ}$$

# 4.2 Leistung

Bei der Definition der Arbeit spielt die Zeit, in der die Arbeit erbracht wird, keine Rolle. In den meisten Fällen ist die zur Verrichtung einer Arbeit benötigte Zeit aber wichtig. So ist die Zeit, die ein Zug zum Erreichen der Endgeschwindigkeit braucht, von Bedeutung: Eine U–Bahn, die Personen befördert und oft anhält, muß stärker beschleunigen als Güterzug, der große Entfernungen zurücklegt und die Fahrt nur selten unterbricht.

Wir definieren die Leistung $P$ (englisch: Power) zunächst wieder für den einfachsten Fall: In gleichen Zeitabschnitten $\Delta t$ werden stets gleiche Arbeiten $\Delta W$ verrichtet. Dann wird der konstante Quotient

$$P := \frac{\Delta W}{\Delta t} = \frac{\text{Arbeit}}{\text{Zeit}} \tag{4.2–1}$$

als Leistung bezeichnet mit der Einheit

$$\frac{1\ \text{Joule}}{1\ \text{Sekunde}} = \frac{1\ \text{J}}{1\ \text{s}} = \frac{1\ \text{Nm}}{1\ \text{s}} =: 1\ \text{Watt} = 1\ \text{W}$$

Wenn in gleich großen Zeitabschnitten $\Delta t$ verschieden große Arbeiten $\Delta W$ verrichtet werden, nennt man den Quotienten

$$P_m := \frac{\Delta W}{\Delta t}$$

die "mittlere Leistung" oder "Durchschnittsleistung" im Intervall $\Delta t$. Die momentane Leistung ergibt sich dann durch den Grenzübergang $\Delta t \to 0$:

$$P(t) := \lim_{\Delta t \to 0} \frac{W(t + \Delta t) - W(t)}{\Delta t} = \frac{dW(t)}{dt} \tag{4.2–2}$$

Dabei ist $W(t)$ die bis zur Zeit $t$ vollbrachte Arbeit.

Bemerkung: In genau gleicher Weise wurde in Abschn. 2.2 die momentane Geschwindigkeit $v(t)$ definiert: Zuerst wurde die Geschwindigkeit für gleichförmige Bewegungen als Quotient $\Delta x / \Delta t$ definiert. Dann wurde dieser Quotient für ungleichförmige Bewegungen als mittlere Geschwindigkeit bezeichnet. Die momentane Geschwindigkeit ergab sich dann aus der mittleren Geschwindigkeit im Grenzübergang $\Delta t \to 0$. Dabei ging die Sekante im Orts-Zeit-Diagramm in die Tangente über.

Gl. (4.2–2) für die Leistung gilt nicht nur in der Mechanik, sondern auch in anderen Gebieten der Physik, z. B. in der Elektrizitätslehre. Wir wollen nun aus Gl. (4.2–2) eine andere Beziehung für die Leistung ableiten, die in der Mechanik und im Maschinenbau sehr wichtig ist. Für die im sehr kleinen Zeitintervall $[t,\ t + \Delta t]$ erbrachte Arbeit gilt

$$W(t + \Delta t) - W(t) \approx \mathbf{F}(t) \cdot \Delta \mathbf{s}$$

so daß

$$P(t) = \lim_{\Delta t \to 0} \frac{\mathbf{F} \cdot \Delta \mathbf{s}}{\Delta t} = \lim_{\Delta t \to 0} \mathbf{F} \cdot \frac{\Delta \mathbf{s}}{\Delta t}$$

$$P(t) = \mathbf{F}(t) \cdot \mathbf{v}(t) \tag{4.2–3}$$

Bemerkung: Ein Spitzenathlet kann für die Dauer eines Sprints 1200 – 1300 W mechanische Leistung mobilisieren. Wegen des Wirkungsgrades der Muskeln von etwa 20 % wird dabei eine thermische Leistung von circa 6 kW freigesetzt.

Über eine Zeit von einer Stunde kann der Mensch eine mechanische Leistung von ungefähr 400 W aufbringen.

Über eine noch längere Zeit von drei, vier Stunden kann ein durchtrainierter Athlet nur noch 200 W bis höchstens 250 W leisten.

**Beispiel (4.2–5) Maximale Beschleunigung.**

Ein PKW der Masse $m = 1000$ kg erfährt bei der Geschwindigkeit $v = 72$ km/h die Reibungskraft $F_R = 600$ N. Wie groß ist die Beschleunigung für diese Geschwindigkeit bei voller Leistung $P = 50$ kW?

**Lösung:**

Die Kraft $F$ des Motors wird zur Beschleunigung des Wagens *und* zur Überwindung der Reibung benötigt. Daher gilt

$$P = 50 \text{ kW} = F \cdot v = (m\,a + F_R)\,v$$

$$\Rightarrow \quad a = \frac{1}{m}\left(\frac{P}{v} - F_R\right) = 1{,}9\,\frac{\text{m}}{\text{s}^2} \approx 0{,}2\ g$$

# 4.3 Energie

Wird an einem Körper Arbeit verrichtet, so hat dies in der Mechanik

- eine Änderung seiner Lage (Hubarbeit) oder
- eine Änderung seiner Form (Verformungsarbeit) oder
- eine Änderung seiner Geschwindigkeit (Beschleunigungsarbeit)

zur Folge [2]. Kehrt der Körper in seine ursprüngliche Lage oder seinen ursprünglichen Zustand zurück, kann er seinerseits Arbeit verrichten. So kann z. B. ein Körper, der um die Höhe $h$ angehoben wurde, einen zweiten, gleich schweren Körper auf diese Höhe $h$ befördern; man braucht dazu nur ein Seil über eine an der Decke befestigte Rolle zu legen. Eine gespannte Feder kann einen Körper im Schwerkraftfeld anheben oder einen ruhenden Körper in Bewegung setzen; dabei wird die ursprünglich an der Feder verrichtete Verformungsarbeit in Hub- oder Beschleunigungsenergie umgesetzt.

[2] Eine Arbeit kann auch zu einer Temperaturerhöhung führen, z. B. wenn zwei feste Körper aneinander gerieben werden. Wir wollen uns aber nicht mit Wärme und Wärmeaustausch beschäftigen, da die Wärme keine makroskopische, mechanische Energie ist und nach dem zweiten Hauptsatz der Wärmelehre nicht vollständig in die anderen Energieformen umgewandelt werden kann.

*Die an einem Körper verrichtete Arbeit ist also als Arbeitsvorrat in dem Körper gespeichert. Die gespeicherte Arbeit, den Arbeitsvorrat nennt man* "Energie" *E*. Energie ist also nichts anderes als gespeicherte Arbeit. Energie kann auf einen anderen Körper übertragen werden oder an dem gleichen Körper in anderer Form zur Verfügung gestellt werden. Der Energiebegriff ist einer der zentralen Begriffe in der Physik.

Man unterscheidet je nach Art der Arbeitsspeicherung zwei verschiedene mechanische Energieformen:

**1) Potentielle Energie.** *Unter der potentiellen Energie versteht man die Arbeitsfähigkeit, die ein Körper aufgrund seiner Lage oder seiner elastischen Verformung besitzt.* Die potentielle Energie wird in der älteren Literatur mit $E_{pot}$, in der modernen Literatur mit $V$ bezeichnet.

Die potentielle Energie eines Körpers im homogenen Schwerkraftfeld der Erde beträgt

$$E_{pot} := V = m\,g\,h \tag{4.3–1}$$

Dabei muß die Höhe $h$ auf ein bestimmtes Ausgangs- oder Nullniveau bezogen werden. Dieses Nullniveau darf beliebig gewählt werden; es kann die Erdoberfläche, die Platte des Experimentiertisches oder der Fußboden des Labors sein. *Der Nullpunkt der potentiellen Energie kann also völlig willkürlich festgelegt werden, da nur die Differenzen* $m\,g\,(h_2 - h_1)$ *der potentiellen Energie von Bedeutung sind.*

Eine potentielle Energie der Lage tritt nicht nur im Anziehungsbereich der Planeten auf, sondern z. B. auch im elektrischen Feld von geladenen Körpern: Will man zwei negativ geladene Elektronen aufeinander zubewegen, muß gegen die Abstoßungskraft Arbeit verrichtet werden, die in Form der potentiellen Energie gespeichert wird. Läßt man die zwei Elektronen frei, fliegen sie beschleunigt auseinander und setzen die potentielle Energie in Bewegungsenergie um.

Die elastische Verformungsenergie beim Spannen einer Feder wird ebenfalls als potentielle Energie bezeichnet:

$$E_{pot} := V = \frac{D}{2}\,x^2 \tag{4.3–2}$$

mit $x$ = Auslenkung aus der Gleichgewichtslage.

**2) Kinetische Energie.** Beschleunigungsarbeiten werden ebenfalls im Körper gespeichert. Man spricht in diesem Fall von der Bewegungsenergie oder kinetischen Energie. Sie wird in der älteren Literatur mit $E_{kin}$, in der modernen Literatur mit $T$ gekennzeichnet.

$$E_{kin} := T = \frac{m}{2}\,v^2 \tag{4.3–3}$$

Die gesamte *mechanische* Energie $E$ ist gleich der Summe aus der kinetischen und der potentiellen Energie:

$$E = E_{\mathrm{kin}} + E_{\mathrm{pot}} = T + V \qquad (4.3\text{–}4)$$

In Aufgabe (3–2) wird gezeigt, daß sich beim reibungslosen, freien Fall kinetische und potentielle Energie derart ineinander umwandeln, daß die gesamte mechanische Energie $E$ erhalten bleibt. Diese Aussage kann verallgemeinert werden und führt auf den "Satz von der Erhaltung der mechanischen Energie", den wir ohne Beweis nennen:

**Energiesatz der Mechanik:** In einem *abgeschlossenen* System, d. h. in einem System, dem von außen weder Energie zugeführt noch entzogen wird, ist bei *rein mechanischen* Vorgängen die mechanische Energie $E$ konstant:

$$E = T + V = \mathrm{const} \qquad (4.3\text{–}5)$$

*Ein Vorgang ist rein mechanisch, wenn nur potentielle und kinetische Energie ineinander umgewandelt werden und wenn außer diesen beiden Energieformen keine anderen Energien im Spiel sind. Das bedeutet insbesondere, daß keine Reibung auftreten darf.* Bei Reibung entsteht Wärme, die der mechanischen Energie $E = T + V$ verlorengeht.

Einer der häufigsten und hartnäckigsten Fehler in Klausuren ist die Anwendung des mechanischen Energiesatzes (4.3–5) in Systemen, die nicht rein mechanisch sind, vor allem in reibungsbehafteten Systemen. Daher sei nochmals ausdrücklich betont: *Der mechanische Energiesatz $E = T + V = const$ darf bei Reibung nicht verwendet werden.*

*Der Energiesatz der Mechanik ist ein Spezialfall des allgemeinen Gesetzes von der Erhaltung der Energie, das außer den mechanischen Energien T und V auch alle anderen Energieformen einbezieht*, also Wärme, elektromagnetische Energie, chemische Energie usw. Dieses allgemeine, 1842 von R. Mayer entdeckte Gesetz ist der „Erste Hauptsatz der Thermodynamik". Er ist das wichtigste und fundamentalste Gesetz der ganzen Physik und besagt: *In einem abgeschlossenen System ist die Summe aller Energien konstant.* Energie kann nicht verschwinden und auch nicht aus dem Nichts entstehen; die verschiedenen Energieformen können sich lediglich ineinander umformen.

Zum Vergleich sei nochmals betont, daß der speziellere *Energiesatz der Mechanik nur bei rein mechanischen Vorgängen gilt, d. h. bei Vorgängen, in denen sich T und V nur ineinander umwandeln können*; das erfordert vor allem Reibungsfreiheit.

Die überragende Bedeutung des Energiesatzes für die Mechanik besteht unter anderem darin, daß man mit ihm viele Aufgaben sehr schnell und elegant lösen kann. Die Anwendung des Energiesatzes ist in der Regel dann ratsam, wenn man nicht an dem genaueren zeitlichen Ablauf interessiert ist, sondern nur an bestimmten Zuständen. Dies läßt sich mit einem Beispiel deutlich zeigen.

**Beispiel (4.3–1) Reibungsloser freier Fall.**

Ein Stein wird in der Höhe $h_0$ mit der Anfangsgeschwindigkeit $v_0$ vertikal nach oben geworfen. Berechne die Geschwindigkeit $v_{max}$, mit der er auf den Boden schlägt.

**Lösung:**

$v_{max}$ kann auf zwei Arten berechnet werden:

**1)** Mit der Lösung der Bewegungsgl.: Die Fallzeit betrage $t_f$. Dann gilt

$$h(t_f) = 0 = h_0 + v_0\, t_f - \frac{g}{2} t_f^2$$

Dies gesuchte Lösung der quadratischen Gl. lautet

$$t_f = \frac{v_0}{g} + \sqrt{\left(\frac{v_0}{g}\right)^2 + \frac{2h_0}{g}}$$

$$\Rightarrow \quad v_{max} = v(t_f) = v_0 - g\, t_f = -\sqrt{v_0^2 + 2g\, h_0}$$

**2)** Nach dem Energiesatz der Mechanik gilt:

$$m\, g\, h_0 + \frac{m}{2} v_0^2 = \frac{m}{2} v_{max}^2$$

$$v_{max} = \pm\sqrt{v_0^2 + 2g\, h_0}$$

Wir sehen, daß die Lösung mit dem Energiesatz wesentlich kürzer und einfacher ist.

**Beispiel (4.3–2) Masse fällt auf eine Feder.**

Eine Masse $m = 0{,}1$ kg fällt aus der Höhe $h = 0{,}03$ m auf eine vertikale Feder mit Federkonstante $D = 50$ N/m. Welche Strecke $x$ wird die Feder maximal zusammengedrückt?

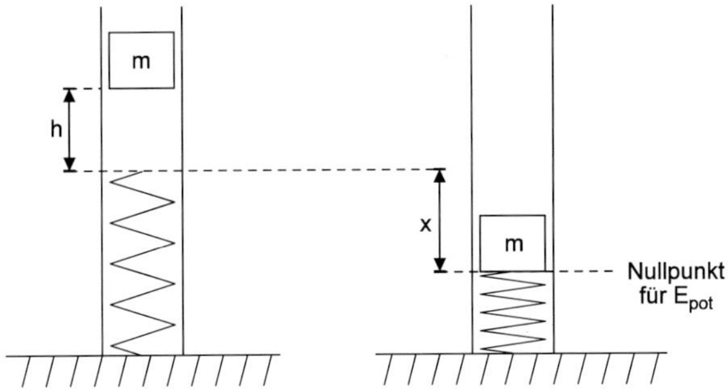


**Abb. (4.3–1)** Die Masse m fällt aus der Höhe h auf eine Feder.

**Lösung:**

Wir legen den Nullpunkt der potentiellen Energie in den tiefsten Punkt der herabfallenden Masse.

Da das System abgeschlossen ist und nur potentielle und kinetische Energie im Spiel sind, gilt der Energiesatz. Die potentielle Energie $m\,g(x+h)$ wird in Spannenergie $D\,x^2/2$ umgewandelt. Daher gilt

$$m\,g\,(x+h) = \frac{D}{2}x^2$$

$$\Rightarrow \quad x^2 - \frac{2m\,g}{D}x - \frac{2m\,g}{D}h = 0$$

$$\Rightarrow \quad x = \frac{m\,g}{D} + \sqrt{\left(\frac{m\,g}{D}\right)^2 + \frac{2m\,g}{D}h} = 0{,}06\ m$$

Bemerkung: Die Lösung der quadratischen Gl. mit einem negativen Vorzeichen vor der Wurzel führt auf $x_2 = -0{,}02$ m. $x_2$ ist der obere Umkehrpunkt der auf- und abschwingenden Masse, falls diese fest mit der Feder verbunden ist.

Die Aufgaben (4–5 und 6 und 7) enthalten weitere Probleme, die am einfachsten und schnellsten mit dem Energiesatz bearbeitet werden.

**Beispiel (4.3–3) Galileisches Hemmungspendel.**

Unterhalb des Aufhängepunktes eines ebenen Pendels der Länge $l$ befindet sich ein Stift St, der die Pendellänge im rechten Teil der Schwingung auf $l - l_0$ verkürzt.

**a)** Wie groß ist die Schwingungsdauer $T$?

**b)** Wie weit schwingt das Pendel auf der rechten Seite hoch, wenn es links die maximale Höhe $h_0$ erreicht?

Hinweis: Nach Aufgabe (7–5) beträgt die Schwingungsdauer eines normalen ebenen Pendels für kleine Schwingungsamplituden: $T = 2\pi\sqrt{l/g}$. Wir beschränken uns in diesem Beispiel ebenfalls auf kleine Ausschläge.

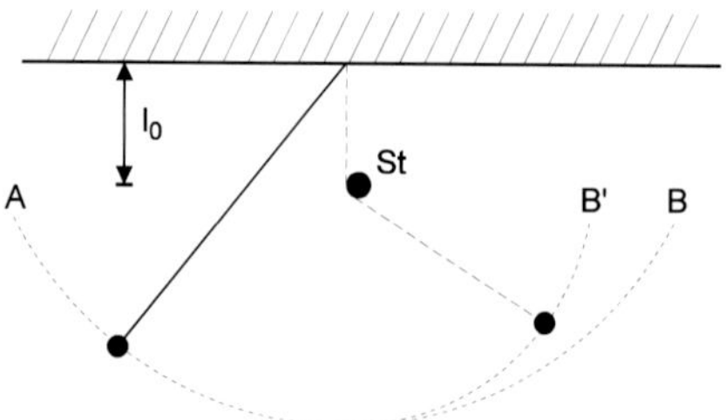


**Abb. (4.3–2)** Der Stift St verkürzt die Pendellänge im rechten Teil der Schwingung.

**Lösung:**

**a)** Für den linken Teil der Schwingung ist die Pendellänge gleich $l$, für den rechten Teil $l - l_0$.

$$\Rightarrow \quad T = \pi \left( \sqrt{\frac{l}{g}} + \sqrt{\frac{l - l_0}{g}} \right)$$

**b)** Wegen der Energieerhaltung schwingt das Pendel rechts und links in die gleiche Höhe $h_0$.

## 4.4 Zusammenfassung

**1)** Für eine konstante Kraft **F** und einen geradlinigen Weg **s** ist die Arbeit definiert als Kraftkomponente in Richtung des Weges mal zurückgelegten Weg:

$$W := \mathbf{F} \cdot \mathbf{s} = F \cos \varphi \, s \qquad (4.1\text{–}1)$$

**2)** Für eine nicht konstante Kraft oder einen krummlinigen Weg wird der Weg in genügend kleine Wegelemente $\Delta s$ zerlegt, die nahezu geradlinig sind und auf denen die Kraft jeweils nahezu konstant ist. Damit sind die beiden Voraussetzungen für die Gl. (4.1–1) nahezu erfüllt, so daß die Arbeit entlang des i-ten Wegelementes nach Gl. (4.1–1) lautet

$$\Delta W_i \approx F_i \cos \varphi_i \, \Delta s$$

Die gesamte Arbeit ist die Summe aller Teilarbeiten $\Delta W_i$ . Dieses Ergebnis ist umso genauer, je kleiner $\Delta s$ ist. Im Grenzübergang $\Delta s \to 0$ geht die Summe in ein Integral über und das Ergebnis wird exakt:

$$W = \int_C \mathbf{F} \cdot d\mathbf{s}$$

Die Arbeit ist das Wegintegral der Kraft.

**3)** Die drei wichtigsten Arbeiten in der Mechanik sind

| | |
|---|---|
| Hubarbeit | $W_H = m\,g\,h$ |
| Elastische Verformungsarbeit | $W_V = \frac{D}{2} x^2$ |
| Beschleunigungsarbeit | $W_B = \frac{m}{2} v^2$ |

**4)** Leistung ist grob definiert als „Arbeit pro Zeit". Wenn *W(t)* die bis zur Zeit *t* erbrachte Arbeit ist, dann wird die momentane Leistung allgemein definiert

$$P(t) := \lim_{\Delta t \to 0} \frac{W(t + \Delta t) - W(t)}{\Delta t}$$

In der Mechanik gilt auch die spezielle Gl.

$$P(t) = \mathbf{F}(t) \cdot \mathbf{v}(t)$$

**5)** Energie ist gespeicherte Arbeit, Arbeitsvorrat. Es gibt zwei verschiedene Energieformen: Potentielle Energie $V$, zurückzuführen auf Lage oder elastische Verformung, und kinetische Energie $T$, zurückzuführen auf Geschwindigkeit. Der Nullpunkt der potentiellen Energie ist frei wählbar, da nur Energiedifferenzen von Bedeutung sind.

**6)** Der Energiesatz der Mechanik lautet: In einem abgeschlossenen System ist bei rein mechanischen Vorgängen die gesamte mechanische Energie konstant:

$$E = T + V = \text{konstant}$$

Reibung ist ausgeschlossen, da sie Arbeit in Wärme umwandelt und daher in einem rein mechanischen Vorgang nicht auftreten kann.

## 4.5 Aufgaben

**(4–1) Mittel Beschleunigtes Auto**

Ein PKW ist mit einer Person der Masse $m_1 = 80$ kg besetzt. Bei konstanter Leistung $P_0 = 50$ kW benötigt er $t_1 = 10$ s, um von $v_0 = 0$ auf $v_E = 108$ km/h zu beschleunigen.

Wie lange dauert die Beschleunigungszeit $t_5$, um bei gleicher konstanter Leistung $P_0$ auf die gleiche Endgeschwindigkeit zu kommen, wenn fünf Personen mit der Gesamtmasse $m_5 = 400$ kg im Wagen sitzen.

**(4–2) Mittel Spitzenleistung beim Hochsprung ohne Anlauf**

**a)** Wie groß ist die Spitzenleistung $P_s$ eines Hochspringers mit der Masse $m = 75$ kg, der aus dem Stand ($v_0 = 0$) springt? Während des Absprunges hebt er seinen Schwerpunkt bei gleichmäßiger Beschleunigung $a$ um $h_1 = 0{,}4$ m und erteilt ihm eine solche Geschwindigkeit $v_1$, daß er nach dem Absprung noch um weitere $h_2 = 0{,}6$ m hoch fliegt.

Hinweis: Berechne die Größen in folgender Reihenfolge: Absprunggeschwindigkeit $v_1$, konstante Beschleunigung $a$, Kraft $F$, Leistung.

**b)** Wie groß ist die Zeit $t_1$, die der beschleunigte Absprung selber dauert?

**(4–3) Leicht Turbinenleistung**

Die Leistung einer Turbine beträgt $P = 10^4$ kW. Wieviel Kubikmeter Wasser werden bei einem Gefälle von 12 m und einem Wirkungsgrad $\eta = 92$ % pro Sekunde zugeführt?

**(4–4) Leicht Lorentzkraft**

Begründe in kurzen Worten, warum die Lorentzkraft $\mathbf{F}_L = q\,\mathbf{v} \times \mathbf{B}$, die ein Magnetfeld auf ein geladenes Teilchen ausübt, keine Arbeit verrichten kann und daher auch keine Geschwindigkeitserhöhung bewirkt.

**(4–5) Mittel Reibungsfreies Pendel**

Betrachte ein Pendel der Länge $l = 1$ m und der Masse $m = 1$ kg. Die Anfangsbedingungen der Schwingung lauten

$\varphi_0 = 60°$  $\dot{\varphi}_0 = 54°/s$

mit $\varphi$ = Auslenkungswinkel in der Ruhelage.

**a)** Mit welcher Geschwindigkeit $v_{max}$ schwingt die Pendelmasse durch die Ruhelage?

**b)** Wie groß ist die Amplitude $\varphi_{max}$ der Schwingung?

**(4–6) Leicht  Ungedämpfter harmonischer Oszillator**

Ein harmonischer Oszillator mit Federkonstante $D$ und Masse $m$ wird um die Strecke $x_0$ aus der Gleichgewichtslage ausgelenkt und dann mit $v_0 = 0$ losgelassen.

Berechne die Geschwindigkeit $v_{max}$, mit der die Masse durch die Gleichgewichtslage schwingt

**a)** mit der Lösung der Bewegungsgl.

**b)** mit dem Energiesatz

und vergleiche den Rechenaufwand.

**(4–7) Mittel  Bewegung im Halbkreis**

Bei A liegt ein Gleitkörper der Masse $m = 50$ g direkt vor einer entspannten Feder mit der Federkonstante $D = 1{,}2$ N/m.

Durch horizontales Verschieben von K nach rechts bis zum Punkt B wird die Feder zusammengedrückt. In B wird K aus der Ruhe heraus losgelassen. K gleitet reibungsfrei von B nach A und dann in der halbkreisförmigen Führungsschiene AC mit dem Radius $r = 0{,}4$ m, die er in C verläßt. Wie groß muß die Strecke $s_1 = \overline{AB}$ sein, damit die Schiene im Punkt C keine Kraft auf K ausübt?

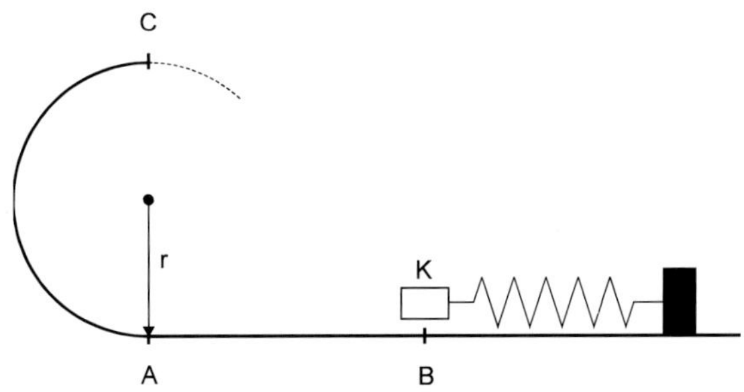


**(4–8) Schwer  Schaukel**

Wir wollen hier die interessante Frage untersuchen, wie ein Kind eine leicht angestoßene Schaukel in starke Schwingungen versetzt und wie die Schwingungen trotz der Reibungsverluste aufrecht erhalten werden.

**a)** Betrachte zunächst ein normales Fadenpendel und gib die Spannung des Fadens beim Durchgang durch die Gleichgewichtslage und in den Umkehrpunkten an. Der Vergleich dieser beiden Spannungen ist der Schlüssel für die Lösung des ganzen Problems.

**b)** Im berühmten spanischen Wallfahrtsort Santiago de Kompostella hängt ein schwingendes Weihrauchfaß an einem Seil, das über zwei Rollen geführt wird. Beim Durchgang durch die Gleichgewichtslage wird das Seil um die Strecke $s_0$ angezogen, in den Umkehrpunkten läßt man das Seil um dieselbe Strecke $s_0$ zurücklaufen. In idealisierter Form ergibt sich die in der zweiten Abb. dargestellte Bewegung.

Überlege, welche Arbeit man verrichtet, d. h. um welchen Betrag sich die Energie des Weihrauchfasses beim Passieren der Gleichgewichtslage erhöht, wenn das Seil um $s_0$ angezogen wird, und um welchen Betrag sich die gesamte mechanische Energie in den Umkehrpunkten erniedrigt, wenn man das Seil um $s_0$ zurücklaufen läßt. Die Differenz der beiden Energien kann die Reibungsverluste ausgleichen und/oder die Schwingungsamplitude vergrößern.

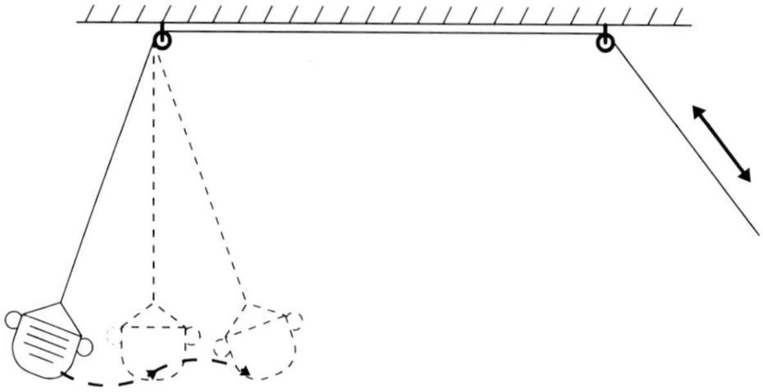

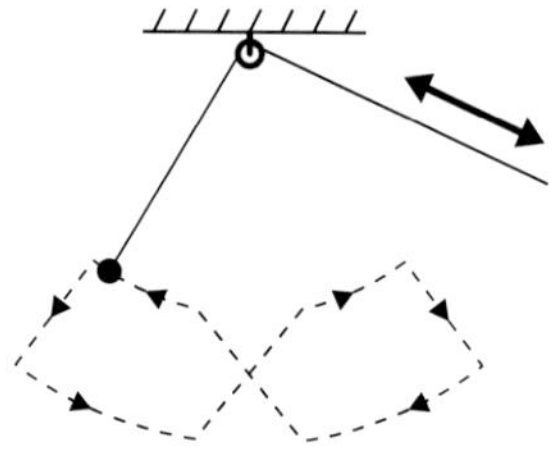

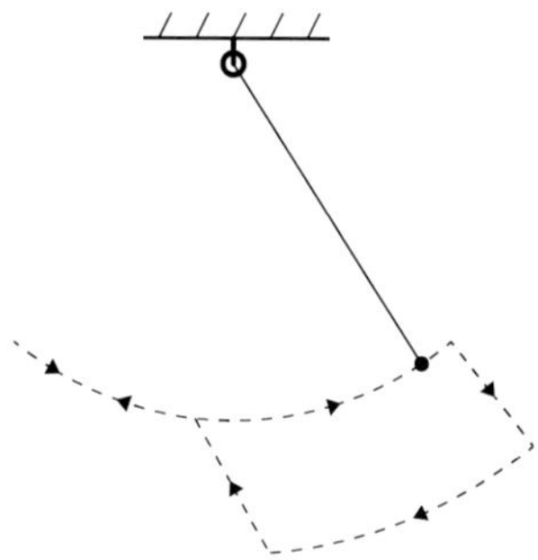

**c)** Bei der Schaukel erfolgen die Schwerpunktverlagerungen dadurch, daß sich das Kind beim größten Ausschlag nach hinten legt und sich am tiefsten Punkt wieder aufrichtet. Da diese Verlagerungen jeweils nur einmal pro Schwingung erfolgen, erhält man eine idealisierte Schwerpunktbewegung nach der dritten Abb..

Hinweis: Eine verrichtete Arbeit ist größer (kleiner) als Null, wenn die Kraftkomponente $F_s$ und der zurückgelegte Weg $s$ die gleiche (entgegengesetzte) Richtung haben. Die Energie des Körpers, an dem die Arbeit verrichtet wird, steigt dann an (nimmt ab).

### (4–9) Mittel Prellball

Ein Prellball, dessen Luftreibung vernachlässigt werden soll, fällt mit der Anfangsgeschwindigkeit $v_0 = 0$ aus der Höhe $h_0$ zu Boden und hüpft dann dauernd auf der Stelle auf und ab. Da die Energie bei jedem unelastischen Bodenaufprall um denselben Faktor ε abnimmt ( $E \to \varepsilon \cdot E$ mit $0 < \varepsilon < 1$), nimmt die Sprunghöhe des Balles laufend ab.

**a)** Berechne die Sprunghöhen $h_1$, $h_2$, ... $h_n$ nach dem ersten, zweiten, ... n-ten Bodenaufprall.

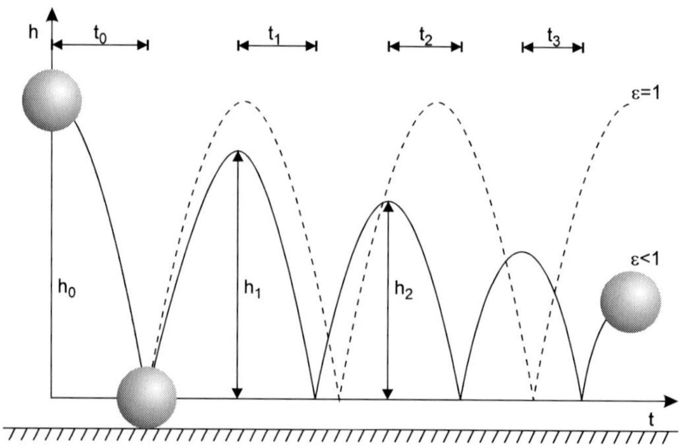

**b)** Berechne die Zeit $T_n$ bis zum n-ten Bodenaufprall.

**c)** Berechne die Zeit $T_\infty$ für unendlich viele Bodenaufpralle, d. h. die Zeit, bis der Ball endgültig zur Ruhe kommt. Ist diese Zeit kleiner als Unendlich oder gleich Unendlich?

**(4–10) Mittel Massenbestimmung**

Ein masseloses, nicht dehnbares Seil wird über eine kleine masselose Rolle geführt und mit den beiden Massen $m$, $M$ verbunden. Die Masse $m$ kann reibungsfrei auf einem vertikalen Draht rutschen und wird bis zur Zeit $t = 0$ mit der Hand festgehalten, so daß das schräge Seilstück mit der gestrichelten, horizontalen Linie den Winkel $\vartheta_0$ bildet.

Wie groß muß die Masse $M$ sein, damit $m$ nach dem Loslassen reibungsfrei nach oben rutscht und bei $\vartheta = 0°$ umkehrt und wieder nach unten rutscht?

Gegeben: $m$, $\vartheta_0$, $\ell$

Gesucht: $M(m, \vartheta_0, \ell)$

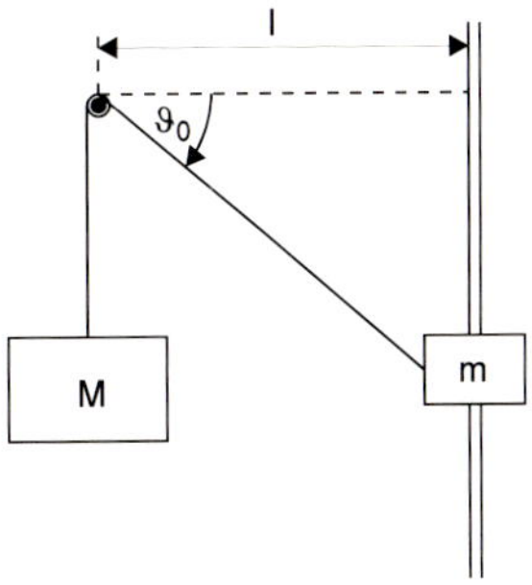


**(4–11) Mittel Beschleunigungsarbeit**

Eine zur Zeit $t = 0$ ruhende Masse $m = 2$ kg wird von der konstanten Kraft $F = 60$ N beschleunigt. Welche Arbeit $W$ verrichtet die Kraft im Zeitraum [5 s, 10 s]?

**(4–12) Mittel Reibungsarbeit**

Eine Kiste der Masse $m = 10$ kg rutscht mit konstanter Reibungskraft $F_R = 30$ N einen ebenen Hang hinauf, der den Steigungswinkel $\alpha = 20°$ hat. Nach welcher Strecke $x$ kommt die Kiste zum Stillstand, wenn sie die Anfangsgeschwindigkeit $v_0 = 2$ m/s hat? (Setze $g = 10$ m/s$^2$)

**(4–13) Leicht Senkrechter Wurf mit Reibung**

Ein Ball $m = 0{,}5$ kg wird mit der Anfangsgeschwindigkeit $v_0 = 20$ m/s senkrecht nach oben geworfen. Er erreicht eine Höhe von 15 m.

Welche Wärme wird beim Aufstieg infolge der Luftreibung erzeugt?

**(4–14) Mittel Bremskraft**

Eine Kugel mit Masse $m = 1$ kg fällt aus einer Höhe $h = 3$ m in Sand und dringt $s = 5$ cm in den Sand ein.

Wie groß ist die abbremsende Kraft $F$ des Sandes auf die Kugel, wenn man vereinfachend annimmt, daß $F$ konstant ist?

**(4–15) Mittel Bremsweg**

Eine anfangs ruhende Masse $m$ gleitet reibungsfrei aus der Höhe $h$ auf eine schiefe Ebene, die den Steigungswinkel $\alpha$ hat. Auf der schiefen Ebene wird die Masse $m$ durch eine konstante Festreibung (Gleitreibung) mit dem Reibungskoeffizienten $f$ abgebremst.

Bemerkung: Die konstante Kraft $F_0$ beschleunigt das Teilchen gleichmäßig in x-Richtung. Die Kraft $F_0$ kann mit zwei Größen multipliziert werden:

1) $F_0 \, x$ = Kraft × zurückgelegter Weg = Arbeit

   Diese Arbeit wird in Form der kinetischen Energie gespeichert.

2) $F_0 \, t$ = Kraft × Dauer der Krafteinwirkung = Impulsänderung

   Auch der Impuls wird gespeichert und kann z. B. durch einen Stoß an ein anderes Teilchen weitergegeben werden.

Für beliebige, nicht-konstante Kräfte $\mathbf{F}(t)$ ergibt sich eine entsprechende Beziehung durch eine einfache Integration der Gl.

$$\mathbf{F}(t) = \frac{d}{dt}\mathbf{p}(t)$$

über die Zeit:

$$\int_{t_1}^{t_2} \mathbf{F}(t)\, dt = \int_{t_1}^{t_2} \frac{d}{dt}\mathbf{p}(t)\, dt$$

Das Integral über $\dot{\mathbf{p}}(t)$ in den Grenzen $t_1$, $t_2$ ist gleich der Änderung der Stammfunktion $\mathbf{p}(t)$ in diesen Grenzen:

$$\int_{t_1}^{t_2} \mathbf{F}(t)\, dt = \mathbf{p}(t_2) - \mathbf{p}(t_1) \qquad (5.1\text{–}5)$$

*Die Impulsänderung eines Körpers ist gleich dem Zeitintegral der insgesamt auf ihn wirkenden Kraft.* Das Zeitintegral wird "Kraftstoß" genannt. Gl. (5.1–5) führt auf folgende Interpretation der abstrakten, physikalischen Größe "Impuls": Der Impuls ist ein gespeicherter Kraftstoß, ein Kraftstoßvorrat gewissermaßen. Dieser Vorrat entsteht durch die Wirkung einer Kraft über eine bestimmte Zeit. Umgekehrt kann der Impuls, d. h. der gespeicherte Kraftstoß eine Kraft über eine gewisse Zeit aufbringen, wobei der Impuls abnimmt.

**Beispiel (5.1–1) Hammerschlag.**

Auf einen ruhenden Körper der Masse $m = 1$ kg wirkt in dem sehr kleinen Zeitintervall $\left[0,\ \pi/\omega\right]$ ein kurzer Hammerschlag mit der Kraft

$$F(t) = F_0 \sin \omega t \qquad \text{mit } F_0 = 2 \cdot 10^3\ N \qquad \text{und} \qquad \omega = 10^3\ s^{-1}$$

Berechne die Geschwindigkeit der Masse $m$ nach dem Hammerschlag.

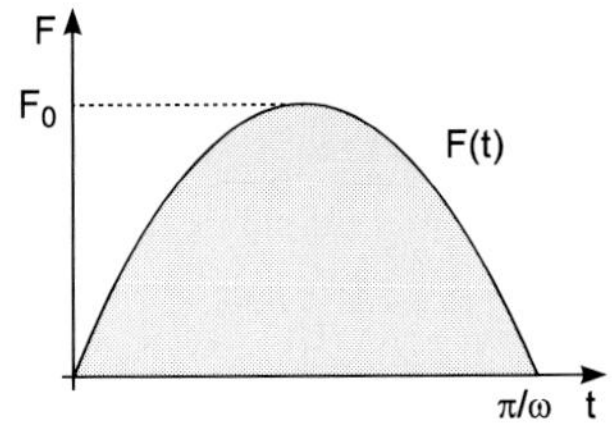


**Abb. (5.1–1)** Der Hammerschlag wird durch eine harmonische Kraft beschrieben.

**Lösung:**

Nach dem Schlag ist der Impuls des Körpers gleich der schraffierten Fläche in Abb. (5.1–1):

$$p = m\,v = \int_0^{\pi/\omega} F_0 \sin\omega t \; dt = -\frac{F_0}{\omega}\cos\omega t \,\Big|_0^{\pi/\omega} =$$

$$= -\frac{F_0}{\omega}\left(\cos\pi - \cos 0\right) = \frac{2\,F_0}{\omega} = 4\,\mathrm{N\,s}$$

$$\Rightarrow \quad v = \frac{p}{m} = 4\,\mathrm{m/s}$$

**Beispiel (5.1–2) Mittlere Kraft.**

Ein Ball der Masse $m$ und der Geschwindigkeit $v$ fliegt senkrecht auf eine Wand und wird vollkommen elastisch reflektiert. Wie groß ist die mittlere Kraft $\overline{F}$ des Balles auf die Wand, wenn die Kollisionszeit $\Delta t$ ist?

**Lösung:**

Die Impulsänderung beträgt [1]

$$\Delta p = m\,v - m(-v) = 2\,m\,v = \int_0^{\Delta t} F(t)\,dt = \overline{F}\,\Delta t$$

$$\overline{F} = \frac{2\,m\,v}{\Delta t}$$

Bemerkung: Wenn der Ball wie ein Kaugummi an der Wand hängen bleibt, beträgt die Impulsänderung nur $m\,v$ und die mittlere Kraft ist $\overline{F} = m\,v/\Delta t$.

[1] Bekanntlich wird der Mittelwert $\overline{f}$ einer Funktion $f$ im Intervall $[a, b]$ mit einem Integral berechnet:

$$\overline{f} = \frac{1}{b-a}\int_a^b f(x)\,dx$$

**Beispiel (5.1–3) Geschwindigkeit nach Kraftstoß.**

Beim Minigolfspiel wird der anfangs ruhende Ball $m = 0{,}1$ kg weggeschlagen. Der zeitliche Verlauf der Kraft des Schlägers auf den Ball wird durch eine Dreiecksfunktion approximiert. Mit welcher Geschwindigkeit $v$ fliegt der Ball weg?

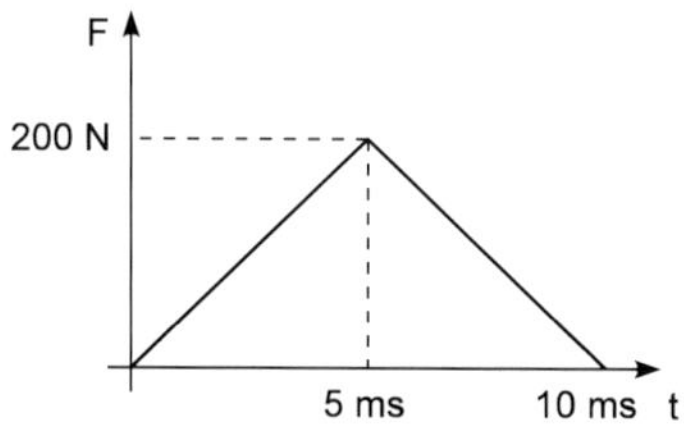


**Abb. (5.1–2)** Die Schlägerkraft wird durch eine Dreiecksfunktion beschrieben.

**Lösung:**

Nach Gl. (5.1–5) beträgt die Impulsänderung

$$p(t) - p(0) = p(t) = m\,v = \int_0^t F(t')\,dt' \underset{\substack{\uparrow \\ \text{Fläche unter Dreieck}}}{=} 200\ \text{N} \cdot 5\ \text{ms} = 1\ \text{Ns}$$

$$v = \frac{1\ \text{Ns}}{0{,}1\ \text{kg}} = 10\,\frac{\text{m}}{\text{s}}$$

## 5.2 Der Impulssatz

Wir betrachten zwei Massen $m_1$ und $m_2$, die zusammenstoßen, d. h. *kurzzeitig* Kräfte aufeinander ausüben. Wichtig für die folgende Rechnung ist die Vorrausetzung, daß die beiden Massen nur untereinander wechselwirken und *keinen Kräften von außen unterliegen.* Die Geschwindigkeiten vor dem Stoß bzw. vor dem Einsetzen der gegenseitigen Wechselwirkung werden mit $\mathbf{v}_1$, $\mathbf{v}_2$ bezeichnet, die Geschwindigkeiten nach dem Stoß – wie in der Literatur üblich – mit $\mathbf{u}_1$, $\mathbf{u}_2$. Sei $\mathbf{F}_{12}(t)$ die Kraft der Masse 2 auf die Masse 1 zur Zeit $t$ und $\mathbf{F}_{21}(t)$ die Kraft der Masse 1 auf die Masse 2 zur gleichen Zeit. Der erste Index gibt also immer das Teilchen an, auf das die Kraft wirkt. Wegen "actio = reactio" gilt für alle Zeiten $t$:

$$\mathbf{F}_{12}(t) = -\,\mathbf{F}_{21}(t) \qquad (5.2\text{–}1)$$

Wir integrieren diese Gl. vom Stoßbeginn $t_1$ bis zum Stoßende $t_2$

$$\int_{t_1}^{t_2} \mathbf{F}_{12}(t)\,dt = -\int_{t_1}^{t_2} \mathbf{F}_{21}(t)\,dt$$

Das Zeitintegral der Kraft $\mathbf{F}_{12}(t)$ auf Teilchen 1 gibt nach Gl. (5.1–5) die Impulsänderung des Teilchens 1. Entsprechendes gilt für Teilchen 2.

$$\mathbf{p}_1(t_2) - \mathbf{p}_1(t_1) = -\left[\mathbf{p}_2(t_2) - \mathbf{p}_2(t_1)\right]$$

oder

$$\mathbf{p}_1(t_1) + \mathbf{p}_2(t_1) = \mathbf{p}_1(t_2) + \mathbf{p}_2(t_2)$$

Daraus folgt

$$m_1\,\mathbf{v}_1 + m_2\,\mathbf{v}_2 = m_1\,\mathbf{u}_1 + m_2\,\mathbf{u}_2 \qquad (5.2\text{–}2)$$

wenn die beiden Massen keinen äußeren Kräften unterliegen.

*Der Gesamtimpuls beider Körper bleibt beim Stoß erhalten* – vorausgesetzt, daß die beiden Körper nur untereinander wechselwirken und keinen äußeren Kräften unterliegen.

Die Impulserhaltung (5.2–2) läßt sich auch auf eine andere, einfache Art beweisen: Aus Gl. (5.2–1) und dem zweiten Newtonschen Axiom folgt

$$\frac{d}{dt}\,\mathbf{p}_1(t) = -\frac{d}{dt}\,\mathbf{p}_2(t)$$

$$\frac{d}{dt}\left[\mathbf{p}_1(t) + \mathbf{p}_2(t)\right] = 0$$

Daraus folgt

$$\mathbf{p}_1(t) + \mathbf{p}_2(t) = \text{const} \qquad (5.2\text{–}3)$$

*Die Summe der beiden Impulse ist für alle Zeiten konstant.* Dieses Ergebnis entspricht der Gl. (5.2–2).

Beachte, daß der Impulssatz nicht nur aus dem dritten, sondern aus dem zweiten *und* dem dritten Newtonschen Axiom folgt.

Der soeben aufgestellte Impulssatz (5.2–3) für zwei Körper läßt sich sofort auf ein abgeschlossenes System mit beliebig vielen Körpern verallgemeinern. Wir erhalten den sog. “Impulserhaltungssatz” oder “Impulssatz”:

**Impulssatz:** In einem abgeschlossenen System, d. h. in einem System, in dem die Körper nur untereinander durch sog. "innere" Kräfte $\mathbf{F}_{ij}$ wechselwirken und keinen Kräften von außen unterliegen[2], ist die Vektorsumme aller Impulse konstant:

$$\sum_{i=1}^{N} \mathbf{p}_i = \text{const} \qquad (5.2\text{–}3')$$

mit $N$ = Anzahl der Körper des abgeschlossenen Systems.

Beachte, daß der Impulssatz nur die kräftemäßige Abgeschlossenheit des Systems erfordert. *Der Impulssatz gilt im Gegensatz zum Energiesatz auch dann, wenn Reibungen zwischen den Körpern des abgeschlossenen Systems auftreten.* (Der Impulssatz gilt natürlich nicht, wenn Reibungen mit der Außenwelt auftreten, da das System dann nicht mehr abgeschlossen ist.)

**Beispiel (5.2–1) Katzensprung.**

Zwei gleiche Schlitten mit den Massen $m_1 = m_2 = 25$ kg stehen direkt hintereinander auf dem glatten Eis. Eine Katze der Masse $m_K = 8$ kg steht auf dem linken Schlitten und springt dann mit der horizontalen Geschwindigkeit $v_K = 6$ m / s – relativ zur Erde gemessen – auf den rechten Schlitten und bleibt dort sitzen.
Wie groß sind die Geschwindigkeit $u_L$ des linken Schlittens und die Geschwindigkeit $u_R$ des rechten Schlittens nach dem Sprung?

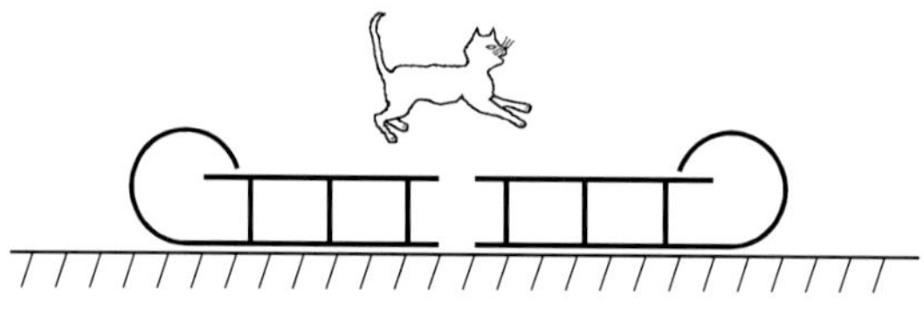

**Abb. (5.2–1)** Sprung einer Katze vom linken Schlitten auf den rechten Schlitten.

**Lösung:**
Das System – bestehend aus zwei Schlitten und einer Katze – ist energetisch abgeschlossen. Trotzdem darf der Energiesatz der Mechanik auf keinen Fall angewendet werden; der Sprung der Katze ist nämlich kein rein mechanischer Vorgang, da hier biologische Muskelenergie in mechanische Energie umgewandelt wird.

---

[2] Der Begriff "abgeschlossen" ist hier also anders definiert als beim Energiesatz; dort durfte keine Energie nach außen verloren gehen und keine Energie von außen hereinkommen. Hier beim Impulssatz dürfen keine Kräfte von außen wirken.

Der Impulssatz aber gilt, da in horizontaler Richtung – und nur diese Richtung interessiert uns – keine äußeren Kräfte auf das System wirken.

Da wir mit $u_L$, $u_R$ zwei unbekannte Größen haben, müssen wir den Impulssatz zweimal anwenden. Der Impulssatz für den Absprung vom linken Schlitten lautet

$$m_1 \cdot 0 + m_K \cdot 0 = m_1 u_L + m_K v_K \quad \Rightarrow \quad u_L = -\frac{m_K}{m_1} v_K = -1{,}92\,\mathrm{m/s}$$

Der Impulssatz für die Landung auf dem rechten Schlitten lautet

$$m_K v_K = (m_K + m_2) u_R \quad \Rightarrow \quad u_R = \frac{m_K}{m_K + m_2} v_K = 1,\overline{45}\,\mathrm{m/s}$$

Bemerkung: Nach dem Sprung der Katze ist der Gesamtimpuls wieder Null:

$$m_1 u_L + (m_2 + m_K) u_R = 0$$

Dies ist eine Bestätigung für die Richtigkeit der Rechnung.

**Beispiel (5.2–2) Landender Vogel.**

Ein Baumstamm $m_B = 60$ kg schwimmt mit konstanter Geschwindigkeit $v_B = 3$ m/s stromabwärts. Ein Vogel $m_V = 8$ kg versucht, auf dem Baumstamm zu landen, während er mit der horizontalen Geschwindigkeit $v_V = 4$ m/s stromaufwärts fliegt. Der Vogel rutscht den Stamm entlang und fällt am Ende mit der horizontalen, stromaufwärts–gerichteten Geschwindigkeit $u_V = 1{,}2$ m/s ins Wasser.

Berechne die Geschwindigkeit $u_B$ des Baumstammes nach dem Landeversuch. (Vernachlässige die Reibung des Stammes mit dem Wasser. Alle Geschwindigkeiten werden vom Ufer aus gemessen.)

**Lösung:**

Der mechanische Energiesatz gilt nicht, da der Vogel am Stamm entlang rutscht und dabei mechanische Energie in Wärme umwandelt. (Der Vogel bekommt "heiße Füße".)

Da das System aber in horizontaler Richtung kräftemäßig abgeschlossen ist, gilt der Impulssatz:

$$m_B v_B + m_V(-v_V) = m_B u_B + m_V(-u_V)$$

$$u_B = \frac{1}{m_B}\left[m_B v_B + m_V(u_V - v_V)\right] = 2{,}62\overline{6}\,\mathrm{m/s}$$

Wenn von außen insgesamt die Kraft $\mathbf{F}^{(a)}$ auf das N–Teilchensystem wirkt, dann liegt keine Impulserhaltung vor. Vielmehr gilt wegen des zweiten Newtonschen Axioms

$$\frac{d}{dt}\left[\sum_{i=1}^{N} \mathbf{p}_i\right] = \mathbf{F}^{(a)} \qquad (5.2\text{–}4)$$

Der Impulssatz (5.2–3') ist ein Spezialfall der Gl. (5.2–4). Der folgende Beweis der Gl. (5.2–4) ist daher auch ein Beweis des Impulssatzes (5.2–3').

**Beweis:** Auf das i-te Teilchen ($i = 1, 2, ... N$) des N–Teilchensystems wirken die inneren Kräfte $F_{ij}(j = 1, \dots i-1, i+1, \dots N)$, die von den $N$–1 anderen Teilchen des Systems ausgehen, und die äußere Kraft $\mathbf{F}_i^{(a)}$, die von der Außenwelt des nicht-abgeschlossenen Systems kommt (z. B. die Schwerkraft $m_i\ \mathbf{g}$). Nach dem zweiten Newtonschen Axiom gilt

$$\dot{\mathbf{p}}_i = \mathbf{F}_i^{(a)} + \sum_{j=1}^{N} \mathbf{F}_{ij}$$

mit $\mathbf{F}_{ii} = 0$, da die Teilchen keine Kraft auf sich selbst ausüben können. (Andernfalls hätte sich Baron Münchhausen an den eigenen Haaren aus dem Sumpf ziehen können.) Wir summieren diese Gl. über $i$ von 1 bis $N$:

$$\sum_{i=1}^{N} \dot{\mathbf{p}}_i = \sum_{i=1}^{N} \mathbf{F}_i^{(a)} + \sum_{i,j=1}^{N} \mathbf{F}_{ij}$$

Da sich jeweils zwei Terme in der Doppelsumme – z. B. $(\mathbf{F}_{12} + \mathbf{F}_{21})$ und $(\mathbf{F}_{47} + \mathbf{F}_{74})$ – wegen "actio = reactio" gegenseitig aufheben, ist die Doppelsumme gleich Null. Daraus folgt

$$\frac{d}{dt}\left[\sum_{i=1}^{N} \mathbf{p}_i\right] = \sum_{i=1}^{N} \mathbf{F}_i^{(a)} =: \mathbf{F}^{(a)} \tag{5.2–5}$$

♦

Es gibt eine Vielzahl von Erscheinungen und Vorgängen, die durch den Impulssatz erklärt werden können: Wenn ein Mann von einem ruhenden und unbefestigten Boot an Land springt, stößt er das Boot weg, da der Gesamtimpuls von Mann und Boot in horizontaler Richtung konstant bleiben muß. Wenn der Mann beim Sprung den Impuls $\mathbf{p}_1$ erhält, nimmt das Boot den entgegengesetzten Impuls $-\mathbf{p}_1$ auf. Der gleiche Rückstoßeffekt tritt auch bei Gewehren auf: Das Geschoß erhält einen Impuls in Flugrichtung und das Gewehr einen entgegengesetzten, gleich großen Impuls.

**Beispiel (5.2–3) Kraft auf einen Rohrkrümmer.**

> In einem Rohrkrümmer mit konstantem Querschnitt $A$ herrscht eine reibungsfreie, stationäre Strömung[3]. Wie groß ist die Kraft, die das Wasser infolge der Umlenkung auf den Rohrkrümmer überträgt?

[3] Eine Strömung heißt "stationär", wenn sich der Strömungszustand nicht mit der Zeit ändert, wenn also Geschwindigkeit, Druck, Dichte, ... an jeder Stelle zeitlich konstant sind.

Diese Kraft muß durch die Rohrhalterungen aufgefangen werden und daher genau bekannt sein. In den großen Kraftwerken müssen diese Kräfte genau berechnet werden. Sie können durchaus im Bereich von kN auftreten.

**Lösung:**

Wir berechnen die Impulsänderung $\dot{\mathbf{p}}$ eines geeigneten Flüssigkeitsvolumens, das durch das Rohr strömt. Das Volumen besteht aus allen Flüssigkeitsteilchen, die sich zur Zeit $t$ innerhalb der gestrichelten Umrandung zwischen den Querschnitten 1 und 2 befinden (graue Fläche in Abb. (5.2–2)). *Wir begleiten dieses Volumen auf seinem Weg durch den Rohrkrümmer.*

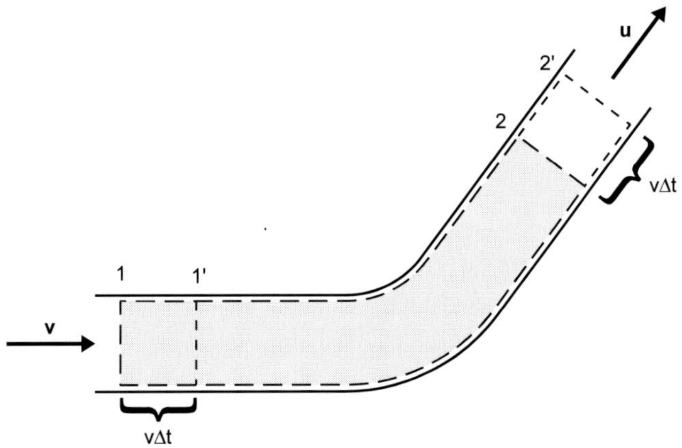


**Abb. (5.2–2)** Eine Flüssigkeit fließt mit konstantem Geschwindigkeitsbetrag durch einen Rohrkrümmer. Die Impulsänderung des grauen Volumens wird berechnet.

Wir nennen die Strömungsgeschwindigkeit vor dem Krümmer **v**, nach dem Krümmer **u**. Wegen der Inkompressibilität der Flüssigkeit und des konstanten Querschnittes $A$ ist der Betrag der Strömungsgeschwindigkeit überall gleich:

$$|\mathbf{v}| = |\mathbf{u}| =: v$$

Zur Zeit $t + \Delta t$ befindet sich unser System zwischen den Querschnitten 1' und 2'. Zwischen den Querschnitten 1 – 1' und 2 – 2' befinden sich jeweils die Flüssigkeitsmengen

$$\rho\, A\, v\, \Delta t \qquad \text{mit } \rho = \text{konstante Dichte}$$

Folglich ändert sich der Impuls des schraffierten Volumens im Intervall $[t,\ t + \Delta t]$ um

$$\Delta \mathbf{p} = \mathbf{p}(t + \Delta t) - \mathbf{p}(t) = \rho\, A\, v\, \Delta t\, (\mathbf{u} - \mathbf{v})$$

Daraus ergibt sich sofort die Impulsänderungsrate des betrachteten Volumens, während es den Rohrkrümmer passiert:

$$\frac{d\mathbf{p}}{dt} = \lim_{\Delta t \to 0} \frac{\mathbf{p}(t + \Delta t) - \mathbf{p}(t)}{\Delta t} = \rho\, A\, v\, (\mathbf{u} - \mathbf{v})$$

Mit $\dot{m} := \rho\, A\, v$ = Flüssigkeitsmenge, die pro Sekunde durch den Querschnitt $A$ fließt, finden wir

$$\dot{\mathbf{p}} = \dot{m}\,(\mathbf{u} - \mathbf{v})$$

Nach Gl. (5.2–4) ist diese Impulsänderungsrate gleich der von außen auf das Flüssigkeitssystem einwirkenden Kraft $\mathbf{F}^{(a)}$. Wenn wir die Gewichtskraft vernachlässigen, besteht die äußere Kraft $\mathbf{F}^{(a)}$ aus zwei Anteilen: Kraft $\mathbf{F}_{Rk}$ des Rohrkrümmers auf das Wasser und Summe $\mathbf{F}_p$ der betragsmäßig gleich großen Druckkräfte an den Querschnitten 1 und 2:

$$\mathbf{F}^{(a)} = \mathbf{F}_{Rk} + \mathbf{F}_p = \dot{m}\,(\mathbf{u} - \mathbf{v})$$

$$\mathbf{F}_{Rk} = \dot{m}\,(\mathbf{u} - \mathbf{v}) - \mathbf{F}_p$$

Nach "actio = reactio" ist die Kraft des Wassers auf den Rohrkrümmer gleich $-\mathbf{F}_{Rk}$.

Wir behandeln nun einen klassischen Versuch der Mechanik, den **zentralen, elastischen Stoß** von zwei Kugeln mit Massen $m_1$, $m_2$. Ein Stoß heißt "zentral", wenn sich die zwei stoßenden Körper vor und nach dem Stoß auf derselben Gerade bewegen. Ein Stoß heißt "elastisch", wenn keine mechanische Energie verloren geht.

Die Kugeln bewegen sich auf einer gemeinsamen horizontalen Gerade, so daß sie konstante potentielle Energie haben und wir skalar rechnen dürfen. Aufgrund der Elastizität der Kugeln wird die beim Stoß kurzfristig auftretende Verformungsenergie wieder vollständig in kinetische Energie umgesetzt, d. h. die Summe der kinetischen Energien beider Massen ist vor und nach dem Stoß gleich groß.

Der Stoß muß mit dem Impulssatz *und* dem Energiesatz berechnet werden, da die zwei unbekannten Geschwindigkeiten $u_1$, $u_2$ mit zwei Gln. bestimmt werden müssen. Der Impulssatz liefert die Gl.

$$m_1\, v_1 + m_2\, v_2 = m_1\, u_1 + m_2\, u_2 \tag{5.2–6}$$

Der Energiesatz lautet

$$\frac{m_1}{2}\, v_1^2 + \frac{m_2}{2}\, v_2^2 = \frac{m_1}{2}\, u_1^2 + \frac{m_2}{2}\, u_2^2 \tag{5.2–7}$$

Wir formen beide Gln. um und erhalten aus Gl. (5.2–6)

$$m_1\,(v_1 - u_1) = m_2\,(u_2 - v_2) \tag{5.2–8}$$

und aus Gl. (5.2–7)

$$m_1\,(v_1^2 - u_1^2) = m_2\,(u_2^2 - v_2^2)$$

$$m_1\,(v_1 + u_1)(v_1 - u_1) = m_2\,(u_2 + v_2)(u_2 - v_2) \tag{5.2–9}$$

Nach Division der Gl. (5.2–9) durch die Gl. (5.2–8) ergibt sich

$$v_1 + u_1 = u_2 + v_2$$

Damit kann man $u_1$ oder $u_2$ aus Gl. (5.2–6) eliminieren und erhält die Geschwindigkeiten der beiden Kugeln nach dem zentralen, elastischen Stoß:

$$u_1 = \frac{m_1 - m_2}{m_1 + m_2} v_1 + \frac{2 m_2}{m_1 + m_2} v_2 \qquad (5.2\text{–}10)$$

$$u_2 = \frac{m_2 - m_1}{m_2 + m_1} v_2 + \frac{2 m_1}{m_2 + m_1} v_1 \qquad (5.2\text{–}11)$$

für den zentralen, elastischen Stoß von zwei Massen

Die beiden Gln. gehen durch die Vertauschung der Indizes 1 und 2 ineinander über. Die Gln. gelten natürlich nicht nur für den zentralen, elastischen Stoß von Kugeln, sondern auch für alle anderen geraden und elastischen Zusammenstöße.

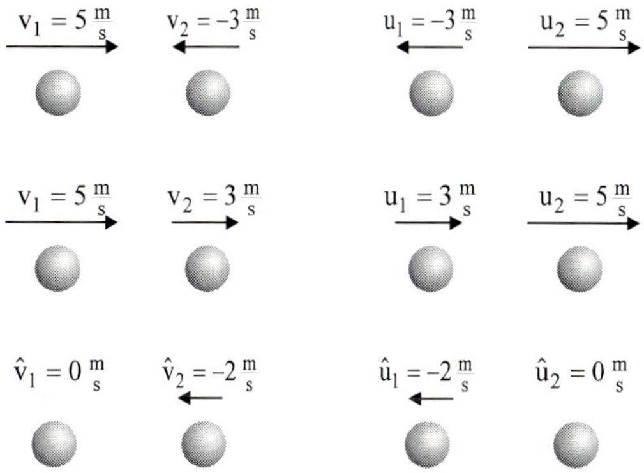


**Abb. (5.2–3)** Drei zentrale elastische Zusammenstöße von zwei gleich schweren Massen werden mit den Gln. (5.2–10 und 11) berechnet. Links sind jeweils die Geschwindigkeiten vor dem Stoß, rechts nach dem Stoß dargestellt.

1. Zeile: Beide Massen fliegen vor und nach dem Stoß in entgegengesetzte Richtungen

2. Zeile: Beide Massen fliegen vor und nach dem Stoß in gleiche Richtungen

3. Zeile: Der Stoß in der zweiten Zeile wird von einem Inertialsystem aus beobachtet, daß sich mit der Geschwindigkeit $v_1 = 5\,\mathrm{m/s}$ der ersten Masse bewegt.

Wir diskutieren nun zwei besonders wichtige Spezialfälle:

**1)** $\mathbf{m_1 = m_2}$ : Dann ist

$$u_1 = v_2 \qquad u_2 = v_1 \qquad (5.2\text{–}12)$$

**a)** Bestätige dieses Experiment, das mit zwei in Spielzeuggeschäften käuflichen Bällen vorgeführt werden kann, durch eine Berechnung der elastischen Zusammenstöße (Idealer Fall).

**b)** Welche Höhe $h$ könnte ein dritter, oben aufgelegter Ball mit Masse $m_0 << m_1$ im idealen Fall erreichen?

**c)** Diskutiere die „Anwendungen" des Doppelstoßes, die in der Lösung vorgestellt werden.

Dieses Beispiel ist aus drei Gründen sehr reizvoll:

1) Das Experiment ist sehr beeindruckend.

2) Die mathematische Lösung des Problems ist erst möglich, wenn man sich genau überlegt hat, wie dieser Versuch in allen Einzelheiten abläuft. Das ist typisch für die Lösung der meisten Aufgaben: Zuerst kommt die physikalische Erklärung und Veranschaulichung. Erst danach ist eine mathematische Bearbeitung denkbar.

3) Der Versuch veranschaulicht die Abstoßung der äußeren Hülle einer Supernova und das sog. Swingby-Verfahren bei der Reise von Satelliten zu den äußeren Planeten (Näheres dazu am Ende der Lösung).

**Lösung:**

**a)** Das Experiment besteht aus vier Phasen:

1) Beide Bälle fallen hintereinander herunter.

2) Der große Ball stößt auf den Boden.

3) Der kleine Ball stößt mit dem großen Ball, der bereits wieder nach oben fliegt, zusammen.

4) Der kleine Ball fliegt nach dem Stoß mit dem großen Ball wieder nach oben.

Wir berechnen diese vier Phasen nacheinander:

**1)** Direkt vor dem Aufschlag auf den Boden haben kleine und große Kugel die Geschwindigkeit

$$v_1 = v_2 = \sqrt{2\,g\,h_0}$$

**2)** Die schwere Kugel $m_2$ prallt auf den Fußboden und ist bereits wieder auf dem Weg nach oben, wenn sie mit der unmittelbar nachfolgenden Kugel $m_1$ zusammenstößt. Vor diesem Zusammenstoß zwischen $m_1$ und $m_2$ haben die beiden Körper die – durch ein Dach gekennzeichneten – Geschwindigkeiten

$$\hat{v}_1 = v_1 = \sqrt{2\,g\,h_0} \qquad \hat{v}_2 = -v_2 = -\sqrt{2\,g\,h_0}$$

**3)** Nach dem Stoß zwischen $m_1$ und $m_2$ beträgt die Geschwindigkeit der sehr kleinen Masse $m_1$ nach Gl. (5.2–10)

$$u_1 = -\hat{v}_1 + 2\,\hat{v}_2 = -3\sqrt{2\,g\,h_0} \qquad \text{für} \qquad m_1 << m_2$$

Der große Ball schleudert den kleinen fort wie ein Tennisschläger den leichten Tennisball.

**4)** Aufgrund des Energiesatzes fliegt die kleine Kugel anschließend auf die Höhe

$$h = \frac{u_1^2}{2g} = \frac{9 v_1^2}{2g} = 9 h_0$$

Da die Stöße in Wirklichkeit nicht vollelastisch sind, Reibungen in der Luft auftreten und die Beziehung $m_1 << m_2$ nur näherungsweise erfüllt ist, erhält man in der Praxis $h \leq 4h_0$.

**b)** Bei drei Bällen erreicht der oberste Ball im Idealfall die Höhe $49\,h_0$, bei vier Bällen die Höhe $225\,h_0$. Bei $n$ Bällen erreicht der oberste Ball im Idealfall die Höhe

$$h = (2^n - 1)^2\,h_0$$

Der Beweis läßt sich durch eine vollständige Induktion leicht erbringen.

Mit 11 Bällen, die hintereinander aus 1 m Höhe fallen, könnte man im Idealfall dem obersten Ball die Anfangsgeschwindigkeit 9,07 km/s erteilen und ihn damit in eine Erdumlaufbahn schießen. Bei kreisförmigen Erdumlaufbahnen muß die Zentrifugalkraft gleich der Erdanziehungskraft sein. Für *erdnahe* Kreisbahnen gilt daher

$$m\,g = m\,v^2/r \quad \Leftrightarrow \quad v = \sqrt{g\,r} \approx 7{,}9\ \mathrm{km/s}$$

**Experiment**: In der Zeitschrift Physik und Didaktik 3, 1994 (251 – 254) wird ein schönes und leicht durchführbares Freihandexperiment mit drei Bällen beschrieben, die an einer Nylonschnur aufgereiht sind. Der untere große Ball wird bis zur Mitte aufgebohrt. Das Ende der Nylonschnur wird eingesteckt und angeklebt. Die beiden kleineren Bälle werden durchbohrt und auf dem Faden aufgereiht. Dann wird der Faden 1 cm über dem oberen Ball abgeschnitten, so daß er noch gut angefaßt werden kann. Nach dem Auspendeln der Ballpyramide sind die drei Schwerpunkt übereinander und das Experiment kann gut gelingen.

Mit drei Superbällen, die einzeln etwa auf 88% ihrer Fallhöhe aufsteigen und die die Durchmesser und Massen

4,9 cm 65 g 3,3 cm 20 g 2,5 cm 8 g

haben, lassen sich sehr beeindruckende Ergebnisse vorführen: Der obere Ball steigt fast auf die neunfache Fallhöhe hoch. Bei 2 m Fallhöhe beträgt die Steighöhe des obersten Balles fast 18 m.

**c)** Mit der Theorie der stoßenden Bälle lassen sich zwei interessante physikalische Erscheinungen deuten:

**1)** Bei einer *Supernova* kollabiert ein Stern sehr schnell und schleudert anschließend äußere Schalenteile mit relativistischen Geschwindigkeiten in den Weltraum. Dafür bietet sich folgende Erklärung an: Nach der genügend hohen Ansammlung von schweren Elementen verdichtet der innere Kern einer schweren Sonne immer schneller, bis schließlich die Dichte zu hoch wird und eine Schockwelle vom dichten, inneren Kern nach außen läuft. Sie trifft dort die äußeren Schalen, die sich noch immer nach innen bewegen. Durch den heftigen Zusammenstoß können leichte Schalenteile ungeheuer beschleunigt werden und mit relativistischen Geschwindigkeiten wegfliegen. Der Stern explodiert.
Dieser Vorgang erinnert an die oben behandelte Kollision von mehreren Bällen.

**2)** Die Erforschung der äußeren Planeten durch amerikanische Pioneer- und Voyager-Sonden war nur mit dem sog. „Swing-By-Manöver" möglich. Dabei fliegt die Sonde auf Jupiter zu und in einer Hyperbel-Bahn fast 90 Grad um ihn herum, so daß Sonde und Jupiter danach für kurze Zeit ähnliche Flugrichtungen haben. Durch den „Stoß" am Jupiter wird die Reise zum Neptun von 30 Jahren auf 12 Jahre verkürzt.

Wenn die beiden Geschwindigkeiten $\mathbf{v}_1, \mathbf{v}_2$ nicht auf der Verbindungslinie der Mittelpunkte beider Kugeln liegen, dann bewegen sich die beiden Kugeln schräg aufeinander zu und es entsteht ein schiefer, **nicht-zentraler Stoß**. Er kann auf den zentralen Stoß zurückgeführt werden, wenn die Kugeloberflächen völlig glatt sind; dann können die Kugeln ohne Reibung, d. h. ohne *Tangentialkräfte* aneinander vorbeirutschen.

Die Impulsübertragung zwischen den Kugeln erfolgt dann entlang der punktierten Verbindungslinie "Schwerpunkt 1 – Berührungspunkt – Schwerpunkt 2". Die Geschwindigkeiten $\mathbf{v}_1$, $\mathbf{v}_2$ der beiden Kugeln vor dem Stoß werden in je zwei Komponenten parallel und senkrecht zur Stoßnormalen zerlegt (siehe Abb. (5.2–6). Die Tangentialkomponenten $\mathbf{v}_t$ bleiben erhalten, die Normalkomponenten $\mathbf{v}_n$ unterliegen den Gesetzen des zentralen elastischen Stoßes.

Wenn die Oberflächen rauh und reibend sind, werden auch parallel zur Berührungsfläche Kräfte übertragen. Die Tangentialkomponenten der Geschwindigkeiten ändern sich und Rotationsenergien werden ausgetauscht, angeregt oder abgebaut. Besonders deutlich wird dies bei einem Tischtennisball, der mit Topspin geschlagen wird.

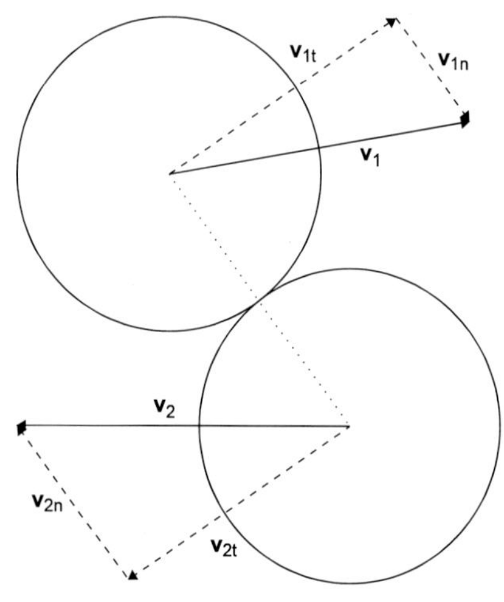


**Abb. (5.2–6)** Nicht-zentraler, elastischer Stoß

Abschließend besprechen wir den **zentralen, unelastischen Stoß** von zwei Körpern. Hier bleibt die Bewegungsenergie nicht erhalten, sondern geht teilweise oder auch ganz als Wärme oder bleibende Verformungsenergie verloren. Wenn man den kinetischen Energieverlust $\Delta T$ kennt, läßt sich der Stoß mit dem Impuls- und dem *allgemeinen* Energiesatz, der alle Energieformen enthält, berechnen:

$$m_1 v_1 + m_2 v_2 = m_1 u_1 + m_2 u_2$$

$$\frac{m_1}{2} v_1^2 + \frac{m_2}{2} v_2^2 = \frac{m_1}{2} u_1^2 + \frac{m_2}{2} u_2^2 + \Delta T$$

Ist $\Delta T$ unbekannt, lassen sich $u_1$, $u_2$ nicht berechnen.

In vielen Fällen bewegen sich beide Körper nach dem Stoß mit derselben Geschwindigkeit

$$u_1 = u_2 =: u$$

Zur Bestimmung der *einen* Unbekannten $u$ genügt der Impulssatz

$$m_1 v_1 + m_2 v_2 = (m_1 + m_2) u$$

$$u = \frac{m_1 v_1 + m_2 v_2}{m_1 + m_2} \quad \text{für} \quad u_1 = u_1 =: u \qquad (5.2\text{–}15)$$

Der kinetische Energieverlust $\Delta T$ läßt sich nun nachträglich berechnen.

**Beispiel (5.2–5) Beladung eines Güterwagens.**

Ein Güterwagen der Masse $m_1 = 6 \cdot 10^3$ kg fährt mit der Geschwindigkeit $v_1 = 1$ m/s. Wie schnell fährt er weiter, nachdem senkrecht von oben $m_2 = 5 \cdot 10^3$ kg Erz hineingefallen sind?

**Lösung:**

Es handelt sich in horizontaler Richtung um einen zentralen, unelastischen Stoß, wobei das Erz anfangs die horizontale Geschwindigkeit $v_2 = 0$ hat. Folglich gilt

$$u = \frac{m_1 v_1}{m_1 + m_2} = \frac{6}{11} \frac{m}{s}$$

**Beispiel (5.2–6) Geschoßgeschwindigkeit.**

Eine Gewehrkugel der Masse $m_1 = 10\,\text{g}$ wird in einen ruhenden, pendelnd an vier Fäden aufgehängten Holzklotz der Masse $m_2 = 3\,\text{kg}$ geschossen, in dem sie stecken bleibt. Nach dem Beschuß schwingt der Holzklotz bis zur Höhe $h_0 = 0{,}1$ m hoch.

Berechne die Geschoßgeschwindigkeit $v_1$.

**Lösung:**

Der Energiesatz gilt *nicht* für das Eindringen der Kugel in den Klotz, da dabei die kinetische Energie teilweise in Reibungswärme umgeformt wird. Der Impulssatz aber gilt und lautet

$$m_1 v_1 = (m_1 + m_2)\, v_{max}$$

wobei $v_{max}$ die Geschwindigkeit des pendelnden Holzklotzes an der tiefsten Stelle ist.

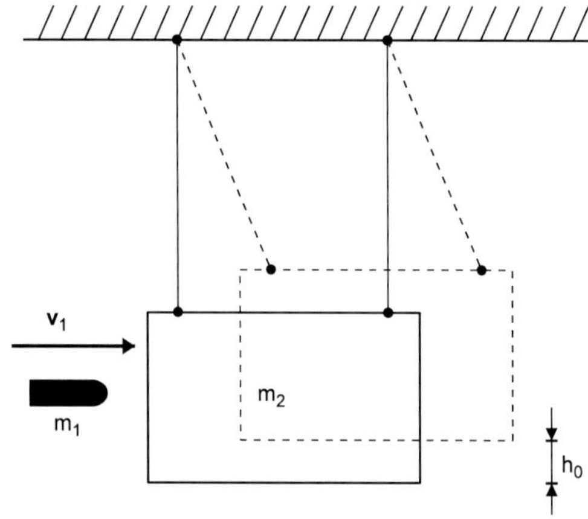


**Abb. (5.2–7)** Eine Kugel wird in einen ruhenden, an vier Fäden aufgehängten Holzklotz geschossen.

Für das anschließende Hin- und Herpendeln des Holzklotzes gilt der Energiesatz, da die Reibung vernachlässigbar und das Pendeln somit ein rein mechanischer Vorgang ist. Der Energiesatz fürs Pendeln lautet

$$(m_1 + m_2)\, g\, h_0 = \frac{m_1 + m_2}{2}\, v_{max}^2$$

$$v_{max} = \sqrt{2\, g\, h_0}$$

$$v_1 = \frac{m_1 + m_2}{m_1} \sqrt{2\, g\, h_0} \approx 422\, \frac{m}{s}$$

Bemerkung: Für das Eindringen der Kugel gilt der Impulssatz nur, wenn der Holzklotz während des Eindringens noch nicht wesentlich ausschwingt. Würde er wesentlich ausschlagen, so würden die vier Fäden eine horizontale Kraft auf den Klotz ausüben; das System wäre dann in horizontaler Richtung nicht mehr kräftemäßig abgeschlossen.

## 5.3 Der Drehimpulssatz

In diesem Abschn. sollen die Gesetze der Mechanik so formuliert werden, daß sich Drehbewegungen – vor allem Kreisbahnen – optimal beschreiben und berechnen lassen. Wir werden sehen, daß der Drehimpuls **L** und das Drehmoment **M** den Drehungen am besten angepaßt sind und die Rolle des Impulses **p** und der Kraft **F** übernehmen.

Der Einfachheit halber beschränken wir uns vorerst auf einen **einzelnen Massenpunkt**. Systeme von N Massenpunkten, sog. "N–Teilchensysteme" werden erst am Ende dieses Abschn. behandelt.

Zuerst wollen wir überlegen, welche Größe bei Drehbewegungen die Rolle der Kraft übernimmt. Zu diesem Zweck betrachten wir eine masselose Stange, die sich reibungsfrei in der x,y–Ebene um den Koordinatenursprung 0 drehen kann, und an der eine Punktmasse $m$ befestigt ist (siehe Abb. (5.3–1)). An der Masse greift eine Kraft **F** unter dem Winkel φ an. Nur die Kraftkomponente senkrecht zur Stange $F_\perp = F \sin\varphi$ beschleunigt die Drehung. Nach dem Hebelgesetz ist die beschleunigende Wirkung der Kraft proportional zu

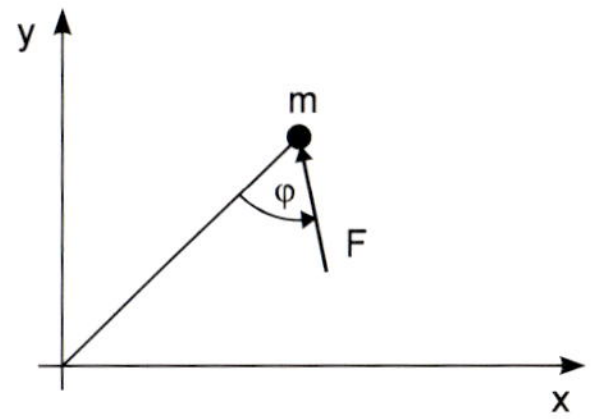


**Abb. (5.3–1)** Die Kreisbewegung der Punktmasse *m* wird durch die Kraft **F** beeinflußt.

$$F_\perp\, r = F \sin\varphi\, r = |\mathbf{r} \times \mathbf{F}| \qquad (5.3\text{–}1)$$

mit **r** = Ortsvektor des Angriffspunktes der Kraft.

Wir definieren nun das "Drehmoment"

$$\mathbf{M} := \mathbf{r} \times \mathbf{F} \qquad [M] = \mathrm{N\,m} \qquad (5.3\text{–}2)$$

und vermuten, daß diese Größe bei Drehungen die Rolle der Kraft übernimmt. **M** steht senkrecht auf dem Ortsvektor **r**, der vom Koordinatenursprung 0 zum Angriffspunkt der Kraft zeigt, und senkrecht auf der Kraft **F**. Der Koordinatenursprung 0 kann beliebig gewählt werden; am günstigsten ist es, man legt den Koordinatenursprung in den Drehpunkt oder auf die Drehachse.

Bemerkung: Das Drehmoment hat dieselbe Einheit Nm wie die Arbeit. Trotzdem sind Arbeit und Drehmoment völlig verschiedene Größen. Das geht schon daraus hervor, daß die Arbeit ein Skalar und das Drehmoment ein Vektor ist. Der Unterschied läßt sich auch durch die üblicherweise verwendeten Einheiten verdeutlichen: Die Arbeit erhält meistens die Einheit Joule, seltener die (identische) Einheit Nm; dem Drehmoment gibt man nur die Einheit Nm, niemals aber die Einheit Joule.

Als zweite zentrale physikalische Größe für die Drehbewegungen definieren wir den "Drehimpuls"

$$\mathbf{L} := \mathbf{r} \times \mathbf{p} \qquad [L] = \mathrm{N\,m\,s} \qquad (5.3\text{–}3)$$

Er ist das Vektorprodukt aus dem Ortsvektor **r** zum Teilchen und dem Impuls **p** des Teilchens. Bei einer Kreisbahn ist der Drehimpuls **L** nur dann parallel zur Drehachse, wenn der Koordinatenursprung und damit auch der Ortsvektor **r** in der durch die Kreisbahn aufgespannten Ebene liegen. Für die Rechnungen ist es am günstigsten – aber nicht zwingend –, wenn man den Koordinatenursprung in den Mittelpunkt der Kreisbahn legt.

**1)** $\mathbf{F} = \mathbf{0}$ **:** Das Teilchen bewegt sich geradlinig gleichförmig mit konstantem Impuls $\mathbf{p}$. Der Drehimpuls ist konstant, da er eine konstante Richtung hat – in Abb. (5.3–3) zeigt er senkrecht in das Blatt hinein – und da sein Betrag $r_\perp\ m\ v$ ebenfalls konstant ist.

Bemerkung: Wir sehen, daß es nicht nur bei Drehbewegungen, sondern auch bei geradlinigen Bewegungen einen Drehimpuls ungleich Null gibt. Der Drehimpuls ist umso größer, je weiter der Koordinatenursprung 0 von der gestrichelt gezeichneten Teilchenbahn entfernt ist. Der Drehimpuls hängt also von der Wahl des Koordinatenursprungs ab. Aber auch das Drehmoment hängt von der Wahl des Koordinatenursprungs ab. Die Gl. (5.3–4) ist *immer* – unabhängig von der Wahl des Ursprungs – erfüllt und nur darauf kommt es an.

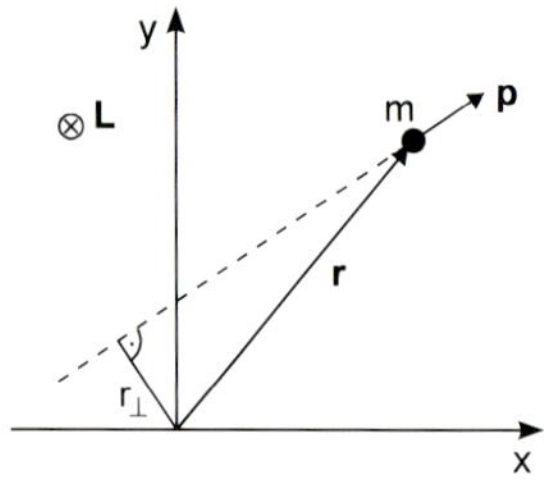


**Abb. (5.3–3)** Konstanter Drehimpuls bei geradlinig gleichförmiger Bewegung.

**2)** $\mathbf{F} \parallel \mathbf{r}$ **:** In diesem Fall zeigt die Kraft immer zum Koordinatenursprung hin oder vom Koordinatenursprung weg. Man spricht von einer "Zentralkraft" (siehe auch Aufgabe (5–13)).

Ein Teilchen, das durch einen Faden der konstanten Länge $r$ gehalten wird und reibungsfrei auf einer horizontalen Kreisbahn umläuft, erfährt als einzige Kraft die Zentralkraft $-m\,\omega^2\,\mathbf{r}$ des Faden; deren Drehmoment ist Null, wenn der Koordinatenursprung im Mittelpunkt der Kreisbahn liegt. In Abb. (5.3–4) zeigt der Drehimpuls senkrecht aus dem Blatt heraus und hat den konstanten Betrag $m\ r\ v$.

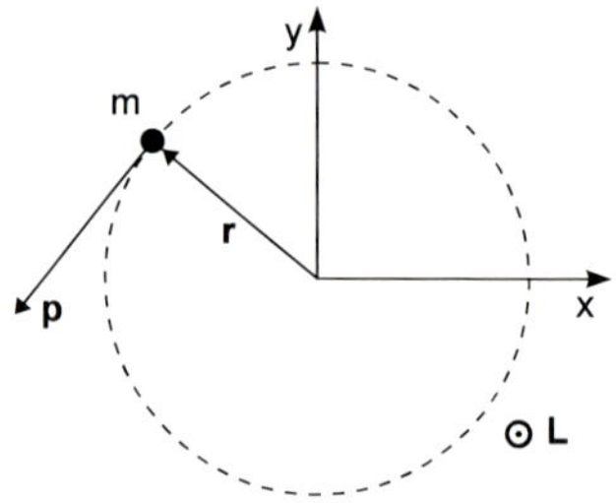


**Abb. (5.3–4)** Die Masse m läuft – durch einen Faden gehalten – auf einer Kreisbahn.

*Die wichtigste Zentralkraft ist die Anziehungskraft der Sonne auf die Planeten.* Sie zeigt auf den Mittelpunkt der Sonne. Die auf Ellipsen-Bahnen umlaufenden Planeten haben einen konstanten Drehimpuls **L** – bezogen auf die Sonne, die wegen ihrer riesigen Masse von den Planeten kaum beeinflußt wird und daher als ruhend angesehen werden kann[4]. *Die Konstanz des Betrages*

---

4 Jupiter ist der Planet mit der größten Masse. Die Sonnenmasse ist gut tausend mal so groß wie die Jupitermasse. Die Jupitermasse wiederum ist etwa gleich der 318-fachen Erdmasse.

$$|\mathbf{L}| = m r^2 \dot{\varphi}$$

mit $r, \dot{\varphi}$ = Länge und Winkelgeschwindigkeit der Verbindungslinie Sonne–Planet

*ist die Aussage des zweiten Keplerschen Gesetzes.* Bekannter ist die geometrische Formulierung des zweiten Keplerschen Gesetzes: Die Verbindungslinie Sonne–Planet überstreicht in gleichen Zeiten gleiche Flächen. Die pro Zeiteinheit überstrichene Fläche ist

$$\dot{A} = \frac{dA}{dt} = \frac{1}{2} r^2 \dot{\varphi} = \frac{|\mathbf{L}|}{2m}$$

**Beispiel (5.3–2) Kreisbahnen mit verschiedenen Radien.**

Auf einer horizontalen Tischplatte kann ein Teilchen reibungsfrei gleiten. Durch ein in die Tischplatte gebohrtes, dünnes Loch wird ein Faden geführt und mit dem Teilchen verbunden. Unter der Tischplatte hält eine Hand den Faden fest, so daß das Teilchen auf einer Kreisbahn mit Radius $r_1$, Bahngeschwindigkeit $v_1$ und Winkelgeschwindigkeit $\omega_1$ umläuft.

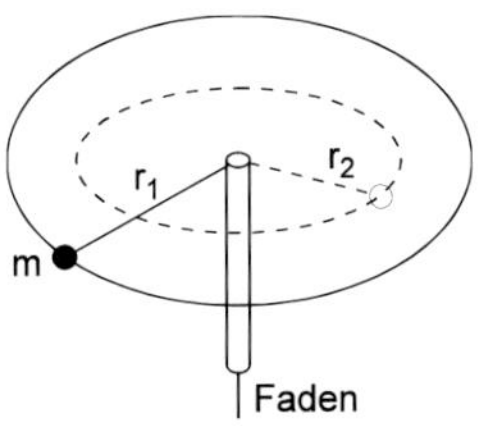


**Abb. (5.3–5)** Durch Ziehen am unteren Ende des Fadens wird der Radius der Kreisbahn verringert.

Wie groß sind Bahn- und Winkelgeschwindigkeit $v_2, \omega_2$, nachdem man durch Absenken der Hand den Radius der Kreisbahn auf $r_2$ verringert hat?

**Lösung:**

Eine *quantitative* Lösung dieses Problems ist mit den Kenntnissen, die uns *vor* Abschn. 1.5.3 vorlagen, nur schwer möglich. Der Energiesatz liefert aber wenigstens eine *qualitative* Aussage: Beim Absenken der Hand ist eine Kraft gegen die Fadenspannung aufzubringen. Folglich leistet die Hand eine Arbeit, die die Energie der Masse vergrößert. Daher ist $v_2$ größer als $v_1$. Der genaue Wert der Energiezunahme läßt sich auf diese Art allerdings nur schwer ermitteln. Zwar kennt man die Fadenkraft für Kreisbahnen; aber während der Verringerung des Radius von $r_1$ auf $r_2$ ist die Fadenkraft nicht einfach zu berechnen.

Mit dem Drehimpulssatz hingegen ist selbst eine quantitative Lösung einfach. Auf die Masse wirkt in der horizontalen Ebene nur die Fadenkraft, die eine Zentralkraft ist und daher den Drehimpuls nicht ändert:

$$L_1 = m r_1 v_1 = L_2 = m r_2 v_2$$

$$\Rightarrow \quad v_2 = \frac{r_1}{r_2} v_1 \qquad (5.3\text{–}5)$$

Die Zunahme der Winkelgeschwindigkeit folgt aus den Gln.

$$v_2 = \omega_2 r_2 \qquad v_1 = \omega_1 r_1$$

und aus Gl. (5.3–5):

$$\omega_2 = \frac{v_2}{r_2} = \frac{r_1}{r_2^2} v_1 = \left(\frac{r_1}{r_2}\right)^2 \omega_1$$

Die Winkelgeschwindigkeit nimmt stärker zu als die Bahngeschwindigkeit.

Bisher haben wir nur einen einzelnen Massenpunkt betrachtet. Im folgenden untersuchen wir ein System mit **N Massenpunkten**. Das gesamte Drehmoment und der gesamte Drehimpuls sind einfach die Summe über die N Einzelgrößen:

$$\mathbf{M} := \sum_{i=1}^{N} \mathbf{M}_i = \sum_{i=1}^{N} \mathbf{r}_i \times \mathbf{F}_i \qquad (5.3\text{–}6)$$

mit $\mathbf{F}_i$ = gesamte Kraft auf den i-ten Massenpunkt.

$$\mathbf{L} := \sum_{i=1}^{N} \mathbf{L}_i = \sum_{i=1}^{N} \mathbf{r}_i \times \mathbf{p}_i \qquad (5.3\text{–}7)$$

Der Koordinatenursprung, von dem die N Ortsvektoren $\mathbf{r}_i$ ausgehen, kann auch hier wieder beliebig gewählt werden. Wegen $\dot{\mathbf{L}}_\mathbf{i} = \mathbf{M}_i$ (für alle i) gilt Gl. (5.3–4) auch für ein N–Teilchensystem:

$$\dot{\mathbf{L}} = \mathbf{M} \quad \text{auch für N - Teilchensysteme} \qquad (5.3\text{–}4)$$

Die zeitliche Ableitung des Gesamtdrehimpulses ist gleich dem Gesamtdrehmoment.

In Abschn. 5.2 wurde gezeigt, daß der Gesamtimpuls eines N–Teilchensystems nicht durch die inneren Kräfte $\mathbf{F}_{ij}$, sondern nur durch die äußeren Kräfte $\mathbf{F}_i^{(a)}$ geändert werden kann (siehe Gl. (5.2–4)). Wir wollen nun für den Drehimpuls eine analoge Beziehung ableiten und dazu eine ähnliche Rechnung wie in Abschn. 5.2 durchführen:

$$\mathbf{M} = \sum_{i=1}^{N} \mathbf{r}_i \times \mathbf{F}_i = \sum_{i=1}^{N} \mathbf{r}_i \times \left( \mathbf{F}_i^{(a)} + \sum_{j=1}^{N} \mathbf{F}_{ij} \right)$$

Die Doppelsumme wird für den Fall N = 3 berechnet:

$$\begin{aligned}\sum_{i,j=1}^{3} \mathbf{r}_i \times \mathbf{F}_{ij} = {} & \mathbf{r}_1 \times \mathbf{F}_{12} + \mathbf{r}_2 \times \mathbf{F}_{21} + \\ & \mathbf{r}_1 \times \mathbf{F}_{13} + \mathbf{r}_3 \times \mathbf{F}_{31} + \\ & \mathbf{r}_2 \times \mathbf{F}_{23} + \mathbf{r}_3 \times \mathbf{F}_{32}\end{aligned}$$

Wegen "actio = reactio" gilt $\mathbf{F}_{12} = -\mathbf{F}_{21}$ usw., so daß wir erhalten

$$(\mathbf{r}_1 - \mathbf{r}_2) \times \mathbf{F}_{12} + (\mathbf{r}_1 - \mathbf{r}_3) \times \mathbf{F}_{13} + (\mathbf{r}_2 - \mathbf{r}_3) \times \mathbf{F}_{23} \tag{5.3–9}$$

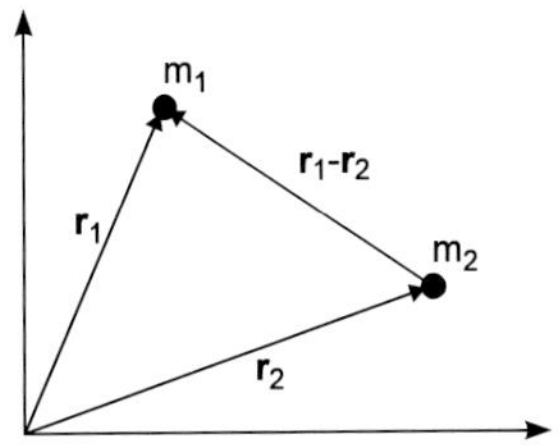


**Abb. (5.3–6)** Die Differenz der Ortsvektoren $\mathbf{r}_1, \mathbf{r}_2$ ergibt den Verbindungsvektor $\mathbf{r}_1 - \mathbf{r}_2$ beider Massen.

Wir wissen aus der Erfahrung, daß die inneren Kräfte $\mathbf{F}_{ij}$ vom j-ten auf das i-te Teilchen parallel zu $\mathbf{r}_i - \mathbf{r}_j$ sind, d.h. die inneren Kräfte sind Zentralkräfte. Folglich verschwindet jeder der drei Summanden in Gl. (5.3–9) einzeln und wir erhalten:

$$\dot{\mathbf{L}} = \mathbf{M} = \sum_{i=1}^{N} \mathbf{r}_i \times \mathbf{F}_i^{(a)} \tag{5.3–10}$$

*Nur die äußeren Kräfte können den Drehimpuls eines N–Teilchensystems ändern* (vgl. mit Gl. (5.2–4)).

Gl. (5.3–10) führt sofort auf den

**Drehimpulssatz für N-Teilchensysteme:** In einem abgeschlossenen System, d.h. in einem System, in dem die Teilchen nur untereinander durch innere Kräfte $\mathbf{F}_{ij}$ wechselwirken und keinen Kräften $\mathbf{F}_i^{(a)}$ von außen unterliegen, ist der Gesamtdrehimpuls konstant:

$$\mathbf{L} = \sum_{i=1}^{N} \mathbf{r}_i \times \mathbf{p}_i = \text{const} \qquad \text{für abgeschlossene N-Teilchensysteme} \tag{5.3–11}$$

**Beispiel (5.3–3) Pendelstange mit zwei Massenpunkten.**

Das im Koordinatenursprung aufgehängte Pendel schwingt in der x,z–Ebene und besteht aus einer masselosen Stange, an der die Massen $m_1$ und $m_2$ in den Abständen $l_1$ und $l_2$ vom Drehpunkt befestigt sind. Stelle die Bewegungsgl. für das Pendel auf.

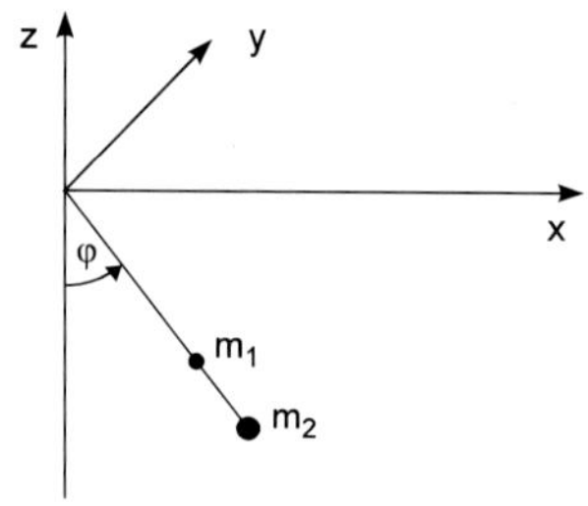


**Abb. (5.3–7)** Pendel mit zwei Massenpunkten.

**Lösung:**

Auf die beiden Massen wirken die Schwerkräfte $m_i \, \mathbf{g} \quad (i = 1{,}2)$ und die Stangenkraft. Letztere ist parallel zu den Ortsvektoren der Massen und erzeugt daher kein Drehmoment.

$$\mathbf{M} = \sum_{i=1}^{2} m_i \, \mathbf{r}_i \times \mathbf{g} = (m_1 \, l_1 + m_2 \, l_2) \, g \sin\varphi \, \mathbf{e}_y$$

mit $\mathbf{e}_y$ = Einheitsvektor in y-Richtung. (Beachte, daß $\sin\varphi$ negativ ist, wenn das Pendel nach links ausschlägt.)

Weiterhin gilt mit $|\mathbf{p}_i| = m_i \, l_i |\dot{\varphi}|$

$$\mathbf{L} = \sum_{i=1}^{2} \mathbf{r}_i \times \mathbf{p}_i = -(m_1 \, l_1^2 + m_2 \, l_2^2) \, \dot{\varphi} \, \mathbf{e}_y$$

Wenn das Pendel nach rechts (links) schwingt, ist $\dot{\varphi}$ größer (kleiner) als Null und der Drehimpuls **L** zeigt in die negative (positive) y-Richtung. Die Gl. $\dot{\mathbf{L}} = \mathbf{M}$ führt dann auf

$$\ddot{\varphi} + \frac{m_1 \, l_1 + m_2 \, l_2}{m_1 \, l_1^2 + m_2 \, l_2^2} \, g \sin\varphi = 0$$

Für kleine Winkel $\varphi$ ist $\sin\varphi \approx \varphi$ und die Lösung der Dgl. lautet

$$\varphi(t) = \Phi \sin\left( \sqrt{\frac{m_1 \, l_1 + m_2 \, l_2}{m_1 \, l_1^2 + m_2 \, l_2^2} \, g} \; t - \delta \right)$$

Für $m_1 = 0$ oder $m_2 = 0$ oder für $l_1 = l_2$ ergeben sich die bekannten Gln. des einfachen ebenen Pendels als Spezialfälle (siehe Aufgabe (7–5)).

# 5.4 Zusammenfassung

**1)** Der Kraftstoß auf ein Teilchen ist gleich der Impulsänderung dieses Teilchens:

$$\int_{t_1}^{t_2} \mathbf{F}(t)\, dt = \mathbf{p}(t_2) - \mathbf{p}(t_1)$$

**2)** Nach dem Impulssatz ist der Gesamtimpuls in einem abgeschlossenen System, d. h. in einem System, das keinen Kräften von außen unterliegt, konstant. Reibungsfreiheit wird beim Impulssatz – im Gegensatz zum Energiesatz – *nicht* gefordert.

**3)** Der Impulssatz ist ein Spezialfall der Gl.

$$\frac{d}{dt} \sum_{i=1}^{N} \mathbf{p}_i = \mathbf{F}^{(a)}$$

mit $\mathbf{F}^{(a)}$ = gesamte äußere Kraft auf das N–Teilchensystem.

**4)** Für den zentralen, elastischen Stoß von zwei Körpern, die nicht mit der Außenwelt wechselwirken, gilt

$$u_1 = \frac{m_1 - m_2}{m_1 + m_2} v_1 + \frac{2\, m_2}{m_1 + m_2} v_2$$

$$u_2 = \frac{m_2 - m_1}{m_2 + m_1} v_2 + \frac{2\, m_1}{m_2 + m_1} v_1$$

**5)** Bei Drehbewegungen eines Massenpunktes übernehmen das Drehmoment $\mathbf{M} = \mathbf{r} \times \mathbf{F}$ und der Drehimpuls $\mathbf{L} = \mathbf{r} \times \mathbf{p}$ die Rolle der Kraft $\mathbf{F}$ und des Impulses $\mathbf{p}$. Dabei sind der Koordinatenursprung und damit auch der Ortsvektor $\mathbf{r}$ frei wählbar.

**6)** Die Bewegungsgl. für Drehungen ist die Drehimpulsgl.:

$$\mathbf{M} = \dot{\mathbf{L}} \qquad (\text{vgl. mit } \mathbf{F} = \dot{\mathbf{p}})$$

**7)** Nach der Drehimpulsgl. ist der Drehimpuls eines Massenpunktes konstant für $\mathbf{F} = \mathbf{0}$ und für $\mathbf{F}$ parallel zu $\mathbf{r}$ (Zentralkraft). Die wichtigste Zentralkraft ist die Anziehungskraft der Sonne auf die Planeten. Die Planeten haben einen konstanten Drehimpuls $\mathbf{L}$. Die Konstanz des Betrages

$$|\mathbf{L}| = m\, r^2\, \dot{\varphi} = \text{const}$$

ist das zweite Keplersche Gesetz.

**8)** Für N–Teilchensysteme gelten analoge Beziehungen wie für einen Massenpunkt.

**(5–11) Leicht Unelastischer Stoß**

Ein Teilchen $m$ stößt zentral mit der Geschwindigkeit $v$ auf ein ruhendes, gleich schweres Teilchen $m$. Bei dem Stoß wird 1/3 der anfänglichen kinetischen Energie in Wärme umgesetzt.
Wie groß sind die Geschwindigkeiten $u_1$ und $u_2$ der Massen nach dem Stoß?

**(5–12) Mittel Impulssatz in zwei Dimensionen**

Eine Granate fliegt geradlinig mit der Geschwindigkeit $v_0$ = 12 m/s und explodiert in drei gleich schwere Teile m/3.
Ein Teil fliegt in die ursprüngliche Richtung mit doppelter Geschwindigkeit 2 $v_0$ = 24 m/s weiter, die beiden anderen Teile fliegen in einem Winkel von 45° nach oben und unten weg.
Berechne die Beträge der Geschwindigkeiten $v_1$ und $v_2$.

Hinweis: Die Schwerkraft und die Reibungskräfte in der Luft sollen vernachlässigt werden.

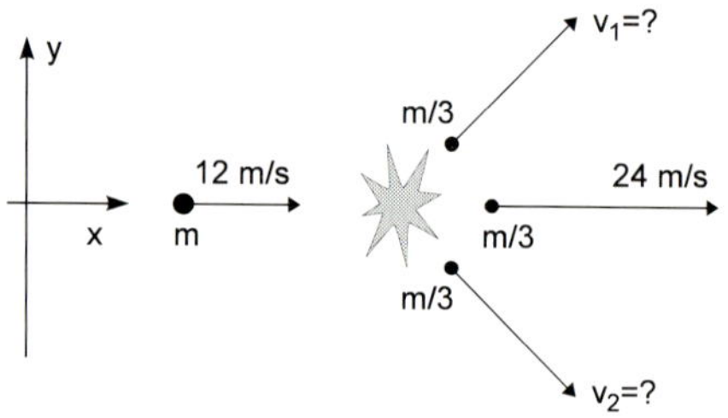


**(5–13) Mittel Kreisbewegung mit verschiedenen Bezugspunkten**

Ein Teilchen m ist an einem Seil befestigt und führt auf der horizontalen Tischplatte eine reibungsfreie, gleichförmige Kreisbewegung aus.

Wenn der Koordinatenursprung 0 im Zentrum der Kreisbahn liegt (siehe Abb.), dann ist die Fadenkraft **F** parallel zum Ortsvektor **r** des Teilchens und daher eine Zentralkraft. Folglich verschwindet das Drehmoment

$$\mathbf{M} = \mathbf{r} \times \mathbf{F} = \mathbf{r} \times (-m\,\omega^2\,\mathbf{r}) = \mathbf{0}$$

Daher ist der Drehimpuls des Teilchens – ebenfalls auf den Kreismittelpunkt bezogen – konstant.

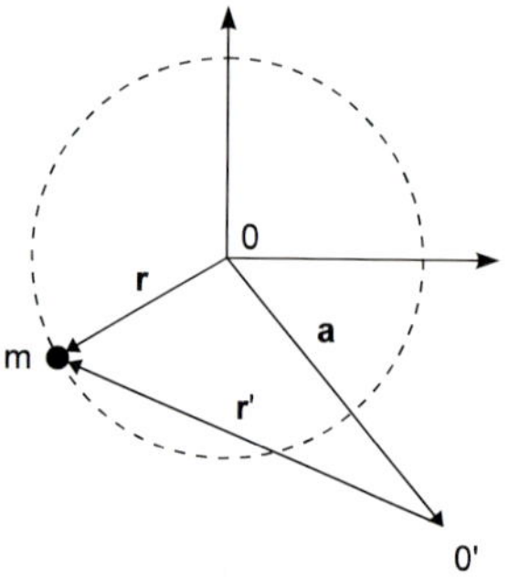


**a)** Für einen anderen Bezugspunkt 0´ mit dem Ortsvektor ***a*** ist die Fadenkraft **F** nicht mehr parallel zum Ortsvektor **r**´ des Teilchens. Die Fadenkraft ist daher keine Zentralkraft, so daß das Drehmoment des Fadens $\mathbf{M}' = \mathbf{r}' \times \mathbf{F}$ nicht länger Null ist.

Zeige an Hand der Abb., daß das Drehmoment **M**´ in diesem Fall zeitabhängig ist.

**b)** Beweise, daß die Gl. $\dot{\mathbf{L}}' = \mathbf{M}'$ auch für den neuen Bezugspunkt 0´ gilt.

Hinweis: Setze $\mathbf{r}' = \mathbf{r} - \mathbf{a}$

**(5–14) Schwer Unwuchtkräfte**

Die Achse $\overline{AB}$ rotiert mit konstanter Winkelgeschwindigkeit $\omega$. Im Punkt C ist ein masseloser Stab $\overline{CD}$ der Länge $r$ aufgeschweißt, so daß die Masse $m$ eine gleichförmige Kreisbahn durchläuft mit Radius $r$ und Winkelgeschwindigkeit $\omega$.

Der Einheitsvektor $\mathbf{e}_\perp$ rechts oben in der Abb. steht senkrecht auf $\overline{CD}$ und zeigt in das Blatt hinein.

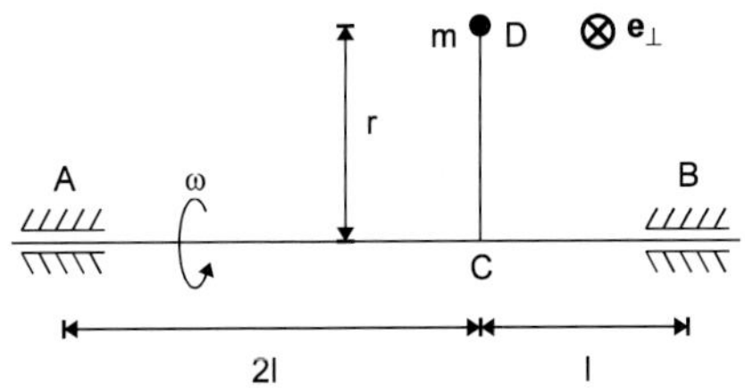


Berechne die Unwuchtkräfte $F_A$, $F_B$ in den Lagern A und B. Verwende für die Gl. $\dot{\mathbf{L}} = \mathbf{M}$ ein Koordinatensystem mit

**a)** Koordinatenursprung in A

**b)** Koordinatenursprung in C.

Wegen der verschiedenen Koordinatenursprünge sind die Vektoren $\mathbf{M}, \mathbf{L}, \dot{\mathbf{L}}$ in den beiden Teilaufgaben a) und b) *verschieden*; die Kräften $F_A$, $F_B$ sind natürlich in beiden Teilaufgaben *gleich*.

# 6 Einfache Bewegungen starrer Körper

Bisher haben wir die Bewegungen von Massenpunkten und die Translationen ausgedehnter, starrer Körper untersucht.

Massenpunkte sind einfach zu behandeln, da sie als idealisierte Objekte keine Ausdehnung und daher auch kein elastisches Verhalten haben, da sie nicht rotieren und da alle Kräfte, die auf einen Massenpunkt einwirken, in einem Punkt angreifen.

Bei der Translation ausgedehnter Körper tritt keine Rotation auf, so daß *alle Körperpunkte dieselbe Geschwindigkeit* haben. Die Translationen wurden so behandelt wie die Bewegungen von Massenpunkten. Die Richtigkeit dieses Vorgehens – vor allem bei verschiedenen Angriffspunkten der äußeren Kräfte – wurde aber noch nicht ausdrücklich bewiesen.

*Die allgemeine Bewegung starrer Körper setzt sich*

- *aus einer Translation*, bei der alle Körperpunkte dieselbe Geschwindigkeit haben und *die* daher durch *die Bewegung des Schwerpunktes beschrieben werden kann*, und
- *aus einer Rotation zusammen.*

Daher benötigt man zur Berechnung der allgemeinen Bewegung

- den sog. "Schwerpunktsatz", der die Bewegung des Schwerpunktes beschreibt und im Abschn. 6.1 vorgestellt wird, und
- Gln. für die Berechnung der Rotationen. Diese Gln. werden in den darauf folgenden Abschn. aufgestellt.

Der Einfachheit halber beschränken wir uns auf Drehungen um *Achsen mit einer festen Richtung* (beliebige Drehungen – z. B. von Kreiseln – können nur mit erheblichem mathematischen und physikalischen Aufwand berechnet werden).

In allen Abschn. wird folgende *Idealisierung* vorgenommen: Wir nehmen an, daß der ausgedehnte Körper ein starrer Körper ist, d. h. ein Festkörper, dessen Massenpunkte – man kann auch sagen "Atome" – einen festen Abstand voneinander haben, der also *keinen Verformungen* unterliegt und daher als absolut starr anzusehen ist. Diese Idealisierung *müssen* wir vornehmen, um mit vertretbarem Aufwand Ergebnisse zu erzielen. Diese Idealisierung *dürfen* wir aber auch vornehmen, weil die Abweichung von der Wirklichkeit für unsere Untersuchungen völlig belanglos ist. Die Notwendigkeit und die Zulässigkeit von Idealisierungen sind für viele Untersuchungen und Berechnungen gegeben: Man denke nur an die häufige

Vernachlässigung der Reibung, der durch die Erdrotation verursachten Corioliskräfte oder der relativistischen Effekte.

## 6.1 Schwerpunktsatz

Aus didaktischen Gründen nehmen wir an, daß *der starre Körper aus N Massenpunkten* $m_i$ *zusammengesetzt ist*, die die Ortsvektoren $\mathbf{r}_i$ haben. Zur Erinnerung: Ein Ortsvektor $\mathbf{r}$ geht vom Ursprung des Koordinatensystems zum Ort des Teilchens. Er muß immer im Koordinatenursprung anfangen, darf also nicht parallel verschoben werden.

Der Ort des Schwerpunktes wird folgendermaßen definiert: Ein nur der homogenen Schwerkraft ausgesetzter Körper befindet sich gegen Drehung im Gleichgewicht, wenn er im Schwerpunkt gestützt wird. Zur Berechnung des Ortsvektors $\mathbf{r}_s$ des Schwerpunktes betrachten wir eine Hantel mit den Massen $m_1$ und $m_2$, die auf der x-Achse liegt und im Schwerpunkt $S$ durch eine Schneide gestützt wird. Wegen der Unterstützung im Schwerpunkt gilt nach dem Hebelgesetz

$$m_1 \, g \, l_1 = m_2 \, g \, l_2$$

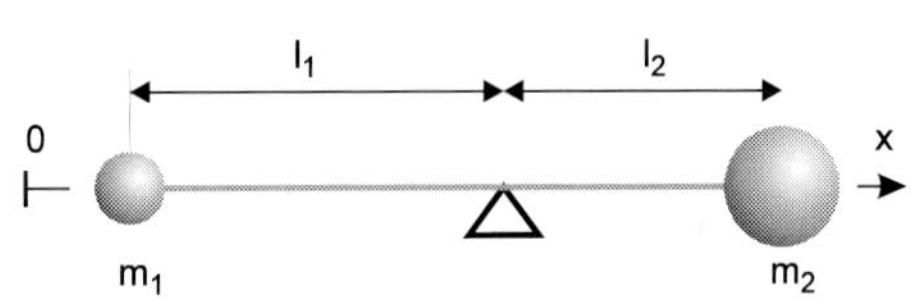


**Abb. (6.1–1)** Eine Hantel auf der x-Achse wird im Schwerpunkt durch eine Schneide gestützt.

Für die Koordinaten $x_1$, $x_2$ der beiden Massen gilt

$$l_1 = x_s - x_1 \qquad l_2 = x_2 - x_s$$

Aus diesen drei Gln. folgt die x-Koordinate des Schwerpunktes oder "Massenmittelpunktes":

$$x_s = \frac{m_1 \, x_1 + m_2 \, x_2}{m_1 + m_2} \tag{6.1–1}$$

Allgemein lauten die drei kartesischen Schwerpunktkoordinaten eines aus $N$ Massenpunkten aufgebauten, dreidimensionalen Körpers

$$x_s = \frac{\sum_{i=1}^{N} m_i \, x_i}{m} \qquad y_s = \frac{\sum_{i=1}^{N} m_i \, y_i}{m} \qquad z_s = \frac{\sum_{i=1}^{N} m_i \, z_i}{m}$$

mit $m := \sum_{i=1}^{N} m_i$ = Gesamtmasse

Kürzer lassen sich die drei Gln. in Vektorform schreiben:

$$\mathbf{r}_s = \frac{\sum_{i=1}^{N} m_i \, \mathbf{r}_i}{m} \qquad (6.1\text{–}2)$$

Diese Gl. ist denkbar einfach: Der Ortsvektor $\mathbf{r}_s$ ist die über die Massen $m_i$ gemittelte Summe der einzelnen Ortsvektoren $\mathbf{r}_i$. Der Ortsvektor $\mathbf{r}_i$ fällt um so stärker ins Gewicht, je größer seine Masse $m_i$ ist [1].

Die Vorstellung, daß ein starrer Körper aus N Massenpunkten besteht, ist nicht realistisch und wurde nur aus didaktischen Gründen eingeführt. In der klassischen Mechanik haben alle Körper kontinuierliche Massenverteilungen – gekennzeichnet durch die Massendichte $\rho$ mit der Einheit kg/m$^3$. Bei kontinuierlicher Massenverteilung ist die Summe über die Massenpunkte durch ein Integral über die infinitesimalen Massenelemente $dm$ zu ersetzen:

$$\sum_{i=1}^{N} m_i \, \mathbf{r}_i \quad \rightarrow \quad \iiint_V \mathbf{r} \, dm$$

Mit $dm = \rho \, dV$ erhalten bei konstanter Dichte $\rho$ den Ortsvektor des Schwerpunktes

$$\mathbf{r}_S = \frac{\rho \iiint_V \mathbf{r} \, dV}{m} \qquad \text{bei konstanter Dichte } \rho$$

Die Aufstellung des Schwerpunktsatzes ist identisch mit dem Beweis der Gl. (5.2–4) und wird wegen ihrer Eleganz und Kürze nochmals vollständig vorgenommen: Ausgangspunkt ist wieder das zweite Newtonsche Axiom für die konstanten Massen $m_i$:

$$m_i \, \ddot{\mathbf{r}}_i = \mathbf{F}_i \qquad i = 1, 2, \ldots N$$

Die Kraft $\mathbf{F}_i$ auf den i-ten Massenpunkt kann in zwei Anteile zerlegt werden:

$$m_i \, \ddot{\mathbf{r}}_i = \mathbf{F}_i = \mathbf{F}_i^{(a)} + \sum_{j=1}^{N} \mathbf{F}_{ij}$$

mit

---

[1] Mittelwertbildungen wie in Gl. (6.1–2) kommen unzählige Male auch im Alltagsleben vor. Soll z. B. das mittlere Alter der Angestellten einer Firma berechnete werden, so wird jedes Alter mit der Zahl der Angestellten multipliziert, die dieses Alter haben; anschließend werden alle Produkte addiert und die Summe wird durch die Zahl aller Angestellten dividiert.

$\mathbf{F}_i^{(a)}$ = Kraft, die von außen kommt – z. B. die Gewichtskraft $m_i\,\mathbf{g}$ oder die elektrische Kraft $q_i\,\mathbf{E}$ in einem elektrischen Feld $\mathbf{E}$

$\mathbf{F}_{ij}$ = Kraft des j-ten Teilchens auf das i-te Teilchen. $\sum_j \mathbf{F}_{ij}$ ist die ganze *innere* Kraft auf den i-ten Massenpunkt. Dabei ist $\mathbf{F}_{ii} = \mathbf{0}$, da ein Teilchen keine Kraft auf sich selbst ausüben kann (andernfalls hätte sich Baron Münchhausen tatsächlich an den eigenen Haaren aus dem Sumpf ziehen können).

$$\Rightarrow \quad \sum_{i=1}^{N} m_i\,\ddot{\mathbf{r}}_i \underset{\text{Gl. (6.1-2)}}{\overset{\uparrow}{=}} m\,\ddot{\mathbf{r}}_s = \sum_{i=1}^{N} \mathbf{F}_i^{(a)} + \sum_{i,j=1}^{N} \mathbf{F}_{ij}$$

Da sich jeweils zwei Terme in der Doppelsumme – z. B. $(\mathbf{F}_{12} + \mathbf{F}_{21})$ oder $(\mathbf{F}_{39} + \mathbf{F}_{93})$ wegen "actio = reactio" gegenseitig aufheben, ist die Doppelsumme gleich Null. Daraus folgt sofort

$$m\,\ddot{\mathbf{r}}_s = \sum_{i=1}^{N} \mathbf{F}_i^{(a)} =: \mathbf{F}^{(a)} \qquad (6.1\text{–}3)$$

Das ist der sog. "Schwerpunktsatz". *Danach bewegt sich der Schwerpunkt eines Körpers* (oder mehrerer Körper oder eines Gases) *so, als ob die gesamte Masse m in ihm vereinigt wäre und als ob alle äußeren Kräfte* $\mathbf{F}_i^{(a)}$ *in ihm angreifen würden*. Bemerkenswert sind zwei Feststellungen:

- Die inneren Kräfte $\mathbf{F}_{ij}$ beeinflussen die Schwerpunktbewegung nicht.
- Die Schwerpunktbewegung hängt nicht von den Angriffspunkten der äußeren Kräfte $\mathbf{F}_i^{(a)}$ ab. Nur die Summe dieser Kräfte ist maßgebend.

Wir veranschaulichen den Schwerpunktsatz mit zwei Beobachtungen:

- Der Schwerpunkt einer abgefeuerten Granate fliegt ungestört auf seiner Parabelbahn weiter, wenn das Geschoß unter der Wirkung der inneren Kräfte $\mathbf{F}_{ij}$ explodiert und die Splitter in alle Richtungen fliegen.

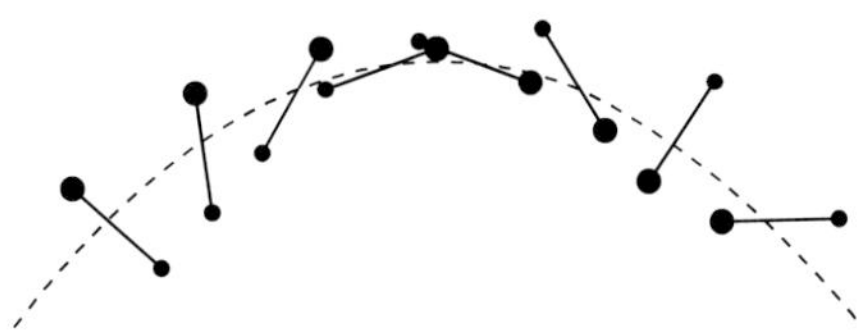

**Abb. (6.1–2)** Stroboskopaufnahme einer in die Luft geworfenen Hantel. Der markierte Schwerpunkt bewegt sich auf einer Parabel.

- Der Schwerpunkt einer in die Luft geworfenen Hantel bewegt sich auf einer Parabel (Wurfparabel), als ob beide Massen im Schwerpunkt vereinigt und als ob beide Gewichtskräfte dort angreifen würden.

**Beispiel (6.1–1) Schwerpunktbewegung von zwei Stäben**

Auf einer glatten, horizontalen Fläche ruhen zur Zeit $t = 0$ zwei identische Stäbe nebeneinander auf der x-Achse. An den Stäben ist jeweils die Ladung $q$ befestigt: An Stab Nr. 1 direkt neben dem Schwerpunkt, am Stab Nr. 2 am rechten Rand. Die Feldlinien eines homogenen elektrischen Feldes $\mathbf{E}$ sind parallel zur y-Achse. Auf beide Stäbe wirkt dieselbe konstante Kraft $\mathbf{F}_0 = q\,\mathbf{E}$. (Andere Kräfte wirken nicht.)

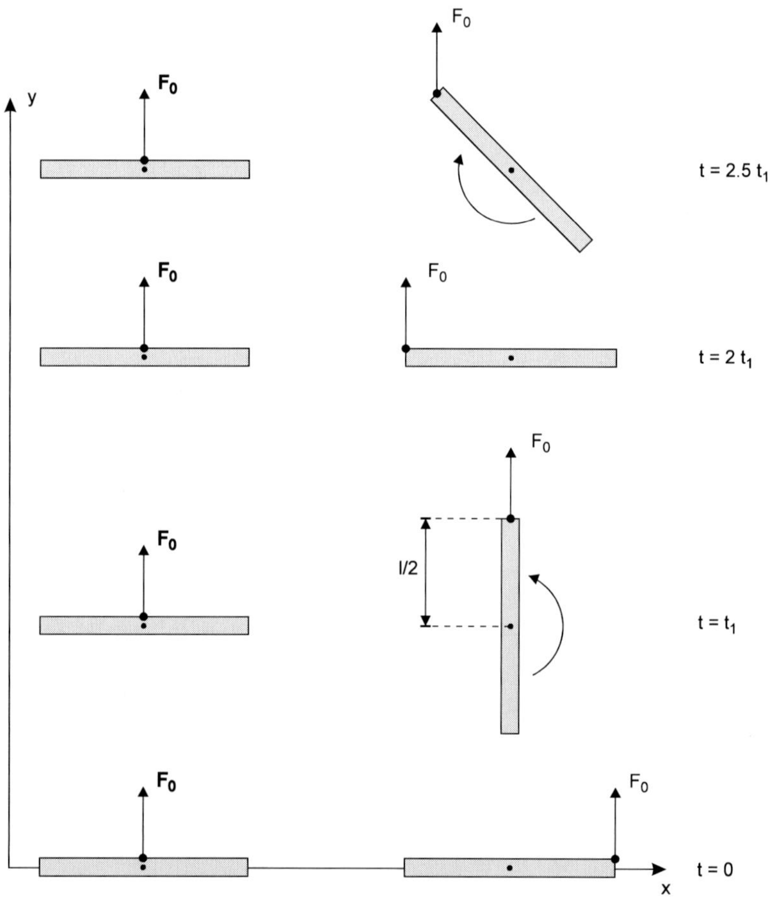


**Abb. (6.1–3)** Zwei gleiche Stäbe werden durch gleiche Kräfte beschleunigt. Nach dem Schwerpunktsatz werden beide Schwerpunkte gleich stark beschleunigt.

Diskutiere die Schwerpunktbewegung beider Stäbe und – soweit jetzt schon möglich – die Rotation des rechten Stabes.

**Lösung:**

Der linke Stab wird ohne Drehung gleichmäßig in y-Richtung beschleunigt mit

$$y_s(t) = \frac{a}{2}t^2 = \frac{F_0}{2m}t^2$$

Nach dem Schwerpunktsatz wird der Schwerpunkt des rechten Stabes gleich stark beschleunigt. Die verschiedenen Angriffspunkte der Kräfte $\mathbf{F}_0$ sind nur für die Rotation bedeutsam, nicht aber für die Schwerpunktbewegung.

Der rechte Stab wird zusätzlich noch in Rotation versetzt. Bis zur Zeit $t = t_1$ wächst die Winkelgeschwindigkeit. Danach bremst die Kraft $F_0$ die Drehung und zur Zeit $t = 2t_1$ kommt die Rotation nach einer Drehung um 180° für einen Augenblick zur Ruhe. Anschließend dreht sich der Stab wieder in die Ausgangsorientierung zurück.

Beide Stäbe haben zu allen Zeiten gleiche Translationsenergien $m v^2 / 2$. Zusätzlich hat der rechte Stab noch eine Rotationsenergie $E_{\text{rot}}$. Zur Zeit $t = t_1$ z. B. hat die rechte Kraft einen um $l/2$ längeren Weg zurückgelegt und daher eine um $F_0\, l / 2$ größere Arbeit geleistet. Daher gilt

$$E_{\text{rot}}(t_1) = F_0 \frac{l}{2}$$

**Beispiel (6.1–2) Kraft auf die Drehachse**

Ein Stab kann sich reibungsfrei um eine feste Achse drehen, die durch den Schwerpunkt geht. Eine beliebige Kraft $\mathbf{F}(t)$ wirkt auf den Stab.

Wie groß ist die Kraft $\mathbf{F}_A$, die der Stab auf die Achse ausübt?

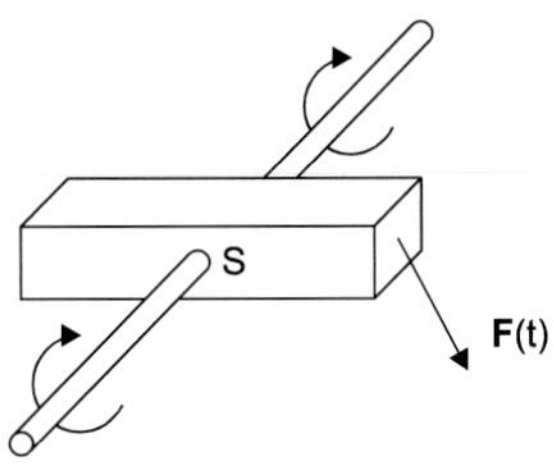


**Abb. (6.1–4)** Auf den drehbaren Stab mit festem Schwerpunkt S wirkt eine beliebige Kraft $\mathbf{F}(t)$.

**Lösung:**

Nach dem Schwerpunktsatz gilt:

$$\mathbf{0} \underset{\substack{\uparrow \\ S \text{ ist fest}}}{=} m\,\ddot{\mathbf{r}}_s = \mathbf{F}(t) + (-\mathbf{F}_A)$$

$$\Rightarrow \quad \mathbf{F}_A = \mathbf{F}(t)$$

Wegen des unbeschleunigten Schwerpunktes wird die Kraft $\mathbf{F}(t)$ vollständig an die Achse weitergegeben.

## 6.2 Trägheitsmomente

Zur Beschreibung der Rotationen um raumfeste Achsen müssen wir keine neuen Gesetze einführen, sondern kommen mit den bisher bekannten Gln. aus, wenn wir hier – wie bei der Aufstellung des Schwerpunktsatzes – annehmen, daß *der starre Körper aus N Massenpunkten $m_i$ zusammengesetzt ist.* Dann beträgt die kinetische Energie – z. B. eines Schwungrades – bei *Drehung um eine raumfeste Achse*

$$T = \sum_{i=1}^{N} \frac{m_i}{2} v_i^2 \qquad (6.2\text{–}1)$$

Da alle Massenpunkte um die Drehachse mit derselben Winkelgeschwindigkeit $\omega$, aber mit verschiedenen Radien $r_i$ umlaufen, lauten die Umlaufgeschwindigkeiten

$$v_i = r_i \, \omega$$

$$\Rightarrow \qquad T = \frac{\omega^2}{2} \sum_{i=1}^{N} m_i \, r_i^2 \qquad (6.2\text{–}2)$$

Wir definieren eine wichtige, neue physikalische Größe, das sog. "Trägheitsmoment" [2] – auch "Massenträgheitsmoment" genannt

$$I := \sum_{i=1}^{N} m_i \, r_i^2 \qquad (6.2\text{–}3)$$

und erhalten damit die Rotationsenergie

$$T = \frac{I}{2} \omega^2 \qquad (6.2\text{–}4)$$

Diese Gl. entspricht der bekannten Gl.

$$T = \frac{m}{2} v^2 \qquad (4.3\text{–}2)$$

Daran erkennen wir bereits, daß das Trägheitsmoment $I$ und die Winkelgeschwindigkeit $\omega$ bei Rotationen dieselbe Rolle spielen wie die Masse $m$ und die Geschwindigkeit $v$ bei Translationen:

$$I \leftrightarrow m \qquad \omega \leftrightarrow v$$

---

[2] Das Trägheitsmoment der Dynamik darf nicht mit dem Flächenträgheitsmoment [$m^4$] verwechselt werden, das zwar dieselben mathematischen Eigenschaften, aber eine ganz andere physikalische Bedeutung hat und in der Elastomechanik bei der Berechnung von Balkenbiegungen auftritt.

Mit diesen Analogien und mit Gl. (4.3–3) läßt sich die wichtige Gl. (6.2–4) sofort erraten. Daher muß man die Gl. (6.2–4) bei Kenntnis der Analogien nicht auswendig lernen.

Wir müssen nochmals auf die Definitionsgl. (6.2–3) zurückkommen: Sie zeigt, daß das Trägheitsmoment und damit auch die Rotationsenergie anwachsen,

- wenn bei gleicher Geometrie die Gesamtmasse des Körpers zunimmt durch Verwendung von Materialien mit größerer Dichte $\rho$ oder
- wenn bei gleicher Gesamtmasse der mittlere Abstand $\bar{r}$ der Massenpunkte von der Drehachse größer wird. Eine Verdopplung von $\bar{r}$ ist genauso wirksam wie eine Vervierfachung der Dichte $\rho$. Ein Schwungrad mit gegebener Masse und gegebenem Radius ist daher besonders effizient, wenn der größte Teil der Masse am äußeren Rand liegt.

Wir wollen uns jetzt kurz mit der Berechnung von Trägheitsmomenten beschäftigen. Die Summe über die $N$ Massenpunkte in Gl. (6.2–3) kann wegen der Größe von $N$ nicht berechnet werden. Außerdem wird ein Festkörper in der klassischen Mechanik als ein *Kontinuum mit Dichte* $\rho$ angesehen. Bei kontinuierlicher Massenverteilung ist die Summe über die Massenpunkte $m_i$ durch ein Integral über die infinitesimalen Massenelemente $dm$ zu ersetzen

$$\sum_{i=1}^{N} r_i^2 \, m_i \to \int r^2 \, dm$$

Mit $dm = \rho \, dV$ erhalten bei konstanter Dichte $\rho$

$$I = \rho \int_V r^2 \, dV \qquad \text{für } \rho = \text{const} \qquad (6.2\text{–}5)$$

mit $r$ = Abstand des infinitesimalen Volumenelementes $dV$ von der Drehachse.

**Beispiel (6.2–1) Trägheitsmoment eines Ringes für Drehungen um die Symmetrieachse**

Berechne das Trägheitsmoment eines dünnen Ringes für Drehungen um die Symmetrieachse.

**Lösung:**

Bei dünnen Ringen und dünnwandigen Hohlzylindern können die Trägheitsmomente für Drehungen um die Symmetrieachse mit sehr einfachen Integralen berechnet werden. Da alle Volumenelemente $dV$ wegen der kleinen Ringdicke denselben Abstand $R$ von der Drehachse haben, gilt:

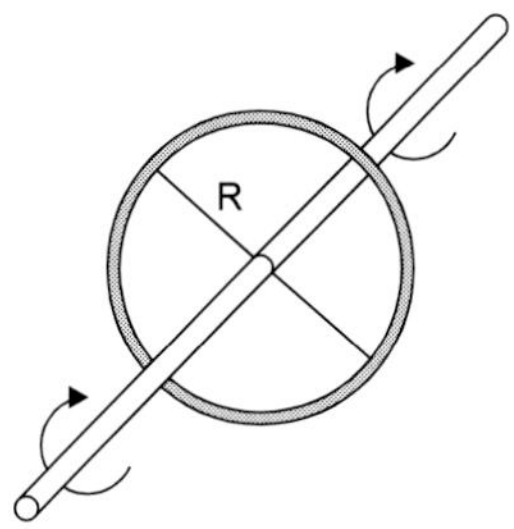


**Abb. (6.2–1)** Ein dünner Ring dreht sich um seine Symmetrieachse.

$$I = \rho \int_V r^2 \, dV = \rho R^2 \int_V dV = \rho R^2 V = m R^2 \qquad (6.2\text{–}6)$$

**Beispiel (6.2–2) Trägheitsmoment eines dünnen Ringes für Drehachsen in der Ringebene**

Berechne das Trägheitsmoment eines dünnen Ringes für die Drehung in Abb. (6.2–2).

Bemerkung: Wir berechnen hier also denselben Ring wie im vorangehenden Beispiel. Nur die Drehachse hat sich geändert.

**Lösung:**

Sei $A$ die sehr kleine Querschnittsfläche des Ringes. Dann läuft das schraffierte Volumenelement

$$dV = AR \, d\vartheta$$

auf einer Kreisbahn mit dem Radius

$$r = R \sin \vartheta$$

$$I = \rho \int_0^{2\pi} (R \sin \vartheta)^2 AR \, d\vartheta$$

$$= \rho AR^3 \int_0^{2\pi} \sin^2 \vartheta \, d\vartheta = \rho AR^3 \pi$$

Mit $m = \rho V = \rho A 2\pi R$ finden wir

$$I = \frac{m}{2} R^2 \qquad (6.2\text{–}7)$$

Bemerkung: Da der Ring sehr dünn ist, mußten wir nicht über den Querschnitt integrieren. Daher war keine dreidimensionale, sondern nur eine eindimensionale Integration über den Umfang erforderlich. Dies hat die Rechnung wesentlich vereinfacht.

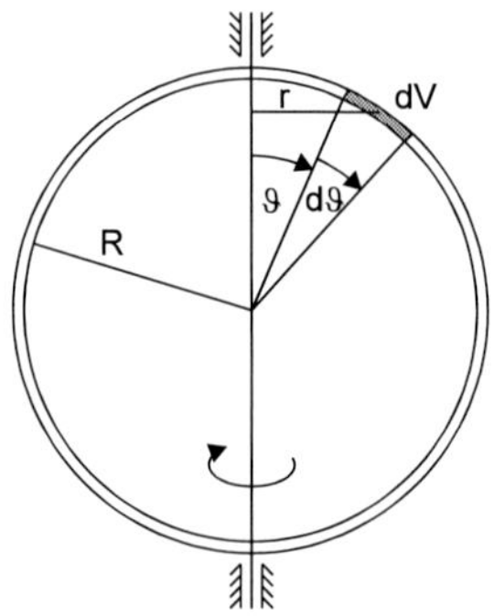


**Abb. (6.2–2)** Ein dünner Ring dreht sich um eine Achse, die in der Ringebene durch den Schwerpunkt läuft.

Die Trägheitsmomente in den Gln. (6.2–6 und 7) unterscheiden sich um den Faktor 2. Das Trägheitsmoment in Gl. (6.2–7) ist kleiner, da der *mittlere* Abstand der Volumenelemente $dV$ in Abb. (6.2–2) kleiner ist als $R$. Für die Berechnung eines Trägheitsmomentes ist daher nicht nur der Körper, sondern auch die Drehachse anzugeben. *Im allgemeinen haben verschiedene Drehachsen verschiedene Trägheitsmomente.* Diese Erkenntnis ist sicherlich nicht überraschend, aber doch völlig neuartig: Bei den Translationen eines Körpers ist die Trägheit in allen Richtungen gleich groß. Die träge Masse $m$ hängt nur vom Körper, nicht aber von der

Bewegungsrichtung ab. Das Trägheitsmoment hingegen hängt nicht nur vom Körper ab, sondern auch von der Lage der Drehachse.[3]

**Beispiel (6.2–3) Trägheitsmomente eines Quaders**

Berechne die drei Trägheitsmomente eines Quaders für Drehachsen, die parallel zu den Quaderkanten verlaufen und durch den Schwerpunkt $S$ gehen.

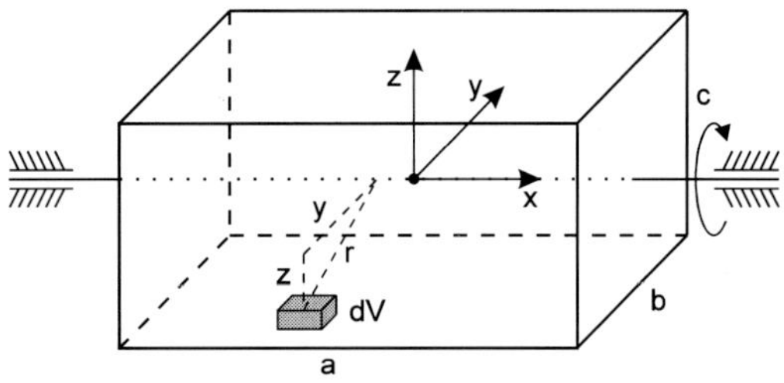


**Abb. (6.2–3)** Ein Quader rotiert um eine Achse durch den Schwerpunkt.

**Lösung:**

Wir verwenden ein kartesisches Koordinatensystem x, y, z, das fest mit dem Körper verbunden ist, sich also auch mit dem Körper dreht, und dessen Ursprung im Schwerpunkt $S$ liegt. Die Koordinatenachsen sind dann ständig parallel zu den Kanten des Quaders.

Nach Pythagoras haben die Volumenelemente $dV$ zur Drehachse das Abstandsquadrat

$$r^2 = y^2 + z^2$$

Daher lautet das Trägheitsmoment $I_x$ für Drehungen um die x-Achse

$$I_x = \rho \int_{-a/2}^{a/2} \int_{-b/2}^{b/2} \int_{-c/2}^{c/2} (y^2 + z^2)\, dx\, dy\, dz$$

$$= \frac{m}{abc}\left[\int_{-a/2}^{a/2} dx \cdot \int_{-b/2}^{b/2} y^2\, dy \cdot \int_{-c/2}^{c/2} dz + \int_{-a/2}^{a/2} dx \cdot \int_{-b/2}^{b/2} dy \cdot \int_{-c/2}^{c/2} z^2\, dz\right]$$

$$\Rightarrow \quad I_x = \frac{m}{12}(b^2 + c^2) \qquad (6.2\text{–}8a)$$

[3] Dieser Sachverhalt ist folgenschwer: Er ist einer von drei Gründen dafür, daß *allgemeine* Rotationen – z. B. der verschiedensten Kreiseltypen und der Bumerangs – sehr komplex und vielfältig und theoretisch nur mit beträchtlichem Aufwand zu berechnen sind. (Wir beschränken uns auf die relativ einfachen Drehungen um feste Achsen.)

Für Drehungen um die y-Achse und für Drehungen um die z-Achse (mit Drehachse jeweils parallel zu den Quaderkanten und durch den Schwerpunkt) können die Trägheitsmomente leicht erraten werden:

$$I_y = \frac{m}{12}(a^2 + c^2) \qquad (6.2\text{–}8b)$$

$$I_z = \frac{m}{12}(a^2 + b^2) \qquad (6.2\text{–}8c)$$

Auch hier erhalten wir verschiedene Trägheitsmomente für verschiedene Drehachsen.

Die Trägheitsmomente der meisten geometrischen Körper können aus Formelsammlungen entnommen werden. Besonders wichtig für den Maschinenbau sind die Trägheitsmomente homogener Vollzylinder mit Masse $m$, Radius $R$ und Länge $l$. Hier findet man für Drehungen um die Symmetrieachse $A$ und um die dazu senkrechte Achse $B$ die Trägheitsmomente

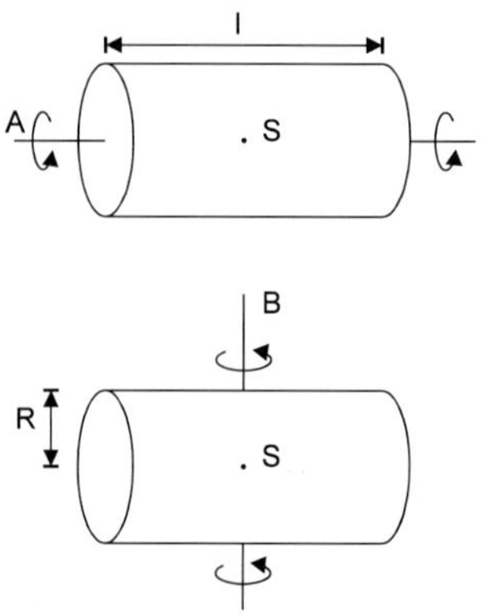


$$I_A = \frac{m}{2} R^2 \qquad (6.2\text{–}9a)$$

$$I_B = \frac{m}{4} R^2 + \frac{m}{12} l^2 \underset{\text{für } R \ll l}{\approx} \frac{m}{12} l^2 \qquad (6.2\text{–}9b)$$

**Abb. (6.2–4)** Ein homogener Vollzylinder dreht sich um seine Symmetrieachse A bzw. um die dazu senkrechte Achse B durch den Schwerpunkt.

Auch hier hängt das Trägheitsmoment von der Drehachse ab. (Die wichtige Gl. (6.2–9a) wird in Aufgabe (6–3) bewiesen.)

Wenn das Trägheitsmoment $I_S$ eines starren Körpers für eine Drehachse $S$ durch den Schwerpunkt bekannt ist, so müssen die Trägheitsmomente für alle *parallelen Achsen* nicht eigens durch Integration neu berechnet werden, sondern können mit dem "Satz von Steiner" leicht und schnell aus $I_S$ abgeleitet werden.

Wir betrachten in Abb. (6.2–5) den Querschnitt durch einen Zylinder, der sich um die parallelen Achsen $S$ und $A$ drehen kann. Die Achse $S$ soll durch den Schwerpunkt laufen. Dann gilt

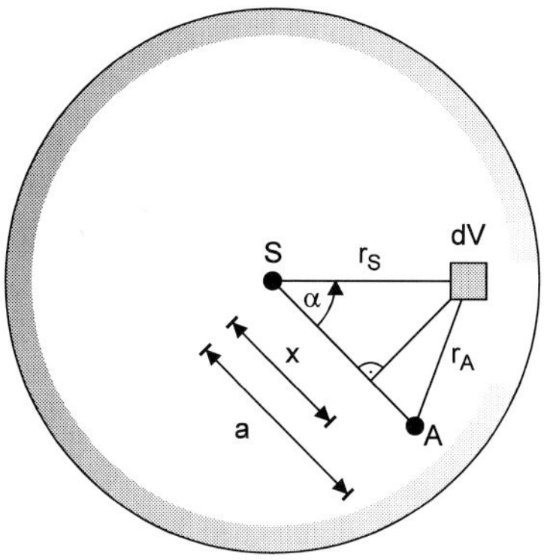


**Abb. (6.2–5)** Ein Zylinder kann sich um die parallelen Achsen S und A drehen, die senkrecht auf der Papierebene stehen und den Abstand a haben. Das Volumenelement $dV$ hat zu diesen Achsen die Abstände $r_S$ und $r_A$.

$$I_S = \rho \int r_S^2 \, dV$$

$$I_A = \rho \int r_A^2 \, dV \underset{\substack{\uparrow \\ \text{Cosinussatz}}}{=} \rho \int (r_S^2 + a^2 - 2a\, r_S \cos\alpha)\, dV$$

$$= I_S + m\,a^2 - \rho\, 2a \int x\, dV$$

Da die Achse $S$ laut Voraussetzung durch den Schwerpunkt geht, da also die Schwerpunkt-Koordinate $x_S$ verschwindet, ist das Integral $\int x\, dV$ gleich Null. Daraus folgt

$$I_A = I_S + m\,a^2 \qquad (6.2\text{–}10)$$

mit

$I_A$ = Trägheitsmoment für Drehungen um die Achse A

$I_S$ = Trägheitsmoment für Drehungen um die parallele Schwerpunktachse

$m$ = Masse

$a$ = Abstand der Drehachse $A$ vom Schwerpunkt

Beachte, daß der Steinersche Satz (6.2–10) zwei Voraussetzungen hat:

- Beide Achsen müssen parallel sein.[4]
- Die Achse mit dem Trägheitsmoment $I_S$ muß durch den Schwerpunkt gehen.

[4] Es gibt auch eine – allerdings wesentlich kompliziertere – Umrechnungsmöglichkeit für nicht-parallele Drehachsen: Man muß den Trägheitstensor – eine Verallgemeinerung des Trägheitsmomentes in Form einer 3×3-Matrix – berechnen und einer Ähnlichkeitstransformation mit Drehmatrizen unterziehen.

Bei Halbierung des Trägheitsmomentes verdoppeln sich die Winkelgeschwindigkeit und die Rotationsenergie. Die Zunahme der Rotationsenergie ist auf die Muskelarbeit zurückzuführen, die beim Anziehen der Arme und Beine gegen die Zentrifugalkraft geleistet wird.

Für konstante Trägheitsmomente lautet die Drehimpulsgl.

$$M = I\ddot{\varphi} \quad \text{nur für } I = \text{const} \tag{6.3–2}$$

**Beispiel (6.3–1) Fallgeschwindigkeit**

Ein homogener Vollzylinder mit Masse $m_1$ und Radius $R$ kann sich reibungsfrei um eine raumfeste, horizontale Achse drehen. Auf dem Zylinder ist ein Faden aufgewickelt, an dem die Masse $m_2$ befestigt ist.

Welche Geschwindigkeit $v$ erreicht die Masse $m_2$, wenn sie aus der Ruhelage die Höhe $h$ heruntergefallen ist?

**a)** Berechne $v$ mit dem Drehimpuls- und dem Schwerpunktsatz.

**b)** Berechne $v$ mit dem Energiesatz

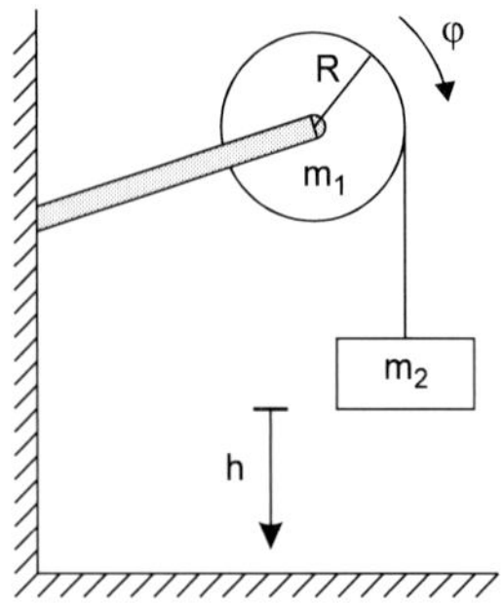


**Abb. (6.3–1)** Die fallende Masse $m_2$ wickelt den Faden vom drehbaren Vollzylinder ab.

**Lösung:**

**a)** Wir bezeichnen die Fadenkraft mit $F$. Dann lauten die Drehimpulsgl. für den Vollzylinder

$$M = F \cdot R = I\,\ddot{\varphi} \underset{\text{Gl. (6.2-9a)}}{\overset{\uparrow}{=}} \frac{m_1}{2} R^2\,\ddot{\varphi} \tag{6.3–3}$$

und der Schwerpunktsatz für die Masse $m_2$ [5]

$$m_2\,\ddot{h} = m_2\,g - F \tag{6.3–4}$$

Die zwei Gln. (6.3–3/4) enthalten drei Unbekannte: $F$, $\ddot{\varphi}$, $\ddot{h}$.

Die Abrollbedingung

$$h = R\,\varphi \quad \text{bzw.} \quad \ddot{h} = R\,\ddot{\varphi}$$

[5] Ausdrücklich sei auf einen bei Studenten weit verbreiteten Irrtum hingewiesen: Die Fadenkraft

$$F = m_2\,g - m_2\,\ddot{h}$$

ist nicht (!) gleich $m_2\,g$, sondern *kleiner*, weil ein Teil der Gewichtskraft $m_2\,g$ für die Beschleunigung $\ddot{h}$ der Masse $m_2$ "verbraucht" wird. Nur bei unbeschleunigter Masse, d. h. nur bei $\ddot{h} = 0$ ist die Fadenkraft $F$ gleich $m_2\,g$.

ist die dritte Gl.

$$\Rightarrow \quad \ddot{h} = \frac{g}{1 + \dfrac{m_1}{2m_2}}$$

$$\Rightarrow \quad \dot{h}(t) = \frac{g\,t}{1 + \dfrac{m_1}{2\,m_2}} \quad \Rightarrow \quad h(t) = \frac{g\,t^2}{2\left(1 + \dfrac{m_1}{2\,m_2}\right)} \tag{6.3–5/6}$$

Wir lösen Gl. (6.3–6) nach $t$ auf und setzen $t$ in Gl. (6.3–5) ein:

$$\dot{h}(h) = v(h) = \sqrt{\frac{2\,g\,h}{1 + \dfrac{m_1}{2\,m_2}}} \tag{6.3–7}$$

Kontrolle und Veranschaulichung:

1) Die Einheiten sind richtig.

2) Für $m_1 = 0$ oder $m_2 \to \infty$ folgt das Ergebnis $v = \sqrt{2\,g\,h}$ des freien Falls.

3) Für $m_2 \to 0$ geht $v(h)$ gegen Null.

**b)** Da das System energetisch abgeschlossen ist und keine Reibungen auftreten, gilt der Energiesatz: Die Summe aus Rotationsenergie von $m_1$, Translationsenergie von $m_2$ und potentieller Energie von $m_2$ ist konstant.

$\Rightarrow$ Anfangsenergie = Energie nach der Fallstrecke $h$

$$\Rightarrow \quad m_2\,g\,h = \frac{I}{2}\,\omega^2 + \frac{m_2}{2}\,v^2 \quad \Rightarrow \quad v(h) = \sqrt{\frac{2\,g\,h}{1 + \dfrac{m_1}{2\,m_2}}}$$

Erwartungsgemäß ist die Berechnung der Fallgeschwindigkeit mit dem Energiesatz am schnellsten.

**Beispiel (6.3–2) Messung von Trägheitsmomenten**

Das Trägheitsmoment $I_S$ für Drehungen um eine Schwerpunktachse läßt sich z. B. messen, indem man den Körper oberhalb vom Schwerpunkt in einer parallelen Achse $A$ aufhängt und als Pendel mit kleinen Ausschlägen schwingen läßt.

Stelle die Dgl. für die Pendelschwingung auf und löse diese Dgl. für kleine Ausschläge $\varphi \ll 1$. Berechne die Schwingungsdauer $T$ und löse nach $I_S$ auf.

**Lösung:**

Da sich der Körper im Schwerefeld so verhält, als ob die ganze Masse $m$ im Schwerpunkt vereint wäre, lautet die Drehimpulsgl.

$$I_A \ddot{\varphi} \underset{\text{Gl. (6.2-10)}}{\overset{\uparrow}{=}} (I_S + m a^2) \ddot{\varphi} = M = -m g a \sin \varphi$$

Das negative Vorzeichen auf der rechten Seite besagt, daß das Drehmoment $M$ rücktreibend ist; für $\varphi > 0$ ist die Winkelbeschleunigung $\ddot{\varphi} < 0$ und umgekehrt.

Für kleine $\varphi$ ersetzen wir $\sin \varphi$ durch $\varphi$ und erhalten

$$\ddot{\varphi} = -\frac{m g a}{I_S + m a^2} \varphi$$

Der Ansatz $\varphi(t) = A \cos(\omega_0 t + \varphi_0)$ löst diese Dgl. für

$$\omega_0 = \frac{2\pi}{T_0} = \sqrt{\frac{m g a}{I_S + m a^2}}$$

$$\Rightarrow \quad I_S = m a \left( \frac{T^2}{4\pi^2} g - a \right)$$

Durch Messen von $m$, $a$ und $T$ läßt sich $I_S$ bestimmen.

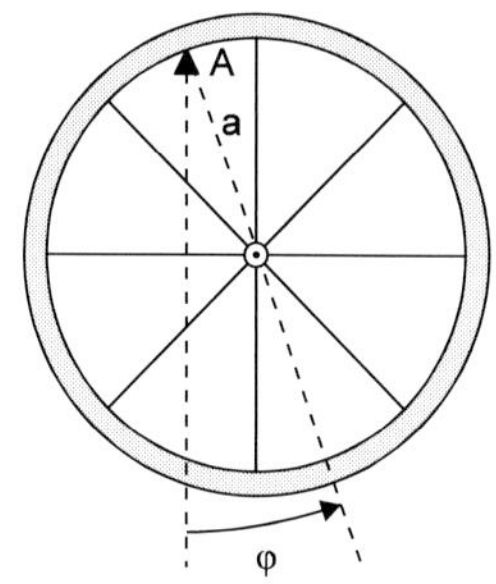


**Abb. (6.3–2)** Eine Schneide trägt den Körper im Abstand a vom Schwerpunkt. Der Körper pendelt um die Schneide.

**Beispiel (6.3–3) Seilspannung**

Eine dünne Stange mit Masse $m$ und Länge $l$ hängt in Ruhe an zwei Fäden.

Wie groß ist die Spannung $F$ des rechten Fadens unmittelbar nach dem Durchschneiden des linken Fadens?

**Lösung:**

Unmittelbar nach dem Durchschneiden ist der Aufhängepunt $A$ noch nahezu in Ruhe und die Stange dreht sich um $A$ mit dem Winkel $\varphi$. Dabei gilt:

$$I_A \ddot{\varphi} \underset{\text{Gl. (6.2-10)}}{\overset{\uparrow}{=}} \left[ I_S + m \left( \frac{l}{2} \right)^2 \right] \ddot{\varphi} \underset{\text{Gl. (6.2-9b)}}{\overset{\uparrow}{\approx}} \left[ \frac{m}{12} l^2 + \frac{m}{4} l^2 \right] \ddot{\varphi} =$$

$$= \frac{m}{3} l^2 \ddot{\varphi} = M \underset{\text{für } \varphi \approx 0}{\overset{\uparrow}{=}} m g \frac{l}{2}$$

$$\Rightarrow \quad \ddot{\varphi} = \frac{3}{2} \frac{g}{l} \qquad \text{unmittelbar nach dem Schnitt}$$

$$\Rightarrow \quad \ddot{x}_S = \frac{l}{2} \ddot{\varphi} = \frac{3}{4} g \qquad \text{unmittelbar nach dem Schnitt}$$

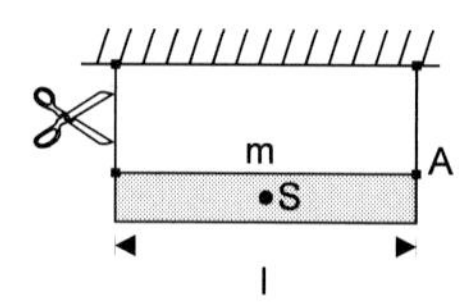


**Abb. (6.3–3)** Eine dünne Stange hängt in Ruhe an zwei Fäden. Dann wird der linke Faden durchgeschnitten.

Nach dem Schwerpunktsatz gilt

$$m\,\ddot{x}_S = m\,\frac{3}{4}\,g = F^{(a)} = m\,g - F$$

$$\Rightarrow \quad F = \frac{1}{4}\,m\,g \qquad \text{unmittelbar nach dem Schnitt}$$

## 6.4 Ebene Bewegungen starrer Körper

Bei den ebenen Bewegungen *bewegen sich alle Massenelemente des starren Körpers parallel zu einer Ebene.* Ein typisches Beispiel ist das Rollen eines Zylinders auf einer Ebene. Die ebene Bewegung kann beschrieben werden

- durch die Bewegung des Schwerpunktes in einer Ebene (oder parallel zu einer Ebene) und
- durch die Drehung des starren Körpers um die Achse, die durch den Schwerpunkt geht und senkrecht auf der genannten Ebene steht.

Die Schwerpunktbewegung in der x,y-Ebene wird natürlich durch die x- und y-Komponente des Schwerpunktsatzes (6.1–3) ermittelt.

Die Aufstellung der Gl., die die Rotation um den Schwerpunkt beschreibt, ist schwieriger, da der Schwerpunkt i. allg. nicht ruht, sondern *beschleunigt* wird. Zur Erinnerung: Bei den Drehungen um raumfeste Achsen im Abschn. 6.3 bezogen sich sowohl der Drehimpuls $L = I\,\omega$ als auch das Drehmoment $M$ auf einen *raumfesten* Punkt der Drehachse. Man kann zeigen, daß die Drehimpulsgl. auch für *ebene* Bewegungen mit einem beschleunigten Schwerpunkt in der einfachen Form

$$I_S\,\ddot{\varphi} = M \qquad \text{für } I_S = \text{const} \tag{6.4–1}$$

gilt mit

$I_S$ = Trägheitsmoment für Drehungen um den Schwerpunkt

$\varphi$ = Winkel der Drehung um den Schwerpunkt

$M$ = Gesamtes Drehmoment mit Hebelarmen von den Angriffspunkten der Kräfte zum Schwerpunkt

(Der nicht-triviale Beweis der Gl. (6.4–1) wird nicht erbracht.) Es sei aber ausdrücklich betont, daß *der Schwerpunkt der einzige beschleunigte Punkt des starren Körpers ist, für den der Drehimpulssatz in der einfachen Form* (6.4–1) *gilt.* Dadurch zeichnet sich der Schwerpunkt vor allen anderen beschleunigten Punkten aus.

**Beispiel (6.4–1) Ebene Bewegung einer Stange**

Die konstante Kraft $F$ zieht eine dünne Stange mit Masse $m$ und Länge $l$ reibungsfrei über die horizontale x,y-Ebene.

Berechne die Bewegung.

**Lösung:**

Der Schwerpunktsatz ergibt

$$m\,\ddot{x} = 0 \qquad m\,\ddot{y} = F$$

Der Drehimpulssatz lautet

$$I_S\,\ddot{\varphi} \underset{\text{Gl. (6.2-9b)}}{\overset{}{\underset{\uparrow}{=}}} \frac{m}{12}\,l^2\,\ddot{\varphi} = \frac{l}{2}\,F\cos\varphi$$

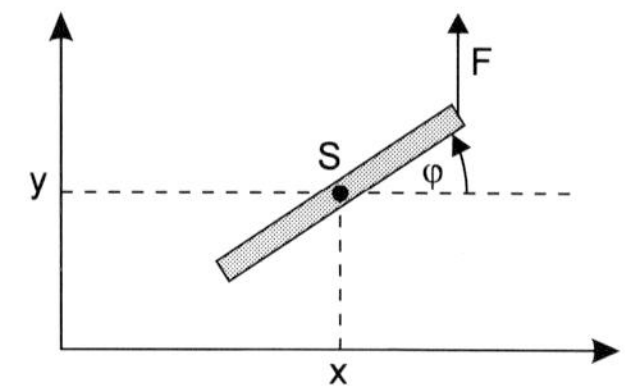


**Abb. (6.4–1)** Eine konstante Kraft zieht am Ende eines dünnen Stabes

Danach ist die Winkelbeschleunigung $\ddot{\varphi}$ unabhängig von der Translation. Würde man durch den Schwerpunkt $S$ eine raumfeste Achse parallel zur z-Achse stecken, so wäre $\ddot{\varphi}$ genauso groß.

### Beispiel (6.4–2) Wettlauf von zwei Zylindern und einer Kugel

Ein homogener Vollzylinder, ein dünnwandiger Hohlzylinder (dünnwandiges Rohr) und eine homogene Vollkugel rollen *ohne* Schlupf gleichzeitig aus der Ruhelage einen ebenen Hang hinab. Die drei Körper haben die gleiche Masse $m$ und den gleichen Radius $R$.

**a)** Welcher Körper rollt am schnellsten?

**b)** Wie groß darf der Steigungswinkel $\alpha$ der Ebene höchstens sein, damit ein Körper noch ohne Schlupf hinab rollt?

**Lösung:**

**a)** Auf die rollenden Körper wirken die Schwerkraft $m\,\mathbf{g}$, die Normalkraft **N** und die Haftreibungskraft **H**. Letztere zeigt in die negative x-Richtung, da sie die Körper in beschleunigte Rotation $\ddot{\varphi} > 0$ versetzt[6]. Die x,y-Koordinaten werden parallel und

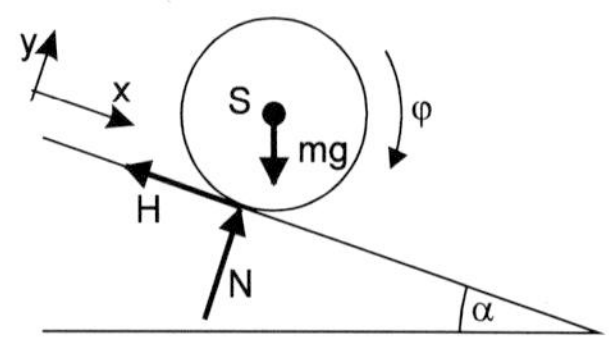


**Abb. (6.4–2)** Drei Kräfte wirken auf einen Zylinder, der einen Hang hinab rollt.

---

[6] In Teil a des Beispieles darf die Richtung der unbekannten Haftkraft **H** in die positive oder in die negative x-Richtung *frei gewählt* werden. Man erhält in beiden Fällen diesselbe Beschleunigung $\ddot{x}$ .

Die korrekte (aber für Teil a unwichtige) Richtung von **H** ergibt sich nur aus der physikalischen Anschauung oder rechnerisch durch Auflösung der ersten vier Gln. nach $H$. Bei positivem (negativem) Vorzeichen von $H$ ist die gewählte Richtung richtig (falsch). In unserem Fall erhält man

$$H = m\,g\sin\alpha\left(1 - \frac{1}{1 + \dfrac{I_S}{m\,R^2}}\right)$$

Wegen $H > 0$ zeigt **H** tatsächlich in die negative x-Richtung.

senkrecht zum Hang gelegt. Dann lauten die Bewegungsgln.:

$$m\,\ddot{x} = m\,g\sin\alpha - H \tag{6.4–2}$$

$$m\,\ddot{y} = 0 = N - m\,g\cos\alpha \tag{6.4–3}$$

$$I_S\,\ddot{\varphi} = R\,H \tag{6.4–4}$$

Die Gl. (6.4–3) bestimmt die Normalkraft. Die zwei Gln. (6.4–2/4) erhalten drei Unbekannte: $\ddot{x}, \ddot{\varphi}, H$. Die Rollbedingung

$$x = R\,\varphi \quad \Rightarrow \quad \ddot{x} = R\,\ddot{\varphi} \tag{6.4–5}$$

liefert die dritte benötigt Gl.

$$\Rightarrow \quad \ddot{x} = \frac{g\sin\alpha}{1 + \dfrac{I_S}{m\,R^2}}$$

Erwartungsgemäß ist die Beschleunigung am größten, wenn $I_S$ am kleinsten ist. Dann nimmt die Rotation der Translation die wenigste Energie weg. Die Trägheitsmomente lauten:

Vollkugel: $\quad I_S = \frac{2}{5}\,m\,R^2 \quad \Rightarrow \quad \ddot{x} = \frac{5}{7}\,g\sin\alpha$

Vollzylinder: $\quad I_S = \frac{1}{2}\,m\,R^2 \quad \Rightarrow \quad \ddot{x} = \frac{2}{3}\,g\sin\alpha$

Hohlzylinder: $\quad I_S = m\,R^2 \quad \Rightarrow \quad \ddot{x} = \frac{1}{2}\,g\sin\alpha$

Danach hängt die Beschleunigung $\ddot{x}$ weder von der Masse noch vom Radius, sondern nur von der Gestalt des rollenden Körpers ab.

**b)** Da zu den vier Unbekannten $\ddot{x}, \ddot{\varphi}, H, N$ mit $\alpha_{max}$ eine fünfte Unbekannte hinzu kommt, wird neben den vier Gln. (6.4–2) bis (6.4–5) eine fünfte Gl. benötigt. Sie beschreibt die maximale Haftreibungskraft *H*, die beim Rollen ohne Schlupf aufgenommen werden kann:

$$H = \mu_o\,N \qquad \text{für } \alpha = \alpha_{max} \tag{6.4–6}$$

Sie ist das Produkt aus dem Haftreibungskoeffizient $\mu_o$ und der Normalkraft *N*. (Für $\alpha < \alpha_{max}$ gilt $H < \mu_o\,N$.) Die fünf Gln. (6.4–2) – (6.2–6) ergeben

$$\tan\alpha_{max} = \mu_o\left(1 + \frac{m\,R^2}{I_S}\right)$$

$\alpha_{max}$ nimmt mit zunehmendem $\mu_o$ und abnehmenden $I_S$ zu.

---

In Teil b des Beispiels hingegen *muß* die Richtung der Haftkraft **H** in Abb. (6.4–2) unbedingt richtig eingezeichnet werden, weil die Gl. $H = \mu_o\,N$ ein positives Vorzeichen von *H* voraussetzt.

**Beispiel (6.4–3) Beschleunigung einer Stufenrolle**

Eine Stufenrolle mit der Masse $m$, den Radien $R_1$ und $R_2$ und dem Trägheitsmoment $I_S$ rollt ohne Schlupf auf einer Schiene. Ein auf der Rolle mit Radius $R_2$ aufgewickelter Faden wird mit konstanter Kraft $F$ abgewickelt.

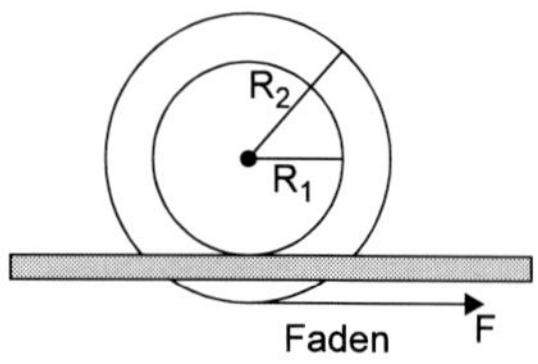


**Abb. (6.4–3)** Eine Stufenrolle wird durch einen abgewickelten Faden beschleunigt.

Berechne die Beschleunigung $\ddot{x}$ der Rolle.

**Lösung:**

In Abb. (6.4–4) sind die Gewichtskraft und die Normalkraft nicht eingezeichnet, da sie nicht in die Bewegungsgln. (Schwerpunktsatz und Drehimpulssatz) eingehen. Die Haftreibungskraft **H** wirkt nach links, da die Rolle ohne Haftung, also auf vereister Schiene nach rechts rutschen würde[7].

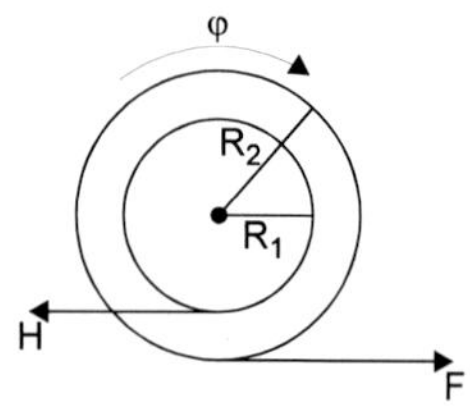


**Abb. (6.4–4)** In horizontaler Richtung wirken nur die zwei Kräfte **H** und **F**.

Die Bewegungsgln. lauten:

$$m\ddot{x} = F - H$$

$$I_S\ddot{\varphi} = R_1 H - R_2 F$$

Mit der Rollbedingung $\ddot{x} = R_1\ddot{\varphi}$ folgt

$$\ddot{x} = \frac{R_1 - R_2}{m R_1 + I_S / R_1} F$$

$$\Rightarrow \quad \ddot{x} > 0 \quad \text{für} \quad R_1 > R_2$$

$$\ddot{x} = 0 \quad \text{für} \quad R_1 = R_2$$

$$\ddot{x} < 0 \quad \text{für} \quad R_1 < R_2$$

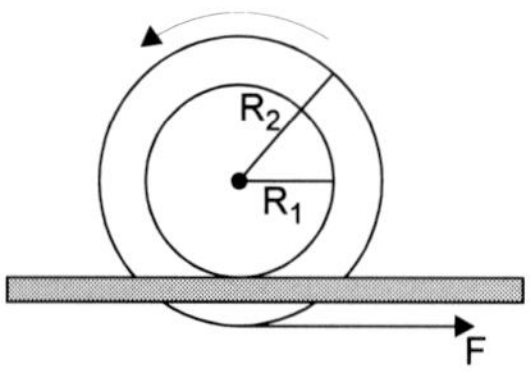


**Abb. (6.4–5a)** Für $R_1 < R_2$ bewegt sich die Rolle nach links

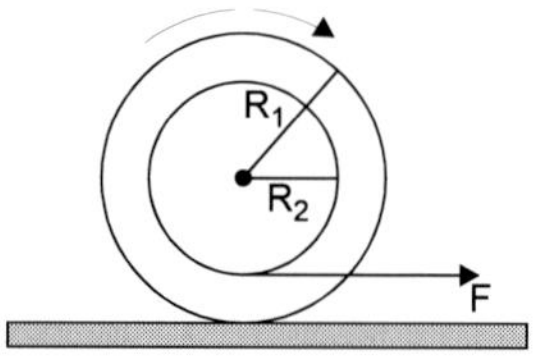


**Abb. (6.4–5b)** Für $R_1 > R_2$ bewegt sich die Rolle nach rechts

[7] $H$ kann in den Abbn. (6.4–4 und 5) auch nach rechts eingezeichnet werden. Dann erhält $H$ in den zwei folgenden Bewegungsgln. ein anderes Vorzeichen. Die Beschleunigung $\ddot{x}$ bleibt aber unverändert.

**Beispiel (6.4–4) Jo-Jo**

Dieses Beispiel soll die Frage klären, wie die Reibungsverluste eines Jo-Jos durch Heben und Senken der Hand ausgeglichen werden können. Dazu ist die Fadenspannung zu berechnen.

Beim Jo-Jo stecken zwei Scheiben auf einer gemeinsamen Achse mit Radius $R$. Auf dieser ist ein Faden aufgewickelt, dessen oberes Ende von einer Hand gehalten wird. Das Jo-Jo wird bei gespannter Schnur losgelassen, es wickelt sich ab und gerät in immer schnellere Rotation. Unten angekommen wickelt es sich wieder auf und steigt empor.

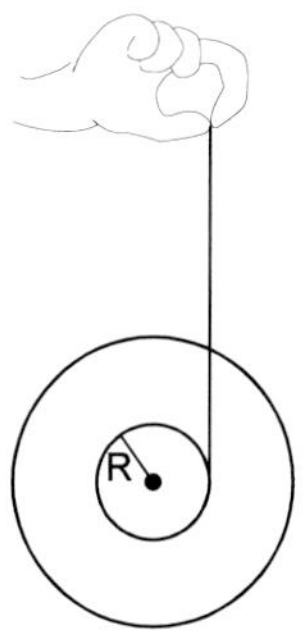


**Abb. (6.4–6)** Jo-Jo

Folgende vier vereinfachende Annahmen werden gemacht:

1) Der Faden ist masselos, sehr dünn, nicht dehnbar und sehr leicht biegbar.

2) Die Hand, die das obere Ende des Fadens hält, wird in den folgenden Gln. als ruhend angesehen. Erst in der Diskussion in Teil c wird die Hand auf- und abbewegt.

3) Die nicht-aufgewickelte Fadenlänge zwischen Hand und Jo-Jo ist wesentlich größer als der Radius $R$ – auch im oberen Umkehrpunkt des auf- und absteigenden Jo-Jos. Dann ist der abgewickelte Faden bei vertikal bewegter Hand und bei verschwindender horizontaler Anfangsgeschwindigkeit des Jo-Jos immer nahezu *senkrecht*; es treten keine horizontalen Kräfte und keine pendelartigen Schwingungen auf. *Das Jo-Jo bewegt sich auf einer vertikalen Gerade.*

4) Reibungskräfte werden in den folgenden Gln. nicht berücksichtigt, sondern erst in der Diskussion in Teil c beachtet.

**a)** Berechne die Fadenspannung $F$ für den Fall, daß zumindest ein Teil des Fadens auf der Achse aufgewickelt ist.

**b)** Berechne die Fadenspannung $F$ in der Umgebung des unteren Umkehrpunktes, wenn der Faden *vollständig abgewickelt* ist und das Jo-Jo den Abstieg beendet und den Aufstieg beginnt. Der Drehwinkel liegt dann im Intervall $[-\pi/2,\ \pi/2]$.

**c)** Vergleiche die Fadenkräfte in Teil a) und b) und diskutiere, wie die Reibungsverluste durch Heben und Senken der Hand ausgeglichen werden können.

**Lösung:**

**a)** Die Bewegungsgln. und die geometrische Bedingung lauten

$$m\ddot{x} = m g - F$$

$$I_S\,\ddot{\varphi} = \pm R \cdot F$$

$$\ddot{x} = \pm R\,\ddot{\varphi}$$

Die beiden letzten Gln. haben für den Auf- und Abstieg jeweils andere Vorzeichen, weil der nicht-aufgewickelte Fadenteil die Rolle einmal auf der rechten und einmal auf der linken Seite berührt.

$$\Rightarrow \quad F = \frac{m\,g}{1 + \dfrac{m\,R^2}{I_S}} \tag{6.4–7}$$

Danach ist die Fadenspannung beim Auf- und Abwinkeln des Fadens gleich groß und konstant.

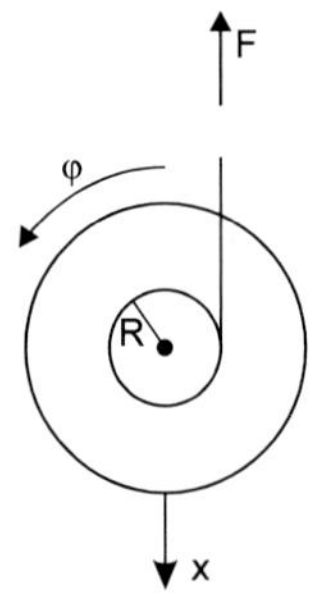


**Abb. (6.4–7)** In Teil a der Aufgabe ist ein Teil des Fadens ist aufgewikkelt.

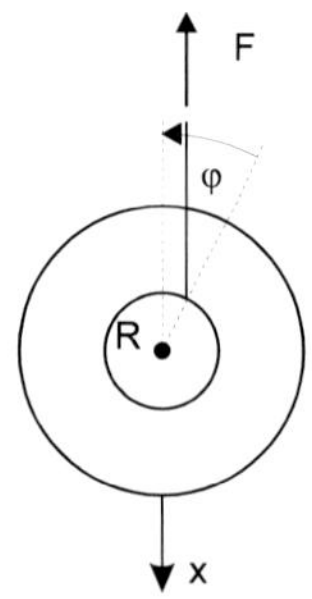


**Abb. (6.4–8)** In Teil b der Aufgabe ist der Faden im Winkelbereich $-\frac{\pi}{2} \le \varphi \le \frac{\pi}{2}$ vollständig abgewickelt.

**b)** Im Winkelbereich

$$\varphi \in \left[-\frac{\pi}{2}, +\frac{\pi}{2}\right]$$

ist der Faden vollständig abgewickelt. Nach Abb. (6.4–8) lauten die Bewegungsgln.

$$m\,\ddot{x} = m\,g - F$$

$$I_S\,\ddot{\varphi} = -F \cdot R \sin\varphi$$

Der Zusammenhang zwischen $x$ und $\varphi$ ergibt sich ebenfalls aus Abb. (6.4–8)

$$x = \text{const} + R\cos\varphi$$

Zweimaliges Differenzieren führt auf

$$\ddot{\varphi} = -\frac{\ddot{x} + R\,\dot{\varphi}^2\cos\varphi}{R\sin\varphi}$$

$$\Rightarrow \quad F = \frac{m(g + R\,\dot{\varphi}^2\cos\varphi)}{1 + \dfrac{m\,R^2}{I_S}\sin^2\varphi} \quad \text{für} \quad \varphi \in \left[-\frac{\pi}{2}, \frac{\pi}{2}\right] \tag{6.4–8}$$

Die Gln. (6.4–7 und 8) zeigen, daß die Fadenkraft in der Nähe des unteren Umkehrpunktes am größten ist. Beim Spielen mit dem Jo-Jo bemerkt man einen deutlichen Ruck im Faden. Der Ruck ist um so stärker, je größer $\dot{\varphi}$ ist, d. h. je weiter das Jo-Jo heruntergelaufen ist.

Für $\varphi \rightarrow \pm\pi/2$ geht die Kraft in Gl. (6.4–8) stetig in die Kraft in Gl. (6.4–7) über.

**c)** Wenn die Hand nicht in Ruhe ist, sondern vertikal mit $\ddot{x}_{\mathrm{Hand}}(t)$ beschleunigt wird, muß man in den Gln. (6.4–7/8) $g$ durch $g + \ddot{x}_{\mathrm{Hand}}(t)$ ersetzen. Demnach kann man dem Jo-Jo Energie zuführen und die Reibungsverluste ausgleichen, indem man den Faden nach oben zieht, wenn er vollständig abgewickelt ist und ihn wieder um die gleiche Strecke absenkt, wenn er teilweise aufgerollt ist. Wegen der größeren Kraft leistet man beim Hochziehen mehr Arbeit als man beim Absenken erhält.

Abschließend wollen wir noch kurz die kinetische Energie starrer Körper bei ebenen Bewegungen berechnen. *Jede ebene Bewegung läßt sich zu jedem Zeitpunkt als eine reine Drehung um eine momentane Drehachse auffassen.* Wir wollen diese Aussage nicht beweisen, sondern mit der Abb. (6.4–9) veranschaulichen: Die ebene Bewegung des *ohne Schlupf* rollenden Zylinders kann wahlweise auf zwei gleichberechtigte Arten beschrieben werden:

1. Die Bewegung setzt sich aus der Translation des Schwerpunktes mit der Geschwindigkeit $v$ und der Drehung um den Schwerpunkt mit der Winkelgeschwindigkeit $\dot{\varphi} = v/R$ zusammen.
2. Die Bewegung ist zu jeder Zeit eine reine Drehung um den momentanen (wandernden) Auflagepunkt $A$.

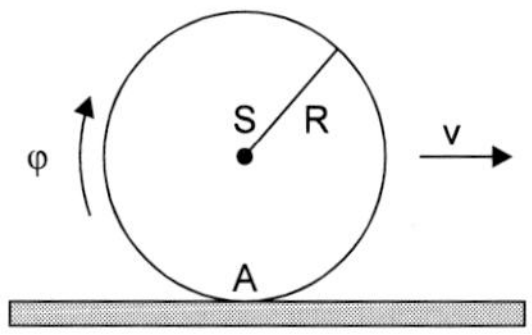


**Abb. (6.4–9)** Der ohne Schlupf rollende Zylinder dreht sich momentan um den Auflagenpunkt $A$ mit der Winkelgeschwindigkeit $\dot{\varphi} = v/R$.

Wenn der Zylinder *mit Schlupf* auf dem Boden geleitet, dann liegt die momentane Drehachse über oder unter dem Auflagepunkt $A$.

Mit Ausnahme der Drehungen um raumfeste Achsen ist die momentane Drehachse nicht fest, sondern wandert. Da ihre Lage oft nicht so einfach zu finden ist wie beim rollenden Zylinder in Abb. (6.4–9), berechnet man ebene Bewegungen fast immer mit dem Schwerpunktsatz und dem Drehimpulssatz $I_S\,\ddot{\varphi} = M$ bzgl. des Schwerpunktes. Außerdem ist das Drehmoment $M$ meistens am einfachsten für den Schwerpunkt zu ermitteln. Wir brauchen die momentane Drehachse hier nur kurz für die Berechnung der kinetischen Energie ebener Bewegungen.

Es gibt also immer eine Drehachse $A$, um die der Körper augenblicklich eine *reine* Rotation ausführt. Die kinetische Energie dieser reinen Drehung beträgt

$$T = \frac{I_A}{2}\,\dot{\varphi}^2 \qquad (6.4\text{–}9)$$

Mit dem Steinerschen Satz $I_A = I_S + m\,a^2$ und mit

$$v_S = a \cdot \dot{\varphi} = \text{Geschwindigkeit des Schwerpunktes}$$

($a$ = Abstand der momentanen Drehachse $A$ vom Schwerpunkt) läßt sich $T$ leicht umformen in

$$T = \frac{m}{2} v_S^2 + \frac{I_S}{2} \dot{\varphi}^2 \qquad (6.4\text{–}10)$$

*Die gesamte kinetische Energie eines starren Körpers ist die Summe aus der Translationsenergie der im Schwerpunkt vereint gedachten Masse und der Rotationsenergie für die Drehung um den Schwerpunkt.* (Übrigens gilt diese Aussage nicht nur für ebene, sondern auch für beliebige räumliche Bewegungen mit beliebig veränderlichen Drehachsen.) Beachte, daß die Aussage "die kinetische Energie ist die Summe aus Translations- und Rotationsenergie" *nur dann* gilt, wenn sich Translations- und Rotationsenergie auf den Schwerpunkt beziehen. Auch dadurch ist der Schwerpunkt vor allen anderen Punkten des starren Körpers ausgezeichnet.

**Beispiel (6.4–5) Energiesatz für rollende Kugel**

Eine homogene Vollkugel rollt mit der Anfangsgeschwindigkeit $v_S(0)$ reibungsfrei einen Berg hinab. Berechne die Geschwindigkeit $v_S$ des Schwerpunktes nach der Höhendifferenz $h$.

**Lösung:**

Es gilt der Energiesatz:

$$m\,g\,h + \frac{m}{2} v_S^2(0) + \frac{I_S}{2} \dot{\varphi}(0)^2 = \frac{m}{2} v_S^2 + \frac{I_S}{2} \dot{\varphi}^2$$

Mit $I_S = \frac{2}{5} m\,R^2$ und $\dot{\varphi} = v_S / R$ folgt

$$v_S = \sqrt{v_S^2(0) + \frac{10}{7} g\,h}$$

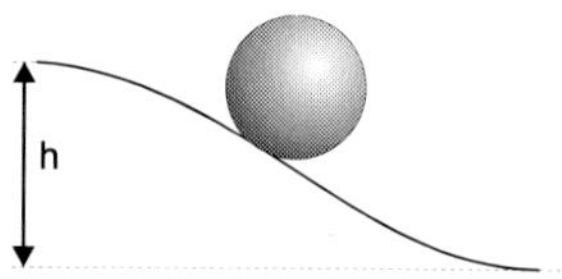


**Abb. (6.4–7)** Eine Kugel rollt ohne Schlupf einen Hang hinab.

# 6.5 Zusammenfassung

**1)** Die allgemeine Bewegung eines starren Körpers setzt sich zusammen aus

- einer Translation, die sich durch die Bewegung des Schwerpunktes beschreiben läßt, und
- einer Rotation um den Schwerpunkt.

**2)** Der Ortsvektor des Schwerpunktes eines Körpers, der aus N Massenpunkten besteht, lautet

$$\mathbf{r}_s = \frac{\sum_{i=1}^{N} m_i \, \mathbf{r}_i}{m} \qquad \text{mit der Gesamtmasse} \qquad m := \sum_{i=1}^{N} m_i$$

Er ist die gewichtete Summe über die N Ortsvektoren $\mathbf{r}_i$ der Massenpunkte.

**3)** Nach dem Schwerpunktsatz

$$m \, \ddot{\mathbf{r}}_S = \sum_{i=1}^{N} \mathbf{F}_i^{(a)} =: \mathbf{F}^{(a)}$$

bewegt sich der Schwerpunkt so, als ob die gesamte Masse in ihm vereinigt wäre und als ob alle äußeren Kräfte $\mathbf{F}_i^{(a)}$ an ihm angreifen würden. Die inneren Kräfte $\mathbf{F}_{ij}$ beeinflussen die Schwerpunktbewegung nicht.

**4)** Bei der Untersuchung der Rotationen haben wir uns auf Drehachsen mit fester Richtung beschränkt, d. h. auf Rotationen um raumfeste Achsen und auf ebene Bewegungen.

Bei Rotationen um raumfeste Achsen ist die kinetische Energie gleich

$$T = \frac{I}{2} \omega^2$$

Das Trägheitsmoment

$$I = \sum_{i=1}^{N} m_i \, r_i^2 \qquad \text{bzw.} \qquad I = \rho \iiint_V r^2 \, dV$$

hängt nicht nur vom Körper, sondern auch von der Lage der Drehachse ab.

**5)** Sei $I_S$ das Trägheitsmoment für eine Achse durch den Schwerpunkt. Nach dem Steinerschen Satz ist das Trägheitsmoment $I_A$ einer parallelen Achse A im Abstand $a$ vom Schwerpunkt

$$I_A = I_S + m \, a^2$$

**6)** Das Trägheitsmoment spielt bei Drehungen die gleiche Rolle wie die Masse bei Translationen. Aus der Analogie der Gln.

$$T_{\text{trans}} = \frac{m}{2} v^2 \qquad T_{\text{rot}} = \frac{I}{2} \omega^2$$

leiten sich weitere Analogien zwischen Translationen und Rotationen ab. Die wichtigsten sind in der folgenden Tabelle aufgezählt:

| Translation | Rotation |
|---|---|
| $x$ | $\varphi$ |
| $v = \dot{x}$ | $\omega = \dot{\varphi}$ |
| $a = \ddot{x}$ | $\alpha = \ddot{\varphi}$ |
| $m$ | $I$ |
| $F$ | $M$ |
| $p = m\,v$ | $L = I\,\omega$ |

Damit können weitere Gln. für Drehungen erraten werden. So führt z. B. das zweite Newtonsche Axiom $\mathbf{F} = \dot{\mathbf{p}}$ auf die Drehimpulsgl.

$$M = \dot{L} = \frac{d}{dt}(I\,\omega)$$

**7)** Die Drehimpulsgl. gilt auch für einen bewegten Schwerpunkt $S$, wenn sich $M$ und $L$ auf den Schwerpunkt beziehen. (Der Schwerpunkt ist der einzige bewegte Punkt des starren Körpers, für den die Drehimpulsgl. in dieser einfachen Form gilt.)

**8)** Mit der Drehimpulsgl. können Rotationen um raumfeste Achsen berechnet werden. Mit der Drehimpulsgl. und dem Schwerpunktsatz können ebene Bewegungen berechnet werden.

**9)** Die kinetische Energie eines starren Körpers ist die Summe aus der Translationsenergie der im Schwerpunkt vereint gedachten Masse und der Rotationsenergie der Drehung um den Schwerpunkt:

$$T = \frac{m}{2} v_S^2 + \frac{I_S}{2} \omega^2$$

Der Schwerpunkt ist der einzige bewegte Punkt des starren Körpers, für den die kinetische Energie diese einfache Form hat.

# 6.6 Aufgaben

**(6–1) Mittel Kraft einer Sanduhr auf den Boden**

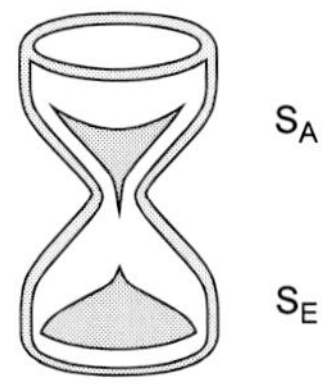


Hängt das Kraft einer Sanduhr auf den Boden davon ab, ob der Sand rinnt oder ruht? Ist die Sanduhr leichter, gleich schwer oder schwerer, solange der Sand von oben nach unten rinnt?

Hinweis: Die Sandmenge $\dot{m}$, die pro Sekunde durch den Engpaß fließt, ist konstant. Am Anfang befindet sich der Schwerpunkt des Sandes an der Stelle $S_A$, am Ende an der Stelle $S_E$.

**(6–2) Mittel Im Gegentakt schwingende Massen**

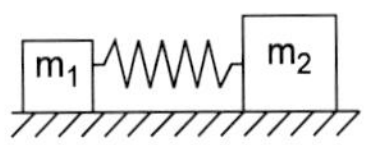


Zwei Massen $m_1, m_2$ sind durch eine Feder verbunden und liegen bei entspannter Feder in Ruhe auf dem Boden. Jetzt wird $m_2$ um die Strecke $s_0$ nach rechts gezogen, während $m_1$ in der Ausgangslage festgehalten wird. Anschließend werden beide Massen gleichzeitig losgelassen und schwingen ohne Reibungsverluste auf dem glatten Boden hin und her. *

Wie groß sind die Schwingungsamplituden $A_1$, $A_2$ der beiden Massen?

**(6–3) Mittel Trägheitsmoment eines Zylinders**

Berechne das Trägheitsmoment eines homogenen Vollzylinders mit Masse $m$ und Radius $R$, der um seine Symmetrieachse rotiert.

**(6–4) Mittel Trägheitsmoment eines dünnen Ringes**

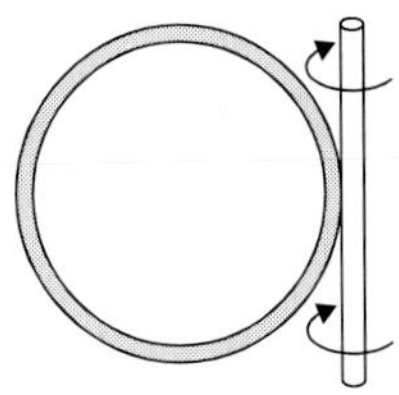

Ein dünner Ring mit Masse $m$ und Radius $R$ rotiert um die in der Abb. dargestellte Achse, die in der Ebene des Ringes liegt. Berechne sein Trägheitsmoment

**a)** mit dem Steinerschen Satz und mit Gl. (6.2–7)

**b)** mit Integration über den Umfang des Ringes.

**(6–5) Mittel Reibungsmoment eines Schwungrades**

Das Schwungrad einer Dampfmaschine ist ein massiver, homogener Zylinder mit Masse $m$ = 80 kg und Radius $R$ = 0,6 m. Bei der Überdrehzahl $n$ = 120 U/min wird die Dampfzufuhr abgesperrt. Es dauert dann $T$ = 36 s bis zum Stillstand des Schwungrades.

Das konstante Drehmoment $M_R$ der Reibung soll berechnet werden.

**a)** Erfahrungsgemäß bereitet die Lösung dieser Aufgabe vielen Studenten Schwierigkeiten. Konstruiere daher ein vertrautes, analoges *Translations*-Problem mit einem gleichförmig abgebremsten Massenpunkt und bestimme die Reibungskraft $R$.

**b)** Berechne das Reibmoment $M_R$ in gleicher Weise wie in Teil a die Reibungskraft $R$.

**(6–6) Mittel Fallbeschleunigung**

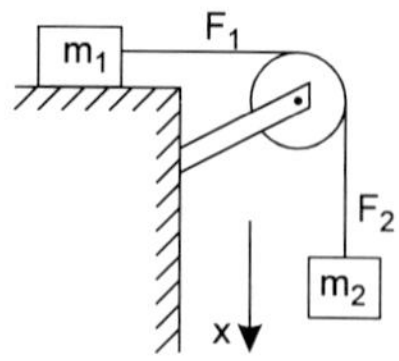


Ein masseloses Seil wird über eine reibungsfrei gelagerte Rolle mit Trägheitsmoment $I$ und Radius $R$ gelegt und mit den zwei Massen $m_1$, $m_2$ verbunden. Die Masse $m_1$ gleitet ohne Reibung.

**a)** Sind die Seilkräfte $F_1$ und $F_2$ gleich groß? Begründe die Antwort ohne Rechnung.

**b)** Schneide das System auf und berechne die Fallbeschleunigung $\ddot{x}$ von $m_2$.

**(6–7) Leicht Drehbalken**

Zwei Mädchen mit den Massen $m_1 = m_2 =: m = 20$ kg sitzen auf den beiden Enden eines langen Holzbalkens mit Länge $l = 4$ m und Masse $m_B = 30$ kg, der sich mit der Drehzahl $n_0 = 10$ U/min reibungsfrei um die senkrechte Achse durch den Schwerpunkt dreht. Wie groß ist die Drehzahl $n_1$, nachdem sich beide Mädchen jeweils $s = 0{,}5$ m auf den Drehpunkt zubewegt haben, ohne den Boden zu berühren?

**(6–8) Mittel Drehmoment und Leistung eines Automotors**

Welche Endleistung $P_E$ und welches Drehmoment $M$ muß ein Automotor aufbringen, um ein 1000 kg schweres Auto in $t_B = 5$ s von 54 km/h auf 108 km/h *gleichmäßig* zu beschleunigen? Dabei wird der Gang nicht gewechselt, Reibungsverluste werden vernachlässigt und die Drehzahl des Motors beträgt am Ende $n_E = 4200$ U/min.

**(6–9) Mittel Zwei Affen am Seil**

Eine Rolle mit Trägheitsmoment $I$ und Radius $R$ kann sich reibungsfrei um eine raumfeste, horizontale Achse drehen. Über die Rolle wird ein masseloses Seil gelegt, das an beiden Seiten bis auf den Boden herabhängt. An dem Seil hängen träge zwei Affen, ein leichter mit Masse $m_L$ und ein schwerer mit Masse $m_S$. Das Seil unter dem leichten Affen ist am Boden befestigt. Plötzlich sieht der schwere Affe oben neben der Rolle Bananen. Im gleichen Augenblick wird das Seilende unter dem leichten Affen am Boden losgebunden, so daß der leichte Affe nach oben und der schwere nach unten beschleunigt wird. Der schwere Affe hat Appetit auf Bananen und will unbedingt zuerst oben sein. Daher klettert er mit konstanter Beschleunigung $\ddot{s}$ – relativ zum Seil gemessen – immer schneller am Seil hoch.

Kann er früher oben ankommen als der leichte Affe, der am Seil fest sitzt?

**(6–10) Leicht Abrollende Zylinder**

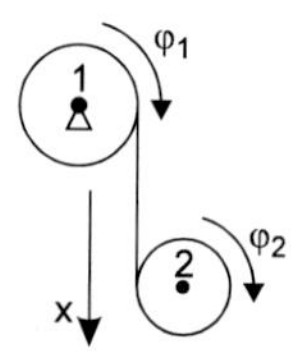


Zwei homogene Zylinder mit den Massen $m_1$, $m_2$ und den Radien $R_1$, $R_2$ sind mit einem Faden umwickelt. Die Achse des Zylinders 1 ist reibungsfrei gelagert. Der Zylinder 2 fällt im Schwerkraftfeld senkrecht nach unten.

Berechne die Spannkraft $F$ des Fadens.

**(6–11) Mittel Hin- und herrollender Zylinder**

Eine Feder mit Federkonstante $D$ ist mit der Achse eines homogenen Vollzylinders verbunden, der die Masse $m$ und den Radius $R$ hat. Der Zylinder rollt ohne Schlupf auf der Unterlage hin und her.

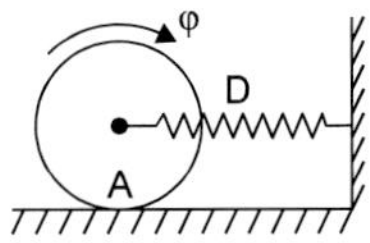


**a)** Stelle die Schwerpunkt- und Drehimpulsgl. für den Zylinder sowie den Zusammenhang zwischen $x$ und $\varphi$ auf.

**b)** Eliminiere die Haftkraft $H$ und $\ddot{\varphi}$ und stelle eine Bewegungsgl. (Differentialgl.) für $x$ auf.

**c)** Löse die einfache Bewegungsgl. mit einem Ansatz und bestimme daraus die Schwingungsdauer $T$ der Hin- und Herbewegung.

**(6–12) Mittel Rollender Zylinder**

Um einen homogenen Vollzylinder mit Masse $m_1$ und Radius $R$ ist ein dünner Faden gewickelt, der um eine kleine, trägheitslose Rolle geführt wird und mit der Masse $m_2$ verbunden ist. Der Zylinder rollt ohne Schlupf einen ebenen Hang hinab und wickelt dabei den Faden auf – vorausgesetzt, das Verhältnis $m_1/m_2$ ist genügend groß.

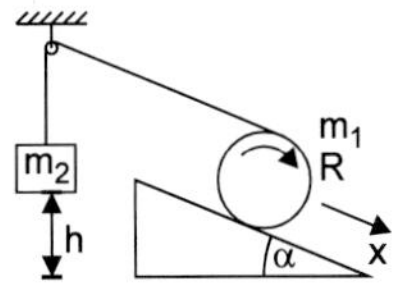


Berechne die Beschleunigung $\ddot{x}_1$ des Zylinders.

**(6–13) Mittel Normalkräfte auf Vorder- und Hinterräder**

Ein Auto mit Masse $m$ wird vereinfacht als starrer Körper mit masselosen Rädern angesehen. Der Schwerpunkt $S$ in der Höhe $h$ hat zu den Vorder- und Hinterrädern denselben horizontalen Abstand $a$, so daß jedes Rad im Stand dasselbe Gewicht $m\,g/4$ tragen muß.

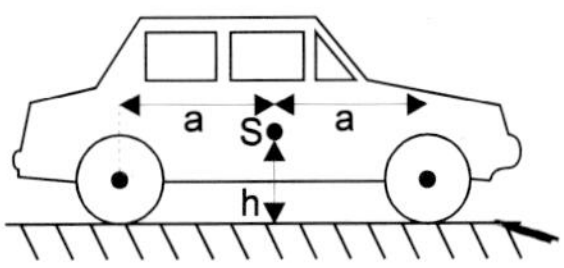


Berechne die vertikalen Normalkräfte $N_V$ und $N_H$ auf die Vorder- und Hinterräder bei der Beschleunigung $\ddot{x}$.

**(6–14) Mittel Beschleunigung eines Karrens**

Die vier Räder eines Karrens sind homogene Vollzylinder mit der Masse von je $m$ = 1 kg und dem Radius $R$ = 0,1 m. Die gesamte Karrenmasse einschließlich der Räder beträgt $m_K$ = 54 kg.

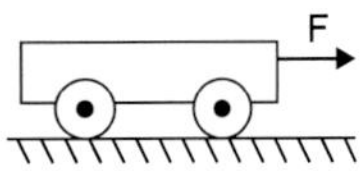


Berechne die Beschleunigung $\ddot{x}$ des Karrens infolge der horizontalen Kraft $F$ = 200 N.

**(6–15) Leicht Bewegung einer gezogenen Garnrolle**

Die Kraft $F$ zieht an einem Faden, der auf einer Garnrolle aufgewickelt ist. Berechne die Beschleunigung $\ddot{x}$ der Rolle, die ohne Schlupf über den Boden rollt.

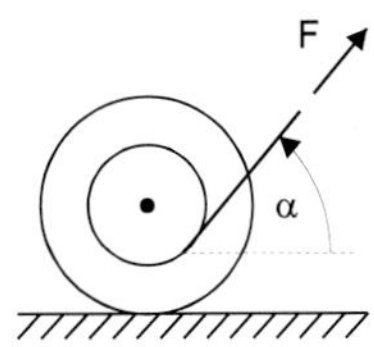


Kann man eine Garnrolle, die unter das Sofa gerollt ist, durch Ziehen am Faden wieder hervor holen?

**(6–16) Schwer Beschleunigung und Stangenkraft**

Die von der Kraft $F$ gezogene Platte $m_1$ rutscht mit dem Gleitreibungskoeffizient $\mu$ über den Boden. Der homogene, von einer masselosen Stange gehaltene Vollzylinder mit Masse $m_2$ und Radius $R$ rollt ohne Schlupf auf der Platte.

Berechne die Beschleunigung $\ddot{x}$ der Platte und die Stangenkraft $F_{St}$.

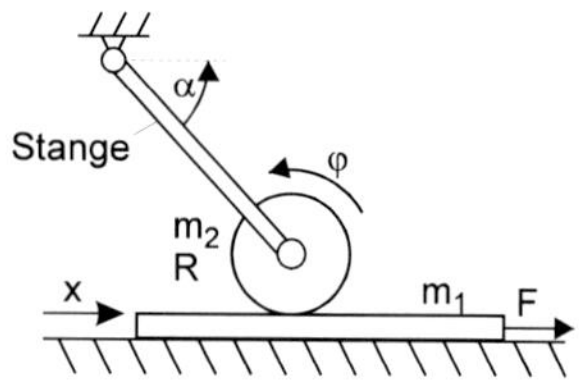


**(6–17) Mittel Abrutschender Stab**

Ein homogender, dünner Stab mit Masse $m$ und Länge $l$ rutscht reibungsfrei an einer glatten Wand und auf einem glatten Boden ab. Berechne die Winkelbeschleunigung $\ddot{\varphi}(\varphi)$.

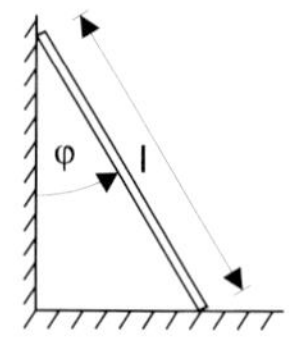

# 7 Lineare Schwingungen

## 7.1 Freie Schwingungen

Wir behandeln zuerst den ungedämpften harmonischen Oszillator. Da er bereits ausführlich in Abschn. 3.3 untersucht wurde, wollen wir hier nur die wichtigsten Punkte kurz wiederholen.

Die Bewegungsgl.

$$m\,\ddot{x} + D\,x = 0 \qquad (7.1\text{–}1)$$

wird durch den *Ansatz*

$$x(t) = c_1 \cos\omega_0\, t + c_2 \sin\omega_0\, t \qquad (7.1\text{–}2)$$

gelöst mit $\omega_0 = \sqrt{D/m}$. Die Periodizität der trigonometrischen Funktionen

$$\cos\omega_0\, t = \cos[\omega_0\, t + 2\pi] = \cos[\omega_0(t + T)]$$

führt auf

$$T = \frac{2\pi}{\omega_0} = 2\pi\sqrt{\frac{m}{D}} \qquad (7.1\text{–}3)$$

Die Anfangsbedingungen legen die Konstanten $c_1$, $c_2$ fest:

$$x(t = 0) =: x_0 = c_1$$
$$\dot{x}(t = 0) =: v_0 = c_2\,\omega_0$$

Insgesamt erhalten wir dann die Bewegung des freien, ungedämpften harmonischen Oszillators zu

$$x(t) = x_0 \cos\left(\sqrt{\frac{D}{m}}\, t\right) + \frac{v_0}{\sqrt{D/m}} \sin\left(\sqrt{\frac{D}{m}}\, t\right) \qquad (7.1\text{–}4)$$

Die Ansätze $x(t) = c \cos\omega_0\, t$ bzw. $x(t) = c \sin\omega_0\, t$ beschreiben nur die Spezialfälle $v_0 = 0$ bzw. $x_0 = 0$. Sie geben also nicht die *allgemeine* Lösung der Bewegungsgl. wieder.

Die Gl. (7.1–4) beschreibt die Addition von zwei harmonischen Schwingungen mit derselben Kreisfrequenz $\omega_0$. Nach der Theorie der trigonometrischen Funktionen ergibt die Addition

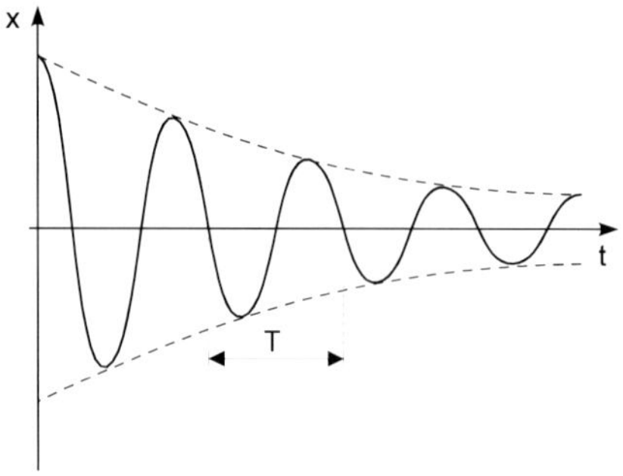


**Abb. (7.1–1)** Freie harmonische Schwingung mit schwacher Dämpfung $c < 2\sqrt{D\,m}$ .

Leitet man den Ansatz (7.1–8) einmal und zweimal nach der Zeit ab und setzt ihn und seine zwei Ableitungen in die Dgl. (7.1–7) ein, so sieht man nach längerer Rechnung: Der Ansatz (7.1–8) ist richtig, wenn die Parameter δ und ω lauten

$$\delta = \frac{c}{2m} \tag{7.1–10}$$

$$\omega = \sqrt{\omega_0^2 - \delta^2} = \sqrt{\frac{D}{m} - \frac{c^2}{4m^2}} \tag{7.1–11}$$

*Die Eigenfrequenz ω der gedämpften Schwingung ist kleiner als die Eigenfrequenz $\omega_0$ der ungedämpften Schwingung.* Der Unterschied wächst mit zunehmender Reibung. Beachte, daß die Eigenfrequenz ω für $c \geq 2\sqrt{D\,m} = 2m\,\omega_0$ Null bzw. imaginär ist. *Der Ansatz (7.1–8) ist daher nur für kleine Reibungen $c < 2m\,\omega_0$ sinnvoll.*

Erwartungsgemäß ist δ und damit auch der exponentielle Abfall der Amplitude um so größer, je kleiner $m$ und je größer die Dämpferkonstante $c$ sind.

Insgesamt lautet die Lösung der Dgl. (7.1–7) für $c < 2m\,\omega_0 = 2\sqrt{D\,m}$:

$$x(t) = e^{-\delta t}\left(x_0 \cos\omega t + \frac{v_0 + \delta x_0}{\omega}\sin\omega t\right) \quad \text{nur für} \quad c < 2\sqrt{D\,m} \tag{7.1–12}$$

mit $$\delta = \frac{c}{2m} \tag{7.1–13}$$

$$\omega = \sqrt{\omega_0^2 - \delta^2} = \sqrt{\frac{D}{m} - \frac{c^2}{4m^2}} \tag{7.1–14}$$

Die Gl. (7.1–12) kann mit der mathematischen Formelsammlung leicht umgerechnet werden in

$$x(t) = A\,e^{-\delta t}\sin(\omega t + \varphi_0) \qquad (7.1\text{–}15)$$

mit
$$A = \sqrt{x_0^2 + \left(\frac{v_0 + \delta x_0}{\omega}\right)^2} \qquad (7.1\text{–}16)$$

$$\varphi_0 = \arctan\frac{x_0\,\omega}{v_0 + \delta x_0} \qquad (7.1\text{–}17)$$

Für große Dämpfungen $c \geq 2\sqrt{D\,m}$ ist $\omega$ nach Gl. (7.1–14) Null bzw. imaginär, so daß keine Schwingung zustande kommt und die Gl. (7.1–12) nicht gilt. Für $c = 2\sqrt{D\,m}$ und für $c > 2\sqrt{D\,m}$ existieren zwei verschiedene Bewegungen, die jetzt nacheinander untersucht werden.

**1)** Für $c = 2\sqrt{D\,m}$ (Sog. "Aperiodischer Grenzfall") lautet die Lösung der Dgl. (7.1–7)

$$x(t) = e^{-\delta t}(c_1 + c_2\,t) \qquad \text{für } c = 2\sqrt{D\,m} \qquad (7.1\text{–}18)$$

Daraus folgen die Anfangsbedingungen

$$x_0 = c_1 \qquad v_0 = -\delta\,c_1 + c_2$$

Sie führen auf

$$c_1 = x_0 \qquad c_2 = v_0 + \delta\,x_0$$

so daß

$$x(t) = e^{-\delta t}\left[x_0 + (v_0 + \delta\,x_0)\,t\right] \qquad \text{für } c = 2\sqrt{D\,m} \qquad (7.1\text{–}19)$$

Die Lösung (7.1–19) läßt sich für nicht zu große Zeiten $t$ aus der Lösung (7.1–12) ableiten: Für $c \rightarrow 2\sqrt{D\,m}$ geht $\omega \rightarrow 0$ mit

$$\lim_{\omega\rightarrow 0}\cos\omega t = 1 \qquad \lim_{\omega\rightarrow 0}\left(\frac{1}{\omega}\sin\omega t\right) = t$$

**2)** Für $c > 2\sqrt{D\,m}$ (Sog. "Kriechfall") lautet die Lösung der Dgl. (7.1–7)

$$x(t) = e^{-\delta t}(c_1\,e^{-\omega t} + c_2\,e^{+\omega t}) \qquad \text{für } c > 2\sqrt{D\,m} \qquad (7.1\text{–}20)$$

mit
$$\omega := \sqrt{\frac{c}{4\,m^2} - \frac{D}{m}} \qquad \delta := \frac{c}{2\,m} \qquad (7.1\text{–}21)$$

Die Gln.

$$x_0 = c_1 + c_2 \qquad v_0 = -\delta\,(c_1 + c_2) + \omega\,(c_1 - c_2)$$

führen auf

$$x(t) = e^{-\delta t} \left(x_0 \cosh \omega t + \frac{v_0 + \delta x_0}{\omega} \sinh \omega t\right) \qquad \text{für } c > 2\sqrt{D\,m} \qquad (7.1\text{–}22)$$

Auch die Lösung (7.1–22) läßt sich sofort aus der Lösung (7.1–12) ableiten, wenn man bedenkt, daß die harmonischen Funktionen für imaginäre Argumente in die hyperbolischen Funktionen übergehen:

$$\cos i\,x = \cosh x \qquad \sin i\,x = i \sinh x$$

Für $c \geq 2\sqrt{D\,m}$ nähert sich der Oszillator der Ruhelage asymptotisch von einer Seite (siehe Abb. (7.1–2)) – es sei denn, er erhält am Anfang einen genügend starken Stoß auf die Ruhelage hin. In diesem Fall schwingt er *höchstens einmal* über die Ruhelage hinaus und nähert sich von der anderen Seite asymptotisch der Ruhelage.

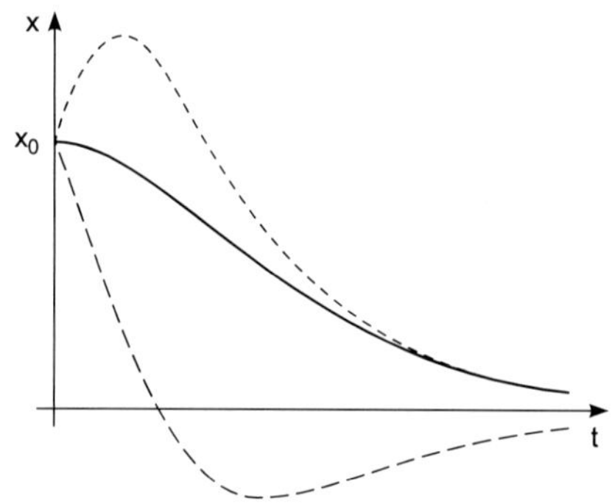


**Abb. (7.1–2)** Bewegung des harmonischen Oszillators mit starker Dämpfung $c > 2\sqrt{D\,m}$ und für verschiedene Anfangsgeschwindigkeiten.

Übrigens kann man zeigen, daß sich der Oszillator im aperiodischen Grenzfall ($c = 2\sqrt{D\,m}$) der Gleichgewichtslage am schnellsten nähert. Für kleinere $c$ schwingt der Oszillator zu lange, für größere $c$ kriecht er zu langsam auf die Gleichgewichtslage zu. Der aperiodische Grenzfall ist für Zeigermeßinstrumente wichtig, da sie ihren Endausschlag möglichst schnell erreichen sollen und daher entsprechend gedämpft werden müssen.

**Beispiel (7.1–2) Ungedämpfte Schwingung um neue Gleichgewichtslage.**

Drei gleiche Massen $m_1 = m_2 = m_3 = 2$ kg hängen – durch zwei Fäden miteinander verbunden – untereinander ruhig an einer Feder, die durch das Gewicht der drei Massen $x = 0{,}3\ m$ gedehnt ist.

Wie groß ist die Amplitude $A$ der Schwingung, nachdem der Faden zwischen der mittleren und der unteren Masse durchgeschnitten wurde?

**Lösung:**

Die Massen $m_1$, $m_2$ schwingen um die neue Gleichgewichtslage $x_{Gleich}$ = 0,2 m auf und ab. Wenn der untere Faden durchgeschnitten wird, beträgt die Anfangsauslenkung bezogen auf die *neue* Gleichgewichtslage

$$x_0 = (0{,}3 - 0{,}2)\ \text{m} = 0{,}1\ \text{m}$$

Die Anfangsgeschwindigkeit $v_0$ ist Null. Daher ist die Amplitude nach Gl. (7.1–6) gleich 0,1 m. Die beiden Massen schwingen mit dieser Amplitude um die neue Gleichgewichtslage, wobei sie immer wieder bis zur alten Gleichgewichtslage hinab kommen.

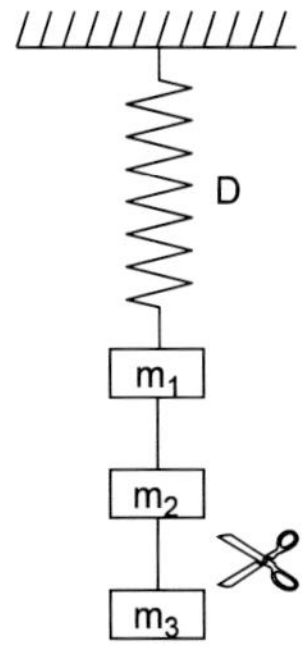


**Abb. (7.1–3)** Drei gleiche Massen hängen in Ruhe an einer Feder. Die untere Masse wird abgeschnitten.

**Beispiel (7.1–3) Gedämpfte Schwingung um neue Gleichgewichtslage.**

Wir betrachten einen schwach gedämpften harmonischen Oszillator, der an der Stelle $x = 0$ in Ruhe in einem großen Plattenkondensator hängt und dessen Masse $m$ die negative elektrische Ladung $q$ trägt.

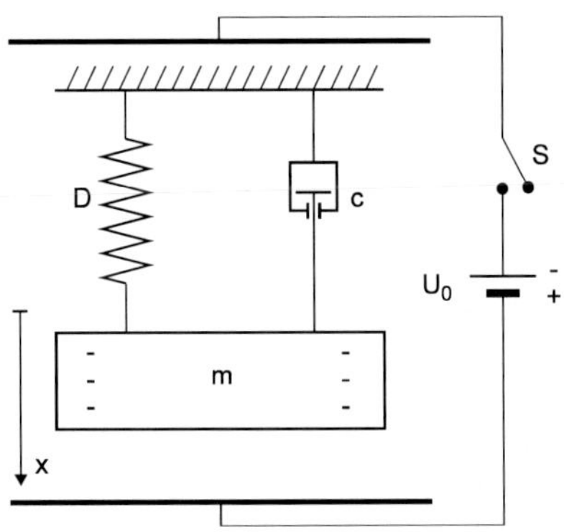


**Abb. (7.1–4)** Gedämpfter harmonischer Oszillator mit negativ geladener Masse im homogenen elektrischen Feld.

Nach dem Schließen des Schalters zur Zeit t = 0 baut sich im Kondensator ein homogenes elektrisches Feld $E$ auf und die Masse $m$ erfährt senkrecht nach unten die konstante Kraft $F = q\,E$.

Berechne die Schwingung $x(t)$ nach Schließen des Schalters.

**Lösung:**

Nach dem Schließen des Schalters macht der Oszillator eine gedämpfte Schwingung um die neue Gleichgewichtslage

$$x_{\text{Gleich}} = \frac{F}{D} = \frac{q\,E}{D}$$

Bezogen auf diese neue Gleichgewichtslage lauten die Anfangsbedingungen

$$x_0^{\text{rel}} = -\,x_{\text{Gleich}} := -\,\frac{q\,E}{D} \qquad v_0 = 0$$

Dann lautet die Schwingung – bezogen auf die neue Gleichgewichtslage – nach Gl. (7.1–12)

$$x^{rel}(t) = -\,\frac{q\,E}{D}\left(\cos\omega\,t + \frac{\delta}{\omega}\sin\omega\,t\right)e^{-\delta\,t}$$

Bezogen auf die alte Gleichgewichtslage, d. h. auf den Nullpunkt der x-Achse lautet die Schwingung

$$x(t) = \frac{q\,E}{D}\left[1 - \left(\cos\omega\,t + \frac{\delta}{\omega}\sin\omega\,t\right)e^{-\delta\,t}\right]$$

Hinweis: Die Beispiele (7.1–2 und 3) und auch einige Aufgaben haben die ersten Lösungsschritte gemeinsam: Zuerst wird die neue Gleichgewichtslage berechnet und dann werden bzgl. dieser neuen Gleichgewichtslage die Anfangsbedingungen ermittelt.

## 7.2 Erzwungene Schwingungen

Im letzten Abschn. haben wir die freien Schwingungen betrachtet. Sie werden durch Anfangsauslenkung $x_0$ und Anfangsgeschwindigkeit $v_0$, d. h. durch einen *einmaligen und kurzfristigen* Eingriff zu Beginn der Bewegung angefacht. Aufgrund der Reibung schwingen sie nach einiger Zeit aus.

Nun betrachten wir die erzwungenen Schwingungen, die durch *ständig* wirkende äußere Kräfte erhalten werden. Da die äußeren Kräfte den durch die Reibung verursachten Energieverlust ausgleichen, dauern die erzwungenen Schwingungen so lange an, wie die äußeren Kräfte wirken.

Die wichtigste äußere Kraft $F(t)$ auf den Oszillator ist harmonisch

$$F(t) = F_0\cos\Omega\,t \qquad \text{mit } \Omega = \text{Kreisfrequenz der erregenden Kraft}$$

Es gibt im wesentlichen zwei Möglichkeiten, eine harmonische Kraft zu erzeugen:

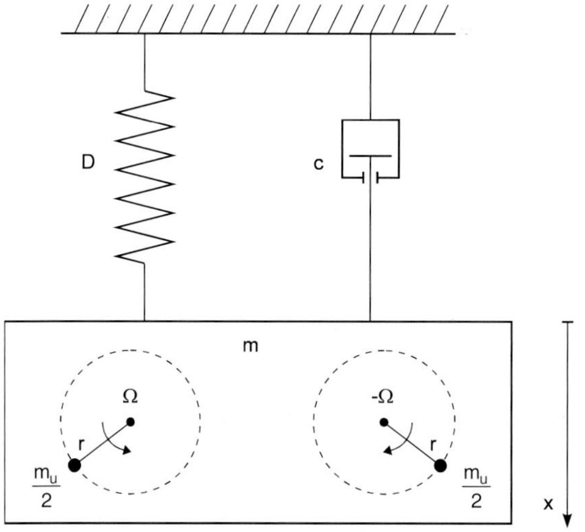


**Abb. (7.2–1)** Der gedämpfte Oszillator wird durch die umlaufenden Unwuchten dynamisch angeregt.

**a)** Die **dynamische Fremderregung** *entsteht durch hin- und herlaufende Kolben oder durch rotierende Unwuchten.* In Abb. (7.2–1) rotieren zwei Unwuchten mit der jeweiligen Masse $m_u/2$ mit konstanter Winkelgeschwindigkeit $\Omega$ gegenläufig. Die zwei Zentrifugalkräfte $0{,}5\, m_u\, r\, \Omega^2$ heben sich in horizontaler Richtung gegenseitig auf und liefern in vertikaler Richtung die Unwuchtkraft

$$m_u\, a = m_u\, r\, \Omega^2 \cos \Omega\, t$$

Mit $m_{\text{ges}} := m + m_u$ lautet die Bewegungsgl. für den Massenblock $m$

$$m_{\text{ges}}\, \ddot{x} + c\, \dot{x} + D\, x = m_u\, r\, \Omega^2 \cos \Omega\, t \qquad (7.2\text{–}1)$$

Sehr wichtig für die Resonanzkurven ist der Umstand, daß die Amplitude der erregenden Kraft proportional zu $\Omega^2$ ist.

**b)** *Die* **kinematische Fremderregung** *wird durch periodische Fußpunktbewegungen am Ende von Federn und/oder Dämpfern hervorgerufen.* Wir wollen die Bewegungsgl. des Oszillators in Abb. (7.2–2) aufstellen: Offensichtlich wirken auf die Masse $m$ drei Kräfte:

$-D_1\, x$ von der linken, oberen Feder

$-c\, \dot{x}$ vom Stoßdämpfer

$D_2\, [u(t) - x(t)]$ von der unteren Feder; denn $u(t) - x(t)$ ist die Längenänderung, die die untere Feder wegen der Bewegungen ihres unteren und oberen Endes erfährt.

Die Bewegungsgl. der Masse $m$ lautet daher

$$m\, \ddot{x} = -D_1\, x - c\, \dot{x} + D_2\, [u(t) - x(t)]$$

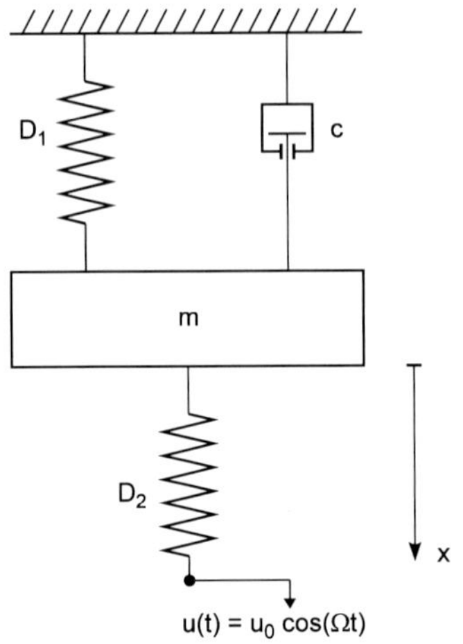


**Abb. (7.2–2)** Der gedämpfte Oszillator wird durch die Fußpunktbewegung einer Feder angeregt

Mit

$$D := D_1 + D_2 \qquad F_0 := D_2\, u_0$$

folgt die Dgl.

$$m\ddot{x} + c\dot{x} + D\,x = F_0 \cos \Omega\, t \tag{7.2–2}$$

bei harmonischer Fußpunktbewegung einer Feder

Wichtig für die Resonanzkurven ist, daß die Amplitude $F_0$ der erregenden Kraft hier nicht von $\Omega$ abhängt. (Weitere Beispiele für kinematische Fremderregungen werden in der Aufgabe (7–1) behandelt.)

Um einen *Ansatz* für die Lösung der Bewegungsgl. (7.2–2) zu finden, experimentieren wir mit dem beliebten Pohlschen Rad. Das Pohlsche Rad ist ein Drehschwinger, dessen Dgl. exakt die gleiche Struktur hat wie die Dgl. (7.2–2). Dabei übernehmen der Winkel $\alpha$ die Rolle der Auslenkung $x$ und das Trägheitsmoment die Rolle der Masse $m$. Auch hier wird die lineare Rückstellkraft durch eine Feder erzeugt. Wird das äußere Ende der Feder harmonisch hin- und herbewegt, so wirkt ein harmonisches Drehmoment auf den Schwinger. Ein Magnet kann Wirbelströme induzieren, die den Schwinger bremsen ("Wirbelstrombremse").

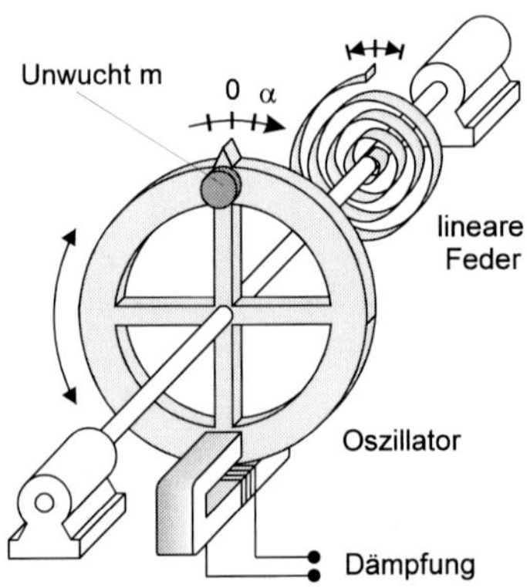


**Abb. (7.2–3)** Pohlsches Rad

Man kann auf den Drehschwinger eine kleine Unwucht aufkleben. Seine Gewichtskraft liefert ein nicht-lineares Drehmoment und kann bei angeregten Schwingungen zu *chaotischem Verhalten* führen. Das Pohlsche Rad mit Unwucht ist in der Mechanik – sowohl theoretisch als auch experimentell – eines der einfachsten chaotischen Systeme und eignet sich daher sehr gut im Unterricht zur experimentellen Einführung in das Chaos. Näheres hierzu ist zu finden in einem einführenden, einfach zu lesenden Lehrbuch von Roman Worg: Deterministisches Chaos, BI-Verlag.

Wir experimentieren nun mit dem harmonisch-erregten Pohlschen Rad (natürlich ohne Unwucht). *Nach* Beendigung der Einschwingung, d. h. nach Erreichen einer stationären

Schwingung, die durch eine konstante Amplitude gekennzeichnet wird, machen wir zwei wichtige Beobachtungen:

1) Der harmonische Oszillator schwingt nicht mit seiner Eigenfrequenz $\omega$, sondern mit der "aufgezwungenen" Frequenz $\Omega$ der erregenden Kraft.

2) Die Schwingung des Oszillators läuft um eine Phase $\varphi$ hinter der erregenden Kraft hinterher.

Wegen dieser beiden Beobachtungen machen wir für die stationären Schwingungen, die eine konstante Amplitude haben und sich immer erst nach einiger Zeit einstellen, den *Ansatz*

$$x_{\text{stationär}}(t) = A \cdot \cos(\Omega t - \varphi) \qquad \text{für die stationäre Schwingung} \qquad (7.2\text{–}3)$$

$A$ ist die Amplitude der stationären Schwingung und $\varphi$ die Phase, um die der Oszillator der erregenden Kraft nacheilt. Wenn wir den Ansatz zusammen mit seiner ersten und zweiten Ableitung in die Dgl. (7.2–2) einsetzen, so folgt die Richtigkeit des Ansatzes für

$$A = \frac{\dfrac{F_0}{m}}{\sqrt{\left(\dfrac{D}{m} - \Omega^2\right)^2 + \dfrac{c^2}{m^2}\Omega^2}} \qquad (7.2\text{–}4)$$

nur für harmonische Fußpunktbewegungen einer Feder

$$\varphi = \arctan \frac{\dfrac{c}{m}\Omega}{\dfrac{D}{m} - \Omega^2} \qquad \text{für } \textit{alle} \text{ Erregungen} \qquad (7.2\text{–}5)$$

Die Abb. (7.2–4a) zeigt die Schwingungsamplitude $A(\Omega)$ für sechs verschiedene harmonische Oszillatoren mit demselben Quotienten $F_0 / D$ und mit derselben ungedämpften Eigenfrequenz $\omega_0 = \sqrt{D/m}$. Die Kurven unterscheiden sich nur durch die Dämpfung. Für

$$\frac{c}{2m\,\omega_0} \leq \frac{1}{\sqrt{2}} \qquad \Leftrightarrow \qquad c \leq \sqrt{2mD}$$

hat die sog. "Resonanzkurve" $A(\Omega)$ bei der "Resonanzfrequenz" [3]

[3] Nach Gl. (7.2–4) hängt $A(\Omega)$ nur unter der Wurzel von $\Omega$ ab. Daher kann die Berechnung der Resonanzfrequenz vereinfacht werden, indem nur der Ausdruck unter der Wurzel nach $\Omega$ abgeleitet wird. Die Amplitude ist genau dann maximal, wenn dieser Ausdruck minimal ist.

$$\omega_R = \sqrt{\frac{D}{m} - \frac{c^2}{2m^2}} \quad \text{für harmonische Fußpunktbewegungen einer Feder} \qquad (7.2\text{–}6)$$

das Maximum.

Die Maxima liegen auf der dünnen Kurve in Abb. (7.2–4a). Beachte, daß die Resonanzfrequenz $\omega_R$ kleiner ist als die Eigenfrequenz $\omega_0$ des ungedämpften Oszillators und auch kleiner als die Eigenfrequenz $\omega$ des gedämpften Oszillators [4].

Die Resonanzkurven für Fußpunktbewegungen einer Feder zeigen folgende wichtige Besonderheiten, die man sich qualitativ merken sollte:

- Für nicht zu große Reibungen – genauer für $c < \sqrt{2}\, m\, \omega_0$ – haben die Resonanzkurven ein Maximum unterhalb der Eigenfrequenz $\omega_0$. *Die Maxima sind um so höher und schmaler, je kleiner die Reibung ist.*
- Für große Reibungen haben die Resonanzkurven kein Maximum, sondern fallen monoton mit der Erregerfrequenz $\Omega$ ab.
- Für $\Omega \ll \omega_0$ sind alle Schwingungsamplituden nahezu gleich $F_0 / D$. Diese statische Beziehung ist unabhängig von der Reibung, weil bei genügend kleinem $\Omega$ auch die Geschwindigkeit $\dot{x}$ klein und daher die Reibungskraft $c\,\dot{x}$ vernachlässigbar ist.
- Für $\Omega \to \infty$ gehen alle Schwingungsamplituden $A$ gegen Null. Die Erregung wird so schnell, daß der träge Oszillator nicht mehr mitkommen kann und fast in Ruhe verharrt.

---

[4] Wir haben jetzt vier verschiedene Frequenzen kennengelernt:

**1.** Die Eigenfrequenz $\omega_0 = \sqrt{D/m}$ des ungedämpften Oszillators. Mit dieser Frequenz schwingt ein ungedämpfter Oszillator, wenn er kurz angestoßen wird und danach frei schwingen kann.

**2.** Die Eigenfrequenz $\omega = \sqrt{\omega_0^2 - \delta^2} = \sqrt{\frac{D}{m} - \frac{c^2}{4m^2}}$ des gedämpften Oszillators. Mit dieser Frequenz schwingt ein gedämpfter freier Oszillator nach einem Anstoß.

**3.** Die Resonanzfrequenz $\omega_R = \sqrt{\frac{D}{m} - \frac{c^2}{2m^2}}$ ist die Frequenz, bei der die Amplitude $A(\Omega)$ eines nicht zu stark gedämpften Oszillators, der durch die Fußpunktbewegung einer Feder erregt wird, maximal wird – nach Abklingen der Einschwingung.

**4.** $\Omega$ ist die Frequenz der erregenden, harmonischen Kraft.

Beachte den Größenvergleich $\omega_0 > \omega > \omega_R$.

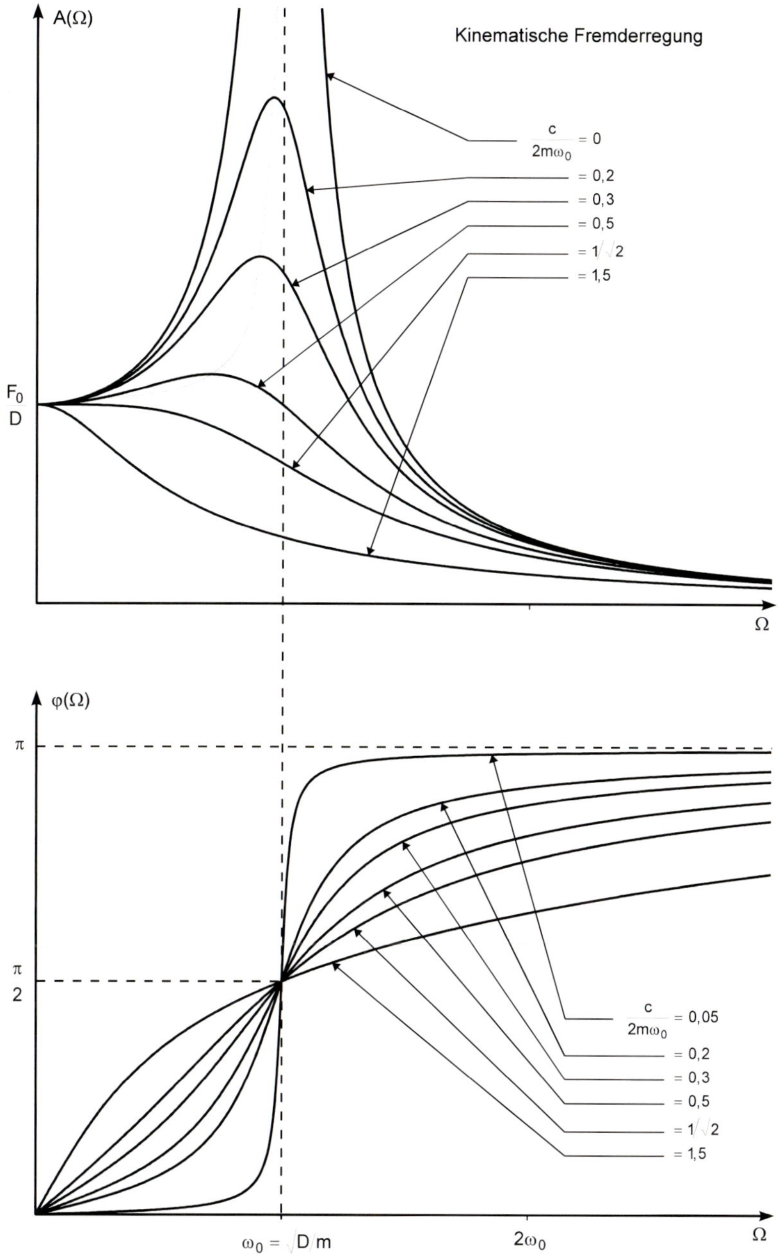


**Abb. (7.2–4a)** Resonanzkurven $A(\Omega)$ von sechs verschieden stark gedämpften harmonischen Oszillatoren bei Fußpunktbewegung einer Feder.

**Abb. (7.2–4b)** Phasenverschiebungen $\varphi(\Omega)$ von sechs verschieden stark gedämpften harmonischen Oszillatoren.

1) Wir lassen den Motor in der Nähe der Resonanzfrequenz laufen ($\Omega \approx \omega_0$) und halten das Rad zu Beginn mit der Hand fest ($x_0 = v_0 = 0$). Nach dem Loslassen des Rades setzt sich die Schwingung mehr oder weniger langsam in Bewegung; die Amplitude wird größer und größer und erreicht erst nach längerer Zeit den endgültigen Maximalwert. Die stationäre Schwingung, die durch die Gln. (7.2–3 bis 5) beschrieben wird, stellt sich also erst nach Beendigung der sog. "Einschwingung" ein.

2) Der zweite Versuch ist gewissermaßen das Gegenteil des ersten Versuches: Der Motor läuft nun weit oberhalb der Resonanzfrequenz laufen ($\Omega >> \omega_0$). Durch eine große Anfangsauslenkung (Großes $x_0 >> 0$ und $v_0 = 0$) startet das Rad mit sehr heftigen Schwingungen. Sie werden solange kleiner, bis die stationäre Schwingung mit der kleinen Amplitude erreicht ist. Auch hier stellt sich die stationäre Schwingung erst nach Beendigung der Einschwingung ein.

Mathematisch läßt sich die Einschwingung leicht beschreiben. In der Theorie der linearen Dgln. wird gezeigt: Die *allgemeine* Lösung der Bewegungsgl.

$$m\,\ddot{x} + c\,\dot{x} + D\,x = F_0 \cos \Omega\, t \qquad (7.2\text{–}2)$$

ist die Summe

- aus der sog. "homogenen" Lösung (7.1–8 oder 18 oder 20) – je nach Größe der Dämpfung –, die die Dgl. (7.1–7) des freien gedämpften Oszillators erfüllt,
- und der stationären Lösung (7.2–3).

So lautet die allgemeine Lösung z. B. für kleine Dämpfung

$$x(t) = \mathrm{e}^{-\delta t}\left(c_1 \cos \omega\, t + c_2 \sin \omega\, t\right) + A \cos(\Omega\, t - \varphi) \qquad (7.3\text{–}1)$$

für $c < 2\sqrt{D\,m}$

Die Amplitude $A$ und die Phase $\varphi$ werden durch die Gln. (7.2–4 und 5) gegeben. Die Konstanten $c_1$, $c_2$ hängen von den Anfangsbedingungen ab und ergeben sich aus den Gln.

$$x_0 = c_1 + A \cos \varphi \qquad v_0 = -\delta\, c_1 + \omega\, c_2 - A\,\Omega \sin(-\varphi)$$

zu

$$c_1 = x_0 - A \cos \varphi \qquad (7.3\text{–}2a)$$

$$c_2 = \frac{1}{\omega}\left[v_0 + \delta(x_0 - A \cos \varphi) - A\,\Omega \sin \varphi\right] \qquad (7.3\text{–}2b)$$

*Der erste Term in Gl. (7.3–1) beschreibt die Einschwingung.* Er fällt wegen der Reibung im Laufe der Zeit exponentiell ab, so daß nach einiger Zeit nur noch die stationäre Lösung $A \cos(\Omega\, t - \varphi)$ übrig bleibt, die nicht mehr von der Anfangsauslenkung $x_0$ und von der Anfangsgeschwindigkeit $v_0$ abhängt. Die beiden oben geschilderten Experimente können jetzt leicht mit den Gln. (7.3–1 und 2) erklärt werden:

1) Der Motor läuft in der Nähe der Resonanzfrequenz ($\Omega \approx \omega_0$) und die Anfangsauslenkung $x_0$ und die Anfangsgeschwindigkeit $v_0$ verschwinden. Die stationäre Amplitude $A(\Omega)$ ist nach Abb. (7.3–4a) sehr groß und die Phase $\varphi(\Omega)$ nach Abb. (7.3–4b) ungefähr gleich $\pi/2$. Nach den Gln. (7.3–2) gilt

$$c_1 = -A\cos\varphi \approx -A\cos\pi/2 = 0$$

$$c_2 = \frac{1}{\omega}\left[-\delta A\cos\varphi - A\,\Omega\sin\varphi\right] \approx -\frac{\Omega}{\omega}A \approx -A$$

Daher lautet die Schwingung nach Gl. (7.3–1) im ersten Experiment ungefähr

$$x(t) \approx -e^{-\delta t}A\sin\omega t + A\cos\left(\Omega t - \frac{\pi}{2}\right) \approx \left(1 - e^{-\delta t}\right)A\sin\Omega t$$

2) Der Motor läuft weit oberhalb der Resonanzfrequenz ($\Omega >> \omega_0$). Wegen

$$A << x_0 \qquad c_1 \approx x_0 \qquad c_2 \approx \frac{\delta x_0}{\omega}$$

dominiert anfangs der erste Term in Gl. (7.3–1).

Das Aufschaukeln eines Oszillators auf sehr große Amplituden ist im Maschinenbau meistens unerwünscht und nur möglich, wenn

- die Dämpferkonstante $c$ nicht zu groß ist
- die Erregerfrequenz $\Omega$ in der Nähe der Resonanzfrequenz liegt
- die erregende harmonische Kraft längere Zeit einwirkt, um genügend Energie in den Oszillator pumpen zu können. Der Oszillator erreicht die stationäre Amplitude $A(\Omega)$ nach den Überlegungen in diesem Abschn. nicht momentan, sondern schaukelt sich erst im Laufe der Zeit hoch. Das bedeutet für die Praxis: Beim Starten oder Abschalten von Maschinen verursacht ein Resonanzgebiet, das genügend *schnell* durchlaufen wird, keine Schwierigkeiten.

## 7.4 Mechanische und elektrische Schwingungen

Die Schwingungstheorie hat auch außerhalb der Mechanik zahlreiche Anwendungen von sehr großer Wichtigkeit. In erster Linie sind die elektrischen Schwingkreise zu nennen, deren Dgln. denen der mechanischen Schwinger ähneln. Wir betrachten den Schwingkreis in Abb. (7.4–1), der aus einer Spule mit Induktivität $L$, einem Kondensator mit Kapazität $C$ und einem Widerstand $R$ besteht. Nach der zweiten Kirchhoffschen Regel ist die Summe aller Spannungsabfälle in einer Reihenschaltung Null:

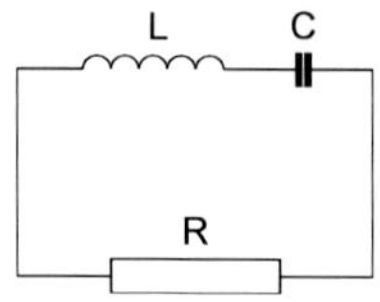


**Abb.(7.4–1)** Elektrischer Schwingkreis

$$L\,\dot{I} + R\,I + \frac{1}{C}\int I\,dt = 0$$

mit $I(t) = \dot{q}(t) =$ Stromstärke. Für die Ladung $q(t)$ ergibt sich die bekannte Schwingungsgl.

$$L\,\ddot{q} + R\,\dot{q} + \frac{1}{C}\,q = 0 \qquad (7.4\text{–}1)$$

die die gleiche Form hat wie die Bewegungsgl.

$$m\,\ddot{x} + c\,\dot{x} + D\,x = 0 \qquad (7.1\text{–}7)$$

des gedämpften harmonischen Oszillators. Ein Vergleich beider Dgln. liefert folgende Analogien zwischen mechanischen und elektrischen Schwingern:

$$x(t) \leftrightarrow q(t) \qquad \dot{x}(t) \leftrightarrow \dot{q}(t) = I(t) \qquad (7.4\text{–}2a)$$

$$m \leftrightarrow L \qquad c \leftrightarrow R \qquad D \leftrightarrow \frac{1}{C} \qquad (7.4\text{–}2b)$$

Daraus folgen sofort weitere Analogien:

$$T = \frac{m}{2}\dot{x}^2 \quad \leftrightarrow \quad E_{\text{magn.}} = \frac{L}{2}I^2 = \begin{cases}\text{Energie des Magnetfeldes} \\ \text{der Spule}\end{cases}$$

$$V = \frac{D}{2}x^2 \quad \leftrightarrow \quad E_{\text{elek.}} = \frac{q^2}{2C} = \begin{cases}\text{Energie des elektrischen} \\ \text{Feldes des Kondensators}\end{cases}$$

$$\omega_0 = \sqrt{\frac{D}{m}} \quad \leftrightarrow \quad \omega_0 = \frac{1}{\sqrt{L\,C}} = \begin{cases}\text{Eigenfrequenz des ungedämpften} \\ \text{Schwingkreises}\end{cases}$$

Aufgrund dieser und weiterer Analogien zeigen mechanische und elektrische Schwingungen dasselbe Verhalten und werden durch diesselbe Mathematik beschrieben. Der Student braucht die Schwingungstheorie nur einmal zu lernen – entweder in der Mechanik oder in der Elektrotechnik. Dabei sind nur die Schwerpunkte anders gesetzt.

# 7.5 Überlagerung harmonischer Schwingungen

„Reine" harmonische Schwingungen mit nur *einer* Frequenz kommen in der Praxis so gut wie nie vor. In der Regel treten viele harmonische Schwingungen gemeinsam auf und werden überlagert (addiert). Zwei Beispiele sind schnell gefunden:

- Beim Hören von Geräuschen, Sprache oder Musik überlagern sich viele Töne im Ohr.
- Beim Autofahren führen die Vibrationen des Motors und die Unebenheiten der Fahrbahn zur Überlagerung von vielen Schwingungen in der Karosserie.

Wir betrachten hier den einfachsten Fall und untersuchen die für Praxis und Theorie wichtige Überlagerung von nur *zwei* Schwingungen. Dabei müssen wir unterscheiden zwischen parallelen und orthogonalen Schwingungsrichtungen.

Zuerst wird die Überlagerung von zwei Schwingungen mit *parallelen* Schwingungsrichtungen betrachtet. Sie kommt in der Mechanik z. B. vor

- beim harmonischen Oszillator, der durch zwei harmonische Kräfte angeregt wird

$$F_1 \cos \Omega_1 t + F_2 \cos \Omega_2 t$$

- bei zwei gekoppelten harmonischen Oszillatoren oder zwei gekoppelten Pendeln (siehe Abschn. „7.7 Gekoppelte Pendel").

Diese Überlagerung spielt vor allem in der Akustik und in der Elektrotechnik eine wichtige Rolle.

Die Überlagerung von zwei **parallelen Teilschwingungen** wird beschrieben durch

$$x(t) = A_1 \cos(\omega_1 t - \varphi_1) + A_2 \cos(\omega_2 t - \varphi_2)$$

Ohne Beschränkung der Allgemeinheit können wir den Nullpunkt der Zeit so wählen, daß die erste Teilschwingung zur Zeit $t = 0$ ihr Maximum einnimmt. Dann ist $\varphi_1 = 0$ und mit $\varphi_2 =: \varphi$ finden wir:

$$x(t) = A_1 \cos(\omega_1 t) + A_2 \cos(\omega_2 t - \varphi) \qquad (7.5\text{–}1)$$

Drei Fälle sind zu unterscheiden:

**1. Fall :** Parallele Schwingungen mit $\omega_1 = \omega_2 =: \omega$

$$x(t) = A_1 \cos \omega t + A_2 \cos(\omega t - \varphi) = A \cos(\omega t - \beta) \qquad (7.5\text{–}2)$$

mit $$A = \sqrt{A_1^2 + A_2^2 + 2\, A_1 A_2 \cos \varphi} \qquad (7.5\text{–}3)$$

$$\tan \beta = \frac{A_2 \sin \varphi}{A_1 + A_2 \cos \varphi}$$

Die resultierende Schwingung ist wieder harmonisch mit der Frequenz $\omega$. In der Akustik ist dieses Ergebnis plausibel: Zwei Töne mit gleicher Frequenz ergeben einen Ton mit eben dieser Frequenz.

Für $\cos\varphi = 1 \Leftrightarrow \varphi = 2\,n\,\pi$ gilt: $A = A_1 + A_2$. Die beiden Teilschwingungen haben dieselbe Phase und verstärken sich daher optimal.

Für $\cos\varphi = -1 \Leftrightarrow \varphi = (2\,n+1)\,\pi$ gilt: $A = \left|A_1 - A_2\right|$. Die beiden Teilschwingungen löschen sich teilweise (für $A_1 = A_2$ sogar vollständig) aus.

**2. Fall :** Parallele Schwingungen mit $\omega_1 \neq \omega_2$.
Hier liegt keine harmonische, sondern eine anharmonische Schwingung vor. Die Gl. (7.5–1) kann nicht vereinfacht werden.

Für rationale Frequenzverhältnisse $\omega_1/\omega_2 = m\,/\,n$ (mit $m,\ n$ = teilerfremde natürliche Zahlen) ist die anharmonische Schwingung periodisch mit der Periode

$$T = m\frac{2\,\pi}{\omega_1} = m\,T_1 = n\,T_2$$

Der Beweis ist einfach:

$$\begin{aligned} x(t+m\,T_1) &= A_1\cos\left[\frac{2\pi}{T_1}(t+m\,T_1)\right] + A_2\cos\left[\frac{n}{m}\frac{2\pi}{T_1}(t+m\,T_1)-\varphi\right] = \\ &= A_1\cos(\frac{2\pi}{T_1}t) + A_2\cos\left(\frac{n}{m}\frac{2\pi}{T_1}t-\varphi\right) = x(t) \end{aligned} \tag{7.5–4}$$

Nach der Zeit $m\,T_1 = n\,T_2$ hat die erste Schwingung $m$ volle Perioden $T_1$ durchlaufen und gleichzeitig hat die zweite Schwingung $n$ volle Perioden $T_2$ durchlaufen.

Für irrationale Frequenzverhältnisse $\omega_1\,/\,\omega_2 \neq m\,/\,n$ ist die anharmonische Schwingung $x(t)$ nicht einmal periodisch.

**3. Fall :** Parallele Schwingungen mit $A_1 = A_2 =: A$ und $\omega_1 \approx \omega_2$.
In diesem besonders wichtigen Fall werden zwei Schwingungen mit gleichen Amplituden und geringfügig verschiedenen Frequenzen addiert. Man erhält eine Schwingung mit periodisch veränderlicher Amplitude, eine sog. „(reine) Schwebung“. Die Abb. (7.5–1) veranschaulicht das Zustandekommen der Schwebung: Oben sind die beiden Schwingungen mit gleicher Amplitude $A$ dargestellt. Aufgrund ihrer etwas höheren Frequenz eilt die zweite Schwingung – salopp gesprochen – der ersten voraus. Daraus folgt:

- Zu den Zeiten $t = 0$ s; 12 s; 24 s; 36 s usw. haben beide Schwingungen den vollen Ausschlag in dieselbe Richtung, so daß die Addition den doppelten Ausschlag liefert.

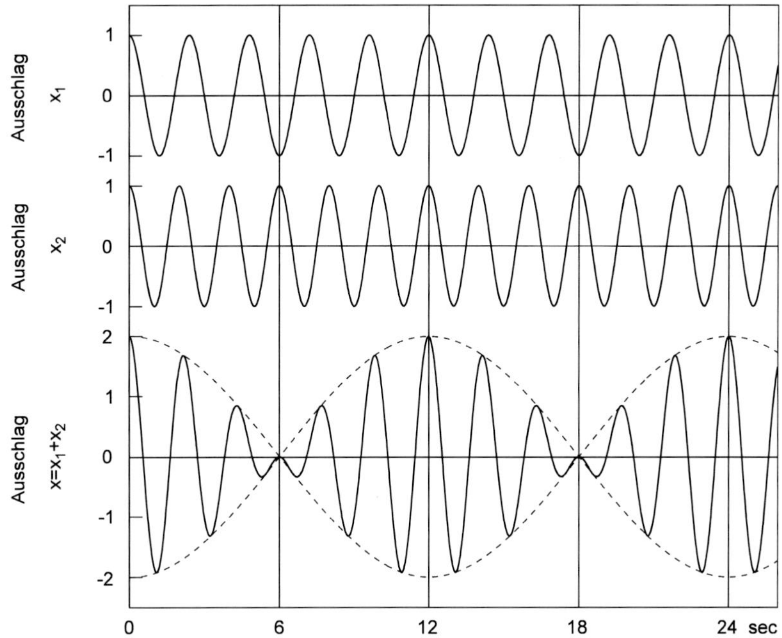


**Abb. (7.5–1)** Die reine Schwebung entsteht durch eine Überlagerung von zwei Schwingungen mit gleicher Amplitude und ungefähr gleichen Frequenzen. Die Schwebungsperiode ist 12 s.

- Zu den Zeiten $t = 6$ s; 18 s; 30 s usw. haben beide Schwingungen den vollen Ausschlag in die entgegengesetzte Richtung, so daß die Addition Null ergibt.

Auf diese Art entsteht die im unteren Teil der Abb. (7.5–1) dargestellte (reine) Schwebung sehr anschaulich. Eine (reine) Schwebung ist eine Schwingung, deren Amplitude – in Abb. (7.5–1) gestrichelt gezeichnet – langsam zwischen Null und einem Maximum variiert.

Nach der einführenden, mehr anschaulichen Erklärung müssen wir die Schwebung jetzt auch kurz mathematisch beschreiben. In der Formelsammlung finden wir unter dem Begriff „Additionstheoreme trigonometrischer Funktionen" die Gl.

$$\cos x + \cos y = 2 \cos \frac{x - y}{2} \cos \frac{x + y}{2}$$

Daraus folgt sofort:

$$A \cos \omega_1 t + A \cos \omega_2 t = 2 A \cos \frac{\omega_1 - \omega_2}{2} t \cos \frac{\omega_1 + \omega_2}{2} t \qquad (7.5\text{–}5)$$

Die zweite Cosinusfunktion auf der rechten Seite beschreibt eine harmonische Schwingung mit der Frequenz $(\omega_1 + \omega_2)/2$, die das arithmetische Mittel der beiden Ausgangsfrequenzen ist. Die Amplitude $\left|2 \cdot A \cdot \cos\left[(\omega_1 - \omega_2)t/2\right]\right|$ dieser Schwingung ist zeitabhängig und variiert *langsam* zwischen Null und 2 $A$.

Die gestrichelte Amplitude ist immer dann Null, wenn das Argument $(\omega_1 - \omega_2)\,t/2$ der ersten Cosinusfunktion ein ungeradzahliges Vielfaches von $\pi/2$ ist:

$$\frac{\omega_1 - \omega_2}{2}\,t = (2n+1)\,\frac{\pi}{2} \qquad n = 0, \pm 1, \pm 2, \ldots$$

Der zeitliche Abstand der Nullstellen der gestrichelten Amplitude, die sog. „Schwebungsperiode" $T_s$ ergibt daraus zu

$$\left|\frac{\omega_1 - \omega_2}{2}\right| T_s = \pi \qquad \Rightarrow \qquad T_s = \frac{2\pi}{|\omega_1 - \omega_2|} \tag{7.5–6}$$

Die Schwebungsperiode $T_s$ ist um so größer, je dichter die Frequenzen $\omega_1$ und $\omega_2$ beieinander liegen.

Eine einfache praktische Anwendung ist das Stimmen eines Klaviers: Schlägt man eine geeignete Stimmgabel und die entsprechende Taste eines Klaviers gleichzeitig an, so hört man einen Ton mit zu- und abnehmender Lautstärke. Die Spannung der Seite muß so geändert werden, daß die Schwankung der Lautstärke langsamer wird. Dann wächst $T_s$ und die Frequenz des Klaviers nähert sich der Frequenz der geeichten Stimmgabel.

Die akustische Schwebung kann im Unterricht leicht und sehr beeindruckend vorgeführt werden, z. B. mit zwei Stimmgabeln, die auf 440 Hz geeicht sind. Die Frequenz einer Gabel kann durch Verschieben eines aufgesetzten Höckers verändert werden.

Wichtig ist auch die Schwebung mit verschiedenen Amplituden:

$$A_1 \neq A_2 \quad \text{und} \quad \omega_1 \approx \omega_2$$

Wegen der Verschiedenheit der beiden Amplituden können sich die beiden Schwingungen nicht mehr vollständig gegeneinander aufheben. Man erhält eine „unreine Schwebung". Die in Abb. (7.5–2) gestrichelt dargestellte Amplitude fällt nicht mehr auf Null ab, sondern variiert zwischen den Werten $|A_1 - A_2|$ und $A_1 + A_2$.

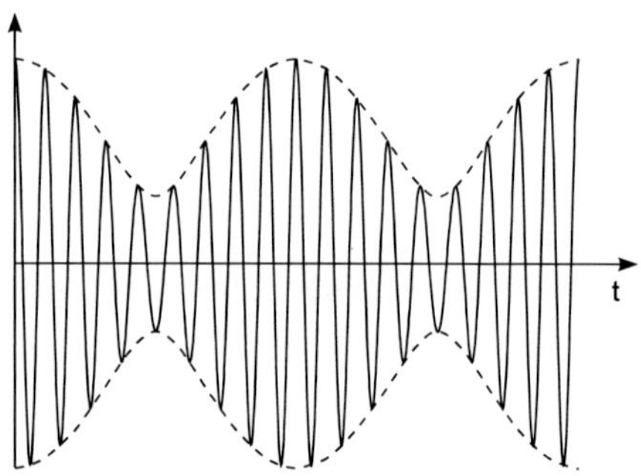


**Abb. (7.5–2)** Die unreine Schwebung entsteht durch die Überlagerung von zwei Schwingungen mit verschiedenen Amplituden und ungefähr gleichen Frequenzen.

Abschließend betrachten wir die Überlagerung von zwei Schwingungen mit **orthogonalen Schwingungsrichtungen**. Diese Überlagerung tritt z. B. auf, wenn eine Masse mit zwei orthogonalen Federpaaren verbunden ist und reibungsfrei in der x,y-Ebene schwingt. Dabei müssen die Auslenkungen klein bleiben, da andernfalls die rücktreibenden Kräfte durch die Schrägstellung der Federn nicht-linear und folglich die Schwingungen in x- und y-Richtung anharmonisch werden.

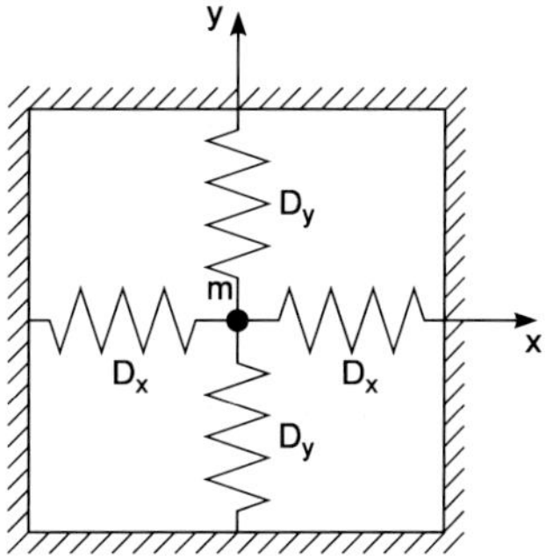


**Abb. (7.5–3)** Bei kleinen Auslenkungen treten in x- und y-Richtung harmonische Schwingungen auf mit den Frequenzen $\omega_x = \sqrt{2\,D_x\,/\,m}$ und $\omega_y = \sqrt{2\,D_y\,/\,m}$.

Bei der Überlagerung orthogonaler Schwingungen sind zwei Fälle zu unterscheiden, wobei der erste Fall noch vier Spezialfälle 1a bis 1d hat:

**1. Fall :** Orthogonale Schwingungen mit $\omega_x = \omega_y =: \omega$

Dann lauten die Schwingungen in x- und y-Richtung:

$$x(t) = A_x \cos \omega t$$
$$y(t) = A_y \cos(\omega t - \varphi) \tag{7.5–7}$$

Mit dem Additionstheorem folgt

$$y(t) = A_y\,(\cos \omega t \cos \varphi + \sin \omega t \sin \varphi) =$$
$$= A_y \left( \frac{x(t)}{A_x} \cos \varphi + \sqrt{1 - \left(\frac{x(t)}{A_x}\right)^2} \sin \varphi \right)$$

$$\Rightarrow \quad \frac{y(t)}{A_y} - \frac{x(t)}{A_x} \cos \varphi = \sqrt{1 - \left(\frac{x(t)}{A_x}\right)^2} \sin \varphi \tag{7.5–8}$$

Quadrieren führt auf die *allgemeine Gl. (Normalform) einer Ellipse*:

$$\frac{x^2}{A_x^2} + \frac{y^2}{A_y^2} - \frac{2\,x\,y}{A_x\,A_y} \cos \varphi = \sin^2 \varphi \tag{7.5–9}$$

*Folglich entsteht bei der Überlagerung gleichfrequenter orthogonaler Schwingungen eine Ellipse* (siehe Abb. (7.5–4)). Für $t = \pi\,/\,(2\omega)$ folgt aus den Gln. (7.5–7)

$$x\left(\frac{\pi}{2\omega}\right) = 0$$

$$y_0 := y\left(\frac{\pi}{2\omega}\right) = A_y \cos\left(\frac{\pi}{2} - \varphi\right) = A_y \sin\varphi$$

Die Phasenverschiebung $\varphi$ läßt sich daher mit Abb. (7.5–4) folgendermaßen bestimmen:

$$\sin\varphi = \frac{y_0}{A_y} \qquad (7.5\text{–}10)$$

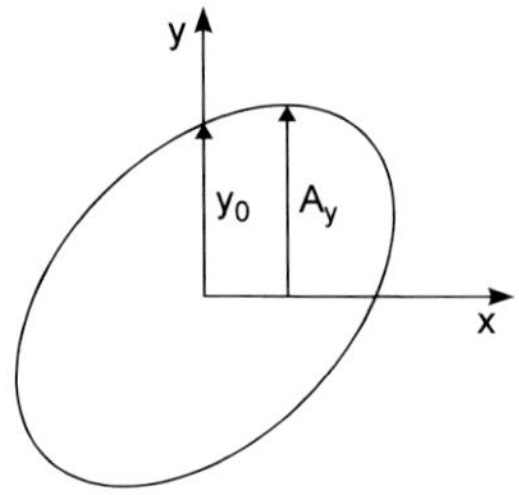


**Abb. (7.5–4)** Bei der senkrechten Überlagerung von zwei gleichfrequenten Schwingungen entsteht eine Ellipse.

Für die orthogonalen Schwingungen mit $\omega_x = \omega_y := \omega$ sind folgende vier Spezialfälle zu unterscheiden:

**1 a)** Orthogonale Schwingungen mit $\omega_x = \omega_y := \omega$ und mit $\varphi = 0$

$$\Rightarrow \quad y(t) \underset{\text{Gl. (7.5-8)}}{\underset{\uparrow}{=}} \frac{A_y}{A_x} x(t)$$

Die Masse schwingt auf einer Geraden (siehe Abb. (7.5–5a)). Man spricht von einer „linear polarisierten Schwingung".

**1 b)** Orthogonale Schwingungen mit $\omega_x = \omega_y := \omega$ und mit $\varphi = \frac{\pi}{2}$

$$\Rightarrow \quad \frac{x^2}{A_x^2} + \frac{y^2}{A_y^2} \underset{\text{Gl.(7.5-9)}}{\underset{\uparrow}{=}} 1 \qquad (7.5\text{–}11)$$

Diese Gl. beschreibt die Normalform der Ellipse mit den Hauptachsen parallel zur x- und y-Achse (siehe Abb. (7.5–5b)). Es liegt eine sog. „elliptisch polarisierte Schwingung" vor.

**1 c)** Orthogonale Schwingungen mit $\omega_x = \omega_y := \omega$ und mit $\varphi = \frac{\pi}{2}$ und $A_x = A_y := A$

$$\Rightarrow \quad x^2 + y^2 \underset{\text{Gl. (7.5-11)}}{\underset{\uparrow}{=}} A^2 \qquad (7.5\text{–}12)$$

Die Masse läuft auf einem Kreis (siehe Abb. (7.5–5c)). Die Schwingung ist „zirkular polarisiert".

**1 d)** Orthogonale Schwingungen mit $\omega_x = \omega_y := \omega$ und mit $\varphi = \pi$

$$\Rightarrow \quad y(t) \underset{\text{Gl. (7.5-8)}}{\underset{\uparrow}{=}} -\frac{A_y}{A_x} x(t) \qquad (7.5\text{–}13)$$

Die Masse schwingt auf einer Geraden mit negativer Steigung (siehe Abb. (7.5–5d)). Diese Schwingung ist wieder linear polarisiert.

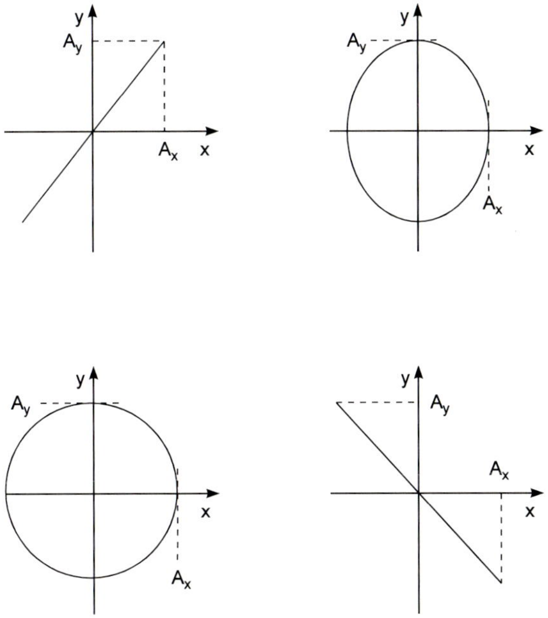


**Abb. (7.5–5)** Senkrechte Überlagerung von zwei gleichfrequenten Schwingungen mit verschiedenen Phasendifferenzen

**a)** $\varphi = 0$ **b)** $\varphi = \dfrac{\pi}{2}$

**c)** $\varphi = \dfrac{\pi}{2} \quad A_x = A_y := A$ **d)** $\varphi = \pi$

Die zwei Abbildungen (7.5–5a und d) beschreiben linear polarisierte Schwingungen. Ihre Phasenverschiebung beträgt $\varphi = n\,\pi$.

Die Abb. (7.5–5c) zeigt eine zirkular polarisierte Schwingung. Für sie gelten die Gln. $\varphi = \pi\,/\,2$ und $A_x = A_y$.

Die Abbn. (7.5–4) und (7.5–5b) zeigen ellliptisch polarisierten Schwingungen.

Linear und zirkular polarisierte Schwingungen sind Spezialfälle der elliptisch polarisierten Schwingungen. Bei der Polarisation von Wellen stößt man auf dieselben Rechnungen und Bezeichnungen.

finieren als die Amplitude der ersten Oberschwingung dividiert durch die Amplitude der Grundschwingung.

Das Gegenteil der Fourieranalyse ist die Fouriersynthese: Mehrere Sinus- und Cosinusfunktionen mit rationalen Frequenzverhältnissen und beliebigen Amplituden werden zu einem periodischen Zeitsignal zusammengesetzt.

Die Fourierentwicklung in den Gln. (7.6–1 und 2) setzt eine Funktion $f(t)$ voraus, deren Funktionsgl. gegeben ist. In vielen technischen Problemen liegt aber anstelle der Funktion nur eine **Wertetabelle mit Funktionswerten** $y_k = f(t_k)$ vor, die in äquidistanten Zeitabständen $h$ ermittelt wurden ($t_k = kh$ mit k = natürliche Zahl). Diese Wertetabelle kann z. B. zustande kommen durch

- die Meßwerterfassung eines Eingangssignals in äquidistanten Zeitabständen $h$
- das Ablesen eines Oszillogramms in äquidistanten Abszissenabständen $h$
- die numerische Berechnung einer Differentialgl. mit konstanter Ausgabeschrittweite $h$.

Wir können auch hier eine Fourierentwicklung vornehmen, wenn wir „künstlich" eine periodische Fortsetzung erzwingen. Dazu setzen wir voraus, daß im Intervall $[0, T]$ die Funktionswerte $y_k = f(t_k)$ an

$$2N \text{ äquidistanten Stützstellen } t_k = kT/(2N) \qquad \text{mit } k = 0, 1, 2, \ldots 2N-1$$

gegeben sind. *Für größere Zeiten schneiden wir das Signal ab und setzen es periodisch fort* (siehe Abb. (7.6–4)).

Die Fourierentwicklung, die hier auch „Trigonometrische Interpolation" genannt wird, lautet dann folgendermaßen:

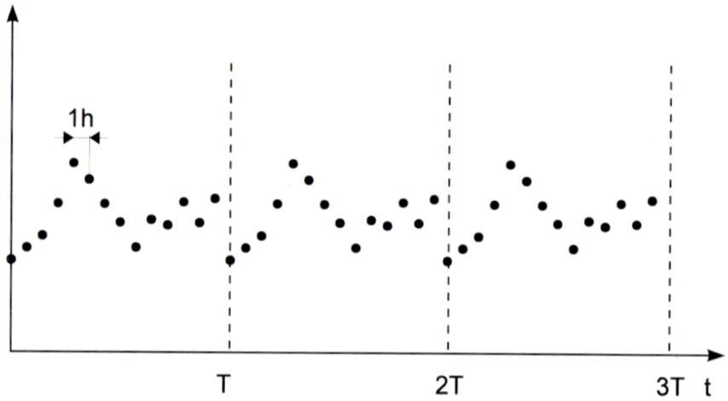


**Abb. (7.6–4)** Ein Signal wird an 14 äquidistanten Stützstellen gemessen ($N$ = 14). Nach der Zeit $T$ = 14 h wird das Eingangssignal abgeschnitten und in Gedanken periodisch fortgesetzt.

$$f(t) = \frac{a_0}{2} + \sum_{n=1}^{N-1}\left[a_n \cos(n\,\omega\,t) + b_n \sin(n\,\omega\,t)\right] + \frac{a_N}{2}\cos(N\,\omega\,t) \tag{7.6–4}$$

mit den $2N$ Fourierkoeffizienten

$$a_n = \frac{1}{N}\sum_{k=0}^{2N-1} f(t_k)\cos(n\,\omega\,t_k) \qquad n = 0, 1, 2, \ldots N-1, N \tag{7.6–5a}$$

$$b_n = \frac{1}{N}\sum_{k=0}^{2N-1} f(t_k)\sin(n\,\omega\,t_k) \qquad n = \quad 1, 2, \ldots N-1 \tag{7.6–5b}$$

und $\omega = 2\pi/T$. Die Ähnlichkeit der Gln. (7.6–4 und 5) mit den Gln. (7.6–1 und 2) ist auffallend. Ein wichtiger Unterschied ist der, daß das Spektrum hier nur *N*, d. h. nur *endlich* viele Frequenzen $n\omega$ enthält, die im Intervall

$$\frac{2\pi}{T} \le n\omega \le N\frac{2\pi}{T} \underset{T=2Nh}{\overset{}{\underset{\uparrow}{=}}} \frac{\pi}{h} \tag{7.6–6}$$

liegen. $\pi/h$ ist die größte Frequenz im berechneten Spektrums..

Bei dieser diskreten Fourieranalyse treten grundsätzlich zwei Fehler auf:

- Das Abschneiden der Wertetabelle zur Zeit $T$ und die anschließende künstliche periodische Fortsetzung liefern ein periodisches Signal, das für Zeiten $> T$ nicht mit dem Eingangssignal übereinstimmt – außer in dem Fall, daß das Eingangssignal streng periodisch ist und genau die Periode $T$ hat. Dadurch werden rechnerisch Schwingungsanteile erzeugt mit Frequenzen in der unmittelbaren Nachbarschaft der Frequenzen, die im Eingangssignal vorkommen. Mit anderen Worten: Die Spektrallinien im Eingangssignal werden durch das Abschneiden und die künstliche periodische Fortsetzung verbreitert. Die Verbreiterung der Spektrallinien ist umso kleiner, je größer das Verhältnis $T/h$ ist.
- Das Eingangssignal wird nicht kontinuierlich, sondern nur in diskreten Abständen $h$ abgetastet. Dadurch wird ein sehr gefährlicher Fehler gemacht, der evtl. das gesamte berechnete Spektrum verfälscht. Zur Vermeidung dieses „Aliasing" genannten Fehlers muß die Abtastrate $h$ unbedingt so klein gewählt werden, daß alle Frequenzen $n\omega$ im Eingangssignal, deren Amplituden $A_n$ nicht vernachlässigt werden dürfen, kleiner sind als die maximale Frequenz $\pi/h$ (siehe Gl. (7.6–6)). Das bedeutet: Alle wichtigen Schwingungen im Eingangssignal müssen mindestens zweimal pro Periode abgetastet werden.

Leider müssen diese kurzen Andeutungen zur diskreten Fourieranalyse genügen. Der interessierte Leser möge weiterführende Literatur studieren.

# 7.7 Gekoppelte Pendel

Wir betrachten zwei *gleiche* Pendel, d. h. zwei Pendel mit der gleichen Länge $l$ und mit der gleichen Masse $m$. Die Pendel werden durch die Indices 1 und 2 gekennzeichnet. Sie sind im Abstand $L$ vom Drehpunkt durch eine Feder gekoppelt[1] (siehe Abb. (7.7–1)). In der Ruhestellung hängen die beiden Pendel dann nicht in der Vertikalen, sondern etwas nach innen. Die Kopplung der beiden Pendel ist um so größer, je größer $L$ ist und je größer die Federkonstante $D$ ist. Aufgrund der Kopplung kann Energie zwischen den Pendeln übertragen werden. Dieser Energieaustausch führt zu einer reinen Schwebung, wenn wir die Pendel zur Zeit $t = 0$ folgendermaßen in Schwingung versetzen:

- Das Pendel Nr. 1 wird um den Winkel $\varphi_0$ ausgelenkt.
- Das Pendel Nr. 2 wird in der Ruhelage festgehalten.
- Dann werden beide Pendel gleichzeitig zur Zeit $t = 0$ losgelassen.

Die Anfangsbedingungen lauten also

$$\varphi_1(0) = \varphi_0 \qquad \varphi_2(0) = 0 \tag{7.7–1a}$$

$$\dot{\varphi}_1(0) = 0 \qquad \dot{\varphi}_2(0) = 0 \tag{7.7–1b}$$

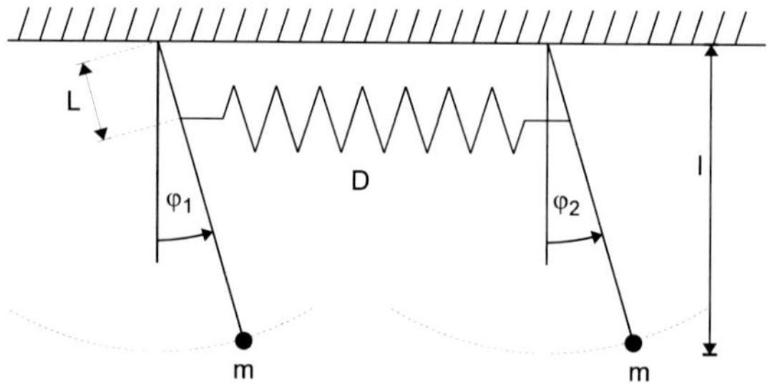


**Abb. (7.7–1)** Zwei identische Pendel mit Pendellängen *l* und Massen *m* sind durch die Feder *D* im Abstand *L* vom Aufhängepunkt gekoppelt.

Am Anfang schwingt natürlich nur das Pendel Nr. 1 und enthält daher auch die gesamte Energie. Langsam beginnt das Pendel Nr. 2 ebenfalls zu schwingen, wobei es dem Pendel Nr. 1 Energie entzieht. Die Energieübertragung vom Pendel Nr. 1 auf das Pendel Nr. 2 setzt sich erstaunlicherweise so lange fort, bis das Pendel Nr. 2 die ganze – oder zumindest fast die ganze – Energie aufgenommen hat und das Pendel Nr. 1 zur Ruhe gekommen ist. Danach

[1] Die Kopplung kann z. B. auch mit einem durchhängenden Faden erzeugt werden, der an den beiden Pendeln angeknotet ist und in der Mitte mit einem kleinen Gewicht belastet wird.

kehrt sich der Vorgang um: Das Pendel Nr. 1 fängt langsam wieder an zu schwingen und entzieht dem Pendel Nr. 2 nach und nach die Energie, bis das Pendel Nr. 2 zur Ruhe kommt usw. (siehe Abb. (7.7–2)). Die Energie läuft – wenn keine Reibungsverluste vorliegen – ununterbrochen hin und her; die beiden identischen Pendel führen also jeweils eine (reine) Schwebung aus.

Mit den Vorarbeiten aus Abschn. 7.5 kann die Schwebung zwar nicht exakt nachgewiesen, aber wenigstens doch plausibel gemacht werden. (Die exakte, mathematische Erklärung der Pendelschwebung erfordert Kenntnisse der linearen, gekoppelten Differentialgleichungen.)

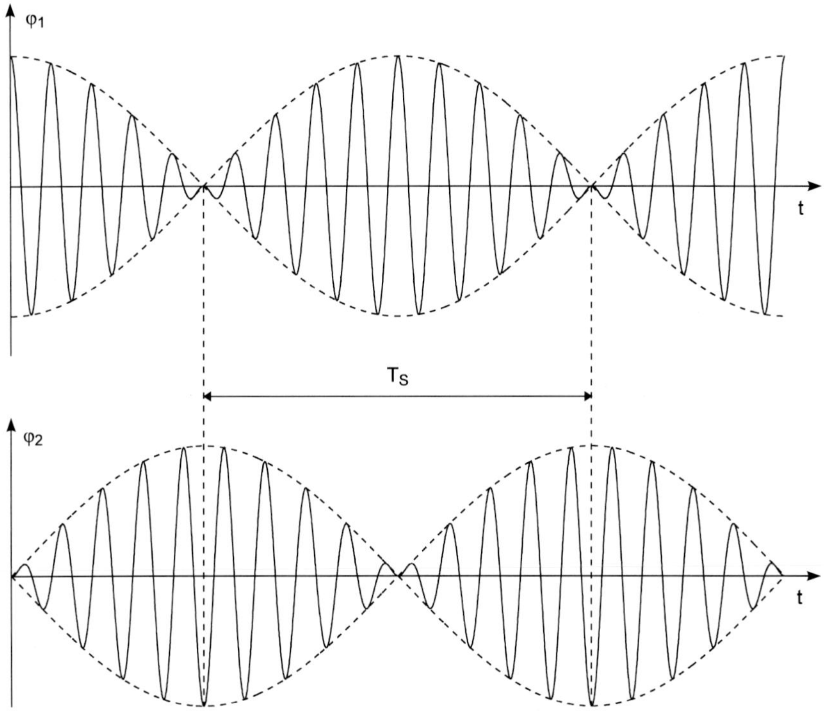


**Abb. (7.7–2):** Schwebungen von zwei identischen, gekoppelten Pendeln.

Die Anschauung sagt uns: Die zwei gekoppelten Pendel haben zwei ausgezeichnete Schwingungen, die als „Normal-" oder „Fundamentalschwingungen" bezeichnet werden und in denen nur jeweils eine einzelne Frequenz auftritt.

**1) Die gleichphasige Schwingung**:

Beide Pendel schwingen mit gleicher Amplitude und gleichphasig, d. h.

$$\varphi_1(t) = \varphi_2(t)$$

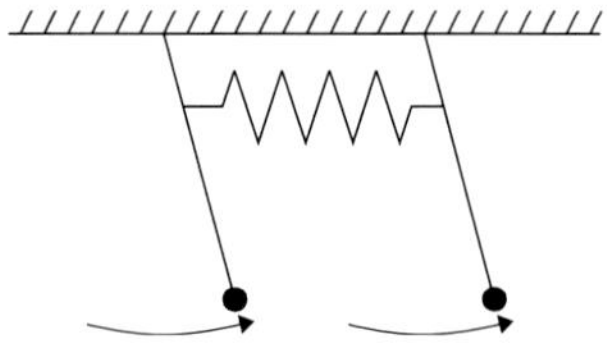

Abb. (7.7–3) Die beiden Pendel schwingen gleichphasig mit der Periode $T = \sqrt{l / g}$.

Man erhält gleichphasige Schwingungen durch die Anfangsbedingungen

$$\varphi_1(0) = \varphi_2(0) \qquad \dot{\varphi}_1(0) = \dot{\varphi}_2(0)$$

Da die Feder wegen ihrer konstanten Länge und ihrer geringen Masse (fast) keinen Einfluß auf die Schwingung hat, ist die Kreisfrequenz genauso groß wie beim einfachen Pendel gleicher Länge:

$$\omega_{gl} = \omega_0 = \sqrt{\frac{g}{l}} \tag{7.7–2}$$

**2) Die gegenphasige Schwingung**:

Beide Pendel schwingen mit gleicher Amplitude und gegenphasig, d. h.

$$\varphi_1(t) = -\varphi_2(t)$$

Man erhält gegenphasige Schwingungen durch die Anfangsbedingungen

$$\varphi_1(0) = -\varphi_2(0) \qquad \dot{\varphi}_1(0) = -\dot{\varphi}_2(0)$$

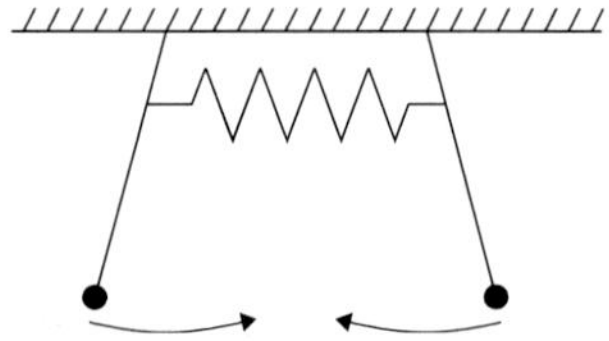

Abb. (7.7–4) Die beiden Pendel schwingen gegenphasig. Wegen der schwachen Kopplung durch die Feder ist die Schwingungsperiode $T_{geg}$ nur etwas kleiner als $T_{gl}$.

Durch die Spannung der Feder sind die auf beide Pendel wirkenden rücktreibenden Kräfte größer als bei der gleichphasigen Schwingung. Die rücktreibenden Gewichtskräfte werden durch die Federkraft ergänzt. Von der Formel $\omega_0 = \sqrt{D/m}$ für den harmonischen Oszillator wissen wir: Die Schwingung ist um so schneller, je stärker die Feder, je größer also die rücktreibende Kraft ist. In unserem Fall bedeutet das: $\omega_{geg} > \omega_{gl}$. Da die Feder sehr weich und da $L$ kleiner als $l$ sein soll, da die Kopplung beider Pendel also schwach ist, unterscheiden sich die beiden Frequenzen $\omega_{gl}$ und $\omega_{geg}$ nicht stark. $\omega_{geg}$ *ist nur wenig größer als* $\omega_{gl}$. Die Gl. für $\omega_{geg}$ wird ohne Beweis genannt:

$$\omega_{\text{geg}} = \sqrt{\frac{g}{l} + \frac{2\,D}{m}\left(\frac{L}{l}\right)^2} \qquad (7.7\text{–}3)$$

Durch die Kopplung spaltet die Frequenz $\omega_0 = \sqrt{g/l}$ des einfachen Pendels in zwei benachbarte Frequenzen auf. Diese Aussage läßt sich sofort verallgemeinern: *Bei der schwachen Kopplung von n Oszillatoren spaltet die Frequenz des einfachen Oszillators in n benachbarte Frequenzen auf.* Diese Feststellung ist von größter Bedeutung für die Physik und grundlegend für das Bändermodell beim Festkörper.

Wir können die Schwebungen der beiden Pendel jetzt anschaulich verstehen: Nach Abb. (7.5–1) treten vollständige Schwebungen auf bei der Überlagerung von harmonischen Schwingungen mit gleichen Amplituden und etwas verschiedenen Frequenzen. Die beiden soeben beschriebenen Fundamentalschwingungen sind bei kleinen Ausschlägen $\varphi_1$, $\varphi_2$ harmonisch und haben ähnliche Frequenzen $\omega_{\text{geg}} \approx \omega_{\text{gl}}$. Die beiden Fundamentalschwingungen überlagern sich mit gleicher Amplitude, wenn die Pendel mit den Anfangsbedingungen (7.7–1) in Schwingungen versetzt werden. (Den Beweis dafür können wir hier nicht erbringen.) Damit sind die beiden Bedingungen für eine Schwebung erfüllt.

Wir fassen zusammen: Bei den gekoppelten Pendeln gibt es zwei ausgezeichnete Schwingungsformen (Normal- oder Fundamentalschwingungen). Sie sind gekennzeichnet durch folgende Eigenschaften:

- Es tritt kein Energieaustausch auf.
- Jede Fundamentalschwingung enthält nur *eine* Frequenz.
- Wegen der schwachen Kopplungsfeder unterscheiden sich die beiden Frequenzen nur wenig: $\omega_{\text{gl}} \approx \omega_{\text{geg}}$.

Wenn man das eine Pendel festhält, das andere Pendel auslenkt und dann beide Pendel gleichzeitig losläßt, überlagern sich beide Schwingungen mit gleicher Amplitude:

$$A_{\text{gl}} = A_{\text{geg}} \qquad \omega_{\text{gl}} \approx \omega_{\text{geg}}$$

Daher entsteht eine Schwebung.

Wichtig und bemerkenswert ist folgender Sachverhalt: *Die Energie wandert unaufhörlich und vollständig – oder zumindest nahezu vollständig –zwischen den beiden Pendeln hin und her. Wider Erwarten verteilt sich die Energie nicht gleichmäßig auf beide Pendel.*

Natürlich wird die Schwingungsenergie auch weitergegeben, wenn viele Pendel (oder andere Oszillatoren) miteinander gekoppelt sind. Nach der Auslenkung des ersten Pendels wird die Schwingungsenergie an das zweite Pendel übertragen, von dort an das dritte Pendel usw., bis das letzte Pendel erreicht ist. Danach kommt die Schwingungsenergie wieder über die Pendelkette zurück. *Die Ausbreitung von Schwingungsenergie ohne Transport von Materie wird „Welle" genannt.*

## 7.8 Zusammenfassung

**1)** Der freie, ungedämpfte harmonische Oszillator hat die Dgl.

$$m\ddot{x} + Dx = 0$$

Die Lösung lautet

$$x(t) = x_0 \cos\omega_0 t + \frac{v_0}{\omega_0}\sin\omega_0 t = A\sin(\omega_0 t + \varphi_0)$$

mit $\omega_0 = \sqrt{\frac{D}{m}}$

$$A = \sqrt{x_0^2 + \left(\frac{v_0}{\omega_0}\right)^2} \qquad \varphi_0 = \arctan\frac{x_0\,\omega_0}{v_0}$$

**2)** Der freie, gedämpfte harmonische Oszillator hat die Dgl.

$$m\ddot{x} + c\dot{x} + Dx = 0$$

In Abhängigkeit von der Reibung $c$ gibt es drei verschiedene Lösungen mit

$$\delta := \frac{c}{2m}$$

**I)** $c < 2\sqrt{Dm}$ (Gedämpfte Schwingung)

$$x(t) = e^{-\delta t}\left(x_0\cos\omega_0 t + \frac{v_0 + \delta x_0}{\omega_0}\sin\omega_0 t\right) \tag{7.1–12}$$

mit $\omega := \sqrt{\omega_0^2 - \delta^2} = \sqrt{\frac{D}{m} - \frac{c^2}{4m^2}}$

**II)** $c = 2\sqrt{Dm}$ (Aperiodischer Grenzfall)

$$x(t) = e^{-\delta t}\left[x_0 + (v_0 + \delta x_0)\,t\right] \tag{7.1–19}$$

**III)** $c > 2\sqrt{Dm}$ (Kriechfall)

$$x(t) = e^{-\delta t}\left(x_0\cosh\omega t + \frac{v_0 + \delta x_0}{\omega}\sinh\omega t\right) \tag{7.1–22}$$

mit $\omega := \sqrt{\delta^2 - \omega_0^2} = \sqrt{\dfrac{c^2}{4\,m^2} - \dfrac{D}{m}}$

**3)** Bei den erzwungenen Schwingungen wirkt ständig eine äußere Kraft $F(t)$ auf den Oszillator und gleicht die durch Reibung verursachten Energieverluste aus. Die wichtigste äußere Kraft ist die harmonische Kraft $F(t) \sim \cos \Omega\, t$ .

**4)** Für die Erzeugung harmonischer Kräfte gibt es im wesentlichen zwei Möglichkeiten:

**I)** *Dynamische Erregung* durch hin- und herlaufende Kolben oder durch rotierende Unwuchten. Die Kraftamplitude ist hier proportional zu $\Omega^2$.

**II)** *Kinematische Erregung* durch Fußpunktbewegungen am Ende von Federn und/oder Dämpfern. Bei der Fußpunktbewegung einer Feder ist die Kraftamplitude unabhängig von $\Omega$ und die Dgl. lautet daher

$$m\,\ddot{x} + c\,\dot{x} + Dx = F_0 \cos \Omega\, t \qquad (7.2\text{–}2)$$

Die stationäre Lösung dieser Dgl. stellt sich erst nach dem Abklingen der Einschwingung ein und hat eine konstante Amplitude $A$. Sie lautet

$$x_{\text{stat}}(t) = A \cos(\Omega\, t - \varphi) \qquad (7.2\text{–}3)$$

mit $$A = \frac{F_0/m}{\sqrt{\left(\dfrac{D}{m} - \Omega^2\right)^2 + \dfrac{c^2}{m^2}\,\Omega^2}} \qquad \text{für Fußpunktbewegung einer Feder} \qquad (7.2\text{–}4)$$

und $$\varphi = \arctan \frac{\dfrac{c}{m}\,\Omega}{\dfrac{D}{m} - \Omega^2} \qquad \text{für } \textit{alle} \text{ Erregungen} \qquad (7.2\text{–}5)$$

**6)** Die Funktion $A(\Omega)$ in Gl. (7.2–4) heißt Resonanzkurve. Sie hat für $c \leq \sqrt{2\,m\,D}$ ihr Maximum bei der Resonanzfrequenz

$$\omega_R = \sqrt{\frac{D}{m} - \frac{c^2}{2\,m^2}} \;<\; \omega_0$$

Das Maximum ist umso höher und schmaler, je kleiner die Reibung ist. Für $\Omega \to 0$ gehen alle Resonanzkurven gegen $F_0\,/\,D$ . Für $\Omega \to \infty$ fallen alle Resonanzkurven auf Null ab, da die träge Masse mit der schnellen Erregung nicht Schritt halten kann.

**7)** Die Phasenverschiebung $\varphi(\Omega)$ in Gl. (7.2–5) zwischen Erregung und Oszillator geht für $\Omega \to 0$ ebenfalls gegen Null und für $\Omega \to \infty$ gegen $\pi$. D. h. für hohe Erregerfrequenzen schwingen Erreger und Oszillator nahezu im Gegentakt.

**8)** Nach einem bekannten Satz der Theorie der linearen Dgln. ist die *allgemeine* Lösung der linearen, inhomogenen Dgl.

$$m\,\ddot{x} + c\,\dot{x} + D\,x = F_0 \cos \Omega\, t \tag{7.2–2}$$

die Summe aus der allgemeinen homogenen Lösung (7.1–8 oder 18 oder 20), die die *freie* Bewegung beschreibt, und aus der stationären Lösung (7.2–3). So lautet die allgemeine Lösung z. B. für den aperiodischen Grenzfall ($c = 2\sqrt{D\,m}$)

$$x(t) = \mathrm{e}^{-\delta t}\,(c_1 + c_2\,t) + A \cos(\Omega\,t - \varphi)$$

mit $A$ und $\varphi$ nach den Gln. (7.2–4 und 5). Die freie Lösung fällt wegen der Exponentialfunktion mit der Zeit ab und beschreibt daher die Einschwingung auf die stationäre Schwingung mit konstanter Amplitude $A$.

**9)** Mechanische und elektrische Schwingungen zeigen großenteils dasselbe Verhalten und werden durch dieselbe Mathematik beschrieben. Mechanische und elektrische Größen können gegeneinander ausgetauscht werden:

$$x(t) \leftrightarrow q(t) \qquad \dot{x}(t) \leftrightarrow \dot{q}(t) \leftrightarrow I(t)$$

$$m \leftrightarrow L \qquad c \leftrightarrow R \qquad D \leftrightarrow \frac{1}{C}$$

Daraus folgen weitere Analogien. Die Schwingungstheorie muß nur einmal gelernt werden – entweder in der Mechanik oder in der Elektrotechnik.

**10)** Bei der Überlagerung von zwei harmonischen Schwingungen müssen wir zwischen parallelen und orthogonalen Schwingungsrichtungen unterscheiden.

**11)** Die Überlagerung von zwei *parallelen* Teilschwingungen wird beschrieben durch

$$x(t) = A_1 \cos(\omega_1\,t) + A_2 \cos(\omega_2\,t - \varphi)$$

Bei parallelen Teilschwingungen gibt es drei verschiedene Fälle:

**I)** $\omega_1 = \omega_2 =: \omega$

Es entsteht eine Schwingung mit der Frequenz $\omega$ und der Amplitude

$$A = \sqrt{A_1^2 + A_2^2 + 2\, A_1\, A_2 \cos\varphi}$$

**II)** $\omega_1 \neq \omega_2$

Für rationale Frequenzverhältnisse $\omega_1/\omega_2 = m/n$ ergibt sich eine anharmonische Schwingung mit der Periode $T = m\, T_1 = n\, T_2$.

**III)** $\omega_1 \approx \omega_2$

Hier entsteht eine reine Schwebung bei $A_1 = A_2$ und eine unreine Schwebung bei $A_1 \neq A_2$. Dabei schwingt die Amplitude mit der Frequenz $|\omega_1 - \omega_2|/2$ langsam auf und ab.

**12)** Bei der Überlagerung von zwei *orthogonalen* Teilschwingungen sind zwei Fälle zu unterscheiden:

**I)** $\omega_x = \omega_y =: \omega$

Je nach Phasendifferenz $\varphi$ entstehen linear- oder elliptisch polarisierte Schwingungen in der x,y-Ebene.

**II)** $\omega_x \neq \omega_y$

Für rationale Frequenzverhältnisse entstehen geschlossene Bahnkurven, sog. Lissajous-Figuren. Für irrationale Frequenzverhältnisse sind die Bahnkurven nicht geschlossen.

**13)** Jede periodische Funktion $f(t)$ mit Periode $T$ kann in eine Fourierreihe

$$f(t) = \frac{a_0}{2} + \sum_{n=1}^{\infty} \left[a_n \cos(n\,\omega\, t) + b_n \sin(n\,\omega\, t)\right] \qquad \text{mit} \quad \omega = \frac{2\,\pi}{T}$$

entwickelt werden, wenn zwei Bedingungen erfüllt sind:

- Das Intervall $T$ kann in *endlich* viele Teilintervalle zerlegt werden, in denen $f(t)$ *monoton und stetig* ist.
- An den Unstetigkeitsstellen existieren die links- und rechtsseitigen Grenzwerte von $f(t)$.

**14)** Die Frequenzen $n\,\omega$ der Fourierreihe sind ganzzahlige Vielfache der Grundfrequenz $\omega = 2\,\pi/T$. Die Darstellung der Amplituden $A_n = \sqrt{a_n^2 + b_n^2}$ als Funktionen der Frequenzen $n\,\omega$ liefert das Spektrum der periodischen Funktion $f(t)$.

**15)** Das Spektrum einer Wertetabelle mit $2\,N$ Funktionswerten

$$f(t_k) = f(k \cdot h) \qquad (k = 0, 1, \ldots 2\,N - 1)$$

in äquidistanten Abständen $h$ kann berechnet werden, indem die Wertetabelle *periodisch fortgesetzt* wird. Dann liefert die trigonometrische Interpolation ein Spektrum mit $N$ Frequenzen $n\,\omega = n\,2\,\pi/T$ $(n = 1,...N)$ im Intervall

$$\frac{2\,\pi}{T} \leq n\,\omega \leq \frac{\pi}{h}$$

**16)** Bei der diskreten Fourieranalyse treten zwei Fehler auf:

**I)** Das Abschneiden des Signals zur Zeit $T$ und die anschließende künstliche periodische Fortsetzung verbreitern die Spektrallinien des Eingangssignals.

**II)** Aliasing wird vermieden, wenn die Abtastrate $h$ so klein ist, daß die größte Frequenz $\pi/h$ in der trigonometrischen Interpolation die größte Frequenz im Eingangssignal übertrifft.

**17)** Zwei gekoppelte Pendel haben zwei Normalschwingungen (Fundamentalschwingungen):

Gleichphasige Schwingung mit $\omega_{\mathrm{gl}} = \sqrt{\dfrac{g}{l}}$

Gegenphasige Schwingung mit $\omega_{\mathrm{geg}} = \sqrt{\dfrac{g}{l} + \dfrac{2\,D}{m}\left(\dfrac{L}{l}\right)^2}$

Durch die Kopplung spaltet die Frequenz $\omega_0 = \sqrt{g/l}$ des einfachen Pendels in zwei benachbarte Frequenzen auf.

Diese Aussage läßt sich verallgemeinern: Bei der schwachen Kopplung von $n$ Oszillatoren wird die Frequenz des einfachen Oszillators in $n$ benachbarte Frequenzen aufgespalten. Dieses Ergebnis ist von größter Bedeutung für die Physik und grundlegend für das Bändermodell des Festkörpers.

## 7.9 Aufgaben

**(7–1) Mittel Kinematische Fremderregung**

Stelle die Bewegungsgln. für die folgenden, kinematisch erregten Schwinger auf.

**a)** Der untere Aufhängepunkt der Feder wird harmonisch bewegt.

**b)** Der obere Aufhängepunkt von Feder und Dämpfer wird harmonisch bewegt.

**c)** Der untere Aufhängepunkt des Dämpfers wird harmonisch bewegt.

**d)** Die Punkte A, B, C werden mit den Kreisfrequenzen $\Omega$, $2\,\Omega$, $\Omega/2$ harmonisch auf- und abbewegt.

Hinweis: Beachte, daß der Punkt B nicht frei schwingen kann, sondern von außen harmonisch auf- und abgeführt wird.

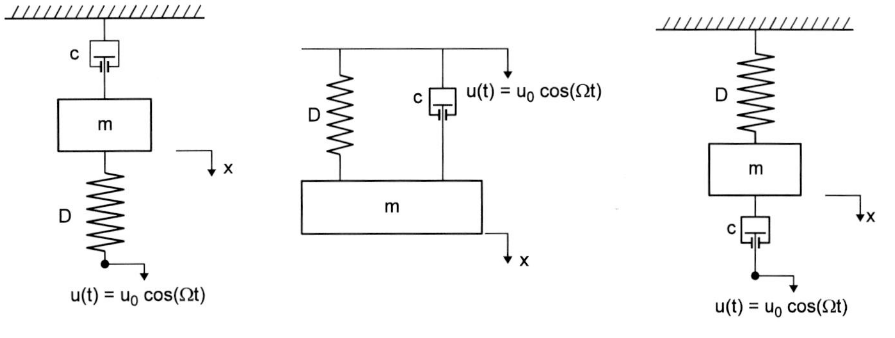


**(7–2) Leicht Berechnung der Amplitude**

Berechne die Amplitude $A$ einer harmonischen Schwingung, die eine Masse $m = 10^{-2}$ kg mit der Schwingungsdauer $T = 10^{-1}$ s und der maximalen Geschwindigkeit $v_{max} = 100$ m/s ausführt.

**(7–3) Mittel Schwingungsdauer**

Ein harmonischer Oszillator hat die Federkonstante $D = 100$ N/m und die Masse $m = 1$ kg.

**a)** Wie groß ist die Schwingungsdauer im ungedämpften Fall?

**b)** Wie groß ist die Schwingungsdauer, wenn die Amplitude im gedämpften Fall in 0,6 s auf 1/3 abfällt? (Siehe auch Abb. (7.1–1).)

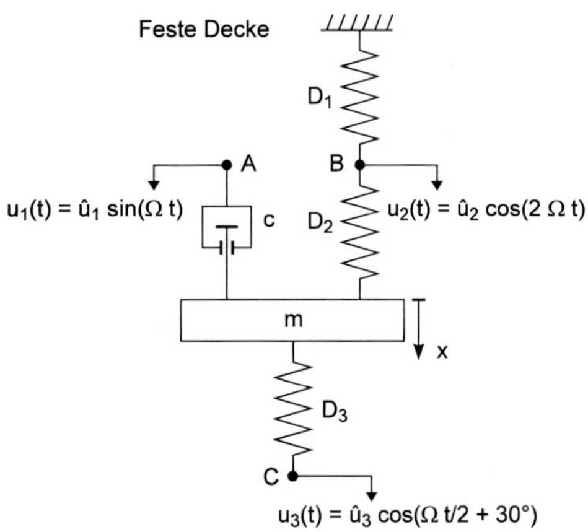


**(7–4) Mittel Schwingung im U–Rohr**

In einem U–Rohr mit konstantem Querschnitt $A$ schwingt eine Flüssigkeit der Dichte ρ [kg/m$^3$] reibungsfrei auf und ab. Die gesamte Länge der Flüssigkeitssäule sei gleich $l$.

**a)** Handelt es sich um eine harmonische Schwingung? Begründe die Antwort.

**b)** Berechne die rückstellende Kraft als Funktion von $h$.

**c)** Berechne die insgesamt schwingende Masse $m$ als Funktion von ρ, $l$, $A$.

**d)** Stelle die Bewegungsgl. (Dgl.) auf und löse sie mit einem Ansatz. Wie groß ist die Schwingungsdauer $T$?

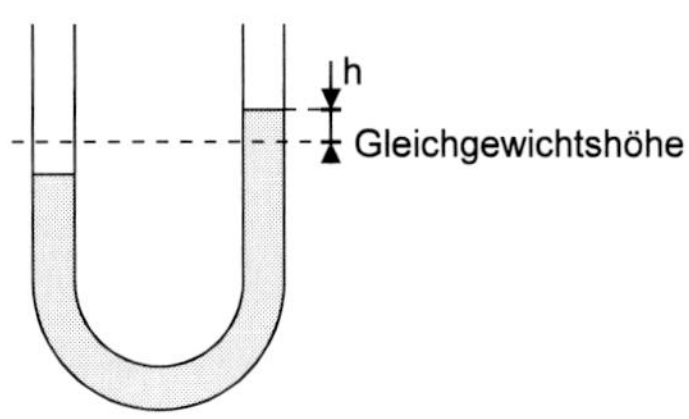

**(7–5) Mittel Schwingungsdauer des ebenen Pendels**

**a)** Betrachte ein ebenes Fadenpendel der Länge $l$ und zeige die Richtigkeit der Bewegungsgl.

$$m\ddot{s} = m\,l\,\ddot{\varphi} = -m\,g\sin\varphi \qquad \varphi = \text{Ausschlagswinkel}$$

indem Du die Gewichtskraft $m\,g$ in eine Komponente parallel zum Faden und eine Komponente senkrecht zum Faden aufteilst. (Welche Komponente erzeugt die rückstellende Kraft?)

**b)** Vereinfache die Bewegungsgl. für kleine Winkel $\varphi$ und löse sie durch einen Ansatz.

**c)** Wie groß ist die Schwingungsdauer bei kleinen Ausschlägen?

**(7–6) Leicht Marschierende Kolonne**

Warum dürfen Soldaten nicht im Gleichschritt über eine Brücke marschieren?

**(7–7) Mittel Zuschalten eines Dämpfers**

Die Eigenfrequenz eines <u>un</u>gedämpften harmonischen Federoszillators beträgt 10 Hz. Nach dem Zuschalten eines linearen Dämpfers fällt die Schwingungsamplitude von freien Schwingungen innerhalb 4 s auf 4,979 % ab.
**a)** Wie groß ist die Eigenfrequenz des gedämpften Oszillators?
**b)** Wie groß ist die Resonanzfrequenz des gedämpften Oszillators, wenn der Fußpunkt der – bereits vorhandenen – Feder harmonisch bewegt wird?

**(7–8) Schwer Masse fällt auf Feder**

Die anfangs ruhende Masse $m$ fällt reibungsfrei aus der Höhe $h$ auf die Feder $D$. Beim Aufprall koppelt die Masse $m$ fest an der Feder an und führt danach eine ungedämpfte Schwingung durch.
**a)** Wie groß ist die Amplitude $A$ der Schwingung?
**b)** Wie groß ist der Betrag der maximalen Beschleunigung $a_{max}$ der Masse beim Auf- und Abschwingen?
**c)** Würde die Masse bei der Schwingung wieder von der Feder abheben, wenn die Masse nicht an der Feder angekoppelt wäre, sondern nur lose auf der Feder liegen würde?

**(7–9) Leicht Ungedämpfte Schwingung**

Die Masse $m = 100$ g wird an eine Feder gehängt und in vertikale Schwingungen versetzt. Die maximale Geschwindigkeit ist $v_{max} = 20$ m/s und die Periode $T = 0{,}2$ s.
**a)** Wie groß ist die Federkonstante $D$?
**b)** Wie groß ist die Amplitude $A$ der Schwingung?

**(7–10) Leicht Schwingung nach 0,6 s**

Eine harmonische Schwingung hat die Amplitude $A = 0{,}1$ m und die Periode $T = 4$ s. Wie groß sind Geschwindigkeit und Beschleunigung 0,6 Sekunden, nachdem das Teilchen durch die Gleichgewichtslage geschwungen ist?

**(7–11) Mittel Schuß auf ungedämpften Schwinger**

Ein harmonischer Oszillator mit der Masse $m_0 = 1$ kg und $D = 100$ N/m, der auf der horizontalen Achse reibungsfrei schwingen kann, befindet sich in Ruhe, als er von einer Kugel $m_k = 10$ g durchschlagen wird. Die Kugel dringt links mit der Geschwindigkeit $v_k = 500$ m/s ein und tritt rechts mit $v_k/2 = 250$ m/s aus.

Berechne die Schwingungsamplitude $A$ des Oszillators nach der Durchschlagung.

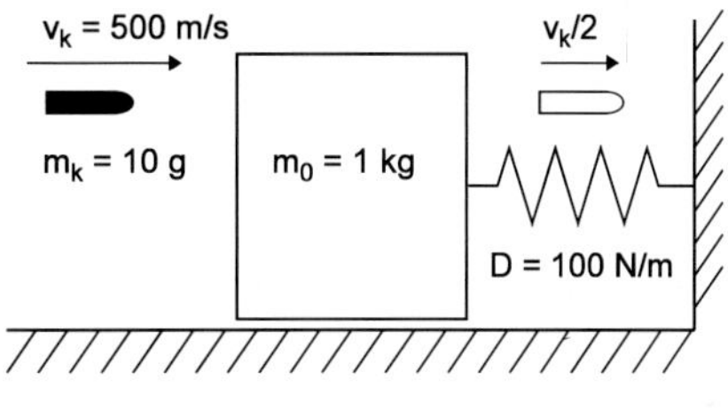


**(7–12) Mittel Schwingungsdauer eines Reagenzglases**

Ein Reagenzglas mit dem Radius $r$, das unten mit Blei gefüllt ist, schwimmt aufrecht auf dem Wasser. Die Gesamtmasse von Reagenzglas und Blei ist $m$.

Zeige, daß das Reagenzglas harmonische Schwingungen macht, wenn man es kurz ins Wasser drückt und wenn man die Wasserreibung vernachlässigt. Berechne die Schwingungsdauer $T$.

Hinweis: Der Auftrieb ist gleich dem Gewicht des verdrängten Wassers.

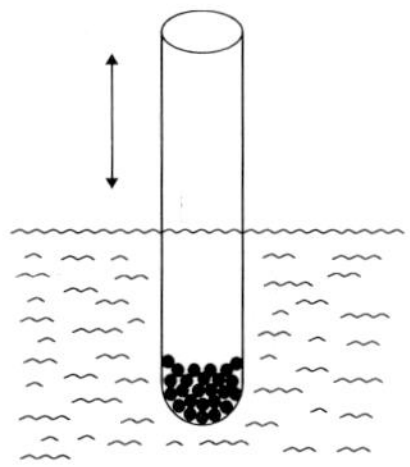

**(7–13) Mittel Maximale Lautsprecherfrequenz**

Auf der horizontalen Membran eines Lautsprechers liegt ein kleines Steinchen. Die Membran schwingt harmonisch mit der Amplitude $A = 1$ mm auf und ab.

Wie groß darf die Frequenz $f$ der Schwingung höchstens sein, damit das Steinchen nicht von der Membran abhebt, sondern immer mit ihr in Kontakt bleibt?

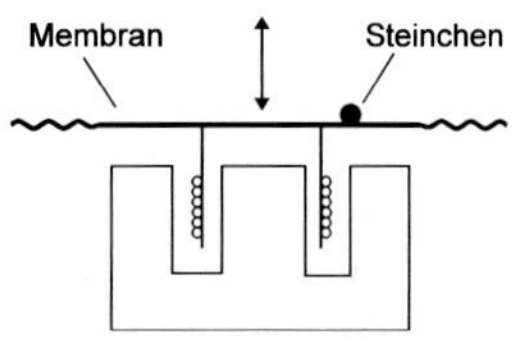


**(7–14) Mittel Dämpfung**

Ein ungedämpfter Oszillator mit Masse $m = 1$ kg hat die Eigenfrequenz $\omega_0 = 10\,\text{s}^{-1}$. Nun erhält der Oszillator eine große Reibungskraft $c \cdot \dot{x}$, so daß die Eigenfrequenz nur noch $\omega = 8\,\text{s}^{-1}$ beträgt.

Auf welchen Teil fällt die Schwingungsamplitude infolge der Reibung innerhalb einer Periode?

**(7–15) Schwer Absurz eines ungedämpften Schwingers**

Das dargestellte System fällt aus der Höhe $h_0$ im freien Fall auf den Boden. Beim Fallen sind der Rahmen und die Masse $m$ schwerelos und die Feder ist entspannt, d. h. nicht gedehnt. Beim Aufschlag auf den festen Boden kommt der Rahmen schlagartig zum Stehen und die Masse $m$ schwingt harmonisch um die neue Gleichgewichtslage.

**a)** Wie groß ist die Amplitude der Schwingung?

**b)** Wie stark wird die Feder maximal gedehnt?

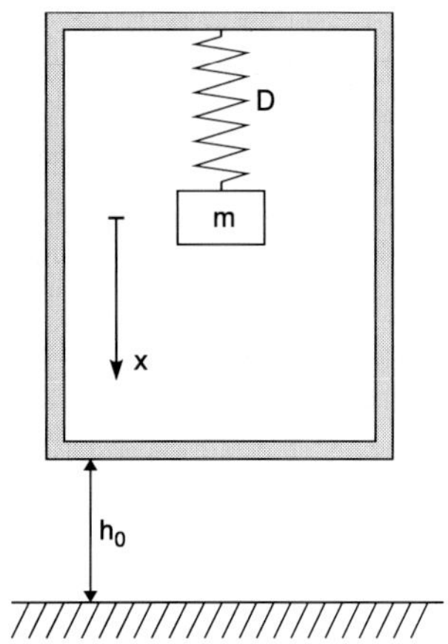

**(7–16) Mittel Dämpfungskonstante**

Gegeben ist eine freie gedämpfte Schwingung mit der Anfangsenergie $E(t = 0) = E_0$. Nach der Zeit $T = 6{,}88$ s hat die Schwingung ein Maximum mit der Energie $0,25 \cdot E_0$ angenommen. Wie groß ist die Dämpfungskonstante $c$?

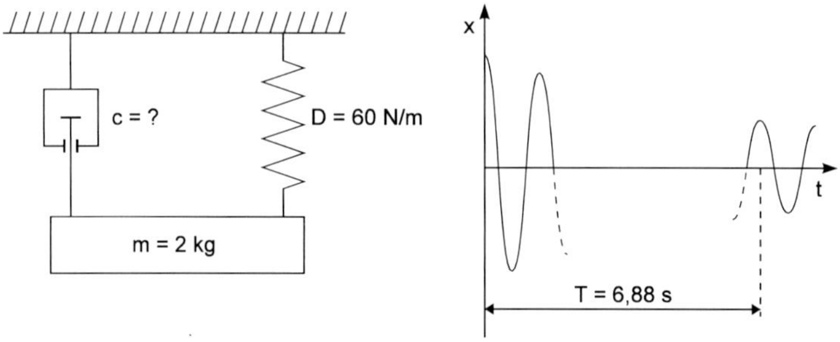


Gegeben: $m = 2$ kg; $D = 60$ N/m; $T = 6{,}88$ s; Gesucht: $c$

**(7–17) Schwer Gedämpfte Schwingung**

Eine Masse $m_2$ hängt *in Ruhe* an einem Stoßdämpfer mit Dämpferkonstante $c$, und an einer Feder mit Federkonstante $k$. Aus der Höhe $h$ fällt die Masse $m_1$ zum Zeitpunkt $t = 0$ auf die Masse $m_2$ und bleibt auf ihr liegen.
**a)** Vor dem Aufschlag hat die Gleichgewichtslage von $m_2$ die Koordinate $y = 0$.
Berechne die Koordinate der Gleichgewichtslage nach dem Aufschlag von $m_1$.
**b)** Der Stoßdämpfer sei klein, so daß er das System nur mäßig stark dämpfen kann.
Berechne die exakte Schwingung $y(t)$ mit allen Schwingungsgrößen des Systems nach dem Aufschlag.

**(7–18) Mittel Allgemeine Lösung eines gedämpften, angeregten Oszillators**

Stelle die *allgemeine* Lösung der Dgl.

$$m\ddot{x} + c\dot{x} + Dx = m_u r \Omega^2 \cos\Omega t \qquad (7.2\text{–}1)$$

auf für $c = 2\sqrt{Dm}$ (Aperiodischer Fall).

**(7–19) Mittel Stabschwingung auf rotierenden Zylindern**

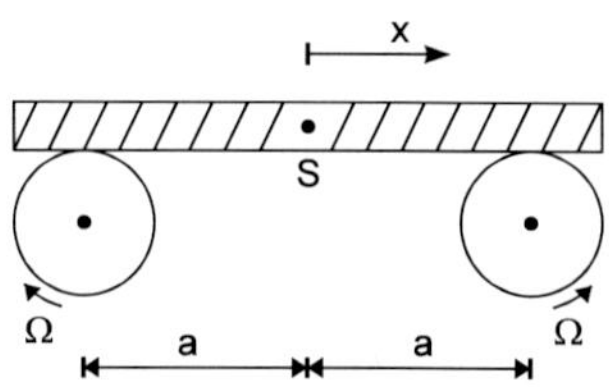


Zwei Zylinder rotieren mit entgegengesetzt gleicher Winkelgeschwindigkeit $\Omega$. Auf ihnen liegt ein homogenes Brett der Masse $m$. Zwischen den Zylindern und dem Brett bestehen Festreibungen mit den Beträgen $R_i = \mu N_i \quad (i = 1, 2)$ mit $N_i$ = Normalkräfte.

Zeige, daß das Brett harmonisch hin- und herschwingt mit $\omega = \sqrt{2\mu g / l}$.

**(7–20) Mittel Zeit bis zum Lösen des Kontaktes**

Eine Masse $m$ wird durch einen Faden gehalten und drückt eine Feder, die zwischen ihr und einer festen Wand liegt, um die Strecke $s_0$ zusammen. Die Verformungsenergie der Feder ist $E_0$, die Stauchung $s_0$.

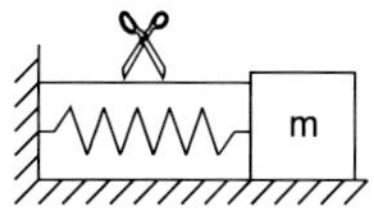


Jetzt wird der Faden mit einer Schere durchgeschnitten und die Feder treibt die Masse, die reibungsfrei auf der Unterlage gleitet, nach rechts. Wie groß ist die Zeit $T_K$, nach der die Masse $m$ den Kontakt mit der Feder verliert?

Hinweis: Gegeben sind nur $m$, $E_0$, $s_0$, nicht aber die Federkonstante $D$. Die zusammengedrückte Feder ist nur mit der Wand fest verbunden, nicht aber mit der Masse $m$. Die Feder ist also *nicht* an die Masse angeschweißt oder angeklebt.

# B Thermodynamik

## 8 Einführung in die Thermodynamik

Die Thermodynamik – auch Wärmelehre genannt – befaßt sich in erster Linie mit Gasen und Flüssigkeiten, aber auch mit festen Körpern und untersucht deren Verhalten im Zusammenhang mit Wärme und Temperaturänderungen. Sie spielt eine wichtige Rolle in vielen technischen Bereichen, vor allem im Maschinenbau und Bauingenieurwesen. Die Aufzählung nur einiger Aufgaben der technischen Thermodynamik zeigt ihre Wichtigkeit: Umwandlung von Wärme in Arbeit (in Verbrennungsmotoren, Turbinen usw.), Wärmeschutz, Wärmeübertragung, Erzeugung tiefer Temperaturen in Kühlanlagen. Im Alltag gibt es – wie wir sehen werden – unzählige Phänome, die durch die Thermodynamik erklärt werden.

Die Thermodynamik befaßt sich mit anderen Systemen als die Mechanik und hat andere Fragestellungen und andere Probleme. Daher unterscheiden sich Arbeits- und Denkweise in Mechanik und Wärmelehre erheblich voneinander.

*Mechanische Systeme* – z. B. gekoppelte Pendel, Oszillatoren mit Federn und Dämpfern, Billardkugeln – besitzen nur *wenige Teilchen*, deren Bahnen zumindest numerisch mit wenigen Differentialgleichungen oder Erhaltungssätzen berechnet werden können. Eine Billardkugel besteht zwar aus ungeheuer vielen Atomen, wird aber in der Mechanik aufgrund der mechanischen Fragestellungen als nur *ein* Teilchen, als ein Kontinuum mit Masse und Trägheitsmoment, Schwerpunkt und Ausdehnung angesehen.

*Thermodynamische Systeme* – z. B. Gase – haben *ungeheuer große Teilchenzahlen* $N \approx 10^{23}$. Die Berechnung aller Teilchenbahnen ist hier aus zwei Gründen nicht mehr möglich:

- Kein Computer kann die Bewegung von $10^{23}$ Molekülen in einem Gas oder in einer Flüssigkeit berechnen; der Rechenaufwand übersteigt die Kapazität jedes nur denkbaren Computers.
- Selbst wenn man alle $10^{23}$ Teilchenbahnen berechnen könnte, wäre dies völlig nutzlos, da das Ergebnis weder überschaubar noch experimentell überprüfbar wäre.

FAZIT: *In thermodynamischen Systemen ist die Kenntnis aller Teilchenbahnen weder möglich noch sinnvoll.*

Da die mikroskopische Kenntnis eines thermodynamischen Systems, d. h. die Kenntnis der Bewegungen aller $10^{23}$ Teilchen unmöglich und zugleich auch nutzlos ist, müssen sog. „makroskopische Zustandsgrößen“ wie Druck, Volumen, Temperatur, innere Energie usw. zur Beschreibung des Zustandes (z. B. eines Gases) verwendet werden. Diese Zustandsgrößen sind aber nicht alle unabhängig voneinander[1], sondern werden durch bestimmte Beziehungen miteinander verknüpft. Wenn man die unabhängigen Zustandsgrößen kennt, kann man die anderen, abhängigen Zustandsgrößen ermitteln und kennt damit den sog. "Makrozustand" des Systems. Die Wärmelehre stellt die Zusammenhänge auf, die zwischen den Zustandsgrößen Druck, Volumen, Temperatur usw. bestehen, und untersucht die Änderungen der Zustände.

Dazu ein konkreter Fall: Bei einem Gas mit gegebener Teilchenzahl seien Volumen $V$ und Temperatur $T$ bekannt. Dann können Druck, innere Energie, Wärmekapazität usw. berechnet werden. Damit ist der ganze Makrozustand des Gases bekannt. (Die Bahnen der $N$ Moleküle, die den Mikrozustand repräsentieren, können allerdings nicht ermittelt werden; lediglich die mittlere Geschwindigkeit und die Geschwindigkeitsverteilung der Moleküle, die mittlere Zeitdauer zwischen den Zusammenstößen eines Moleküls mit anderen Molekülen, ... können berechnet werden.)

[1] Z. B. steigen Druck oder Volumen eines Gases bei einer Temperaturerhöhung.

# 9 Temperatur

## 9.1 Definition der Temperaturskala

In der Mechanik gibt es drei unabhängige Grundgrößen: Länge, Zeit, Masse. Alle anderen Größen der Mechanik sind abgeleitete Größen: Geschwindigkeit = Länge/Zeit; Kraft = Masse · Länge/Zeit$^2$ usw. *In der Wärmelehre kommt eine vierte, unabhängige Grundgröße hinzu: Die Temperatur.* Der Tastsinn gibt uns ein Gefühl für diese neue Größe, arbeitet aber nur sehr ungenau und unzuverlässig[1]. Für die Grundgröße müssen wir eine Einheit definieren, d. h. eine international festgelegte und reproduzierbare Größe. Dazu werden Meßgeräte, sog. "*Thermometer*" benötigt, die die *bei Temperaturänderungen auftretenden Eigenschaftsänderungen eines Stoffes* messen. Für die verschiedenen Aufgaben und Temperaturbereiche gibt es unterschiedliche Meßverfahren. Wir zählen die wichtigsten auf:

- *Ausdehnungsthermometer:* Die thermische Ausdehnung von Festkörpern, Flüssigkeiten und Gasen wird am häufigsten zur Temperaturmessung verwendet. Die bekanntesten Beispiele sind das Alkohol- und vor allem das Quecksilberthermometer. Temperaturen von etwa −270 °C bis etwa 2000 °C können auf diese Art erfaßt werden.
- *Widerstandsthermometer:* Der elektrische Widerstand von Metallen und Halbleitern ist temperaturabhängig. Der Meßbereich von einigen Halbleiterthermometern geht bis auf wenige mK herunter. Nach oben können Widerstandsthermometer bis +1000 °C messen.
- *Strahlungspyrometer:* Jeder Körper gibt eine elektromagnetische Strahlung (Wärmestrahlung) ab, deren Frequenzspektrum und Intensität temperaturabhängig sind. Strahlungspyrometer messen die Wärmestrahlung eines Körpers. Sie arbeiten berührungsfrei und bis zu mehreren tausend Grad. Die Oberflächentemperatur der Sonne wird mit Strahlungspyrometern zu etwa 5700 °C gemessen.

Die Kalibrierung von Thermometern erfordert die *Definition* von zwei Bezugspunkten auf der Temperaturskala:

---

[1] Halte die linke Hand in einen Eimer mit kaltem Wasser, die rechte Hand in einen Eimer mit warmem Wasser. Schütte beide Eimer zusammen und halte beide Hände in das Wasser mit mittlerer Temperatur. Die linke Hand empfindet Wärme, die rechte aber empfindet Kälte.

*thermometern abweichen* und daher in ihrem Meßbereich von –39 °C (Erstarrungspunkt) bis zu +357 °C (Siedepunkt) *recht genau arbeiten.*

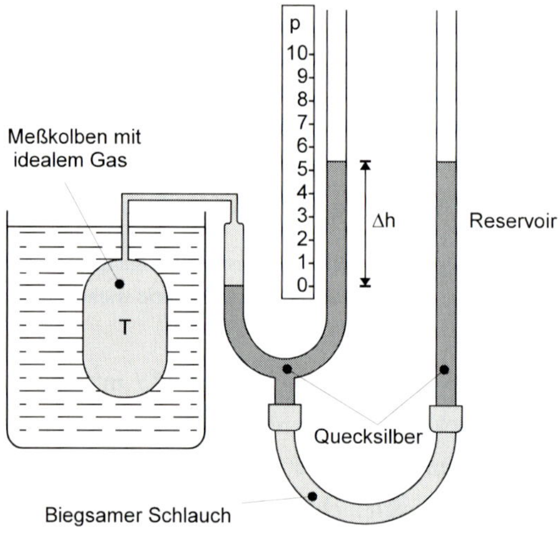


**Abb. (9.1–2)** Gasthermometer. Die linke Quecksilbersäule im U–Rohr wird durch Heben und Senken des Reservoirs auf Nullniveau gebracht. Dadurch hat das ideale Gas immer dasselbe Volumen. Der Druck beträgt $p = \rho_{Hg}\, g\, \Delta h + p_{\text{Luft}}$. Er ist ein Maß für die Temperatur des zu messenden Mediums, das hier als Bad dargestellt ist.

Die Temperaturmessung mit einem Gasthermometer erfolgt nach Abb. (9.1–2) nicht über die thermische Ausdehnung des Gases bei $p = \text{const}$, sondern umgekehrt über seine thermische Druckänderung bei $V = \text{const}$. Der Druck im idealen Gas hängt linear von der Höhe $\Delta h$ der überstehenden Quecksilbersäule ab. Bei linearer Einteilung der Temperaturskala ergibt sich zwangsläufig ein linearer Zusammenhang zwischen der Temperatur $\vartheta$ und dem Druck $p(\vartheta)$. Der Proportionalitätsfaktor läßt sich nur experimentell bestimmen. Das Gay-Lussac-Gesetz besagt:

$$p(\vartheta) = p_0\left(1 + \frac{\vartheta}{273{,}15\,°\text{C}}\right) \qquad \text{bei} \quad V = \text{const} \tag{9.1–1a}$$

Für die thermische Ausdehnung liefern Experimente in gleicher Weise

$$V(\vartheta) = V_0\left(1 + \frac{\vartheta}{273{,}15\,°\text{C}}\right) \qquad \text{bei} \quad p = \text{const} \tag{9.1–1b}$$

wobei $p_0$ und $V_0$ der Druck und das Volumen am Eispunkt ( $\vartheta = 0\,°\text{C}$ ) sind.

Hinweis: Diese zwei Gln. muß sich der Leser *nicht* unbedingt merken, da sie als Spezialfälle in der sehr einfachen idealen Gasgl. (siehe Abschn. 10.2) enthalten sind.

**Beispiel (9.1–1) Druckänderung im Autoreifen.**

Der Reifendruck $p_R$ in einem Autoreifen sei bei $\vartheta = 20\,°\text{C}$ um $1,8 \cdot 10^5\ \text{N/m}^2$ höher als der äußere Luftdruck $p_L = 1 \cdot 10^5\ \text{N / m}^2$. Wie ändert sich $p_R$ bei einer Erwärmung auf $\vartheta = 32\,°\text{C}$, wenn die Volumenänderung des Reifens vernachlässigt wird?

**Lösung:**

$$p_R(20\,°\text{C}) = 2{,}8 \cdot 10^5\ \text{N/m}^2 = p_R(0\,°\text{C}) \cdot \left(1 + \frac{20\,°\text{C}}{273{,}15\,°\text{C}}\right)$$

$$\Rightarrow \quad p_R(0\,°\text{C}) \approx 2{,}609 \cdot 10^5\ \text{N/m}^2$$

$$\Rightarrow \quad p_R(32\,°\text{C}) = p_R(0\,°\text{C})\left(1 + \frac{32\,°\text{C}}{273{,}15\,°\text{C}}\right) \approx 2{,}915 \cdot 10^5\,\text{N/m}^2$$

Der Reifendruck erhöht sich also auf etwa $2,915 \cdot 10^5\,\text{N/m}^2$.

Bei tiefen Temperaturen verflüssigen alle Gase wegen der intermolekularen Anziehungskräfte. Schon vorher verlieren sie ihre idealen Eigenschaften und das Gay-Lussac-Gesetz (9.1–1b) gilt nicht mehr. Daher können Gasthermometer nach unten nur bis zu bestimmten Temperaturen verwendet werden (teilweise bis zu –272 °C). Wenn man das Gay-Lussac-Gesetz unerlaubterweise über die Gültigkeitsgrenze hinaus nach unten fortsetzt – wie in Abb. (9.1–3) – so findet man $\vartheta = -273{,}15\,°\text{C}$ als untere Grenztemperatur, die nicht unterschritten werden kann, da sonst $V < 0$ würde. Wir werden später auf andere Art bestätigen, daß $\vartheta = -273{,}15\,°\text{C}$ *der absolute Nullpunkt der Temperatur ist, der nicht unterschritten, ja nach dem 3. Hauptsatz der Thermodynamik nicht einmal erreicht werden kann.*

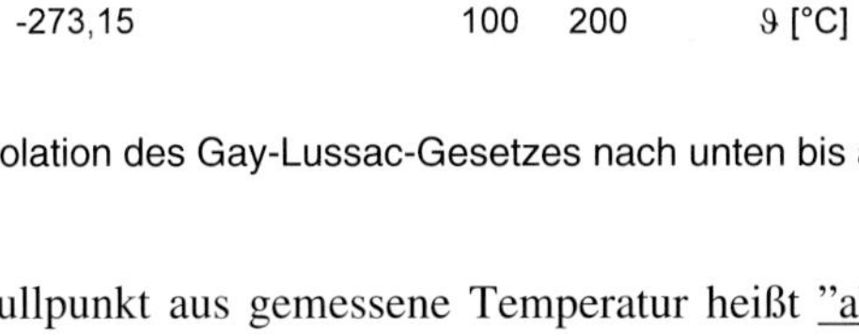


**Abb. (9.1–3)** Extrapolation des Gay-Lussac-Gesetzes nach unten bis auf $V(\vartheta) = 0$

Die vom absoluten Nullpunkt aus gemessene Temperatur heißt "absolute Temperatur". Sie wird mit der Einheit Kelvin [K] gemessen und hat das Formelzeichen *T*. Kelvin-Skala und Celsius-Skala haben dieselbe Skaleneinteilung. Für die absolute Temperatur *T* in Kelvin [K] und die Temperatur $\vartheta$ in Grad Celsius [°C] gilt der Zusammenhang

$$\frac{\vartheta}{°\text{C}} = \frac{T}{\text{K}} - 273{,}15 \qquad (9.1\text{–}2)$$

Anfangs hatten wir die Notwendigkeit von zwei Bezugspunkten herausgestellt und als solche den Eispunkt und den Siedepunkt von Wasser bei $p = 1,01325 \cdot 10^5\ \mathrm{N/m^2}$ gewählt. Die moderne Physik hat diese beiden alten Bezugspunkte aufgegeben und ersetzt sie durch den absoluten Nullpunkt und durch den Tripelpunkt von Wasser, also durch den Punkt, bei dem Eis, Wasser und Wasserdampf gleichzeitig nebeneinander im Gleichgewicht existieren. Der Tripelpunkt von Wasser liegt bei $p_{tr} = 6,1\ \mathrm{mbar}$ und $T_{tr} = 273,16\ \mathrm{K}$. Danach ist 1 Kelvin der 273,16-te Teil der Temperatur des Tripelpunktes von Wasser. Diese neue Festlegung ergibt dieselbe Temperaturskala wie die alte.

## 9.2 Thermische Ausdehnung

Die meisten Festkörper dehnen sich bei Erwärmung aus. Gegenbeispiele sind Gummi und einige Kunststoffe. Nach den experimentellen Resultaten ist die Längenänderung $\Delta l$ eines Stabes bei nicht zu großen Temperaturänderungen proportional zur Länge $l$ und zur Temperaturänderung $\Delta\vartheta$ :

$$\Delta l = \alpha\, l\, \Delta\vartheta \qquad \text{für nicht zu große Temperaturänderungen} \qquad (9.2\text{–}1)$$

bzw. $$l(\vartheta_2) = l(\vartheta_1)\left[1 + \alpha(\vartheta_2 - \vartheta_1)\right] \qquad (9.1\text{–}1')$$

Der sog. ”Wärmeausdehnungskoeffizient” $\alpha$ [1/°C] – auch „Längenausdehnungskoeffizient“ oder seltener ”Temperaturdehnzahl” genannt – ist eine Materialkonstante, die experimentell bestimmt werden muß. $\alpha$ hängt in der Regel von der Temperatur ab. Nur bei kleinen Temperaturänderungen kann $\alpha$ als konstant angesehen werden. Bei nicht zu großen Temperaturänderungen und nicht zu strengen Genauigkeitsforderungen können mittlere Werte von $\alpha$ verwendet werden, die in einem bestimmten Temperaturbereich gelten. Die Tabelle (9.2–1) zeigt einige mittlere Wärmeausdehnungskoeffizienten im Temperaturbereich von 0 °C bis 100 °C. Bei sehr genauen Messungen arbeitet man mit folgender Gl., die an eine Taylorentwicklung erinnert:

$$\Delta l = l\left[\alpha\,\Delta\vartheta + \beta\,(\Delta\vartheta)^2 + \ldots\right]$$

Dabei sind die Koeffizienten $\alpha, \beta$ konstant und experimentell zu bestimmende Materialkonstanten.

**Tabelle (9.2–1):** Mittlere Wärmeausdehnungskoeffizienten im Temperaturbereich von 0 °C bis 100 °C in $10^{-5}$/K

| Material | Stahl | Alu | Kupfer | Glas | Hartgummi | Holz in Faserrichtung |
|---|---|---|---|---|---|---|
| $\alpha$ | 1 – 1,6 | 2,38 | 1,68 | 0,3 – 0,8 | 7,5 – 10 | 2,2 – 3,1 |

Die Wärmeausdehnungskoeffizienten der meisten Festkörper liegen zwischen $1 \cdot 10^{-5}/\mathrm{K}$ und $1 \cdot 10^{-4}/\mathrm{K}$ und sind i. allg. temperaturabhängig. Die Ausdehnungskoeffizienten der Flüssigkeiten sind etwa 50mal größer als die der Festkörper. Nach Tabelle (9.2–1) erhöht sich die Länge eines 1 m langen Kupferdrahtes bei Erwärmung von 0 °C auf 100 °C um 1,7 mm.

Für die Volumenänderung von Festkörpern, Flüssigkeiten und von Gasen mit konstantem Druck gilt eine ähnliche Beziehung:

$$\Delta V = \gamma V \Delta \vartheta \tag{9.2–2}$$

bzw. $$V(\vartheta_2) = V(\vartheta_1)\left[1 + \gamma\left(\vartheta_2 - \vartheta_1\right)\right] \tag{9.2–2'}$$

Auch der Volumenausdehnungskoeffizient $\gamma$ ist temperaturabhängig.

**Beispiel (9.2–1) Volumenausdehnungskoeffizient.**

Zeige, daß $\gamma \approx 3\alpha$ gilt, wenn sich der Festkörper in alle drei Raumrichtungen gleich stark dehnt.

**Lösung:**

Wir betrachten einen Quader, der bei der Temperatur $\vartheta_1$ das Volumen $V_1 = b_1 h_1 l_1$ hat. Dann gilt:

$$\begin{aligned} V_2 &= b_2 h_2 l_2 = b_1 h_1 l_1 \left[1 + \alpha\left(\vartheta_2 - \vartheta_1\right)\right]^3 \\ &= V_1 \left[1 + 3\alpha\left(\vartheta_2 - \vartheta_1\right) + 3\alpha^2\left(\vartheta_2 - \vartheta_1\right)^2 + \alpha^3\left(\vartheta_2 - \vartheta_1\right)^3\right] \end{aligned}$$

Wegen $\alpha\left(\vartheta_2 - \vartheta_1\right) << 1$ können wir den quadratischen und kubischen Term vernachlässigen und erhalten

$$V_2 = V_1\left[1 + 3\alpha\left(\vartheta_2 - \vartheta_1\right)\right]$$

Ein Vergleich mit Gl. (9.2–2') liefert $\gamma = 3\alpha$.

**Beispiel (9.2–2) Pendeluhr bei Temperaturänderungen.**

Bei der Temperatur $\vartheta = 18\,°\mathrm{C}$ habe eine Pendeluhr die Schwingungsdauer $T_{18} = 1\,\mathrm{s}$ und gehe absolut genau.

Wie groß ist bei $\vartheta = 35\,°\mathrm{C}$ der Zeitfehler nach einem Tag, wenn die Pendelstange aus Kupfer besteht mit dem Wärmeausdehnungskoeffizient $\alpha = 1{,}6 \cdot 10^{-5}/°\,\mathrm{C}$?

Hinweis: Die Schwingungsdauer eines Pendels mit Pendellänge $l$ ist nach Aufgabe (7-5) $T = 2\pi\sqrt{l/g}$.

**Lösung:**

Bei $T_{18} = 1\,\mathrm{s}$ beträgt die Pendellänge

$$l_{18} = \frac{T^2}{4\pi^2}\, g \approx 0{,}248490\,\mathrm{m}$$

Durch die Erwärmung auf 35 °C verlängert sich das Pendel auf

$$l_{35} = l_{18}\left[1 + \alpha\left(35\,°\text{C} - 18\,°\text{C}\right)\right] \approx 0{,}248558 \text{ m}$$

Die Schwingungsdauer beträgt nun $T_{35} = 1{,}000136$ s.

In 24 h schwingt das Pendel bei $\vartheta = 18\,°\text{C}$ genau $24 \cdot 3600 = 86400$–mal hin und her und bei $\vartheta = 35\,°\text{C}$ etwa $24 \cdot 3600 \,/\, 1{,}000136 \approx 86388{,}25$–mal hin und her. Daher geht die erwärmte Uhr im Laufe eines Tages um 11,75 s nach.

**Beispiel (9.2–3) Effektiver Wärmeausdehnungskoeffizient.**

Ein Stab besteht aus zwei Materialien mit Längen $l_1$, $l_2$ und Wärmeausdehnungskoeffizienten $\alpha_1$, $\alpha_2$. Berechne den effektiven Wärmeausdehnungskoeffizient $\alpha$ des ganzen Stabes.

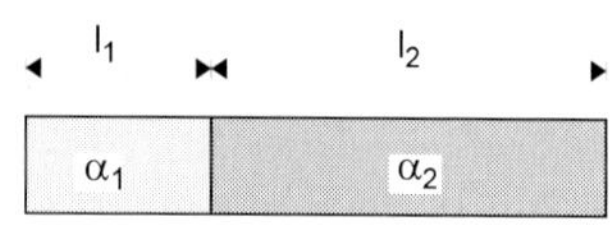


**Abb. (9.2–1)** Stab aus zwei verschiedenen Materialien.

**Lösung:**

$$\Delta l = \Delta l_1 + \Delta l_2 = \left(\alpha_1\, l_1 + \alpha_2\, l_2\right)\Delta T =: \alpha\, l\, \Delta T$$

$$\Rightarrow \quad \alpha = \frac{\alpha_1\, l_1 + \alpha_2\, l_2}{l_1 + l_2}$$

Kontrolle und Veranschaulichung:

- Die Einheit ist richtig.
- Für $l_1 \to 0$ geht $\alpha \to \alpha_2$
- Für $l_2 \to 0$ geht $\alpha \to \alpha_1$
- Für $l_1 = l_2$ gilt $\alpha = \left(\alpha_1 + \alpha_2\right) / 2$.

Die Bedeutung der Wärmedehnung für Alltag und Industrie kann durch unzählige Beispiele und Anwendungen belegt werden:

- Der festsitzende Deckel eines Marmeladeglases kann mit heißem Wasser gelockert werden, weil sich Stahl bei Erwärmung stärker ausdehnt als Glas.
- Glas ist ein schlechter Wärmeleiter. Stellt man ein dickes Glas auf eine heiße Herdplatte oder in einen heißen Ofen, wollen sich die schnell erwärmten Teile, die die heiße Fläche berühren, ausdehnen, die aber noch kalten Teile nicht. Das führt zu starken Spannungen im Glas und evtl. zum Springen.
- Hochspannungsleitungen hängen im Sommer stärker durch als im Winter (siehe Aufgabe (9–3)).
- Die Enden von Brücken können auf liegenden Metallzylindern rollen, um Wärmeausdehnungen zu ermöglichen.
- Zahnfüllungen müssen eine ähnliche Wärmeausdehnung haben wie die Zahnsubstanz.
- Bimetallstreifen bestehen aus zwei dünnen, fest aufeinander gepreßten Metallstreifen mit verschiedenen Wärmeausdehnungskoeffizienten. Bei Temperaturerhöhung biegt sich das Bimetall auf die Seite des Metalls mit der kleineren Wärmeausdehnung. Damit lassen sich Schalter zum automatischen, temperaturabhängigen Öffnen und Schließen von Stromkreisen herstellen – z. B. in Elektroherden, Eierkochern, usw.

- Metalle mit stark verschiedenen Ausdehnungskoeffizienten dürfen nur miteinander verschweißt werden, wenn sie später keinen großen Temperaturschwankungen unterliegen.
- Durch das sog. Aufschrumpfen können Werkstoffe sehr fest miteinander verbunden werden. Dabei wird ein erhitztes Teil – z. B. ein Ring – ohne großen Zwischenraum über ein kaltes Teil – z. B. ein Rohr – geschoben. Nach dem Erkalten sitzt das aufgeschrumpfte Teil sehr fest.

Der Volumenausdehnungskoeffizient $\gamma$ von Wasser ändert sich knapp über dem Gefrierpunkt erheblich, so daß die Gl. (9.2–2) dort nur für kleine Temperaturänderungen angewendet werden darf. Unter 4 °C beginnen sich die Wassermoleküle auszurichten und zu ordnen. Dabei benötigen sie wegen vergrösserter Hohlräume mehr Platz, so daß sich Wasser unter 4 °C bei Temperatursenkung ausdehnt. Beim Gefrieren nehmen Ordnung und Platzbedarf der gebildeten Strukturen weiter zu und die Wasserdichte fällt von 999,8 kg/m$^3$ auf 917 kg/m$^3$. Deshalb schwimmt Eis auf dem Wasser und deshalb können eingefrorene Wasserleitungen reißen. Die starke, 9%-ige Ausdehnung des Wassers beim Gefrieren ist in der Natur die Hauptursache für die Verwitterung und wird von der Menschheit seit Jahrtausenden zum Sprengen von Gestein verwendet. Unter dem Eispunkt nimmt das Eisvolumen bei fallender Temperatur ab.

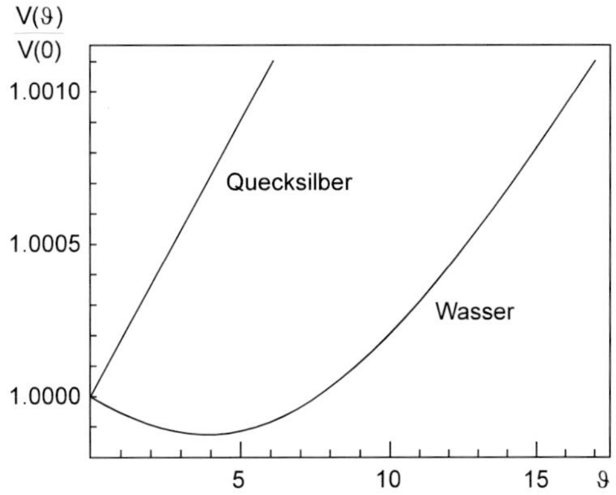


**Abb. (9.2–2):** Volumenverhältnis $V(\vartheta) / V(0)$ für Wasser und die "normale" Flüssigkeit Quecksilber. Der Volumenausdehnungskoeffizient $\gamma$ von Wasser ist für $\vartheta > 4^\circ$ C positiv und für $\vartheta < 4^\circ$ C negativ.

Das Volumen von Wasser ist also bei 4 °C am kleinsten. Diese sog. "Anomalie" des Wassers ist dafür verantwortlich, daß am Boden tiefer Seen eine konstante Temperatur von 4 °C herrscht. An der Oberfläche abgekühltes Wasser sinkt solange nach unten, bis unten eine Temperatur von 4 °C erreicht ist. Erst dann kann das Wasser an der Oberfläche unter 4 °C abkühlen ohne abzusinken. Danach kann sich eine Eisdecke bilden.

Wegen der Volumenzunahme des Wassers beim Gefrieren sinkt die Schmelztemperatur von Wasser mit zunehmendem Druck (Regelation des Eises). Eine Druckerhöhung um 1 bar erniedrigt die Schmelztemperatur nur um 0,0075 °C [4]. Das Wandern der Gletscher wird auf das Schmelzen des Eises unter dem hohen Druck zurückgeführt.

Die Erniedrigung des Schmelzpunktes von Wasser durch Druckerhöhung läßt sich sehr beeindruckend durch folgenden Versuch bestätigen: Man legt um einen Eisblock eine dünne Drahtschlinge und hängt daran ein hohes Gewicht. Durch den hohen Druck schmilzt das Eis unter der Drahtschlinge und gefriert oberhalb der Drahtschlinge wieder. Die Schlinge wandert langsam durch den Eisblock hindurch, ohne den Eisblock zu durchschneiden.

Bei den meisten Stoffen nimmt das Volumen beim Erstarren ab. Metalle z. B. ziehen sich beim Gießen (Erstarren) zusammen. Deshalb müssen die Gußformen um das Schwindmaß größer sein als das fertige Stück. Die auf die Länge bezogenen Schwindmaße liegen bei den meisten Metallen zwischen 1% und 2%. Eine Druckerhöhung bewirkt hier eine Zunahme der Schmelztemperatur.

## 9.3 Zusammenfassung

**1)** Ideale Gase haben ein Eigenvolumen, das wesentlich kleiner ist als das Gefäßvolumen, und sind weit vom Verflüssigungspunkt entfernt, so daß die Wechselwirkung der Moleküle untereinander vernachlässigt werden kann.

**2)** Alle idealen Gase haben bei $p$ = const dieselbe thermische Volumenänderung und bei $V$ = const dieselbe thermische Druckänderung. Daher eignen sie sich gut zur Festlegung der Temperaturskala.

**3)** In der Thermodynamik kommt neben den drei Grundgrößen der Mechanik Länge, Zeit, Masse noch die Temperatur als vierte Grundgröße hinzu.
Die Definition der Temperatur erfordert zwei Bezugspunkte. Dies waren früher der Eispunkt und der Siedepunkt von Wasser unter Normaldruck. Heute verwendet man statt dessen lieber den absoluten Nullpunkt der Temperatur und den Tripelpunkt von Wasser.

**4)** Nach dem Gay-Lussac-Gesetz gilt für ideale Gase:

$$p(\vartheta) = p_0\left(1 + \frac{\vartheta}{273{,}15\ °\mathrm{C}}\right) \qquad \text{bei } V = \text{const}$$

[4] Beim Schlittschuhlaufen schmilzt das Eis unter den Kufen und die entstehende Wasserschicht verringert die Reibung. Vermutlich ist das Schmelzen großenteils auf die Temperaturerhöhung infolge der Reibung zurückzuführen und nicht so sehr auf die Erniedrigung der Schmelztemperatur durch den Druck unter den Kufen – wie in vielen Büchern zu lesen ist. Ein Schlittschuhläufer mit der Masse $m = 100$ kg erzeugt unter den Kufen mit der Auflagefläche $A = 2\ \mathrm{cm}^2$ einen Druck von 50 bar. Dieser Druck erniedrigt die Schmelztemperatur nur um 0,4 °C. In den Eisstadien ist die Eistemperatur wenige Grade unter Null.

$$V(\vartheta) = V_0 \left(1 + \frac{\vartheta}{273{,}15\,°\mathrm{C}}\right) \qquad \text{bei } p = \text{const}$$

**5)** Für nicht zu große Temperaturänderungen beträgt die Längenänderung eines Festkörpers

$$\Delta l = \alpha\, l\, \Delta\vartheta \qquad \text{oder} \qquad l(\vartheta_2) = l(\vartheta_1)\left[1 + \alpha\,(\vartheta_2 - \vartheta_1)\right]$$

Der Wärmeausdehnungskoeffizient $\alpha$ ist eine temperaturabhängige Materialkonstante.

**6)** Für die Volumenänderung von Festkörpern, Flüssigkeiten und Gasen unter konstantem Druck gilt eine ähnliche Gl. für nicht zu große Temperaturänderungen:

$$\Delta V = \gamma\, V\, \Delta\vartheta \qquad \text{oder} \qquad V(\vartheta_2) = V(\vartheta_1)\left[1 + \gamma\,(\vartheta_2 - \vartheta_1)\right]$$

**7)** Normalerweise ist $\gamma$ positiv. Wasser hat zwischen 0 °C und 4 °C eine Anomalie: Bei 4 °C ist die Dichte maximal. Unterhalb von 4 °C nimmt das Volumen bei Temperatursenkung zu. Beim Gefrieren nimmt das Volumen nochmals um etwa 9% zu. Deshalb schwimmt Eis auf dem Wasser und können gefrorene Wasserleitungen reißen.

## 9.4 Aufgaben

**(9–1) Mittel Eichung eines Barometers**

Ein Quecksilberbarometer ist bei Zimmertemperatur $\vartheta = 18\,°\mathrm{C}$ geeicht. Bei einem Experiment wird bei der Temperatur $\vartheta = 25\,°\mathrm{C}$ der Luftdruck $\hat{p}_L$ abgelesen. Wegen der Wärmeausdehnung des Quecksilbers ist der abgelesene Luftdruck nicht gleich dem wahren Luftdruck $p_L$. Berechne den wahren Luftdruck $p_L$.

**(9–2) Leicht Überlaufender Benzintank**

An der Tankstelle wird ein Autotank bis unmittelbar vor dem Überlaufen mit 60 Liter Benzin der Temperatur $\vartheta = 8\,°\mathrm{C}$ gefüllt. Der Weg nach Hause ist nur ein paar Hundert Meter lang. In der warmen Garage wärmt sich der Tank auf 24 °C auf. Wieviel Benzin läuft über?

Hinweis: $\gamma_{\mathrm{Benzin}} = 95 \cdot 10^{-5}/\mathrm{K}$ $\qquad \gamma_{\mathrm{Stahl}} = 3{,}6 \cdot 10^{-5}/\mathrm{K}$

**(9–3) Leicht Durchhängende Hochspannungsleitung**

Eine Hochspannungsleitung hat den Mastabstand 80 m. Der Durchhang werde zur Vereinfachung dreieckig angenommen und betrage an der tiefsten Stelle $x = 1$ m bei der Temperatur $\vartheta = -15\,°\mathrm{C}$.

Wie groß ist der Durchhang $x$ an der tiefsten Stelle bei $\vartheta = +40\,°\mathrm{C}$ und bei $\alpha = 2{,}3 \cdot 10^{-5}/\mathrm{K}$ ?

# 10 Ideale Gasgleichung

## 10.1 Naturkonstanten

Nach dem Gay-Lussac-Gesetz (9.1–1a) gilt für ideale Gase

$$p(\vartheta) = p_0 \frac{273{,}15\,°\mathrm{C} + \vartheta}{273{,}15\,°\mathrm{C}} \qquad \text{für } V = \text{const}$$

$$\Rightarrow \quad p(T) = p_0 \frac{T}{273{,}15\,°\mathrm{C}} \qquad \text{für } V = \text{const}$$

$$\Rightarrow \quad \frac{p}{T} = \text{const} \qquad \text{für } V = \text{const} \qquad (10.1\text{–}1\text{a})$$

Entsprechend zeigt man mit Gl. (9.1–1b)

$$\frac{V}{T} = \text{const} \qquad \text{für } p = \text{const} \qquad (10.1\text{–}1\text{b})$$

Weiterhin gilt für ideale Gase noch das Gesetz von Boyle-Mariotte:

$$p\,V = \text{const} \qquad \text{für } T = \text{const} \qquad (10.1\text{–}1\text{c})$$

In allen drei Gesetzen (10.1–1a/b/c) werden jeweils zwei Zustandsgrößen geändert und eine Zustandsgröße wird konstant gehalten. Welche Beziehung gilt für die gleichzeitige Änderung von allen drei Zustandsgrößen $p$, $V$, $T$? Wir beantworten diese Frage, indem wir zwei Schritte hintereinander ausführen:

1. Schritt: Bei konstanter Temperatur $T_0$ werden Druck und Volumen $p_0$, $V_0$ geändert in $\hat{p}_1$, $V_1$. Dafür gilt nach Gl. (10.1–1c)

$$p_0\,V_0 = \hat{p}_1\,V_1 \qquad (10.1\text{–}2)$$

2. Schritt: Bei konstantem Volumen $V_1$ werden Druck und Temperatur $\hat{p}_1$, $T_0$ geändert in $p_1$, $T_1$. Dafür gilt nach Gl. (10.1–1a)

$$\frac{\hat{p}_1}{T_0} = \frac{p_1}{T_1}$$

Auflösung nach $\hat{p}_1$ und Einsetzen in die Gl. (10.1–2) liefern

$$\frac{p_0\,V_0}{T_0} = \frac{p_1\,V_1}{T_1} = \text{const} \qquad (10.1\text{–}3)$$

Demnach ist das Produkt aus Druck und Volumen, dividiert durch die absolute Temperatur bei allen Zustandsänderungen idealer Gase konstant. Wir müssen den Wert dieser konstanten Größe bestimmen und stoßen dabei auf internationale Vereinbarungen und mehrere Naturkonstanten, die von größter Bedeutung für die Wärmelehre sind.

Offensichtlich ist $p\,V/T$ um so größer, je größer die Gasmenge ist, d. h. je mehr Moleküle das Gas enthält; denn bei konstantem Druck $p$ und konstanter Temperatur $T$ nimmt das Volumen $V$ mit der Stoffmenge zu. *Die Einheit der Stoffmenge wird folgendermaßen definiert:*

> 1 mol ist die Stoffmenge, die genauso viele Teilchen enthält wie Atome in 12 g des Kohlenstoffisotops ${}^{12}_{6}\mathrm{C}$ enthalten sind, nämlich $N_A = 6,022045 \cdot 10^{23}$ Teilchen.

Die Zahl $N_A = 6,022045 \cdot 10^{23}$ der Teilchen pro mol heißt "Avogadro-Konstante", in der deutschsprachigen Literatur auch sehr oft „Loschmidt-Konstante" $N_\mathrm{L}$.

*Die Molmasse ist die Masse eines mols eines Stoffes. Sie beträgt so viele Gramm, wie die relative Atom- bzw.* (bei Verbindungen) *die relative Molekülmasse angibt*; dies folgt sofort aus der Definition des mols. So hat z. B. 1 mol Stickstoff $N_2$ des Isotops ${}^{14}_{7}N$ (mit 7 Protonen und 14 Nukleonen) die Masse $m = 2 \cdot 14\ \mathrm{g} = 28\ \mathrm{g}$ und 1 mol ${}^{235}_{92}\mathrm{U}$ die Masse $m = 235\ \mathrm{g}$.

Nach dem Gesetz von Avogadro *nimmt ein mol eines jeden idealen Gases unter Normalbedingungen*, d. h. beim Druck $p_0 = 1\ \mathrm{atm} = 1,01325 \cdot 10^5\ \mathrm{N/m^2}$ und bei der Temperatur $T_0 = 273,15\ \mathrm{K}$ *das gleiche Volumen*

$$V_\mathrm{mol} = 22,41383 \cdot 10^{-3}\ \mathrm{m^3} \qquad (10.1\text{–}4)$$

*ein.* $V_\mathrm{mol} = 22,41383 \cdot 10^{-3}\ \mathrm{m^3}$ ist das Molvolumen eines idealen Gases unter Normalbedingungen.

Die linke Seite der Gl. (10.1–3) kann jetzt für 1 mol eines idealen Gases berechnet werden:

$$\frac{p_0\,V_0}{T_0} = \frac{1,01325 \cdot 10^5\ \mathrm{N/m^2} \cdot 22,41383 \cdot 10^{-3}\ \mathrm{m^3/mol}}{273,15\,^\circ\mathrm{C}} = 8,31441\ \mathrm{J/(mol\ K)}$$

Die Naturkonstante

$$R = 8,31441\ \mathrm{J/(mol\ K)} \qquad (10.1\text{–}5)$$

heißt "universelle Gaskonstante".

## 10.2 Aufstellung der idealen Gasgleichung

Nach Gl. (10.1–3) gilt für ein mol eines idealen Gases

$$\frac{p\,V}{T} = R \quad \text{bzw.} \quad p\,V = R\,T \quad \text{für 1 mol}$$

Für $n$ Mole eines idealen Gases folgt die "allgemeine Zustandsgl." oder "ideale Gasgl."

$$p\,V = n\,R\,T \qquad \text{für ideale Gase} \qquad (n = \text{Molzahl}) \qquad (10.1\text{–}6)$$

Mit der "Boltzmann–Konstante"

$$k := \frac{R}{N_A} = 1{,}380662 \cdot 10^{-23}\ \mathrm{J/K} \qquad (10.1\text{–}7)$$

lautet die ideale Gasgl.

$$p\,V = N\,k\,T \qquad N = \text{Molekülzahl} \qquad (10.1\text{–}6')$$

Die ideale Gasgl. spielt beim Lernen und bei der Untersuchung thermodynamischer Gesetzmäßigkeiten eine ähnliche Rolle wie der Massenpunkt und der starre Körper in der Mechanik. Die ideale Gasgl. ist eine *Zustandsgl.*, da sie den Zusammenhang zwischen den Zustandsgrößen $p$, $V$, $T$ des idealen Gases aufstellt.

**Beispiel (10.1–1) Stickstoffmasse.**

In einer Stahlflasche mit $V = 15$ Liter befindet sich reiner Stickstoff mit der Temperatur $\vartheta = 22\,°\mathrm{C}$ und dem Druck $p = 35\ \mathrm{bar} = 35 \cdot 10^5\ \mathrm{N/m^2}$. Wie groß ist die Stickstoffmasse?

**Lösung:**

Nach der idealen Gasgl. (10.1–6) ist die Anzahl $n$ der Stickstoffmole

$$n = \frac{p\,V}{R\,T} = \frac{3{,}5 \cdot 10^6\ \mathrm{N/m^2} \cdot 15 \cdot 10^{-3}\ \mathrm{m^3}}{8{,}31441\ \mathrm{J/(mol\ K)} \cdot 295{,}15\ \mathrm{K}} = 21{,}39\ \mathrm{mol}$$

Jedes mol wiegt 28 g. Daher ist $m \approx 599\ \mathrm{g}$.

**Beispiel (10.1–2) Letzter Atemzug von Kaiser Augustus.**

Wieviele der Moleküle, die Kaiser Augustus in seinem letzten Atemzug ausgeatmet hat, atmen wir durchschnittlich mit jedem Atemzug ein?

Löse dieses Problem, indem Du mit den Dir zur Verfügung stehenden Kenntnissen grobe Abschätzungen machst.

Hinweise: Das Atemvolumen $V_A$ ist etwa 0,5 Liter.

Nach der barometrischen Höhenformel (siehe Aufgabe (10–1)) fällt der Luftdruck exponentiell mit zunehmender Höhe:

$$p(h) = p(0)\exp\left(-\frac{h}{7990\text{ m}}\right)$$

**Lösung:**

Die Oberfläche $A$ der Erde ergibt sich mit der Äquatorlänge $4 \cdot 10^7$ m zu

$$A = 4\pi r^2 = 4\pi\left(\frac{4 \cdot 10^7}{2\pi}\right)^2 \text{m}^2 \approx 5 \cdot 10^{14}\text{m}^2$$

Von der Erdoberfläche bis zur Höhe $H$ beträgt der mittlere Luftdruck

$$\overline{p} = \frac{1}{H}\int_0^H p_0\, e^{-\frac{h}{7990\text{ m}}}\, dh \underset{H \gg 8\text{ km}}{\approx} \frac{7990\text{ m}}{\text{H}}\, p_0$$

Sei $V_{atm} = A\, h_{atm}$ das Volumen, in das die Erdatmosphäre beim Druck $p_0$ passen würde. Für dieses Volumen gilt:

$$p_0 V_{atm} = p_0 A\, h_{atm} = \overline{p}\, A\, H$$

$$\Rightarrow\quad h_{atm} = \frac{\overline{p}}{p_0} H = 7990\text{ m}$$

Würde der Luftdruck nicht mit der Höhe abnehmen, sondern überall gleich dem Druck $p_0$ auf der Erdoberfläche sein, dann hätte die Erdatmosphäre die Höhe 7990 m und das Volumen

$$V_{atm} = A\, h_{atm} \approx 4 \cdot 10^{18}\text{ m}^3 \approx 8 \cdot 10^{21}\, V_A$$

Im letzten Atemzug von Kaiser Augustus waren

$$\frac{V_A}{V_{mol}} \cdot N_A \approx 13 \cdot 10^{21}$$

Moleküle enthalten. Da sich diese Moleküle gleichmäßig in der Atmosphäre verteilt haben, sind in jedem $V_A$ urchschnittlich 1 bis 2 gesuchte Moleküle enthalten.

**Beispiel (10.2–3) Verdünnung beim Verdampfen.**

Wieviele Liter Dampf entstehen bei der Verdampfung von 1 Liter Wasser unter Normalbedingungen?

Hinweis: Bei normalem Luftdruck kann Wasserdampf auch in der Nähe des Kondensationspunkts in guter Näherung als ideales Gas behandelt werden.

**Lösung:**

1 mol $H_2O$ wiegt 18 g. Daher enthält 1 Liter $n = 1000\text{ g} / 18\text{ g} = 55{,}\overline{5}$ mole. Nach der idealen Gasgl. (10.1–6) lautet das Volumen

$$V = \frac{n\,R\,T}{p} \approx \frac{55{,}\overline{5}\ \mathrm{mol} \cdot 8{,}31\ \mathrm{J/(mol\ K)} \cdot 373{,}15\ \mathrm{K}}{1 \cdot 10^5\ \mathrm{N/m^2}}$$

$$\approx 1{,}7\ \mathrm{m^3} = 1700\ \text{Liter}$$

# 10.3 Zusammenfassung

**1)** 1 mol ist die Stoffmenge, die genauso viele Teilchen enthält wie Atome in 12 g des Kohlenstoffisotops $^{12}_{6}C$ enthalten sind, nämlich $N_A = 6,022045 \cdot 10^{23}$ Teilchen.

Die Zahl $N_A = 6,022045 \cdot 10^{23}$ der Teilchen pro mol heißt "Avogadro-Konstante".

**2)** Die Molmasse ist die Masse eines mols eines Stoffes. Sie beträgt so viele Gramm, wie die relative Atom- bzw. (bei Verbindungen) die relative Molekülmasse angibt.

**3)** Nach dem Gesetz von Avogadro hat ein mol eines jeden idealen Gases unter Normalbedingungen, d. h. beim Druck $p_0 = 1\ \mathrm{atm} = 1,01325 \cdot 10^5\ \mathrm{N/m^2}$ und bei der Temperatur $T_0 = 273,15\ \mathrm{K}$ das gleiche Molvolumen

$$V_{\mathrm{mol}} = 22,41383 \cdot 10^{-3}\ \mathrm{m^3}$$

**4)** Mit der universellen Gaskonstante

$$R = 8,31441\ \mathrm{J/(mol\ K)}$$

lautet die ideale Gasgl.

$$p\,V = n\,R\,T \qquad n = \text{Molzahl}$$

**5)** Mit der Boltzmann-Konstante

$$k := \frac{R}{N_A} = 1{,}38 \cdot 10^{-23}\ \mathrm{J/K}$$

lautet die ideale Gasgl.

$$p\,V = N\,k\,T \qquad N = \text{Zahl der Moleküle}$$

# 10.4 Aufgaben

**(10–1) Schwer Barometrische Höhenformel und Internationale Höhenformel**

Der Luftdruck *p(h)* fällt mit zunehmender Höhe ungefähr exponentiell ab.

**a)** Beweise die barometrische Höhenformel

$$p(h) = p(0)\exp\left(-\frac{\rho(0)\,g}{p(0)}h\right) = p(0)\exp\left(-\frac{m_{\text{mol}}^{\text{Luft}}\,g}{R\,T}h\right) =$$

$$= p(0)\exp\left(-\frac{m_{M}^{\text{Luft}}\,g}{k\,T}h\right) \underset{T=273{,}15\,\text{K}}{\overset{=}{\uparrow}} p(0)\exp\left(-\frac{h}{7990\,\text{m}}\right)$$

mit $p(0)$, $\rho(0)$ = Luftdruck und Luftdichte in der Höhe $h = 0$, $m_{\text{mol}}^{\text{Luft}} \approx 28,98\,\text{g}$ = Molmasse der Luft und $m_{M}^{\text{Luft}}$ = mittlere Molekülmasse in der Luft.

Die barometrische Höhenformel gilt unter den Voraussetzungen, daß die Erdbeschleunigung $g$ und die Lufttemperatur $T$ nicht von der Höhe $h$ abhängen, also beide konstant sind.

**b)** Die weniger bekannte internationale Höhenformel

$$p(h) = p(0)\left(1 - \frac{6{,}5}{288{,}15\,\text{km}}h\right)^{5{,}26}$$

gilt für die höhenabhängige Lufttemperatur

$$T(h) = 288,15\,\text{K} - 6,5\frac{\text{K}}{\text{km}}\,h$$

die bis zur Höhe $h$ = 11 km im Jahresmittel auf der Erde gemessen wird. Danach fällt die Temperatur für jeden km Höhenunterschied um etwa 6,5 K im Jahresmittel.

Beweise die Internationale Höhenformel.

Hinweis: Stelle die vertikale Kräftebilanz für eine dünne Luftschicht der Höhe $dh$ auf und integriere.

**(10–2) Leicht Kompressibilität von idealen Gasen.**

Druckänderungen ändern das Volumen von Festkörpern, Flüssigkeiten und vor allem von Gasen. Die relative Volumenänderung $\Delta V / V$ ist näherungsweise proportional zur Druckänderung:

$$\frac{\Delta V}{V} = -\kappa\,\Delta p$$

Demnach wird die sog. "Kompressibilität" $\kappa$ [m²/N] durch folgende Gl. definiert:

$$\kappa := -\frac{1}{V}\frac{\Delta V}{\Delta p} \quad \text{oder} \quad \kappa := -\frac{1}{V}\frac{dV}{dp} \quad \left[\text{m}^2/\text{N}\right]$$

Berechne die Kompressibilität von idealen Gasen bei $T$ = const.

# 11 Kinetische Gastheorie

Wir wollen eine Brücke von der Mechanik zur Wärmelehre schlagen, indem wir *die phänomenologisch eingeführten Zustandsgrößen p und T auf die Bewegung der Moleküle zurückführen.* Dabei werden wir Erkenntnisse sammeln, die eine anschauliche Interpretation der – bis jetzt noch etwas abstrakten – Temperatur ermöglichen. Später werden auch noch die innere Energie, die Wärmekapazität und vor allem die Entropie mit der kinetischen Gastheorie verdeutlicht werden.

## 11.1 Definition des idealen Gases

In der Physik will man Rechnungen durchführen und Formalismen erarbeiten, die einerseits einfach sind, andererseits aber möglichst viele Aspekte und Phänomene richtig und vollständig beschreiben. In der Mechanik erreichte man dies mit drei idealisierten Objekten: dem Massenpunkt, dem starren Körper und (bei Schwingungen) der masselosen Feder.

In der Thermodynamik können einfache analytische Rechnungen, die die meisten Beobachtungen zutreffend beschreiben, nur mit einer idealisierten Modellsubstanz, dem „idealen Gas" durchgeführt werden. Das ideale Gas wird durch folgende vier Eigenschaften definiert:

- *Die Teilchenzahl N ist riesig* ($N \approx 10^{23}$), so daß der Aufprall der Moleküle auf die Gefäßwände nicht einzeln registriert wird, sondern einen (nahezu) konstanten Druck ergibt.
- *Die Zusammenstöße der Moleküle untereinander und mit der Wand sind elastisch und haben vernachlässigbar kurze Stoßzeiten.* Kinetische Energie und Impulsbetrag bleiben erhalten.
- *Das Gefäßvolumen V ist wesentlich größer als das gesamte Eigenvolumen $V_E$ aller Moleküle*, d. h. das Gas ist sehr stark verdünnt. Diese Bedingung ist in den meisten Fällen erfüllt, da ein mol eines Gases mit dem typischen Molekül-Radius $2 \cdot 10^{-10}$ m etwa das Eigenvolumen
$$V_E = N_A \cdot \frac{4}{3}\pi r^3 \approx 6 \cdot 10^{23} \cdot \frac{4}{3}\pi \left(2 \cdot 10^{-10}\,\mathrm{m}\right)^3 \approx 20\,\mathrm{cm}^3$$
hat (siehe auch Beispiel (10.2–3): Verdünnung beim Verdampfen).
- *Die kinetische Energie der Moleküle ist wesentlich größer als ihre Wechselwirkungsenergie.* Dann können die Anziehungskräfte (Kohäsionskräfte) der Moleküle die Flugbahnen der Teilchen kaum beeinflussen und die Arbeit, die bei der Expansion eines Gases gegen

die Anziehungskräfte der Moleküle geleistet und der Wärme entzogen wird, kann vernachlässigt werden. (Ideale Gase kühlen sich daher bei Ausdehnung nicht ab (siehe den Gay-Lussac-Versuch in Beispiel (11.2–4)).

Unter Normalbedingungen ( $p = 1\,\text{atm} = 1,01325 \cdot 10^5\ \text{N / m}^2$ und $T = 273,15\,\text{K}$ ) erfüllen z. B. Luft, Sauerstoff, Stickstoff, Wasserdampf und alle Edelgase diese Bedingungen recht gut. Chlor und Kohlendioxyd z. B. können – wie bereits in Abschn. 9.1 erwähnt – unter Normalbedingungen *nicht* als ideale Gase angesehen werden.

Bei zu hohen Drücken oder zu tiefen Temperaturen werden die letzten zwei Bedingungen verletzt; an die Stelle der idealen Gase treten die realen Gase, deren Zustandsgl. die ideale Gasgl. (10.1–6) ersetzt.

Die Vernachlässigbarkeit der Wechselwirkungskräfte führt dazu, daß das thermische Verhalten idealer Gase wesentlich weniger von der Stoffart abhängt als das Verhalten von Festkörpern und Flüssigkeiten.

Ideale Gase lassen sich auch einfacher definieren: Ein Gas heißt ideal, wenn es die ideale Gasgl. erfüllt. Diese Definition ist in der phänomenologischen Thermodynamik sinnvoll, in der kinetischen Gastheorie aber unbrauchbar, weil man hier vom Verhalten mikroskopischer Teilchen ausgeht.

## 11.2 Grundgleichung der kinetischen Gastheorie

Der Druck eines Gases auf die Gefäßwände wird durch die unzähligen Stöße der Moleküle auf die Wände und die dabei auftretenden Impulsübertragungen erzeugt.

Wir betrachten zuerst ein *einzelnes* Molekül mit der Masse $m_M$, das sich mit der Geschwindigkeit $\mathbf{v} = (v_x, v_y, v_z)$ in einem quaderförmigen Behälter mit Seitenlängen $l_x, l_y, l_z$ bewegt. Der Behälter soll vorerst keine weiteren Moleküle enthalten, damit das betrachtete Molekül nur mit der Wand zusammenstößt. Bei den elastischen Stößen an den Wänden wird jeweils eine Komponente der Geschwindigkeit umgekehrt; die zwei anderen Komponenten bleiben erhalten. Bei der Reflexion an der rechten Wand in Punkt B, Abb. (11.2–1) wird der Impuls $\Delta p = m_M v_x - (-m_M v_x) = 2\,m_M v_x$ auf die Wand übertragen. Nach der Zeit $\Delta t = 2 l_x / v_x$ erfolgt der nächste Stoß an der rechten Wand mit derselben Impulsübertragung.

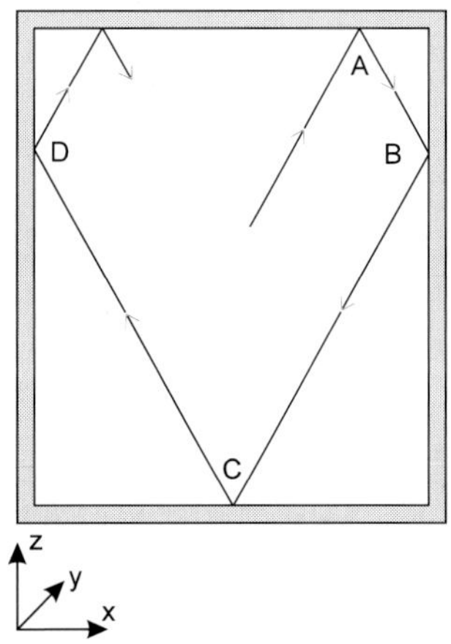


**Abb. (11.2–1)** Bahn eines Moleküls in der x,z-Ebene. Für die Stöße bei A, C gilt: $v_z \to -v_z \quad v_x, v_y = \text{const}$
Für die Stöße bei B, D gilt:
$v_x \to -v_x \quad v_y, v_z = \text{const}$

Laut Abschn. „5.1 Der Kraftstoß" gilt für die Impulsänderung $\Delta p$ an der rechten Wand

$$\int_0^{\Delta t} F(t)\,dt = \int_0^{\Delta t} \dot{p}(t)\,dt = p(\Delta t) - p(0)$$

$$= \Delta p = 2\,m_M\,v_x$$

mit $F(t)$ = Kraft auf die rechte Wand. In der Zeit $\Delta t$ erfolgt nur ein Stoß auf die rechte Wand.

Für die zeitlich gemittelte Kraft $\overline{F}$ auf die rechte Wand finden wir den Kraftstoß

$$\int_0^{\Delta t} F(t)\,dt = \overline{F}\cdot\Delta t$$

$$\Rightarrow \qquad \overline{F} = \frac{\Delta p}{\Delta t} = \frac{2\,m_M\,v_x}{2\,l_x/v_x} = \frac{m_M\,v_x^2}{l_x}$$

Division durch die Fläche $A = l_y\,l_z$ ergibt den mittleren Druck $\overline{p}$ eines Moleküls, dessen Geschwindigkeit die x-Komponente $v_x$ hat, auf die rechte, vertikale Wand [1]:

$$\overline{p} = \frac{m_M\,v_x^2}{l_x\,l_y\,l_z} = \frac{m_M\,v_x^2}{V}$$

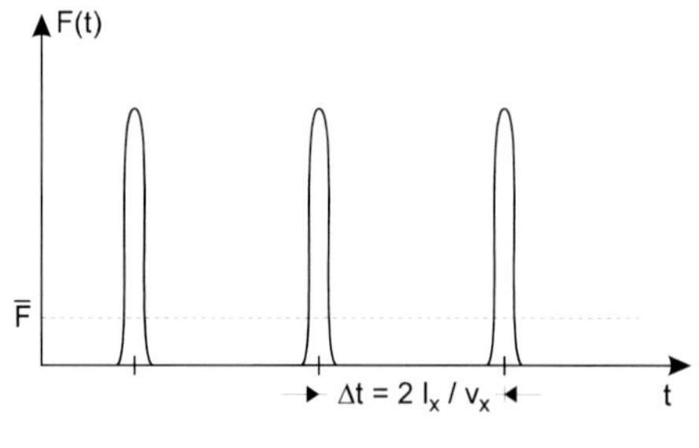


**Abb. (11.2–2)** *F(t)* ist die Kraft, die ein einzelnes Molekül auf eine vertikale Wand in Abb. (11.2–1) überträgt. $\overline{F}$ ist die zeitlich gemittelte Kraft. Die Kraft *F(t)* ist nur dann periodisch, wenn keine Zusammenstöße mit anderen Molekülen auftreten.

Bei sehr vielen Molekülen ($N \approx 10^{23}$) sind die Wände einem derartig heftigen Molekülbeschuß ausgesetzt[2], daß man einen nahezu konstanten Druck $p$ erhält und daher nicht mehr von einem mittleren Druck $\overline{p}$ sprechen muß. Es gilt

[1] Vorsicht: Ab jetzt ist $p$ nicht mehr der Impuls, sondern der Druck.

$$p = \frac{m_M}{V} \sum_{i=1}^{N} v_{x_i}^2$$

Die Geschwindigkeiten der Moleküle sind in alle Richtungen gleichverteilt, so daß

$$\sum_{i=1}^{N} v_{x_i}^2 = \sum_{i=1}^{N} v_{y_i}^2 = \sum_{i=1}^{N} v_{z_i}^2 = \frac{1}{3} \sum_{i=1}^{N} v_i^2$$

mit $v_i$ = Geschwindigkeitsbetrag des i-ten Moleküls. Mit dem sog. „mittleren Geschwindigkeitsquadrat"

$$\overline{v^2} := \frac{1}{N} \sum_{i=1}^{N} v_i^2 \tag{11.2–1}$$

– zuerst werden die einzelnen Geschwindigkeiten quadriert, dann wird gemittelt – finden wir

$$p = \frac{1}{3} \frac{m_M N}{V} \overline{v^2} \tag{11.2–2}$$

Mit der Gasdichte $\rho = m_M \, N / V$ folgt die Grundgl. der kinetischen Gastheorie

$$p = \frac{1}{3} \rho \overline{v^2} \tag{11.2–3}$$

Die Gl. (11.2–3) bleibt gültig, wenn man die elastischen Zusammenstöße der Moleküle untereinander berücksichtigt.

Mit Gl. (11.2–3) kann die „mittlere Geschwindigkeit" $v_m$ der Moleküle berechnet werden:[3]

$$v_m := \sqrt{\overline{v^2}} = \sqrt{\frac{3p}{\rho}} \tag{11.2–4}$$

**Beispiel (11.2–1) Mittlere Molekülgeschwindigkeit.**

Berechne die mittlere Geschwindigkeit $v_m$ von $N_2$-Molekülen unter Normalbedingungen.

**Lösung:**

Das Molvolumen ist unter Normalbedingungen $V_{\text{mol}} = 22{,}41383 \cdot 10^{-3}\ \text{m}^3$ und enthält 28 g Stickstoff. Daraus ergibt sich die Dichte zu $\rho = 1{,}249\ \text{kg/m}^3$.

$$\Rightarrow \quad v_m \approx \sqrt{\frac{3 \cdot 1{,}01325 \cdot 10^5\ \text{N/m}^2}{1{,}249\ \text{kg/m}^3}} \approx 493 \frac{\text{m}}{\text{s}}$$

---

[2] Bei Normalbedingungen treffen etwa $2 \cdot 10^{23}$ Luftmoleküle pro $\text{cm}^2$ und pro sec auf die Wände.

[3] Die mittlere Geschwindigkeit $v_m$ ist nicht zu verwechseln mit der durchschnittlichen Geschwindigkeit $\overline{v}$. Siehe dazu die Beispiele (11.2–2) und (11.4–1).

*Die mittlere Geschwindigkeit $v_m$ der Moleküle ist etwas größer als die Schallgeschwindigkeit c.* Das ist plausibel, weil sich eine Schallwelle über die umherfliegenden Moleküle und ihre Zusammenstöße ausbreitet.

**Tabelle (11.2–1):** Die mittlere Molekülgeschwindigkeit $v_m$ ist bei den vier Gasen zwischen 34 % und 46 % größer als die Schallgeschwindigkeit $c$.

| Gas | $v_m \left[\frac{m}{s}\right]$ | $c \left[\frac{m}{s}\right]$ |
|---|---|---|
| Wasserstoff | 1840 | 1260 |
| Helium | 1305 | 974 |
| Stickstoff | 493 | 337 |
| Luft | 485 | 331 |

Die mittlere Molekülgeschwindigkeit $v_m$ und die Schallgeschwindigkeit $c$ sind zu unterscheiden von der viel kleineren Diffusionsgeschwindigkeit, mit der ein Gas in ein anderes hineindiffundiert. Die Diffusionsgeschwindigkeit – z. B. von Wasserdampf in Luft – wird durch die zahlreichen Kollisionen mit den Luftmolekülen klein gehalten. Daher dauert es relativ lange, bis ein Gas in ein anderes hineindiffundiert ist. So breitet sich z. B. ein Geruch viel langsamer aus als der Schall.

**Beispiel (11.2–2) Mittlere und wahrscheinlichste Geschwindigkeit.**

Zehn Moleküle haben die Geschwindigkeiten [m/s] 5,0; 5,0; 5,5; 6,0; 6,0; 6,0; 6,8; 7,0; 7,0; 8,0. Berechne die mittlere Geschwindigkeit $v_m$, und die wahrscheinlichste Geschwindigkeit $v_w$.

**Lösung:**

$$v_m = \sqrt{\frac{2 \cdot 5{,}0^2 + 5{,}5^2 + 3 \cdot 6{,}0^2 + 6{,}8^2 + 2 \cdot 7{,}0^2 + 8{,}0^2}{10}} \approx 6{,}30 \frac{m}{s}$$

$$v_w = 6{,}0 \frac{m}{s}, \quad \text{da drei Moleküle diese Geschwindigkeit haben.}$$

Neben diesen beiden Geschwindigkeiten gibt es noch die sog. „durchschnittliche" Geschwindigkeit

$$\bar{v} = \frac{2 \cdot 5{,}0 + 5{,}5 + 3 \cdot 6{,}0 + 6{,}8 + 2 \cdot 7{,}0 + 8{,}0}{10} \approx 6{,}23 \frac{m}{s}$$

Wir können nun die ideale Gasgl. (10.1–6') mit Gl. (11.2–2) kombinieren:

$$N\,k\,T \underset{Gl.\,(10.1-6')}{\overset{\uparrow}{=}} p\,V \underset{Gl.\,(11.2-2)}{\overset{\uparrow}{=}} \frac{1}{3}\,N\,m_M\,\overline{v^2}$$

Daraus folgt

$$\frac{3}{2}\,k\,T = \frac{m_M}{2}\,\overline{v^2} \qquad (11.2\text{–}5)$$

*Die mittlere kinetische Translationsenergie eines Gasmoleküls ist gleich* $3k\,T/2$. Gl. (11.2–5) ermöglicht eine *anschauliche Interpretation der Temperatur*: Die Temperatur ist ein Maß für die mittlere kinetische Energie der *ungeordneten* Molekularbewegung, also der Molekularbewegung relativ zum Schwerpunkt des Gases. Wird eine Gasflasche auf einem LKW befördert, so ist zwar die mittlere kinetische Energie der Moleküle – vom Erdboden aus betrachtet – größer, aber weder der Druck auf die Wände noch die Temperatur nehmen bei der Beförderung zu. *Nur die ungeordnete Bewegung der Moleküle oder* – anders formuliert – *nur die Geschwindigkeit der Moleküle relativ zum Schwerpunkt des Gases bestimmen Druck und Temperatur.* Die Beförderung auf dem LKW ändert die Molekülgeschwindigkeit relativ zum Schwerpunkt des Gases nicht; sie addiert lediglich zu allen $N$ statistisch verteilten Molekülgeschwindigkeiten dieselbe *(geordnete)* Fahrgeschwindigkeit.

Gl. (11.2–5) bestätigt die Existenz eines absoluten Nullpunktes der Temperatur [4]. Bei $T = 0$ K kommen alle Moleküle zur Ruhe – abgesehen von einer kleinen Nullpunktenergie, die nicht mit der klassischen Mechanik, sondern nur mit der Quantenmechanik erklärt werden kann.

**Beispiel (11.2–3) Massenabhängigkeit der mittleren Geschwindigkeit.**

Zeige, daß für zwei Gase mit gleicher Temperatur das Verhältnis der mittleren Geschwindigkeiten indirekt proportional ist zur Wurzel der Massenverhältnisse

$$\frac{v_{m1}}{v_{m2}} = \sqrt{\frac{m_{M2}}{m_{M1}}} \qquad (11.2\text{–}6)$$

**Lösung:**

$$v_m \underset{\text{Gl. }(11.2-5)}{\overset{\uparrow}{=}} \sqrt{\overline{v^2}} = \sqrt{\frac{3\,k\,T}{m_M}} \sim \sqrt{\frac{1}{m_M}}$$

---

[4] Dies ist verständlich, da Gl. (11.2–5) mit der idealen Gasgl. (10.1–6') abgeleitet wurde, die u. a. auf das Gay-Lussacsche Gesetz zurückgeht. Das Gay-Lussacsche Gesetz aber beinhaltet bereits die Existenz eines absoluten Nullpunktes der Temperatur.

Weil leichte Moleküle bei gleicher Temperatur eine größere mittlere Geschwindigkeit haben als schwere Moleküle, können verschieden schwere Gase voneinander getrennt werden: Leichte Moleküle diffundieren schneller durch eine poröse Wand als schwere Moleküle und reichern sich daher hinter der Wand stärker an.

Das spaltbare $^{235}_{92}$U–Isotop, das mit der relativen Häufigkeit von 0,7 % im Uranerz auftritt, kann auf diese Art in unzähligen Diffusionskaskaden gegenüber dem nichtspaltbaren $^{238}_{92}$U–Isotop angereichert werden.

**Beispiel (11.2–4) Gay-Lussac-Versuch.**

Bei *idealen* Gasen hängt die mittlere kinetische Energie nach Gl. (11.2–5) nicht vom Druck und nicht vom Volumen, sondern nur von der Temperatur ab. Der wichtige Gay-Lussac-Versuch, auf den wir öfters zurückkommen werden, beweist diese Aussage experimentell.

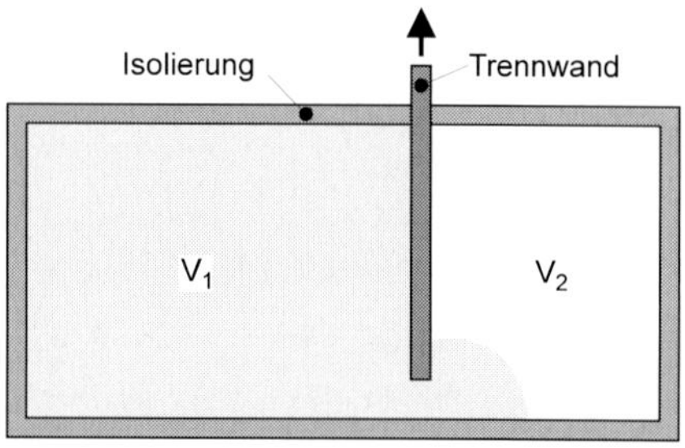


**Abb. (11.2–3)** Die Volumina $V_1, V_2$ sind thermisch isoliert. Nach dem Ziehen der Trennwand strömt ein Teil des Gases nach $V_2$.

Zwei Volumina $V_1, V_2$ sind thermisch isoliert und durch eine verschiebbare Wand getrennt. $V_1$ enthält ein Gas mit der Temperatur $T_1$. $V_2$ ist evakuiert. Nach dem Ziehen der Trennwand breitet sich das Gas im gesamten Volumen $V_1 + V_2$ aus.

**a)** Betrachte zuerst ein *ideales* Gas und diskutiere,

- ob und – wenn ja – in welche Richtung sich die Temperatur in $V_1$ während der Überströmung ändert und
- ob die Temperatur nach der Überströmung und Einstellung des Gleichgewichtes von der Anfangstemperatur $T_1$ abweicht.

**b)** Diskutiere dieselben Fragen für ein *reales* Gas, dessen intermolekulare Anziehungskräfte (Kohäsionskräfte) nicht vernachlässigt werden dürfen.

**Lösung:**

**a)** Während der Überströmung treten in $V_1$ eine Temperaturerniedrigung und in $V_2$ eine Temperaturerhöhung auf, weil das nach $V_2$ überströmende Gas im Mittel schnellere Moleküle enthält als das in $V_1$ verbleibende Gas.

Nach der Überströmung und dem Ausgleich der kleinen Temperaturdifferenz zwischen $V_1$ und $V_2$ mißt man im Experiment die Ausgangstemperatur $T_1$. Der Grund ist einfach: Da keine mechanische Arbeit geleistet wurde und da wegen der thermischen Isolierung auch keine Wärme mit der Umgebung ausgetauscht wurde, bleibt die Energie des idealen Gases konstant. (Wir setzen hier kurz die Kenntnis des allgemeinen Energieerhaltungssatzes voraus.)

Wegen der vernachlässigbaren intermolekularen Kräfte (Kohäsionskräfte) haben die Gasteilchen keine potentielle, sondern nur kinetische Energie. Die Konstanz der kinetischen Energie erfordert nach Gl. (11.2–5) eine konstante Temperatur.

**b)** Bei der Überströmung *realer* Gase und der damit einhergehenden Vergrößerung des mittleren Molekülabstandes wird Arbeit gegen die Kohäsionskräfte geleistet – vergleichbar mit der Arbeit, die beim Heben einer Masse gegen die Erdanziehungskraft geleistet wird. Diese Arbeit wird der kinetischen Energie entzogen, so daß die Temperatur beim realen Gas nach der Überströmung etwas kleiner ist als vorher.

# 12.3 Mittlere freie Weglänge

Gasmoleküle prallen nicht nur gegen die Gefäßwände, sondern stoßen auch ständig mit anderen Gasmolekülen zusammen. Zwischen den Stößen fliegen die Moleküle idealer Gase wegen der Vernachlässigbarkeit der Kohäsionskräfte und der Erdanziehungskräfte geradlinig und gleichförmig. Der durchschnittlich zurückgelegte Weg zwischen zwei aufeinander folgenden Kollisionen wird „mittlere freie Weglänge" $\bar{l}$ genannt. Wir wollen $\bar{l}$ berechnen und dabei annehmen, daß die Moleküle Billardkugeln mit Moleküldurchmesser $d_M$ sind. Dann stoßen zwei Moleküle zusammen, wenn sich ihre Mittelpunkte bis auf den Abstand $d_M$ nähern. Anstelle von gleich großen Molekülen 1 mit Durchmesser $d_M$ können wir auch ein Molekül 2 mit doppeltem Durchmesser $2\,d_M$ betrachten, das durch ein Gas mit punktförmigen, aber ebenso schweren Teilchen 3 fliegt (siehe Abb. (11.3–1)).

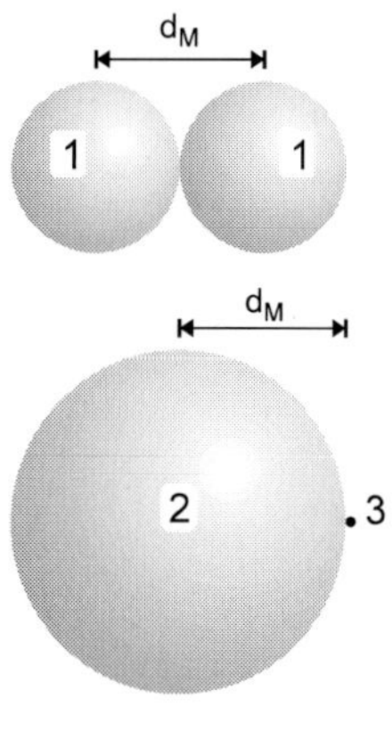


**Abb. (11.3–1):** Die Trefferwahrscheinlickeit des Moleküls 1 mit gleich großen Partnern ist genauso groß wie die Trefferwahrscheinlichkeit des doppelt so großen Moleküls 2 mit punktförmigen Partnern 3.

(Die Teilchen 1, 2, 3 müssen gleich schwer sein, damit sie bei gleicher Temperatur die gleiche durchschnittliche Geschwindigkeit $\bar{v}$ haben.)

Wir müssen nun eine Vereinfachung vornehmen, die die mittlere freie Weglänge etwas zu groß werden läßt: Die punktförmigen Teilchen 3 sollen sich nicht bewegen, sondern ortsfest sein. Das allein bewegte Teilchen 2 überstreicht in der Zeit $\Delta t$ durchschnittlich das Volumen $V_{ü} = \left(\pi\, d_M^2\right) \bar{v}\, \Delta t$. Ein Volumen dieser Größe enthält durchschnittlich $N_\rho \left(\pi\, d_M^2\right) \bar{v}\, \Delta t$ punktförmige Teilchen 3. Dabei ist $N_\rho$ die mittlere Zahl der Teilchen 3 pro Volumen. Damit erhalten wir

$$\bar{l} \approx \frac{\text{Mittlerer Weg } \bar{s} \text{ des Teilchens 2 in der Zeit } \Delta t}{\text{Mittlere Teilchenzahl 3 im überstrich enen Volumen } V_{ü}} =$$

$$= \frac{\bar{v}\, \Delta t}{N_\rho\, \pi\, d_M^2\, \bar{v}\, \Delta t} = \frac{1}{N_\rho\, \pi\, d_M^2}$$

Wenn wir die Vereinfachung der ruhenden Teilchen 3 fallen lassen, wird $\bar{l}$ um etwa 30 % kleiner[5]. Genaue Rechnungen liefern die mittlere freie Weglänge zu

$$\bar{l} = \frac{1}{\sqrt{2}\, N_\rho\, \pi\, d_M^2} \qquad (11.3\text{–}1)$$

mit $N_\rho$ = mittlere Teilchenzahl pro Volumen $[\mathrm{m}^{-3}]$ und $d_M$ = Moleküldurchmesser [m]

Erwartungsgemäß ist die mittlere freie Weglänge $\bar{l}$ indirekt proportional zur molekularen Querschnittsfläche $\pi\, d_M^2 / 4$ und zur Teilchendichte $N_\rho$.

Mit der idealen Gasgl.

$$p\, V = N\, k\, T \qquad \text{bzw.} \qquad \mathrm{N}_\rho := \frac{N}{V} = \frac{p}{k\, T}$$

ergibt sich die mittlere freie Weglänge zu

$$\bar{l} = \frac{1}{\sqrt{2}\, \pi\, d_M^2} \frac{k\, T}{p} \qquad (11.3\text{–}2)$$

mit $d_M$ = Moleküldurchmesser [m]

**Beispiel (11.3–1) Mittlere freie Weglänge $\bar{l}$.**

Berechne $\bar{l}$ für ein Gas mit $d_M = 2 \cdot 10^{-10}$ m bei $\vartheta = 20\,°\mathrm{C}$ und $p = 780$ torr mit Gl. (11.3–1).

---

[5] Stell Dir vor, Du gehst mit verbundenen Augen über einen Fußballplatz. Wenn die 22 Spieler stehen, ist die Wahrscheinlichkeit eines Zusammenstoßes zwischen Dir und einem Spieler kleiner als wenn die 22 Spieler (blind) durcheinander laufen.

**Lösung:**

Unter Normalbedingungen enthalten 22,41 Liter $6{,}02 \cdot 10^{23}$ Moleküle. Die Umrechnung über die Normalbedingungen führt zu

$$N_\rho = \frac{6{,}02 \cdot 10^{23}}{22{,}41 \cdot 10^{-3}\ \mathrm{m}^3} \frac{273{,}15\ °\mathrm{C}}{293{,}15\ °\mathrm{C}} \frac{780\ \mathrm{torr}}{760\ \mathrm{torr}} \approx 2{,}6 \cdot 10^{25}\ \mathrm{Teilchen/m^3}$$

$$\Rightarrow \quad \bar{l} \approx \frac{1}{\sqrt{2} \cdot 2{,}6 \cdot 10^{25}\ \mathrm{m}^{-3}\ \pi \left(2 \cdot 10^{-10}\ \mathrm{m}\right)^2} \approx 2{,}2 \cdot 10^{-7}\ \mathrm{m}$$

$\bar{l}$ ist etwa tausendmal größer als der Moleküldurchmesser.

Mit der mittleren freien Weglänge $\bar{l}$ und der durchschnittlichen Molekülgeschwindigkeit $\bar{v}$ berechnet sich die durchschnittliche Zeit zwischen den Zusammenstößen eines Moleküls mit beliebigen anderen Molekülen zu $\bar{l}/\bar{v}$. Sie hängt von Druck und Temperatur ab und ist bei Normalbedingungen von der Größenordnung $10^{-10}$ s.

## 11.4 Geschwindigkeitsverteilung

Wir haben oben die mittlere Geschwindigkeit $v_m = \sqrt{3p/\rho} = \sqrt{3kT/m_M}$ von idealen Gasmolekülen berechnet. Die Geschwindigkeiten der Teilchen sind nicht alle gleich groß, sondern streuen über einen weiten Bereich; denn i. allg. werden bei den Zusammenstößen nicht nur die Richtungen, sondern auch die Beträge der Geschwindigkeiten geändert [6] (siehe nicht-zentraler, elastischer Stoß in Abb. (11.4–1)).

Wegen der großen Avogadro-Konstanten $N_A = 6{,}02 \cdot 10^{23}$ ist die Zahl der Teilchen, deren Geschwindigkeit in irgendeinem vorgegebenen Intervall liegt, zeitlich nahezu konstant. Die Geschwindigkeitsverteilung im Gleichgewicht kann daher als zeitlich konstant angesehen werden. Der große englische Physiker Maxwell berechnete als erster die Geschwindigkeitsverteilung der Moleküle eines idealen Gases mit insgesamt $N$ Teilchen:

$$N(v) = 4\pi N \left(\frac{m_M}{2\pi k T}\right)^{\frac{3}{2}} v^2\, e^{-\frac{m_M v^2}{2kT}} \quad \left[\frac{\mathrm{s}}{\mathrm{m}}\right] \qquad (11.4\text{–}1)$$

---

[6] Lediglich bei <u>zentralen</u> elastischen Stößen zwischen gleich schweren Partnern erfolgt nach den Gln. (5.2–10 und 11) keine Geschwindigkeitsänderung, sondern nur ein Austausch beider Geschwindigkeiten.

Die Bedeutung der „Maxwellschen Geschwindigkeitsverteilung" $N(v)$ ergibt sich aus folgender Aussage:

$N(v) \cdot dv$ = Zahl der Moleküle, deren Geschwindigkeiten im infinitesimalen Intervall $[v\,, v + dv]$ liegen.

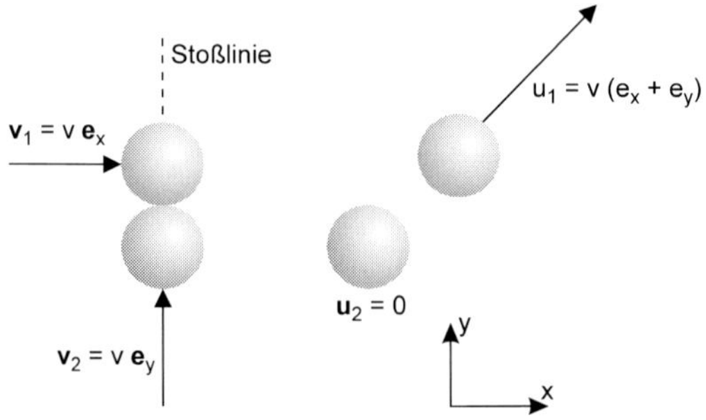


**Abb. (11.4–1)** Bei glatten Oberflächen erfolgt die Impulsübertragung entlang der punktierten Stoßlinie. Die Impulskomponenten in y-Richtung werden wie in Abschn. „5.2 Der Impulssatz" beschrieben ausgetauscht. In x-Richtung treten keine Impulsänderungen auf. Insgesamt sehen wir, daß bei diesem nicht-zentralen, elastischen Stoß große Geschwindigkeitsänderungen vorkommen.

Für kleine $v$ wächst $N(v)$ ungefähr quadratisch, für große $v$ fällt $N(v)$ ungefähr exponentiell ab. Abb. (11.4–2) zeigt die Geschwindigkeitsverteilung $N(v)$ von $10^{20}$ Sauerstoffmolekülen bei zwei verschiedenen Temperaturen. Nur wenige Teilchen haben sehr kleine oder sehr große Geschwindigkeiten. Die meisten Teilchen haben Geschwindigkeiten in der (weiteren) Umgebung eines wahrscheinlichsten Wertes.

Bemerkenswert sind die Abnahme des Kurvenmaximums, die Rechtsverschiebung und die Verbreiterung der Kurve mit zunehmender Temperatur. Die Fläche unter der Kurve $N(v)$ ist gleich der Zahl $N$ aller Teilchen.

Mathematisch gesehen ist $N(v)$ eine Dichtefunktion; man muß $N(v)$ mit einem kleinen Geschwindigkeitsintervall $\Delta v$ multiplizieren oder man muß über $N(v)$ integrieren, um eine Teilchenzahl zu erhalten.

*Die Zahl $\Delta N$ der Teilchen, deren Geschwindigkeit zwischen $v$ und $v + \Delta v$ liegt, ist ungefähr gleich $N(v)\,\Delta v$.*

Beispiel: Die Zahl $\Delta N(400\,\mathrm{m/s})$ der Teilchen mit $400\,\mathrm{m/s} \le v \le 402\,\mathrm{m/s}$ ist ungefähr gleich $N(400\,\mathrm{m/s}) \cdot 2\,\mathrm{m/s}$.

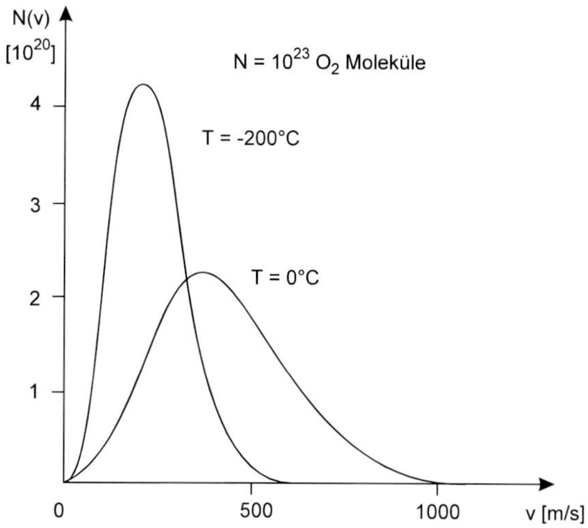


**Abb. (11.4–2)** Geschwindigkeitsverteilung $N(v)$ in Sauerstoff bei $N = 10^{23}$ Molekülen mit $m_M = 2 \cdot 16/6{,}02 \cdot 10^{26}$ kg $\approx 5{,}3 \cdot 10^{-26}$ kg bei zwei verschiedenen Temperaturen.

$N(v)\,\Delta v$ ist gleich der schraffierten Fläche im $N$-$v$-Diagramm in Abb. (11.4–3a). Die Zahl der Teilchen mit Geschwindigkeiten $v_1 \leq v \leq v_2$ ist dann ungefähr gleich der schraffierten Fläche in Abb. (11.4–3b). Für $\Delta v \to 0$ geht die (Riemannsche) Summe der rechteckigen Flächen über in das (Riemannsche) Integral

$$\int_{v_1}^{v_2} N(v)\,dv$$

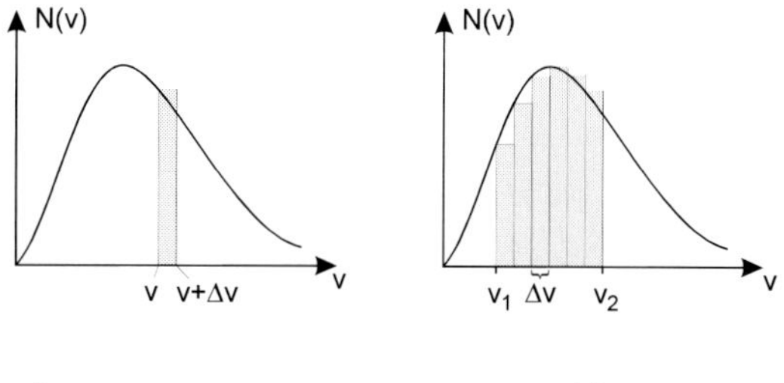


**Abb. (11.4–3a)** Die schraffierte Fläche ist ungefähr gleich der Zahl der Teilchen mit Geschwindigkeiten zwischen $v$ und $v + \Delta v$.

**Abb. (11.4–3b)** Die schraffierte Fläche ist ungefähr gleich der Teilchenzahl mit $v_1 \leq v \leq v_2$. Für $\Delta v \to 0$ geht die Fläche über in $\int_{v_1}^{v_2} N(v)\,dv$.

das die Teilchenzahl für $v_1 \leq v \leq v_2$ berechnet.

Die ganze Fläche unter $N(v)$ muß dann natürlich gleich der ganzen Teilchenzahl $N$ sein. Das kann mit

$$\int_0^\infty x^2 \, e^{-a x^2} dx = \frac{1}{4}\sqrt{\frac{\pi}{a^3}} \qquad (a > 0)$$

leicht gezeigt werden:

$$\int_0^\infty N(v)\, dv = 4\pi N \left(\frac{m_M}{2\pi k T}\right)^{\frac{3}{2}} \int_0^\infty v^2 \, e^{-m_M v^2/(2kT)} \, dv = N$$

**Beispiel (11.4–1) Mittlere, durchschnittliche und wahrscheinlichste Geschwindigkeit**

Berechne mit der Maxwellschen Geschwindigkeitsverteilung (11.4–1) die mittlere, durchschnittliche und wahrscheinlichste Geschwindigkeit $v_m$, $\overline{v}$, $v_w$.

Hinweis: Laut mathematischer Formelsammlung gilt $(a > 0)$:

$$\int_0^\infty x^3 \, e^{-a x^2} dx = \frac{1}{2a^2} \qquad \int_0^\infty x^4 \, e^{-a x^2} dx = \frac{3}{8}\sqrt{\frac{\pi}{a^5}}$$

**Lösung:**

$$\overline{v^2} = \frac{1}{N}\int_0^\infty v^2 \, N(v)\, dv = \frac{3kT}{m_M} \qquad \text{(siehe Gl. (11.2–5))}$$

$$v_m = \sqrt{\overline{v^2}} = \sqrt{3}\sqrt{\frac{kT}{m_M}} \approx 1{,}73\sqrt{\frac{kT}{m_M}} \qquad (11.4\text{–}2a)$$

$$\overline{v} = \frac{1}{N}\int_0^\infty v\, N(v)\, dv = \sqrt{\frac{8}{\pi}}\sqrt{\frac{kT}{m_M}} \approx 1{,}60\sqrt{\frac{kT}{m_M}} \qquad (11.4\text{–}2b)$$

Zur Berechnung von $v_w$ müssen wir die Ableitung $dN/dv$ gleich Null setzen:

$$\frac{dN(v)}{dv} = \left(\frac{2}{v} - \frac{m_M v}{kT}\right) N(v) = 0$$

$$\Rightarrow \quad v_w = \sqrt{2}\sqrt{\frac{kT}{m_M}} \approx 1{,}41\sqrt{\frac{kT}{m_M}} \qquad (11.4\text{–}2c)$$

Da es nach Abb. (11.4–2) mehr Teilchen mit $v > v_w$ als mit $v < v_w$ gibt, sind $v_m$ und $\overline{v}$ größer als $v_w$.

Mit der Geschwindigkeitsverteilung $N(v)$ läßt sich berechnen, wieviele Prozent der Gasmoleküle eine bestimmte Geschwindigkeit und damit eine bestimmte Energie überschreiten – z. B. die Aktivierungsenergie einer chemischen Reaktion.

**Beispiel (11.4–2) Aktivierungsenergie.**

**a)** Wie groß ist die mittlere Geschwindigkeit $v_m$ von $N_2$–Molekülen bei den Temperaturen $T_1 = 373{,}15$ K und $T_2 = 1073{,}15$ K ?

**b)** Welche Bruchteile $x$ der $N_2$–Moleküle können mit ihren kinetischen Translationsenergien bei den Temperaturen $T_1$, $T_2$ die Aktivierungsenergie 0,8 eV [7] aufbringen, um eine chemische Reaktion einzuleiten?

**Lösung:**

**a)** Nach Gl. (11.2–5) oder nach Gl. (11.4–2a) gilt

$$v_m(T_1) \approx 576{,}3 \text{ m/s} \qquad v_m(T_2) \approx 977{,}7 \text{ m/s}$$

**b)** Die Aktivierungsenergie bestimmt die erforderliche Mindestgeschwindigkeit $v_{\min}$:

$$\frac{m_M}{2} v_{\min}^2 = 0{,}8 \text{ eV} = 1{,}28 \cdot 10^{-19} \text{ J}$$

$$\Rightarrow \quad v_{\min} \approx 2346 \text{ m/s}$$

Die Bruchteile der $N_2$–Moleküle mit $v \geq v_{\min}$ ergeben sich aus dem Integral

$$x = \frac{1}{N} \int_{2346}^{\infty} N(v)\, dv$$

Da $N(v)$ keine Stammfunktion besitzt [8], muß das Integral numerisch mit einem Taschenrechner oder Computer berechnet werden mit dem Ergebnis

$$x_1 \approx 9{,}4 \cdot 10^{-11} \quad \text{bei } T = 373{,}15 \text{ K}$$

$$x_2 \approx 6{,}2 \cdot 10^{-4} \quad \text{bei } T = 1073{,}15 \text{ K}$$

Bei $T = 1073{,}15$ K können nur etwa 0,6 ‰ der Moleküle die erforderliche Aktivierungsenergie aufbringen.

---

[7] Ein Elektronenvolt $1 \text{ eV} = 1{,}602 \cdot 10^{-19}$ J ist laut Definition die kinetische Energie eines Elektrons, das aus der Ruhe durch eine Spannung von 1 Volt beschleunigt wurde – z. B. im Plattenkondensator (siehe Band 2).

[8] Es gibt sehr viele Integrale, die nicht analytisch berechnet werden können, da der Integrand keine Stammfunktion besitzt. Eines der bekanntesten Beispiele ist der sog. "Integralsinus"

$$\mathrm{Si}(x) = \int_0^x \frac{\sin t}{t}\, dt$$

Da $\sin t / t$ keine Stammfunktion hat, muß $\mathrm{Si}(x)$ numerisch berechnet werden. In größeren Formelsammlungen ist $\mathrm{Si}(x)$ tabelliert.

Für $v_{\min} >> v_m$ steigt der Anteil der Moleküle mit $v \geq v_{\min}$ stark mit der Temperatur an. Dies erklärt die *Geschwindigkeitszunahme von chemischen Reaktionen mit wachsender Temperatur.*

Wir werden in der Wärmelehre immer wieder auf die kinetische Gastheorie zurückkommen, da sie viele Phänomene und Gesetze anschaulich und überzeugend erklären kann. Als Beispiel sei hier nur noch das Daltonsche Gesetz für Partialdrücke genannt: Wenn in einem idealen Gas verschiedene Molekülsorten (ideales Gasgemisch) vorkommen, ist der Gesamtdruck $p$ gleich der Summe der Partialdrücke $p_i$, d. h. gleich der Summe der Drücke $p_i$, die jede Molekülsorte aufbringen würde, wenn sie allein im Gefäß wäre. In einem idealen Gas merken die Moleküle einer Gassorte nichts von der Anwesenheit der anderen Gassorten.

Das Daltonsche Gesetz gilt exakt nur für ideale Gase. Bei realen Gasen können die intermolekularen Kräfte zu mehr oder weniger großen Abweichungen führen.

## 11.5 Zusammenfassung

**1)** Ideale Gase werden durch vier Eigenschaften definiert:

- Die Teilchenzahl ist riesig.
- Die Zusammenstöße der Moleküle untereinander und mit den Wänden sind elastisch und unendlich kurz.
- Das Gefäßvolumen ist viel größer als das Eigenvolumen aller Moleküle.
- Die kinetische Energie der Moleküle ist viel größer als ihre Wechselwirkungsenergie.

**2)** Unter Normalbedingungen sind Luft, Sauerstoff, Stickstoff, Wasserdampf und alle Edelgase ideale Gase, Chlor und Kohlendioxyd aber nicht.

**3)** Zwischen der absoluten Temperatur $T$ und der mittleren kinetischen Translationsenergie idealer Gasmoleküle besteht der Zusammenhang

$$\frac{3}{2} k\, T = \frac{m_M}{2} \overline{v^2}$$

Danach ist die Temperatur ein Maß für die mittlere, ungeordnete Teilchenbewegung. Je heftiger sich die Moleküle bewegen, desto höher ist die Temperatur.

**4)** Die mittlere freie Weglänge zwischen zwei aufeinander folgenden Zusammenstößen von idealen Gasmolekülen einer Sorte ist

$$\bar{l} = \frac{1}{\sqrt{2}\, N_\rho\, \pi\, d_M^2} = \frac{1}{\sqrt{2}\, \pi\, d_M^2} \frac{k\,T}{p}$$

mit $N_\rho$ = Teilchenzahl pro Volumen und $d_M$ = Moleküldurchmesser.

**5)** Die Zahl der Moleküle mit Geschwindigkeiten im Intervall $[v, v + dv]$ ist gleich $N(v)\,dv$ mit der Maxwellschen Geschwindigkeitsverteilung

$$N(v) = 4\,\pi\,N \left(\frac{m_M}{2\,\pi\,k\,T}\right)^{\frac{3}{2}} v^2\, e^{-\frac{m_M\, v^2}{2\,k\,T}}$$

**6)** In einem idealen Gasgemisch ist Gesamtdruck gleich der Summe der Partialdrücke (Daltonsches Partialdruck-Gesetz). Die Moleküle einer Gassorte merken nichts von der Anwesenheit der anderen Gassorten.

## 11.6 Aufgaben

**(11–1) Leicht Temperatur- und Druckberechnung**

Im Volumen $V = 50\,\text{cm}^3$ sind $7 \cdot 10^{20}$ Moleküle eines idealen Gases enthalten. Sie haben insgesamt die ungeordnete Translationsenergie 400 J. Wie groß sind Temperatur und Druck?

**(11–2) Leicht Berechnung der ungeordneten Translationsenergie**

Berechne die gesamte ungeordnete Translationsenergie eines idealen Gases, das beim Druck von 1 bar ein Volumen von 18 Liter einnimmt.

**(11–3) Mittel Druckberechnung**

In reinem Sauerstoff ist die mittlere freie Weglänge 8 mm und die mittlere ungeordnete Translationsenergie jedes Moleküls $1{,}3 \cdot 10^{-20}$ J. Wie groß ist der Druck?

Hinweis: Der Durchmesser der Sauerstoffmoleküle ist ca. $3 \cdot 10^{-8}$ cm.

# 12 Erster Hauptsatz der Thermodynamik

## 12.1 Wärme

Bis zu Beginn des 19. Jahrhunderts glaubte man, daß Wärme eine materielle Substanz, ein Wärme*stoff* – genannt „Phlogiston" – ist, der in jedem Körper gespeichert und beim Wärmeübergang an einen kälteren Körper abgegeben wird. Danach hat ein Körper um so mehr Wärmestoff, je heißer er ist. Die Gesamtmenge des Wärmestoffes sollte bei allen Prozessen konstant bleiben.

Mit dieser Stoffhypothese konnten viele Erscheinungen gut erklärt werden (z. B. Mischungen von verschieden warmen Gasen und Flüssigkeiten). Andere Vorgänge aber blieben unerklärlich wie z. B. Schmelzen oder Verdampfen, bei denen trotz Wärmezufuhr keine Temperaturänderung erfolgt. Die Theorie des Wärmestoffes wurde vor allem durch zahlreiche Versuche, in denen man mechanische Arbeit über Reibung in Wärme umwandelte, zu Fall gebracht. Die Feststellung, daß Wärme proportional zur mechanischen Arbeit erzeugt wird, führte zu der Einsicht, daß Wärme eine Energieform ist. Die kinetische Gastheorie stützt diese Erkenntnis sehr einleuchtend und überzeugend: Danach bedeutet eine Temperaturänderung nichts anderes als eine Änderung der Energie, die in der ungeordneten Teilchenbewegung steckt. Temperaturausgleich beim Kontakt verschieden warmer Körper ist mit einer Energieübertragung verbunden. *Die Energieform, die durch Temperaturunterschiede übertragen wird, heißt „Wärme" Q.* Nur die Wärme (nicht aber mechanische, elektrische ... Energien) kann durch Stöße von ungeordnet bewegten Teilchen übertragen werden. Die Wärme ist eine Energie mit der Einheit J = N m.

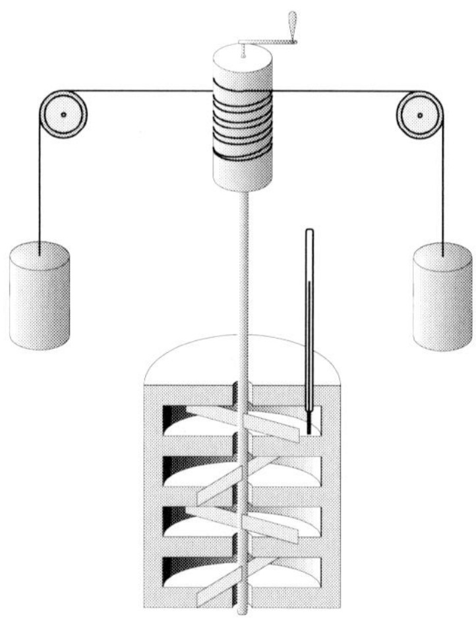

**Abb. (12.1–1):** Joulescher Versuchsaufbau zur Bestimmung des mechanischen Wärmeäquivalents.

Eine alte Einheit für die Wärme ist die Kalorie. 1 cal wird benötigt, um 1 g Wasser von 14,5 °C auf 15,5 °C zu erwärmen. Um 1850 führte Joule die damals genauesten Messungen zur Bestimmung des mechanischen Wärmeäquivalents, also des Umrechnungsfaktors der mechanischen Energieeinheit J = N m in die damals noch verwendete Wärmeeinheit cal durch. Abb. (12.1–1) zeigt seinen ersten Versuchsaufbau: Potentielle Energie $m\ g\ h$ wird in Wärme umgewandelt. Da die Kalorie durch die Erwärmung von Wasser definiert ist, mußte Wasser erwärmt werden. Die Ergebnisse von Joule wichen nur wenige Prozent von dem heute anerkannten Wert ab, der lautet

$$1 \text{ cal} = 4{,}1868 \text{ J} \qquad (12.1\text{–}1)$$

Die Wärme hat eine Sonderstellung unter allen Energieformen, da sie nach dem zweiten Hauptsatz der Thermodynamik (siehe Kap. 13) nicht vollständig in die anderen Energieformen umgewandelt werden kann.

## 12.2 Erster Hauptsatz der Thermodynamik

Im Jahre 1842 stellte der deutsche Arzt R. Mayer als erster einen allgemeinen Energieerhaltungssatz auf, der neben den mechanischen Energien auch die Wärme enthält. Unabhängig davon formulierte der große deutsche Physiker H. Helmholtz 1847 einen Energiesatz, der auch noch alle anderen Energieformen – z. B. elektromagnetische – enthält. *Dieser allgemeine Energieerhaltungssatz ist der* „Erste Hauptsatz der Thermodynamik". Er lautet:

> In einem energetisch abgeschlossenen System, d. h. in einem System, dem von außen weder Energie zugeführt noch entzogen wird, ist die Summe *aller* Energien konstant.

Die gesamte Energie eines Systems kann sich nur durch Energiezufuhr oder -abfuhr über die Systemgrenzen ändern. Innerhalb des Systems können sich nur die einzelnen Energieformen ineinander umwandeln.

Eine andere, äquivalente Formulierung des ersten Hauptsatzes lautet:

> Es gibt kein Perpetuum mobile erster Art, also keine Maschine, die ständig Arbeit leistet, ohne einer äußeren Quelle Energie zu entziehen.

Der gesamte Energieinhalt enthält u. a. die kinetische und die potentielle Energie, die das System als Ganzes infolge seines äußeren Zustandes, d. h. infolge der Schwerpunktgeschwindigkeit, der Rotation und Schwerpunktlage hat. Diese drei „äußeren" Energien sind in der Thermodynamik uninteressant und können in allen Prozessen als *konstant* angesehen werden. Nur der Rest, die sog. *„innere Energie"* $U$ ist von Bedeutung. Die innere Energie $U$ hängt vom Zustand des Systems ab, d. h. von den Zustandsgrößen $p, V, T$, die aber voneinander abhängen. *Die innere Energie ist daher eine Zustandsgröße. Ein Teil der inneren Energie steckt als kinetische Energie in der ungeordneten Teilchenbewegung*; ein weiterer Teil von $U$ ist potentielle Energie – zurückzuführen auf atomare Kräfte in den Atomhüllen.

Wegen der Konstanz der äußeren Energie ändert sich in der Thermodynamik nur die innere Energie $U$. Nach dem ersten Hauptsatz der Wärmelehre kann die innere Energie $U$ nur durch Energieaustausch mit der Umgebung geändert werden. *Die mathematische Formulierung des ersten Hauptsatzes lautet:*

$$\Delta U = \Delta Q + \Delta W \qquad (12.2\text{–}1)$$

*Die Änderung $\Delta U$ der inneren Energie ist gleich der Summe aus übertragener Wärme $\Delta Q$ und geleisteter Arbeit $\Delta W$.* $\Delta Q$ und $\Delta W$ sind positiv, wenn dem System Energie zugeführt wird, und negativ bei Energieabfuhr.

Zugeführte Strahlungsenergie oder andere elektromagnetische Energie kann als Arbeit oder Wärme eingeordnet werden.

## 12.3 Wärmeübergang

Wir berechnen zuerst den Wärmeübergang $\Delta Q$ und später die geleistete Arbeit $\Delta W$. Bei der Zufuhr von Wärme nimmt die Temperatur eines Körpers zu, falls sich der Aggregatzustand (fest – flüssig – gasförmig) nicht ändert. Bei kleinen Temperaturänderungen $\Delta T$ ist die Wärmezufuhr oder -abfuhr näherungsweise proportional zu $\Delta T$:

$$\Delta Q = C\,\Delta T = m\,c\,\Delta T = n\,C_m \Delta T \qquad (12.3\text{–}1)$$

| | | | |
|---|---|---|---|
| mit | $C$ | = Wärmekapazität des Körpers | [J/K] |
| | $c$ | = spezifische Wärmekapazität des Materials | [J/(kg K)] |
| | $C_m$ | = molare Wärmekapazität des Materials | [J/(mol K)] |
| | $n$ | = Zahl der Mole | |
| | $\Delta T$ | = Endtemperatur – Anfangstemperatur. | |

$\Delta T$ kann positiv oder negativ sein. (Unbedacht wird das Vorzeichen von $\Delta T$ vor allem in Kreisprozessen gerne falsch eingesetzt.)

$C$ hängt vom Material und von der Größe des Körpers ab; $c$ und $C_m$ hängen nur vom Material ab und werden experimentell bestimmt. Darüber hinaus zeigen die drei Wärmekapazitäten je nach Material und Temperaturbereich noch eine mehr oder weniger große Temperaturabhängigkeit. Lediglich bei kleinen Temperaturänderungen können die Wärmekapazitäten als konstant angesehen werden. Bei großen Temperaturänderungen ist Gl. (12.3–1) zu ersetzen durch

$$\Delta Q = m\int_{T_1}^{T_2} c(T)\,dT = n\int_{T_1}^{T_2} C_m(T)\,dT \qquad (12.3\text{–}2)$$

mit $T_1$ = Anfangstemperatur und $T_2$ = Endtemperatur des Körpers.

**Tabelle (12.3–1):** Spezifische Wärmekapazität [J/(kg K)] einiger Stoffe bei $\vartheta = 20\,°\mathrm{C}$.

| | | | | | |
|---|---|---|---|---|---|
| Quecksilber | 315 | Eisen | 452 | Alkohol | 2365 |
| Kupfer | 385 | Aluminium | 896 | Wasser | 4187 |

Bemerkenswerterweise ist die spezifische Wärmekapazität des Wassers etwa eine Größenordnung größer als die der Metalle. Die große Wärmekapazität des Wassers kommt den mit Wasser betriebenen Kühlkreisläufen und Heizungsanlagen zugute. Sie sorgt für ein gemäßigtes Seeklima in der Nähe des Meeres: Die Sommer sind nicht so heiß und die Winter nicht so kalt wie beim Kontinentalklima, weil die jahreszeitlichen Temperaturschwankungen des Meeres relativ gering sind. Der Mensch besteht zu etwa 70% aus Wasser und kann daher bei Kälte nicht so leicht ausfrieren. Heiße Kartoffeln enthalten nur wenig Wasser und können daher viel eher in den Mund genommen werden als heiße Suppe.

**Beispiel (12.3–1) Messung spezifischer Wärmekapazitäten.**

Wärmekapazitäten von Festkörpern und Flüssigkeiten können in dem Kalorimeter gemessen werden, das in Abb. (12.3–1) dargestellt ist. In dem thermisch isolierten Gefäß befindet sich eine Flüssigkeit (meist Wasser) mit Masse $m_1$, spezifischer Wärmekapazität $c_1$ und Temperatur $T_1$. Ein Probekörper mit Masse $m_2$, unbekannter Wärmekapazität $c_2$ und Temperatur $T_2$ wird in die Flüssigkeit eingetaucht. Nach einiger Zeit stellt sich die Mischtemperatur $T_m$ ein.

Stelle die Wärmebilanz auf und berechne $c_2 = c_2(c_1, C_K; m_1, m_2; T_1, T_2, T_m)$ mit $C_K$ = gegebene Wärmekapazität des Kalorimeters.

Hinweis: Alle Wärmekapazitäten werden als temperaturunabhängig angenommen. Wärmeverluste nach außen werden vernachlässigt.

**Lösung:**

Die vom Gefäß und von $m_1$ aufgenommene (oder bei $T_1 > T_2$ abgegebene) Wärme ist gleich der von $m_2$ abgegebenen (oder aufgenommenen) Wärme:

$$(m_1 c_1 + C_K)(T_m - T_1) = m_2 c_2 (T_2 - T_m)$$

$$\Rightarrow \quad c_2 = \frac{m_1 c_1 + C_K}{m_2} \frac{T_m - T_1}{T_2 - T_m}$$

Kontrolle und Veranschaulichung:

- Die Einheit und das Vorzeichen von $c_2$ sind richtig.
- Für $T_m \to T_1$ erfolgt keine Temperaturänderung im Gefäß, so daß $c_2 \to 0$.
- Für $T_m \to T_2$ behält der Probekörper seine Temperatur, so daß $c_2 \to \infty$.

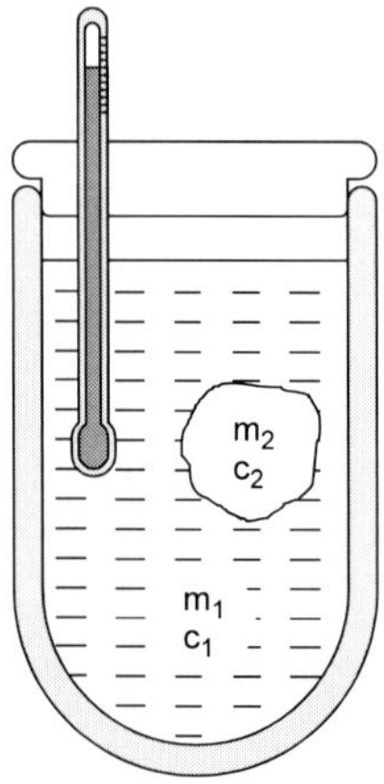


**Abb. (12.3–1):** Kalorimeter zur Bestimmung der unbekannten Wärmekapazität $c_2$ des Probekörpers $m_2$.

**Beispiel (12.3–2) Messung einer Wärmekapazität.**

In einen thermisch isolierten Topf werden 3 Liter Wasser geschüttet. Eine eingetauchte Heizwicklung wärmt das Wasser mit einer elektrischen Leistung von $P = 240$ W um 1,1 °C pro Minute auf.

Berechne die Wärmekapazität $C_T$ des Topfes.

Hinweis: Die Temperatur der Heizwicklung werde als konstant angesehen.

**Lösung:**

$$P = 240\,\mathrm{W} = \frac{\Delta Q}{\Delta t} = \frac{\left(3\,\mathrm{kg} \cdot 4187\,\frac{\mathrm{J}}{\mathrm{kg\,K}} + C_T\right) \cdot 1{,}1\,°\mathrm{C}}{60\,\mathrm{s}}$$

$$C_T = \frac{240\,\mathrm{W} \cdot 60\,\mathrm{s}}{1{,}1\,\mathrm{K}} - 3 \cdot 4187\,\frac{\mathrm{J}}{\mathrm{K}} \approx 529{,}91\,\frac{\mathrm{J}}{\mathrm{K}}$$

# 12.4 Volumenänderungsarbeit

Die an einem thermodynamischen System geleistete oder von einem thermodynamischen System verrichtete Arbeit $\Delta W$ ist in den meisten Fällen mechanische Arbeit, die bei einer Volumenänderung auftritt (siehe Dampfmaschinen, Verbrennungsmotoren, Turbinen). Andere Arbeiten – wie z. B. elektromagnetische – sind zwar denkbar, aber in der Thermodynamik nicht wichtig. Wir betrachten einen Zylinder mit einem Gas unter dem Druck $p$ und mit einem verschiebbaren Kolben. Wenn der Kolben mit der Fläche $A$ um die kleine Strecke $\Delta s$ nach außen verschoben wird, so bleiben der Druck $p$ im Gas und daher auch die Kraft $F = p\,A$ des Gases auf den Kolben nahezu konstant. Folglich wird vom Gas die kleine Arbeit

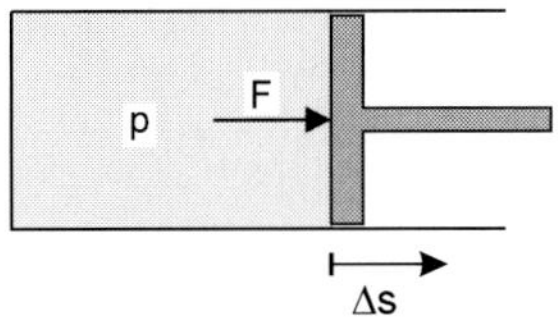


**Abb. (12.4–1):** Bei kleiner Verschiebung $\Delta s$ leistet das Gas ungefähr die Arbeit $\Delta W_K \approx F\,\Delta s = p\,\Delta V$.

$$\Delta W_K \approx F\,\Delta s = p\,A\,\Delta s = p\,\Delta V$$

auf den Kolben übertragen. $p\,\Delta V$ ist die schraffierte Rechteckfläche im $p$, $V$-Diagramm in Abb. (12.4–2a).

Da die mechanische Energie $\Delta W_K$ nach außen abgegeben wird, ist $\Delta W$ nach der Vorzeichenkonvention negativ:

$$\Delta W \approx -p\,\Delta V \tag{12.4–1a}$$

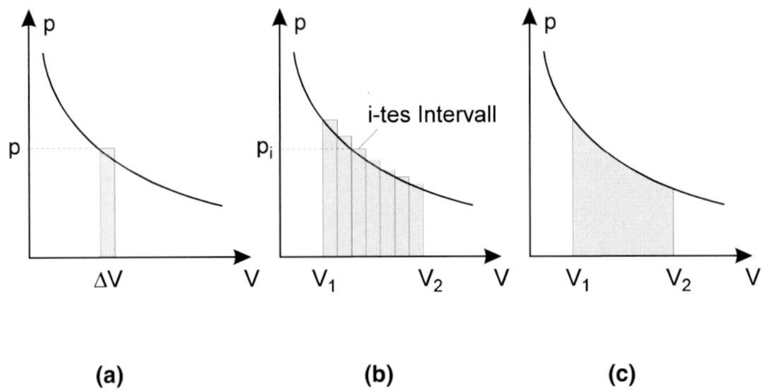


**Abb. (12.4–2) (a)** Kleine Volumenänderung $\Delta V$ mit nahezu konstantem $p$.

**(b)** Die große Volumenänderung von $V_1$ auf $V_2$ kann durch eine Folge von kleinen Volumenänderungen angenähert werden.

**(c)** Für $\Delta V \to 0$ geht die Summe der Rechteckflächen in Teil (b) über in die Fläche unter der Kurve $p(V)$. Diese Fläche ist exakt gleich der negativen Volumenänderungsarbeit $-W_{12}$.

Diese Gl. ist um so besser erfüllt, je weniger sich der Druck $p$ bei der Verschiebung $\Delta s$ ändert, d. h. je kleiner $\Delta V$ ist.

Eine große Volumenänderung von $V_1$ auf $V_2$ kann näherungsweise aufgefaßt werden als eine Folge von $n$ kleinen Volumenänderungen $\Delta V = (V_2 - V_1)/n$, wobei der Druck bei der i-ten Volumenänderung $\Delta V$ den nahezu konstanten Wert $p_i$ annimmt ($i = 1, 2, \ldots n$). Daher gilt

$$\Delta W = W_{12} \approx -\sum_{i=1}^{n} p_i \, \Delta V \qquad (12.4\text{–}1b)$$

Die rechte Seite ist gleich der Summe der Rechteckflächen in Abb. (12.4–2b). Gl. (12.4–1b) ist um so besser erfüllt, je kleiner $\Delta V$ ist. Für $\Delta V \to 0$ erhalten wir die exakte Volumenänderungsarbeit $W_{12}$ und die Summe in Gl. (12.4–1b) geht in ein Integral über [1]:

$$\sum_{i=1}^{n} p_i \, \Delta V \xrightarrow[\Delta V \to 0]{} \int_{V_1}^{V_2} p \, dV \qquad (12.4\text{–}2)$$

*Die mechanische Arbeit bei einer Volumenänderung von $V_1$ auf $V_2$ lautet daher*

$$\Delta W = W_{12} = -\int_{V_1}^{V_2} p(V) \, dV \qquad (12.4\text{–}3)$$

*Das Integral ist gleich der grauen Fläche im p, V-Diagramm in Abb. (12.4–2c).*

Vor der Berechnung der ersten Volumenänderungsarbeit sollen einige neue Begriffe eingeführt werden:

- Ein Vorgang, in dem ein thermodynamisches System eine Zustandsänderung erfährt, heißt „thermodynamischer Prozeß". Es gibt unzählige verschiedene thermodynamische Prozesse. Die vier wichtigsten werden im folgenden aufgezählt.

- Prozesse mit $T = \text{const}$ heißen „isotherm".
  " " $V = \text{const}$ " „isochor".
  " " $p = \text{const}$ " „isobar".
  " " $\Delta Q = 0$ " „adiabatisch".

- Ein „Wärmebad" ist ein Festkörper oder eine Flüssigkeit mit sehr großer Wärmekapazität $C$ – z. B. ein ausgedehnter Wassertank. Das Wärmebad soll Wärme liefern oder Wärme aufnehmen und dabei seine *Temperatur (nahezu) konstant* halten.

---

[1] Das (Riemannsche) Integral wird ja gerade durch die Beziehung (12.4–2) definiert: Das Integral über eine Funktion ist gleich der Fläche unter der Funktion. Diese Fläche ergibt sich aus den Rechteckflächen im Grenzübergang verschwindender Rechteckbreite.

- Jedes abgeschlossene System geht nach hinreichend langer Zeit immer in einen Gleichgewichtszustand über. Er ist durch *zeitlich konstante* Drücke und Temperaturen definiert. Oft spricht man auch dann noch von einem Gleichgewicht, wenn sich die Zustandsgrößen nur sehr langsam ändern. Im Gleichgewicht sind die Zustandsgrößen durch Zustandsgln. miteinander verknüpft. So gilt für ideale Gase im Gleichgewicht die Zustandsgl. $p\,V = n\,R\,T$.

Wir berechnen nun die isotherme Volumenänderungsarbeit idealer Gase. Das ideale Gas befindet sich in einem Wärmebad – z. B. in einem großen Wassertank –, das die Gastemperatur konstant hält: $T = \text{const}$. Die äußere Kraft auf den Kolben wird bei einer Expansion laufend verringert und bei einer Kompression laufend erhöht. *Wenn die Volumenänderung genügend langsam erfolgt* [2], *dann befindet sich das Gas zu jeder Zeit nahezu im Gleichgewicht, Druck und Temperatur sind räumlich konstant* (d. h. überall im Behälter jeweils gleich groß), *und es gilt in guter Näherung jederzeit die ideale Gasgl.* [3]

$$p = n\,R\,T\,\frac{1}{V}$$

Damit folgt wegen $T = \text{const}$

$$W_{12} = -\int_{V_1}^{V_2} p(V)\,dV = -n\,R\,T \int_{V_1}^{V_2} \frac{dV}{V}$$

$$W_{12} = -n\,R\,T\,\ln\frac{V_2}{V_1} \qquad \text{für ideale Gase und } T = \text{const} \qquad (12.4\text{–}4)$$

Für $V_2 > V_1$ ist $W_{12} < 0$: Das Gas gibt mechanische Energie an den Kolben bzw. an die Umgebung ab. Nach dem ersten Hauptsatz kann der Energieverlust $W_{12}$ nur durch eine Abnahme der inneren Energie $U$ oder durch eine Wärmezufuhr vom Wärmebad ausgeglichen werden. Da die innere Energie idealer Gase nach der kinetischen Gastheorie nur von der Temperatur abhängt und folglich in isothermen Prozessen konstant ist, muß das Wärmebad, dessen Temperatur geringfügig über der Gastemperatur liegt, die Wärme

---

[2] Die Volumenänderung ist genügend langsam, wenn die Kolbengeschwindigkeit wesentlich kleiner ist als die Schallgeschwindigkeit $c$, die bei allen Gasen etwas unter der mittleren Molekülgeschwindigkeit $v_m$ liegt (siehe Tabelle (11.2–1)).

[3] Wenn der Kolben in Abb. (12.4–1) sehr schnell nach rechts verschoben wird – z. B. mit nahezu Schallgeschwindigkeit –, so können die Gasmoleküle kaum mit dem Kolben Schritt halten. Da die Moleküle links im Zylinder die schnelle Kolbenverschiebung „zu spät bemerken", sind die Gasdichte und der Druck links im Zylinder größer als rechts im Zylinder unmittelbar hinter dem davonlaufenden Kolben. Wegen des räumlich verschiedenen Druckes ist das Gas nicht im Gleichgewicht und die ideale Gasgl. gilt offensichtlich nicht.

$$Q_{12} = -W_{12} = +n\,R\,T\,\ln\frac{V_2}{V_1} \quad \text{für ideale Gase und } T = \text{const} \qquad (12.4\text{–}5)$$

an das Gas abgeben.

Beachte, daß die Gl. $Q_{12} = -W_{12}$ nur unter *zwei Bedingungen* gilt:

1) Der Prozeß muß *isotherm* sein. Bei nicht-isothermen Prozessen werden die Temperatur und damit auch die innere Energie verändert, d. h. $U_{12} = W_{12} + Q_{12} \neq 0$.

2) Nur *ideale Gase* sind am Prozeß beteiligt. Bei realen Gasen hängt die innere Energie auch vom Volumen ab. Ein isothermer Prozeß mit *realen* Gasen ändert bei Volumenänderung die innere Energie $U$.

Studenten übersehen diese beiden Bedingungen oft.

Das folgende Beispiel ist von größter Wichtigkeit für die Thermodynamik. Es zeigt, daß Arbeit und Wärme keine Zustandsgrößen, sondern Prozeßgrößen sind, d. h. vom durchlaufenen Weg, vom Prozeß abhängen.

**Beispiel (12.4–1) Arbeit und Wärme als Prozeßgrößen.**

Die isotherme Zustandsänderung in Abb. (12.4–3) überführt das Gas vom Anfangszustand 1 mit $p_1$, $V_1$, $T$ in den Endzustand 2 mit $p_2$, $V_2$, $T$. Der Endzustand 2 kann aber auch auf beliebig vielen anderen Wegen erreicht werden. Eine Möglichkeit wird in Abb. (12.4–3) dargestellt: Isochore Entspannung $1 \to 3$ und anschließende isobare Expansion $3 \to 2$.

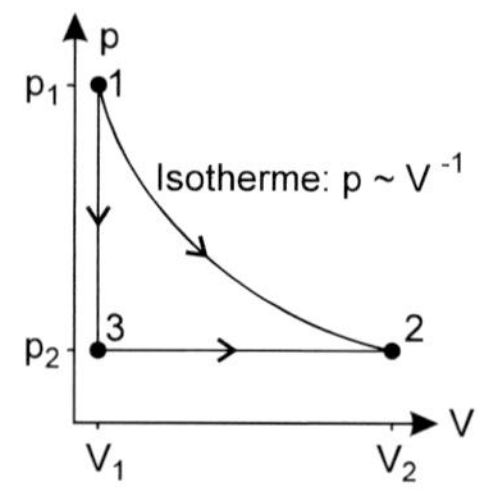


**Abb. (12.4–3)** Der Anfangszustand 1 kann nicht nur über eine Isotherme in den Endzustand 2 überführt werden, sondern z. B. auch durch eine isochore Entspannung $1 \to 3$ und eine anschließende isobare Expansion $3 \to 2$.

**a)** Wie läßt sich die Möglichkeit $1 \to 3 \to 2$ experimentell durchführen?

**b)** Berechne den Druck $p_2$ und danach die Größen $p_3$, $T_3$ im Zustand 3 als Funktionen von $V_1$, $V_2$, $p_1$, $T$.

**c)** Berechne die Volumenänderungsarbeit $W_{12}$ und die Wärme $Q_{12}$ für den Weg $1 \to 3 \to 2$.

**d)** Vergleiche die Ergebnisse in Teil c) mit den Gln. (12.4–4 und 5).

**Lösung:**

**a)** Bei der isochoren Entspannung $1 \to 3$ ist das Volumen konstant und die Gastemperatur wird durch Wärmeübertragung an ein kälteres Medium erniedrigt.

Bei der isobaren Expansion wird die Temperatur wieder auf den Anfangswert $T$ heraufgesetzt, wobei das Volumen bei konstantem Druck wächst. Der Druck kann z. B. durch die Gewichtskraft eines Kolbens konstant gehalten werden (siehe Abb. (12.4–4)).

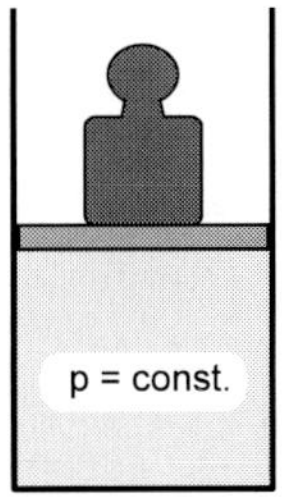


**Abb. (12.4–4)** Die Gewichtskraft hält den Druck $p$ konstant – unabhängig von $V$ und $T$.

**b)** Alle gesuchten Größen ergeben sich aus der idealen Gasgl. $pV = nRT$.

Wegen $T = \text{const}$ ist $p_1 V_1 = p_2 V_2$

$$\Rightarrow \quad p_2 = p_1 \frac{V_1}{V_2} \qquad p_3 = p_2$$

Weiter gilt

$$\frac{p_1 V_1}{T} = nR = \frac{p_3 V_3}{T_3} = \frac{p_3 V_1}{T_3}$$

$$\Rightarrow \quad T_3 = T\frac{p_3}{p_1} = T\frac{p_2}{p_1} = T\frac{V_1}{V_2}$$

**c)** $W_{12} = W_{13} + W_{32} = W_{32} = -p_2(V_2 - V_1) = -p_1(V_2 - V_1)\dfrac{V_1}{V_2}$

Da der Endzustand 2 dieselbe Temperatur und folglich auch dieselbe innere Energie hat wie der Anfangszustand 1, muß nach dem ersten Hauptsatz die insgesamt aufgenommene Wärme gleich der negativen Arbeit $-W_{12}$ sein:

$$Q_{12} = Q_{13} + Q_{32} = -W_{12} = +p_1(V_2 - V_1)\frac{V_1}{V_2}$$

**d)** Sowohl die zwei geleisteten Arbeiten $W_{12}$ als auch die zwei aufgenommenen Wärmen $Q_{12}$ sind auf den Wegen $1 \to 2$ und $1 \to 3 \to 2$ verschieden. *Wärme $\Delta Q$ und Arbeit $\Delta W$ hängen nicht nur vom Anfangs- und Endzustand ab, sondern auch vom Weg, vom durchlaufenen Prozeß. Wärme $Q$ und Arbeit $W$ sind also keine Zustandsgrößen, sondern Prozeßgrößen. Die innere Energie $U$ hingegen ist eine Zustandsgröße*; sie hängt nur vom Zustand, also von $T$, $V$, $p$ ab und überhaupt nicht von dem Weg, auf dem das System diesen Zustand erreicht hat.

Wir betonen nochmals, daß die in diesem Beispiel bewiesene Aussage „*Arbeit und Wärme sind Prozeßgrößen*" sehr wichtig ist für die Thermodynamik und daher im folgenden immer wieder gebraucht wird. Der Leser muß sie gut verstehen und unbedingt behalten.

## 12.5 Gleichverteilungssatz und Wärmekapazität

In der kinetischen Gastheorie hatten wir nur Bewegungen idealer Gasmoleküle in x,y,z-Richtung, also nur die drei Translationen untersucht. Die Anzahl $f$ der untersuchten Freiheitsgrade war drei

$$f = 3$$

mit $$\frac{m_M}{2}\overline{v^2} = \overline{E_{\text{kin}}} = \frac{3}{2}k\,T \qquad (12.5\text{–}1)$$

Daraus folgt wegen der Gleichverteilung der Geschwindigkeitskomponenten

$$\frac{1}{3}\frac{m_M}{2}\overline{v^2} = \frac{m_M}{2}\overline{v_x^2} = \frac{m_M}{2}\overline{v_y^2} = \frac{m_M}{2}\overline{v_z^2} = \frac{1}{2}k\,T$$

*Jeder Freiheitsgrad der Translation besitzt bei idealen Gasen die mittlere thermische Energie $k\,T\,/\,2$.*

Moleküle mit mindestens zwei Atomen haben neben den drei Freiheitsgraden der Translation auch noch Freiheitsgrade der Rotation. So kann z. B. ein $N_2$–Molekül um die zwei Achsen, die in Abb. (12.5–1) gestrichelt gezeichnet sind und die senkrecht auf der Verbindungslinie beider Atome stehen, rotieren[4]: $f = 3 + 2 = 5$. Nach dem Gleichverteilungssatz, den wir nicht beweisen können, haben die Freiheitsgrade der Rotation dieselbe mittlere thermische Energie wie die Freiheitsgrade der Translation. Dasselbe gilt für die Freiheitsgrade der Schwingung, die erst bei höheren Temperaturen angeregt werden (Näheres hierzu später):

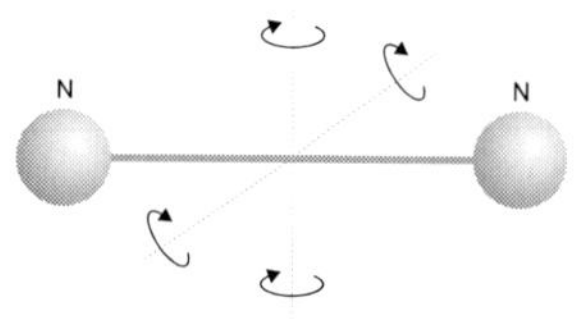


**Abb. (12.5–1)** Zwei Rotationsachsen des $N_2$–Moleküls.

**Gleichverteilungssatz (Äquipartionsprinzip) idealer Gase:**

Die mittlere thermische Energie der Moleküle eines idealen Gases ist gleichmäßig auf alle $f$ angeregten Freiheitsgrade verteilt. Jeder Freiheitsgrad hat die mittlere thermische Energie $k\,T\,/\,2$.

*Der Gleichverteilungssatz gilt nur für ideale Gase, weil nur bei ihnen alle Energieanteile quadratisch sind:* Die kinetischen Energien der Translation und Rotation sind quadratisch in

---

[4] Rotationen um die Verbindungslinie beider Atome sind nach den Gesetzen der Quantenmechanik wegen des kleinen Trägheitsmomentes $I$ nicht möglich. Bei großen Temperaturen schwingen die beiden N–Atome auch noch gegeneinander, so daß $f$ auf 7 steigt. Näheres dazu später.

den Geschwindigkeiten und Winkelgeschwindigkeiten und die potentielle Energie der innermolekularen Schwingungen, die normalerweise erst bei hohen Temperaturen angeregt werden, ist quadratisch in der Auslenkung aus der Gleichgewichtslage (vgl. mit $V = D\,x^2\,/\,2$ beim harmonischen Oszillator). Der Gleichverteilungssatz gilt nicht für reale Gase, weil die potentielle Energie der Kohäsionskräfte, die zwischen den Molekülen wirken und sehr schnell mit zunehmender Entfernung abfallen, nicht quadratisch ist.

Nach dem Gleichverteilungssatz beträgt die mittlere thermische Energie eines idealen Gasmoleküls mit $f$ angeregten Freiheitsgraden

$$\overline{E_{\text{therm.}}} = \frac{f}{2}\,k\,T \qquad (12.5\text{–}2)$$

Mit der Teilchenzahl $N = n\,N_A$ und mit $N_A\,k = R$ ergibt sich die innere Energie zu

$$U = N\frac{f}{2}\,k\,T = n\frac{f}{2}\,R\,T \qquad \text{nur für ideale Gase} \qquad (12.5\text{–}3)$$

Bei idealen Gasen hängt $U$ nur von der Molzahl $n$, der Zahl $f$ der Freiheitsgrade und der Temperatur $T$ ab. Bei idealen Gasen hängt $U$ nicht ab von der Molekülmasse $m_M$, von der Bindungsart, nicht vom Volumen und auch nicht vom Druck.

Mit der Gl. (12.5–3) für die innere Energie können wir die isochore und die isobare Wärmekapazität idealer Gase berechnen. Für eine isochore ($V$ = const) Temperaturänderung $dT$ idealer Gase gilt:

$$dU \underset{\text{Gl. (12.5–3)}}{\underset{\uparrow}{=}} n\frac{f}{2}\,R\,dT \underset{\text{1. HS}}{\underset{\uparrow}{=}} dQ + dW \underset{\text{Gln. (12.3–1/12.4–3)}}{\underset{\uparrow}{=}} n\,C_{mV}\,dT + 0$$

mit $C_{m\,V}$ = <u>m</u>olare isochore Wärmekapazität

$$\Rightarrow \quad C_{m\,V} = \frac{f}{2}\,R \qquad \text{für ideale Gase} \qquad (12.5\text{–}4a)$$

Andererseits gilt für eine isobare ($p$ = const) Temperaturänderung $dT$ von idealen Gasen:

$$dU \underset{\text{Gl. (12.5–3)}}{\underset{\uparrow}{=}} n\frac{f}{2}\,R\,dT \underset{\text{1. HS}}{\underset{\uparrow}{=}} dQ + dW \underset{\text{Gln. (12.3–1/12.4–3)}}{\underset{\uparrow}{=}}$$

$$= n\,C_{mp}\,dT - p\,dV \underset{\text{ideale Gasgl.}}{\underset{\uparrow}{=}} n\,C_{mp}\,dT - n\,R\,dT$$

mit $C_{mp}$ = <u>m</u>olare isobare Wärmekapazität bei <u>p</u> = const

$$\Rightarrow \quad C_{mp} = \left(1 + \frac{f}{2}\right)R \qquad \text{für ideale Gase} \qquad (12.5\text{–}4b)$$

Zusammenfassend können wir sagen: Die molare isochore Wärmekapazität ($V = \text{const}$) und die molare isobare Wärmekapazität ($p = \text{const}$) idealer Gase lauten:

$$C_{m\,V} = \frac{f}{2} R \qquad C_{m\,p} = \left(1 + \frac{f}{2}\right) R \qquad \text{für ideale Gase} \qquad (12.5\text{–}4a/b)$$

$$C_{m\,p} - C_{m\,V} = R \qquad \text{für ideale Gase} \qquad (12.5\text{–}4c)$$

Messungen zeigen, daß die Beziehung (12.5–4c) – und nur diese – auch für reale Gase, die weit genug vom Kondensationspunkt entfernt sind, gut erfüllt ist.

*Die isobare Wärmekapazität ist größer als die isochore, weil bei einer isobaren Temperaturerhöhung nicht nur die innere Energie zunimmt, sondern auch Arbeit an den zurückweichenden Kolben abgegeben wird.*

Ausdrücklich wird darauf hingewiesen, daß die Änderung der inneren Energie

$$dU = n \frac{f}{2} R\, dT = n\, C_{mV}\, dT$$

*immer* proportional zur *isochoren* Wärmekapazität $C_{mV}$ ist – auch in isobaren Prozessen. $C_{mV}$ repräsentiert ja die Wärme, die vollständig der inneren Energie $U$ zukommt. $C_{m\,p}$ hingegen berücksichtigt *zusätzlich* den Wärmeanteil, der in mechanische Arbeit umgewandelt wird.

**Tabelle (12.5–1):** Molekülformen, Freiheitsgrade, theoretisch berechnete Wärmekapazitäten und Isentropenexponenten $\gamma := C_{mp} \,/\, C_{mV}$ für ideale Gase. Bei Raumtemperaturen verhalten sich $H_2$, $N_2$, $O_2$ wie starre Hanteln mit $f = 5$.

| Molekülform | Freiheitsgrade | | | | $C_{mV}$ in $\frac{\text{J}}{\text{mol K}}$ | $C_{mp}$ in $\frac{\text{J}}{\text{mol K}}$ | $\gamma$ |
|---|---|---|---|---|---|---|---|
| | Translation | Rotation | Oszillation | gesamt | | | |
| punktförmig | 3 | – | – | 3 | 12,47 | 20,79 | 1,67 |
| starre Hantel | 3 | 2 | | 5 | 20,79 | 29,10 | 1,40 |
| schwingende Hantel | 3 | 2 | 2 | 7 | 29,10 | 37,41 | 1,29 |
| mehratomig, starr | 3 | 3 | – | 6 | 24,94 | 33,26 | 1,33 |

Die Berechnung der Wärmekapazitäten erfordert die Kenntnis der Molekülform, um die Zahl $f$ der Freiheitsgrade angeben zu können. In Tabelle (12.5–1) sind verschiedene Molekülformen und ihre Freiheitsgrade aufgezählt. Drei Arten von Freiheitsgraden treten auf:

- Jedes Teilchen hat drei *Freiheitsgr*ade der Translation – mit Ausnahme der unmittelbaren Umgebung des absoluten Nullpunktes $T = 0$ K.
- Bei mehratomigen Molekülen treten (bei nicht zu tiefen Temperaturen) *Rotationen* auf. Liegen alle Atome im Molekül auf einer Achse, so kann das Molekül wegen des zu kleinen Trägheitsmomentes nicht um diese Achse, sondern nur um die zwei dazu senkrecht stehenden Achsen rotieren (siehe Abb. (12.5–1)). Daher enthalten die Rotationen zweiatomiger und langgestreckter dreiatomiger Moleküle nur zwei Freiheitsgrade. Die Rotationen aller anderen Moleküle haben drei Freiheitsgrade.
- *Schwingungen* der Atome in den Molekülen werden erst bei relativ hohen Temperaturen angeregt (siehe Abb. (12.5–2)). Jede Schwingung enthält potentielle und kinetische Energie, die im zeitlichen Mittel gleich groß sind. Daher erhöht jede Schwingung die Zahl der Freiheitsgrade um zwei.

Der Begriff „Freiheitsgrad" wird in der Mechanik und Thermodynamik verschieden definiert. In der Mechanik ist die Zahl der Freiheitsgrade gleich der Zahl der unabhängigen Koordinaten. In der Thermodynamik erhöht jeder angeregte Freiheitsgrad der Translation und Rotation die mittlere thermische Energie eines idealen Gasmoleküls um $k\,T\,/\,2$. Da bei einer Schwingung nicht nur die kinetische, sondern auch die potentielle Energie $k\,T\,/\,2$ beiträgt, sagt man in der Thermodynamik: Pro Schwingung wird die Zahl der Freiheitsgrade nicht um Eins erhöht – das entspräche den Regeln der Mechanik –, sondern um Zwei.

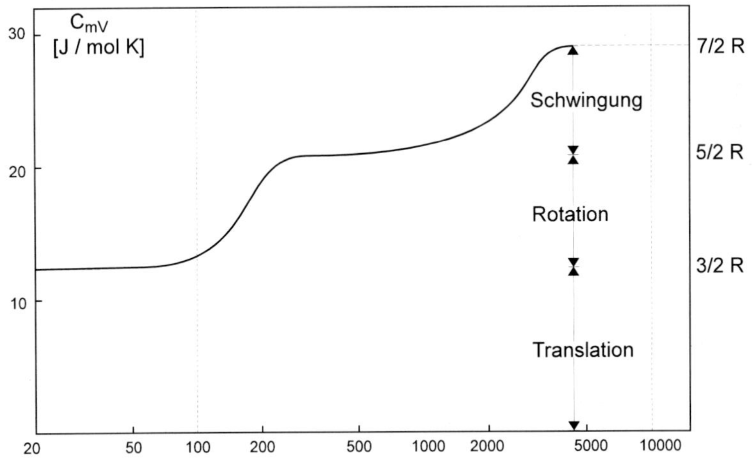


**Abb. (12.5–2)** Isochore molare Wärmekapazität $C_{mV}$ von Wasserstoff $H_2$ als Funktion der Temperatur. Zwischen 60 K und 300 K tauen die zwei Freiheitsgrade der Rotation, zwischen 700 K und 3000 K tauen die zwei Freiheitsgrade der Schwingung auf. Oberhalb von etwa 3200 K zerfällt (dissoziiert) der Wasserstoff.

Abb. (12.5–2) zeigt die isochore molare Wärmekapazität $C_{mV}$ von Wasserstoff $H_2$ als Funktion der Temperatur. Danach sind die drei Translationen oberhalb von 20 K und die zwei Rotationen erst bei mittleren Temperaturen voll angeregt; die Schwingungen treten nur bei sehr hohen Temperaturen auf. *Das „Einfrieren" von Freiheitsgraden* mit abnehmender Temperatur kann nicht klassisch, sondern nur quantentheoretisch erklärt werden und *ist eine Folge der Quantisierung* (siehe Band II) *von Drehimpuls und Energie: Bei zu niedrigen Temperaturen reicht die thermische Energie nicht mehr aus, um selbst die niedrigsten Energiezustände der Schwingung bzw. der Rotation anzuregen.*

Tabelle (12.5–2) zeigt die *gemessenen* Wärmekapazitäten einiger Gase bei Normaldruck und Raumtemperatur. Die Werte der einatomigen Edelgase Helium He und Argon Ar und der zweiatomigen Gase $H_2$, $O_2$, $N_2$, Luft stimmen hervorragend mit den *theoretischen* Werten in Tabelle (12.5–1) überein. Bei Chlor liegen die gemessenen Wärmekapazitäten über denen einer starren Hantel, weil etwa die Hälfte der $Cl_2$–Moleküle bereits bei $\vartheta = 20\,°C$ schwingt. Bei den mehratomigen Molekülen in Tabelle (12.5–2) ist die Situation etwas unübersichtlich, da hier mehrere Freiheitsgrade der Schwingung existieren, die bei Raumtemperatur großenteils noch nicht oder zumindest noch nicht voll angeregt sind.

**Tabelle (12.5–2):** Gemessene Wärmekapazitäten in J/(mol K) und Isentropenexponenten $\gamma := C_{mp} \,/\, C_{mV}$ einiger Gase bei Normaldruck $p = 1{,}01325 \cdot 10^5\ N/m^2$ und $\vartheta = 20\,°C$.

| Gas | | $C_{mV}$ | $C_{mp}$ | $\gamma$ |
|---|---|---|---|---|
| Helium | He | 12,47 | 20,80 | 1,67 |
| Argon | Ar | 12,47 | 20,80 | 1,67 |
| Wasserstoff | $H_2$ | 20,43 | 28,76 | 1,41 |
| Sauerstoff | $O_2$ | 21,06 | 29,43 | 1,40 |
| Stickstoff | $N_2$ | 20,76 | 29,09 | 1,40 |
| Luft | | 20,77 | 29,10 | 1,40 |
| Chlor | $Cl_2$ | 25,74 | 34,70 | 1,35 |
| Kohlendioxid | $CO_2$ | 28,46 | 36,96 | 1,30 |
| Schwefeldioxid | $SO_2$ | 31,40 | 40,39 | 1,29 |
| Methan | $CH_4$ | 26,19 | 34,59 | 1,32 |
| Ethan | $C_2H_6$ | 43,12 | 51,70 | 1,20 |
| Ammoniak | $NH_3$ | 27,84 | 36,84 | 1,31 |

Auch die Wärmekapazitäten von Festkörpern lassen sich bei höheren Temperaturen gut erklären. Die Bausteine (Atome oder Moleküle) im Gitter eines Festkörpers schwingen infolge der Wärme um ihre Gleichgewichtslagen. Da die Schwingungen in die drei Raumrichtungen jeweils mit kinetischer und potentieller Energie verbunden sind, haben die einatomigen Metalle sechs Freiheitsgrade ($f = 6$). Die molare isochore Wärmekapazität $C_{mV}$, die wegen des kleinen Wärmeausdehnungskoeffizienten von Festkörpern ungefähr gleich der isobaren Wärmekapazität ist ($C_{mV} \approx C_{mp}$), lautet daher

$$C_{mV} = \frac{6}{2} R = 3\,R \quad \begin{cases} \text{für einatomige Festkörper} \\ \text{und genügend große } T \end{cases} \tag{12.5–5}$$

Nach Abb. (12.5–3) ist dieses „Dulong-Petitsche Gesetz" sehr gut für hohe Temperaturen und einatomige Festkörper, d. h. für Festkörper, die an jedem Gitterplatz nur ein Atom enthalten, erfüllt.

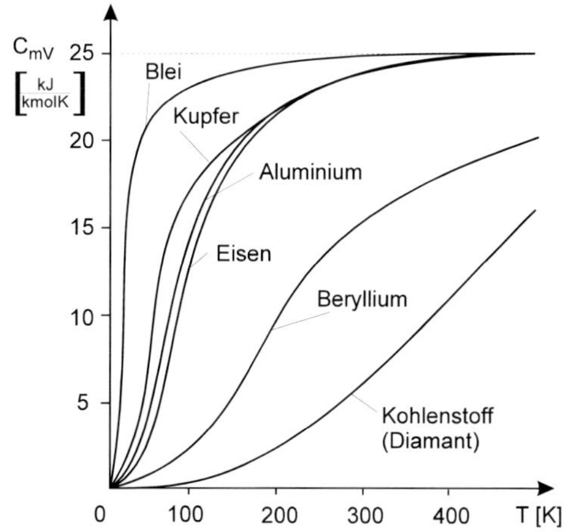


**Abb. (12.5–3)** Molare isochore Wärmekapazität von einigen Festkörpern, die pro Gitterplatz nur ein Atom haben.

Bei mehratomigen Festkörpern sind neben den Schwingungen auch Rotationen ganzer Moleküle möglich, die die Wärmekapazität bei genügend hohen Temperaturen über 3 $R$ anheben.

Bei abnehmenden Temperaturen „frieren" die Freiheitsgrade ein. Für $T \to 0$ gilt das „Debyesche $T^3$-Gesetz"

$$C_{mV}(T) = \text{konst} \cdot T^3 \qquad \text{für } T \to 0 \tag{12.5–6}$$

das wiederum nur mit der Quantentheorie hergeleitet werden kann.

**Beispiel (12.5–1) Wärmeentzug mit Debyeschem $T^3$-Gesetz.**

Welche Wärme muß 3 mol Beryllium entzogen werden, um es von 100 K auf 50 K abzukühlen?

Hinweis: Im betrachteten Temperaturbereich gilt das Debyesche $T^3$-Gesetz

$$C_{mV}(T) = \text{konst} \cdot T^3 =: a\, T^3 \qquad \text{mit} \qquad C_{mV}(100\ \text{K}) \approx 2{,}5 \frac{\text{J}}{\text{mol K}}$$

**Lösung:**

Für $T = 100$ K gilt

$$C_{mV}(100\ \text{K}) = \text{a} \cdot 100^3 \cdot \text{K}^3 \approx 2{,}5 \frac{\text{J}}{\text{mol K}}$$

$$\Rightarrow \quad a \approx 2{,}5 \cdot 10^{-6} \frac{\text{J}}{\text{mol K}^4}$$

Nach Gl. (12.3–2) gilt

$$\Delta Q = n \int_{50}^{100} C_{mV}(T)\, dT = n\, a \int_{50}^{100} T^3\, dT \approx 175{,}78\ \text{J}$$

# 12.6 Adiabatische Zustandsänderungen

Zustandsänderungen ohne Wärmeübergang ($\Delta Q = 0$) heißen „adiabatisch". Zustandsänderungen sind adiabatisch in thermisch isolierten Systemen oder bei sehr schnellen Vorgängen, die keine Zeit für einen Wärmetausch haben. Bei adiabatischen Prozessen spielt der sog. „Isentropenexponent"

$$\gamma := \frac{C_{mp}}{C_{mV}} \underset{\text{nur für ideale Gase}}{\underset{\uparrow}{=}} 1 + \frac{2}{f} \tag{12.6–1}$$

eine große Rolle. Eine besonders wichtige Anwendung ist die adiabatische Zustandsänderung idealer Gase. Hier gilt:

$$dU = n \frac{f}{2} R\, dT \underset{\text{1. HS mit } dQ=0}{\underset{\uparrow}{=}} dW = -p\, dV \underset{\text{Ideale Gasgl.}}{\underset{\uparrow}{=}} -\frac{n\,R\,T}{V}\, dV \tag{12.6–2}$$

Separation der Variablen führt auf [5]

---

[5] Vielfach versuchen die Studenten, die Gl. (12.6–2) *ohne* Separation der Variablen zu integrieren:

$$n \frac{f}{2} R \int dT = -n\, R \int T \frac{dV}{V}$$

$$\frac{dT}{T} = -\frac{2}{f}\frac{dV}{V}$$

$$\Rightarrow \quad \int_{T_1}^{T_2} \frac{dT}{T} = -\frac{2}{f}\int_{V_1}^{V_2}\frac{dV}{V}$$

$$\Rightarrow \quad \ln\frac{T_2}{T_1} = -\frac{2}{f}\ln\frac{V_2}{V_1} = \ln\left(\frac{V_1}{V_2}\right)^{2/f}$$

$$\Rightarrow \quad T_2 V_2^{2/f} = T_1 V_1^{2/f}$$

Mit $2/f = \gamma - 1$ folgt

| | | |
|---|---|---|
| $T V^{\gamma-1} = \text{const}$ | für ideale Gase und $\Delta Q = 0$ | (12.6–3a) |

Diese sog. „Adiabatengl." oder „Isentropengl." kann mit der idealen Gasgl. in zwei weitere Adiabatengln. umgerechnet werden:

$$\left.\begin{aligned} pV^{\gamma} &= \text{const} \\ p^{1-\gamma}T^{\gamma} &= \text{const}\end{aligned}\right\} \quad \text{für ideale Gase und } \Delta Q = 0 \qquad (12.6\text{–}3b)\,/\,(12.6\text{–}3c)$$

Am einfachsten merkt man sich die Gl. (12.6–3b), da sie Ähnlichkeit hat mit der bekannten Gl. $pV = \text{const}$ für $T = \text{const}$.

Die Adiabaten $p(V) \sim V^{-\gamma}$ im $p,V$-Diagramm sind steiler als die Isothermen $p(V) \sim V^{-1}$. Der mathematische Grund lautet: $\gamma > 1$. Auch der physikalische Grund ist einfach: Bei adiabatischen Prozessen wird die Druckänderung nicht nur durch die Volumen-, sondern zusätzlich auch noch durch die Temperaturänderung unterstützt.

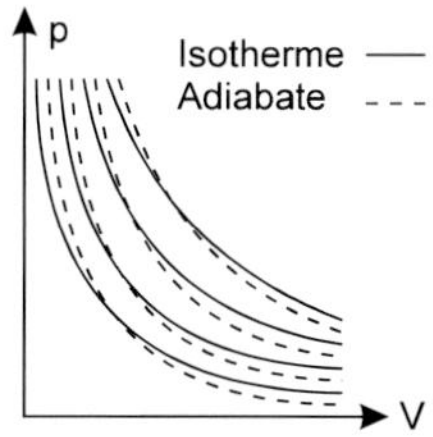


**Abb. (12.6–1)** Die gestrichelten Adiabaten verlaufen steiler als die durchgezogenen Isothermen.

Adiabatische (oder nahezu adiabatische) Prozesse lassen sich vor allem im Alltagsleben leicht finden:

- Beim Aufpumpen eines Fahrradreifens mit der Luftpumpe wird die Luft so schnell komprimiert, daß kaum Zeit zum

---

Die Berechnung des rechten Integrals ist nicht möglich, weil die Temperatur nicht konstant und die Funktion *T(V)* – derzeit – nicht bekannt ist.

Wärmeaustausch vorhanden ist. Das Aufpumpen ist daher nahezu adiabatisch. Die Temperatur in der Luftpumpe steigt deutlich an.

- Beim Öffnen einer unter Druck stehenden Bierflasche (siehe Beispiel (12.6–2)) kann die Temperatur deutlich unter 0 °C fallen. Dabei kondensiert Wasser im Flaschenhals zu kleinen Wassertröpfchen; es bildet sich Nebel.
- In der Atmosphäre aufsteigende Luft dehnt sich adiabatisch aus und kühlt dabei ab. Daher ist es im Hochgebirge kälter als im Tal.

**Beispiel (12.6–1) Adiabatische Volumenarbeit.**

Berechne die Arbeit bei der adiabatischen Volumenänderung idealer Gase von $V_1$ nach $V_2$.

**Lösung:**

Der erste Hauptsatz führt sehr schnell auf das gewünschte Ergebnis:

$$Q_{12} + W_{12} \underset{\substack{\uparrow \\ \text{adiabatisch}}}{=} W_{12} \underset{\substack{\uparrow \\ \text{1. HS}}}{=} U_{12} = n\,C_{mV}\left(T_2 - T_1\right) \tag{12.6–4a}$$

Dieses Ergebnis hängt von Anfangs- und Endtemperatur ab.

Die folgende Integration von $p(V)$ führt auf ein äquivalentes Ergebnis, das nicht von Anfangs- und Endtemperatur, sondern von Anfangs- und Endvolumen abhängt. Mit der Adiabatengl. $p\,V^{\gamma} = p_1\,V_1^{\gamma}$ finden wir

$$\begin{aligned} W_{12} &= -\int_{V_1}^{V_2} p(V)\,dV = -p_1\,V_1^{\gamma}\int_{V_1}^{V_2} V^{-\gamma}\,dV = \\ &= -\frac{p_1\,V_1^{\gamma}}{-\gamma+1}\left(V_2^{-\gamma+1} - V_1^{-\gamma+1}\right) = \\ &= \frac{p_1\,V_1}{\gamma-1}\left[\left(\frac{V_1}{V_2}\right)^{\gamma-1} - 1\right] \end{aligned} \tag{12.6–4b}$$

Wegen $\gamma = 1 + 2/f$ erfordert das Ergebnis die Kenntnis der Molekülform bzw. die Kenntnis der Zahl $f$ der angeregten, nicht-eingefrorenen Freiheitsgrade.

$W_{12}$ in Gl. (12.6–4b) hängt von $p_1$, $V_1$, $V_2$ ab und läßt sich mit der idealen Gasgl. und mit den Adiabatengln. (12.6–3) vielfältig umformen. So erhält man z. B. mit

$$p_1\,V_1 = n\,R\,T_1 \qquad \left(\frac{V_1}{V_2}\right)^{\gamma-1} \underset{\substack{\uparrow \\ \text{Gl. (12.6–3a)}}}{=} \frac{T_2}{T_1}$$

$$\frac{R}{\gamma-1} \underset{\substack{\uparrow \\ \text{Gl. (12.6-1)}}}{=} \frac{f}{2}R \underset{\substack{\uparrow \\ \text{Gl. (12.5–4a)}}}{=} C_{mV}$$

wieder die Gl. (12.6–4a):

$$W_{12} = n\,C_{mV}\,T_1\left(\frac{T_2}{T_1} - 1\right) = n\,C_{mV}\left(T_2 - T_1\right) \tag{12.6–4a}$$

**Beispiel (12.6–2) Öffnen einer Bierflasche**

In einer Bierflasche befindet sich Kohlendioxyd mit $T_1 = 291{,}15\ \mathrm{K} \Leftrightarrow \vartheta_1 = 18\ ^\circ\mathrm{C}$ und einem Überdruck von 0,8 bar. Auf welche Temperatur $T_2$ kühlt sich das Gas ab, wenn der Verschluß plötzlich geöffnet wird? Warum kondensiert Wasser im entweichenden Gas?

**Lösung:**

Nach Tabelle (12.5–2) ist $\gamma = 1{,}30$ für Kohlendioxyd. Aus der Adiabatengl. (12.6–3c) folgt

$$T_2 = T_1\left(\frac{p_1}{p_2}\right)^{\frac{1-\gamma}{\gamma}} = 291{,}15\ \mathrm{K}\cdot 1{,}8^{-\frac{0{,}3}{1{,}3}} \approx 254{,}2\ \mathrm{K} \approx -18{,}9\ ^\circ\mathrm{C}$$

Anschaulich gesprochen ist der Temperaturabfall auf die Verdrängungsarbeit, die das entweichende Gas gegen die atmosphärische Luft leistet, zurückzuführen..

Wegen des starken Temperaturabfalles kann das entweichende Gas nicht mehr allen Wasserdampf aufnehmen; Wassertröpfchen kondensieren im Flaschenhals, so daß das entweichende Gas ein dichter Nebel ist.

**Beispiel (12.6–3) Schallgeschwindigkeit in idealen Gasen.**

In der Akustik wird gezeigt, daß die Schallgeschwindigkeit in Gasen

$$c = \sqrt{\frac{1}{\kappa\,\rho}} \tag{12.6–5}$$

ist mit $\kappa$ = Kompressibilität und $\rho$ = Gasdichte. Die Kompressibilität ist definiert als die negative relative Volumenänderung pro Druckänderung:

$$\kappa := -\frac{1}{V}\frac{dV}{dp} \tag{12.6–6}$$

Zeige, daß für ideale Gase $c = \sqrt{\gamma\,p/\rho}$ ist.

Hinweis: In Schallwellen wechseln Verdichtungsgebiete mit leicht erhöhter Temperatur und Verdünnungsgebiete mit leicht abgesenkter Temperatur in periodischer Folge. Da der zeitliche Wechsel von Verdichtung und Verdünnung sehr schnell erfolgt und da Gase schlechte Wärmeleiter sind, muß die Ausbreitung der Schallwellen als adiabatischer Vorgang angesehen werden.

**Lösung:**

Aus der Adiabatengl. $p\,V^\gamma = \mathrm{const} =: a$ folgt

$$V = a^{1/\gamma}\,p^{-1/\gamma}$$

$$\Rightarrow \quad \frac{dV}{dp} = -\frac{a^{1/\gamma}}{\gamma}\, p^{-1/\gamma-1}$$

$$\Rightarrow \quad \kappa = -\frac{1}{V}\frac{dV}{dp} = -\frac{1}{a^{1/\gamma}\, p^{-1/\gamma}}\,(-1)\,\frac{a^{1/\gamma}}{\gamma}\, p^{-1/\gamma-1} = \frac{1}{\gamma p}$$

$$\Rightarrow \quad c = \sqrt{\frac{\gamma p}{\rho}} \quad \text{für ideale Gase} \qquad (12.6\text{–}7)$$

Beispiel: Luft mit etwa 80 % $N_2$ und 20 % $O_2$ hat bei Normalbedingungen die Dichte

$$\rho = \frac{\text{Masse pro mol}}{V_{\text{mol}}} = \frac{(0{,}8 \cdot 28 + 0{,}2 \cdot 32) \cdot 10^{-3}}{22{,}41 \cdot 10^{-3}}\,\frac{\text{kg}}{\text{m}^3} \approx 1{,}286\,\frac{\text{kg}}{\text{m}^3}$$

$$\Rightarrow \quad c \approx \sqrt{\frac{7}{5}\,\frac{1 \cdot 10^5\ \text{N/m}^2}{1{,}286\ \text{kg/m}^3}} \approx 330\,\frac{\text{m}}{\text{s}}$$

**Beispiel (12.6–3) Adiabatische Kompression.**

Ein ideales Gas mit $V_1 = 2\ \text{m}^3$, $T_1 = 20°\text{C}$, $p_1 = 1 \cdot 10^5\ \text{N/m}^2$ wird adiabatisch auf $V_2 = 0{,}5\ \text{m}^3$, $T_2 = 510{,}4\ \text{K}$ komprimiert. Berechne

**a)** die Molzahl $n$

**b)** den Enddruck $p_2$ (ohne ideale Gasgl.)

**c)** die vom Gas aufgenommene Arbeit

**Lösung:**

**a)** $n = p_1 V_1 / (R T_1) \approx 82{,}06\ \text{mol}$

**b)** Wir müssen zuerst den Isentropenexponent $\gamma = 1 + 2/f$ berechnen. Nach Gl. (12.6–3) gilt

$$T_1 V_1^{\gamma-1} = T_2 V_2^{\gamma-1}$$

$$\Rightarrow \quad \gamma = 1 + \ln\frac{T_2}{T_1} \Big/ \ln\frac{V_1}{V_2} \approx 1{,}40$$

Das betrachtete Gas ist zweiatomig mit zwei angeregten Rotationen und ohne Schwingungen (starre Hantel): $f = 5$. Nach Gl. (12.6–4a) gilt

$$p_2 = p_1 \left(\frac{V_1}{V_2}\right)^{\gamma} \approx 6{,}964 \cdot 10^5\ \frac{\text{N}}{\text{m}^2}$$

**c)** $W_{12} = n\, C_{mV}\, (T_2 - T_1) \approx$

$$\approx 82{,}06\ \text{mol} \cdot \frac{5}{2} R \cdot (510{,}4 - 293{,}15)\ \text{K} \approx 3{,}706 \cdot 10^5\ \text{J}$$

## 12.7 Zusammenfassung

**1)** Wärme ist die Energieform, die durch Temperaturunterschiede übertragen wird.

**2)** Die alte Einheit der Wärme ist die Kalorie. 1 cal wird benötigt, um 1 g Wasser von 14,5 °C auf 15,5 °C zu erwärmen. 1 cal = 4,18 J.

**3)** Nach dem ersten Hauptsatz ist die Summe aller Energien in einem energetisch abgeschlossenen System konstant.

**4)** Da die äußere Energie, also die potentielle und die kinetische Energie, die ein System als Ganzes infolge Lage und Bewegung des Schwerpunktes und evtl. auch infolge einer Rotation hat, in der Thermodynamik nicht interessiert und als *konstant* angenommen werden kann, muß die innere Energie $U$ in einem abgeschlossenen System konstant sein.

**5)** In einem offenen System kann die innere Energie durch Arbeit und Wärme geändert werden:

$$\Delta U = \Delta W + \Delta Q$$

**6)** Für die Wärmezufuhr oder -abfuhr gilt:

$$Q_{12} = C\,(T_2 - T_1) = m\,c\,(T_2 - T_1) = n\,C_m\,(T_2 - T_1)$$

wenn sich der Aggregatzustand nicht ändert und die Temperaturänderung nur so groß ist, daß die Wärmekapazität als konstant angesehen werden kann.

**7)** Die Volumenänderungsarbeit beträgt

$$W_{12} = -\int_{V_1}^{V_2} p(V)\,dV$$

**8)** Im Gegensatz zur inneren Energie $U$ sind Wärme und Arbeit *Prozeßgrößen*, d. h. $Q_{12}$, $W_{12}$ hängen nicht nur vom Anfangszustand 1 und vom Endzustand 2 ab, sondern vom Verlauf des gesamten Prozesses.

**9)** Nach dem Gleichverteilungssatz ist die mittlere thermische Energie idealer Gasmoleküle gleichmäßig auf alle $f$ angeregten Freiheitsgrade verteilt. Jeder Freiheitsgrad hat die mittlere thermische Energie $k\,T/2$ .

**10)** Die innere Energie idealer Gase

$$U = N\frac{f}{2}k\,T = n\frac{f}{2}R\,T$$

hängt *nur* von der Temperatur ab, nicht vom Volumen und auch nicht vom Druck.

**11)** Die molare isochore (V = const) und die molare isobare (p = const) Wärmekapazität idealer Gase lauten

$$C_{mV} = \frac{f}{2} R \qquad C_{mp} = \left(1 + \frac{f}{2}\right) R$$

**12)** Die drei Freiheitsgrade ($f = 3$) der Translation sind nur in unmittelbarer Nähe des absoluten Nullpunktes eingefroren. Die zwei oder drei Freiheitsgrade der Rotation von Teilchen mit mindestens zwei Atomen sind bei Normalbedingungen in der Regel angeregt. Die Freiheitsgrade der Schwingung tauen bei den meisten Gasen erst bei sehr hohen Temperaturen auf.

**13)** Für adiabatische Zustandsänderungen gelten drei Adiabatengln.:

$$p V^{\gamma} = \text{const} \qquad \mathrm{T}\,\mathrm{V}^{\gamma-1} = \text{const} \qquad \mathrm{p}^{1-\gamma} T^{\gamma} = \text{const}$$

mit $\gamma := \dfrac{C_{mp}}{C_{mV}} = 1 + \dfrac{2}{f}$

**14)** Die Arbeiten und Wärmen der vier wichtigsten Prozesse lauten:

| | | |
|---|---|---|
| **Isotherm** | $W_{12} = -n\,R\,T \ln \dfrac{V_2}{V_1}$ | $Q_{12} = -W_{12} = +n\,R\,T \ln \dfrac{V_2}{V_1}$ |
| **Isochor** | $W_{12} = 0$ | $Q_{12} = n\,C_{mV}\,(T_2 - T_1)$ |
| **Isobar** | $W_{12} = -\,p\,(V_2 - V_1)$ | $Q_{12} = n\,C_{mp}\,(T_2 - T_1)$ |
| **Adiabatisch** | $W_{12} = U_{12} = n\,C_{mV}\,(T_2 - T_1) = \dfrac{p_1 V_1}{\gamma - 1}\left[\left(\dfrac{V_1}{V_2}\right)^{\gamma-1} - 1\right]$ | $Q_{12} = 0$ |

# 12.8 Aufgaben

**(12–1) Mittel Volumenarbeit.**

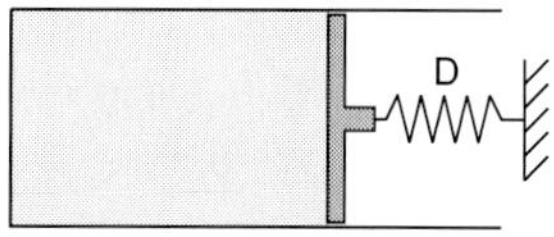


Ein ideales Gas mit Volumen $V_1$ und Druck $p_1$ wird durch einen Kolben mit der Querschnittsfläche $A$ zusammengedrückt.

**a)** Um welche Strecke $x_1$ ist die Feder mit Federkonstante $D$ in diesem Zustand zusammengedrückt?

**b)** Das Gas wird nun langsam erhitzt, wobei sich das Volumen auf $V_2$ erhöht. Berechne die Arbeit $W_{12}$ des Gases an der Feder.

Gegeben: $p_1$, $V_1$, $V_2$, $A$, $D$ Gesucht: $x_1$, $W_{12}$

Hinweis: Der äußere Luftdruck, der von außen auf den Kolben drückt, werde vernachlässigt.

**(12–2) Leicht Kühlwasserberechnung**

Pro Minute strömen 0,1 kg Wasserdampf mit der Siedetemperatur $T_S = 373{,}15\ °C$ in einen Kondensator. Kühlwasser, das im Gegenstromprinzip mit der Eintrittstemperatur $T_1 = 12\ °C$ und der Austrittstemperatur $T_2 = 60\ °C$ den Kühlmantel durchströmt, kondensiert den Wasserdampf und kühlt ihn anschließend auf die Endtemperatur $T_E = 25\ °C$ ab. Wieviel Kühlwasser $m_K$ wird pro Stunde benötigt?

Hinweis: Die Verdampfungswärme von Wasser beträgt unter Normalbedingungen $2{,}26 \cdot 10^6\ \mathrm{J\ /\ kg}$.

**(12–3) Leicht Temperaturerhöhung**

Aus einem Rohr strömt Wasser mit der Geschwindigkeit $v = 9\ \mathrm{m/s}$ aus und fällt dann $h = 100$ m tief in einen Behälter, in dem es sich sammelt. Um welche Temperatur $\Delta T$ ist das Wasser im Behälter wärmer als oben im Rohr, wenn die gesamte mechanische Energie in Wärme umgewandelt wird?

Hinweis: Wärmeverluste an die Umgebung sollen nicht in Rechnung gestellt werden.

**(12–4) Leicht Adiabatische Kompression**

Ein ideales Gas mit den Zustandsgrößen $p_1, V_1, T_1$ wird adiabatisch auf $p_2$ komprimiert?

**a)** Berechne die erforderliche Arbeit $W_{12}$.

**b)** Wie groß ist $T_2$?

**(12–5) Mittel Mischung von zwei Gasen**

Zwei Gasbehälter enthalten identische Gase mit den Volumina, Drücken und Temperaturen

| | | |
|---|---|---|
| $V_1 = 4\ \mathrm{m}^3$ | $p_1 = 3{,}0$ bar | $T_1 = 200\ °C$ |
| $V_2 = 6\ \mathrm{m}^3$ | $p_2 = 2{,}5$ bar | $T_2 = 150\ °C$ |

Welcher Druck und welche Temperatur stellen sich ein, wenn die beiden Behälter durch eine Leitung verbunden werden?

Hinweis: Mit der Umgebung soll keine Wärme ausgetauscht werden. Die Zahl $f$ der angeregten Freiheitsgrade bleibt bei dem Prozeß konstant.

**(12–6) Leicht Wärmezufuhr**

Ein ideales Gas wird durch die Gewichtskraft $m\,g$ eines Kolbens zusammengedrückt. Die Zustandsgrößen $p_0 = m\,g\,/\,A$, $V_0$, $T_0$ seien gegeben. Um welche Werte $\Delta V$, $\Delta T$ ändern sich Volumen und Temperatur, wenn dem Gas die Wärme $\Delta Q$ zugeführt wird?

**(12–7) Mittel Berechnung von Arbeit und Wärme.**

Die Temperatur eines idealen Gases im Anfangszustand $T_1$, $V_1$, $p_1$ wird auf $T_2 > T_1$ erhöht. Berechne die Arbeit $W_{12}$ und die Wärme $Q_{12}$ für eine

**a)** isochore Prozeßführung

**b)** isobare Prozeßführung

**c)** adiabatische Prozeßführung.

**(12–8) Mittel Kompressor**

Ein Kompressor verdichtet pro Minute $V_1 = 1{,}5\ \text{m}^3$ Luft mit dem Druck $p_1 = 1$ bar und mit der Temperatur $T_1 = 293{,}15$ K auf den Kompressionsdruck $p_2 = 5{,}2$ bar. Wegen einer Wasserkühlung verläuft der Vorgang nahezu isotherm. Das kühlende Wasser wird von 8° C auf 10° C erwärmt.

Berechne den benötigten Wasserfluß $\dot{m}_W = m_W\,/\,t$ durch den Kompressor.

**(12–9) Leicht Kühlschrank**

Ein Kühlschrank mit $V = 155$ Liter Fassungsvermögen wird durch eine Tür mit Innenfläche $A = 0{,}32\ \text{m}^2$ verschlossen. Der Kühlschrank ist außer Betrieb, die Tür steht offen und die sommerliche Innentemperatur beträgt $\vartheta_1 = 25\ °\text{C}$ mit $p = 1$ bar. Dann wird die Tür geschlossen und der leere Kühlschrank in Betrieb gesetzt. Die Temperatur sinkt auf $\vartheta_2 = 7\ °\text{C}$ .

**a)** Mit welcher Kraft würde die Tür angepreßt werden, wenn das Innere des Kühlschrankes keine Verbindung nach außen hätte und keine Luft einströmen könnte?

**b)** In Wirklichkeit hat jeder Kühlschrank eine kleine Öffnung zur Außenwelt. Wieviel Luft strömt bei der oben beschriebenen Abkühlung ein?

**c)** Welche Wärme $Q$ wird der gekühlten Luft entnommen? Wieviel Energie wird verschwendet, wenn die Tür eines Kühlschrankes zu lange offen steht?

**(12–10) Mittel Wärme und Hubarbeit**

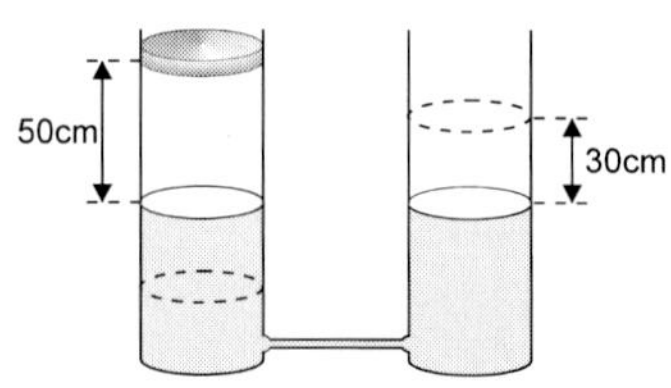


Zwei gleiche, oben offene Zylinder mit Innenquerschnitt $A = 300\ \text{cm}^2$ stehen nebeneinander. Sie sind unten durch ein kleines Rohr (kommunizierende Röhre) miteinander verbunden und teilweise mit Wasser gefüllt. Im linken Zylinder ist 50 cm über der Wasseroberfläche ein Kolben. Der Luftdruck ist rechts und links jeweils 1 bar.

Nun wird der Kolben langsam nach unten geschoben, bis das Wasser rechts um 30 cm gestiegen ist.

**a)** Welche Wärme $Q_{12}$ wird bei der isothermen Kompression abgeführt?

**b)** Wie groß ist die Hubarbeit $W_H$?

**c)** Welche Arbeit $W_{12}$ wird geleistet?

# 13 Zweiter Hauptsatz der Thermodynamik

## 13.1 Formulierungen von Clausius und Kelvin

*Es gibt viele Prozesse in der Natur und in der Technik, die nur in einer Richtung ablaufen; die umgekehrte Richtung wurde nie beobachtet, obwohl auch sie den ersten Hauptsatz (allgemeinen Energieerhaltungssatz) erfüllen würde.* Zwei Beispiele dazu sind schnell gefunden:

- Wärme geht *von alleine* von einem warmen Körper auf einen kalten über. Die Umkehrung aber läuft nicht selbständig ab, obwohl auch sie den ersten Hauptsatz erfüllen würde. Wärmepumpen und Kühlschränke können Wärme nur deshalb von einem kalten auf einen warmen Körper übertragen, weil sie mechanische oder elektrische Energie verbrauchen.
- Durch Reibung läßt sich Arbeit sehr leicht und vollständig in Wärme umwandeln. Umgekehrt gibt es keine Maschine, die Wärme *vollständig* und *fortlaufend* in Arbeit umwandelt. Die Betonung liegt auf den zwei Begriffen „vollständig" und „fortlaufend". Bei der adiabatischen Expansion eines Gases wird Wärme zwar vollständig in Arbeit umgewandelt, aber leider nur einmalig, nicht fortwährend. Soll das Gas weitere Wärme in Arbeit umwandeln, so muß es erst wieder unter Aufbringung von Arbeit komprimiert werden.

  Umgekehrt wandeln Wärmekraftmaschinen, d. h. Maschinen, die Wärme in Kraft bzw. Arbeit umwandeln wie z. B. Dampfmaschinen, Verbrennungsmotoren, Turbinen in den Kraftwerken usw. Wärme zwar fortlaufend, aber leider nur unvollständig in Arbeit um; Wärmekraftmaschinen müssen immer Wärme an ein Medium mit tiefer Temperatur abgeben (z. B. über den Kühlkreislauf oder den Auspuff); sie haben einen Wirkungsgrad unter 100%.

Aufgrund dieser Erfahrungen haben Clausius und Kelvin den zweiten Hauptsatz der Thermodynamik (2. HS) aufgestellt. Sie wählten zwei verschiedene, aber – wie wir gleich sehen werden – äquivalente Formulierungen.

**Zweiter Hauptsatz nach Clausius:**

Es gibt keine Maschine, die ständig Wärme von einem kalten Körper auf einen warmen Körper überträgt ohne weitere Änderungen in der Umgebung.

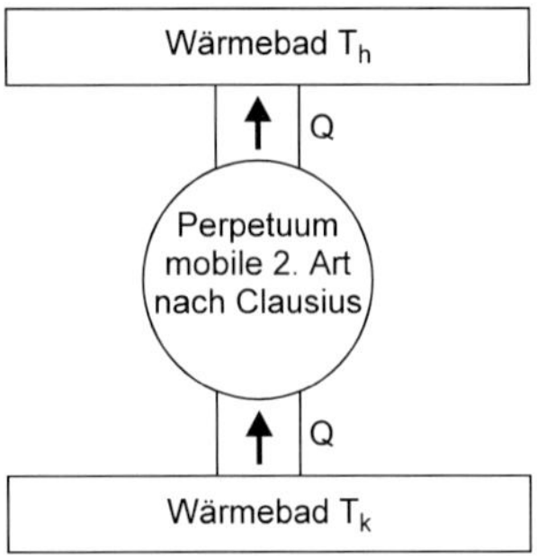


**Abb. (13.1–1):** Es existiert kein Perpetuum mobile 2. Art nach Clausius, das ständig Wärme von einem kalten Wärmebad mit Temperatur $T_k$ auf ein heißes Wärmebad mit Temperatur $T_h$ überträgt ohne sonstige Änderungen in der Umgebung, also z B. ohne Verbrauch von Arbeit.

**Zweiter Hauptsatz nach Kelvin:**

Es gibt keine Maschine, die Wärme *vollständig* und *fortlaufend* in Arbeit umwandelt.

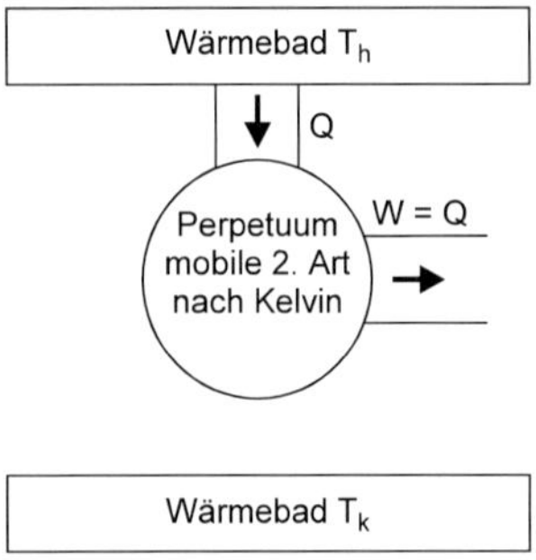


**Abb. (13.1–2):** Es existiert kein Perpetuum mobile 2. Art nach Kelvin, das Wärme vollständig und fortlaufend in Arbeit umwandelt. Wärmekraftmaschinen haben nur eine *unvollständige* Umwandlung, weil ein Teil der aufgenommenen Wärme an eine Kühlung abgegeben werden muß. Adiabatische Expansionen haben nur eine *einmalige* Umwandlung.

Ein fortlaufende Umwandlung von Wärme in Arbeit kann technisch nur mit periodisch arbeitenden Maschinen realisiert werden. Daher wird der Zweite Hauptsatz nach Kelvin oft folgendermaßen formuliert: Es gibt keine periodisch arbeitende Maschine, die Wärme vollständig in Arbeit umwandelt.

Die fragliche Maschine würde den ersten Hauptsatz nicht verletzen, da Arbeit aus Wärme gewonnen würde. Sie wäre deshalb kein Perpetuum mobile 1. Art. Sie würde aber den Menschen ungefähr genauso nutzen wie ein Perpetuum mobile 1. Art, da die schier unerschöpfliche Wärme in den Meeren, im Erdboden und in der Luft „angezapft" werden könnte. Daher heißt eine solche Maschine „Perpetuum mobile 2. Art". Der zweite Hauptsatz kann auch kurz formuliert werden: Es gibt kein Perpetuum mobile 2. Art.

**Behauptung:** Die Clausiussche und die Kelvinsche Formulierung des zweiten Hauptsatzes sind äquivalent, d. h.

$$\text{Clausius-Formulierung} \Leftrightarrow \text{Kelvin-Formulierung}$$

**Beweis:** Wir beweisen zuerst, daß die Kelvinsche Formulierung aus der Clausiusschen Formulierung folgt:

$$\text{Clausius-Formulierung} \implies \text{Kelvin-Formulierung}$$

Dazu arbeiten wir mit einem indirekten Beweis, indem wir die Äquivalenz der Aussagen

„Aus **A** folgt **B**" und „Aus Nicht-**B** folgt Nicht-**A**"

ausnutzen. Wir zeigen

$$(\text{Kelvin ist falsch}) \implies (\text{Clausius ist falsch})$$

Wenn die Aussage von Kelvin falsch ist, dann existiert ein Perpetuum mobile 2. Art nach Kelvin. Zusammen mit einer Wärmepumpe bildet es ein Perpetuum mobile 2. Art nach Clausius (siehe in Abb. (13.1–3) die Maschine in den gestrichelten Grenzen). Folglich ist die Aussage von Clausius falsch.

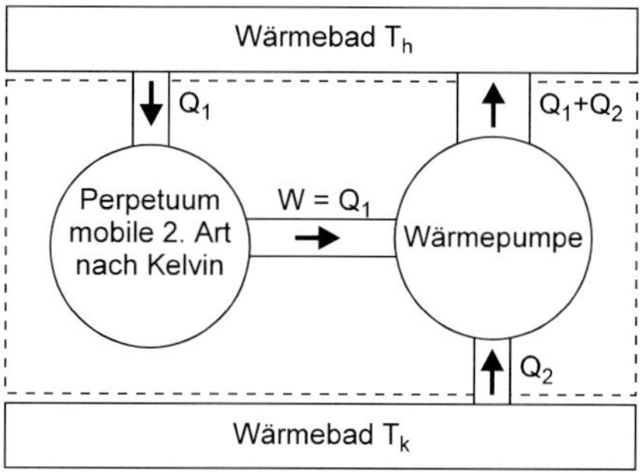


**Abb. (13.1–3):** Die Maschine in den gestrichelten Grenzen ist ein Perpetuum mobile 2. Art nach Clausius; sie befördert die Wärme $Q_2$ von dem kalten Medium $T_k$ ins heiße Medium $T_h$ ohne weitere Änderungen in der Umgebung.

Wir beweisen nun die umgekehrte Richtung:

$$\text{Kelvin-Formulierung} \implies \text{Clausius-Formulierung}$$

Auch hier arbeiten wir mit einem indirekten Beweis und zeigen

$$(\text{Clausius ist falsch}) \implies (\text{Kelvin ist falsch})$$

Wir nehmen an, daß die Aussage von Clausius falsch ist. Dann existiert ein Perpetuum mobile 2. Art nach Clausius. Zusammen mit einer Wärmekraftmaschine bildet es ein Perpetuum mobile 2. Art nach Kelvin (siehe in Abb. (13.1–4) die Maschine in den gestrichelten Grenzen). Folglich ist die Aussage von Kelvin falsch, wenn die Aussage von Clausius falsch ist.

Diese Methoden lassen eine Änderung in der Umgebung zurück. Daher ist die Mischung irreversibel.

Bemerkung: Die Wahrscheinlichkeit, daß sich die beiden Gase für ein kurzes Zeitintervall rein zufällig wieder trennen, ist äußerst gering. Wenn die beiden Teilvolumina vor dem Ziehen der Trennwand gleich groß sind, dann ist die Wahrscheinlichkeit, daß ein gegebenes $Cl_2$-Molekül zu einem bestimmten Zeitpunkt im linken Teilvolumen ist, gleich 1/2. Die Wahrscheinlichkeit, daß sich zu einem bestimmten Zeitpunkt alle $10^{23}$ $Cl_2$-Moleküle wieder links und alle $10^{23}$ $N_2$-Moleküle wieder rechts befinden, beträgt daher nur

$$\left(\frac{1}{2}\right)^{10^{23}} \cdot \left(\frac{1}{2}\right)^{10^{23}} \approx 10^{-6 \cdot 10^{22}}$$

Die folgenden beiden Prozesse sind ebenfalls irreversibel, können aber bei langsamer, quasistatischer Prozeßführung nahezu reversibel gestaltet werden.

**Beispiel (13.2–2) Irreversible und nahezu reversible Expansion.**

Abb. (13.2–2) zeigt die plötzliche isotherme Expansion eines Gases und die anschließende Rückführung in den Anfangszustand. Expansion und Rückführung in den Ausgangszustand werden durch Verstellen der gleichen Gewichte 1 und 2 erzielt. Warum ist die Expansion irreversibel? Wie kann man die Expansion mit vielen kleinen Gewichten nahezu reversibel durchführen?

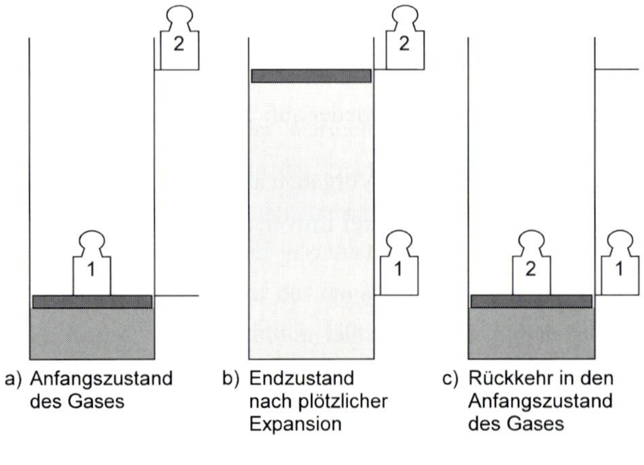


**Abb. (13.2–2):** Die *plötzliche* Expansion ist irreversibel, da die Rückkehr in den Anfangszustand nur durch eine Änderung in der Umgebung möglich ist; die potentielle Energie des Gewichtes 2 wird erniedrigt.

**Lösung:**

*Die plötzliche Expansion ist irreversibel*, da der Anfangszustand nur durch die Verwendung des Gewichtes 2 und die Erniedrigung seiner potentiellen Energie erneut erreicht werden kann.

In Abb. (13.2–2c) ist der Anfangszustand des Gases wiederhergestellt, aber nur auf Kosten einer Änderung in der Umgebung.

Im Endzustand in Abb. (13.2–2b) ist die potentielle Energie der zwei Gewichte genauso groß wie im Ausgangszustand, so daß das Gas außer der Hubarbeit am Kolben bei der plötzlichen Expansion keine Arbeit geleistet hat. *Bei der plötzlichen Expansion wird die Möglichkeit, Arbeit zu leisten,* (teilweise) *verschenkt* – vor allem am Anfang der Expansion, wenn der Druck noch hoch ist.

Die Expansion des Gases läßt sich *näherungsweise reversibel* gestalten, indem man nacheinander *viele kleine Gewichte* vom Kolben wegnimmt (siehe Abb. (13.2–3)). Wenn die Gewichte und damit auch die einzelnen Hubhöhen genügend klein sind, erfolgt die Expansion sehr langsam und das expandierende Gas ist *jederzeit nahezu im Gleichgewicht.* Zurückstellen der Gewichte führt das Gas in den Anfangszustand zurück. Die in der Umgebung zurückbleibende Änderung ist klein, d. h. die Expansion ist fast reversibel.

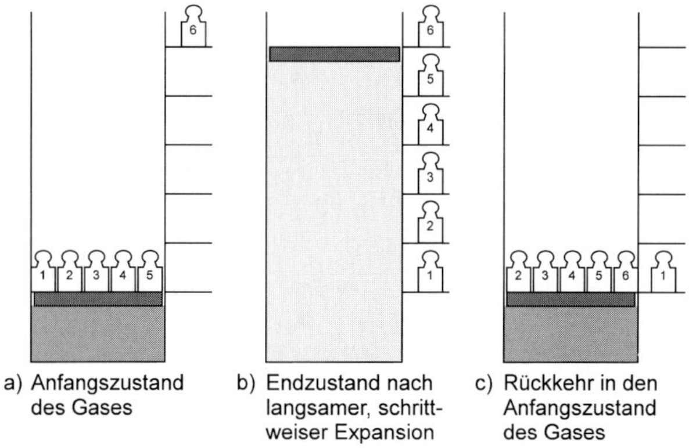


**Abb. (13.2–3):** Die langsame, schrittweise Expansion ist nahezu reversibel, da nach der Rückkehr in den Anfangszustand nur eine kleine Änderung in der Umgebung zurückbleibt.

Exakt reversibel wird die Expansion nur im Grenzübergang verschwindender Gewichte und Hubhöhen (dann bleibt am Schluß keine Änderung in der Umgebung zurück). Dies zeigt deutlich, daß exakt reversible Prozesse in der Praxis nicht auftreten und nur idealisierte Grenzprozesse sind.

**Beispiel (13.2–3) Irreversible und nahezu reversible Erwärmung**

Ein Eisenklotz wird in einem heißen Wasserbad abrupt erhitzt. Warum ist diese Erhitzung irreversibel und wie kann man die Erhitzung nahezu reversibel gestalten?

**Lösung:**

Die abrupte Erhitzung in Abb. (13.2–4) ist irreversibel, weil nach der Wiederherstellung des alten Eisenzustandes große Temperaturänderungen in der Umgebung zurückbleiben.

Bei der abrupten Erhitzung des Eisenklotzes in einem heißen Wasserbad ($T = 95$ °C) herrschen anfangs große Temperaturdifferenzen zwischen Klotz und Wasser. Daher treten in Klotz und Wasser starke Temperaturschwankungen und Turbulenzen auf und das System ist zu Beginn weit vom Gleichgewicht entfernt.

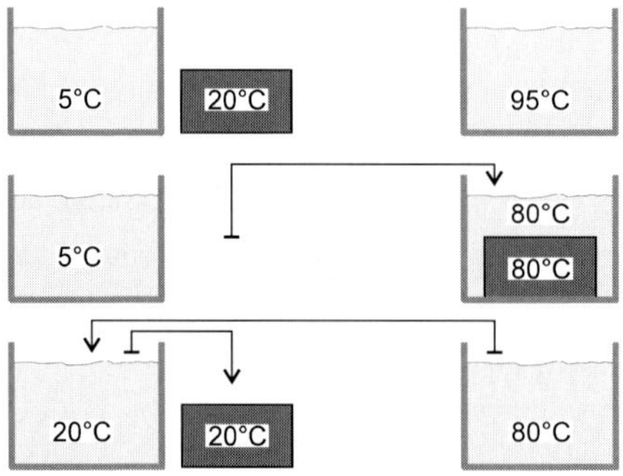


**Abb. (13.2–4):** Die plötzliche Erwärmung ist irreversibel, weil nach der Rückkehr in den Ausgangszustand des Eisenklotzes große Temperaturunterschiede in den zwei Wärmebädern zurückbleiben

Bei der langsameren, mehr Zeit in Anspruch nehmenden Erwärmung über drei Wasserbäder (siehe Abb. (13.2–5)) sind die Temperaturschwankungen und Turbulenzen nicht mehr so heftig. Diese sanftere Erwärmung ist nicht ganz so irreversibel, da sie mit weniger bleibenden Umgebungsänderungen rückgängig gemacht werden kann. Mit sehr vielen Wasserbädern mit kleinen Temperaturunterschieden kann man näherungsweise reversible Erwärmungen durchführen.

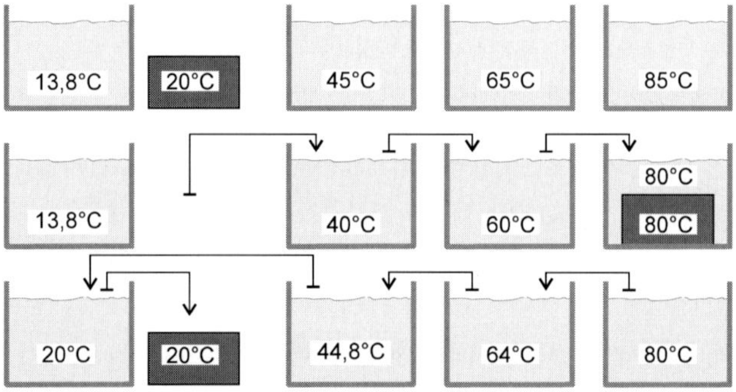


**Abb. (13.2–5):** Diese Erwärmung ist nicht so stark irreversibel wie die plötzliche Erwärmung in Abb. (13.2–4), weil die Summe aller in den Wasserbädern zurückbleibenden Temperaturänderungen ($\Delta T = -6{,}2$ °C bzw. $\Delta T = +6{,}2$ °C) kleiner ist als in Abb. (13.2–4) ($\Delta T = \pm 15$ °C).

Die Zahlen in den Abbn. (13.2–4 und 5) wurden für die Parameter $m_{\text{Eisen}} \cdot c_{\text{Eisen}} = 0{,}25\, m_{\text{Wasser}}\, c_{\text{Wasser}}$ berechnet.

*Fast reversible Erwärmungen laufen über eine Folge von Gleichgewichtszuständen ab und sind sehr langsam und quasistatisch. Exakt reversible Erwärmungen sind in der Praxis nicht durchführbar und nur idealisierte Grenzprozesse.*[1]

*Die Bedeutung der reversiblen Prozesse beruht großenteils darauf, daß* – wie weiter unten bewiesen wird – *der Wirkungsgrad* $\eta$ *von Wärmekraftmaschinen bei reversibler Prozeßführung am größten ist.*

Beachte, daß zwar jeder reversible Prozeß durch eine Folge von Gleichgewichtszuständen geht, daß aber die Umkehrung nicht gilt: Es gibt langsam ablaufende Prozesse, die zu jeder Zeit beinahe im Gleichgewicht und trotzdem irreversibel sind. Dazu seien drei kurze Beispiele genannt:

- Das langsame Absinken eines Körpers in einer zähen Flüssigkeit.
- Die Ausströmung von Gas durch ein sehr kleines Loch im Behälter.
- Die *langsame* Temperaturerhöhung eines relativ *gut isolierten* Eisenklotzes in einem *einzelnen* heißen Wasserbad.

Diese drei Beispiele irreversibler Prozesse gehen durch eine Folge von Gleichgewichtszuständen. In einigen Lehrbüchern wird irrtümlich ausgesagt, daß *alle* irreversiblen Prozesse über Nichtgleichgewichtszustände ablaufen. Die drei Beispiele zeigen, daß diese Aussage falsch ist.

Zu den irreversiblen Prozessen gehören

- *Ausgleichsprozesse* (bei Druck-, Temperatur- oder Konzentrationsunterschieden)
- *Dissipationsprozesse* (Dissipation = Reibung).

**Beispiel (13.2–4) Reversible Prozeßführung möglich?**

Führe mit einem Gas und mit nur *zwei* Wärmebädern folgende Prozesse durch

**a)** isochore Abkühlung von $T_h$ auf $T_k$

**b)** isobare Expansion

**c)** isotherme Expansion

**d)** adiabatische Expansion

und beantworte jeweils die zwei Fragen:

- Welche der vier Prozesse können nahezu reversibel geführt werden?
- Wie müssen die Versuchsbedingungen geändert werden, um auch die irreversiblen Prozesse (nahezu) reversibel zu machen?

---

[1] Wenn wir im folgenden von reversiblen Prozessen sprechen, meinen wir damit – theoretisch betrachtet – idealisierte Grenzprozesse oder – praktisch betrachtet – fast reversible Prozesse.

**Lösung:**

**a)** Das Gas mit anfänglicher Temperatur $T_h$ befindet sich in einem Behälter mit konstantem Volumen; daher wird keine Arbeit geleistet. Nach dem Eintauchen des Behälters in das kalte Wärmebad fallen Temperatur und Druck mit $T / p = \text{const.}$ Die Abkühlung kann nur durch Eintauchen in das heiße Wärmebad rückgängig gemacht werden. Da am Ende das kalte Wärmebad Wärme aufgenommen und das heiße Wärmebad Wärme abgegeben hat, ist die isochore Abkühlung zwischen *zwei* Wärmebädern offensichtlich irreversibel. *Die isochore Abkühlung kann nur dann nahezu reversibel durchgeführt werden, wenn nicht nur zwei, sondern sehr viele Wärmebäder mit Temperaturen zwischen $T_k$ und $T_h$ zur Verfügung stehen* (vgl. mit den Abbn. (13.2–4/5). Außerdem muß der Prozeß sehr langsam über Gleichgewichtszustände ablaufen.

**b)** Hier gilt die gleiche Antwort wie in Teil a): *Eine isobare Expansion ist nur reversibel, wenn sie sehr langsam, also über Gleichgewichtszustände und über viele Wärmebäder abläuft.*

**c)** Nach den Überlegungen zu Abb. (13.2–3) ist die *langsame isotherme Expansion eines Gases nahezu reversibel.*

**d)** *Eine langsame adiabatische Expansion ist nahezu reversibel.* Der Beweis ist schnell erbracht: Wenn der Kolben bei der adiabatischen Expansion ganz langsam zurückweicht, ist das Gas (bei abnehmender Temperatur) immer nahezu im Gleichgewicht und es gilt in guter Näherung jederzeit die Adiabatengl. $p V^{\gamma} = p_1 V_1^{\gamma}$. Folglich leistet das Gas am Kolben die Arbeit

$$-W_{12} = + \int_{V_1}^{V_2} p(V)\, dV \underset{\text{Gl. (12.6-4b)}}{\overset{\uparrow}{=}} \frac{p_1 V_1}{\gamma - 1} \left[ 1 - \left( \frac{V_1}{V_2} \right)^{\gamma - 1} \right] \tag{13.2–1}$$

Bei der langsamen Kompression ist das Gas wiederum zu jeder Zeit nahezu im Gleichgewicht mit $p V^{\gamma} = p_2 V_2^{\gamma} = p_1 V_1^{\gamma}$. Die vorher vom Gas geleistete Arbeit muß daher voll ans Gas und letztendlich als Wärme an das angeschlossene Wärmebad zurückgegeben werden. Es bleibt keine Änderung in der Umgebung zurück.

Zum Vergleich betrachten wir eine *schnelle* adiabatische Expansion: Hier ist das Gas nicht mehr jederzeit im Gleichgewicht und die Adiabatengl. gilt nicht. Bei schneller Kolbengeschwindigkeit $v_K$ in x-Richtung ist die Impulsänderung eines mit der Geschwindigkeitskomponente $v_x$ fliegenden Moleküls beim Aufprall auf den Kolben nicht mehr $\Delta p = 2\, m_M\, v_x$, sondern nach den Gln. (5.2–10 und 11) für den zentralen elastischen Stoß $\Delta p = 2\, m_M\, (v_x - v_K)$. Daher ist der Gasdruck auf den Kolben bei der schnellen Expansion kleiner als $p_1 V_1^{\gamma} / V^{\gamma}$ und es wird eine Volumenänderungsarbeit kleiner als $-W_{12}$ in Gl. (13.2–1) vom Gas an den Kolben abgegeben. *Bei der schnellen, irreversiblen Expansion wird also ein Teil der Arbeitsfähigkeit des Gases verschenkt.* Diese Vergeudung ist der Grund dafür, daß irreversible Wärmekraftmaschinen einen kleineren Wirkungsgrad haben als reversible – bei gleichen Wärmebädern. (Der Beweis für diese Aussage wird gleich erbracht werden.)

Wegen der geringeren Arbeitsleistung nimmt die Temperatur bei der schnellen, irreversiblen Expansion nicht so stark ab wie bei der langsamen, reversiblen Expansion.

Die Rückführung in den Anfangszustand erfordert mehr Volumenänderungsarbeit als die schnelle Expansion geliefert hat. Daher ist eine schnelle adiabatische Expansion irreversibel im Gegensatz zur langsamen adiabatischen Expansion.

## 13.3 Wirkungsgrad reversibler und irreversibler Prozesse

Der Wirkungsgrad $\eta$ ist definiert als

$$\eta := \frac{\text{Nutzen}}{\text{Aufwand}}$$

Bei Wärmekraftmaschinen, die Wärme (teilweise) in Arbeit umwandeln (z. B. Dampfmaschine und Ottomotor), ist der Nutzen die mechanische Arbeit des Motors und der Aufwand die bei der Verbrennung freigesetzte Wärme.

**Behauptung:** *Von allen Wärmekraftmaschinen, die mit zwei Wärmebädern arbeiten, haben die reversiblen den größten Wirkungsgrad* $\eta_{rev}$. Die irreversiblen Wärmekraftmaschinen haben einen kleineren Wirkungsgrad:

$$\eta_{irr}^{WKM} < \eta_{rev}^{WKM} \tag{13.3–1}$$

**Beweis:** In Abb. (13.3–1a) betrachten wir eine reversible Wärmekraftmaschine, deren Wirkungsgrad der Einfachheit halber gleich 0,5 sei:

$$\eta_{rev}^{WKM} = \frac{\text{Nutzen}}{\text{Aufwand}} = \frac{W}{Q} = 0,5 \tag{13.3–2}$$

Nach Definition der Reversibilität kann der durch eine reversible Wärmekraftmaschine verursachte Prozeß umgekehrt werden, ohne Änderungen in der Umgebung zu hinterlassen. Die Umkehrung wird mit einer Wärmepumpe durchgeführt. Da der Nutzen einer Wärmepumpe die bei hoher Temperatur abgegebene Wärme ist, beträgt der Wirkungsgrad (auch „Leistungszahl“ oder „Leistungsziffer“ genannt) einer Wärmepumpe

$$\eta_{rev}^{WP} = \frac{\text{Nutzen}}{\text{Aufwand}} = \frac{Q}{W} = \frac{1}{\eta_{rev}^{WKM}}$$

In unserem Fall gilt also $\eta_{rev}^{WP} = 2$.

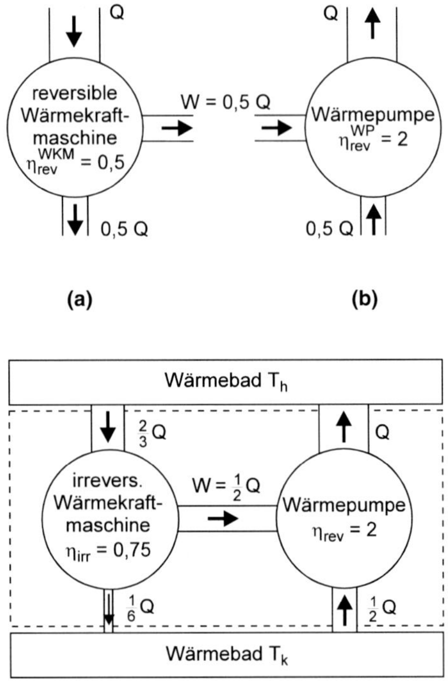


(c)

**Abb. (13.3–1a):** Reversible Wärmekraftmaschine mit dem Wirkungsgrad $\eta_{rev}^{WKM} = 0{,}5$.

**Abb. (13.3–1b):** Sie kann umgekehrt auch als Wärmepumpe arbeiten mit $\eta^{WP} = 2 = 1 / \eta_{rev}^{WKM}$.

**Abb. (13.3–1c):** Werden diese Wärmepumpe und eine irreversible Wärmekraftmaschine mit $\eta_{irr}^{WKM} > \eta_{rev}^{WKM}$ – z. B. $\eta_{irr}^{WKM} = 0{,}75$ – gekoppelt, so erhalten wir in den gestrichelten Grenzen ein Perpetuum mobile 2. Art nach Clausius.

Wir nehmen nun an, daß eine irreversible Wärmekraftmaschine existiert mit $\eta_{irr}^{WKM} > \eta_{rev}^{WKM}$ – z. B. mit $\eta_{irr}^{WKM} = 0,75$. Diese irreversible Wärmekraftmaschine koppeln wir mit der zuvor genannten Wärmepumpe und lassen sie so schnell laufen, daß sie die von der Wärmepumpe benötigte Arbeit $W = Q / 2$ liefert. Dann entnimmt die irreversible Wärmekraftmaschine dem heißen Wärmebad die Wärme $2\,Q / 3$ und gibt die Wärme $Q / 2$ an das kalte Wärmebad ab. So entsteht in den gestrichelten Grenzen in Abb. (13.3–1c) ein Perpetuum mobile 2. Art nach Clausius. Daher ist die gemachte Annahme falsch, und es muß $\eta_{irr}^{WKM} \leq \eta_{rev}^{WKM}$ gelten.

Die Gl. $\eta_{\text{irr}}^{\text{WKM}} = \eta_{\text{rev}}^{\text{WKM}}$ kann ebenfalls ausgeschlossen werden, da eine Wärmepumpe mit $\eta^{\text{WP}} = 1 / \eta_{\text{rev}} = 1 / \eta_{\text{irr}}$ den durch die irreversible Wärmekraftmaschine durchgeführten Prozeß rückgängig machen kann ohne Änderungen in der Umgebung zurückzulassen. Dies ist aber ein Widerspruch zur Irreversibilität der Wärmekraftmaschine. Folglich verbleibt nur noch $\eta_{\text{irr}}^{\text{WKM}} < \eta_{\text{rev}}^{\text{WKM}}$.

Bemerkung: Der durch eine irreversible Wärmekraftmaschine verursachte Prozeß kann ebenfalls umgekehrt werden, allerdings nur durch eine Wärmepumpe mit $\eta^{\text{WP}} < 1 / \eta_{\text{irr}}^{\text{WKM}}$, d. h. nur mit bleibenden Änderungen in der Umgebung.

♦

## 13.4 Carnotscher Kreisprozeß

Wir erinnern nochmals an die Kelvinsche Formulierung des zweiten Hauptsatzes: Es gibt keine Maschine, die Wärme *fortlaufend* und *vollständig* in Arbeit umwandelt. (Diese Kelvinsche Formulierung sagt nur aus, daß der Wirkungsgrad $\eta^{\text{WKM}} < 1$. Über den genauen Wert von $\eta^{\text{WKM}}$ wird nichts gesagt.) Die Betonung liegt auf „fortlaufend" und „vollständig":

- Eine fortlaufende, aber unvollständige Umwandlung erfolgt in den Wärmekraftmaschinen.
- Eine vollständige, aber nur kurzfristige Umwandlung erfolgt bei einer isothermen Expansion eines Gases. Bei idealen Gasen und reversibler Prozeßführung wird die aufgenommene Wärme

$$Q_{12} = +n\,R\,T_h \ln\frac{V_2}{V_1} = -W_{12} \qquad (13.4\text{–}1)$$

  vollständig in Arbeit umgewandelt.

Diese vollständige Umwandlung von Wärme in Arbeit nutzt wegen der kurzen Dauer nicht viel. Das Gas muß wieder komprimiert werden, um weitere Arbeit leisten zu können. Isotherme Kompression bei $T_h$ scheidet aus, da sie die gerade erzeugte Arbeit wieder vollständig verbraucht. Daher muß die Kompression bei niedriger Temperatur erfolgen. Ein Gas kann nur dann fortlaufend Arbeit erzeugen, wenn es bei hoher Temperatur expandiert und bei niedriger Temperatur komprimiert wird. Dazu sind mindestens zwei Wärmebäder erforderlich.

Im folgenden ermitteln wir den maximalen Wirkungsgrad $\eta^{\text{WKM}}$ von Wärmekraftmaschinen, die mit nur *zwei* Wärmebädern arbeiten. Wärmekraftmaschinen mit nur zwei Wärmebädern sind am einfachsten zu berechnen.

*Da die reversiblen Wärmekraftmaschinen den größten Wirkungsgrad haben und da bei nur zwei Wärmebädern lediglich isotherme und adiabatische Prozesse reversibel ablaufen können* (siehe Beispiel (13.2–4)), *kommen wir zwangsläufig zum Carnotschen Kreisprozeß*, der Wärme fortlaufend, aber leider nur unvollständig in Arbeit umwandelt und der *reversibel* durchgeführt wird. Der Carnotsche Kreisprozeß ist der einzige *reversible* Kreisprozeß zwischen *zwei* Wärmebädern, mit dem Arbeit aus Wärme gewonnen werden kann [2] (die Betonung liegt auf „reversibel" und „zwei"). Er ist in Abb. (13.4–1) dargestellt und besteht aus den vier Einzelprozessen

1 $\rightarrow$ 2: Isotherme Expansion bei $T_h$
2 $\rightarrow$ 3: Adiabatische Expansion mit Abkühlung auf $T_k$
3 $\rightarrow$ 4: Isotherme Kompression bei $T_k$
4 $\rightarrow$ 1: Adiabatische Kompression mit Erwärmung auf $T_h$

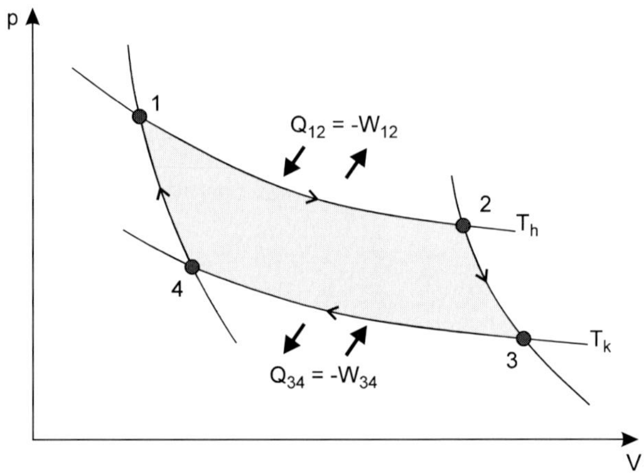


**Abb. (13.4–1):** Carnotscher Kreisprozeß bestehend aus zwei isothermen und zwei adiabatischen Teilprozessen, die reversibel, also langsam durchgeführt werden. Die graue Fläche ist die in einem Umlauf geleistete Arbeit.

Der Carnot-Motor ist eine hypothetische Maschine, die in Wirklichkeit nicht effektiv und schnell genug laufen würde und daher auch nicht gebaut wird. Trotzdem hat er große theoretische Bedeutung für die Thermodynamik und fehlt in keinem Lehrbuch, weil er den maximalen Wirkungsgrad hat.

Die bei einem Umlauf insgesamt geleistete Arbeit ist gleich der grauen Fläche in der $p,V$-Ebene in Abb. (13.4–1). Wir berechnen diese Fläche für ein *ideales Gas*:

---

[2] Zur weiteren und gründlichen Analyse dieser Aussage wird das Studium der Aufgabe (13-5) sehr empfohlen.

- Die auf den beiden Adiabatenästen $2 \to 3$ und $4 \to 1$ verrichteten Arbeiten sind für ideale Gase entgegengesetzt gleich groß und heben sich daher gegenseitig auf. Der Grund ist einfach: Die innere Energie $U$ idealer Gase hängt nur von der Temperatur ab, so daß

$$0 = U_{23} + U_{41} \underset{\text{1. HS}}{\underset{\uparrow}{=}} W_{23} + W_{41}$$

- Arbeit wird also bei einem Umlauf nur auf den beiden Isothermen verrichtet, auf denen die innere Energie $U$ konstant ist. Nach Gl. (12.4–4) gilt:

$$-Q_{12} \underset{\text{1. HS}}{\underset{\uparrow}{=}} W_{12} \underset{\text{Gl. (12.4-4)}}{\underset{\uparrow}{=}} -n\,R\,T_h \ln\frac{V_2}{V_1} < 0 \qquad (13.4\text{–}2a)$$

$$-Q_{34} \underset{\text{1. HS}}{\underset{\uparrow}{=}} W_{34} \underset{\text{Gl. (12.4-4)}}{\underset{\uparrow}{=}} -n\,R\,T_k \ln\frac{V_4}{V_3} > 0 \qquad (13.4\text{–}2b)$$

Mit den Adiabatengln.

$$T_2\,V_2^{\gamma-1} = T_3\,V_3^{\gamma-1} \qquad\qquad T_3\,V_4^{\gamma-1} = T_2\,V_1^{\gamma-1}$$

finden wir

$$\frac{T_2}{T_3} = \frac{V_3^{\gamma-1}}{V_2^{\gamma-1}} \quad \text{und} \quad \frac{T_2}{T_3} = \frac{V_4^{\gamma-1}}{V_1^{\gamma-1}}$$

$$\Rightarrow \frac{V_3}{V_2} = \frac{V_4}{V_1} \quad \Rightarrow \quad \frac{V_2}{V_1} = \frac{V_3}{V_4} \qquad (13.4\text{–}3)$$

Die Gln. (13.4–2 und 3) ergeben zusammen die wichtige Beziehung

$$\frac{Q_{12}}{T_h} + \frac{Q_{34}}{T_k} = 0 \qquad (13.4\text{–}4)$$

*In einem Carnot-Prozeß mit einem idealen Gas ist die Summe der sog. „reduzierten Wärmen" Q/T Null.* Später werden wir die Gl. (13.4–4) auf beliebige reversible Prozesse verallgemeinern. Beachte, daß nicht die Summe $Q_{12} + Q_{34}$ der Wärmen Null ist – das wird durch den ersten Hauptsatz und durch die Verrichtung der Arbeit ausgeschlossen –, sondern nur die Summe der reduzierten Wärmen Q/T. Wegen $T_h > T_k$ ist nach Gl. (13.4–4) die aufgenommene Wärme $|Q_{12}|$ größer als die abgegebene Wärme $|Q_{34}|$.

Der Wirkungsgrad $\eta$ des Carnot-Prozesses berechnet sich zu

$$\eta_{rev}^{Carnot} := \frac{\text{Nutzen}}{\text{Aufwand}} = \frac{\text{Geleistete Arbeit}}{\text{Wärmeaufnahme aus } T_h} =$$

$$= \frac{|W_{12}| - |W_{34}|}{Q_{12}} = \frac{-W_{12} - (+W_{34})}{-W_{12}} = 1 + \frac{W_{34}}{W_{12}} =$$

$$= 1 + \frac{Q_{34}}{Q_{12}} \underset{\text{Gl. (13.4-4)}}{\uparrow =} 1 - \frac{T_k}{T_h}$$

$$\eta_{rev}^{Carnot} = \frac{T_h - T_k}{T_h} \qquad (13.4\text{–}5)$$

Der Wirkungsgrad des Carnotschen Kreisprozesses hängt nur von den beiden Temperaturen $T_h$, $T_k$ ab und ist wegen $T_k > 0$ K stets kleiner als Eins.

Die Fähigkeit der Wärme, makroskopische Arbeit zu leisten, ist temperaturabhängig: Ein heißer Wasserbehälter hat nicht nur mehr Wärme als ein gleich großer, kalter Wasserbehälter – das ist nichts Neues –, sondern seine Wärme kann auch mit einem größeren Wirkungsgrad in Arbeit umgesetzt werden. Ein und dieselbe Wärme, d. h. dieselbe mikroskopische, ungeordnete Energie kann bei hoher Temperatur zu einem größeren Anteil in Arbeit umgesetzt werden als bei niedriger Temperatur. Deshalb arbeiten Dampfturbinen in den Kraftwerken und Verbrennungsmotoren mit möglichst hohen Temperaturen – bis an die Grenze der thermischen und mechanischen Belastbarkeit der verwendeten Werkstoffe.

Natürlich läßt sich der Wirkungsgrad auch dadurch steigern, daß man die Temperatur $T_k$ des kühlenden Mediums senkt. Kühlende Medien werden durch die natürliche Umwelt geliefert: Flüsse, Grundwasser oder die Luft. Ihre Temperatur ist gegeben und kann nur mit einem sehr großen Energieaufwand gesenkt werden, der durch die Erhöhung des Wirkungsgrades nicht ausgeglichen werden kann.

**Tabelle (13.4–1):** Wirkungsgrade von sechs bekannten Wärmekraftmaschinen. Die letzte Zeile zeigt zum Vergleich die Wirkungsgrade von zwei Maschinen, die keine Wärme benötigen und deren Wirkungsgrad *theoretisch* 100% erreichen könnte.

| | | | |
|---|---|---|---|
| Dampfturbine: | Bis 46% | Flugzeug-Gasturbine: | Bis 38% |
| Watts Dampfmaschine: | 1% | Dampflokomotive: | 8% |
| Konventionelles Kraftwerk: | Bis 40% | Kernkraftwerk: | Bis 35% |
| Dynamo: | Bis 99% | Elektromotor: | Bis 94% |

**Beispiel (13.4–1) Maximal möglicher Wirkungsgrad eines Kohlekraftwerkes.**

Wie groß ist der Wirkungsgrad eines Carnot-Prozesses, der zwischen $T_1 = 500\,°C$ und $T_2 = 100\,°C$ arbeitet?

**Lösung:**

$$\eta_{rev}^{Carnot} = \frac{773{,}15 - 373{,}15}{773{,}15} \approx 0{,}52 \mathrel{\hat{=}} 52\,\%$$

Konventionelle Kraftwerke, die Kohle oder Öl verfeuern, arbeiten mit bis zu 500 °C-heißen Wasserdampf, der nach dem Durchlaufen der Turbine in einem Kondensator mit 100°C verflüssigt wird. Ihr Wirkungsgrad ist nach Tabelle (13.4–1) höchstens 40% und liegt daher deutlich unter dem berechneten Carnotschen Wirkungsgrad, der nur theoretisch, d. h. nur unter idealen Bedingungen erreicht werden kann.

**Beispiel (13.4–1) Wärmeabgabe an kaltes Wärmebad**

Eine Dampfmaschine arbeitet mit zwei Wärmebädern der Temperaturen $T_h = 400\,°C$ und $T_k = 100\,°C$. Dem heißen Wärmebad entzieht sie pro Stunde die Wärme $Q_h = 2000$ MJ. Welche Wärme $Q_k$ gibt sie *mindestens* stündlich an das kalte Wärmebad ab?

**Lösung:**

$$\eta \leq \frac{300\,\text{K}}{673{,}15\,\text{K}} \approx 0{,}45 \mathrel{\hat{=}} 45\%$$

Wegen dieses *maximalen* Wirkungsgrades werden stündlich *mindestens* 1100 MJ an das kalte Wärmebad abgegeben.

# 13.5 Dritte Formulierung des zweiten Hauptsatzes

*Die große Bedeutung des zweiten Hauptsatzes für die Praxis beruht großenteils darauf, daß er den maximalen Wirkungsgrad von Wärmekraftmaschinen liefert, die mit zwei Wärmebädern arbeiten.* Wärmekraftmaschinen, die mit mehr als zwei Wärmebädern arbeiten, haben nach Aufgabe (13–6) einen Wirkungsgrad

$$\eta < \frac{T_{max} - T_{min}}{T_{max}}$$

wenn $T_{max}$ und $T_{min}$ die größte und die kleinste Temperatur der angeschlossenen Wärmebäder sind. Natürlich muß mindestens eines der verwendeten Wärmebäder eine Temperatur zwischen diesen beiden Extremtemperaturen haben; andernfalls hätten wir ja nur zwei Wärmebäder.

Den Carnotschen Wirkungsgrad (13.4–5) kann keine Maschine übertreffen, ja nicht einmal erreichen. Eine (nahezu) reversibel arbeitende Maschine muß nämlich mit winzigen Temperaturdifferenzen zwischen Arbeitssubstanz und Wärmebädern und daher äußerst langsam arbeiten. Schneller arbeiten nur irreversible Wärmekraftmaschinen; sie haben aber nach Gl. (13.3–1) einen kleineren Wirkungsgrad:

$$\eta_{\text{irr}}^{\text{WKM}} < \eta_{\text{rev}}^{\text{WKM}} \underset{\uparrow \atop \text{Gl. (13.4-5)}}{=} \frac{T_h - T_k}{T_h} \qquad (13.5\text{–}1)$$

Gl. (13.4–5) wurde nur für ideale Gase bewiesen. Mit indirekten Beweisen und der Clausiusschen Formulierung des zweiten Hauptsatzes kann man leicht zeigen, daß *der Wirkungsgrad bei reversibler Prozeßführung nicht von der Arbeitssubstanz* (ideales Gas, reales Gas, Flüssigkeit usw.) *und auch nicht von den Einzelheiten der konstruktiven Durchführung abhängt.* Man erhält eine

**Dritte Formulierung des zweiten Hauptsatzes:**

*Alle* Wärmekraftmaschinen, die nur mit zwei Wärmebädern der Temperaturen $T_h$, $T_k$ arbeiten, haben bei reversibler Prozeßführung denselben Wirkungsgrad

$$\eta_{\text{rev}}^{\text{WKM}} = \frac{T_h - T_k}{T_h} \qquad (13.5\text{–}2)$$

**Beweis:** Wir beweisen zuerst, daß die 3. Formulierung aus der Clausiusschen Formulierung folgt:

Clausiussche Formulierung ⇒ 3. Formulierung

Dazu arbeiten wir wieder mit einem indirekten Beweis und zeigen

(3. Formulierung ist falsch) ⇒ (Clausius ist falsch)

Abb. (13.5–1) enthält zwei Wärmebäder mit den Temperaturen $T_k = 300\,\text{K}$ und $T_h = 600\,\text{K}$. Dann hat eine Carnot-Maschine mit idealem Gas den Wirkungsgrad $\eta_{\text{rev}}^{\text{WKM}} = 0,5$. Läßt man diese Maschine in umgekehrter Richtung laufen (alle Pfeilrichtungen in Abb. (13.4–1) sind dann umzudrehen), so erhält man eine Wärmepumpe mit $\eta^{\text{WP}}$ = Nutzen / Aufwand = $1{,}5\,Q$ / $0{,}75\,Q = 2$.

Wir nehmen nun an, daß eine Wärmekraftmaschine mit realem Gas und mit dem Wirkungsgrad $\eta' > (T_h - T_k)\,/\,T_h = 0,5$ – z. B. mit $\eta' = 0,75$ existiert. Koppelt man diese gedachte Wärmekraftmaschine mit der genannten Wärmepumpe (siehe Abb. (13.5–1)), so erhält man in den gestrichelten Grenzen ein Perpetuum mobile 2. Art nach Clausius. Daher ist $\eta' > (T_h - T_k) / T_h$ nicht möglich.

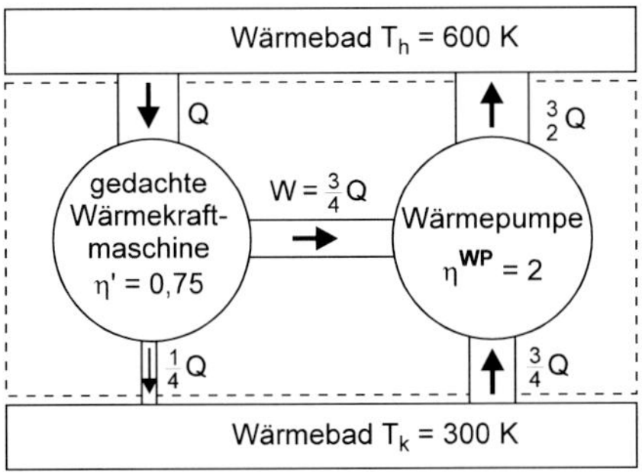


**Abb. (13.5–1):** Eine Wärmekraftmaschine mit $\eta' > (T_h - T_k) / T_h = 0{,}5$ könnte mit einer Wärmepumpe gekoppelt werden und würde in den gestrichelten Grenzen ein Perpetuum mobile 2. Art nach Clausius ergeben.

In gleicher Weise führt die Annahme $\eta' < (T_h - T_k) / T_h$ zu einem Widerspruch, wenn man den Umlaufsinn beider Maschinen in Abb. (13.5–1) umkehrt, also die linke Maschine als Wärmepumpe und die rechte als Wärmekraftmaschine betreibt.

Folglich bleibt nur noch die Möglichkeit $\eta' = (T_h - T_k) / T_h$.

Bemerkung: Bei der Umkehr einer irreversiblen Wärmekraftmaschine entsteht eine Wärmepumpe mit einem Wirkungsgrad $\eta^{WP} < 1 / \eta_{irr}^{WKM}$.

Wir beweisen nun die umgekehrte Richtung:

$$\text{Dritte Formulierung} \Rightarrow \text{Clausius-Formulierung}$$

indem wir wieder mit einem indirekten Beweis arbeiten und zeigen

$$\text{(Clausius ist falsch)} \Rightarrow \text{(3. Formulierung ist falsch)}$$

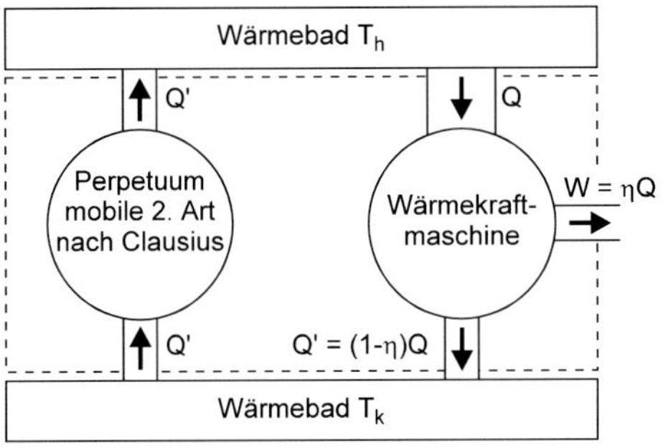


**Abb. (13.5–2):** Die Maschine in den gestrichelten Grenzen ist eine Wärmekraftmaschine mit dem Wirkungsgrad $\eta^{WKM} = 1$.

Clausius: Es gibt keine Maschine, die ständig Wärme von einem kalten Körper auf einen warmen überträgt ohne weitere Änderung in der Umgebung.

Kelvin: Es gibt keine Maschine, die Wärme vollständig und fortlaufend in Arbeit umwandelt.

**2)** Ein Prozeß heißt reversibel, wenn das System nach dem Prozeß wieder in den Ausgangszustand gebracht werden kann ohne Änderungen in der Umgebung.

Ein Prozeß heißt irreversibel, wenn nach der Rückkehr in den Ausgangszustand immer eine Änderung in der Umgebung zurückbleibt.

**3)** Genau genommen sind alle Prozesse der Thermodynamik irreversibel. Reversibel kann ein Prozeß nur *näherungsweise* geführt werden, wenn er sehr langsam durch eine Folge von Gleichgewichtszuständen geht.

Schnelle Prozesse sind immer irreversibel. Es gibt aber auch irreversible Prozesse, die langsam über Gleichgewichtszustände ablaufen.

**4)** Der Wirkungsgrad von reversiblen Wärmekraftmaschinen ist größer als der Wirkungsgrad von irreversiblen Wärmekraftmaschinen mit denselben Wärmebädern.

**5)** Nach der Kelvinschen Formulierung ist der Wirkungsgrad von Wärmekraftmaschinen kleiner als Eins. Ein genauer Wert wird aber nicht genannt.

Zur Berechnung einer oberen Grenze des Wirkungsgrades kommen nur reversible Prozesse in Frage. Die Berechnungen wurden auf die wichtigen Wärmekraftmaschinen mit *zwei* Wärmebädern beschränkt.

Der einzige *reversible* Kreisprozeß mit *zwei* Wärmebädern ist der Carnot-Prozeß. Er besteht aus zwei Isothermen und zwei Adiabaten und hat den Wirkungsgrad

$$\eta^{\text{Carnot}} = \frac{T_h - T_k}{T_h}$$

**6)** Für den Wirkungsgrad von Wärmekraftmaschinen, die mit mehr als zwei Wärmebädern arbeiten, gilt

$$\eta < \frac{T_{\text{max}} - T_{\text{min}}}{T_{\text{min}}}$$

wobei $T_{\text{max}}$ und $T_{\text{min}}$ die größte und kleinste Temperatur der angeschlossenen Wärmebäder sind.

**7)** Äquivalent zur Clausiusschen und Kelvinschen Formulierung des Zweiten Hauptsatzes ist eine dritte Formulierung. Sie lautet:

Alle Wärmekraftmaschinen, die nur mit zwei Wärmebädern arbeiten, haben bei reversibler Prozeßführung denselben Wirkungsgrad

$$\eta_{\text{rev}}^{\text{WKM}} = \eta^{\text{Carnot}} = \frac{T_h - T_k}{T_h}$$

# 13.7 Aufgaben

**(13–1) Mittel Wirkungsgrad eines Nicht-Carnot-Prozesses**

Ein ideales Gas durchläuft folgenden Kreisprozeß:

$1 \to 2$ : Isobare Expansion
$2 \to 3$ : Isotherme Expansion
$3 \to 4$ : Adiabatische Expansion
$4 \to 1$ : Isotherme Kompression

Gegeben sind die Zustandsgrößen $p_1, V_1, T_1$ sowie $T_3, p_3$.
**a)** Zeichne das p,V-Diagramm des Kreisprozesses.
**b)** Berechne die Molzahl $n$ und das Volumen $V_3$.
**c)** Berechne die Zustandsgrößen $p_2, V_2, T_2$ als Funktionen der gegebenen Größen.
**d)** Berechne die Zustandsgrößen $p_4, V_4, T_4$ als Funktionen der gegebenen Größen.
**e)** Berechne den Wirkungsgrad $\eta$ des Kreisprozesses.
**f)** Wann ist der Kreisprozeß (nahezu) reversibel?

**(13–2) Mittel Leistungszahlen von Carnotschen Kältemaschinen und Carnotschen Kühlschränken**

Wenn der Carnotsche Kreisprozeß umgekehrt wird, also linksherum abläuft, so wechseln alle ausgetauschten Wärmen und Arbeiten das Vorzeichen. Der linksläufige Kreisprozeß kann als *Kältemaschine* benutzt werden – z. B. zur Kühlung von Lebensmitteln – oder als *Wärmepumpe* – z. B. zur Erwärmung von Brauchwasser.

Überlege, wie in diesen zwei Fällen die sog.

$$\text{Leistungszahl} := \frac{\text{Nutzen}}{\text{Aufwand}} \qquad \text{(auch „Leistungsziffer" genannt)}$$

(sie übernimmt die Rolle des Wirkungsgrades) sinnvollerweise definiert werden kann. Die Leistungszahl von Wärmepumpen ist immer größer als Eins.

**a)** Berechne die Leistungszahl $\eta^{\text{KM}}$, wenn der umgekehrte Carnot-Prozeß als Kältemaschine arbeitet

**b)** Berechne die Leistungszahl $\eta^{\text{WP}}$, wenn der umgekehrte Carnot-Prozeß als Wärmepumpe arbeitet.

Hinweis: Die Leistungszahlen von Kältemaschinen und Wärmepumpen werden wegen der verschiedenen Aufgabenstellungen der beiden Maschinen auch verschieden definiert.

**(13–3) Mittel Wärmekraftmaschine – nicht umkehrbar zu Kältemaschine und Wärmepumpe**

Der Kreisprozeß einer Wärmekraftmaschine mit idealem Gas und *zwei* Wärmebädern bestehe aus einer isobaren Expansion $1 \to 2$, einer isochoren Druckabsenkung $2 \to 3$ und einer isothermen Kompression von $3 \to 1$. Gegeben sind die Zustandsgrößen $V_1$, $p_1$, $T_1$ sowie $V_2$.

**a)** Berechne $p_2, T_2$ sowie $V_3, p_3, T_3$.

**b)** Berechne den Wirkungsgrad $\eta^{WKM}$ der Wärmekraftmaschine.

**c)** In Aufgabe (13–2) wird gezeigt, daß der Carnotsche Kreisprozeß umgekehrt werden kann und dann als Kältemaschine oder als Wärmepumpe arbeitet. Zeige, daß der in dieser Aufgabe behandelte Kreisprozeß bei einer Umkehrung $1 \to 3 \to 2 \to 1$ *nicht* als Kältemaschine laufen kann.

**d)** Zeige, daß der linksläufige Kreisprozeß $1 \to 3 \to 2 \to 1$ auch *nicht* als Wärmepumpe arbeiten kann.

**(13–4) Mittel Wirkungsgrad eines idealisierten Ottomotors.**

Die folgende Abb. zeigt das *p,V*-Diagramm des Ottomotors. Der reale Prozeß ist so kompliziert, daß wir ihn nicht berechnen können. So müßten wir z. B. berücksichtigen, daß im 2. und im 3. Takt verschiedene Gaszusammensetzungen, verschiedene Molzahlen und evtl. sogar verschiedene Wärmekapazitäten vorliegen.

Außerdem verlaufen der 2. und 3. Takt nicht exakt reversibel und (wegen der Kühlung) nicht exakt adiabatisch.

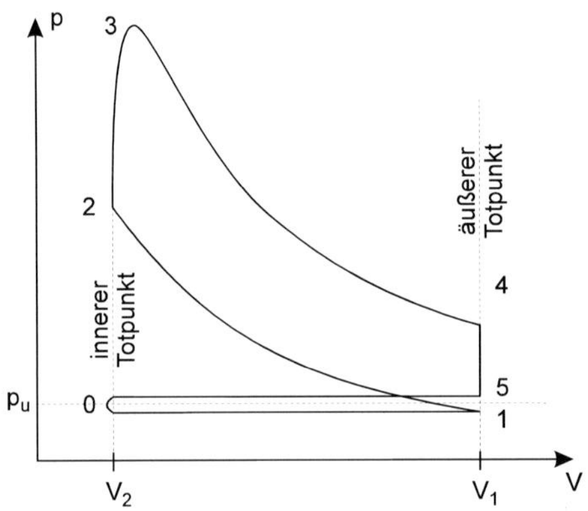


p,V-Diagramm eines wirklichen Otto-Prozesses.

$0 \to 1$: Ansaugen des Gemisches (1. Takt)

$1 \to 2$: Schnelle Verdichtung des Gemisches (2. Takt); nahezu adiabatisch

$2 \to 3$: Verbrennung; beinahe isochor

$3 \to 4$: Schnelle Expansion des heißen Gases (3. Takt); nahezu adiabatisch

$4 \to 5$: Öffnen der Auslaßventile; fast isochor

$5 \to 0$: Ausschieben der Gase (4. Takt)

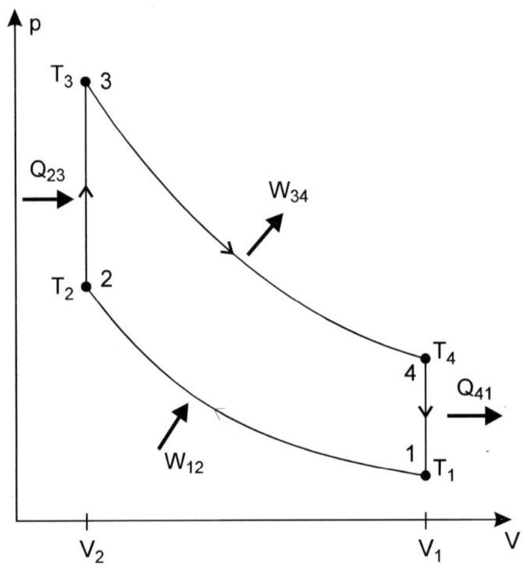


p,V-Diagramm des idealisierten Otto-Prozesses. Da der 1. Takt und der 4. Takt beim wirklichen Prozeß nur das Gas austauschen und kaum Arbeit leisten, fehlen sie hier. Der idealisierte Prozeß arbeitet also ohne ständige Erneuerung der Arbeitssubstanz und besteht aus folgenden vier Teilprozessen:

$1 \to 2$: Adiabatische Kompression

$2 \to 3$: Schnelle isochore Verbrennung

$3 \to 4$: Adiabatische Expansion

$4 \to 1$: Schnelle isochore Entspannung

Um den Otto-Prozeß grob abschätzen zu können, ersetzen wir ihn durch einen idealisierten Otto-Prozeß. In ihm entfallen der erste und vierte Takt, die nur die Arbeitssubstanz austauschen und zur Arbeitsbilanz nur wenig beitragen. Der idealisierte Ottomotor ist daher eine geschlossene Maschine. Er arbeitet mit vier verschiedenen Temperaturen $T_1$ bis $T_4$ und kann daher nicht mit dem Carnot-Prozeß verglichen werden, der nur die zwei Temperaturen der beiden angeschlossenen Wärmebäder enthält und daher auch eine ganz andere Formel für den Wirkungsgrad hat.

Berechne den Wirkungsgrad des idealisierten Otto-Prozesses.

**(13–5) Mittel Wirkungsgrad des idealisierten Stirling-Motors**

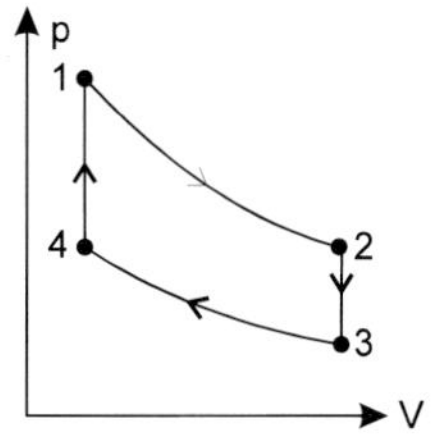


Ein ideales Gas durchlaufe folgenden Kreisprozeß:
$1 \rightarrow 2$ : Isotherme Expansion bei $T_h$
$2 \rightarrow 3$ : Isochore Druckabsenkung
$3 \rightarrow 4$ : Isotherme Kompression bei $T_k$
$4 \rightarrow 1$ : Isochore Druckerhöhung
**a)** Berechne den Wirkungsgrad, wenn nur zwei Wärmebäder vorhanden sind. Ist der Kreisprozeß mit zwei Wärmebädern reversibel?
**b)** Berechne den Wirkungsgrad, wenn sehr viele Wärmebäder mit kleinen Temperaturunterschieden zur Verfügung stehen. Ist der Kreisprozeß mit vielen Wärmbädern reversibel?

Bemerkung: Der Kreisprozeß mit vielen Wärmebädern ist die Idealisierung eines Stirling-Prozesses. Der Stirling-Motor – auch „Heißluftmotor" genannt – wurde um 1816 vom schottischen Pfarrer Robert Stirling erfunden, spielte aber wegen der geringen Leistungsfähigkeit und großer technischer Probleme nach der Entdeckung der Dampfmaschine keine Rolle mehr. Erst in neuester Zeit gewinnt er wieder an Bedeutung, weil er mit allen Brennstoffen arbeitet, im stationären Betrieb sogar mit Sonnenenergie. Vielfach wird er auch zur Erzeugung sehr tiefer Temperaturen eingesetzt.

Der Stirling-Motor ist geschlossen und arbeitet daher ohne den umweltschädlichen Wechsel der Arbeitssubstanz. Er kann in Praktika und Vorlesungen gut vorgeführt werden.

**(13–6) Mittel Wirkungsgrad bei mehr als zwei Wärmebädern**

Betrachte eine Wärmekraftmaschine, die mit mehr als zwei Wärmebädern arbeitet. Das heißeste Wärmebad hat die Temperatur $T_{max}$, das kälteste Wärmebad die Temperatur$T_{min}$. Zeige, daß für den Wirkungsgrad gilt:

$$\eta < \frac{T_{max} - T_{min}}{T_{max}} \mathrel{\hat{=}} \eta^{Carnot}$$

Dabei wird vorausgesetzt, daß mindestens ein Wärmebad eine Temperatur zwischen $T_{min}$ und $T_{max}$ hat; andernfalls hätte man ja nur zwei Wärmebäder.

# 14 Entropie

## 14.1 Definition der Entropie

Wir wissen jetzt, daß alle reversiblen Wärmekraftmaschinen zwischen zwei Wärmebädern denselben Wirkungsgrad

$$\eta_{\text{rev}}^{\text{WKM}} = \frac{T_h - T_k}{T_h} \tag{14.1–1}$$

haben und daß der Wirkungsgrad bei irreversibler Prozeßführung (echt) kleiner ist als bei reversibler Prozeßführung:

$$\eta_{\text{irr}}^{\text{WKM}} < \eta_{\text{rev}}^{\text{WKM}} \tag{14.1–2}$$

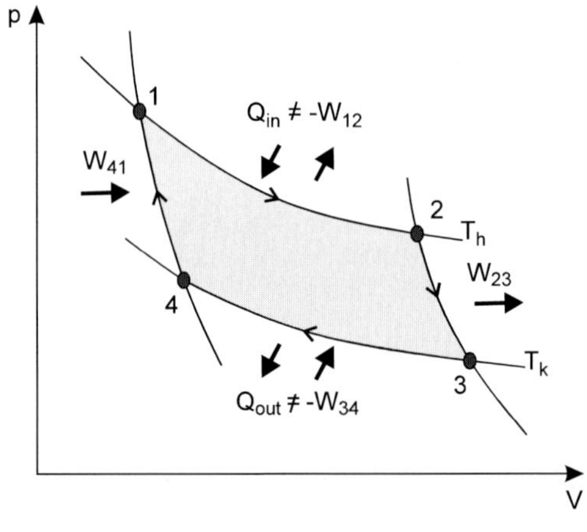


**Abb. (14.1–1)** Carnot-Prozeß für eine beliebige Arbeitssubstanz – z. B. für ein reales Gas.

Außerdem haben wir gesehen, daß bei Carnot-Prozessen die Summe der reduzierten Wärmen $Q/T$ für ideale Gase verschwindet:

$$\frac{Q_{\text{in}}}{T_h} + \frac{Q_{\text{out}}}{T_k} = 0 \tag{14.1–3}$$

mit $Q_{\text{in}} > 0$ und $Q_{\text{out}} < 0$.

Vor der Einführung der Entropie $S$ müssen wir zeigen, daß die Gl. (14.1–3) nicht nur für ideale Gase, sondern auch für alle anderen Arbeitssubstanzen (z. B. reale Gase) gilt. Da die Arbeitssubstanz nach jedem Umlauf in ihren Ausgangszustand zurückkehrt, gilt

$$0 = \Delta U = Q_{in} + W_{12} + W_{23} + Q_{out} + W_{34} + W_{41}$$

$$\Rightarrow \quad Q_{in} + Q_{out} = -(W_{12} + W_{23} + W_{34} + W_{41}) \tag{14.1–4}$$

Der Wirkungsgrad ist laut Definition [1]

$$\begin{aligned}\eta_{rev}^{Carnot} &= \frac{\text{Nutzen}}{\text{Aufwand}} = \frac{|W_{12}| + |W_{23}| - |W_{34}| - |W_{41}|}{Q_{in}} \\ &= -\frac{W_{12} + W_{23} + W_{34} + W_{41}}{Q_{in}} \underset{\text{Gl. (14.1-4)}}{\overset{\uparrow}{=}} 1 + \frac{Q_{out}}{Q_{in}}\end{aligned} \tag{14.1–5}$$

Auf der anderen Seite gilt nach Gl. (13.5–2) und nach der dritten Formulierung des zweiten Hauptsatzes

$$\eta_{rev}^{Carnot} = 1 - \frac{T_k}{T_h} \tag{14.1–6}$$

Ein Vergleich der Gln. (14.1–5 und 6) zeigt, daß die Beziehung (14.1–3) nicht nur für ideale Gase, sondern auch für alle anderen Arbeitssubstanzen gilt:

$$\frac{Q_{in}}{T_h} + \frac{Q_{out}}{T_k} = 0 \quad \left\{ \begin{array}{l} \text{für reversible Carnot-Prozesse} \\ \text{mit beliebigen Arbeitssubstanzen} \end{array} \right. \tag{14.1–7}$$

Wenn der Kreisprozeß mit zwei Isothermen und zwei Adiabaten schnell, also irreversibel verläuft, so folgt aus den Beziehungen

$$\eta_{irr} = 1 + \frac{Q_{out}}{Q_{in}} \underset{\text{Gl. (13.3-1)}}{\overset{\uparrow}{<}} \eta_{rev} \underset{\text{3. Formulierung}}{\overset{\uparrow}{=}} 1 - \frac{T_k}{T_h}$$

die Aussage

$$\frac{Q_{in}}{T_h} + \frac{Q_{out}}{T_k} < 0 \quad \left\{ \begin{array}{l} \text{für irreversible Kreisprozesse mit zwei Isothermen und} \\ \text{zwei Adiabaten und mit beliebigen Arbeitssubstanzen} \end{array} \right. \tag{14.1–8}$$

[1] Beim idealen Gas ist $W_{23} + W_{41} = 0$, d. h. die beiden Adiabaten liefern keinen Arbeitsbeitrag. Beim realen Gas ist $W_{23} + W_{41}$ ungleich Null.

Beachte, daß die Gl. (14.1–7) für Carnot-Prozesse, also für *reversible* Kreisprozesse mit zwei Isothermen und zwei Adiabaten, und daß die Ungleichung (14.1–8) für *irreversible* Kreisprozesse mit zwei Isothermen und zwei Adiabaten gilt.

Wir wollen nun die Beschränkung auf den Carnot-Prozeß und zwei Wärmebäder fallen lassen. Dazu überziehen wir die $p,V$-Ebene mit einer dichten Schar von *reversiblen* Isothermen und *reversiblen* Adiabaten (siehe Abb. (14.1–2)). Dadurch *kann jeder reversible* – die Betonung liegt auf „reversible" – *Prozeß durch eine Summe von n Carnot-Prozessen angenähert werden.* Für jeden dieser $n$ reversiblen Carnot-Prozesse gilt nach Gl. (14.1–7) unabhängig von der Arbeitssubstanz

$$\frac{\Delta Q_{\text{in}}^{(i)}}{T_{h,i}} + \frac{\Delta Q_{\text{out}}^{(i)}}{T_{k,i}} = 0 \qquad i = 1, 2, \ldots n$$

Daraus folgt sofort

$$\sum_{i=1}^{n} \left[ \frac{\Delta Q_{\text{in}}^{(i)}}{T_{h,i}} + \frac{\Delta Q_{\text{out}}^{(i)}}{T_{k,i}} \right] = 0 \tag{14.1–9}$$

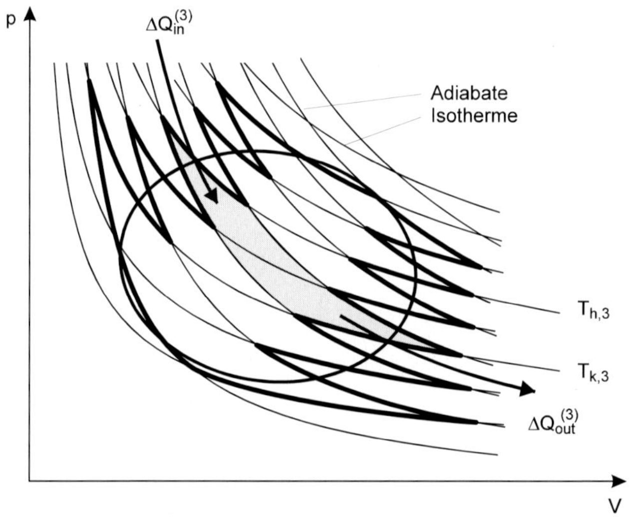


**Abb. (14.1–2)** Der runde reversible Prozeß wird durch eine Summe von sechs Carnot-Prozessen angenähert. Der dritte Carnot-Prozeß ist grau markiert. Die sechs Carnot-Prozesse bestehen jeweils aus zwei Isothermen mit den Temperaturen $T_{h,i}$ und $T_{k,i}$ $(i = 1, 2 \ldots 6)$ sowie aus zwei Adiabaten. Die fünf innen liegenden Adiabaten werden jeweils in zwei entgegengesetzten Richtungen durchfahren.

Diese Summe mit $n$ Doppeltermen kann durch eine Summe mit $2n$ Einzeltermen ersetzt werden

$$\sum_{i=1}^{2n} \frac{\Delta Q_{\text{rev}}^{(i)}}{T_i} = 0 \qquad (14.1\text{–}9')$$

Dabei sollen die ersten $n$ Terme für $\Delta Q_{\text{in}}^{(i)} / T_{h,i}$ stehen und die letzten $n$ Terme für $\Delta Q_{\text{out}}^{(i)} / T_{k,i}$.

*Die Annäherung der n Carnot-Prozesse* – in Abb. (14.1–2) durch eine dicke gezackte Kurve dargestellt – *an einen beliebigen reversiblen Prozeß* – in Abb. (14.1–2) durch eine dicke runde Kurve dargestellt – *ist um so besser, je größer n ist, d. h. je dichter die Schar der Isothermen und Adiabaten ist,* die die $p,V$-Ebene überziehen. Im Grenzübergang $n \to \infty$ werden die einzelnen Carnot-Prozesse unendlich schmal, wir erhalten eine exakte Übereinstimmung und die Summe in Gl. (14.1–9') geht in ein Integral über:

$$\oint \frac{dQ_{\text{rev}}}{T} = 0 \qquad (14.1\text{–}10)$$

Der Kreis O im Integral-Zeichen deutet an, daß sich der Prozeß über eine geschlossene Kurve erstreckt. Der Index „rev" zeigt an, daß der geschlossene Prozeß reversibel sein muß.

**Fazit:** Jeder reversible Kreisprozeß kann durch eine Folge von Carnot-Prozessen approximiert werden (mit entsprechend *vielen* Wärmebädern). Das Integral der reduzierten Wärmen $Q/T$ über einen *geschlossenen* und *reversiblen*, ansonsten aber beliebigen Prozeß verschwindet.

Völlig analog läßt sich beweisen, daß *alle irreversiblen* Kreisprozesse durch eine Folge von irreversiblen Kreisprozessen, die aus zwei Isothermen und zwei Adiabaten bestehen, angenähert werden können. Wegen Gl. (14.1–8) ist das Integral der reduzierten Wärmen über *geschlossene* und *irreversible* Prozesse (echt) kleiner als Null:

$$\oint \frac{dQ_{\text{irr}}}{T} < 0 \qquad (14.1\text{–}11)$$

Nach diesen Vorarbeiten können wir die Entropie $S$ definieren, die in der Physik eine zentrale Rolle spielt wie die Energie. Die Definition erfolgt in Anlehnung an Gl. (14.1–10) entweder infinitesimal

$$dS := \frac{dQ_{\text{rev}}}{T} \qquad (14.1\text{–}12a)$$

oder endlich

$$S := \int \frac{dQ_{\text{rev}}}{T} + S_0 \qquad \left[\frac{\text{J}}{\text{K}}\right] \qquad (14.1\text{–}12\text{b})$$

Der Anfangswert $S_0$, über den hier keine Aussage gemacht wird, hat keine große Bedeutung, da in erster Linie Entropieänderungen $\Delta S$ wichtig sind.

Beachte unbedingt, daß *die Gln.* (14.1–12) *die Entropieänderung nur für reversible Prozesse definieren.* Die Entropieänderung *irreversibler* Prozesse läßt sich berechnen, indem wir irgendeinen reversiblen Ersatzprozeß mit demselben Ausgangszustand und demselben Endzustand einführen und seine Entropieänderung berechnen. Das ist möglich, weil die Entropie eine Zustandsfunktion ist (Näheres dazu später).

**Beispiel (14.1–1) Berechnung einer Entropieänderung.**

*n* Mole eines idealen Gases werden langsam auf dem in der Abb. (14.1–3) dargestellten Weg vom Zustand 1 in den Zustand 3 überführt.

**a)** Berechne die Entropieänderung $\Delta S = S_{13}$ des idealen Gases.

**b)** Zeichne in die p,V-Ebene irgendeinen anderen, möglichst einfachen Prozeß, der das Gas ebenfalls *reversibel* vom Zustand 1 in den Zustand 3 überführt. Berechne für diesen Prozeß erneut die Entropieänderung $\Delta S = S_{13}$ des idealen Gases.

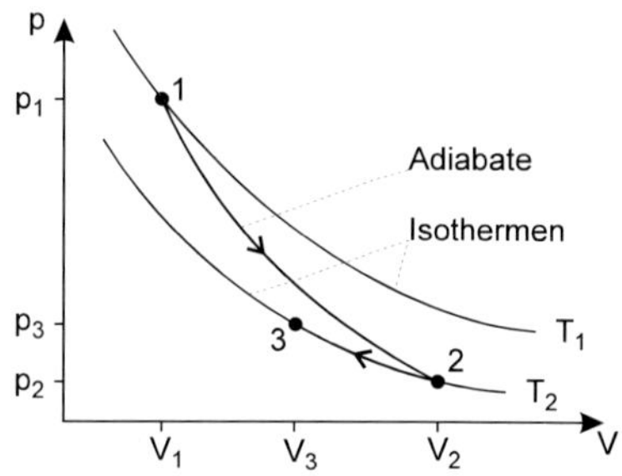


**Abb. (14.1–3)** *n* Mole eines idealen Gases werden sehr langsam, d. h. quasistatisch vom Zustand 1 in den Zustand 3 überführt. Der dargestellte Prozeß ist bei langsamer Ausführung reversibel.

**Lösung:**

**a)** Der langsam durchgeführte Prozeß 1 → 2 → 3 ist reversibel. Daher gilt

$$\Delta S = S_{12} + S_{23} =$$

$$= \int_1^2 \frac{dQ_{\text{rev}}}{T} + \int_2^3 \frac{dQ_{\text{rev}}}{T} =$$

$$= \underset{\substack{\uparrow \\ dQ=0}}{0} + \int_2^3 \frac{dU + p\,dV}{T} \underset{\substack{\uparrow \\ \text{isotherm}}}{=} \int_2^3 \frac{p\,dV}{T} \underset{\substack{\uparrow \\ \text{ideale Gasgl.}}}{=}$$

$$= n\,R \int_2^3 \frac{dV}{V} = n\,R \ln \frac{V_3}{V_2} < 0$$

**b)** Der zweite Prozeß bestehe aus der Isochoren 1 → 4 und der Isobaren 4 → 3 (siehe Abb. (14.1–4)). Nach Beispiel (13.2–4) ist dieser Prozeß nahezu reversibel, wenn er langsam und in Kontakt mit vielen Wärmebädern durchgeführt wird.

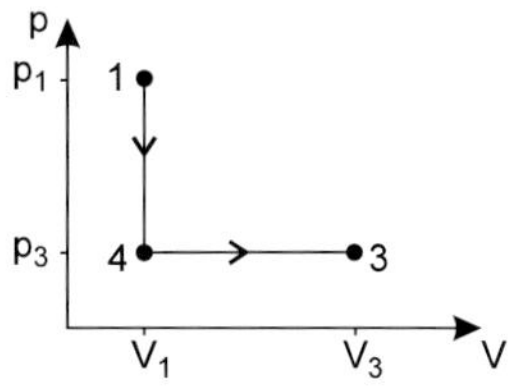


**Abb. (14.1–4)** Der Prozeß hat denselben Anfangs- und Endzustand wie der Prozeß in der Abb. (14.1–3).

$$\Delta S = S_{14} + S_{43} = \int_1^4 \frac{dQ_{\text{rev}}}{T} + \int_4^3 \frac{dQ_{\text{rev}}}{T} =$$

$$= n\,C_{mV} \int_1^4 \frac{dT}{T} + n\,C_{mp} \int_4^3 \frac{dT}{T} = n\left( C_{mV} \ln \frac{T_4}{T_1} + C_{mp} \ln \frac{T_3}{T_4} \right)$$

Mit $C_{mp} = C_{mV} + R$ folgt

$$\Delta S = n\left( C_{mV} \ln \frac{T_3}{T_1} + R \ln \frac{T_3}{T_4} \right)$$

Durch einfache Umrechnungen kann man sich überzeugen, daß die in Teil a) und b) berechneten Entropieänderungen gleich sind. Dieses Ergebnis führt zu folgender Vermutung: Entropieänderungen hängen nur vom Anfangs- und Endzustand, aber nicht vom durchlaufenen Weg ab, d. h. die Entropie ist wie die innere Energie eine Zustandsgröße. Im nächsten Abschn. wird diese Vermutung bewiesen.

Beachte, daß in diesem Beispiel nur die Entropieänderung des idealen Gases berechnet wurde und *nicht* die Entropieänderung des ganzen Systems, zu dem auch die Wärmebäder gehören. Die Entropieänderung des ganzen Systems ist bei reversibler Prozeßführung Null, wie wir später noch sehen werden (siehe Gl. (14.2–3)). Daher geht in den zwei betrachteten Prozessen Entropie von den Wärmebädern an das ideale Gas über.

Im Augenblick ist die Entropie eine abstrakte und völlig unanschauliche Größe; ihre Bedeutung liegt beim jetzigen Stand der Diskussion noch völlig im Dunkeln. Erst in Abschn. 14–4 werden wir kurz auf ihre Bedeutung eingehen und versuchen, eine halbwegs anschauliche Interpretation zu geben. Soviel sei jetzt schon gesagt: *Die Entropie eines Systems ist ein Maß für die Unordnung dieses Systems* [2]. Je größer die Entropie ist, desto größer ist die Unordnung und umgekehrt.

---

[2] Ordnung und Unordnung sind allgegenwärtig und jeder weiß, daß sich Ordnung nur mit Mühe aufrecht erhalten läßt und daß sich Unordnung fast „von alleine" einstellt. Angesichts unserer alltäglichen Erfahrung mit diesen Begriffen und angesichts ihrer großen Bedeutung ist die Fremdartigkeit der Entropie erstaunlich. Offen-

Die Wichtigkeit der Entropie für das Weltbild der Physik läßt sich an Hand eines Zitates aus der „Thermodynamik“ von Arnold Sommerfeld erahnen: „In der riesigen Fabrik der Naturprozesse nimmt das Entropieprinzip die Stelle des Direktors ein, denn es schreibt die Art und den Ablauf des ganzen Geschäftsganges vor. Das Energieprinzip spielt nur die Rolle des Buchhalters, indem es Soll und Haben ins Gleichgewicht bringt.”

Der deutsche Physiker Rudolf Clausius hat den Namen „Entropie“ gewählt, weil er ähnlich klingt wie „Energie“ und weil er meinte, daß Energie und Entropie eine vergleichbare physikalische Bedeutung haben.

## 14.2 Eigenschaften der Entropie

Wir hatten früher gelernt, daß *die Arbeit W und die Wärme Q Prozeßgrößen sind.* Sie hängen nicht nur vom Anfangszustand und vom Endzustand ab, sondern von dem ganzen Prozeß, den das System durchlaufen hat. Dies wurde in Beispiel (12.4–1) ausführlich bewiesen. Daher kann man Arbeit und Wärme nicht einem Zustand, sondern nur einem Weg zubilligen.

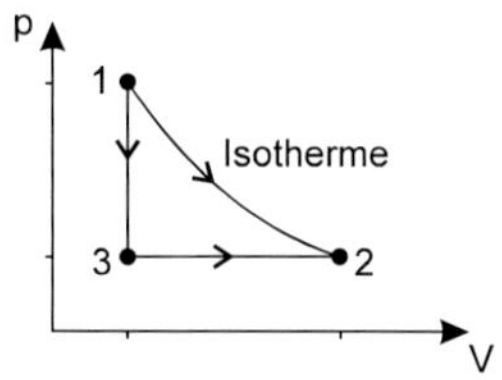


**Abb. (14.2–1):** Auf der Isothermen von 1 nach 2 werden eine größere Arbeit geleistet (siehe die Fläche unter der Isothermen) und eine größere Wärme aufgenommen als auf dem Weg $1 \rightarrow 3 \rightarrow 2$. Daher sind Arbeit und Wärme Prozeßgrößen (siehe Beispiel (12.4–1)).

Die Aussage „Dieses Gas enthält eine Wärme $Q$ von 100 kJ” ist daher unbrauchbar. Eigentlich muß man sagen: „Das Gas gibt auf dem Weg ... (genaue Bezeichnung) ... eine Wärme $Q$ von 100 kJ ab.”

Im Gegensatz dazu sind die innere Energie $U$ und die Entropie – wie wir jetzt sehen werden – Zustandsgrößen:

**Behauptung:** *Die Entropie ist eine Zustandsfunktion. D. h. der Wert der Entropie hängt nur von dem Zustand ab* (Druck, Volumen, Temperatur ...), *in dem sich das System befindet, nicht aber von dem Prozeß oder dem Weg, auf dem das System in den Zustand gekommen ist.*

---

sichtlich lassen sich Ordnung und Unordnung leicht erleben, aber nur schwer durch eine Funktion beschreiben und quantifizieren.

Die fehlende Vertrautheit mit der Entropie ist natürlich auch darauf zurückzuführen, daß die Entropie nur in der Thermodynamik vorkommt und in keinem anderen Gebiet der Physik – im Gegensatz z. B. zur Energie, die überall auftritt. Daher hat man nur wenig Gelegenheit, sich mit der Entropie vertraut zu machen.

**Beweis:** Wir betrachten in Abb. (14.2–2) drei verschiedene reversible Hinwege $1 \rightarrow 2$ und einen reversiblen Rückweg $2 \rightarrow 1$. Nach Gl. (14.1–10) verschwindet das Integral über jeden reversiblen Kreisprozeß

$$\oint \frac{d\,Q_{\text{rev}}}{T} = \int_1^2 \frac{d\,Q_{\text{rev}}}{T} + \int_2^1 \frac{d\,Q_{\text{rev}}}{T} = 0 \qquad (14.2\text{–}1)$$

$$\Rightarrow \qquad \int_1^2 \frac{d\,Q_{\text{rev}}}{T} = -\int_2^1 \frac{d\,Q_{\text{rev}}}{T}$$

Da das Integral $\int_2^1 d\,Q_{\text{rev}}\,/\,T$ über den Rückweg eindeutig ist, muß das Integral $\int_1^2 d\,Q_{\text{rev}}\,/\,T$ für jeden der drei Hinwege denselben Wert haben, d. h.

$$\int_1^2 \frac{d\,Q_{\text{rev}}}{T} = S_2 - S_1 =: \Delta S$$

*hängt nicht vom Weg ab.* Folglich hängt auch $S_2 = S_1 + \Delta S$ nicht vom Weg ab, den das System durchlaufen hat, sondern nur vom Zustand 2, in dem sich das System befindet.

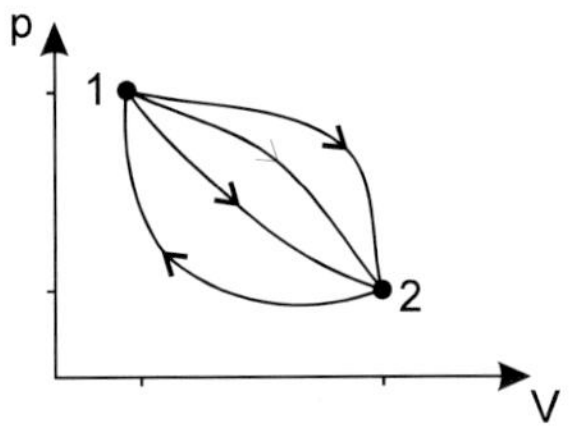


**Abb. (14.2–2):** Für jeden der drei reversiblen Hinwege ist das Integral $\oint d\,S = \int_1^2 d\,S + \int_2^1 d\,S$ gleich Null. Folglich kann das Integral $\int_1^2 dS = S_2 - S_1$ nicht von der Wahl des Weges abhängen. Die Entropie ist keine Prozeßgröße, sondern eine Zustandsgröße.

◆

Die Aussage, daß die Entropie eine Zustandsfunktion ist, ist äquivalent zur dritten Formulierung des zweiten Hauptsatzes (und damit natürlich auch äquivalent zu den Formulierungen von Clausius und Kelvin). Damit erhalten wir eine vierte, äquivalente Formulierung:

**Vierte Formulierung des zweiten Hauptsatzes:**

Die Entropie $S = \int \frac{d\,Q_{\text{rev}}}{T} + S_0$ ist eine Zustandsgröße.

**Beweis:** Wir beweisen die Äquivalenz der dritten und vierten Formulierung des zweiten Hauptsatzes. Zur Erinnerung nennen wir nochmals die dritte Formulierung: *Alle* Wärmekraftmaschinen, die *reversibel* und mit *zwei* Wärmebädern arbeiten, haben denselben Wirkungsgrad.

Da die vierte Formulierung bereits auf den letzten Seiten hergeleitet wurde, müssen wir nur noch die Richtung

4. Formulierung ⇒ 3. Formulierung

beweisen. Da $S$ eine Zustandsgröße ist, gilt für *alle* reversiblen Kreisprozesse

$$\oint \frac{dQ_{\text{rev}}}{T} = 0$$

Für den Carnot-Prozeß bedeutet dies (unabhängig von der Arbeitssubstanz)

$$\frac{Q_{12}}{T_{\text{h}}} + \frac{Q_{34}}{T_{\text{k}}} = 0 \tag{14.2–2}$$

$$\Rightarrow \quad \eta_{\text{rev}}^{\text{Carnot}} \underset{\substack{\uparrow \\ \text{Gl.}(14.1-5)}}{=} 1 + \frac{Q_{34}}{Q_{12}} \underset{\substack{\uparrow \\ \text{Gl.}\,(14.2-2)}}{=} 1 - \frac{T_{\text{k}}}{T_{\text{h}}}$$

(Beachte, daß die Gl. (14.1–5) nur aus der Definition des Wirkungsgrades und aus dem ersten Hauptsatz folgt.) Da diese Gln. *für alle Arbeitssubstanzen* gelten und da der Carnot-Prozeß der einzige reversible Arbeitsprozeß zwischen zwei Wärmebädern ist, haben wir die dritte Formulierung aus der vierten abgeleitet.

◆

Eine zweite wichtige Eigenschaft der Entropie folgt sofort aus ihrer Definition in Gl. (14.1–12): *Bei reversiblen adiabatischen Prozessen ist die Entropie wegen* $dQ_{\text{rev}} = 0$ *konstant*

$$\Delta S = 0 \qquad \text{bei reversiblen, adiabatischen Prozessen} \tag{14.2–3}$$

*Bei reversiblen Prozessen kann sich die Entropie eines Systems nur durch Wärmeaustausch* $dQ_{\text{rev}} \neq 0$ *mit der Umgebung ändern.*

Die dritte wichtige Eigenschaft der Entropie betrifft ihr Verhalten bei irreversiblen Vorgängen. Wir betrachten den Kreisprozeß in Abb. (14.2–3), der aus einem irreversiblen adiabatischen Hinweg 1 → 2 und einem reversiblen, nicht-adiabatischen Rückweg 2 → 1 besteht. Da ein Teil des Kreisprozesses irreversibel ist, ist der ganze Kreisprozeß irreversibel. Nach Gl. (14.1–11) gilt

$$0 \underset{\substack{\uparrow \\ \text{Gl.}(14.1-11)}}{>} \oint \frac{dQ_{\text{irr}}}{T} = \underbrace{\int_1^2 \frac{dQ_{\text{irr}}}{T}}_{0} + \int_2^1 \frac{dQ_{\text{rev}}}{T} = S_1 - S_2$$

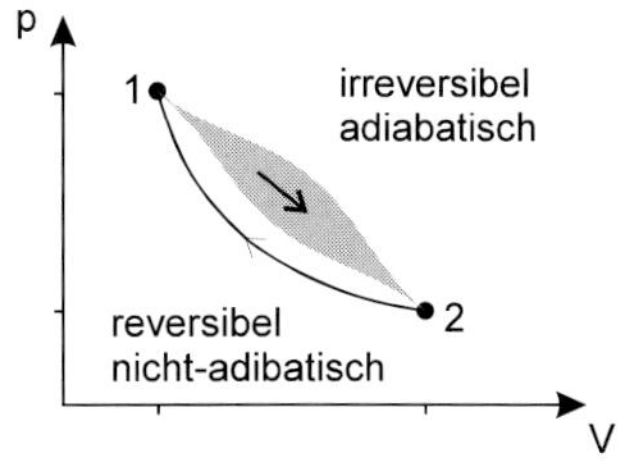


**Abb. (14.2–3):** Der irreversible Kreisprozeß besteht aus einem irreversiblen[3], adiabatischen Hinweg $1 \rightarrow 2$ – dies könnte z. B. der Gay-Lussacsche Überströmversuch sein – und einem reversiblen, nicht-adiabatischen Rückweg $2 \rightarrow 1$ – dies könnte z. B. eine isotherme reversible Kompression mit einem langsamen Kolben sein.

$\Rightarrow \quad S_2 > S_1$

$\Rightarrow \quad \Delta S > 0$ bei irreversiblen, adiabatischen Prozessen (14.2–4)

Fazit: Die Entropie $S = \int \frac{d\,Q_{rev}}{T} + S_2$ ist eine *Zustandsfunktion* mit

$\Delta S = 0$ bei reversiblen adiabatischen Prozessen

$\Delta S > 0$ bei irreversiblen adiabatischen Prozessen

In reversiblen Prozessen kann die Entropie nur durch Wärmezufuhr zunehmen und nur durch Wärmeabfuhr abnehmen. In irreversiblen Prozessen nimmt die Entropie auch ohne Wärmezufuhr zu, alleine durch die Irreversibilität. Bei genügend starker Wärmeabfuhr kann die Entropie auch in irreversiblen Prozessen abnehmen; dann ist die durch die Irreversibilität verursachte Entropiezunahme betragsmäßig kleiner als die durch die Wärmeabfuhr verursachte Entropieabnahme.

In einem abgeschlossenen System laufen Vorgänge nur so ab, daß die Entropie konstant ist oder wächst. Dieses Prinzip legt die Richtung aller Vorgänge in adiabatischen Systemen fest. Es stellt wie die Erhaltungssätze der Energie, des Impulses, des Drehimpulses usw. ein *grundlegendes Gesetz* dar, *dem alle Vorgänge im Universum gehorchen.*

Im einzelnen gilt:

---

[3] Ein irreversibler Prozeß geht *meistens nicht* durch eine Folge von Gleichgewichtszuständen, so daß Druck, Volumen, Temperatur ... bei einem irreversiblen Prozeß oft nicht definiert sind. Mit welchem Druck oder mit welchem Volumen sollte man z. B. während des Gay-Lussacschen Überströmversuches in Abb. (11.2–3) rechnen?

Bei einem irreversiblen Prozeß, der nicht durch eine Folge von Gleichgewichtszuständen geht, sind *nur* der Anfangs- und der Endzustand bekannt; die Zwischenzustände sind unbekannt. Daher darf ein solcher irreversibler Weg im $p,V$-Diagramm nicht gezeichnet werden.

In Abb. (14.2–3) berücksichtigen wir dies, indem wir den irreversiblen Hinweg durch eine Punktwolke andeuten.

$$\left.\begin{array}{l}\text{Reversibel und}\\ \text{adiabatisch}\end{array}\right\} \quad \Rightarrow \quad \Delta S = 0$$

$$\Delta S > 0 \quad \Rightarrow \quad \text{Irreversibel oder Wärmezufuhr}$$

$$\Delta S = 0 \quad \Rightarrow \quad \begin{cases}\text{(Reversibel und adiabatisch)}\\ \qquad\qquad\qquad \textit{oder}\\ \text{(Irreversibel mit genau passender Wärmeabfuhr } \Delta Q < 0\end{cases}$$

$$\Delta S < 0 \quad \Rightarrow \quad \text{Wärmeabfuhr } \Delta Q < 0$$

*Die Entropieänderung ist ein Maß für die Irreversibilität der Prozesse und entscheidet daher maßgeblich, wie weit* $\eta_{irr}$ *unter dem theoretischen Grenzwert* $\eta_{rev}$ *liegt.* Darauf beruht zu einem großen Teil die Bedeutung der Entropie für die Technik.

**Beispiel (14.2–1) Überströmversuch von Gay-Lussac.**

Nach dem Ziehen der Trennwand strömt ein Teil des idealen Gases adiabatisch aus dem Volumen $V_1$ in das anfangs leere Volumen $V_2$, bis ein Druckausgleich hergestellt ist. Dabei bleibt die Temperatur des idealen Gases konstant. Berechne die Entropieänderung $\Delta S$.

**Lösung:**

Ohne Überlegung könnte man geneigt sein, die Gl.

$$\Delta S = \int \frac{dQ}{T} \underset{\text{adiabatisch}}{\overset{}{\underset{\uparrow}{=}}} 0 \quad (?) \qquad (14.2\text{–}5)$$

aufzustellen. Leider widerspricht diese Gl. der Gl. (14.2–4): Bei irreversiblen adiabatischen Prozessen (die Überströmung ist irreversibel, da sie nur mit Arbeit, also mit einer Änderung in der Umgebung rückgängig gemacht werden kann) nimmt die Entropie zu. Daher muß die Gl. (14.2–5) falsch sein.

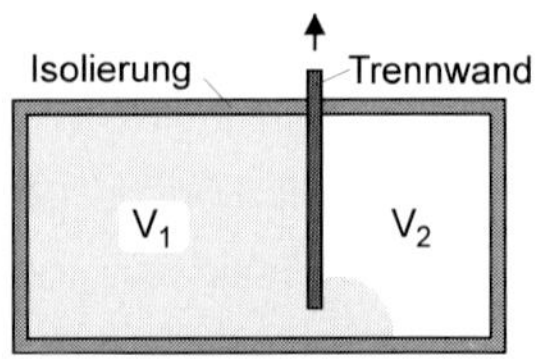


**Abb. (14.2–4):** Nach dem Ziehen der Trennwand verteilt sich das ideale Gas auf beide Volumina bei konstanter Temperatur.

Die Gl. (14.2–5) ist falsch, weil die Entropieänderung nach Gl. (14.1–12) nur für reversible, nicht aber für irreversible Prozesse definiert ist. Die Korrektur der Gl. (14.2–5) ergibt

$$\Delta S \underset{\text{irreversibel}}{\underset{\uparrow}{\neq}} \int \frac{dQ_{irr}}{T} \underset{\text{adiabatisch}}{\underset{\uparrow}{=}} 0$$

Die Lage ist anscheinend hoffnungslos: Die Überströmung ist irreversibel und $\Delta S$ kann nur für reversible Prozesse berechnet werden.

Wir kommen aber mit einer immer wieder gebrauchten Überlegung überraschend leicht ans Ziel: Die Entropie ist eine Zustandsfunktion und hängt – im Gegensatz zu Arbeit und Wärme – nicht von dem Weg ab, den ein System durchlaufen hat. Daher erhalten wir *dieselbe Entropieänderung, wenn wir die irreversible Überströmung in Gedanken durch einen reversiblen Prozeß ersetzen mit demselben Endzustand.* Als einen – unter vielen denkbaren – Ersatzprozeß wählen wir eine isotherme Expansion gegen einen langsam zurückweichenden Kolben. Für diesen reversiblen Ersatzprozeß gilt:

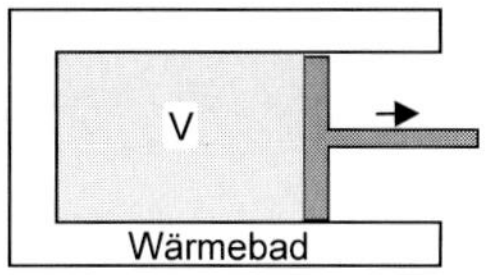


**Abb. (14.2–5)** Die langsame isotherme Expansion ist reversibel und führt auf denselben Endzustand wie der Versuch in Abb. (14.2–4).

$$dS \underset{\text{Def.}}{\overset{}{=}} \frac{dQ_{\text{rev}}}{T} \underset{\text{1. HS}}{=} \frac{dU + p\,dV}{T} \underset{\text{ideale Gasgl.}}{=} \frac{0 + nRT\,\dfrac{dV}{V}}{T}$$

$$\Rightarrow \quad \Delta S = nR \int_{V_1}^{V_1+V_2} \frac{dV}{V} = nR \ln \frac{V_1 + V_2}{V_1} = k \ln \left( \frac{V_1 + V_2}{V_1} \right)^N \qquad (14.2\text{–}6)$$

Zur *Überprüfung* können wir auch einen anderen reversiblen Ersatzprozeß wählen. Er besteht aus zwei Teilprozessen:

- $1 \to 3$: Isochore Druckabsenkung durch reversible Abkühlung an unendlich vielen Wärmebädern.
- $3 \to 2$: Isobare Expansion mit reversibler Erwärmung an unendlich vielen Wärmebädern.

**Abb. (14.2–6)** Die drei reversiblen Ersatzprozesse $1 \to 2$, $1 \to 3 \to 2$, $1 \to 4 \to 2$ führen auf denselben Endzustand wie die irreversible Überströmung in Abb. (14.2–4).

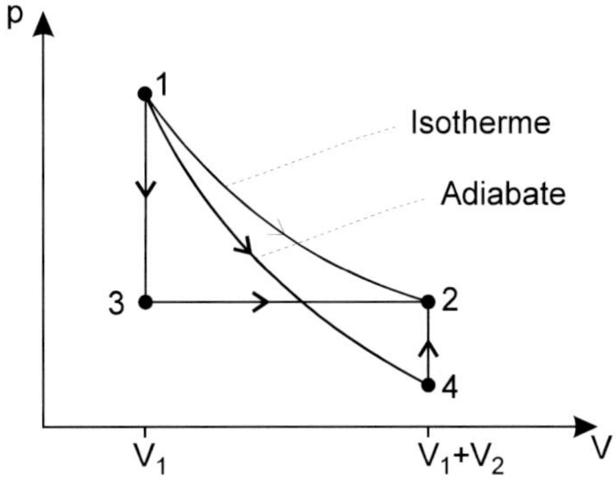


Dieser zweite reversible Ersatzprozeß hat die Entropieänderung

$$S_{13} + S_{32} = \int_1^3 \frac{d\,Q_{rev}}{T} + \int_3^2 \frac{d\,Q_{rev}}{T} =$$

$$= \int_1^3 \frac{n\,C_{m\,V}\;d\,T}{T} + \int_3^2 \frac{n\,C_{m\,p}\;d\,T}{T} =$$

$$= n\,C_{m\,V}\,\ln\frac{T_3}{T_1} + n\,C_{m\,p}\,\ln\frac{T_2}{T_3}$$

Mit $C_{mp} = C_{mV} + R$ und mit $T_1 = T_2$ folgt

$$S_{13} + S_{32} = n\,C_{mV}\left(\ln\frac{T_3}{T_1} + \ln\frac{T_2}{T_3}\right) + n\,R\ln\frac{T_2}{T_3} = n\,R\ln\frac{T_2}{T_3}$$

Bei dem isobaren Prozeß 3 → 2 ist $V/T$ konstant, so daß

$$\frac{V_3}{T_3} = \frac{V_1}{T_3} = \frac{V_1 + V_2}{T_2}$$

$$\Rightarrow \quad \frac{T_2}{T_3} = \frac{V_1 + V_2}{V_1}$$

$$\Rightarrow \quad S_{13} + S_{32} = n\,R\ln\frac{V_1 + V_2}{V_1} \qquad (14.2\text{–}7)$$

Erwartungsgemäß erhalten wir dieselbe Entropieänderung wie bei der isothermen Expansion 1 → 2. Dies bestätigt, daß die Entropie eine Zustandsfunktion ist.

Abschließend wählen wir noch einen dritten reversiblen Ersatzprozeß:

- 1 → 4: Reversible adiabatische Expansion
- 4 → 2: Isochore Druckerhöhung durch reversible Erwärmung an unendlich vielen Wärmebädern.

$$S_{14} + S_{42} = 0 + \int_4^2 \frac{d\,Q_{\text{rev}}}{T} = \int_4^2 \frac{n\,C_{mV}\;d\,T}{T} =$$

$$= n\,C_{mV}\,\ln\frac{T_2}{T_4} = n\,C_{mV}\,\ln\frac{T_1}{T_4}$$

Die Adiabatengl. (12.6–3a) für die adiabatische Expansion von 1 → 4 lautet

$$T_1\,V_1^{\gamma-1} = T_4\,(V_1 + V_2)^{\gamma-1}$$

$$S_{14} + S_{42} = S_{42} = n\,C_{mV}\,\ln\left(\frac{V_1 + V_2}{V_1}\right)^{\gamma-1}$$
$$= n\left(\frac{f}{2}R\right)\left(\frac{2}{f}\right)\ln\frac{V_1 + V_2}{V_1} = n\,R\ln\frac{V_1 + V_2}{V_1} \qquad (14.2\text{–}8)$$

Wir erhalten wiederum dieselbe Entropieänderung.

Hinweis: Zum Üben kann sich der Leser beliebig viele weitere reversible Ersatzprozesse ausdenken und berechnen.

**Beispiel (14.2–2) Mischung von kaltem und heißem Wasser.**

$n$ Mole kaltes Wasser mit der Temperatur $T_k$ und $n$ Mole heißes Wasser mit der Temperatur $T_h$ werden gemischt. Dabei soll keine Wärme mit der Umgebung ausgetauscht werden. Die molare Wärmekapazität $C_W$ des Wassers sei temperaturunabhängig.

**a)** Berechne die Mischtemperatur $T_M$.

**b)** Ersetze die irreversible Mischung in Gedanken durch reversible Prozesse mit denselben Endzuständen.

**c)** Berechne die Summe der beiden Entropieänderungen

$$\Delta S = \Delta S_{\text{kalt}} + \Delta S_{\text{heiß}}$$

**d)** Zeige, daß das Endergebnis

$$\Delta S = n\,C_W\,\ln\frac{(T_k + T_h)^2}{4T_k\,T_h} \qquad \text{für} \quad T_k \neq T_h \quad \text{größer als Null ist.}$$

**Lösung:**

**a)** Nach dem ersten Hauptsatz gilt

$$n\,C_W\,(T_h - T_M) = n\,C_W\,(T_M - T_k)$$

$$\Rightarrow \quad T_M = \frac{T_k + T_h}{2}$$

**b)** Die irreversible Erwärmung des kalten Wassers von $T_k$ auf $T_M$ läßt sich in Gedanken durch folgenden (nahezu) reversiblen Prozeß ersetzen, der auf denselben Endzustand des (anfangs) kalten Wassers führt: Die Schüssel mit dem kalten Wasser wird nach und nach mit vielen, immer etwas wärmeren Wärmebädern in Kontakt gebracht, bis $T_M$ erreicht ist.

In analoger Weise wird das (anfangs) heiße Wasser an sehr vielen Wärmebädern, deren Temperaturen sich nur wenig unterscheiden, langsam und nahezu reversibel auf $T_M$ aufgeheizt.

**Beispiel (14.3–4) Doppelter Geburtstag.**

Wie groß ist die Wahrscheinlichkeit $P(N)$, daß unter $N$ Partygästen mindestens zwei am gleichen Tag Geburtstag haben?

Hinweis: Wir nehmen an, daß die Geburten der Partygäste unabhängige Ereignisse waren (keine Absprachen der Eltern, kein mehrtägiger Stromausfall in früherer Zeit mit Ausfall aller Fernsehprogramme, ...) und daß sich die Geburtstage der Gesamtbevölkerung gleichmäßig übers Jahr verteilen. Gäste, die am 29. Februar geboren wurden, werden ausgeschlossen.

**Lösung:**

Wir gehen genauso vor wie im letzten Beispiel und fragen zuerst nach der Wahrscheinlichkeit, daß alle $N$ Gäste verschiedene Geburtstage haben.

Die Wahrscheinlichkeit $P_2$, daß der 2. Gast einen anderen Geburtstag hat als der erste Gast, beträgt $364/365$. Die Wahrscheinlichkeit $P_3$, daß der dritte Gast einen anderen Geburtstag hat als die ersten beiden Gäste, beträgt $363/365$. Die Wahrscheinlichkeit $P_N$, daß der letzte, $N$-te Gast einen anderen Geburtstag hat als alle anderen Gäste, beträgt $(365 - (N - 1))/365$.

Folglich ist die Wahrscheinlichkeit, daß alle $N$ Gäste verschiedene Geburtstage haben, gleich

$$\frac{364 \cdot 363 \cdot \ldots \cdot (366 - N)}{365^{N-1}}$$

Die gesuchte Wahrscheinlichkeit, daß mindestens zwei Personen am gleichen Tag Geburtstag haben, beträgt daher

$$P(N) = 1 - \frac{364 \cdot 363 \cdot \ldots \cdot (366 - N)}{365^{N-1}}$$

Diese Wahrscheinlichkeit ist laut Tabelle (14.3–1) überraschend groß.

**Tabelle (14.3–1):** Wahrscheinlichkeit $P(N)$, daß unter $N$ Personen mindestens zwei am gleichen Tag Geburtstag haben.

| $N$ | 10 | 20 | 23 | 30 | 50 | 100 |
|---|---|---|---|---|---|---|
| $P(N)$ | 0,117 | 0,411 | 0,507 | 0,706 | 0,970 | 0,99999969 |

Eine wichtige Rolle in der Kombinatorik spielen die *Permutationen,* d. h. die Anordnungen von $n$ Elementen in bestimmten Reihenfolgen.

**Behauptung:** Die Zahl der Permutationen von $n$ verschiedenen Elementen beträgt $n!$.

**Beweis:** Der Beweis ist einfach: Für das erste Element der Reihe gibt es $n$ Kandidaten, für das zweite Element $(n - 1)$ Kandidaten, ... für das $n$-te Element nur noch einen Kandidaten. Insgesamt gibt es also

$$n\,(n-1)\,(n-2)\ldots 1 = n\,!$$

Möglichkeiten, $n$ verschiedene Elemente in einer Reihe anzuordnen.

♦

Ein weiteres Grundproblem der Kombinatorik lautet: Wieviele Möglichkeiten gibt es, aus einer Menge mit $N$ Elementen $n$ Elemente (ohne Zurücklegen) auszuwählen? Zwei Fälle sind zu unterscheiden:

- Wenn die Reihenfolge der $n$ gezogenen Elemente beachtet werden muß, spricht man von einer „geordneten Stichprobe". Geordnete Stichproben gelten auch dann als verschieden, wenn sie sich nur in der Reihenfolge der gezogenen Elemente unterscheiden.
- Wenn die Reihenfolge der $n$ gezogenen Elemente keine Rolle spielt, spricht man von einer „ungeordneten Stichprobe". Ungeordnete Stichproben, die sich nur in der Reihenfolge ihrer Elemente unterscheiden, gelten als identisch.

**Behauptung:** Aus einer Menge mit $N$ Elementen kann man (ohne Zurücklegen) $N\,!/(N-n)\,!$ verschiedene geordnete Stichproben vom Umfang $n$ auswählen (Reihenfolge muß beachtet werden).

**Beweis:** Der Beweis ist wieder einfach:
Für die Auswahl des

| | | | |
|---|---|---|---|
| ersten | Elementes gibt es | $N$ | Möglichkeiten |
| zweiten | Elementes gibt es | $(N-1)$ | Möglichkeiten |
| $n$-ten | Elementes gibt es | $(N-(n-1))$ | Möglichkeiten |

Insgesamt gibt es also $N \cdot (N-1) \cdot \ldots \cdot (N+1-n) = N\,!/(N-n)\,!$ Möglichkeiten, aus einer Menge mit $N$ Elementen $n$ Elemente (ohne Zurücklegen) auszuwählen, wobei verschiedene Permutationen derselben gezogenen Elemente verschiedene Stichproben sind:

$$\frac{N\,!}{(N-n)\,!} = \begin{cases} \text{Zahl der geordneten Stichproben vom Umfang } n \\ \text{Verschiedene Reihenfolge ergeben verschiedene Stichproben} \end{cases} \qquad (14.3\text{–}2)$$

♦

Wenn die Reihenfolge der $n$ gezogenen Elemente keine Rolle spielt, muß man die Zahl in Gl. (14.3–2) durch die Permutationszahl $n\,!$ dividieren und erhält

$$\frac{N\,!}{(N-n)\,!\,n\,!} = \binom{N}{n} = \begin{cases} \text{Zahl der ungeordneten Stichproben vom Umfang } n \\ \text{Verschiedene Reihenfolgen ergeben gleiche Stichproben} \end{cases} \qquad (14.3\text{–}3)$$

**Beispiel (14.3–5) Zahlenlotto „6 aus 49".**

Wie groß ist die Wahrscheinlichkeit $P$, bei einem Einsatz im Zahlenlotto „6 aus 49" sechs Richtige zu tippen?

**Lösung:**

Die Zahl der Tippmöglichkeiten ist

$$\binom{49}{6} = 13\,983\,816$$

$$\Rightarrow \quad P = 1/13\,983\,816$$

**Beispiel (14.3–6) Aufenthaltswahrscheinlichkeiten von idealen Gasmolekülen.**

Das Volumen $V$ besteht aus den beiden Teilvolumina $V_1$, $V_2$

$$V = V_1 + V_2$$

und enthält $N = N_1 + N_2$ ideale Gasmoleküle einer Sorte.

**a)** Wie groß ist die Wahrscheinlichkeit $P(N_1)$, daß sich $N_1$ beliebige Moleküle im Teilvolumen $V_1$ und die restlichen $N_2 = N - N_1$ Moleküle in $V_2$ befinden?

**b)** Für welches $N_1$ ist $P(N_1)$ maximal?

**c)** Berechne für $V_1 = V_2 = V/2$ und für $N = N_A = 6{,}02 \cdot 10^{23}$ die Wahrscheinlichkeit, daß sich alle $N_A$ Moleküle in $V_1$ befinden.

**Lösung:**

**a)** Wegen der Gleichverteilung der Aufenthaltswahrscheinlichkeit ist die Wahrscheinlichkeit, daß sich ein zuvor ausgesuchtes, d. h. ein gegebenes Molekül im Volumen $V_1$ befindet, gleich $V_1/V$.

Die Wahrscheinlichkeit, daß sich $N_1$ zuvor ausgewählte Moleküle im Volumen $V_1$ befinden, beträgt $(V_1/V)^{N_1}$. Dabei ist der Aufenthalt der $N_2 = N - N_1$ restlichen Moleküle beliebig.

Die Wahrscheinlichkeit, daß sich $N_1$ zuvor ausgewählte Moleküle im Volumen $V_1$ und alle übrigen Moleküle in $V_2$ befinden, ist

$$\left(\frac{V_1}{V}\right)^{N_1}\left(\frac{V - V_1}{V}\right)^{N-N_1} \qquad (14.3\text{–}4)$$

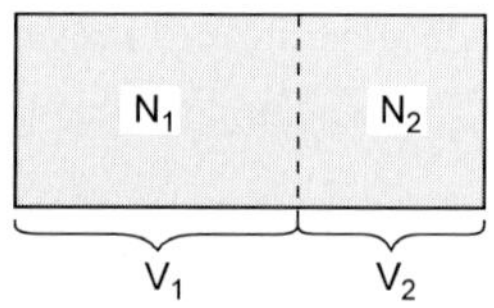


**Abb. (14.3–1)** Die beiden Teilvolumina $V_1, V_2$ enthalten $N_1, N_2$ ideale Gasmoleküle einer Sorte.

Wir suchen aber nicht die Wahrscheinlichkeit, daß sich $N_1$ bestimmte Moleküle in $V_1$ befinden, sondern die Wahrscheinlichkeit, daß sich $N_1$ *beliebige* Moleküle in $V_1$ befinden. Wir müssen die Wahrscheinlichkeit in Gl. (14.3–4) mit der Anzahl $\binom{N}{N_1}$ der verschiedenen ungeordneten Stichproben multiplizieren:

$$P(N_1) = \binom{N}{N_1}\left(\frac{V_1}{V}\right)^{N_1}\left(\frac{V - V_1}{V}\right)^{N-N_1} \qquad (14.3\text{–}5)$$

Kontrolle und Veranschaulichung:

- $\lim\limits_{V_1 \to 0} P(N_1) = \begin{cases} 0 \text{ für } N_1 > 0 \\ 1 \text{ für } N_1 = 0 \end{cases}$

- $\lim\limits_{V_1 \to V} P(N_1) = \begin{cases} 0 \text{ für } N_1 < N \\ 1 \text{ für } N_1 = N \end{cases}$

- $\sum\limits_{N_1=0}^{N} P(N_1) = \sum\limits_{N_1=0}^{N} \binom{N}{N_1}\left(\frac{V_1}{V}\right)^{N_1}\left(\frac{V - V_1}{V}\right)^{N-N_1} =$

  $\underset{\text{binomische Formel}}{\overset{\uparrow}{=}} \left(\frac{V_1}{V} + \frac{V - V_1}{V}\right)^{N} = 1^N = 1$

**b)** $P(N_1) = N!\dfrac{1}{(N - N_1)!\,N_1!}\left(\dfrac{V_1}{V - V_1}\right)^{N_1}\left(\dfrac{V - V_1}{V}\right)^{N} =$

$$= \frac{N - N_1 + 1}{N_1}\left(\frac{V_1}{V - V_1}\right) \cdot P(N_1 - 1)$$

$P(N_1)$ wächst mit zunehmendem $N_1$, solange der Faktor

$$\frac{N - N_1 + 1}{N_1}\,\frac{V_1}{V - V_1} > 1$$

ist, also für

$$N_1 < \frac{V_1}{V}(N + 1)$$

$P(N_1)$ ist maximal für die größte natürliche Zahl $N_1$, die kleiner ist als $(N + 1)V_1/V$. Für $V_1 = V/2$ und $N = 100$ ist $P(N_1)$ maximal für $N_1 = 50$. Für $V_1 = V/2$ und $N = 99$ ist $P(N_1)$ maximal für $N_1 = 49$. (Übrigens gilt hier $P(49) = P(50)$.)

**c)** $P(N_A) = P(0) = \binom{N_A}{N_A}\left(\frac{1}{2}\right)^{N_A}\left(\frac{1}{2}\right)^0 =$

$$= \left(\frac{1}{2}\right)^{6{,}02\cdot 10^{23}} \approx 10^{-1{,}81\cdot 10^{23}} = 0{,}000\ldots0001$$

$P(N_A)$ hat $1{,}81 \cdot 10^{23}$ Nullen und ist unvorstellbar klein. Wenn man diese Zahl aufschreibt mit 0,5 cm für jede Null, so benötigt man einen Papierstreifen der Länge $9{,}05 \cdot 10^{17}$ km $\approx$ 95 700 Lichtjahre. Zum Vergleich: Die Milchstraße hat einen Durchmesser von etwa 100 000 Lichtjahren.

## 14.4 Statistische Interpretation der Entropie

In Beispiel (14.3–6) wurden $N = N_1 + N_2$ ideale Gasmoleküle in einem Volumen $V = V_1 + V_2$ betrachtet und die Wahrscheinlichkeit $P(N_1)$ dafür berechnet, daß sich $N_1$ Moleküle im Volumen $V_1$ und die restlichen $N_2$ Moleküle im Volumen $V_2$ aufhalten. Nach den Berechnungen ist diejenige Aufteilung der $N$ Moleküle auf die beiden Teilvolumina am wahrscheinlichsten, bei der die Gasdichten $N_1/V_1$ und $N_2/V_2$ gleich oder – wenn dies nicht exakt möglich ist – zumindest möglichst gleich sind.

Wir wollen diese Einsicht weiter vertiefen und betrachten den Fall $V_1 = V_2 = V/2$. Dieser einfachste Fall ist deshalb besonders wichtig und ausgezeichnet, weil hier jedes Molekül mit gleicher Wahrscheinlichkeit $V_1$ oder $V_2$ wählt. *Wegen dieser gleichen Einzelwahrscheinlichkeiten ist diejenige Aufteilung der N Moleküle am wahrscheinlichsten, die die meisten Realisierungsmöglichkeiten hat* [4].

Daher können wir für $V_1 = V_2$ anstelle von $P(N_1)$ genauso gut die Zahl $\Omega_V(N_1)$ der Möglichkeiten untersuchen, $N_1$ Moleküle in das Volumen $V_1$ zu stecken. Nach Gl. (14.3–3) beträgt diese Zahl

---

[4] Dieser Sachverhalt kann sehr gut mit dem Werfen von zwei Würfeln verglichen werden: Jede Zahl zwischen 1 und 6 tritt beim *einzelnen* Würfel mit gleicher Wahrscheinlichkeit 1/6 auf. Die Summe der beiden gewürfelten Zahlen hat jedoch den wahrscheinlichsten Wert 7, weil die Summe 7 die meisten Realisierungsmöglichkeiten hat:

(1 und 6) oder (2 und 5) oder (3 und 4) oder (4 und 3) oder (5 und 2) oder (6 und 1)

ergibt 6 Realisierungsmöglichkeiten. Die Summen 2 und 12 sind am unwahrscheinlichsten, weil sie jeweils nur eine einzige Realisierung haben.

Hinweis: Für $V_1 \neq V_2$ haben die Wahrscheinlichkeit $P(N_1)$ und die Zahl $\binom{N}{N_1}$ der Möglichkeiten, $N_1$ Moleküle in $V_1$ und den Rest in $V_2$ zu stecken, ihr Maximum für verschiedene $N_1$.

$$\Omega_V(N_1) = \frac{N\,!}{N_1\,!\,(N - N_1)\,!} = \binom{N}{N_1} \tag{14.4–1}$$

In der Tabelle (14.4–1) werden für $N$ = 2, 4, 6, 8, 10, 12 alle Möglichkeiten $N_1 / N_2$ mit den Zahlen $\Omega_V$ ihrer Realisierungen aufgezählt.

Man erkennt unschwer, daß die Zahl $\Omega_V$ der Möglichkeiten

- *für wachsende N sehr stark ansteigt*
- *für* $N_1 = N_2 = N/2$ *maximal ist*
- *für wachsende N größere Abweichungen (Fluktuationen) von der wahrscheinlichsten Verteilung* $N_1 = N_2 = N/2$ *immer unwahrscheinlicher werden.*

Wir fassen nun unsere Beobachtungen und Rechnungen zusammen:

1. Alle Beobachtungen im Experiment zeigen, daß sich Gase so auf zwei Volumina $V_1$ und $V_2$ verteilen, daß die Gasdichten $N_1/V_1$ und $N_2/V_2$ gleich groß sind.
2. Nach den früheren Berechnungen im Abschnitt 14.2 hat diese Aufteilung die maximale Entropie $S$.
3. Nach den neuen Berechnungen hat diese Aufteilung die meisten Realisierungsmöglichkeiten.

**Tabelle (14.4–1):** Verteilung von $N$ Molekülen auf zwei Volumina. Die Zahl $\Omega_V$ der Realisierungsmöglichkeiten hängt nicht von der Größe der beiden Volumina $V_1, V_2$ ab.

| N = 2 | | N = 4 | | N = 6 | | N = 8 | | N = 10 | | N = 12 | |
|---|---|---|---|---|---|---|---|---|---|---|---|
| $N_1/N_2$ | $\Omega_V$ | $N_1/N_2$ | $\Omega_V$ | $N_1/N_2$ | $\Omega_V$ | $N_1/N_2$ | $\Omega_V$ | $N_1/N_2$ | $\Omega_V$ | $N_1/N_2$ | $\Omega_V$ |
| 2/0 | 1 | 4/0 | 1 | 6/0 | 1 | 8/0 | 1 | 10/0 | 1 | 12/0 | 1 |
| **1/1** | **2** | 3/1 | 4 | 5/1 | 6 | 7/1 | 8 | 9/1 | 10 | 11/1 | 12 |
| 0/2 | 1 | **2/2** | **6** | 4/2 | 15 | 6/2 | 28 | 8/2 | 45 | 10/2 | 66 |
| | | 1/3 | 4 | **3/3** | **20** | 5/3 | 56 | 7/3 | 120 | 9/3 | 220 |
| | | 0/4 | 1 | 2/4 | 15 | **4/4** | **70** | 6/4 | 210 | 8/4 | 495 |
| | | | | 1/5 | 6 | 3/5 | 56 | **5/5** | **252** | 7/5 | 792 |
| | | | | 0/6 | 1 | 2/6 | 28 | 4/6 | 210 | **6/6** | **924** |
| | | | | | | 1/7 | 8 | 3/7 | 120 | 5/7 | 792 |
| | | | | | | 0/8 | 1 | 2/8 | 45 | 4/8 | 495 |
| | | | | | | | | 1/9 | 10 | 3/9 | 220 |
| | | | | | | | | 0/10 | 1 | 2/10 | 66 |
| | | | | | | | | | | 1/11 | 12 |
| | | | | | | | | | | 0/12 | 1 |

Die Punkte 2 und 3 legen die Vermutung nahe, daß ein Zusammenhang besteht zwischen der *makroskopischen* Größe $S$ und der *mikroskopischen* Größe $\Omega_V$. Weiterhin sehen wir, daß viele thermodynamische Prozesse – Ausdehnung eines Gases in einen leeren Raum, Mischen von Gasen und Flüssigkeiten, Wärmeübertragung von kalt auf warm, ... – nicht durch irgendwelche geheimnisvollen Kräfte angetrieben werden, sondern durch die mathematischen Gesetze der Wahrscheinlichkeitsrechnung.

Weitergehende und komplizierte Untersuchungen zeigen, daß unsere Überlegungen auf andere Prozesse und Systeme verallgemeinert werden können:

- *Der Zustand mit maximaler Entropie $S$ hat die größte Zahl $\Omega$ von Realisierungsmöglichkeiten.*
- *Zwischen der Entropie $S$ eines Zustandes und der Zahl $\Omega$ der Realisierungsmöglichkeiten dieses Zustandes besteht ein funktionaler Zusammenhang:*

$$S = f(\Omega) \tag{14.4–2}$$

Die Bestimmung der vorerst noch völlig unbekannten Funktion $f$ ist relativ einfach: Die Entropie $S$ von zwei Systemen, die völlig unabhängig voneinander sind – z. B. von zwei Gasen in getrennten Behältern –, ist gleich der Summe $S_1 + S_2$ der beiden einzelnen Entropien, da die Entropie eine additive Größe ist. Die Zahl der Realisierungsmöglichkeiten $\Omega$ der beiden unabhängigen Systeme ist nach den Gesetzen der Wahrscheinlichkeitsrechnung gleich dem Produkt $\Omega_1 \, \Omega_2$ der beiden einzelnen Zahlen. Das bedeutet:

$$S = f(\Omega) = f(\Omega_1 \, \Omega_2) = S_1 + S_2 = f(\Omega_1) + f(\Omega_2) \tag{14.4–3}$$

Bekanntlich ist der Logarithmus die einzige Funktion, die die Gl.

$$f(\Omega_1 \, \Omega_2) = f(\Omega_1) + f(\Omega_2) \tag{14.4–4}$$

erfüllt, so daß folgt

$$S = a \ln \Omega$$

Weitergehende Untersuchungen zeigen, daß $a$ gleich der Boltzmann-Konstanten $k$ ist, so daß

$$\boxed{S = k \ln \Omega} \tag{14.4–5}$$

Diese „Boltzmann-Gl." gehört zu den wichtigsten Gln. der Physik und ist auf dem Ehrengrab von Ludwig Boltzmann auf dem Wiener Zentralfriedhof eingemeißelt. *Sie verbindet die Entropie $S$ eines makroskopischen Zustandes* – kurz Makrozustandes –, der durch die Molekülzahl $N$, das Volumen $V$ und die Temperatur $T$ eindeutig gekennzeichnet ist, *mit der Zahl* $\Omega$

*der Möglichkeiten, diesen makroskopischen Zustand mikroskopisch durch die Koordinaten und Impulse der Moleküle zu realisieren.*

Mit der Boltzmann-Gl. können aus den mikroskopischen Kräften zwischen den Molekülen alle makroskopischen Eigenschaften des Systems – z. B. Zustandsgl., Wärmekapazität, Kompressibilität – abgeleitet werden. Diese interessanten, aber nicht einfachen Untersuchungen gehen jedoch weit über den Rahmen dieses Buches hinaus.

Die Zahl $\Omega$ der Realisierungen eines makroskopischen Zustandes darf nicht mit der in Gl. (14.4–1) berechneten Zahl $\Omega_V$ verwechselt werden. (Der Index $V$ deutet schon auf den Unterschied hin.) $\Omega_V$ hängt nicht von den Geschwindigkeiten bzw. Impulsen der Moleküle ab und auch nicht davon, wo genau sich die einzelnen Moleküle innerhalb von $V_1$ oder innerhalb von $V_2$ aufhalten. $\Omega_V$ hängt ganz grob nur von der Zahl $N_1$ der Moleküle in $V_1$ ab, nicht aber davon, wie sich diese Moleküle innerhalb von $V_1$ oder wie sich die restlichen Moleküle innerhalb von $V_2$ verhalten.

Die Realisierungen hingegen, die bei der Berechnung von $\Omega$ abgezählt werden, sind viel feiner zu unterscheiden, so daß $\Omega >> \Omega_V$. Hier sind zwei mikroskopische Zustände bereits verschieden, ergeben also jeweils eine weitere Realisierung, wenn sie sich im Ort oder Impuls nur eines Moleküls unterscheiden.

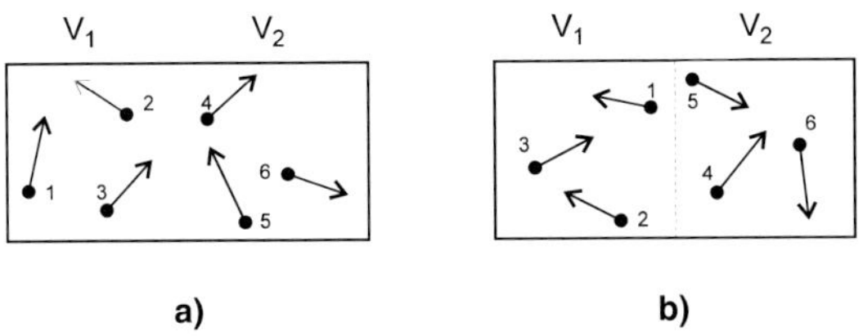


**Abb. (14.4–1)** Die beiden Verteilungen eines „Gases" mit nur sieben Molekülen gelten bei der Berechnung von $\Omega_V$ als identisch, da sowohl in a) als auch in b) die ersten drei Moleküle in $V_1$ und die restlichen vier in $V_2$ sind. Bei der Berechnung von $\Omega$ hingegen gelten die beiden Verteilungen als verschieden, weil die Moleküle in a) und b) verschiedene Orte und verschiedene Impulse haben.

Hier stellt sich sofort eine Frage: Wie weit darf sich der Ort oder der Impuls z. B. des ersten Moleküls ändern, bevor wir bzgl. $\Omega$ von zwei verschiedenen Realisierungen des makroskopischen Gaszustandes sprechen müssen? Die klassische Physik, die mit kontinuierlichen Orten und Impulsen arbeitet, gibt keine Antwort auf die Frage nach einer oberen Änderungsgrenze. Erst die Quantentheorie setzt über die sog. Heisenbergsche Unschärferelation (siehe Band II)

$$\Delta x \, \Delta p = h$$

eine obere Grenze fest. Betrachten wir zwei Gasflaschen, deren Gase denselben Makrozustand haben ($N$, $V$, $T$ usw. jeweils gleich groß), so sind die Mikrozustände (d. h. die Realisierungen dieses Makrozustandes) gleich, wenn für alle $N$ Moleküle die Produkte aus den Ortsunterschieden $\Delta x_i$ und den Impulsunterschieden $\Delta p_i$ zwischen Flasche 1 und 2 kleiner sind als das Plancksche Wirkungsquantum $h$:

$$\Delta p_i \, \Delta x_i < h \qquad i = 1, 2, 3, \ldots N$$

Mit anderen Worten: Die mikroskopischen Realisierungen des durch $N$, $V$, $T$ festgelegten Makrozustandes sind identisch, wenn die $N$ Moleküle in beiden Flaschen dieselben $N$ Elementarzellen der Größe $\Delta p \, \Delta x = h$ besetzen.

**2)** Jeder reversible Prozeß kann durch eine Folge von $n$ reversiblen Carnot-Prozessen mit $2\,n$ Wärmebädern angenähert werden mit

$$\sum_{i=1}^{2n} \frac{\Delta Q_{\text{rev}}^{(\text{i})}}{T_i} = 0$$

Dabei stehen die ersten $n$ Summanden für $\Delta Q_{\text{in}}^{(\text{i})}/T_{h,i}$ und die letzten $n$ Summanden für $\Delta Q_{\text{out}}^{(\text{i})}/T_{k,i}$ .

**3)** Die Annäherung der $n$ Carnot-Prozesse an einen beliebigen reversiblen Prozeß ist um so besser, je größer $n$ ist, d. h. je dichter die p,V-Ebene von Isothermen und Adiabaten überspannt wird.

Im Grenzübergang $n \rightarrow \infty$ kann jeder reversible Prozeß durch reversible Carnot-Prozesse ersetzt werden mit

$$\oint \frac{dQ_{\text{rev}}}{T} = 0 \qquad (14.1\text{–}10)$$

Der Index „rev“ deutet an, daß der geschlossene Prozeß reversibel sein muß.

**4)** In Anlehnung an Gl. (14.1–10) wird die Entropie definiert durch

$$dS := \frac{dQ_{\text{rev}}}{T} \qquad \text{bzw.} \qquad S := \int \frac{dQ_{\text{rev}}}{T} + S_0 \qquad (14.1\text{–}12)$$

wobei erst der dritte Hauptsatz den Anfangswert $S_0$ festlegt.

**5)** Die Entropie ist ein Maß für die Unordnung.

**6)** Die vierte Formulierung des zweiten Hauptsatzes lautet: Die Entropie ist eine Zustandsfunktion – wie die innere Energie $U$ und im Gegensatz zu den Prozeßgrößen Arbeit $W$ und Wärme $Q$.

**7)** Die Gln. (14.1–12) definieren Entropieänderungen nur für reversible Prozesse.
Bei einem irreversiblen Prozeß kann die Entropieänderung nur berechnet werden, indem man die Entropieänderung eines reversiblen Ersatzprozesses berechnet mit demselben Anfangs- und demselben Endzustand. Das ist möglich, weil die Entropie eine Zustandsfunktion ist.

**8)** Bei reversiblen adiabatischen Prozessen ist die Entropie konstant. Bei reversiblen Prozessen kann sich die Entropie nur durch Wärmeaustausch $dQ_{\text{rev}} \neq 0$ mit der Umgebung ändern.

**9)** Bei irreversiblen adiabatischen Prozessen wächst die Entropie.

Die Entropieänderung ist ein Maß für die Irreversibilität der Prozesse und entscheidet maßgeblich, wie weit $\eta_{irr}$ unter dem theoretischen Grenzwert $\eta_{rev}$ liegt.

**10)** Die Boltzmann-Gl.

$$S = k \ln \Omega$$

stellt einen Zusammenhang dar zwischen der Entropie $S$ eines makroskopischen Zustandes und der Zahl $\Omega$ der Möglichkeiten, diesen Makrozustand durch Koordinaten und Impulse der Teilchen mikroskopisch zu realisieren.

**11)** Die Entropie eines Zustandes ist ein Maß für die Zahl der mikroskopischen Realisierungsmöglichkeiten dieses Zustandes, d. h. für die Zahl der Möglichkeiten, wie die $N$ Moleküle das Volumen $V$ ausfüllen und dabei eine Gesamtenergie einnehmen können, die der Temperatur $T$ entspricht.

Damit ist sie auch ein Maß für die Unordnung des Systems. Denn je größer die Zahl der Möglichkeiten ist, desto größer ist die Unordnung.

**12)** Nach dem dritten Hauptsatz der Thermodynamik ist die Entropie aller reinen Stoffe im thermodynamischen Gleichgewicht am absoluten Nullpunkt gleich Null:

$$S(T = 0) = 0$$

Eine äquivalente Formulierung des dritten Hauptsatzes lautet: Man kann den absoluten Nullpunkt nicht erreichen.

**13)** Aus dem dritten Hauptsatz folgt, daß die spezifischen Wärmekapazitäten aller Körper für $T \to 0$ gegen Null gehen und daß der absolute Nullpunkt nie erreicht werden kann.

# 14.7 Aufgaben

**(14–1) Mittel Entropieänderung**

Ein ideales Gas wird reversibel vom Ausgangszustand 1 in den Endzustand 3 überführt auf folgenden zwei Wegen

**a)** isotherm von $1 \to 2$ und danach isochor von $2 \to 3$.

**b)** isotherm von $1 \to 4$ und danach isobar von $4 \to 3$.

Die Zustandsgrößen $p, V, T$ im Zustand 1 sowie die Volumina und Drücke in den Zuständen 2,3,4 sind gegeben.

Berechne für beide Wege die Entropieänderung $\Delta S$.

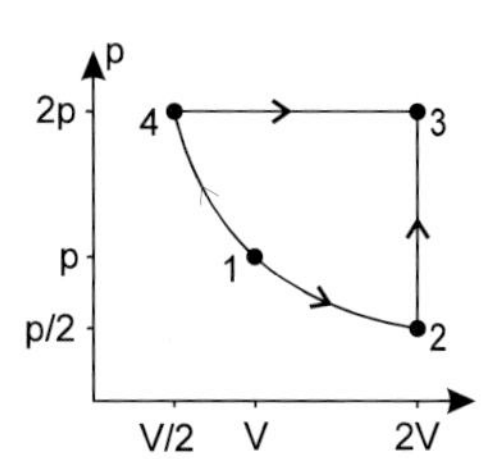

**(14–2) Mittel Mischungsentropie.**

Die beiden gleich großen Volumina $V_1 = V_2 =: V_0$ sind bei gleichem Druck $p_0$ und gleicher Temperatur $T_0$ mit idealen Gasen der Sorte A (kleine Moleküle) und der Sorte B (große Moleküle) gefüllt und werden durch zwei Trennwände unterteilt, von denen die eine völlig undurchlässig und die andere nur für die kleinen Moleküle A durchlässig (semipermeabel) ist. Nach dem Ziehen der undurchlässigen Trennwand diffundiert ein Teil der Moleküle A ins rechte Volumen $V_2$

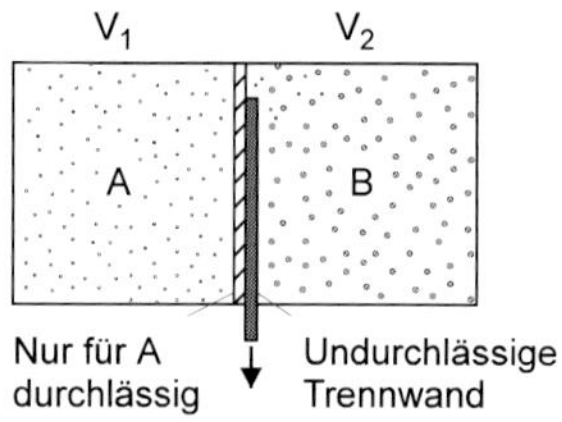


Berechne die Entropieänderung $\Delta S$ .

**(14–3) Schwer Mischungsentropie.**

Zwei ideale Gase unter demselben Druck $p_0$ und mit derselben Temperatur $T_0$ befinden sich getrennt in den beiden Kammern eines Behälters. Nach dem Ziehen der Trennwand durchmischen sich die idealen Gase irreversibel bei konstanter Temperatur $T_0$. Berechne die Entropieerhöhung.

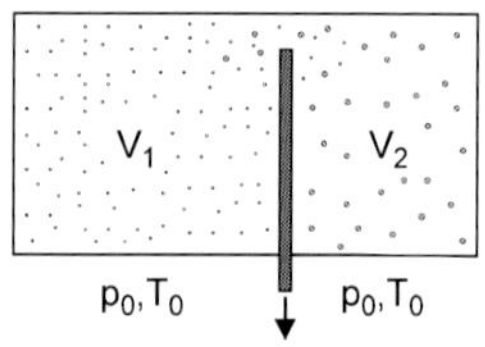


**(14–4) Schwer Entropieerhöhung bei Erwärmung von Eisen**

Ein Stück Eisen mit Masse $m_E$, spezifischer Wärmekapazität $c_E$ und Temperatur $T_k$ wird in ein sehr großes, heißes Wasserbad mit Temperatur $T_h$ getaucht. Bei der Erwärmung des Eisens auf $T_h$ ändert sich die Temperatur des großen Wärmebades nicht merklich.

Berechne die Entropieänderung des gesamten Systems, indem Du zuerst die Entropieänderung $\Delta S_E$ des Eisens in einem reversiblen Ersatzprozeß und danach die Entropieänderung $\Delta S_{WB}$ des Wasserbades ermittelst.

# 15 Phasenumwandlungen

## 15.1 Umwandlungswärmen und -temperaturen

Ein Stoff kann fest, flüssig oder gasförmig sein. Man nennt diese Zustände „Phasen" oder (seltener) „Aggregatzustände" und spricht von fester, flüssiger oder gasförmiger Phase [1]. Die Zustandsgrößen $p$ und $T$ legen die Phase eines Stoffes fest. Eine Änderung der Phase wird „Phasenumwandlung" oder „Phasenübergang" genannt. *Bei allen Phasenübergängen wird Wärme ohne Temperaturänderung zu- oder abgeführt.*

Nehmen wir z. B. einen Eisblock mit der Temperatur $\vartheta < 0$ °C und bei Normaldruck $p_n = 1{,}013$ bar. Bei ständiger Wärmezufuhr erhöht sich die Temperatur des Eises bis 0 °C. Dann beginnt das Eis bei 0 °C zu schmelzen (erste Phasenänderung). Die zugeführte Wärme wird nicht zur Temperaturerhöhung, sondern zum Aufbrechen des Festkörpers verbraucht. Nach dem vollständigen Schmelzen erhöht sich die Wassertemperatur bis 100 °C (die dabei auftretende teilweise Verdunstung soll im Augenblick nicht beachtet werden). Bei 100 °C siedet das Wasser (zweite Phasenänderung), wobei die zugeführte Wärme zur Entfernung der Moleküle von der Wasseroberfläche benötigt wird. Nach der vollständigen Verdampfung des Wassers steigt die Temperatur weiter (siehe Aufgabe (15–2)). Die meisten anderen Stoffe weisen bei anderen Drücken die gleichen Erscheinungen auf.

Die bei der Schmelztemperatur $T_{\text{Schmelz}}$ zum Schmelzen zugeführte Wärme $Q_{\text{Schmelz}}$ ist proportional zur Masse des Stoffes:

$$Q_{\text{Schmelz}} = m\, c_{\text{Schmelz}} = n\, c_{\text{Schmelz,m}} \qquad (15.1\text{–}1)$$

$c_{\text{Schmelz}}$ heißt „spezifische Schmelzwärme", $c_{\text{Schmelz,m}}$ heißt „molare Schmelzwärme". In umgekehrter Richtung erstarrt der Stoff bei gleicher Temperatur. Dabei wird die Wärme $Q_{\text{Schmelz}}$ wieder freigesetzt. Die zum Schmelzen gebrauchte Energie wird gewissermaßen in der Flüssigkeit aufbewahrt und daher oft „latente Wärme" genannt.

[1] Daneben gibt es noch das Plasma als vierte Phase. Es besteht aus Ionen (Atome mit fehlenden Elektronen) und freien Elektronen und kommt bei sehr hohen Temperaturen (mehrere tausend Grad Celsius) vor: Die Teilchen stoßen so heftig zusammen, daß Elektronen aus den Atomen herausgeschlagen werden. Plasma kommt in der Sonne, bei Laserbeschuß von Metallen und an Schweißelektroden vor.

Bei der Erstarrung sind Kristallisationskeime erforderlich, d. h. kleine Verunreinigungen in der Flüssigkeit, an denen die Moleküle haften und in die feste Phase übergehen (kristallisieren). Ohne Kristallisationskeime und ohne Erschütterungen kann in einer reinen Flüssigkeit eine sog. „Unterkühlung" auftreten: Die Flüssigkeit erstarrt dann erst unterhalb der Schmelztemperatur. Man spricht von einem „Erstarrungsverzug". Reines Wasser kann bei Normaldruck bis unter $-30\,°C$ unterkühlt werden. In unterkühlten Flüssigkeiten setzt ein wenig Staub oder ein Schütteln des Gefäßes die Erstarrung schlagartig in Gang. Die Erstarrung hört auf, wenn die frei werdende Erstarrungswärme die Temperatur auf den Schmelzpunkt angehoben hat.

Reine kristalline Stoffe haben genau bestimmte Schmelzpunkte. *Gemenge ohne Kristallstruktur wie Gläser und Keramiken hingegen haben keinen festen Schmelzpunkt.* Sie werden bei Erwärmung langsam weich; ihre Zähigkeit nimmt mit wachsender Temperatur ab. Darauf beruht in der keramischen Industrie die Temperaturmessung mit sog. „Seger-Kegeln". Das sind langgestreckte, auf der Grundfläche stehende Kegel, die bei Erreichen einer bestimmten Temperatur weich werden und langsam umbiegen wie ein Strohhalm im Wind.

Wenn eine Flüssigkeit chemisch nicht rein ist, sondern gelöste Stoffe enthält – z. B. Kochsalz in Wasser –, so erniedrigt sich die Schmelztemperatur. Nach dem „Raoultschen Gesetz" *ist die Gefrierpunkterniedrigung von Lösungen proportional zur Molkonzentration der Lösung.* Für Wasser gilt

$$\Delta T_{\text{Schmelz}}^{\text{Wasser}} = \hat{n} \cdot 1{,}86 \, \frac{\text{kg K}}{\text{mol}} \qquad (15.1\text{–}2)$$

mit $\hat{n}$ = Zahl der gelösten Mole in 1 kg Wasser.

**Beispiel (15.1–1) Gefrierpunkterniedrigung von Wasser**

In zwei Liter Wasser werden 100 g NaCl (Kochsalz) in ionischer Form $Na^+$ und $Cl^-$ aufgelöst. Bei welcher Temperatur gefriert die Lösung?

**Lösung:**

Natrium hat nur ein Isotop mit der relativen Atommasse 23. Chlor hat zwei Isotopen mit den relativen Atommassen 35 und 37 und den relativen Häufigkeiten 75,5% und 24,5%. Da NaCl in Ionenform vorliegt, ist die relative (mittlere) Molmasse von $Na^+$ und $Cl^-$ zu berechnen:

$$\frac{1}{2}\left(23 + 0{,}755 \cdot 35 + 0{,}245 \cdot 37\right) \frac{\text{g}}{\text{mol}} \approx 29{,}25 \, \frac{\text{g}}{\text{mol}}$$

$$\Rightarrow \quad \hat{n} = \frac{1}{2} \, \frac{100\ \text{g}}{29{,}25 \, \frac{\text{g}}{\text{mol}}} \approx 1{,}71\ \text{mol pro kg Wasser} \qquad \Rightarrow \qquad T_{\text{Schmelz}} \approx -3{,}18\,°\text{C}$$

Eine gesättigte Kochsalzlösung, d. h. Wasser, das die größtmögliche Menge Kochsalz gelöst hat, erstarrt erst bei $-21\,°C$.

Meerwasser gefriert bei – 2,5 °C. Bei Glatteis werden die Straßen mit Salz gestreut, um den Gefrierpunkt von Wasser zu erniedrigen und daher das Eis oder den Schnee aufzutauen. Zum Schutz gegen Einfrieren wird dem Wasser im Kühler und in der Scheibenwaschanlage von Autos eine wasserlösliche Flüssigkeit zugegeben – z. B. Äthylglykol.

**Tabelle (15.1–1):** Umwandlungstemperaturen und spezifische Umwandlungswärmen bei Normaldruck. Bemerkenswert sind die hohen Umwandlungswärmen von Wasser. Kohlendioxyd wird in der Tabelle nicht genannt, da es bei Normaldruck nicht in flüssiger Form auftritt.

| Stoff | $T_{Schmelz}$ °C | $c_{Schmelz}$ kJ/kg | $T_{Siede}$ °C | $c_{Siede}$ kJ/kg |
|---|---|---|---|---|
| Wasserstoff $H_2$ | –259,2 | 58,3 | –252,8 | 454 |
| Sauerstoff $O_2$ | –218,8 | 13,8 | –183,0 | 213 |
| Stickstoff $N_2$ | –210,0 | 25,7 | –195,8 | 198 |
| Quecksilber | –38,9 | 11,8 | 356,6 | 285 |
| **Wasser $H_2O$** | **0,0** | **333,7** | **100,0** | **2256** |
| Benzol | 5,5 | 128 | 80,1 | 394 |
| Blei | 327,4 | 23 | 1750 | 8620 |
| Aluminium | 660,1 | 397 | 2450 | 10900 |
| Eisen | 1535 | 277 | 2735 | 6340 |

Die bei der Verdampfungs- oder Siedetemperatur $T_{Siede}$ zum Verdampfen zugeführte Wärme $Q_{Siede}$ ist ebenfalls proportional zur Masse des Stoffes:

$$Q_{Siede} = m\,c_{Siede} = n\,c_{Siede,m} \qquad (8.2\text{–}3)$$

$c_{Siede}$ heißt „spezifische Verdampfungswärme", $c_{Siede,m}$ heißt „molare Verdampfungswärme". In umgekehrter Richtung verflüssigt sich (kondensiert) der Stoff bei gleicher Temperatur $T_{Siede}$. Dabei wird die Wärme $Q_{Siede}$ als sog. „Kondensationswärme" wieder freigesetzt.

Wir nennen drei Beispiele, in denen die Kondensationswärme eine wichtige Rolle spielt:

- Die Abgase von Heizkesseln enthalten Wasserdampf. Bei den alten Anlagen wurden die Abgase mit weit über 100 °C in den Kamin geleitet, bei den modernen Brennwert-Kesseln hingegen beträgt die Abgastemperatur nur noch etwa 40 °C. Infolge dieser niedrigen Abgastemperatur kondensiert ein großer Teil des im Abgas enthaltenen Wasserdampfes. Die dabei frei werdende Kondensationswärme wird dem Heizsystem zugeführt und erhöht den Wirkungsgrad der Brennwert-Kessel erheblich. Auf diese Art sind erhebliche Energieeinsparungen möglich – bei Gasbrennern von bis zu 13% gegenüber den Vorgängermodellen.
- Tropische Wirbelstürme, auch „Hurrikans" genannt, entstehen über dem Meer bei Wassertemperaturen von mindestens 27 °C. Die stark erhitzte und mit Wasserdampf gesättigte Luft steigt im Auge des Hurrikans auf und zieht von den Flanken Luft nach. In großen Höhen kondensiert der Wasserdampf, so daß es in Strömen

regnet. Die Kondensationswärme heizt die Luft erneut auf. Dadurch werden der weitere Aufstieg und das gesamte Transportsystem gefördert.
Über dem Land kann die Luft nicht mehr genügend Wasserdampf aufnehmen, so daß keine Kondensation mehr möglich ist. Der Energieumsatz fällt rapide und die Hurrikans verlieren schnell ihre Wucht und Zerstörungskraft.

- Nach Tabelle (13.4–1) beträgt der Wirkungsgrad von Dampflokomotiven nur etwa 8%. Das ist u. a. darauf zurückzuführen, daß die Kondensationswärme in dem ausgestoßenen Dampf ungenutzt verpufft.

Beim Phasenübergang flüssig $\rightarrow$ dampfförmig sind Kerne zur Dampfblasenbildung – z. B. Luftbläschen, Staub, scharfkantige „Siedesteinchen" – erforderlich. Andernfalls kann eine Flüssigkeit überhitzt werden und es tritt ein Siedeverzug ein. Luftfreies, reines Wasser kann weit über die Siedetemperatur hinaus erhitzt werden. Dann setzt die Verdampfung sehr heftig ein und kann zu gefährlichen Explosionen führen.

In gleicher Weise braucht der umgekehrte Phasenübergang dampfförmig $\rightarrow$ flüssig Kondensationskerne, an denen die Verflüssigung einsetzt. Andernfalls tritt ein Kondensationsverzug ein.

Die Kondensstreifen hinter Flugzeugen entstehen bei der Aufhebung des Kondensationsverzuges. Die Staubpartikel aus den Triebwerken leiten die Kondensation (Nebelbildung) in der übersättigten, sonst staubfreien Atmosphäre ein.

Große wissenschaftliche Bedeutung hat der Kondensationsverzug für die experimentelle Kern- und Elementarteilchenphysik: Er wird dort in Nebelkammern für die Detektion von Teilchen verwendet. Die Nebelkammer ist ein Zylinder mit einer verglasten Stirnfläche, einem verschiebbaren Kolben und einem mit Wasserdampf gesättigten Gas. Durch eine plötzliche, adiabatische Expansion wird das Gas abgekühlt (siehe die Adiabatengl. (12.6–3a)) und daher mit Wasserdampf übersättigt. Schießt man unmittelbar nach der Expansion geladene Teilchen in die Nebelkammer ein, so werden die Gasmoleküle entlang der Teilchenbahnen ionisiert und dienen als Kondensationskerne für die einsetzende Kondensation (Nebelbildung). Die Nebelkammern befinden sich oft in Magnetfeldern, so daß die Nebelspuren entlang der Teilchenbahnen gekrümmt sind. Die Nebelspuren werden fotografiert und liefern wichtige Informationen über die eingeschossenen, geladenen Teilchen.

**Beispiel (15.1–2) Verdrängungsarbeit beim Verdampfen.**

Nach Tabelle (15.1–1) beträgt die spezifische Verdampfungswärme von Wasser bei Normaldruck 2256 kJ/kg ≈ 539 kcal/kg. Welcher Teil dieser Wärme wird dazu verwendet, die Luft bei der Volumenvergrößerung von $10^{-3}$ m$^3$/kg auf 1,7 m$^3$/kg zurückzudrängen?

**Lösung:**

Die Ausdehnungsarbeit beim Verdampfen beträgt pro Kilogramm

$$W = p_n \,\Delta V = 1{,}013 \cdot 10^5 \,\frac{\mathrm{N}}{\mathrm{m}^2} \cdot 1{,}699 \,\frac{\mathrm{m}^3}{\mathrm{kg}} \approx 172 \,\frac{\mathrm{kJ}}{\mathrm{kg}} \qquad (\text{knapp } 8\% \text{ von } c_{\mathrm{Siede}})$$

Der innere Anteil der Verdampfungswärme von 2084 kJ/kg, der bei der Überwindung der Kohäsionskräfte an der Oberfläche der Flüssigkeit verbraucht wird, überwiegt also bei weitem.

Wenn eine Flüssigkeit chemisch nicht rein ist, sondern gelöste Stoffe enthält – z. B. Kochsalz in Wasser –, so wird nicht nur – wie oben besprochen – der Gefrierpunkt erniedrigt, sondern auch der Siedepunkt erhöht. Es gilt wiederum das „Raoultsche Gesetz“: Danach *ist die Siedepunkterhöhung von Lösungen proportional zur Molkonzentration der Lösung*. Für Wasser gilt

$$\Delta T_{\text{Siede}}^{\text{Wasser}} = \hat{n} \cdot 0{,}512 \,\frac{\text{Grad}}{\text{mol}} \tag{15.1–4}$$

mit $\hat{n}$ = Zahl der gelösten Mole in 1 kg Wasser.

Die starke Abhängigkeit der Siedetemperatur vom Druck wird im nächsten Abschn. behandelt.

## 15.2 Verdampfung und Kondensation

Verdampfung und Kondensation treten aber nicht nur bei der Siedetemperatur, sondern auch bei tieferen Temperaturen auf, allerdings weniger heftig und in der Regel weniger auffallend. Beispiele sind die Verdunstung einer Wasserlache und die Bildung von Schwitzwasser an kalten Oberflächen. Wir wollen Verdampfung und Kondensation, die vor allem auch im Alltag eine große Bedeutung haben, nun eingehender besprechen.

In einem geschlossenen Behälter mit genügend viel Flüssigkeit stellt sich nach einiger Zeit ein Gleichgewicht zwischen flüssiger und gasförmiger Phase ein, d. h. pro Zeiteinheit verdampfen und kondensieren gleich viele Teilchen; die Menge der Flüssigkeit bleibt konstant für beliebig lange Zeiten. *Im Gleichgewicht hängt der Dampfdruck nur von der Temperatur und vom Stoff ab*, nicht vom Volumen. Dieser temperatur- und stoffabhängige Dampfdruck heißt „Sättigungsdampfdruck“, weil Dampfdruck und Dampfdichte bei der vorliegenden Temperatur nicht größer sein können – abgesehen von einem übersättigten Dampf in einem Nicht-Gleichgewichtszustand.

Wenn bei genügend großem Dampfvolumen die Flüssigkeit vollständig verdampft ist, bevor der Sättigungsdampfdruck erreicht wurde, spricht man von „ungesättigtem Dampf“, weil die Dampfdichte kleiner ist als im Sättigungsbereich und weil die Dampfphase noch mehr Dampf im Gleichgewicht aufnehmen kann. (Bei Wasser sagt man auch, daß die relative Luftfeuchte unter 100% liegt. Mehr dazu später.)

Trägt man den Sättigungsdampfdruck $p(T)$ als Funktion der Temperatur auf, so erhält man die „Dampfdruckkurve“ (siehe Abb. (15.2–1) und Tabelle (5.2–1)). Sie steigt für alle Substanzen monoton mit der Temperatur, in den meisten Fällen näherungsweise exponentiell.

Die Dampfdruckkurve kann mit der kinetischen Gastheorie gedeutet werden: Die Geschwindigkeiten der Teilchen in der Flüssigkeit sind nicht alle gleich, sondern verteilt (vergleichbar mit der Maxwellschen Geschwindigkeitsverteilung in idealen Gasen). Beim Übergang von der Flüssigkeit in den Dampfraum müssen die Teilchen gegen die Kohäsionskräfte (sie erzeugen die Oberflächenspannung) Arbeit leisten. Diese Arbeit können nur Teilchen mit einer genügend großen kinetischen Energie aufbringen. Die Zahl der genügend schnellen Teilchen in der Flüssigkeit steigt mit zunehmender Temperatur. Teilchen, die vom Dampfraum auf die Flüssigkeit stoßen, treten wieder in die Flüssigkeit ein. Die Zahl der Eintritte pro Zeiteinheit ist proportional zur Dampfdichte, d. h. proportional zum Dampfdruck. Bei einer Temperaturerhöhung steigt die Zahl der Teilchen, die pro Zeiteinheit in den Dampfraum übergehen. Deshalb steigt der Dampfdruck bei einer Temperaturerhöhung der Flüssigkeit so lange, bis pro Zeiteinheit gleich viele Teilchen ein- und austreten.

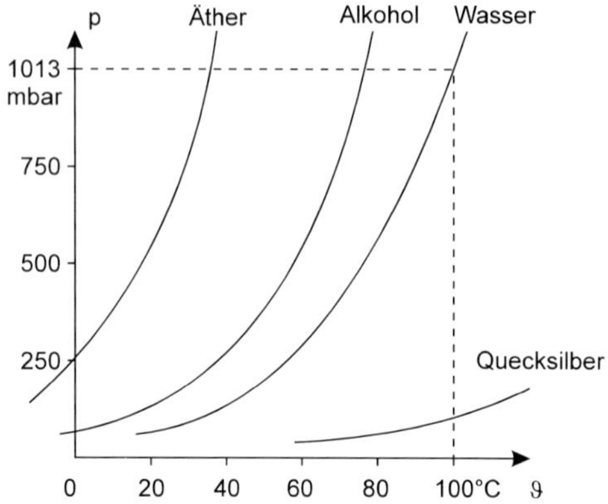


**Abb. (15.2–1):** Dampfdruckkurven von Äther, Alkohol, Wasser und Quecksilber. Bei offenen Gefäßen kann die Siedetemperatur $T_S$ aus der Dampfdruckkurve und dem Luftdruck abgelesen werden.

Um Fehlinterpretationen vorzubeugen, sei nochmals gesagt: Die Dampfdruckkurve gibt *nicht den gesamten Luftdruck, sondern nur den Dampfdruck der Flüssigkeit* (Partialdruck) an und das auch nur für den Fall, daß zwischen Flüssigkeit und Dampf ein Gleichgewicht besteht, daß also pro Zeiteinheit gleich viele Moleküle verdampfen und kondensieren. Ein solches Gleichgewicht ist in offenen Gefäßen normalerweise nicht möglich (siehe auch weiter unten Beispiel (15.2–4)).

Beachte, daß gesättigte Dämpfe nicht der idealen und auch nicht einer realen Gasgl. unterliegen. So führt z. B. eine Volumenverkleinerung nicht zu einer Druckerhöhung, sondern zur teilweisen Kondensation des Dampfes. Daher ist es sinnvoll, in der Bezeichnung zwischen Gasen, die einer Gasgl. unterliegen, und Dämpfen zu unterscheiden.

**Beispiel (15.2–1) Druck in erwärmten Gefäß**

In einem geschlossenen Gefäß befinden sich Wasser und ein Gemisch Wasserdampf–Luft im thermodynamischen Gleichgewicht mit der Temperatur 20 °C und dem Druck 0,95 bar.

Welcher Druck stellt sich im Gleichgewicht ein, wenn das Gefäß langsam auf 80 °C erwärmt wird?

**Lösung:**

Nach Tabelle (15.2–1) ist der Sättigungsdampfdruck bei 20 °C gleich 0,0234 bar. Nach dem Daltonschen Partialdruckgesetz beträgt der Druck der restlichen Gase 0,9266 bar.

Bei Erwärmung auf 80 °C steigen der Sättigungsdampfdruck nach Tabelle (15.2–1) auf 0,4736 bar und der restliche Druck nach der idealen Gasgl. auf 1,1163 bar. Der Gesamtdruck bei 80 °C ist daher 1,5899 bar.

**Tabelle (15.2–1)** Sättigungsdampfdruck *p* und Sättigungsdampfdichte $f_{max} = \rho$ über Wasser bzw. Eis. Die letzten drei Größen sind die kritischen Größen, die in Unterkapitel 15.3 eingeführt werden.

| $\vartheta$ in °C | $p$ in bar | $\rho$ in g/m³ | $\vartheta$ in °C | $p$ in bar | $\rho$ in g/m³ |
|---|---|---|---|---|---|
| **–10** | 0,0026 | 2,1 | **70** | 0,3116 | 198,2 |
| **–5** | 0,0041 | 3,2 | **75** | 0,3855 | 242,0 |
| **0** | 0,0061 | 4,9 | **80** | 0,4736 | 292,4 |
| **5** | 0,0087 | 6,8 | **85** | 0,5780 | 353,6 |
| **10** | 0,0123 | 9,4 | **90** | 0,7011 | 423,5 |
| **15** | 0,0170 | 12,8 | **95** | 0,8453 | 504,5 |
| **20** | 0,0234 | 17,3 | **100** | **1,0133** | **597,7** |
| **25** | 0,0317 | 23,0 | **110** | 1,433 | 826,4 |
| **30** | 0,0424 | 30,4 | **120** | 1,985 | 1121 |
| **35** | 0,0562 | 39,6 | **130** | 2,701 | 1496 |
| **40** | 0,0738 | 51,1 | **150** | 4,760 | 2547 |
| **45** | 0,0958 | 65,4 | **200** | 15,55 | 7862 |
| **50** | 0,1234 | 83,0 | **250** | 39,78 | 19976 |
| **55** | 0,1574 | 104,4 | **300** | 85,92 | 46210 |
| **60** | 0,1999 | 130,2 | **350** | 165,37 | 113510 |
| **65** | 0,2501 | 161,1 | **374,15** | **221,29** | **322600** |

Der Wasserdampf in der Atmosphäre wird „Luftfeuchtigkeit" oder kurz „Feuchte" genannt. Die absolute Feuchtigkeit $f$ wird definiert

$$f := \frac{\text{Masse des Wasserdampfes}}{\text{Luftvolumen}} \qquad (15.2\text{–}1)$$

Ist die Luft mit Feuchtigkeit gesättigt, dann ist $f$ maximal und gleich der Sättigungsdampfdichte $\rho$ in Tabelle (15.2–1):

$$f_{max} = \frac{\text{maximale Wasserdampfmasse}}{\text{Luftvolumen}} = \text{Sättigungsdampfdichte } \rho \qquad (15.2\text{–}2)$$

Da die Sättigungsdampfdichte monoton mit der Temperatur steigt, *kann die Luft mit zunehmender Temperatur immer mehr Wasserdampf aufnehmen.* Im allgemeinen ist die Luft nicht mit Feuchtigkeit gesättigt. Dann interessiert die relative Feuchtigkeit

$$\varphi := \frac{f}{f_{max}} \cdot 100\% \qquad (15.2\text{–}3)$$

Sie wird in Prozent der maximalen Feuchtigkeit angegeben. Da die maximale Feuchtigkeit $f_{max}$ mit der Temperatur zunimmt, sinkt die relative Luftfeuchte beim Erwärmen und steigt beim Abkühlen – konstante absolute Feuchte $f$ vorausgesetzt.

Wenn beim Abkühlen des Dampfes der Sättigungsdruck unter den aktuellen Dampfdruck fällt, so kondensiert der überschüssige Wasserdampf, es entsteht Nebel. Die Temperatur, bei der nach Abkühlung Sättigung eintritt und Kondensation anfängt, heißt „Taupunkt". Der Taupunkt ist also die Temperatur, bei der der Sättigungsdampfdruck gleich dem aktuellen Dampfdruck ist. *Der Taupunkt hängt von der absoluten Luftfeuchtigkeit ab*: Er liegt um so tiefer, je geringer die absolute Luftfeuchte ist, und wird aus der Sättigungsdampfdruck–Tabelle bzw. –Kurve abgelesen.

Wenn die Temperatur eines Körpers – z. B. einer Fensterscheibe oder einer Außenmauer – unter den Taupunkt fällt, so bildet sich Tauwasser – auch „Schwitzwasser" genannt – an der Oberfläche oder im Inneren dieses Körpers. In Häusern darf auf keinen Fall Kondensation in Wänden, Isolierungen und an Fenstern vorkommen. Deshalb ist die Berechnung der Taupunkte von größter Wichtigkeit für Bauingenieure und Architekten. Für die Bestimmung des Taupunktes in einer Wand sind folgende Größen zu ermitteln:

- Temperaturverlauf in der Wand (siehe die Rechnungen in Kap. 16)
- Verlauf des Sättigungsdampfdruckes in der Wand – abhängig vom zuvor berechneten Temperaturverlauf. Hier muß nur die Dampfdrucktabelle gelesen werden.
- Verlauf des Dampfdruckes in der Wand – abhängig vom Dampfdruck innen und außen und von der Wasserdampf–Durchlässigkeit der verwendeten Bauteile. Bei einer einschaligen Wand ändert sich der Dampfdruck in der Wand linear zwischen den Dampfdrücken auf Innen- und Außenseite.

Wenn der Dampfdruck in der Wand überall kleiner ist als der Sättigungsdampfdruck, tritt kein Tauwasser auf.

Verdampfung und Kondensation laufen um so schneller ab, je größer der Unterschied zwischen dem aktuellen Dampfdruck und dem Sättigungsdampfdruck ist.

**Beispiel (15.2–2) Relative Raumfeuchte im Winter**

Beim Lüften der Wohnung im Winter kommt kalte, feuchte Außenluft mit

$$\vartheta = -5\,°C \qquad \text{und} \qquad \varphi = 85\%$$

ins Zimmer. Nach dem Schließen der Fenster wird die ausgetauschte Luft auf 20 °C erwärmt. Auf welchen Wert sinkt die relative Luftfeuchte?

**Lösung:**

Nach Tabelle (15.2–1) ist die Sättigungsdichte bei – 5 °C gleich $3{,}2\ g/m^3$ und bei 20 °C gleich $17{,}3\ g/m^3$.

Die absolute Luftfeuchte der Außen- und Innenluft ist $3{,}2\ g/m^3 \cdot 0{,}85 \approx 2{,}7\ g/m^3$. Die relative Feuchte der Innenluft sinkt auf $2{,}7/17{,}3 \cdot 100\% \approx 15{,}6\%$.

Der berechnete Wert ist extrem gering und wird in Wohnungen nicht gemessen, weil Blumen, Menschen und Wasser in Küche und Bad Feuchtigkeit abgeben und weil die Wände bei zu trockener Luft gespeicherte Feuchtigkeit an die Luft zurückgeben. Beim Raumklima wird eine relative Feuchte zwischen 50% und 60% als angenehm empfunden.

**Beispiel (15.2–3) Taupunktberechnung**

In einem Raum mit 20 °C beträgt die relative Luftfeuchte 65%. Bei welcher Temperatur $\vartheta_{Tau}$ des Fliesenbodens schlägt sich auf dem Fliesenboden Tauwasser nieder?

**Lösung:**

Nach Tabelle (15.2–1) ist der Dampfdruck in der Luft $0{,}0234\ bar \cdot 0{,}65 \approx 0{,}0152\ bar$. Für die mit linearer Interpolation ermittelte Temperatur

$$\vartheta_{Tau} \approx 10\,°C + \frac{0{,}0152 - 0{,}0123}{0{,}0170 - 0{,}0123} \cdot 5\,°C \approx 13{,}1\,°C$$

ist der Sättigungsdampfdruck ungefähr gleich 0,0152 bar. Zur Vermeidung von Schwitzwasser darf der Fliesenboden nicht kälter als 13,1 °C sein. Nur bei relativer Luftfeuchte unter 65% darf der Fußboden kälter sein.

Messung und Regelung der Luftfeuchte spielen eine große Rolle in der Klimatechnik und in vielen Industriezweigen. Bei Holz – vor allem bei Buche – führt eine Zunahme der Feuchtigkeit zum Quellen und eine Abnahme zum Schrumpfen. Hohe Luftfeuchtigkeit beschleunigt die Korrosion.

Zwischen der Verdampfung in geschlossenen und in offenen Gefäßen bestehen kleine Unterschiede:

- In geschlossenen Gefäßen mit genügend viel Flüssigkeit stellt sich nach einiger Zeit ein Gleichgewicht zwischen Verdampfung und Kondensation ein: Im Gleichgewicht verdampfen und kondensieren pro Zeiteinheit gleich viele Teilchen. Der Dampf ist gesättigt, der Dampfdruck hängt nur vom Stoff und von der Temperatur ab und wird durch die Dampfdruckkurve wiedergegeben.
  Andere Gase, die evtl. noch im Gefäß sind, beeinflussen die Verdampfung und Kondensation nicht, falls der Dampf und die anderen Gase als ideale Gase angesehen werden können. Nach dem Daltonschen Gesetz für Partialdrücke ist der gesamte Druck gleich dem Sättigungsdampfdruck plus dem Druck der anderen Gase (siehe nochmals Beispiel (15.2–1)).

- In offenen Gefäßen verdampfen alle Flüssigkeiten vollständig, falls keine Sättigung im Dampf vorliegt (Ausnahmen werden im folgenden Beispiel (15.2–4) untersucht). Pro Zeiteinheit verdampfen mehr Teilchen als kondensieren, weil der Dampf in die Atmosphäre entweicht. Der Dampf ist ungesättigt, da der *Dampfdruck unter der Dampfdruckkurve* liegt. Die Verdampfung in offenen Gefäßen wird oft „Verdunstung" genannt. (Leider ist die Bezeichnung in der Literatur hier nicht einheitlich.)

**Beispiel (15.2–4) Keine Verdunstung in offenen Gefäßen**

Wann kann Wasser in offenen Gefäßen nicht verdunsten?

**Lösung:**

Eine Verdunstung tritt nicht auf, wenn der Dampfdruck in der Atmosphäre größer ist als der Sättigungsdampfdruck des Wassers oder zumindest diesem gleich ist. Das ist der Fall, wenn

**1)** Luft und Wasser dieselbe Temperatur haben und die relative Luftfeuchte 100% beträgt oder

**2)** die Luft wärmer ist als das Wasser und für die Luftfeuchte gilt:

$$\text{Dampfdruck in Luft} \geq \text{Sättigungsdampfdruck bei der Temperatur } \vartheta_{\text{Wasser}}$$

Daraus folgt für die relative Feuchte

$$\varphi \geq \frac{\text{Sättigungsdampfdruck bei } \vartheta_{\text{Wasser}}}{\text{Sättigungsdampfdruck bei } \vartheta_{\text{Luft}}} \cdot 100\,\%$$

So tritt z. B. für eine Wassertemperatur von 20 °C, eine Lufttemperatur von 30 °C und einer relativen Luftfeuchte $\varphi \geq 55{,}2\,\%$ keine Verdunstung auf. Im Gegenteil: Für $\varphi > 55{,}2\,\%$ ist die Kondensation stärker als die Verdunstung, da die Temperatur der Flüssigkeit unter dem Taupunkt des Wasserdampfes der Luft liegt.

Auch beim Verdampfen und Verdunsten wird Wärme benötigt. Sie nimmt mit zunehmender Temperatur ein wenig ab und ist in etwa genauso groß wie beim Sieden. Wird sie nicht von außen zugeführt, so wird sie der Flüssigkeit entzogen. Man spricht von „Verdunstungskälte".

Die Verdunstungskälte spielt gerade im Alltag eine große Rolle:

- Äthyläther hat bei Zimmertemperatur einen hohen Dampfdruck (0,59 bar bei 20 °C) und verdampft daher unter Normalbedingungen sehr schnell. Die Verdunstungskälte kühlt die Umgebung stark ab. Dieser Effekt wird in der Medizin zur lokalen Anästhesie genutzt.
- Die Kühle im Wald und in schattigen Biergärten ist großenteils auf die Bäume zurückzuführen: Sie spenden nicht nur Schatten, sondern verdunsten täglich riesige Mengen Wasser und liefern damit eine große Verdunstungskälte.
- Bei heißem Wetter schwitzen wir. Hunde, die nicht schwitzen können, lassen die feuchte Zunge heraushängen. Die Verdunstungskälte kühlt den Körper. Bei schwülem Wetter ist die Luftfeuchte so hoch, daß die Luft kaum noch Wasserdampf aufnehmen kann. Die Verdunstung ist behindert und die Kühlung des Körpers wird erschwert. Hingegen läßt trockene Hitze in trockenen Ländern den Schweiß sehr schnell verdunsten. Daher läßt sich trockene Hitze viel besser ertragen als schwüle, drückende Hitze.
- Nach einem Bad im See oder im Meer können wir bei Wind frieren, weil der Wind die Verdunstung auf der nassen Haut fördert und die Haut schnell trocknet. (Außerdem nimmt bei strömender Luft die Konvektion (Wärmemitführung) zu. Siehe Abschn. 16.2.)
- Heiße Getränke lassen sich am besten durch Blasen kühlen. Dadurch wird die mit Wasserdampf angereicherte Luft weggedrückt und die Verdunstungsrate steigt, weil aus trockener Luft weniger Wasserdampfmoleküle pro Zeiteinheit in die Flüssigkeit zurückkehren als aus feuchter Luft.

Was ist der Unterschied zwischen Verdampfen bzw. Verdunsten einerseits und Sieden andererseits? *Eine Flüssigkeit siedet, wenn ihr Sättigungsdampfdruck gleich dem Druck ist, der insgesamt auf der Flüssigkeit lastet.* Eine genauere Formulierung lautet: Eine Flüssigkeit siedet in der Tiefe $h$, wenn der Sättigungsdampfdruck, der dort infolge der Temperatur vorliegt, gleich ist der Summe aus dem *gesamten* Luftdruck und dem hydrostatischen Druck $\rho\, g\, h$ in der Tiefe $h$.

Eine verdampfende oder verdunstende Flüssigkeit verdampft nur an der Oberfläche. Eine siedende Flüssigkeit hingegen verdampft nicht nur an der Oberfläche, sondern unter Bildung von Dampfblasen auch überall im Innern – vorausgesetzt, daß der Sättigungsdampfdruck auch in den tieferen Schichten nicht kleiner ist als die Summe aus dem äußeren Druck und dem hydrostatischen Druck. Die zufällig im Inneren der Flüssigkeit entstehenden Dampfblasen werden dann nicht mehr – wie beim Verdampfen – durch den Wasserdruck zusammengedrückt, sondern sie wachsen beim Aufstieg in der Flüssigkeit unter dem Einfluß des Sättigungsdampfdruckes stark an. So entsteht das typische Bild einer siedenden Flüssigkeit.

Bei Vernachlässigung des hydrostatischen Druckes gilt: Die Siedetemperatur hängt nur vom Außendruck ab. In einem offenen Gefäß ist der Außendruck der Luftdruck $p_L$. *Die Siedetemperatur $T_S$ in einem offenen Gefäß ist die Temperatur, bei der Dampfdruck und Luftdruck gleich sind*:

$$p(T_S) = p_L \qquad \text{in einem offenen Gefäß} \tag{15.2–4}$$

Dabei ist der Luftdruck die Summe der Partialdrücke von Stickstoff, Sauerstoff, Wasserdampf und der anderen Gase in der Luft. Bei gegebenem Luftdruck kann die Siedetemperatur einer Flüssigkeit aus ihrer Dampfdrucktabelle oder -kurve abgelesen werden.

**Beispiel (15.2–5) Siedetemperatur von Wasser im Hochgebirge**

Bei welcher Temperatur siedet Wasser in 4800 m Höhe?

**Lösung:**

Nach der barometrischen Höhenformel in Aufgabe (10–1) ist der Luftdruck in 4800 m Höhe etwa 0,55 bar (bei $T$ = 273,15 K). Nach der linearen Interpolation der Dampfdrucktabelle (15.2–1) gehört zum Sättigungsdampfdruck 0,55 bar etwa die Temperatur 83,7 °C. Daher siedet Wasser in 4800 m Höhe schon bei 83,7 °C.

Eier können im Hochgebirge in einem offenen Gefäß nicht bei 100 °C, sondern nur bei kleinerer Temperatur gekocht werden. Die Kochzeit wird verlängert. Der umgekehrte Effekt tritt in Dampfdruck-Kochtöpfen auf: Hier wird bei gut 2 bar mit $T = T_S \approx 120$ °C sehr schnell gekocht.

Auch die *Schmelztemperaturen hängen vom Druck ab*, wenn auch nur sehr wenig. Das folgt aus der Volumenänderung beim Schmelzen und aus dem Le Chatelier-Braunschen *„Prinzip des Ausweichens vor dem Zwang"* [2]

Eine äußere Einwirkung erzwingt eine Änderung, die der Einwirkung ausweicht.

Für die meisten Stoffe nimmt das Volumen beim Erstarren ab (siehe Abschn. 9.2), so daß eine Druckzunahme die Schmelztemperatur erhöht. Die bekannteste Ausnahme ist Wasser.

## 15.3 p,T-Diagramme

Die p,T-Diagramme sind übersichtliche und informative Zustandsdiagramme in der p,T-Ebene und werden meistens mit logarithmischer Skalierung des Druckes aufgetragen (siehe die p,T-Diagramme (15.3–1 und 2) für Wasser und Kohlendioxyd). Sie enthalten drei Kurven (Trennlinien), die die dargestellte Ebene in drei Gebiete unterteilen:

- Die Dampfdruckkurve trennt die flüssige von der gasförmigen Phase.

[2] Dieses universelle Prinzip gilt auch in der belebten Natur, in der Marktwirtschaft, im Zusammenleben der Menschen. Bei Übervölkerung im Tierreich fällt die Geburtenrate, oder ein Teil der Population wandert aus. Bei geringer Nachfrage in der Marktwirtschaft fällt der Preis, und Produktionskapazitäten werden stillgelegt. Ein Mensch, der sich nicht nach dem Prinzip des Ausweichens vor dem Zwang verhält, heißt "stur".

- Die Schmelzdruckkurve trennt die feste von der flüssigen Phase.
- Die Sublimationskurve trennt die feste von der gasförmigen Phase.

Die drei Kurven laufen in dem sog. „Tripelpunkt“ zusammen. Er ist der einzige Punkt, in dem alle drei Phasen im Gleichgewicht miteinander existieren können. Die Anteile der drei Phasen bleiben im Tripelpunkt konstant. Im folgenden werden die drei Kurven und der Tripelpunkt im Einzelnen besprochen.

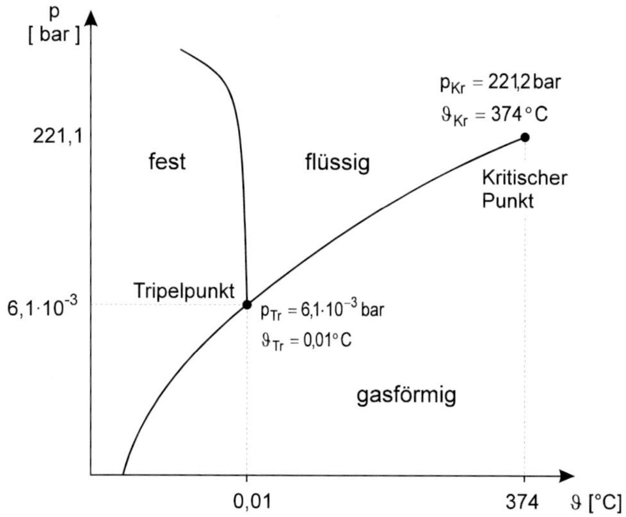


**Abb. (15.3–1):** p,T- Diagramm von Wasser mit Dampfdruckkurve, Schmelzdruckkurve und Sublimationskurve. Die Schmelzdruckkurve verläuft sehr steil und ist ganz leicht nach links geneigt. Die Ordinate ist logarithmisch skaliert, so daß die Dampfdruckkurve nahezu linear ist.

**Dampfdruckkurve**: Die Dampfdruckkurve ist bereits aus dem letzten Abschn. 15.2 bekannt. Sie trennt die Phasen flüssig und gasförmig und beschreibt den Dampfdruck im Gleichgewicht zwischen Flüssigkeit und Gas. Wegen der logarithmischen Skalierung des Druckes ist sie in den Abbn. (15.3–1 und 2) nahezu linear.

Die Dampfdruckkurve ist eine Gleichgewichtskurve, d. h. sie gibt den Dampfdruck nur für den Fall an, daß pro Zeiteinheit gleich viele Moleküle verdampfen und kondensieren. Der auf der Ordinate eingetragene Druck ist nur der partielle Dampfdruck der Flüssigkeit und *nicht* der gesamte Luftdruck.

Wir beschreiben drei Versuche, in denen Wasser aufgeheizt wird. Die ersten zwei Versuche arbeiten jeweils mit einem geschlossenen Gefäß, der dritte mit einem offenen Gefäß. Die Aufheizung erfolgt in den ersten zwei Versuchen langsam, damit zu jeder Zeit nahezu ein

Gleichgewicht zwischen Flüssigkeit und Dampf besteht (Quasigleichgewicht) und die Dampfdruckkurve bei jeder Temperatur den aktuellen Partialdruck angibt.

- 1. Versuch: Ein *geschlossenes* Gefäß mit genügend viel Wasser und Wasserdampf, aber *ohne* Luft wird langsam erhitzt. Dabei ändert sich der Dampfdruck gemäß der Dampfdruckkurve. Das Wasser siedet bei jeder Temperatur schwach, da der äußere Druck immer gleich dem Dampfdruck ist und daher auch im Innern des Wassers – bei Vernachlässigung des hydrostatischen Druckes – kleine Dampfblasen entstehen können; sie werden durch den Druck, der auf dem Wasser lastet, nicht zusammengedrückt und können aufsteigen. Bei 100 °C ändert sich das Bild *nicht*: Das Sieden setzt sich unverändert fort und der Dampfdruck durchläuft den Normaldruck $p_n$ = 1,013 bar.

  Während der gesamten Erwärmung nehmen die Dichte der Flüssigkeit ab, die Dichte des Dampfes zu und folglich die spezifische Verdampfungswärme ab. Schließlich erreicht die Dampfdruckkurve den sog. „kritischen Punkt", in dem die beiden Dichten gleich groß werden und die Verdampfungswärme gleich Null wird. Die *Dampfdruckkurve endet im kritischen Punkt und die Grenzfläche zwischen der Flüssigkeit und ihrem Dampf wird plötzlich unscharf und löst sich auf.* Für $T > T_{kr}$ können Flüssigkeit und Dampf nicht mehr unterschieden werden.

**Tabelle (15.3–1):** Kritische Temperatur, kritischer Druck und kritische Dichte einiger Gase. Helium, Wasserstoff, Stickstoff und Sauerstoff können unter Normalbedingungen als ideale Gase angesehen werden, da ihre kritischen Temperaturen weit unter 0 °C liegen. Kohlendioxyd und Chlor verhalten sich unter Normalbedingungen nicht ideal.

| Stoff | $\vartheta_{kr}$ in °C | $p_{kr}$ in bar | $\rho_{kr}$ in kg/m$^3$ |
|---|---|---|---|
| Helium (He) | –267,95 | 2,28 | 69,4 |
| Wasserstoff ($H_2$) | –239,9 | 12,9 | 31 |
| Stickstoff ($N_2$) | –146,9 | 33,9 | 311 |
| Sauerstoff ($O_2$) | –118,32 | 50,6 | 410 |
| Kohlendioxyd ($CO_2$) | 31,0 | 73,6 | 468 |
| Chlor ($Cl_2$) | 144 | 76,9 | 573 |
| **Wasser ($H_2$0)** | **374** | **221** | **326** |

- 2. Versuch: Ein *geschlossenes* Gefäß mit genügend viel Wasser und *mit* Luft wird langsam aufgeheizt. Beim Erwärmen nimmt der Partialdruck, der nicht durch Wasserdampf, sondern durch die anderen Gase Stickstoff, Sauerstoff usw. verursacht wird, entsprechend der idealen Gasgl. zu (siehe Beispiel (15.2–1)). Der Partialdruck des Wasserdampfes wächst entsprechend der Dampfdruckkurve. Da der gesamte Luftdruck immer größer ist als der Sättigungsdampfdruck des Wassers, tritt bei keiner Temperatur Sieden auf. Der kritische Punkt, in dem sich die Trennfläche zwischen Flüssigkeit und Dampf auflöst, wird nach Tabelle (15.3–1) bei 374 °C erreicht. Der Gesamtdruck im geschlossenen Gefäß ist dann die Summe aus dem Partialdruck 221 bar des Wasserdampfes und dem Druck $p \approx 2{,}2$ bar der Restluft. Bei der kritischen Temperatur 374 °C wird die Grenzfläche zwischen Flüssigkeit und Dampf plötzlich unscharf und löst sich auf.

- 3. Versuch: Ein *offenes* Gefäß wird langsam erhitzt. Bei Temperaturen unter 100 °C verdunstet das Wasser. Dabei wird der Dampf ständig in die Atmosphäre abgeführt, so daß sich kein Gleichgewicht zwischen Flüssigkeit und Dampf bilden kann. Somit ist der Partialdruck des Wassers in der Luft ständig kleiner als der Sättigungsdampfdruck; die relative Luftfeuchte ist kleiner als 100%. Bei 100 °C siedet das Wasser. Der gesamte äußere Luftdruck – bestehend aus allen Partialdrücken einschließlich dem des Wasserdampfs – ist gleich dem Sättigungsdampfdruck des Wassers. Der Partialdruck vom Wasserdampf alleine ist natürlich viel kleiner als der gesamte Luftdruck, weil der Siedevorgang *weit von einem Gleichgewichtszustand entfernt* ist, so daß das System nicht auf der Dampfdruckkurve liegt. Wäre der Partialdruck vom Wasserdampf 1 bar, so wäre der Luftdruck etwa 2 bar.

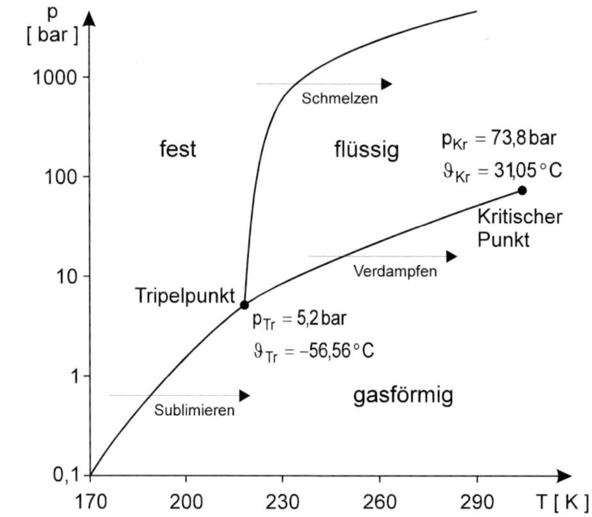


**Abb. (15.3–2):** p,T- Diagramm von Kohlendioxyd. Flüssiger Kohlendioxyd existiert nur in geschlossenen Behältern mit einem $CO_2$–Partialdruck von mindestens 5,2 bar.

**Schmelzdruckkurve**: Die Schmelzdruckkurve hat eine große Steigung, weil die Schmelztemperatur nur wenig vom Druck auf den Festkörper abhängt. Sie hat bei den meisten Stoffen eine positive Steigung (siehe Abb. (15.3–2)). Beim Wasser hingegen hat die Steigung einen (betragsmäßig sehr großen) negativen Wert, weil die Schmelztemperatur von Wasser mit zunehmendem Druck leicht abnimmt (siehe die Erläuterungen am Ende von Abschn. 9.2 und denke an das Schmelzen von Eis unter den Gletschern).

Für die Schmelzdruckkurve läßt sich kein kritischer Punkt angeben, d. h. diese Kurve hat kein Ende. Der Übergang von flüssig nach fest existiert immer, da ein Übergang von beweglichen Molekülen zu ortsfesten Molekülen immer bemerkbar ist.

**Sublimationskurve**: *Bei kleinen Partialdrücken des Dampfes existiert keine flüssige Phase*; die feste Phase geht *direkt* in die gasförmige über. Man spricht von „Sublimation" und in umgekehrter Richtung von „Desublimation". Wie bei der Dampfdruckkurve ist der Druck auf der Sublimationskurve nur der *partielle Dampfdruck* des betrachteten Stoffes und *nicht* der gesamte Gas- oder Luftdruck. Die Sublimationswärme ist die Summe aus Schmelz- und Verdampfungswärme.

Auch die Sublimationskurve kann mikroskopisch erklärt werden: Die Atome oder Moleküle schwingen im Festkörper um ihre Gleichgewichtslage. Gelegentlich kann ein Teilchen so heftig schwingen, daß es sich von den benachbarten Bausteinen losreißt und davonfliegt; es verdampft (sublimiert). In einem geschlossenen Gefäß stellt sich (nach mehr oder weniger langer Zeit) ein Gleichgewicht zwischen Sublimation und Desublimation ein: Pro Zeiteinheit gehen gleich viele Teilchen in die gasförmige und in die feste Phase über. Im Gleichgewicht hängt der Dampfdruck über dem Festkörper nur von der Temperatur und vom Stoff ab.

Es mag überraschen, daß Atome oder Moleküle von der Oberfläche eines Festkörpers direkt verdampfen können, da diese Verdampfung in den meisten Fällen so langsam verläuft, daß sie nicht gesehen werden kann. Grundsätzlich haben aber *alle* festen Stoffe einen Dampfdruck. Bei vielen Stoffen – z. B. den festen Metallen – ist er aber so gering, daß er nicht gemessen werden kann. Andererseits kann die Sublimation vieler anderer Stoffe mit der Nase wahrgenommen werden; man denke nur an Seife, Mottenkugeln, viele chemische Produkte und Lebensmittel.

**Beispiel (15.3–1) Bildung von Kohlensäureschnee (Trockeneis)**

Eine Stahlbombe enthält nur Kohlendioxyd bei Zimmertemperatur 20 °C. Das System liegt auf der Dampfdruckkurve mit dem $CO_2$-Druck $p \approx 60$ bar; das Kohlendioxyd ist teilweise gasförmig und teilweise flüssig.

Was passiert, wenn man die Stahlbombe auf den Kopf stellt und den Hahn öffnet?

**Lösung:**

Beim Ausfließen fällt der partielle Dampfdruck von Kohlendioxyd weit unter den Tripeldruck $p_{Tr}$ = 5,2 bar. Daher kann Kohlendioxyd nach Abb. (15.3–2) nicht länger in flüssiger Form existieren und verdampft teilweise. Die dabei frei werdende Verdunstungskälte kühlt das Kohlendioxyd stark ab und es bildet sich bei ungefähr – 80 °C festes Kohlendioxyd – Kohlensäureschnee oder Trockeneis genannt. Das Trockeneis sublimiert langsam und verschwindet im Laufe der Zeit. Deshalb befindet sich der Kohlendioxyd nicht im Gleichgewicht, sondern wegen des geringen Partialdruckes unter der Sublimationskurve im p,T-Diagramm.

**Tripelpunkt:** Dampfdruckkurve, Schmelzdruckkurve und Sublimationskurve treffen sich im Tripelpunkt. *Im Tripelpunkt sind alle drei Phasen im Gleichgewicht. Temperatur und Druck sind stoffspezifisch eindeutig festgelegt.* Das spezifische Volumen bzw. die Dichte sind nicht bestimmt, da sie von den relativen Massenanteilen der drei Phasen abhängen.

**Tabelle (15.3–2):** Temperatur und Druck einiger Gase am Tripelpunkt.

| Stoff | $\vartheta_{Tr}$ in °C | $p_{Tr}$ in bar |
|---|---|---|
| Helium (He) | –270,97 | 0,050 |
| Wasserstoff ($H_2$) | –259,18 | 0,070 |
| Sauerstoff ($O_2$) | –218,79 | 0,0015 |
| Stickstoff ($N_2$) | –210 | 0,0125 |
| Kohlendioxyd ($CO_2$) | –56,6 | 5,17 |
| **Wasser ($H_20$)** | **0,01** | **0,0061** |

Da die Temperatur $T_{Tr}$ im Gleichgewicht von fester, flüssiger und gasförmiger Phase für jeden Stoff und damit auch für Wasser eindeutig gegeben ist, verwendet man die Tripeltemperatur von Wasser zusammen mit dem absoluten Nullpunkt zur Festlegung der Temperaturskala. Danach ist 1 K der 273,16-te Teil der Temperatur des Tripelpunktes von Wasser.

**Beispiel (15.3–2) Sublimation von Wasser**

An trockenen, sonnigen und windigen Wintertagen ist zu beobachten, daß Schnee und Eis langsam verschwinden, ohne daß sich Wasser bildet und abfließt. Wie ist das zu erklären?

**Lösung:**

An Wintertagen mit trockener Luft und Wind kann der Wasserdampfdruck oberhalb von Schnee und Eis kleiner sein als der Tripeldruck $p_{Tr}$ = 0,0061 bar. (Das ist nach Tabelle (15.2–1) z. B. der Fall bei einer Temperatur von 10° C und einer Luftfeuchte unter 49,6%). Unterhalb des Tripelpunktes existiert keine Flüssigkeit; Schnee und Eis sublimieren, gehen also von der festen direkt in die gasförmige Phase über.

# 15.4 p,V-Diagramme

Die p,V-Diagramme realer Gase sind wesentlich komplexer als die p,T-Diagramme, weil sie nicht nur (wie die p,T-Diagramme) die drei reinen Phasengebiete fest, flüssig und gasförmig enthalten, sondern darüber hinaus auch noch die drei Koexistenzgebiete fest/flüssig, fest/gasförmig und flüssig/gasförmig (siehe die schematische Abb. (15.4–1)). Entsprechend ist auch die Zahl der Kurven bzw. Trennungslinien größer als im p,T-Diagramm.

Die Kenntnis der p,V-Diagramme wird das Verstehen der van-der-Waals-Gl. im nächsten Abschn. erleichtern.

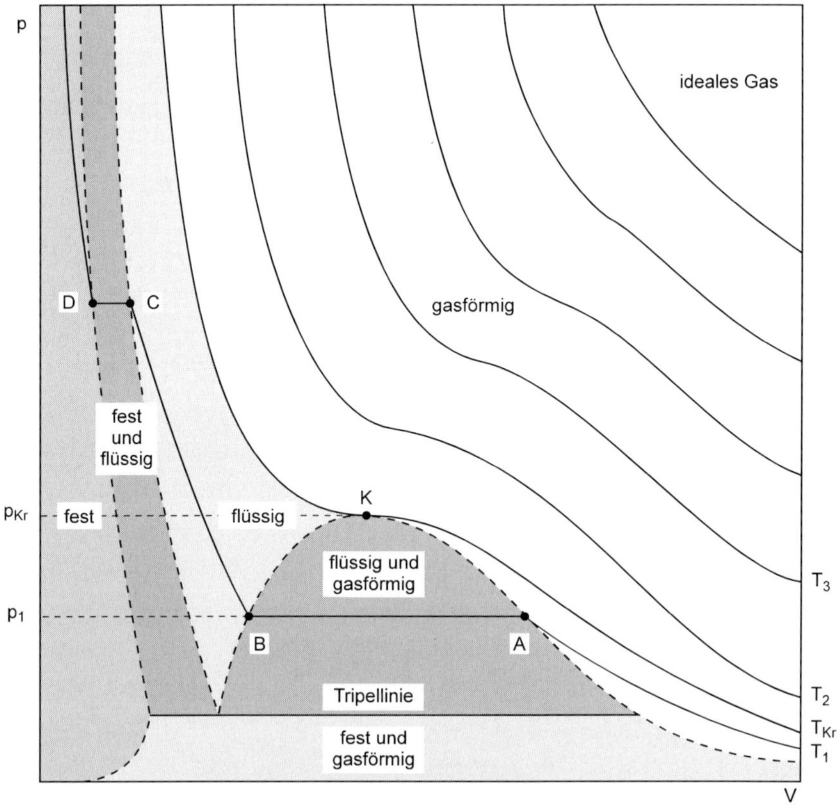


**Abb. (15.4–1):** Schematisches p,V – Diagramm. Neben den Gebieten mit den drei reinen Phasen fest, flüssig und gasförmig gibt es noch die Koexistenzgebiete fest/flüssig, fest/gasförmig und flüssig/gasförmig. Auf der Tripellinie sind alle drei Phasen im Gleichgewicht. Das Volumen auf der Tripellinie hängt von den Massenanteilen der drei Phasen ab.

Bei hohen Temperaturen $T >> T_{kr}$ verhalten sich reale Gase wie ideale Gase. Daher erkennen wir rechts oben im Diagramm die bekannten Hyperbeln der idealen Gase. Nach Tabelle (15.3–1) liegen die kritischen Temperaturen von Helium, Wasserstoff, Stickstoff und Sauerstoff weit unter 0 °C, so daß diese Gase bei Normalbedingungen als ideal angesehen werden können. Kohlendioxyd und Chlor hingegen sind – wie bereits mehrfach erwähnt – bei Normalbedingungen nicht ideal. Wasserdampf wiederum verhält sich unter Normalbedingungen nahezu ideal. Das ist in Anbetracht der hohen kritischen Temperatur $\vartheta_{kr}$ = 374 °C überraschend, folgt aber aus dem p,V-Diagramm von Wasserdampf.

Der Tripelpunkt im p,T-Diagramm ist nun eine Tripellinie, weil das Volumen im Tripelpunkt nicht eindeutig bestimmt ist, sondern von den Massenanteilen der drei Phasen abhängt. Das Volumen im Tripelpunkt ist um so größer, je mehr Massenanteile in der Dampfphase sind.

Wir wollen das Diagramm näher kennenlernen und betrachten im folgenden den Verlauf einiger Geraden und Kurven:

- Isobare mit einem Druck $p < p_{Tr}$ : Wir beginnen rechts unten in der reinen Dampfphase und senken gleichzeitig Temperatur und Volumen derart, daß der Druck konstant bleibt. Mit anderen Worten: Wir wandern auf einer tief unten liegenden Geraden parallel zur Abszisse von rechts nach links. Nach dem Erreichen des Koexistenzgebietes fest/gasförmig beginnt die Verfestigung (Desublimation). Sie dauert solange an, bis der ganze Stoff fest geworden ist.

- Isobare mit einem Druck $p_{Tr} < p < p_{kr}$ : Wir beginnen wieder rechts unten in der reinen Dampfphase und wandern durch Senkung von Temperatur und Volumen auf einer Geraden parallel zur Abszisse. Nach dem Überschreiten der Grenzlinie zum Koexistenzgebiet flüssig/gasförmig – in der technischen Literatur „Naßdampfgebiet" genannt – kondensiert der Dampf mit abnehmendem Volumen solange, bis die ganze Substanz flüssig ist. Nach einer weiteren Volumenverringerung setzt die Verfestigung im Koexistenzgebiet fest/flüssig ein. Sie dauert bis zur vollständigen Erstarrung der Substanz an.

- Isobare mit einem Druck $p > p_{kr}$ : Wir starten erneut auf der rechten Seite im p,V - Diagramm. Auf dem Weg nach links gelangen wir in die flüssige Phase ohne ein Koexistenzgebiet zu durchqueren. Eine Kondensation mit Bildung einer Trennfläche zwischen Flüssigkeit und Dampf tritt nicht auf und ist nicht zu beobachten. Der Rest des Weges entspricht dem oben geschilderten Weg.

- Isotherme mit der Temperatur $T_1 < T_{kr}$ : Auch hier fangen wir rechts unten in der reinen Dampfphase an und erhöhen nach und nach den Druck durch langsame Verringerung des Volumens. Im Punkt A beginnt das Naßdampfgebiet; bei konstantem Druck wird der Dampf vollständig kondensiert. Im Punkt B ist die Kondensation abgeschlossen und eine

van der Waalssche Zustandsgl. das Verhalten der realen Gase zutreffend; für $T < T_{kr}$ hingegen versagt sie im Koexistenzgebiet von Dampf und Flüssigkeit. Denn für $T < T_{kr}$ durchlaufen die Isothermen ein Minimum und ein Maximum; in einem bestimmten Volumenbereich wird der Druck mit abnehmendem Volumen kleiner – im Widerspruch zur Erfahrung. In Wirklichkeit durchläuft eine Isotherme bei $T < T_{kr}$ und bei abnehmendem Volumen nicht die Kurve EDCBA, sondern die Gerade ECA. *Längs dieser Geraden verflüssigt (kondensiert) das Gas bei konstantem Druck und abnehmendem Volumen so lange, bis im Punkt A nur noch eine Flüssigkeit vorliegt.* Bei einer weiteren Verkleinerung des Volumens ist die van-der-Waals-Kurve wieder zutreffend: Der Druck steigt wegen der sehr kleinen Kompressibilität der Flüssigkeiten steil an.

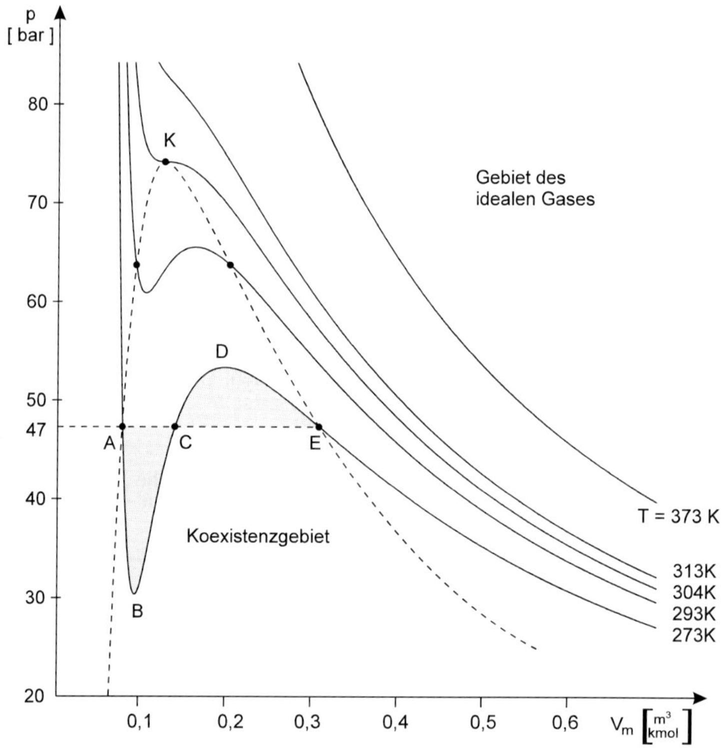


**Abb. (15.5–1):** Isothermen von Kohlendioxyd nach der van-der-Waals-Gl. mit $a = 0{,}364\ \mathrm{N\,m^4/mol^2}$ und $b = 4{,}27 \cdot 10^{-5}\ \mathrm{m^3/mol}$ .

Auf der Geraden ACE findet bei abnehmendem Volumen (und $p$, $T$ = const) eine vollständige Verflüssigung (Kondensation) und bei zunehmendem Volumen (und $p$, $T$ = const) eine vollständige Verdampfung statt. *Die Gerade* ACE *liegt auf einem solchen Druck, daß die zwei von ihr und der van der Waalsschen Isothermen ABCDE eingeschlossenen Flächen gleich groß sind.* Dann sind die Kompressionsarbeiten (Volumenänderungsarbeiten) längs der Geraden und längs der van-der-Waals-Kurve gleich groß. Werden für alle Isothermen jeweils die Punkte A und E am Anfang und am Ende der Kondensation gezeichnet, so erhält man die gestrichelte Kurve in Abb. (15.5–1), die das *Koexistenzgebiet* der Flüssigkeit und des Dampfes umschließt. Dieses Gebiet heißt auch „Verflüssigungsgebiet" oder in der technischen Thermodynamik „Naßdampfgebiet". Im Verflüssigungsgebiet existieren Flüssigkeit und Dampf im Gleichgewicht nebeneinander. Für $T = T_{kr}$ fallen die Punkte A und E im kritischen Punkt K zusammen. Für $T < T_{kr}$ ist die Dichte der Flüssigkeit größer als die Dampfdichte. Flüssigkeit und Dampf haben eine Grenzfläche. Für $T > T_{kr}$ sind die Dichten von Flüssigkeit und Dampf gleich groß, so daß keine Grenzfläche mehr existiert.

Die kritischen Größen $V_{kr}$, $p_{kr}$, $T_{kr}$ errechnen sich nach Aufgabe (15–1) zu

$$V_{kr} = 3n\,b \qquad p_{kr} = \frac{a}{27b^2} \qquad T_{kr} = \frac{8a}{27\,R\,b} \tag{15.5–3}$$

Bei Wasser mißt man $p_{kr} = 221$ bar und $T_{kr} = 374$ °C. Umgekehrt bestimmen die kritischen Größen die Parameter

$$a = 3\,p_{kr}\,V_{kr}^2\ /\ n^2 \qquad b = \frac{V_{kr}}{3n} \tag{15.5–4}$$

# 15.6 Erzeugung tiefer Temperaturen

Bei dem Prozeß in Abb. (15.6–1) wird ein Gas *adiabatisch* und *langsam* durch eine Drossel (Düse, poröse Wand, dichter Wattebausch) in den Raum 2 gedrückt. Wegen der langsamen Prozeßführung herrschen zu jeder Zeit definierte Drücke in beiden Räumen. Die Kolben werden so geführt, daß die beiden Drücke $p_1$, $p_2$ konstant sind. (Dies wird in Abb. (15.6–1) durch die Gewichte sichergestellt.) Wegen $p_2 < p_1$ nimmt das Gasvolumen während des Prozesses zu.

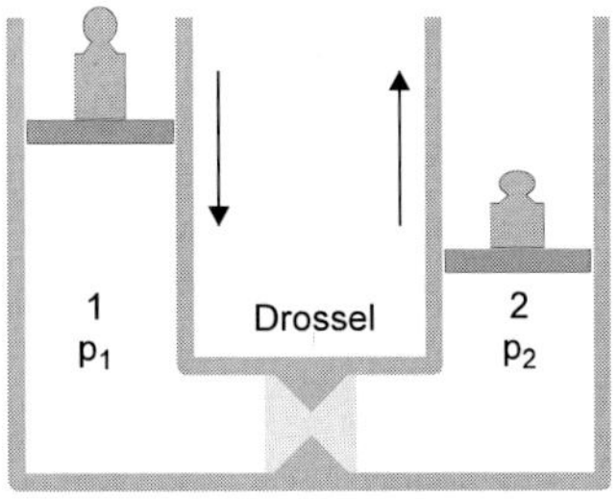


**Abb. (15.6–1):** Der Joule-Thompson-Prozeß ist eine gedrosselte adiabatische Entspannung bei konstanten Drücken $p_1$ und $p_2$.

Im Gegensatz zum Gay-Lussac-Versuch in Beispiel (11.2–4) wird hier bei der Expansion Arbeit geleistet.

Der geschilderte Prozeß heißt „Joule-Thompson-Prozeß". Er beschreibt die *langsame, adiabatische*

Expansion eines Gases unter konstanten Drücken. Beim Durchströmen der Drossel tritt bei realen – nicht bei idealen – Gasen eine Temperaturänderung auf. Sie kann mit unseren Mitteln nicht errechnet werden und beträgt für ein van-der-Waals-Gas ungefähr

$$\Delta T \approx \frac{\frac{2a}{RT} - b}{C_{\mathrm{mp}}} \Delta p \qquad (15.6\text{–}1)$$

Demnach erfahren ideale Gase (hier verschwinden die van-der-Waals-Konstanten: $a = b = 0$) beim Joule-Thompson-Prozeß keine Temperaturänderung. Die innere Energie idealer Gase ist daher beim Joule-Thompson-Prozeß ebenfalls konstant, so daß die vom linken Kolben geleistete Arbeit $p_1 \Delta V_1$ bei idealen Gasen gleich der vom rechten Kolben aufgenommenen Arbeit $p_2 \Delta V_2$ ist.

*Reale Gase hingegen kühlen sich bei einer langsamen adiabatischen Expansion ab*, wenn der Zähler in Gl. (15.6–1) positiv ist, d. h. *wenn die Temperatur unter der sog.* „Inversionstemperatur" $T_{\mathrm{i}}$ *liegt* mit

$$T_{\mathrm{i}} \approx \frac{2a}{Rb} \underset{\text{Gl. (15.5–3)}}{\overset{\uparrow}{=}} \frac{27}{4} T_{\mathrm{kr}} \qquad (15.6\text{–}2)$$

Bemerkung: Die Gl. $T_{\mathrm{i}} = 6{,}75 \cdot T_{\mathrm{kr}}$ gilt nur für van-der-Waals-Gase. Für viele Gase ist der Unterschied zwischen gemessener Inversionstemperatur und dem 6,75-fachen der gemessenen kritischen Temperatur ganz erheblich.

Für Luft ($T_{\mathrm{i}} \approx 490\,\mathrm{K} \mathrel{\widehat{=}} 217\,°\mathrm{C}$ bei Normaldruck), Kohlendioxyd, Stickstoff und Sauerstoff liegt $T_{\mathrm{i}}$ weit über der Zimmertemperatur. Diese Gase kühlen sich daher bei Expansionen ab, die bei nicht zu hohen Temperaturen erfolgen. Die kinetische Gastheorie gibt eine überzeugende Erklärung für dieses Phänomen: Bei der Expansion müssen die Kohäsionskräfte der Teilchen überwunden werden, so daß die potentielle Energie der Teilchen auf Kosten der kinetischen Energie steigt.

*Bei Temperaturen über der Inversionstemperatur erwärmen sich Gase bei der Ausdehnung.* Wasserstoff $H_2$ mit $T_{\mathrm{i}} \approx 193\,\mathrm{K} \mathrel{\widehat{=}} -80\,°\mathrm{C}$ und Edelgase haben sehr kleine Kohäsionskräfte und daher sehr kleine Werte für $a$. Dies führt auf niedrige Inversionstemperaturen. Früher geschahen zahlreiche schwere Unfälle, als sich hoch verdichteter Wasserstoff beim Ausströmen aus undichten Rohren erwärmte und von selbst entzündete.

Der Joule-Thompson-Prozeß hat eine überragende technische Bedeutung und wird in großem Maßstab für die Verflüssigung von Luft und anderen Gasen angewendet. Abb. 15.6–2 skizziert die Luftverflüssigung nach Linde, die historisch wichtig und einfach zu erläutern, aber heute technisch überholt ist. In diesem Verfahren werden folgende Schritte nacheinander durchgeführt:

1. Die Luft wird im Kompressor P auf ungefähr 200 bar komprimiert. Dabei tritt eine starke Temperaturerhöhung auf.
2. Der Kühler K kühlt die Luft auf etwa 20 °C ab.
3. Der Wärmetauscher W, der im Gegenstrom-Prinzip arbeitet, kühlt die durchgeführte Luft weiter ab. Die Abkühlung ist umso größer, je kälter die auf der Außenseite von unten nach oben strömende Luft ist.
4. Die Luft wird durch eine Drossel D gedrückt und entspannt sich dabei auf 20 bar mit einer starken Temperaturabnahme um ca. 45 °C.
5. Die kalte Luft strömt im Wärmetauscher nach oben und kühlt im Gegenstromverfahren weitere Luft vor deren Eintritt in die Drossel. Anschließend wird die Luft in den Kompressor P zurückgeführt.

Nach mehrmaligem Kreislauf wird die Temperatur der nach unten strömenden Luft im Wärmetauscher so weit gesenkt, daß hinter der Drossel eine teilweise Verflüssigung bei 20 bar eintritt – unter Freisetzung der Kondensationswärme.

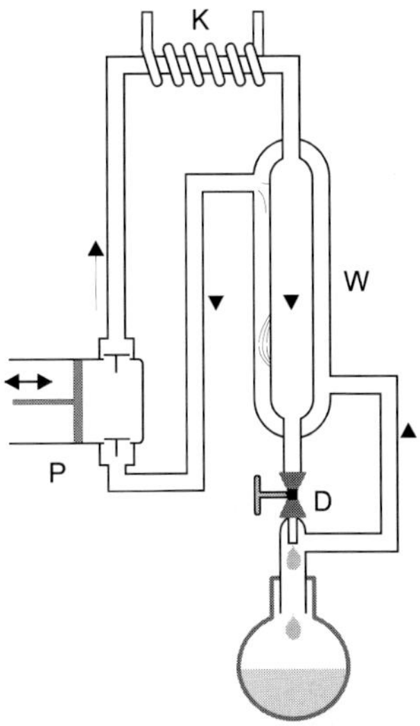


**Abb. (15.6–2):** Luftverflüssigung nach Linde. Das expandierte gekühlte Gas strömt nach oben und kühlt das nach unten strömende komprimierte Gas vor dessen Entspannung und weiterer Abkühlung.

Bemerkung: Mit Helium arbeitet das Verfahren nur, wenn das Helium zuvor unter seine Inversionstemperatur $T_i \approx 40\,\text{K} \mathrel{\hat{=}} -233\,°\text{C}$ gekühlt wird. Damit lassen sich Temperaturen von 0,8 K erreichen. Noch tiefere Temperaturen erreicht man durch die Entmagnetisierung von paramagnetischen Salzen (Siehe Band 2). Durch die Entmagnetisierung von Atomkernen kann die Temperatur kurzfristig auf ca. $1 \cdot 10^{-6}$ K gesenkt werden.

# 15.7 Zusammenfassung

**1)** Es gibt in der Thermodynamik drei Phasen: fest, flüssig und gasförmig. Bei allen Phasenumwandlungen wird Wärme ohne Temperaturänderung zu- oder abgeführt.

**2)** Für die Wärme beim Schmelzen gilt

$$Q_{\text{Schmelz}} = m\, c_{\text{Schmelz}} = n\, c_{\text{Schmelz, m}}$$

mit $c_{\text{Schmelz}}$ = spezifische Schmelzwärme. Die Schmelzwärme wird beim Erstarren wieder freigesetzt.

**3)** Ohne Kristallisationskeime kann eine sehr reine Flüssigkeit unterkühlen. So kann z. B. reines, erschütterungsfreies Wasser bei Normaldruck bis – 10 °C flüssig gehalten werden.

**4)** Für Lösungen, d. h. Flüssigkeiten mit gelösten Substanzen, tritt eine Gefrierpunkterniedrigung ein. Sie ist nach dem Raoultschen Gesetz proportional zur Molkonzentration der Lösung.

**5)** Für die Wärme beim Sieden gilt

$$Q_{\text{Siede}} = m\, c_{\text{Siehe}} = n\, c_{\text{Siede, m}}$$

mit $c_{\text{Siede}}$ = spezifische Verdampfungswärme.
Beim Verflüssigen wird die Siedewärme als Kondensationswärme wieder freigesetzt.

**6)** Beim Sieden sind Kerne zur Dampfblasenbildung erforderlich. Andernfalls kann eine Flüssigkeit überhitzt werden. In umgekehrter Richtung ist ein Kondensationsverzug ohne Kondensationskerne in sehr reinen Dämpfen möglich.

**7)** Für Lösungen tritt eine Siedepunkterhöhung ein. Sie ist proportional zur Molkonzentration der Lösung.

**8)** Auch unterhalb der Siedetemperatur treten Verdampfungen und Kondensationen auf.

**9)** Im Gleichgewicht zwischen einer Flüssigkeit und ihrem Dampf hängt der Dampfdruck nur von der Temperatur und vom Stoff ab. Er nimmt für alle Stoffe mit wachsender Temperatur zu, in den meisten Fällen näherungsweise exponentiell. Der Dampfdruck im Gleichgewicht heißt Sättigungsdampfdruck. Die Dampfdruckkurven geben den Sättigungsdampfdruck als Funktion der Temperatur an. Besonders wichtig ist die Dampfdruckkurve von Wasser.

**10)** Der Dampf in der Atmosphäre heißt Feuchtigkeit oder Feuchte. Die absolute Feuchtigkeit $f$ ist definiert als

$$f := \frac{\text{Masse des Wasserdampfes}}{\text{Volumen}}$$

Die maximale absolute Feuchte ist gleich der Sättigungsdampfdichte.

**11)** Da die Sättigungsdampfdichte monoton mit der Temperatur steigt, kann die Luft mit zunehmender Temperatur immer mehr Wasserdampf aufnehmen. Die relative Feuchte ist definiert als

$$\varphi := \frac{f}{f_{\max}} \cdot 100\%$$

Sie nimmt bei konstanter Feuchte *f* mit wachsender Temperatur ab.

**12)** Wenn beim Abkühlen der Sättigungsdampfdruck unter den aktuellen Dampfdruck fällt, dann kondensiert der überschüssige Wasserdampf. Der Taupunkt ist laut Definition die Temperatur, bei der der Sättigungsdampfdruck gleich dem aktuellen Dampfdruck ist. Der Taupunkt fällt mit sinkender absoluter Feuchte. Wenn die Temperatur eines Körpers unter den Taupunkt fällt, bildet sich Tau (Schwitzwasser).

**13)** Beim Verdampfen und Verdunsten unter dem Siedepunkt wird pro verdampfte Masse ungefähr dieselbe Wärme benötigt wie beim Sieden. Wird die Wärme nicht von außen zugeführt, so kühlt sie die Flüssigkeit. Man spricht von Verdunstungskälte.

**14)** In den p,T-Diagrammen sind die Dampfdruckkurve, die Schmelzdruckkurve und die Sublimationskurve eingezeichnet. Sie teilen die p,V-Ebene in die Gebiete mit fester, flüssiger und gasförmiger Phase. Im Gleichgewicht existieren auf den Kurven jeweils zwei Phasen, im Tripelpunkt alle drei Phasen und außerhalb im Gleichgewicht jeweils nur eine Phase. Die Dampfdruckkurve endet im kritischen Punkt. Für Temperaturen oberhalb der kritischen Temperatur können flüssige und gasförmige Phasen nicht mehr unterschieden werden. Die drei Kurven laufen im Tripelpunkt zusammen, in dem alle drei Phasen im Gleichgewicht nebeneinander existieren können. Temperatur und Druck im Tripelpunkt sind stoffspezifische Konstanten.

**15)** Die komplexen p,V-Diagramme enthalten nicht nur die reinen Phasengebiete fest, flüssig, gasförmig, sondern auch die drei Koexistenzgebiete fest/flüssig, fest/gasförmig und flüssig/gasförmig. Der Tripelpunkt ist hier eine Tripellinie.

**16)** Für reale Gase existieren mehrere Zustandsgln. Die van der Waalsche Zustandsgl.

$$\left(p + a\,\frac{n^2}{V^2}\right)(V - n\,b) = n\,R\,T$$

ist am bekanntesten, weil sie sich am einfachsten und anschaulichsten aus der idealen Gasgl. ableitet. *a, b* sind positive, gasspezifische Konstanten.

**17)** Außerhalb des Verflüssigungsgebietes, in dem Dampf und Flüssigkeit im Gleichgewicht nebeneinander existieren, beschreibt die van-der-Waals-Gl. reale Gase zutreffend. Im Verflüssigungsgebiet muß sie derart durch eine Isobare ersetzt werden, daß die zwei Flächen zwischen dieser Geraden und der van-der-Waals-Kurve gleich groß sind.

**18)** Der Joule-Thompson-Prozeß ist eine adiabatische Expansion mit zeitlich konstanten Drücken in beiden Volumina. Dabei tritt eine Temperaturänderung auf, die für ein van-der-Waals-Gas etwa

$$\Delta T \approx \frac{\Delta p}{C_{mp}} \left( \frac{2\,a}{R\,T} - b \right)$$

beträgt. Bei Temperaturen oberhalb (unterhalb) der Inversionstemperatur

$$T_i \approx \frac{2\,a}{R\,b}$$

erwärmen sich (kühlen sich) Gase bei Ausdehnung (ab). Bei Luft, Stickstoff, Sauerstoff, Kohlendioxyd liegt $T_i$ weit oberhalb der Zimmertemperatur, so daß diese Gase bei adiabatischer Ausdehnung mit „normalen" Temperaturen abkühlen.

Der Joule-Thompson-Prozeß wird in großem industriellen Maßstab zur Verflüssigung von Luft und anderen Gasen angewendet.

## 15.8 Aufgaben

**(15–1) Leicht Beweis der Gln. (15.5–3 und 4)**

Beweise die Gln. (15.5–3 und 4).

**(15–2) Leicht Erwärmung von Wasser**

Aus dem Tiefkühlschrank wird 1 kg Wassereis mit der Temperatur – 20 °C entnommen und in einen offenen Kochtopf gelegt, der von einer Kochplatte mit der hohen Leistung 3 kW geheizt wird.
a) Wie lange dauert es, bis das Wasser vollständig verdampft ist?
b) Zeichne den Temperaturverlauf $T(t)$ des Wassers für die ersten 18 Minuten.

Hinweis: Die spezifischen Wärmekapazitäten der drei Wasserphasen sind ungefähr

$$c_{\text{Eis}} \approx 2{,}1 \frac{\text{kJ}}{\text{kg K}} \qquad c_{\text{Wasser}} \approx 4{,}2 \frac{\text{kJ}}{\text{kg K}} \qquad c_{\text{Dampf}} \approx 1{,}8 \frac{\text{kJ}}{\text{kg K}}$$

**(15–3) Mittel Wärme bei isothermen Prozeß**

Das Volumen eines van-der-Waals-Gases wird isotherm von $V_1$ auf $V_2$ vergrößert. Berechne die zugeführte Wärme $Q_{12}$.

Hinweis: Anders als bei einem idealen Gas kann bei einem realen Gas aus $T = \text{const}$ *nicht* $U = \text{const}$ gefolgert werden. Die zugeführte Wärme wird ja nicht nur für die Volumenarbeit $-p\,dV$, sondern teilweise auch zur Erhöhung der inneren Energie verbraucht: Bei der Vergrößerung der Molekülabstände wird Arbeit gegen die molekularen Anziehungskräfte, d. h. Arbeit gegen den Binnendruck $p_i = a\,n^2/V^2$ geleistet.

**(15–4) Leicht Wassermasse in feuchter Luft**

Ein Wohnzimmer der Fläche $A = 25\ \text{m}^2$ und Höhe 2,5 m hat bei 20 °C eine relative Luftfeuchte von 60%. Berechne die Wassermasse in der Wohnzimmerluft.

**(15–5) Leicht Schwitzwasser auf kaltem Boden**

Die Zimmerluft hat im Sommer die Temperatur 32 °C und die relative Luftfeuchte 62%. Bei welcher Temperatur des Fliesenbodens schlägt sich Schwitzwasser auf dem Boden nieder?

**(15–6) Leicht Verständnisfragen**

**a)** Schmilzt festes Kohlendioxyd (Trockeneis) bei Normalbedingungen?

**b)** Kometen bestehen teilweise aus Wasser. Liegt es in flüssiger Form vor?

**c)** In einem Zylinder mit verschiebbarem Kolben befinden sich eine Flüssigkeit und ihr Dampf im Gleichgewicht. Wie ändert sich der Dampfdruck, wenn der Kolben bei konstanter Temperatur langsam herausgezogen wird?

**d)** In einem geschlossenen Gefäß sind Wasser und Wasserdampf im Gleichgewicht. Hängen der Wasserdampfdruck und die Dampfdichte davon ab, ob neben dem Wasserdampf noch Luft vorhanden ist oder nicht?

**e)** Kann ein Gas bei konstanter Temperatur durch Druckerhöhung verflüssigt werden?

**f)** Ist die Beschreibung des Tripelpunktes „Im Tripelpunkt können alle drei Phasen nebeneinander existieren“ richtig?

**g)** Das Wasser in einer offenen Glasflasche soll solange sieden, bis der Dampf die Luft fast vollständig aus der Flasche hinausgedrängt hat. Dann wird die Flasche mit einem Stopfen fest verschlossen, auf den Kopf gestellt und mit kaltem Wasser übergossen (siehe Abb.). Was passiert mit dem Inhalt der Flasche?

# 16 Wärmeübertragung

Körper mit verschiedenen Temperaturen tauschen Wärme aus. Für diesen Energieaustausch gibt es drei Möglichkeiten:

- *Wärmeleitung* tritt vor allem in Festkörpern, aber auch in Flüssigkeiten und Gasen auf (in Flüssigkeiten und Gasen wird die Wärmeleitung allerdings meist durch die Konvektion überdeckt). Der Wärmetransport erfolgt durch die Zusammenstöße der Atome bzw. Moleküle und in elektrischen Leitern hauptsächlich durch die beweglichen Elektronen.
- *Konvektion* (Wärmemitführung) kommt nur in strömenden Gasen und Flüssigkeiten vor. Das fließende Medium nimmt Wärmeenergie mit.
- Wärme*strahlung* ist eine elektromagnetische Strahlung, deren Energie der Wärme entnommen wird.

Wir untersuchen mit Ausnahme von wenigen Aufgaben nur stationäre Wärmeübertragungen, d. h. Wärmeübertragungen, bei denen die Temperaturen überall zeitlich konstant sind – z. B. aufgrund großer Wärmespeicher. Dann treten keine Erwärmungen und Abkühlungen auf und der Begriff "Wärmekapazität" kommt nicht vor.

## 16.1 Wärmeleitung

Wird Wärme durch einen Festkörper, durch eine ruhende, d. h. nichtströmende Flüssigkeit oder durch ein ruhendes Gas transportiert, so spricht man von "Wärmeleitung".

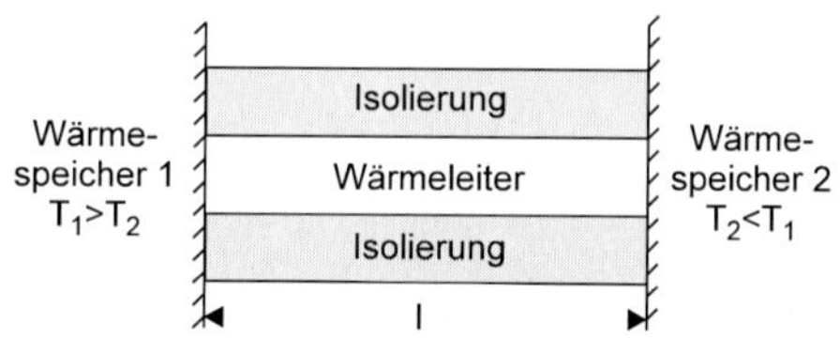


**Abb. (16.1–1):** Wärmetransport durch einen seitlich isolierten Stab mit Länge *l* und Querschnitt *A*.

In Abb. (16.1–1) verbindet ein Stab mit Länge $l$ und Querschnitt $A$ zwei Wärmespeicher mit Temperaturen $T_1$, $T_2$. Der sog. "Wärmestrom" oder "Wärmefluß"

$$\dot{Q} = \frac{Q}{t} \tag{16.1–1}$$

ist proportional zur Temperaturdifferenz $T_1 - T_2$, zum Querschnitt $A$ und indirekt proportional zur Länge $l$. Daher gilt die "Fouriersche Gl."

$$\dot{Q} = \frac{Q}{t} = \lambda \frac{A}{l} (T_1 - T_2) \qquad (16.1\text{–}2)$$

Der Proportionalitätsfaktor $\lambda$ mit der Einheit W/(m K) ist die sog. "Wärmeleitfähigkeit". Sie ist eine Materialkonstante, die *in Gasen besonders niedrig und in Metallen besonders groß* ist und die experimentell bestimmt wird.

**Tabelle (16.1–1):** Wärmeleitfähigkeit einiger Stoffe bei 300 K in W/(m K). Die kleine Wärmeleitfähigkeit vieler Isolatoren beruht auf dem Einschluß von Gasbläschen im Feststoff.

| Gase | | Flüssigkeiten | | Wärmeisolatoren | | Metalle | |
|---|---|---|---|---|---|---|---|
| Kohlendioxyd | 0,015 | Benzol | 0,17 | Schaumstoff | 0,04 | Stahl | ≈ 50 |
| Argon | 0,016 | Wasser | 0,6 | Styropor | 0,04 | Messing | ≈ 110 |
| Luft | 0,026 | Quecksilber | 8,5 | Glaswolle | 0,04 .. 0,05 | Aluminium | 220 |
| Helium | 0,144 | | | Holz | 0,1 ... 0,2 | Kupfer | 380 |
| Wasserstoff | 0,173 | | | Ziegelstein | 0,16 .. 0,4 | | |
| | | | | Beton | 1,0 | | |
| | | | | Glas | 1,0 ... 1,2 | | |

Nach der kinetischen Gastheorie nimmt die Wärmeleitfähigkeit idealer Gase mit zunehmender Molekülmasse ab (siehe auch Tabelle (16.1–1)). Ein Verbundfenster isoliert um so besser, je schwerer die Gasmoleküle zwischen den Scheiben sind. Die meisten Verbundfenster enthalten im Zwischenraum das Edelgas Argon mit der relativen Atommasse 40. $\lambda$ hängt in weiten Druckbereichen nicht vom Gasdruck ab. Erst bei sehr kleinen Drücken $p < 10^{-5}$ bar, wenn die mittlere freie Weglänge in den Bereich der Gefäßausdehnungen kommt, nimmt $\lambda$ proportional zu $p$ ab. Diese Proportionalität nutzen Wärmeleitungsmanometer zur Druckmessung in der Vakuumtechnik aus.

Die Wärmeleitung in Festkörpern erfolgt durch Zusammenstöße der schwingenden Atomrümpfe. In Metallen gibt es noch einen zweiten, viel dominanteren Effekt: Die Leitungselektronen, die sich frei durch den Kristall bewegen können, verhalten sich ähnlich wie die Moleküle eines Gases oder einer Flüssigkeit. Sie diffundieren aus den warmen Gebieten in die kalten und übertragen ihre Energie durch Zusammenstöße mit anderen Elektronen und mit Gitterbausteinen.

Der auf die Elektronen zurückzuführende Anteil $\lambda_E$ der Wärmeleitfähigkeit $\lambda$ ist um eine bis zwei Größenordnungen größer als die Wärmeleitfähigkeit infolge der Gitterschwingungen. Daher ist die Wärmeleitfähigkeit der Metalle ungefähr gleich dem Anteil an der Wärmeleitfähigkeit, der nur auf die Elektronen zurückzuführen ist: $\lambda \approx \lambda_E$. Dies erklärt die hohe

Wärmeleitfähigkeit von Metallen. Nach dem "Wiedemann-Franz-Gesetz" ist $\lambda_E$ proportional zur elektrischen Leitfähigkeit $\sigma$

$$\lambda_E = \frac{\pi^2}{3}\left(\frac{k}{e}\right)^2 \sigma T = 2{,}45 \cdot 10^{-8}\,\frac{V^2}{K^2}\,\sigma T \qquad (16.1\text{–}3)$$

Metalle mit hoher elektrischer Leitfähigkeit $\sigma$ haben auch große Wärmeleitfähigkeit $\lambda$. Nichtleiter (Isolatoren) sind auch relativ schlechte Wärmeleiter.

Bei vielen Metallen ist die elektrische Leitfähigkeit $\sigma$ indirekt proportional zu $T$, so daß $\lambda_E$ oft nur wenig temperaturabhängig ist.

Nach Gl. (16.1–2) gilt für den Querschnitt an der Stelle $x$ in Abb. (16.1–2):

$$\dot{Q} = \lambda\,\frac{A}{x}\left[T_1 - T(x)\right]$$

$$\Rightarrow \qquad T(x) = T_1 - \frac{\dot{Q}}{\lambda A}\,x \qquad (16.1\text{–}4)$$

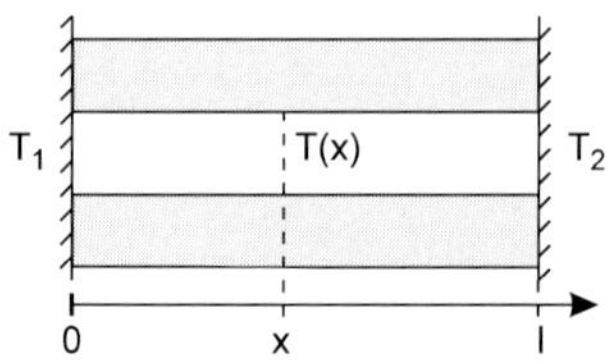


**Abb. (16.1–2):** $T(x)$ in Gl. (16.1–4) ist die Temperatur an der Stelle $x$ in einem seitlich isolierten Stab mit konstantem Querschnitt.

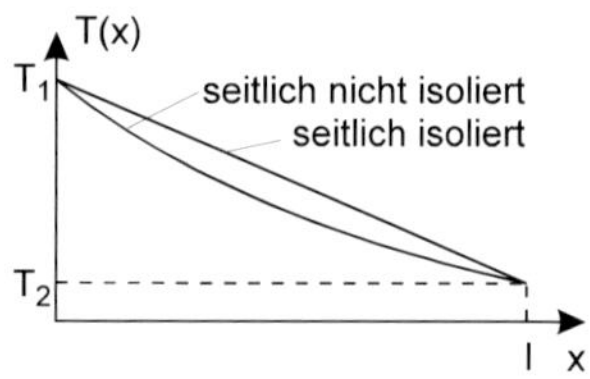


**Abb. (16.1–3)** $T(x)$ ist linear, wenn der Stab seitlich isoliert ist und einen konstanten Querschnitt hat. Bei seitlichen Energieverlusten nimmt die Temperatur bei stationärer Wärmeströmung exponentiell ab.

*In einem seitlich isolierten Stab mit konstantem Querschnitt A und in einer ebenen Wand, deren seitliche Wärmeverluste vernachlässigt werden dürfen, ist die Temperaturänderung linear in x.*

Bemerkung: Wenn die Oberfläche des Stabes in Abb. (16.1–1 oder 2) nicht isoliert ist, treten seitliche Wärmeverluste auf. Der Wärmeverlust ist proportional zur Temperaturdifferenz. Daher nimmt die Temperatur im Stab bei seitlichen Wärmeverlusten nicht linear, sondern exponentiell ab.

In Anlehnung an den elektrischen Widerstand (siehe Band II) nennt man den Ausdruck

$$R_\lambda = \frac{1}{\lambda}\,\frac{l}{A} \qquad (16.1\text{–}5)$$

den "Wärmeleitwiderstand". Für den Wärmestrom gilt daher eine Art Ohmsches Gesetz [1]:

$$\dot{Q} = \frac{\Delta T}{R_\lambda} \qquad \text{(vergleichbar mit } I = \frac{U}{R}\text{)} \qquad (16.1\text{–}6)$$

wobei $\dot{Q}$ die Rolle der Stromstärke und $\Delta T$ die Rolle der elektrischen Spannung übernehmen.

**Abb. (16.1–2):** Zwischen Wärmestrom und elektrischem Strom bestehen zahlreiche Analogien.

| **Wärmeleitung** | **Elektrischer Strom** |
|---|---|
| Temperaturdifferenz $\Delta T$ | Potentialdifferenz = Spannung $U$ |
| Wärmestrom $\dot{Q}$ | Stromstärke $I$ |
| Wärmeleitwiderstand $R_\lambda$ | Ohmscher Widerstand $R$ |
| Wärmeleitfähigkeit $\lambda$ | elektrische Leitfähigkeit $\sigma$ |
| Reihen- und Parallelschaltung von Wärmedämmungen | Reihen- und Parallelschaltung von Widerständen |

Die Analogie zum Ohmschen Gesetz wird durch die folgende Untersuchung einer zweischaligen Wand, d. h. einer Reihenschaltung von zwei Wärmedämmungen bestätigt. Die Wand steht zwischen zwei Wärmespeichern mit den Temperaturen $T_1$, $T_3$ (siehe Abb. (16.1–4)). Aufgrund der Analogie zum Ohmschen Gesetz vermuten wir das Ergebnis

$$\dot{Q} = \frac{T_3 - T_1}{\dfrac{l_1}{\lambda_1 A} + \dfrac{l_2}{\lambda_2 A}}$$

Die Richtigkeit dieser Vermutung soll nun bewiesen werden. In einer zweischaligen Wand mit den Dicken $l_1$, $l_2$ und den Wärmeleitfähigkeiten $\lambda_1$, $\lambda_2$ ist der Wärmefluß überall gleich groß, weil Wärme nach dem ersten Hauptsatz nicht spurlos verschwinden und auch nicht aus dem Nichts auftauchen kann:

---

[1] Analogien treten immer wieder in der Physik auf. Zwei hatten wir bereits in der Mechanik kennengelernt:

- Eindimensionalen Translationen ↔ Rotationen um raumfeste Achsen.
- Mechanische Schwingungen ↔ Elektrische Schwingungen.

Analogien haben zwei große Vorteile: **1)** Man muß viele Gesetzmäßigkeiten, Phänomene und mathematische Hilfsmittel nur einmal lernen und verstehen. **2)** Viele Probleme lassen sich durch die Betrachtung eines analogen, aber vertrauteren Problems lösen.

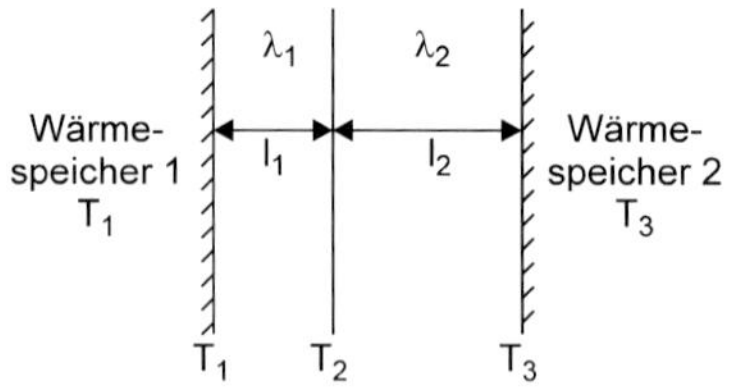


**Abb. (16.1–4):** Stationärer Wärmetransport in einer zweischaligen Wand

$$\frac{\dot{Q}}{A} = \frac{\lambda_1}{l_1}(T_2 - T_1) \qquad \frac{\dot{Q}}{A} = \frac{\lambda_2}{l_2}(T_3 - T_2)$$

$$\Rightarrow \quad T_2 - T_1 = \frac{l_1}{\lambda_1}\frac{\dot{Q}}{A} \qquad T_3 - T_2 = \frac{l_2}{\lambda_2}\frac{\dot{Q}}{A}$$

Addition der beiden Gln. liefert

$$T_3 - T_1 = \left(\frac{l_1}{\lambda_1} + \frac{l_2}{\lambda_2}\right)\frac{\dot{Q}}{A}$$

$$\Rightarrow \quad \dot{Q} = \frac{A}{\frac{l_1}{\lambda_1} + \frac{l_2}{\lambda_2}}(T_3 - T_1) \qquad (16.1\text{–}7)$$

Erwartungsgemäß ist der gesamte Wärmeleitwiderstand einer mehrschaligen Wand gleich der Summe der einzelnen Wärmeleitwiderstände (vergleichbar mit der Reihenschaltung von Widerständen). Die *Parallel*schaltung von zwei Wärmedämmungen wird in Aufgabe (16–3) untersucht.

**Beispiel (16.1–1) Messung der Wärmeleitfähigkeit**

Die Wärmeleitfähigkeit $\lambda_1$ einer Platte 1 kann folgendermaßen gemessen werden: Zwischen zwei dünnwandigen Kupferbehältern, die durch siedendes Wasser und durch kaltes Wasser mit Eisstückchen auf 100 °C und 0 °C gehalten werden, befinden sich folgende drei Körper mit gleichem Querschnitt $A$ und mit thermischer Isolierung auf der Seite:

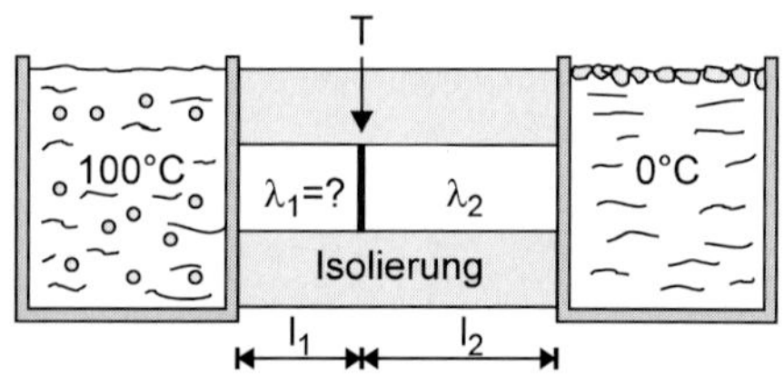


**Abb. (16.1–5)** Messung der Wärmeleitfähigkeit $\lambda_1$.

Die zu untersuchende Platte 1 mit Länge $l_1$, ein dünnes Kupferblech, dessen Temperatur $T$ mit einer Meßsonde gemessen wird, sowie eine weitere Platte 2 mit Länge $l_2$ und bekannter Wärmeleitfähigkeit $\lambda_2$. Bestimme $\lambda_1$ in Abhängigkeit von $T$, $\lambda_2$, $l_1$, $l_2$. Dabei sollen Temperaturgefälle in den dünnen Kupferwänden vernachlässigt werden.

**Lösung:**

Für den Wärmestrom $\dot{Q}$ vom linken Behälter 1 zum rechten Behälter 2 gilt:

$$\frac{\dot{Q}}{A} = \frac{\lambda_1}{l_1}\left(373{,}15\,\mathrm{K} - T\right) = \frac{\lambda_2}{l_2}(T - 273{,}15\,\mathrm{K})$$

$$\Rightarrow \quad \lambda_1 = \lambda_2 \frac{l_1}{l_2} \frac{T - 273{,}15\,\mathrm{K}}{373{,}15\,\mathrm{K} - T}$$

**Beispiel (16.1–2) Radialer Wärmestrom in einem Rohr**

**a)** Berechne den in radiale Richtung verlaufenden Wärmestrom $\dot{Q}$ durch ein Rohr mit Länge $l$, Innenradius $R_i$ und Außenradius $R_a$. Die zeitlich konstanten Temperaturen auf der Innen- und Außenseite des Rohres sind $T_i$ und $T_a$ mit $T_i < T_a$.

**b)** Berechne den radialen Temperaturverlauf $T(r)$ im Inneren des Rohres.

**c)** Zeige, daß für sehr dünnwandige Rohre mit der Wanddicke $D = R_a - R_i << R_i$ die bekannte Gl. (16.1–2) folgt.

**Lösung:**

**a)** Da die Innen- und Außenfläche des Rohres verschieden sind, kann die Gl. (16.1–2) nicht direkt angewendet werden. (Welchen Wert sollte man auch für A einsetzen?) Daher muß das Rohr in sehr viele dünnwandige Rohre mit Radius $r$, Länge $l$ und mit infinitesimaler Dicke $dr$ zerlegt werden. Die Innenfläche $2\pi r l$ und die Außenfläche $2\pi(r + dr)l$ dieser dünnen Rohre unterscheiden sich nur infinitesimal, so daß die Gl. (16.1–2) verwendet werden kann. Der Wärmefluß $\dot{Q}$ ist für alle Schichten gleich groß und beträgt

$$\dot{Q} = \lambda \frac{2\pi r l}{dr}\left[T(r + dr) - T(r)\right] = \lambda \frac{2\pi r l}{dr} dT(r) \qquad \text{mit} \quad R_i \le r \le R_a$$

$$\Rightarrow \quad \frac{dr}{r} = \lambda \frac{2\pi l}{\dot{Q}} dT$$

$$\Rightarrow \quad \int_{R_i}^{R_a} \frac{dr}{r} = \lambda \frac{2\pi l}{\dot{Q}} \int_{T_i}^{T_a} dT \tag{16.1–8}$$

$$\Rightarrow \quad \dot{Q} = \lambda \frac{2\pi l}{\ln \frac{R_a}{R_i}} (T_a - T_i) \tag{16.1–9}$$

**b)** Integration der Gl. (16.1–8) mit oberer Integrationsgrenze *r* führt auf

$$\int_{R_i}^{r} \frac{dr'}{r'} = \lambda \frac{2\pi l}{\dot{Q}} \int_{T_i}^{T(r)} dT'$$

$$\Rightarrow \quad T(r) = T_i + \frac{\dot{Q}}{\lambda\, 2\pi l} \ln \frac{r}{R_i}$$

Die Temperatur *T(r)* steigt mit wachsendem *r* logarithmisch an.

**c)** Wenn wir Gl. (16.1–9) in Gl. (16.1–2) umrechnen wollen, so müssen wir offensichtlich die Logarithmusfunktion untersuchen, da sie nicht in Gl. (16.1–2) vorkommt:

$$\ln \frac{R_a}{R_i} = \ln\left(1 + \frac{D}{R_i}\right) \underset{\text{Taylorentwicklung}}{\overset{\approx}{\uparrow}} \frac{D}{R_i}$$

$$\Rightarrow \quad \dot{Q} \approx \lambda \frac{2\pi R_i l}{D} (T_a - T_i) = \lambda \frac{A}{D} (T_a - T_i)$$

Instationäre Wärmeleitungsvorgänge mit zeit- und ortabhängigen Temperaturänderungen müssen mit der Wärmeleitungsgl. untersucht werden. Die Wärmeleitungsgl. ist eine partielle Differentialgl. in Raum und Zeit und kann z. B. berechnen, wie sich eine Maschine an verschiedenen Stellen verschieden schnell aufwärmt, so daß mechanische Spannungen auftreten. Ihre Aufstellung und Untersuchung übersteigt das Niveau dieses Buches.

## 16.2 Konvektion

Im Gegensatz zur Wärmeleitung ist die Konvektion, auch "Wärmeströmung" oder "Wärmemitführung" genannt, ein makroskopisches Phänomen: Strömungen von Flüssigkeiten und Gasen transportieren Wärmeenergie. Wird die Strömung des wärmetransportierenden Mediums hauptsächlich durch Pumpen oder Ventilatoren angetrieben, spricht man von "erzwungener Konvektion". Wird die Strömung hingegen durch Auftriebskräfte angetrieben, die bei Dichteunterschieden infolge von Temperaturgefällen auftreten, spricht man von "freier Konvektion".

Wichtige Anwendungen sind Heizungsanlagen, Energieabfuhr in Kraftwerken, Kühlkreisläufe in Verbrennungsmotoren usw.

Auch beim Wetter ist die Konvektion wichtig. Am Tag wird das Land wegen der geringen Wärmekapazität stärker von der Sonne aufgeheizt als das Meer. Die erwärmte Luft steigt über dem Land hoch und zieht vom Meer eine kühle Brise nach. Nachts kühlt das Land stärker ab als das Meer, so daß die Winde dann in umgekehrter Richtung wehen. Auch die gleichmäßig wehenden Passatwinde sind Konvektionswinde. Die starke Sonneneinstrahlung am Äquator verursacht ein unaufhörliches Aufsteigen der erhitzten Luft, so daß die äquatoriale Zone bis etwa 4 km Höhe ein ständiges Tiefdruckgebiet ist, in das von Norden und Süden kühlere Luft aus den Subtropen einströmt.

Ein strömendes Fluid kann Wärme an eine Wand abgeben oder von ihr aufnehmen. Der Wärmestrom $\dot{Q}$ zwischen einem strömenden Fluid mit Temperatur $T_F$ und einer Wand mit Temperatur $T_W$ ist proportional zur angeströmten Wandfläche $A$ und zur Temperaturdifferenz:

$$\dot{Q} = \frac{Q}{t} = \alpha_K \, A(T_F - T_W) \qquad (16.2\text{–}1)$$

Der "Wärmeübergangskoeffizient" $\alpha_K$ mit der Einheit $W/(m^2K)$ hängt von vielen Faktoren ab, so daß seine Bestimmung nicht einfach ist. Er wird beeinflußt durch Form, Lage, Oberflächenbeschaffenheit der Wand, Strömungsgeschwindigkeit und das Fluid selber. Meistens entnimmt man $\alpha_K$ aus empirisch ermittelten Tabellen oder Hilfsformeln. So gilt z. B. für den Wärmeübergang Luft – Wand

$$3\,W/(m^2K) \le \alpha_K \le 1 \cdot 10^3\,W/(m^2K)$$

oder für den Wärmeübergang Flüssigkeit – Wand

$$5 \cdot 10^2\,W/(m^2K) \le \alpha_K \le 1 \cdot 10^4\,W/(m^2K)$$

Da die Wärme in der Wand durch Wärmeleitung ab- oder zugeführt wird, treten Wärmeübergang bei einer angeströmten Wand und Wärmeleitung in dieser Wand immer zusammen auf.

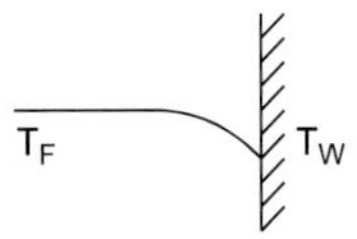


**Abb. (16.2–1)** Temperaturprofil bei Konvektion vor einer kalten Wand. Unmittelbar vor der Wand fällt die Temperatur des Fluids ab.

**Beispiel (16.2–1) Wärmeverlust durch Glasscheibe.**

Eine 1,5 m² große Glasscheibe ist $l = 4$ mm dick und hat die Wärmeleitfähigkeit $\lambda = 1{,}1$ W/(m K). Die Innentemperatur $T_i$ ist 20 °C, die Außentemperatur $T_a$ ist – 4 °C. Die beiden Wärmeübergangskoeffizienten $\alpha_K$ werden folgendermaßen angesetzt[2]:

$$\alpha_K^{\text{innen}} = 8\,W/(m^2K) \qquad \text{(fast ruhende Luft, freie Konvektion)}$$

[2] Die empirisch ermittelten und auf jahrzehntelangen Erfahrungen beruhenden Wärmeübergangskoeffizienten beinhalten auch die Wärmestrahlung, die von den Innenräumen und der Scheibe nach außen abgegeben wird. Eine eventuelle Wärmeeinstrahlung von der Sonne wird hier nicht berücksichtigt. Sie muß bei Bedarf eigens in Rechnung gestellt werden.

$$\alpha_K^{\text{außen}} = 23\,\text{W}/(\text{m}^2\text{K})$$

(leicht bewegte Außenluft)

**a)** Berechne den Wärmestrom $\dot{Q}$.

**b)** Berechne die Temperaturen $T_{W,i}$ und $T_{W,a}$ an der Innen- und Außenseite der Scheibe.

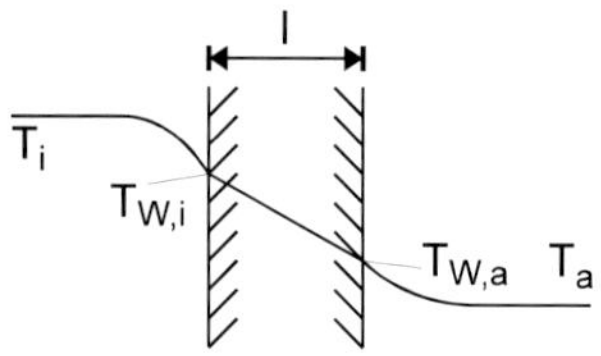


**Abb. (16.2–2)** Temperaturprofil an einer Glasscheibe

**Lösung:**

**a)**
$$T_i - T_{W,i} = \frac{\dot{Q}}{\alpha_K^{\text{innen}} A} \tag{16.2–2a}$$

$$T_{W,i} - T_{W,a} = \frac{\dot{Q}}{\frac{\lambda}{l} A} \tag{16.2–2b}$$

$$T_{W,a} - T_a = \frac{\dot{Q}}{\alpha_K^{\text{außen}} A} \tag{16.2–2c}$$

Addition der drei Gln. liefert

$$T_i - T_a = \frac{\dot{Q}}{A}\left(\frac{1}{\alpha_K^{\text{innen}}} + \frac{1}{\frac{\lambda}{l}} + \frac{1}{\alpha_K^{\text{außen}}}\right)$$

$$\Rightarrow \quad \dot{Q} = A \frac{T_i - T_a}{\frac{1}{\alpha_K^{\text{innen}}} + \frac{l}{\lambda} + \frac{1}{\alpha_K^{\text{außen}}}} \tag{16.2–3}$$

$$\approx 209{,}16\,\text{W}$$

**b)** Aus den Gln. (16.2–2a/c) folgt

$$T_{W,i} = T_i - \frac{\dot{Q}}{\alpha_K^{\text{innen}} A} \approx +2{,}57\,°\text{C}$$

$$T_{W,a} = T_a + \frac{\dot{Q}}{\alpha_K^{\text{außen}} A} \approx +2{,}06\,°\text{C}$$

Der Temperaturabfall in der Scheibe ist mit 0,51 °C überraschend klein. Die Luftschicht auf der Innenseite der Scheibe enthält die größte Temperaturdifferenz und übernimmt 72,6% der Wärmedämmung. Das Glas selber trägt nur 2,1% zur Wärmedämmung bei.

Für den Wärmedurchgang durch eine $n$-schichtige Wand gilt in Verallgemeinerung der Gl. (16.2–3):

$$\dot{Q} = k\,A\,(T_i - T_a) \qquad (16.2\text{–}4)$$

mit der sog. "Wärmedurchgangszahl" oder "k-Wert"

$$k = \frac{1}{\dfrac{1}{\alpha_K^{\text{innen}}} + \sum_{i=1}^{n} \dfrac{l_i}{\lambda_i} + \dfrac{1}{\alpha_K^{\text{außen}}}} \quad \text{für eine } n\text{-schichtige Wand} \qquad (16.2\text{–}5)$$

Der k-Wert ist vor allem für Architekten und Bauingenieure von großer Bedeutung bei der Wärmeberechnung von Gebäuden.

Für Häuser gilt folgende Faustformel: Wenn man den k-Wert einer Außenmauer oder eines Fensters mit Zehn multipliziert, erhält man den jährlichen Ölverbrauch in Litern, der für die Beheizung eines Quadratmeters anzusetzen ist. Beispiel: Für 150 $m^2$ Außenmauer mit $k = 0{,}4$ W/($m^2$ K) werden jährlich etwa 600 Liter Heizöl benötigt.

1 Liter Heizöl, 1 $m^3$ Erdgas und 10 kWh Strom erzeugen ungefähr dieselbe Wärme.

**Beispiel (16.2–2) k-Wert einer Außenmauer**

Die Außenmauer eines wärmeisolierten Hauses besteht aus

| | | |
|---|---|---|
| 1,5 | cm Innenputz | mit $\lambda = 0{,}35\ \text{W} / (\text{m}^2\ \text{K})$ |
| 49 | cm Ziegelwand | mit $\lambda = 0{,}16\ \text{W} / (\text{m}^2\ \text{K})$ |
| 6 | cm Außen-Wärmedämmputz | mit $\lambda = 0{,}10\ \text{W} / (\text{m}^2\ \text{K})$ |

Berechne den k-Wert der Mauer mit den Wärmeübergangskoeffizienten

$$\alpha_K^{\text{innen}} = 10\ \text{W} / (\text{m}^2\ \text{K}) \quad \text{und} \quad \alpha_K^{\text{außen}} = 25\ \text{W} / (\text{m}^2\ \text{K})$$

**Lösung:**

$$k = \frac{1}{\dfrac{1}{10} + \dfrac{0{,}015}{0{,}35} + \dfrac{0{,}49}{0{,}16} + \dfrac{0{,}06}{0{,}1} + \dfrac{1}{25}} = 0{,}26 \frac{\text{W}}{\text{m}^2\ \text{K}}$$

**Beispiel (16.2–3) Wärmefluß am Heizkörper.**

Vor einem flachen, senkrechten Heizkörper mit der konstanten Temperatur $T_H = 35\,°\text{C}$ und mit den Ausdehnungen $b = 2$ m und $h = 0{,}8$ m steigt Luft hoch. Dabei wächst die Lufttemperatur gemäß

$$T_L(x) = 15\,°\mathrm{C} + 6\,\frac{°\mathrm{C}}{\mathrm{m}}\,x - 0{,}2\,\frac{°\mathrm{C}}{\mathrm{m}^2}\,x^2$$

für $0 \le x \le 0{,}8\ \mathrm{m}$. Der konstante Wärmeübergangskoeffizient ist $12\ \mathrm{W/(m^2\ K)}$.

Wie groß ist der Wärmefluß $\dot{Q}$ vom Heizkörper auf die Luft?

**Lösung:**

Die Gl. $\dot{Q} = \alpha\, A\,(T_H - T_L)$ gilt nur für *konstante* Temperaturdifferenz $T_H - T_L$ zwischen Heizkörper und Luft. Da die Temperaturdifferenz in unserem Beispiel oben kleiner wird, muß die Heizfläche in $n$ schmale horizontale Streifen der Höhe $\Delta x = h/n$ unterteilt werden. Für jeden Streifen ist die Temperaturdifferenz $\Delta T_i$ zwischen Luft und Heizkörper nahezu konstant, so daß die Gl. (16.2–1) angewendet werden kann:

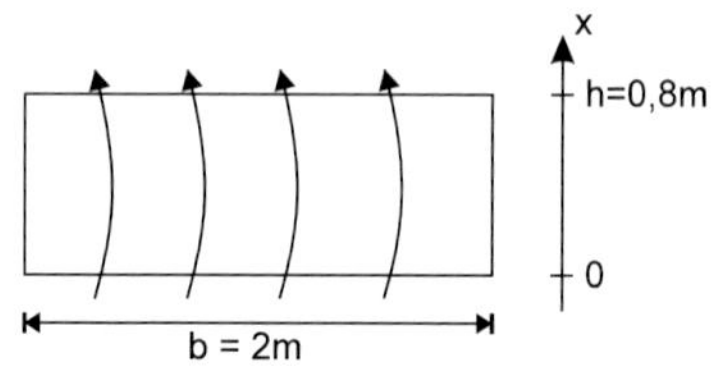


**Abb. (16.2–3)** Vor einem Heizkörper steigt Luft hoch und erwärmt sich.

$$\Rightarrow\quad \dot{Q} \approx \alpha\,\Delta A \sum_{i=1}^{n} \Delta T_i = \alpha\, b \sum_{i=1}^{n} \Delta T_i\, \Delta x$$

Das Ergebnis ist um so besser, je kleiner $\Delta x$ ist. Im Grenzübergang $\Delta x \to 0$ geht die Summe in ein Integral über mit dem exakten Ergebnis:

$$\dot{Q} = \alpha\, b \int_0^h \Delta T(x)\, dx = \alpha\, b \int_0^h \left( 20\,°\mathrm{C} - 6\,\frac{°\mathrm{C}}{\mathrm{m}}\,x + 0.2\,\frac{°\mathrm{C}}{\mathrm{m}^2}\,x^2 \right) dx =$$

$$= 12\,\frac{\mathrm{W}}{\mathrm{m}^2\,\mathrm{K}} \cdot 2\ \mathrm{m}\,(16 - 1{,}92 + 0{,}034)\,°\mathrm{C\ m} \approx 338{,}74\ \mathrm{W}$$

Bemerkung: Gelegentlich rechnen Studenten die Temperaturen auf Kelvin um:

$$20\,°\mathrm{C} \;\to\; 293{,}15\ \mathrm{K} \qquad\qquad 6\,\frac{°\mathrm{C}}{\mathrm{m}} \;\to\; 279{,}15\,\frac{\mathrm{K}}{\mathrm{m}}$$

usw. Bei der Umrechnung auf Kelvin dürfen die Zahlenwerte aber in diesem Beispiel nicht geändert werden, da die Zahlenwerte keine absoluten Temperaturen, sondern nur Temperatur*differenzen* bzw. -änderungen pro Meter angeben.

## 16.3 Wärmestrahlung

Die Wärmestrahlung – auch ”Temperaturstrahlung” genannt – benötigt kein Medium zum Energietransport, da sie eine *elektromagnetische Strahlung* ist. Die Wärmestrahlen der Sonne kommen durch den Weltraum zu uns. Im Strahler wird die kinetische Energie der zusammenstoßenden Teilchen, d. h. die Wärme in Anregungsenergie umgewandelt; dabei werden die Elektronen auf höhere Energieniveaus gehoben. Bei der Rückkehr der Elektronen in den Grundzustand wird Strahlungsenergie in Form von Photonen (siehe Band II) emittiert, die bei der Absorption im Empfänger wieder in Wärme zurückverwandelt wird.

Die Wärmestrahlen – auch "Temperaturstrahlen" genannt – können viele Sachverhalte erklären, die für die Technik und das Alltagsleben wichtig sind:

- Erhitzte Körper glühen in verschiedenen Farben. Eisen z. B. beginnt mit rotem Glühen, ZnO-Kristalle hingegen mit blaugrüner Glühung.
- Die Innenwände von doppelwandigen Thermosflaschen werden verspiegelt.
- Glühbirnen haben ein anderes Spektrum als das Sonnenlicht.
- Bei Sonnenschein ist es im Treibhaus wesentlich wärmer als draußen (Treibhauseffekt).

Die Wärmestrahlung umfaßt den infraroten Bereich des elektromagnetischen Spektrums, der in der Haut ein Wärmegefühl erzeugt, den sichtbaren und den ultravioletten Bereich. Trotzdem soll der Begriff "Wärmestrahlung" nicht einen bestimmten Bereich des elektromagnetischen Spektrums charakterisieren, sondern vielmehr eine bestimmte Entstehungsart.

*Wärmestrahlung ist nur die elektromagnetische Strahlung, die thermisch erzeugt wird.* Sie verdankt ihre Entstehung der Temperatur des strahlenden Mediums. *Wärme wird in Strahlungsenergie umgesetzt.* Zur Klarstellung sei noch folgendes erwähnt: Werden elektromagnetische Strahlen im betrachteten Wellenlängenbereich $10^{-8}\,\text{m} \leq \lambda \leq 10^{-3}\,\text{m}$ nicht thermisch, sondern auf andere Art erzeugt, so handelt es sich *nicht* um Wärmestrahlung. Strahlungen, die

- durch optische Anregung (Bestrahlung mit Licht) oder
- in Gasentladungen durch Elektronenstöße (Leuchtstoffröhren) oder
- durch chemische Energiezufuhr (Glühwürmchen und Tiefseefische)

angeregt werden, gehören nicht zu den Temperaturstrahlungen.

Festkörper, Flüssigkeiten und Gase geben Wärmestrahlung ab und nehmen sie auf, z. B. Ofen, Sonne, Kerzen, Glühbirnen. *Das Spektrum ist kontinuierlich.*[3] Die "Strahlungsleistung"

---

[3] Die Aussage, daß die Wärmestrahlung ein kontinuierliches Spektrum hat, mag überraschen, wenn man an die diskreten Energieniveaus in den Atomhüllen denkt. Diskrete Energieniveaus treten aber nur auf

- in isolierten Atomen, deren Hüllen sich nicht gegenseitig beeinflussen
- in isolierten Molekülen, bei denen sich ja nur wenige Atomhüllen aneinander binden.

In Festkörpern hingegen bilden alle $N$ Atome ($N$ ist etwa $10^{23}$) einen Verbund mit der Folge, daß sich die diskreten Energieniveaus in breite Energiebänder aufweiten.

Die Abb. (16.3–1) verdeutlicht diese Aussage näher:

$\Phi = dE / dt$, auch "Strahlungsfluß" oder "Energiestrom" genannt, d. h. die pro Zeiteinheit insgesamt abgestrahlte Energie, ist proportional zur Fläche $A$ des strahlenden Körpers und hängt darüber hinaus auch noch von der Temperatur und der Oberflächenbeschaffenheit ab:

$$\Phi = \frac{dE}{dt} = A\, f\,(T, \text{Oberflächenbeschaffenheit})$$

Dabei ist die Funktion $f$ derzeit noch unbekannt. Die spektrale Verteilung des Strahlungsflusses auf die verschiedenen Wellenlängen hängt sehr stark von der Temperatur und der Färbung der strahlenden Oberfläche ab (Mehr dazu später).

Eine große Rolle in der Wärmestrahlung spielt der Begriff "Schwarzer Körper". *Ein schwarzer Körper ist definiert als ein Körper, der die von außen einfallende Fremdstrahlung vollständig absorbiert.* Da er bei hohen Temperaturen stark strahlen kann (denke nur an glühende

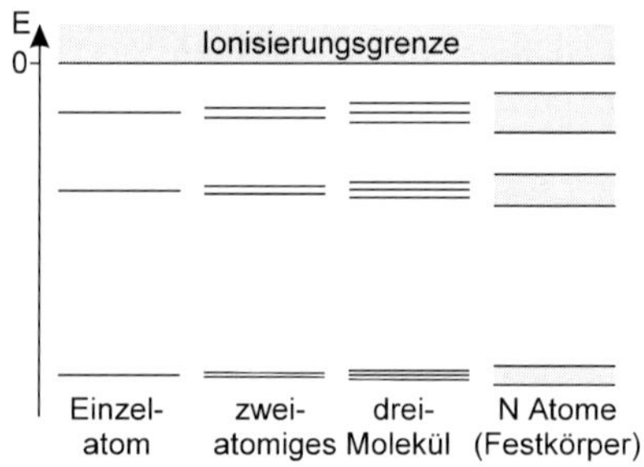


**Abb. (16.3–1):** Erlaubte Energiezustände der Elektronen in isolierten Atomen, isolierten zwei- und dreiatomigen Molekülen und im Festkörper.

- Ein Einzelatom hat diskrete Energieniveaus.
- In einem zweiatomigen Molekül spalten die Einzelniveaus in je zwei nahe benachbarte Einzelniveaus auf, in einem dreiatomigen Molekül in je drei benachbarte Einzelniveaus usw. (Vgl. mit der Aufspaltung der Frequenzen bei der Kopplung von mechanischen oder elektrischen Schwingern. Siehe Absch. 7.7 und die Gln. (7.7-2 und 3).)
- In einem Festkörper mit $N$ Atomen spalten die Einzelniveaus in $N$ derart dicht liegende Einzelniveaus auf, daß sie nicht mehr getrennt werden können und zu einem *kontinuierlichen Energieband* verschmelzen.

Fazit: In Festkörpern halten sich die Elektronen in kontinuierlichen Energiebändern auf, die in der Abb. (16.3–1) grau gezeichnet sind. Wegen der kontinuierlichen Energiebänder ist das Spektrum der Wärmestrahlung kontinuierlich.

Übrigens erklärt das Bändermodell auch leicht, wann ein Festkörper ein elektrischer Leiter ist und wann nicht: Bei einem elektrischen Strom müssen die Elektronen kinetische Energie aufnehmen, also energetisch auf eine höhere Stufe gelangen. Ein voll besetztes Band hat aber keine freien Energieniveaus und läßt daher keinen Strom zu. Die Energiebänder der Isolatoren sind alle voll besetzt; in elektrischen Leitern hingegen gibt es ein nur teilweise besetztes Energieband.

Kohle), sieht ein schwarzer Körper im Widerspruch zu seinem Namen nicht immer schwarz aus.

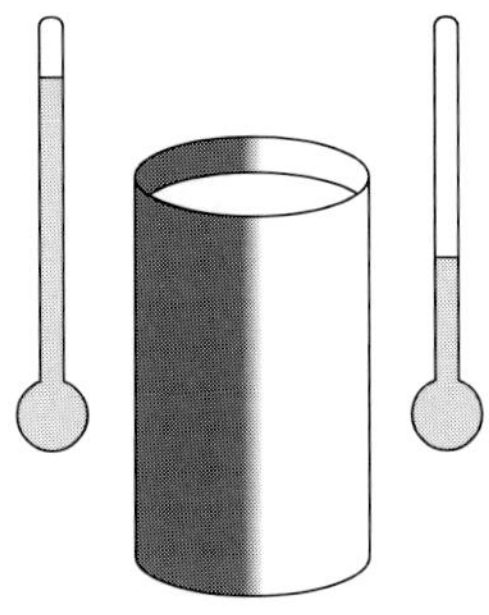

Abb. (16.3–2): Wärmestrahlung bei dunkler und heller Oberfläche.

Wir untersuchen zuerst die Abhängigkeit der Strahlung von der Oberflächenbeschaffenheit. Zu diesem Zweck machen wir einen Versuch: Ein mit heißem Wasser gefülltes Blechgefäß ist auf der einen Seite mit Ruß geschwärzt und auf der anderen Seite blank poliert. Ein mit Ruß geschwärztes Thermometer zeigt, daß die schwarze Oberfläche deutlich mehr Wärmestrahlung abgibt als die blank polierte. *Bei gleicher Temperatur strahlen schwarze, rauhe Flächen deutlich mehr Energie ab als helle, blanke Flächen.*[4]

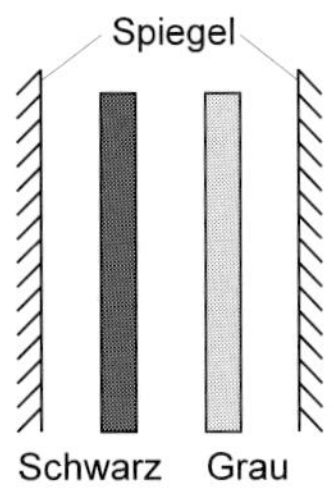



Abb. (16.3–3) Schwarzer und grauer Strahler nehmen im Vacuum die gleiche Temperatur an.

Diese Beobachtung läßt sich mit einem *Gedankenexperiment* leicht aus dem zweiten Hauptsatz der Wärmelehre ableiten: Wir stellen zwei ausgedehnte, gleich große Platten parallel nebeneinander auf. Die linke Platte hat eine völlig schwarze Oberfläche (Reflexionsgrad gleich Null), die rechte Platte ist *grau, d. h. sie reflektiert bzw. absorbiert alle Wellenlängen gleich stark.* Die auf den Außenseiten emittierten Wärmestrahlen werden an zwei vollkommenen Spiegeln verlustfrei reflektiert. Die beiden Platten befinden sich im Vakuum und tauschen daher nur Strahlungsenergie aus.

**Behauptung:** Nach dem zweiten Hauptsatz der Wärmelehre nehmen die schwarze und die graue Platte nach hinreichend langer Zeit die gleiche Temperatur an:

$$T_{\text{schwarz}} = T_{\text{grau}}$$

**Beweis:** Wenn beide Platten bereits zu Beginn des Gedankenexperimentes die gleiche Temperatur haben, so behalten sie diese Temperatur bei. Andernfalls müßte sich eine Platte auf Kosten der anderen, sich abkühlenden Platte erwärmen. Ein Wärmeübergang von einem kalten auf einen warmen Körper – ohne weitere Änderung in der Umgebung – widerspricht aber dem zweiten Hauptsatz.

Wenn beide Platten zu Beginn des Gedankenexperimentes verschiedene Temperaturen haben, so kann sich nur die kältere Platte auf Kosten der wärmeren aufheizen. Eine umgekehrte

---

[4] Diese Beobachtung ist auf den ersten Blick vielleicht etwas überraschend, da man aufgrund vieler alltäglicher Erfahrungen eher das Gegenteil vermuten möchte. Bedenke aber, daß die im Alltag beobachtete Lichtstrahlung oft keine emittierende Eigenstrahlung ist, sondern reflektierte Sonnenstrahlung.

Temperaturänderung bzw. ein umgekehrter Wärmefluß würde dem zweiten Hauptsatz widersprechen.

♦

Mit den Größen [5]

$$\alpha := \text{Absorptionsgrad} = \frac{\text{absorbierte Strahlungsleistung}}{\text{einfallende Strahlungsleistung}} \qquad (16.3\text{–}1)$$

$$R := \text{Reflexionsgrad} = \frac{\text{reflektierte Strahlungsleistung}}{\text{einfallende Strahlungsleistung}} \qquad (16.3\text{–}2)$$

finden wir: Die vom schwarzen Körper in Abb. (16.3–3) pro Fläche abgegebene Strahlungsleistung ist $\Phi_{\text{schwarz}} / A$. Die vom grauen Körper pro Fläche abgegebene Strahlungsleistung ist die Summe aus

- der (eigenen) emittierten Strahlungsleistung pro Fläche $\Phi_{\text{grau}} / A$ und
- dem reflektierten Anteil $R_{\text{grau}}\, \Phi_{\text{schwarz}} / A = (1 - \alpha_{\text{grau}})\, \Phi_{\text{schwarz}} / A$ der Strahlungsleistung $\Phi_{\text{schwarz}} / A$, die vom schwarzen Körper kommt:

$$\frac{\Phi_{\text{grau}} + (1 - \alpha_{\text{grau}})\, \Phi_{\text{schwarz}}}{A}$$

Wenn das stationäre Gleichgewicht zwischen den gleich großen Platten im Gedankenexperiment erreicht ist ($T_{\text{schwarz}} = T_{\text{grau}}$), strahlt der schwarze Körper nach dem ersten Hauptsatz dem grauen Körper genau so viel Leistung zu, wie er von diesem erhält. D. h.

$$\frac{1}{A}\, \Phi_{\text{schwarz}} = \frac{1}{A}\left[\Phi_{\text{grau}} + (1 - \alpha_{\text{grau}})\, \Phi_{\text{schwarz}}\right]$$

Daraus folgt für die Wärmestrahlung der beiden gleich großen Platten die überaus wichtige Beziehung:

---

[5] Für einen "undurchsichtigen" Körper, der keinen Teil der Strahlung durchläßt, gilt

$$\alpha + R = 1 \qquad \Leftrightarrow \qquad R = 1 - \alpha$$

Der Absorptionsgrad $\alpha$ darf nicht mit dem Absorptions*koeffizient* $\lambda$ verwechselt werden, der folgendermaßen durch den exponentiellen Abfall der Strahlungsleistung in Abhängigkeit von der Eindringtiefe $x$ definiert ist: Dringt in einen Körper die Strahlungsleistung $\Phi_0$ ein, dann ist in der Tiefe $x$ des Körpers die Leistung auf

$$\Phi(x) = \Phi_0 \exp(-\lambda\, x)$$

abgefallen. Der Absorptions*grad* $\alpha$ hängt im Gegensatz zum Absorptions*koeffizient* $\lambda$ von der Dicke des Körpers ab. Ein Stern z. B. ist ein Gasball, der wie alle Gase einen kleinen Absorptionskoeffizient $\lambda$ hat, wegen seiner ungeheuren Dicke aber den Absorptionsgrad $\alpha = 1$. Daher ist ein Stern ein schwarzer Körper, d. h. ein Körper, der alle von außen einfallende Strahlung vollständig absorbiert.

$$\frac{1}{A}\frac{\Phi_{\text{grau}}}{\alpha_{\text{grau}}} = \frac{1}{A}\Phi_{\text{schwarz}} = \frac{1}{A}\frac{\Phi_{\text{schwarz}}}{\alpha_{\text{schwarz}}} \qquad (16.3\text{–}3)$$

Diese Gl. ist der Inhalt des "Kirchhoffschen Strahlungsgesetzes" (1859): *Das Verhältnis von Strahlungsleistung pro Fläche* $\Phi$ / $A$ *und Absorptionsgrad* $\alpha$ *ist bei gegebener Temperatur für alle Körper gleich groß.* Es ist wegen $\alpha_{\text{schwarz}} = 1$ gleich der Strahlungsleistung pro Fläche des schwarzen Körpers bei dieser Temperatur. Daraus folgt insbesondere:

- *Körper mit großem Absorptionsgrad* $\alpha$ *haben eine große Strahlungsleistung* $\Phi$. Der Versuch in Abb. (16.3–2) mit dem heißen Blechnapf bestätigt dies deutlich. Undurchlässige Körper mit großem Reflexionsgrad $R = 1 - \alpha$ strahlen bei Erwärmung nur wenig (z. B. Spiegel).
- Das Verhältnis $\Phi / (A\,\alpha) = \Phi_{\text{schwarz}}/A$ ist für *alle* Körper gleich und von der Oberflächenbeschaffenheit unabhängig. Die Strahlung eines schwarzen Körpers ($\alpha_{\text{schwarz}} = 1$) hängt nur von der Temperatur ab, nicht von der Oberfläche.

Die folgenden drei Beispiele bestätigen das Kirchhoffsche Strahlungsgesetz:

- Eine stark leuchtende Azetylenflamme emittiert viel Strahlung und wirft daher bei Bestrahlung mit einem Projektor einen deutlichen Schatten. Nichtleuchtende Flammen hingegen geben keinen Schatten.
- Während Eisen bereits bei 500 °C – 600 °C rot glüht, glühen Zinkoxyd-Kristalle selbst bei 600 °C – 700 °C wider Erwarten noch nicht. Erst bei noch stärkerer Erhitzung beginnen sie blaugrün zu glühen. Diese Beobachtung ist auf den nahezu verschwindenden Absorptionsgrad der Zinkoxyd-Kristalle im rot-grünen Spektralbereich zurückzuführen. Reine Salze absorbieren Licht überhaupt nicht und zeigen daher auch bei sehr hohen Temperaturen keine Glut. Auf 900 °C erhitzte Kochsalz-Schmelze sieht aus wie kühles, klares Wasser.
- Luft, die aus tieferen Lagen ins Hochgebirge aufsteigt, dehnt sich wegen der Abnahme des Luftdruckes aus und kühlt sich dabei ab (siehe die höhenabhängige Lufttemperatur in Aufgabe (10–1 b)). Die abgekühlte Luft kann im Hochgebirge durch die intensive Sonnenstrahlung nur wenig aufgeheizt werden, da der Absorptionsgrad der Luft gering ist. Bei Erhitzung gibt Luft daher auch nur wenig Strahlungswärme ab.

Behälter für tiefgekühlte Flüssigkeiten werden doppelwandig hergestellt. Der Wärmeübergang von der äußeren auf die innere Wand wird durch drei Maßnahmen möglichst niedrig gehalten:

- Der Raum zwischen den Gefäßwänden wird zur Vermeidung von Konvektion und Wärmeleitung evakuiert.
- Die innere, kalte Gefäßwand wird verspiegelt, um die von der äußeren, warmen Gefäßwand eingestrahlte Wärme weitestgehend zu reflektieren.
- Die äußere, warme Gefäßwand wird ebenfalls verspiegelt, um möglichst wenig Wärmestrahlung abzugeben.

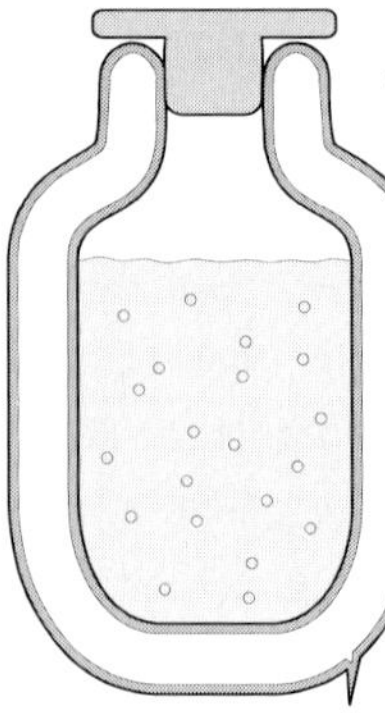


**Abb. (16.3–4):** Doppelwandige Thermosflasche.

Auch die sog. "Lichtmühle" nutzt das Kirchhoffsche Strahlungsgesetz aus. Ein leicht drehbares Flügelrad befindet sich in einem durchsichtigen Gefäß, das bis auf $10^{-2}-10^{-1}$ Torr evakuiert ist. Die Flügel sind auf der einen Seite schwarz, auf der anderen Seite metallisch glänzend. Einfallendes Licht wird auf den schwarzen Flächen stärker absorbiert als auf den blanken. Würde die Wärmeabfuhr von den Flügeln nur über die Temperaturstrahlung erfolgen, so würden sich schwarze und glänzende Flächen wegen $\Phi/\alpha = \Phi_{\text{schwarz}}$ gleich stark aufheizen. Da die Konvektion, die nicht vom Absorptionsgrad der Oberflächen abhängt, ebenfalls Energie abführt, erhitzen sich die dunklen Flächen stärker als die glänzenden. (Alltägliche Erfahrung. Siehe dazu auch Aufgabe (16–10).) Die auf die schwarzen Flächen aufprallenden Luftmoleküle erhalten infolge der heftigen Molekularbewegung einen größeren Rückstoß als die auf die blanken Flächen aufprallenden Luftmoleküle. Infolgedessen rotiert das Flügelrad bei Sonnenbestrahlung, wobei die glänzenden Flächen voranlaufen.

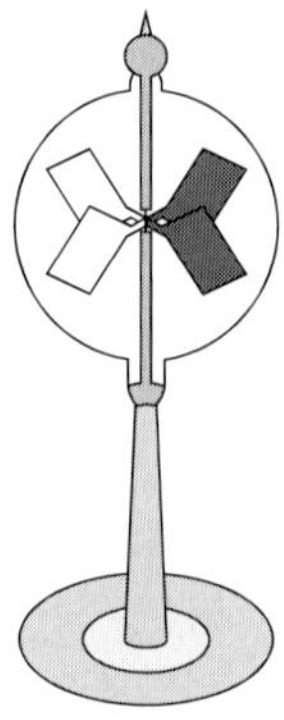

**Abb. (16.3–5):** Drehbares Flügelrad in einem evakuierten Gefäß.

Als nächstes wollen wir kurz besprechen, wie ein schwarzer Körper, der alle einfallenden Strahlen vollständig absorbiert und nichts reflektiert ($\alpha_{\text{schwarz}} = 1 - R_{\text{schwarz}} = 1$), hergestellt werden kann. In üblicher Art, also durch einen "schwarzen" Anstrich, ist dies nicht möglich. Selbst Ruß reflektiert ca. 3 % der einfallenden Strahlung. Ein ideal schwarzer Körper läßt sich nur in Form eines *geschwärzten Hohlraumes* mit kleiner Öffnung annähernd realisieren: Bevor einfallende Strahlen zufällig wieder aus der kleinen Öffnung austreten, werden sie an den geschwärzten Innenwänden unter starken Energieverlusten so oft reflektiert, daß ihre Intensität schließlich nahezu Null ist.

Beispiele aus der Natur für solche Hohlräume sind das Auge und Höhlen.

Bemerkung: Ein schwarzer Körper absorbiert alle einfallende "Fremdstrahlung" vollständig. Diese absorbierte "Fremdstrahlung" ist von der "Eigenstrahlung" zu unterscheiden: Heizt man die Wände des Hohlraumes auf, so tritt aus der Öffnung Wärmestrahlung aus, die nicht reflektiert ist, sondern im Hohlraum erzeugt wird. Bei höherer Temperatur beginnt das schwarze Loch zu glühen; dann sieht es natürlich nicht mehr schwarz aus.

Der Begriff "schwarz" bedeutet also bei der Wärmestrahlung nicht, daß der Körper schwarz aussieht, sondern nur, daß von außen einfallende Strahlung vollständig absorbiert wird.

Nach dem Kirchhoffschen Strahlungsgesetz hat ein schwarzer Körper nicht nur einen maximalen Absorptionsgrad $\alpha_{\text{schwarz}} = 1$, sondern auch eine maximale Strahlungsleistung $\Phi_{\text{schwarz}}$. Die aus der Öffnung kommende Strahlung, die man "Schwarze Strahlung" oder "Hohlraumstrahlung" nennt und die natürlich eine Temperaturstrahlung ist, also durch Wärme erzeugt wird, *hängt nur von der Temperatur des Strahlers ab und nicht von der Oberflächenbeschaffenheit im Innern des Hohlraums.* Wegen dieser Strahlungsunabhängigkeit von der Oberflächenbeschaffenheit eignet sich der Hohlraumstrahler am besten zur Formulierung des Zusammenhanges zwischen Temperatur und Strahlung und deshalb werden in Experimenten zur Strahlungsuntersuchung gerne Hohlraumstrahler verwendet..

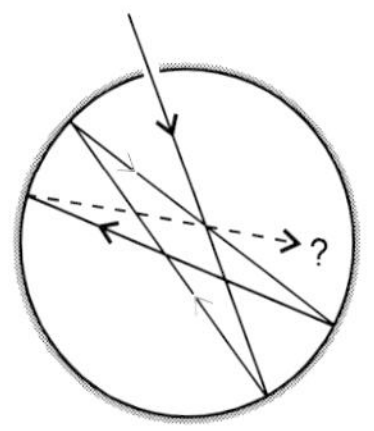


**Abb. (16.3–6):** Schwarzer Körper.

Nach dem Kirchhoffschen Strahlungsgesetz ist die Strahlungsleistung eines grauen Körpers um den Faktor $\alpha_{\text{grau}}$ schwächer als die Strahlungsleistung eines schwarzen Körpers mit gleicher Temperatur. Über die spektrale Verteilung und über die absolute Größe der Strahlung wurde bisher noch nichts gesagt.

Wir wollen nun endlich die Frage beantworten, wie spektrale Verteilung und Stärke der Hohlraumstrahlung aussehen und wie sie von der Temperatur abhängen. Lummer und Pringsheim konnten die Energieverteilung im Spektrum der Wärmestrahlung gegen Ende des letzten Jahrhunderts genau messen, indem sie die Hohlraumwände beheizten und die durch die Öffnung austretende Strahlung untersuchten. *Max Planck* vermochte die experimentellen Befunde zunächst nur durch eine empirische Gl. wiederzugeben[6] (1900). Dabei entdeckte er als neue, universelle Naturkonstante das *Plancksche Wirkungsquantum*

$$h = 6{,}6262 \cdot 10^{-34}\ \text{J s} \tag{16.3–4}$$

das die Dimension einer Wirkung hat (Energie · Zeit) und die zentrale Größe der Quantentheorie ist. Nach der sog. " Planckschen Strahlungsformel" beträgt die Strahlungs*dichte* $\Phi_\lambda$,

---

[6] Max Planck konnte die Gl. (16.3–5) erst dann theoretisch begründen, als er *im Widerspruch zur klassischen Physik* postulierte, daß die atomaren Oszillatoren, also die Festkörperatome bei der Emission und der Absorption die Energie nicht kontinuierlich abstrahlen bzw. aufnehmen, sondern nur in diskreten Portionen der Größe $n\,h\,f$ mit $f$ = Eigenfrequenz der atomaren Oszillatoren und $n = 1, 2, 3, \ldots$ Bei den Emissionen und Absorptionen wechseln die Oszillatoren ihre *diskreten Energieniveaus.*

Die Plancksche Hypothese revolutionierte das klassische Weltbild der Physik und markierte die Geburtsstunde der Quantentheorie. Sie wurde 1905 von Albert Einstein bei der Deutung des Fotoeffektes bestätigt.

$$\Phi = \int_0^\infty \Phi_\lambda \, d\lambda = 2\pi h c^2 A \int_0^\infty \frac{1}{\lambda^5} \frac{d\lambda}{e^{\frac{hc}{\lambda k T}} - 1} \qquad (16.3\text{–}7)$$

Mit der "Stefan-Boltzmann-Konstanten" [8]

$$\sigma := \frac{2\pi^5 k^4}{15 c^2 h^3} = 5{,}67 \cdot 10^{-8} \, \frac{\mathrm{W}}{\mathrm{m}^2 \, \mathrm{K}^4} \qquad (16.3\text{–}8)$$

die eine Funktion der drei Naturkonstanten $k$, $h$, $c$ ist, erhält man das "Gesetz von Stefan-Boltzmann". Danach beträgt die gesamte, von einem schwarzen Körper nach vorne in den Halbraum abgestrahlte Leistung

$$\Phi = \sigma A T^4 = 5{,}67 \cdot 10^{-8} \, \frac{\mathrm{W}}{\mathrm{m}^2 \, \mathrm{K}^4} \, A T^4 \qquad (16.3\text{–}9)$$

*Die gesamte abgestrahlte Leistung ist proportional zu $T^4$.*

Nach dem Kirchhoffschen Strahlungsgesetz (16.3–3) beträgt die Strahlungsdichte eines nicht-schwarzen Körpers mit Absorptionsgrad $\alpha(\lambda)$

$$\Phi_{\lambda,\,\mathrm{farbig}} = \alpha(\lambda) \frac{2\pi h c^2}{\lambda^5} \frac{A}{e^{\frac{hc}{\lambda k T}} - 1} \qquad (16.3\text{–}5')$$

Die gesamte abgestrahlte Leistung des farbigen Körpers beträgt

$$\Phi_{\mathrm{farbig}} = 2\pi h c^2 A \int_0^\infty \frac{\alpha(\lambda)}{\lambda^5} \frac{d\lambda}{e^{\frac{hc}{\lambda k T}} - 1} \qquad (16.3\text{–}7')$$

Für graue Körper ist der Absorptionskoeffizient $\alpha$ konstant, so daß hier gilt:

$$\Phi_{\mathrm{grau}} = \alpha \sigma A T^4 \qquad (16.3\text{–}9')$$

**Beispiel (16.3–1) Sonnenstrahlung.**

Die Sonne ist ein nahezu schwarzer Körper mit der Oberflächentemperatur $T \approx 5700\,\mathrm{K}$. (Die Temperatur im Sonneninneren beträgt ca. $1{,}5 \cdot 10^7\,\mathrm{K}$.) Berechne $\lambda_{\max}$ und die pro Quadratmeter abgestrahlte Leistung.

**Lösung:**

Nach Gl. (16.3–6) liegt das Strahlungsmaximum bei

---

[8] J. Stefan formulierte das Strahlungsgesetz, und sein berühmter Schüler L. Boltzmann bewies es. (Stefan ist also nicht der Vorname von Boltzmann.)

$$\lambda_{max} = \frac{2{,}898 \cdot 10^{-3}\ \text{m K}}{5700\ \text{K}} = 508\ \text{nm} \qquad \text{(Grün)}$$

Bemerkenswerterweise liegt die maximale Empfindlichkeit des menschlichen Auges in diesem Wellenlängenbereich. Die pro $m^2$ von der Sonnenoberfläche abgestrahlte Leistung ist

$$\Phi(5700\ \text{K}) \approx 5{,}67 \cdot 10^{-8} \cdot 5700^4\ \text{W} \approx 60\ \text{MW}$$

Zum Vergleich: Die elektrische Leistung eines modernen deutschen Kernkraftwerkes (Druckwasserreaktor) beträgt etwa 1300 MW.

**Beispiel (16.3–2) Glühbirnen.**

Die Wolframdrähte von Glühbirnen haben den Schmelzpunkt $T_{Schmelz} = 3700\ \text{K}$. Zur Sicherstellung einer hinreichend großen Lebensdauer (≥ 1000 h) müssen die Verdampfungsverluste gering gehalten werden. Daher werden Wolfram-Glühbirnen normalerweise bei einer Temperatur von ca. 2700 K betrieben.

Berechne $\lambda_{max}$ und stelle eine Gl. für den Wirkungsgrad auf.

**Lösung:**

Nach dem Wienschen Verschiebungsgesetz (16.3–6) liegt das Maximum der Strahlungsleistung unter der Voraussetzung, daß der Draht ein grauer Körper ist, also einen konstanten Absorptionskoeffizienten $\alpha$ hat, bei

$$\lambda_{max} = \frac{2{,}898 \cdot 10^{-3}\ \text{m K}}{2700\ \text{K}} \approx 1070\ \text{nm} \qquad \text{(Infrarot)}$$

Aufgrund ihrer niedrigeren Temperatur haben Glühbirnen ein anderes Spektrum als das Sonnenlicht.

Der Wirkungsgrad von Glühbirnen beträgt

$$\eta \approx \frac{\int_{400\ \text{nm}}^{760\ \text{nm}} \Phi_\lambda(\lambda, 2700\ \text{K})\ d\lambda}{I\,U}$$

Dabei sind 400 nm und 760 nm etwa die Grenzen des sichtbaren Spektrums und $I\,U$ die elektrische Leistung.

**Beispiel (16.3–3) Treibhauseffekt und Klimakatastrophe**

Glas absorbiert Infrarotlicht mit $\lambda \geq 2 \cdot 10^{-5}$ m sehr stark und läßt Strahlung mit kleinerer Wellenlänge, also insbesondere den sichtbaren Bereich fast ungeschwächt durch. Erkläre damit den Treibhauseffekt.

$$= \alpha_1 \sigma A \left(T_1^4 - T_2^4\right) \qquad \text{für } \alpha_2 = 1 \qquad (16.3\text{–}11)$$

In der Literatur wird meistens nur der Spezialfall (16.3–11) und seltener die allgemeine Gl. (16.3–10) genannt.

**Beispiel (16.3–4) Strahlungsdifferenz zwischen Heizkörper und Wand.**

Ein 1,2 $m^2$ großer Platten-Heizkörper ($\alpha$ = 0,90) mit 60 °C Oberflächentemperatur strahlt auf eine parallele 1,2 $m^2$ große Wand ($\alpha$ = 0,85), die sich dabei auf 35 °C aufwärmt.

Berechne die Wärmeleistung $\Delta\Phi$, die der Heizkörper an die Wand abgibt. (Zur Seite gehende Strahlung ist zu vernachlässigen.)

**Lösung:**

Nach Gl. (16.3–10) gilt:

$$\Delta\Phi = \frac{5{,}67 \cdot 10^{-8} \cdot 1{,}2}{\dfrac{1}{0{,}90} + \dfrac{1}{0{,}85} - 1} \left(333{,}15^4 - 308{,}15^4\right) \approx 174{,}49 \text{ W}$$

# 16.4 Zusammenfassung

**1)** Die Wärmeleitung ist in erster Linie in Festkörpern wichtig. Der Wärmetransport erfolgt durch die Zusammenstöße der Atome und in Metallen hauptsächlich durch das freie Elektronengas.

**2)** Für die Wärmeleitung durch einen Stab mit Länge $l$ und Querschnitt $A$ lautet der Wärmestrom $\dot{Q}$

$$\dot{Q} = \lambda \frac{A}{l} (T_1 - T_2) \qquad \text{mit der Wärmeleitfähigkeit } \lambda \ \left[\text{W/(m K)}\right]$$

**3)** In seitlich isolierten Wärmeleitern mit konstantem Querschnitt ändert sich die Temperatur bei stationärem Wärmefluß linear im Ort.

**4)** Zwischen Wärmestrom und elektrischem Strom bestehen Analogien:

$$\dot{Q} = \frac{\Delta T}{R_\lambda} \qquad \Leftrightarrow \qquad I = \frac{U}{R}$$

mit $R_\lambda = l / (\lambda A)$ = Wärmeleitwiderstand.

**5)** Zwischen einer Wand mit Oberflächentemperatur $T_W$ und einem strömenden Fluid, dessen Temperatur in genügender Entfernung von der Wand den räumlich konstanten Wert $T_F$ hat, wird der Wärmestrom

$$\dot{Q} = \alpha_K \, A \left| T_F - T_W \right|$$

übertragen mit dem Wärmeübergangskoeffizienten $\alpha_K$ $\left[ W/(m^2\,K) \right]$

**6)** Für die Reihenschaltung von $n$ Wärmedämmungen gilt

$$\dot{Q} = k\, A\, \Delta T = \frac{1}{\dfrac{1}{\alpha_K^{\text{innen}}} + \sum_{i=1}^{n} \dfrac{l_i}{\lambda_i} + \dfrac{1}{\alpha_K^{\text{außen}}}} A\, \Delta T$$

mit $k$ := Wärmedurchgangszahl oder k-Wert $\left[ W/(m^2\,K) \right]$.

**7)** Die Wärmestrahlung ist eine elektromagnetische Strahlung, die auf die Temperatur des strahlenden Mediums, d. h. auf die unelastischen Zusammenstöße der Atome zurückzuführen ist.

**8)** Ein schwarzer Körper ist ein Körper, der einfallende *Fremd*strahlung vollständig absorbiert. Das bedeutet nicht, daß er immer schwarz aussieht. Bei genügend hoher Temperatur glüht er wie alle anderen Körper auch und sieht dann natürlich nicht mehr schwarz aus. Ein grauer Körper absorbiert einfallende Fremdstrahlung für alle Wellenlängen gleich stark.

**9)** Nach dem Kirchhoffschen Strahlungsgesetz ist der Quotient

$$\frac{\Phi}{\alpha} = \frac{\dfrac{dE}{dt}}{\alpha} \qquad \text{mit } \Phi = \text{Strahlungsleistung und } \alpha = \text{Absorptionsgrad}$$

für alle Körper gleich groß. Daher gibt ein dunkler Körper mit großer Absorption mehr Wärmestrahlung ab als ein gleich warmer heller Körper.

**10)** Die Wärmestrahlung eines schwarzen Körpers, auch Schwarze Strahlung oder Hohlraumstrahlung genannt, wird durch die Plancksche Strahlungsformel

$$\Phi_\lambda = \frac{2\pi h c^2}{\lambda^5} \frac{1}{e^{\frac{hc}{\lambda k T}} - 1} A$$

beschrieben mit $\Phi_\lambda$ = nach vorne in den Halbraum emittierte Strahlungsleistung pro Wellenlängeneinheit.

$\Phi_\lambda \, d\lambda$ ist daher die Strahlungsleistung im Wellenlängenintervall $[\lambda, \lambda + d\lambda]$.

Die Wärmestrahlung eines grauen Körpers ist gleich $\alpha \cdot \Phi_\lambda$.

**11)** Aus der Planckschen Strahlungsformel folgen die Gl. für die Wellenlänge mit maximaler Leistungsdichte

$$\lambda_{max} = \frac{2{,}898 \cdot 10^{-3}\ \text{m K}}{\text{T}} \qquad \text{(Wiensches Verschiebungsgesetz)}$$

und die Gl. für die gesamte in den Halbraum abgestrahlte Leistung

$$\Phi = \sigma A T^4 = 5{,}67 \cdot 10^{-8} \frac{\text{W}}{\text{m}^2\ \text{K}^4} A T^4 \qquad \text{(Stefan-Boltzmann-Gesetz)}$$

**12)** Wegen ihrer $5700^{\circ}$C heißen Oberfläche strahlt die Sonne am stärksten im grünen Farbbereich. Die Erde hingegen strahlt fast nur im infraroten Bereich.

Auf die verschiedenen Spektralverteilungen bei verschiedenen Temperaturen sind der Treibhauseffekt und die Klimakatastrophe zurückzuführen: Glas und die Treibhausgase Kohlendioxyd, Methan, FCKWs usw. lassen Strahlung im sichtbaren Bereich fast ungehindert durch und absorbieren Strahlung im infraroten Bereich stark.

# 16.5 Aufgaben

**(16–1) Leicht Wärmeverlust durch Außenwand**

Die zweischalige Wand eines Hauses besteht aus einer

$l_1$ = 17,5 cm dicken Wand mit $\lambda_1$ = 0,5 W/(mK)

$l_2$ = 10 cm dicken Isolierung aus Steinwolle mit $\lambda_2$ = 0,04 W/(mK)

$l_3$ = 17,5 cm dicken Wand mit $\lambda_3$ = 0,5 W/(mK)

Die Wärmeübergangskoeffizienten seien $\alpha_K^{\text{innen}}$ = 10 W/($\text{m}^2$ K) (ruhende Luft) und $\alpha_K^{\text{außen}}$ = 25 W/($\text{m}^2$ K) (leicht bewegte Außenluft).

**a)** Berechne den Wärmestrom durch die 22 $\text{m}^2$ große Außenwand des Wohnzimmers bei einer Raumtemperatur $T_R$ = 18 °C und einer Außentemperatur $T_a$ = 0 °C. Wie groß ist der k-Wert?

**b)** Berechne die Wandtemperatur $T_{W,i}$ auf der Innenseite und die Wandtemperatur $T_{W,a}$ auf der Außenseite.

**(16–2) Leicht Wärmeverlust durch Verbundfenster**

Ein Verbundfenster der Fläche $A$ = 2,2 $\text{m}^2$ besteht aus zwei Glasscheiben mit den Dicken $l_1$ = $l_3$ = 4 mm und $\lambda_1$ = $\lambda_3$ = 0,8 W/(m K). Zwischen den Scheiben befindet sich eine Luftschicht der Dicke $l_2$ = 10 mm. Die Wärmeübergangskoeffizienten an der Innen- und Außenseite des Verbundfensters sind $\alpha_K^{\text{innen}}$ = 8 W/($\text{m}^2$ K) und $\alpha_K^{\text{außen}}$ = 23 W/($\text{m}^2$ K).

Der Wärmeübergangskoeffizient $\alpha_K^{\text{Luft}}$ der Luftschicht zwischen beiden Scheiben berücksichtigt die Wärmeleitung, die indirekt proportional zum Scheibenabstand $l_2$ ist, die konstante Wärmestrahlung [9] und die Wärmeverluste durch Konvektion, die mit dem Scheibenabstand $l_2$ wegen besserer Konvektionsmöglichkeiten ansteigt (Die folgende Abb. zeigt diese Abhängigkeiten). Bei einem optimalen Scheibenabstand $l_2$ sind die Wärmeverluste durch die Luftschicht minimal.

Es gelte: $\alpha_K^{\text{Luft}} = 5{,}9\ \text{W/(m}^2\,\text{K)}$.

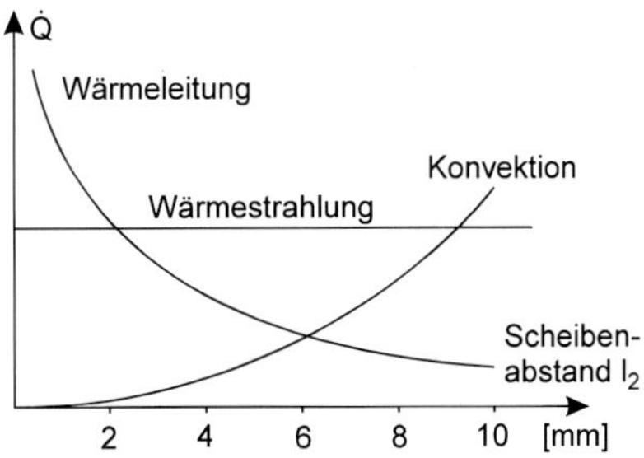


**a)** Berechne den k-Wert und den Wärmeverlust durch das Fenster bei der <u>R</u>aumtemperatur $T_R = 18$ °C und der <u>A</u>ußentemperatur $T_a = 0$ °C.

**b)** Berechne die Wandtemperaturen $T_{W,i}$ und $T_{W,a}$ an der <u>I</u>nnen- und <u>A</u>ußenseite des Fensters und die beiden identischen Temperaturabfälle $\Delta T_S$ in beiden <u>S</u>cheiben.

### (16–3) Mittel Parallelschaltung verschiedener Wärmedämmungen

Die thermische Isolation eines Daches besteht abwechselnd aus <u>Ho</u>lzsparren und <u>M</u>ineral<u>F</u>aserwolle mit der gemeinsamen Höhe $d$ und den Breiten $b_{\text{Ho}}, b_{\text{MF}}$. Die Zahl der Holzsparren und Mineralfaserplatten sei gleich groß und die Wärme fließe in der Abb. von oben nach unten.

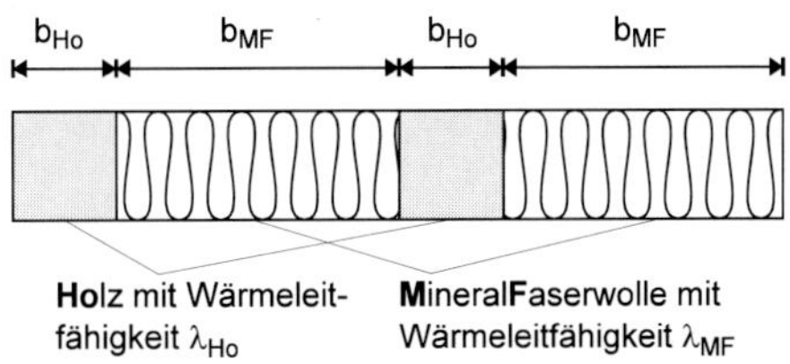


Berechne den effektiven k-Wert des Daches, der durch folgende Gl. definiert ist

$$\dot{Q} = k\,A\,(T_i - T_a)$$

**a)** durch Berechnung des gesamten Wärmestromes

**b)** durch Analogie mit der Parallelschaltung von elektrischen Widerständen.

---

[9] Im Infrarotbereich haben die Fensterscheiben – anders als im sichtbaren Bereich – einen nicht-vernachlässigbaren Absorptionsgrad (siehe auch den Treibhauseffekt in Beispiel (16.3–3)).

Hinweise: $\dot{Q}$ ist der Wärmestrom durch das Dach mit der Dachfläche $A$ und der Innen- und Außentemperatur $T_i, T_a$. Die Konvektion soll vernachlässigt werden. Die Länge $l$ des Daches – senkrecht zur Zeichenebene – sei beliebig.

**(16–4) Mittel Schmelzende Eiskugel**

Eine Eiskugel mit Radius $R$ hat die Temperatur $T_0 = 0$ °C und befindet sich in einer Umgebung mit der Temperatur $T_U > T_0$.

**a)** Zeige, daß der Radius $R$ der Eiskugel linear in der Zeit abnimmt, wenn man annimmt, daß das Schmelzwasser sofort abfließt und der Wärmeübergangskoeffizient $\alpha_K$ konstant ist, also insbesondere nicht vom Radius $R$ abhängt.

**b)** Wie lange dauert das Schmelzen einer Eiskugel mit den Daten

$R(t = 0) = 0{,}1$ m $\quad T_U = 12$ °C $\quad \alpha_K = 15$ W/(m²K) $\quad \rho = 0{,}92$ g/cm³

$c_{\text{Schmelz}} = 334$ kJ/kg = spezifische Schmelzwärme des Eises.

**(16–5) Schwer Temperaturabnahme**

Ein heißer Eisenklotz (Masse $m$, Anfangstemperatur $T_h$, spezifische Wärmekapazität $c$) ist über einen Stab (Länge $l$, konstante Querschnittsfläche $A$, Wärmeleitfähigkeit $\lambda$) mit einem kalten Wärmebad (Temperatur $T_k$) verbunden. Der heiße Eisenklotz gibt seine Wärme langsam an das Wärmebad ab, dessen Temperatur $T_k$ konstant bleibt.
Berechne die Temperatur des Eisens $T_E(t)$ als Funktion der Zeit.
Hinweis: Die Wärmekapazität des Stabes kann vernachlässigt werden.

**(16–6) Schwer Temperaturänderungen**

Zwei Körper mit den Massen $m_1, m_2$, den spezifischen Wärmekapazitäten $c_1, c_2$ und den Anfangstemperaturen $T_1(0) > T_2(0)$ werden durch einen homogenen Stab mit Länge $l$, Querschnittsfläche $A$ und Wärmeleitfähigkeit $\lambda$ miteinander verbunden.
**a)** Welche Temperatur $T_\infty$ nehmen beide Körper nach unendlich langer Zeit ein?
**b)** Stelle zwei Dgln. für $T_1(t)$ und $T_2(t)$ auf, mit denen der zeitliche Verlauf beider Temperaturen berechnet werden kann.
Hinweis: Die Wärmekapazität des Stabes kann vernachlässigt werden.

**(16–7) Mittel Schwitzwasser am Fenster**

**a)** Bei welcher relativen Luftfeuchte im Raum beschlägt ein einfach-verglastes Fenster bei

$$\vartheta_{\text{innen}} = 18\,°\text{C} \qquad \vartheta_{\text{außen}} = 0\,°\text{C}$$

$$\alpha_K^{\text{innen}} = 10\,\frac{\text{W}}{\text{m}^2\,\text{K}} \qquad \alpha_K^{\text{außen}} = 25\,\frac{\text{W}}{\text{m}^2\,\text{K}}$$

$$d_{\text{Glas}} = 2\ \text{mm} \qquad \lambda_{\text{Glas}} = 1\,\frac{\text{W}}{\text{m K}}\ ?$$

**b)** Wie tief kann die Außentemperatur fallen, bevor auf der Innenseite eines isolierverglasten Fensters mit k-Wert = 2,8 (bzw. k-Wert = 1,3) bei der relativen Luftfeuchtigkeit von 70% im Raum und Innentemperatur $\vartheta_{\text{innen}} = 18$ °C Schwitzwasser auftritt?

Hinweis: Normalerweise ist die relative Luftfeuchtigkeit in geheizten Räumen im Winter deutlich unter 70%.

**(16–8) Leicht Mittlere Temperatur der Erdoberfläche**

Bei senkrecht stehender Sonne werden 1,35 kW/m$^2$ Sonnenleistung pro m$^2$ auf die Erdoberfläche gestrahlt, wenn keine Strahlungsverluste durch Wolken auftreten. (1,35 kW/m$^2$ wird "Solarkonstante" genannt.) Wenn wir die im Erdinnern freigesetzte Erdwärme außer acht lassen, so muß die insgesamt von der Erde absorbierte Sonnenenergie gleich der von der Erde abgestrahlten Energie sein.

Schätze die mittlere Temperatur $T_E$ der Erdoberfläche ab.

**(16–9) Mittel Temperatur eines Heizdrahtes**

**a)** Welche Temperatur $T_H$ erreicht der nicht-gewendelte Heizdraht ($l$ = 28 m, $R$ = 1,5 mm) eines elektrischen Heizofens von 500 W Leistung, wenn nur die Temperaturstrahlung, nicht aber die Konvektion berücksichtigt wird? Die Temperatur der nahezu schwarzen Umgebung sei $T_U$ = 18 °C und der Absorptionsgrad des Drahtes $\alpha^{\text{Draht}} = 0,6$.

**b)** Darf die Konvektion wirklich bei der Wärmeabfuhr des Heizdrahtes vernachlässigt werden oder senkt die Konvektion die in Teil a) berechnete Temperatur $T_H$ erheblich?

**(16–10) Mittel Temperatur infolge Sonneneinstrahlung**

Zwei ebene Platten mit den Maßen 1 m × 1 m × 1 cm werden senkrecht von der Sonne mit der Leistung 1 kW bestrahlt. Auf der Rückseite sind die Platten vollständig wärmeisoliert und verspiegelt, so daß dort kein Wärmeaustausch mit der Umgebung erfolgt. Die eine Platte ist auf der Vorderseite nahezu schwarz mit dem Absorptionsgrad $\alpha_S = 0,9$. Die andere Platte ist auf der Vorderseite grau mit dem Absorptionsgrad $\alpha_G = 0,09$.

Berechne im stationären Gleichgewicht die Temperaturen $T_S$ und $T_G$ beider Platten für folgende zwei Fälle:

**a)** Die Platten stehen im Vakuum und können daher nur durch Temperaturstrahlung Wärme abgeben.

**b)** Die Platten stehen in Luft, die die Temperatur $T_L$ = 20 °C hat. Sie geben dann Wärme ab durch Temperaturstrahlung und durch Konvektion. (Verwende den Wärmeübergangskoeffizient $\alpha_K$ = 10 W/(m$^2$ K).)

Hinweis: Die Strahlung der Umgebung, die in Aufgabe (16–5) berücksichtigt wird, ist hier natürlich bereits in der Sonnenstrahlung enthalten.

**(16–11) Mittel Frequenzabhängige Strahlungsdichte**

Gl. (16.3–5) gibt die Strahlungsdichte $\Phi_\lambda$ in Abhängigkeit von der Wellenlänge an. Rechne sie in eine frequenzabhängige Strahlungsdichte $\Phi_f$ um.

**(16–12) Leicht Verständnisfragen**

**a)** Warum fühlt sich Teppichboden wärmer an als Fliesenboden?
**b)** Du möchtest eine Tasse heißen Kaffee trinken, als überraschend das Telefon läutet. Gießt Du die kalte Milch sofort ein oder wartest Du damit besser bis nach dem Telefongespräch? Wann ist der Milchkaffee beim späteren Trinken wärmer?
**c)** Oft ist folgende Meinung zu hören: Geheizte Wohnungen dürfen nachts nicht zu stark abkühlen, da man dann morgens zu stark aufheizen muß und dabei zuviel Energie verschwendet wird. Was hälst Du davon?
**d)** Warum legt man über eine Schüssel mit heißer Suppe einen Deckel?
**e)** Auch der menschliche Körper ist ein Wärmestrahler. Beim Lesen z. B. werden etwa 50% der Körperwärme, d. h. ca. 40 W abgestrahlt. Warum kann ein weißer Mensch besser in kalten Regionen leben als ein schwarzer Mensch?
**f)** Warum werden in der Theorie der Wärmestrahlung so gerne Hohlraumstrahler verwendet?

# Lösungen

## Lösungen: 2 Kinematik der Massenpunkte

### (2–1) Überholvorgang

**a)** $$s_1 + v_L \cdot T = \frac{a}{2} \cdot T^2$$

$$100\,\text{m} + 10\,\frac{\text{m}}{\text{s}}\,T = \frac{1{,}2}{2}\,\frac{\text{m}}{\text{s}^2}\,T^2 \qquad \Rightarrow \qquad T = 23{,}7\ s$$

**b)** $$s = \frac{a}{2}\,T^2 = 337\,\text{m}$$

### (2–2) Beschleunigter Zug

**a)** $$a = \frac{15\,\frac{\text{m}}{\text{s}} - 10\,\frac{\text{m}}{\text{s}}}{25\text{s}} = 0{,}2\,\frac{\text{m}}{\text{s}^2}$$

**b)** $$s = v_0 \cdot t + \frac{a}{2}\,t^2 = 10\,\frac{\text{m}}{\text{s}} \cdot 25\text{s} + 0{,}1\,\frac{\text{m}}{\text{s}^2} \cdot (25\text{s})^2 = 312{,}5\,\text{m}$$

### (2–3) Beschleunigtes Auto

Zur Bestimmung der 4 Unbekannten sind 4 Gln. erforderlich. Sie ergeben sich aus den Gln. (2.3–4/5):

$$v_1 = a\,t_1 \qquad x_1 = \frac{a}{2}\,t_1^2 \qquad (1/2)$$

$$v_2 = a\,t_2 \qquad x_2 = \frac{a}{2}\,t_2^2$$

In die letzten beiden Gln. werden die Informationen von der Meßstrecke eingesetzt:

$$v_2 = 2\,v_1 = a\,(t_1 + 2\,\text{s}) \qquad (3)$$

$$x_2 = x_1 + 75\,\text{m} = \frac{a}{2}\,(t_1 + 2\,\text{s})^2 \qquad (4)$$

Die 4 Gln. (1) – (4) enthalten die 4 Unbekannten. Die Auflösung liefert

$$t_1 = 2s \qquad x_1 = 25\,\mathrm{m} \qquad v_1 = 25\,\frac{\mathrm{m}}{\mathrm{s}} \qquad a = 12{,}5\,\frac{\mathrm{m}}{\mathrm{s}^2}$$

Bemerkung: Manchmal schreiben Studenten folgende Gl.:

$$v_2 = v_1 + a\,t_2 \quad \text{(Falsch)}$$

Diese Gl. ist falsch, da die Zeit $t_2$ ab $t = 0$ und nicht ab $t_1$ gewählt wird. Folglich muß auf der rechten Seite die Anfangsgeschwindigkeit $v_0 = 0$ zur Zeit $t = 0$ eingesetzt werden:

$$v_2 = v_0 + a\,t_2 = a\,t_2$$

Will man aber $v_1$ als Anfangsgeschwindigkeit stehen lassen, so muß die Zeit ab $t_1$ gezählt werden:

$$v_2 = v_1 + a\left(t_2 - t_1\right) = v_1 + a\,2s$$

## (2–4) Känguruh-Sprünge

Während der Sprünge bewegt sich der Schwerpunkt des Känguruhs auf einer Parabelbahn mit der maximalen Höhe $h_0$. Es gilt

$$h(t) = h_0 - \frac{g}{2}\,t^2$$

$$h(t_{\mathrm{Fall}}) = h_0 - \frac{g}{2}\,t_{\mathrm{Fall}}^2 = 0 \quad \Rightarrow \quad t_{\mathrm{Fall}} = \sqrt{\frac{2h_0}{g}} \approx 0{,}553\,\mathrm{s}$$

$$\Rightarrow \quad t_{\mathrm{Sprung}} = 2\,t_{\mathrm{Fall}} \approx 1{,}106\,\mathrm{s}$$

$$\Rightarrow \quad v = \frac{6\mathrm{m}}{t_{\mathrm{Sprung}}} \approx \frac{6\mathrm{m}}{1{,}106\mathrm{s}} \approx 5{,}425\,\frac{\mathrm{m}}{\mathrm{s}} \approx 19{,}5\,\frac{\mathrm{km}}{\mathrm{h}}$$

## (2–5) Notbremsung

Für den Bremsvorgang der beiden identischen Autos gilt:

$$a = -\frac{v_{10}^2}{2\cdot 10\,\mathrm{m}} = -\frac{(10\,\mathrm{m/s})^2}{2\cdot 10\,\mathrm{m}} = -5\,\frac{\mathrm{m}}{\mathrm{s}^2}$$

Für den 2. Wagen gilt:

$$x_0 = 0 \qquad v_{20} = 15\,\frac{\mathrm{m}}{\mathrm{s}} \qquad a = -5\,\frac{\mathrm{m}}{\mathrm{s}^2}$$

$t_{\mathrm{B}}$ := Bremszeit bis zur Wand

$$x(t) = x_0 + v_{20}\,t + \frac{a}{2}\,t^2$$

$$12\,\mathrm{m} = 15\,\frac{\mathrm{m}}{\mathrm{s}}\,t_B - \frac{5}{2}\,\frac{\mathrm{m}}{\mathrm{s}^2}\,t_B^2$$

$$\Rightarrow \quad t_B^2 - \frac{15\cdot 2}{5}\,\mathrm{s}\,t_B + \frac{12\cdot 2}{5}\,\mathrm{s}^2 = 0$$

$$\Rightarrow \quad t_{B\,1/2} = \left(3 \pm \sqrt{9 - \frac{24}{5}}\right) \text{s} = \left(3 \pm \sqrt{4{,}2}\right) \text{s}$$

Wir müssen die kleinere Zeit, also das negative Vorzeichen vor der Wurzel nehmen:

$$t_{B1} = \left(3 - \sqrt{4{,}2}\right) \text{s}$$

$$v(t_{B1}) = v_0 + a\, t_{B1} = 15\,\frac{\text{m}}{\text{s}} - 5\,\frac{\text{m}}{\text{s}^2} \cdot \left(3 - \sqrt{4{,}2}\right) \text{s} \approx 10{,}25\,\frac{\text{m}}{\text{s}}$$

Frage: Welche Bedeutung hat die Zeit $t_{B2} = \left(3 + \sqrt{4{,}2}\right)$ s ?

### (2–6) Brunnentiefe

Die Zeit $t$ ist die Summe aus der Fallzeit des Steines und der Zeit für die Schallausbreitung:

$$t = \sqrt{\frac{2\,x}{g}} + \frac{x}{c} \tag{1}$$

$$\Rightarrow \quad \frac{2\,x}{g} = \left(t - \frac{x}{c}\right)^2$$

$$\Rightarrow \quad x_{1/2} = c\,t + \frac{c^2}{g} \pm \sqrt{\left(c\,t + \frac{c^2}{g}\right)^2 - c^2\,t^2}$$

Einsetzen von Zahlenwerten zeigt, daß nur das negative Vorzeichen vor der Wurzel richtig ist. Das positive Vorzeichen führt auf eine physikalisch nicht-interpretierbare Lösung. Sie ist auf das Quadrieren der Gl. (1) zurückzuführen.

## (3–5) Geladenes Teilchen im Plattenkondensator

Die Bewegungsgl. lautet

$$m \begin{pmatrix} \ddot{x} \\ \ddot{y} \\ \ddot{z} \end{pmatrix} = \begin{pmatrix} \dfrac{q\,U_0}{d} \cos \Omega\, t \\ 0 \\ -\, m\, g \end{pmatrix}$$

Die Bewegungen in y- und z-Richtung wurden bereits in Beispiel (3.4–3) berechnet. Wir integrieren daher im folgenden nur die x-Komponente:

$$\dot{x}(t) - \dot{x}_0 = \int_0^t \frac{q\,U_0}{m\,d} \cos \Omega\, t'\, dt' = \frac{q\,U_0}{m\,d} \frac{1}{\Omega} \sin \Omega\, t$$

$$\Rightarrow \qquad \dot{x}(t) = \dot{x}_0 + \frac{q\,U_0}{\Omega\, m\, d} \sin \Omega\, t$$

$$x(t) - x_0 = \int_0^t \left[ \dot{x}_0 + \frac{q\,U_0}{\Omega\, m\, d} \sin \Omega\, t' \right] dt' = \dot{x}_0\, t' - \frac{q\,U_0}{\Omega^2\, m\, d} \cos \Omega\, t' \Bigg|_0^t$$

$$\Rightarrow \qquad x(t) = x_0 + \dot{x}_0\, t + \frac{q\,U_0}{\Omega^2\, m\, d} (1 - \cos \Omega\, t)$$

Die Eins in der runden Klammer ist notwendig, damit $x(t = 0) = x_0$ gilt.

## (3–6) Bremskraft

$$v(t) = v_0 - a \cdot t$$

Die Zeit $t_B$, in der das Geschoß auf $v = 0$ abgebremst wird, berechnet sich aus dieser Gl.:

$$0 = v_0 - a\, t_B \qquad \Rightarrow \qquad t_B = v_0 / a$$

Der während des Bremsens zurückgelegte Weg ist

$$x(t) = v_0\, t - \frac{a}{2} t^2$$

$$\Rightarrow \qquad s = 0{,}09 \text{ m} = v_0\, t_B - \frac{a}{2} t_B^2 = \frac{v_0^2}{2\,a}$$

$$\Rightarrow \qquad a = \frac{v_0^2}{2\,s} = 2 \cdot 10^6 \,\frac{\text{m}}{\text{s}^2} \qquad \Rightarrow \qquad F = m\,a = 1 \cdot 10^5 \text{ N} \mathrel{\hat{=}} 1 \text{ Tonne}$$

## (3–7) Parallelschaltung von Federn

Zur Dehnung der alten Feder mit Länge $L$ um die Strecke $x$ benötigen wir die Kraft

$$F = D\,x$$

Zur Dehnung *einer* neuen Feder mit Länge $L/2$ um dieselbe Strecke $x$ benötigen wir die doppelte Kraft

$$F = 2\,D\,x$$

weil die *Dehnung pro Windung* der Feder jetzt doppelt so groß ist wie vorher.
Zur Dehnung der *beiden parallelen* Federn mit Länge $L/2$ um die Strecke $x$ benötigen wir die vierfache Kraft

$$F = 4\,D\,x = D_2\,x \qquad \Rightarrow \qquad D_2 = 4\,D$$

## (3–8) Kletternde Affen

**a)** Der rechte Affe ist das Gegengewicht zum linken Affen und umgekehrt (actio = reactio). Man kann einen Affen weglassen und stattdessen die entsprechende Seite des Seiles am Boden befestigen.

$\Rightarrow$ Seilspannung $F = m\,g \approx 785\,\mathrm{N}$

**b)** Die Seilspannung ist beim beschleunigten Klettern zwar größer als m g, aber immer noch auf beiden Seiten der Rolle gleich groß. Daher werden beide Affen gleich schnell nach oben beschleunigt und kommen gleichzeitig an.
**c)** Da die schwere Rolle und das schwere Seil nun auch beschleunigt werden, ist die Seilspannung links größer als rechts. Daher wird der linke Affe stärker beschleunigt und kommt früher an.

## (3–9) Fahrt im Aufzug

**a)** $F = m\,g$ **b)** $F = m\,g$

**c)** $F = m\left(g + 4\,\frac{\mathrm{m}}{\mathrm{s}^2}\right)$ **d)** $F = m\left(g - 4\,\frac{\mathrm{m}}{\mathrm{s}^2}\right)$

**e)** Fahrstuhl fällt im freien Fall nach unten.

## (3–10) Freier Fall mit Reibung

**a)** Wenn die x-Achse nach unten zeigt, lautet die Dgl.

$$m\,\ddot{x} = m\,g - c\,\dot{x} \qquad \text{bzw.} \qquad m\,\dot{v} = m\,g - c\,v$$

**b)** $$\frac{dv}{dt} = g - \frac{c}{m}\,v$$

Separation der Variablen ergibt

$$\frac{1}{g}\int_{v_0}^{v(t)} \frac{dv'}{1 - \frac{c}{m\,g}\,v'} = \int_{t_0}^{t} dt'$$

Substitution:

$$1 - \frac{c}{m\,g}\,v' =: y \qquad \Rightarrow \qquad dv' = -\frac{m\,g}{c}\,dy$$

$$\Rightarrow \qquad \frac{1}{g} \int\limits_{1-\frac{c}{m\,g}v_0}^{1-\frac{c}{m\,g}v} \left(-\frac{m\,g}{c}\right) \frac{dy}{y} = t - t_0$$

$$\Rightarrow \qquad \ln \frac{1 - \frac{c}{m\,g}\,v(t)}{1 - \frac{c}{m\,g}\,v_0} = -\frac{c}{m}\,(t - t_0)$$

$$\Rightarrow \qquad v(t) = \frac{m\,g}{c} + \left(v_0 - \frac{m\,g}{c}\right) e^{-\frac{c}{m}(t-t_0)}$$

Für $t \to \infty$ geht $v(t)$ gegen $m\,g\,/\,c$ . Gewichtskraft und Reibungskraft werden dann entgegengesetzt gleich groß.

## (3–11) Seil an Tischkante

Aus dem Ansatz folgt

$$\ddot{x}(t) = \lambda^2 \left(c_1\,\mathrm{e}^{\lambda t} - c_2\,\mathrm{e}^{-\lambda t}\right)$$

Daher ist der Ansatz richtig für $\lambda = \sqrt{g\,/\,l}$ . Für die Anfangsbedingungen gilt:

$$x_0 = c_1 + c_2 \qquad v_0 = \lambda\,(c_1 - c_2)$$

$$\Rightarrow \qquad c_1 = \frac{1}{2}\left(x_0 + \frac{v_0}{\lambda}\right) \qquad c_2 = \frac{1}{2}\left(x_0 - \frac{v_0}{\lambda}\right)$$

Der Ansatz mit den Exponentialfunktionen ist umständlicher als der Ansatz mit den Hyperbelfunktionen in Beispiel (3.3–3), weil beide Exponentialfunktionen $\exp(\pm\,\lambda\,t)$ zur Zeit $t = 0$ sowohl einen Wert ungleich Null als auch eine Ableitung ungleich Null haben.

## (3–12) Integration von Zentrifugalkräften

Die Zentrifugalkraft einer Masse $m$, die auf einer Kreisbahn mit Radius $r$ und Winkelgeschwindigkeit $\omega$ umläuft, beträgt

$$F_Z = m\,\omega^2\,r$$

Da die einzelnen Teile des Ringes verschiedene Abstände $r$ von der Drehachse haben, müssen wir infinitesimale Massenelemente $dm$ einführen. Ihre infinitesimalen Zentrifugalkräfte sind nach der Abb. gleich

$$dF_Z = dm\,\omega^2\,R\sin\varphi = (\rho\,\underbrace{A\,R\,d\varphi}_{dV})\,\omega^2\,R\sin\varphi =$$

$$= \omega^2\,\rho\,A\,R^2\sin\varphi\;d\varphi$$

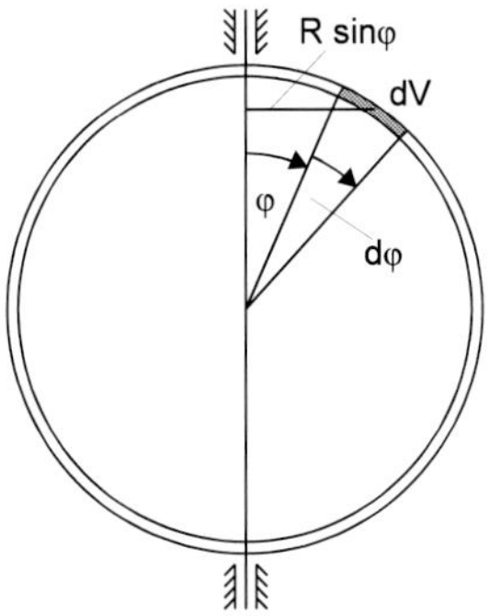


Die gesamte Zentrifugalkraft der rechten Ringhälfte beträgt

$$F_1 + F_2 = \omega^2\,\rho\,A\,R^2\int_0^{\pi}\sin\varphi\;d\varphi = \omega^2\,\rho\,A\,R^2\,2$$

Mit $\rho = \dfrac{m}{A\,2\,\pi\,R}$ folgt

$$F_1 = F_2 = \omega^2\,\rho\,A\,R^2 = \frac{m}{2\,\pi}\,\omega^2\,R$$

Die Zentrifugalkräfte der linken Ringhälfte bilden in den Querschnitten $Q_1, Q_2$ die Gegenkräfte (Actio = Reactio).

# Lösungen: 4 Arbeit, Energie und Leistung

### (4–1) Beschleunigtes Auto

$$P_0 = \frac{\frac{m_{PKW} + m_1}{2} v_E^2}{t_1} \qquad \Rightarrow \qquad m_{PKW} = \frac{2 P_0 t_1}{v_E^2} - m_1 \approx 1031\,\text{kg}$$

Weiterhin gilt:

$$P_0 = \frac{\frac{m_{PKW} + m_5}{2} v_E^2}{t_5} \qquad \Rightarrow \qquad t_5 = \frac{m_{PKW} + m_5}{2 P_0} v_E^2 \approx 12{,}88\,\text{s}$$

### (4–2) Spitzenleistung beim Hochsprung ohne Anlauf

**a)** $$\frac{m}{2} v_1^2 = m\,g\,h_2 \qquad \Rightarrow \qquad v_1 = \sqrt{2g\,h_2} \tag{1}$$

Wir berechnen nun die Beschleunigung $a$. Es gilt:

$$h_1 = \frac{a}{2} t_1^2 \qquad\qquad v_1 = a\,t_1 \tag{2}$$

Aus beiden Gln. folgt:

$$a = \frac{v_1^2}{2h_1} = g\,\frac{h_2}{h_1} \tag{3}$$

Die während des sehr kurzen Absprunges aufgebrachte Kraft beträgt

$$F = m(g + a)$$

$$\Rightarrow \qquad P_s = F\,v_1 = m\,g\left(1 + \frac{h_2}{h_1}\right)\sqrt{2g\,h_2} \approx 6{,}3\,\text{kW} \approx 8{,}6\,\text{PS}$$

Zum Vergleich: Beim normalen Gehen beträgt die Leistung etwa 60 W, beim Jogging ca. 300 W.

**b)** Nach den Gln. (1) bis (3) gilt:

$$t_1 = \frac{v_1}{a} = \sqrt{\frac{2h_1^2}{g\,h_2}} \approx 0{,}23\,\text{s}$$

### (4–3) Turbinenleistung

$$P = 0{,}92\,\frac{m\,g\,h}{1\,\text{s}}$$

mit $m$ = Wassermasse, die pro Sekunde zugeführt wird.

$$\Rightarrow \qquad \dot{m} := \frac{m}{1\,\mathrm{s}} = \frac{P}{0{,}92\, g\, h} \approx 9{,}23 \times 10^4\,\frac{\mathrm{kg}}{\mathrm{s}} \Rightarrow \qquad \dot{V} \approx 92{,}3\,\frac{\mathrm{m}^3}{\mathrm{s}}$$

## (4–4) Lorentzkraft

Die Lorentzkraft steht senkrecht auf der Geschwindigkeit $\mathbf{v}$, so daß die Leistung $P = \mathbf{F}_L \cdot \mathbf{v}$ verschwindet und daher keine Arbeit aufgebracht wird.

## (4–5) Reibungsfreies Pendel

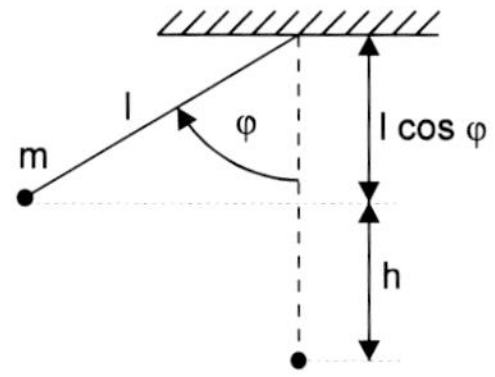


**a)** Nach der Abb. ist die Höhe der Masse m

$$h = l\,(1 - \cos\varphi)$$

Die Geschwindigkeit der Masse ist nach Gl. (2.4–5) $l\,\dot{\varphi}$, wobei die Winkelgeschwindigkeit $\dot{\varphi}$ im Bogenmaß gerechnet werden muß.

Daher ist die Energie zur Zeit $t = 0$

$$E = T + V = \frac{m}{2}\,\ell^2\,\dot{\varphi}_0^2 + m\,g\,\ell\,(1 - \cos\varphi_0) \approx 5{,}35\,\mathrm{N\,m}$$

Diese Gesamtenergie ist gleich der kinetischen Energie beim Passieren der tiefsten Lage:

$$E = 5{,}44\ \mathrm{Nm} = T = \frac{m}{2}\,v_{\max}^2 \qquad \Rightarrow \qquad v_{\max} \approx 3{,}27\,\frac{\mathrm{m}}{\mathrm{s}}$$

**b)** $$m\,g\,\ell(1 - \cos\varphi_{\max}) = 5{,}44\ \mathrm{Nm} \qquad \Rightarrow \qquad \varphi_{\max} \approx 62{,}96°$$

## (4–6) Ungedämpfter harmonischer Oszillator

**a)** Nach Gl. (3.3–7) lautet die Lösung der Bewegungsgl. für $v_0 = 0$:

$$x(t) = x_0 \cos\omega_0 t \qquad \text{mit} \qquad \omega_0 = \sqrt{D/m}$$

$$\Rightarrow \qquad \dot{x}(t) = -\,\omega_0\, x_0 \sin\omega_0 t$$

Beim Passieren der Gleichgewichtslage ($x = 0$) sind $\cos\omega_0 t = 0$ und $\sin\omega_0 t = \pm 1$. Daraus folgt:

$$v_{\max} = \pm\,\omega_0\, x_0$$

**b)** Zur Zeit $t = 0$ ist

$$E = V = \frac{D}{2}\,x_0^2$$

Beim Passieren der Gleichgewichtslage gilt

$$E = T = \frac{m}{2} v_{max}^2 \qquad \Rightarrow \qquad v_{max} = \pm \sqrt{\frac{D}{m}}\, x_0 = \pm\, \omega_0\, x_0$$

## (4–7) Bewegung im Halbkreis

Die Zentrifugalkraft in $C$ muß gleich der Schwerkraft sein.

$$\frac{m v^2}{r} = m g \qquad \text{oder} \qquad v^2 = r g$$

Die potentielle Energie der Feder wandelt sich in Lageenergie und kinetische Energie um:

$$\Rightarrow \qquad s_1 = \sqrt{\frac{5 m r g}{D}} = 0{,}91\ \text{m}$$

## (4–8) Schaukel

**a)** Beim Durchgang durch die Gleichgewichtslage muß der Faden die volle Schwerkraft $m g$ und zusätzlich noch die Zentrifugalkraft $m \ell \omega^2 = m \ell \dot{\varphi}^2$ auffangen. Die Fadenspannung beträgt daher

$$F_{\text{Gleichgewicht}} = m\left(g + \ell \dot{\varphi}^2\right)$$

mit $\ell$ = Fadenlänge und $\dot{\varphi}$ = Winkelgeschwindigkeit
In den Umkehrpunkten sind Geschwindigkeit und Zentrifugalkraft Null. In Richtung des Fadens wirkt jetzt nur noch der Anteil $m g \cos \varphi_{max}$ der Schwerkraft. Die Fadenspannung beträgt daher

$$F_{\text{Umkehr}} = m g \cos \varphi_{max} \qquad \text{mit} \qquad \varphi_{max} = \text{Amplitude}$$

Offensichtlich gilt:

$$F_{\text{Gleichgewicht}} > F_{\text{Umkehr}}$$

**b)** Wegen dieser Ungleichung ist die Arbeit, die man beim Anheben des Weihrauchfasses während des Passierens der Gleichgewichtslage verrichtet, größer als die Arbeit, die man beim Absenken des Weihrauchfasses in den Umkehrpunkten zurückerhält. (In den Umkehrpunkten verrichtet das Weihrauchfaß Arbeit an der Hebevorrichtung.) Folglich erhält das Weihrauchfaß in der Gleichgewichtslage mehr Energie als es in den Umkehrpunkten abgibt.

**c)** Hier gilt die gleiche Erklärung wie im Teil b) der Aufgabe.

## (4–9) Prellball

**a)** Nach dem 1. Aufprall beträgt die Energie

$$E_1 = E_0\, \varepsilon$$

Die Sprunghöhe $h_1$ nach dem ersten Aufprall folgt aus dem Energiesatz zu

$$m g h_1 = E_1 = E_0\, \varepsilon = m g h_0\, \varepsilon$$

$$\Rightarrow \qquad h_1 = \varepsilon\, h_0 \qquad h_2 = \varepsilon^2\, h_0 \quad \dots \quad h_n = \varepsilon^n\, h_0$$

**b)** $$t_0 = \sqrt{\frac{2h_0}{g}}$$

$$t_1 = \sqrt{\frac{2\,h_1}{g}} = t_0\,\sqrt{\varepsilon} \quad \dots \quad t_n = t_0\,\sqrt{\varepsilon^n}$$

$$T_n = t_0 + 2\,(t_1 + t_2 + \dots t_{n-1}) = \sqrt{\frac{2\,h_0}{g}}\left[1 + 2\left(\sqrt{\varepsilon} + \sqrt{\varepsilon^2} + \dots \sqrt{\varepsilon^{n-1}}\right)\right]$$

Mit der Gl. für geometrische Reihen

$$\sum_{k=1}^{n} q^k = q\,\frac{1-q^n}{1-q}$$

folgt:

$$T_n = \sqrt{\frac{2\,h_0}{g}}\left[1 + 2\sqrt{\varepsilon}\,\frac{1-\sqrt{\varepsilon^{n-1}}}{1-\sqrt{\varepsilon}}\right] \tag{1}$$

**c)** Für $n \to \infty$ führt die Gl. (1) auf

$$T_\infty = \sqrt{\frac{2\,h_0}{g}}\;\frac{1+\sqrt{\varepsilon}}{1-\sqrt{\varepsilon}} < \infty$$

## (4–10) Massenbestimmung

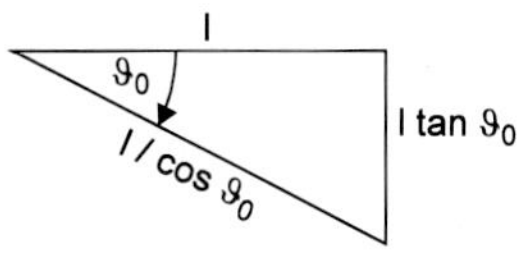


Für die zu berechnende Masse $M$ schwingt $m$ zwischen dem Anfangsort bei $\vartheta_0$ und dem oberen Umkehrpunkt $\vartheta = 0°$ periodisch – aber nicht harmonisch – auf und ab.
Da das System energetisch abgeschlossen ist und keine Reibungen auftreten, gilt der mechanische *Energiesatz*. Im oberen Umkehrpunkt sind nur potentielle Energien vorhanden.
$m$ wird um die Strecke $\ell \tan\vartheta_0$ gehoben.

$M$ wird um die Strecke $\dfrac{\ell}{\cos\vartheta_0} - \ell$ gesenkt.

Wegen des Energiesatzes gilt:

$$m\,g\,\ell\tan\vartheta_0 = M\,g\left(\frac{\ell}{\cos\vartheta_0} - \ell\right)$$

$$\Rightarrow \qquad M = \frac{\tan \vartheta_0}{\dfrac{1}{\cos \vartheta_0} - 1}\, m = \frac{\sin \vartheta_0}{1 - \cos \vartheta_0}\, m$$

Kontrolle + Veranschaulichung:

- Die Einheiten sind richtig.
- $M$ hängt nicht von $\ell$ ab, weil beide Massen bei doppelter, dreifacher ... Länge $\ell$ den doppelten, dreifachen ... Weg zurücklegen müssen. Daher kürzt sich $\ell$ im Energiesatz heraus.
- Für $\vartheta_0 \to 0°$ gehen Zähler und Nenner gegen Null. Mit der Regel von de l'Hospital erhält man

  $$\lim_{\vartheta_0 \to 0} \frac{\sin \vartheta_0}{1 - \cos \vartheta_0} = \lim_{\vartheta_0 \to 0} \frac{\cos \vartheta_0}{\sin \vartheta_0} = \infty$$

  Wenn $m$ nahe bei $\vartheta_0 = 0°$ losgelassen wird, so muß $M$ sehr groß sein, um $m$ trotz des fast schon waagerechten rechten Seilstückes zum Punkt $\vartheta = 0°$ hochzuziehen.
- Für $\vartheta_0 \to 90°$ geht $M \to m$. Beim Hochschwingen von $m$ ist das rechte Seilstück während des größten Teils des Weges nahezu vertikal. Folglich legen $m$ und $M$ ungefähr gleiche Strecken zurück. Wegen des Energiesatzes folgt $M \to m$ für $\vartheta_0 \to 90°$.

## (4–11) Beschleunigungsarbeit

Es gibt zwei Lösungsmöglichkeiten:

**1.** Möglichkeit

$$v(t) = a\,t = \frac{F}{m}\,t = 30\,\frac{\mathrm{m}}{\mathrm{s}^2}\,t$$

$$\Rightarrow \qquad W = \frac{m}{2}\left(v_2^2 - v_1^2\right) = 1\,\mathrm{kg} \cdot 900\,\frac{\mathrm{m}^2}{\mathrm{s}^4}\left(100\,\mathrm{s}^2 - 25\,\mathrm{s}^2\right) = 67{,}5\,\mathrm{kJ}$$

**2.** Möglichkeit

$$W = \int F\,dx = \int F\,v\,dt$$

$$v = a\,t = \frac{F}{m}\,t = 30\,\frac{\mathrm{m}}{\mathrm{s}^2}\,t$$

$$\Rightarrow \qquad W = 1800\,\frac{\mathrm{kg\,m}^2}{\mathrm{s}^4} \int t\,dt = 67{,}5\,\mathrm{kJ}$$

## (4–12) Reibungsarbeit

Die kinetische Anfangsenergie $m v_0^2/2$ wird in potentielle Energie $m\,g\,h = m\,g\,x \sin \alpha$ und in Reibungsenergie (Wärmeenergie) $F_R\,x$ umgesetzt. Daher gilt:

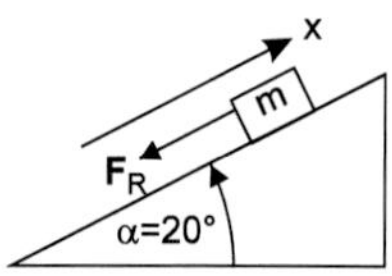

$$\frac{m}{2} v_0^2 = (F_R + m\,g \sin\alpha)\,x$$

$$x = \frac{m\,v_0^2}{2\,(F_R + m\,g\sin\alpha)} = \frac{40}{2\,(30 + 33{,}55)} \approx 0{,}31\ \text{m}$$

## (4–13) Senkrechter Wurf mit Reibung

Nach dem allgemeinen Energiesatz ist die gesamte Energie konstant. Daher ist der mechanische Energieverlust $\Delta E_{\text{mech}}$ dem Betrage nach gleich der erzeugten Wärme, d. h.

$$|\Delta E_{\text{mech}}| = \underbrace{\frac{m}{2} v_0^2}_{\text{Anfangsenergie}} - \underbrace{m\,g\,h}_{\text{Endenergie}} = 100\ \text{J} - 73{,}6\ \text{J} = 26{,}4\ \text{J} = \text{Wärme}$$

## (4–14) Bremskraft

Es bieten sich zwei Lösungsmöglichkeiten an:

**1)** Mit dem allgemeinen Energiesatz: Die potentielle Energie wird in Reibungsenergie umgesetzt:

$$m\,g\,h = (F - m\,g)\,s \quad \Rightarrow \quad F = \frac{m\,g\,h}{s} + m\,g \approx 598{,}4\ \text{N}$$

**2)** Beim Auftreffen auf den Sandhaufen hat die Kugel die Geschwindigkeit $v_0 = \sqrt{2g\,h}$. Durch die konstante Kraft $(F - m\,g)$ wird die Kugel innerhalb der Zeit $T$ gleichmäßig auf Null abgebremst. Dabei gilt:

$$s = v_0\,T - \frac{1}{2m}(F - m\,g)\,T^2$$

$$0 = v_0 - \frac{1}{m}(F - m\,g)\,T$$

Wir lösen die zweite Gl. nach $T$ auf und setzen $T$ in die erste Gl. ein. Mit $v_0 = \sqrt{2g\,h}$ folgt dasselbe Ergebnis wie bei der ersten Lösung.

## (4–15) Bremsweg

Für das reibungsfreie Gleiten gilt der Energiesatz:

$$\frac{m}{2} v_0^2 = m\,g\,h$$

Daher trifft die Masse $m$ mit der Geschwindigkeit

$$v_0 = \sqrt{2\,g\,h}$$

auf die schiefe Ebene. Dort gilt:

$$m\,\ddot{x} = \text{Hangabtriebskraft} - f \cdot \text{Normalkraft}$$

$$= m\,g\sin\alpha - f\,m\,g\cos\alpha$$

$$\Rightarrow \qquad u_1 = \frac{M\,v + m_2\,v_R}{M} = 8000{,}45\ \text{m/s} \qquad u_2 = \frac{M\,v - m_1\,v_R}{M} = 7999{,}95\ \text{m/s}$$

Der Schwerpunkt bewegt sich weiter mit der Geschwindigkeit $v$.

## (5–4) Zentraler elastischer Stoß

**a)** Die Geschwindigkeiten $u_1$, $u_2$ werden mit den Gln. (5.2–10/11) berechnet.

**b)** Wir betrachten den Augenblick, in dem die Feder maximal zusammengedrückt ist und beide Körper mit gleicher Geschwindigkeit $\overline{v}$ laufen.

Energiesatz: $$\frac{m_1}{2}\,v_1^2 + \frac{m_2}{2}\,v_2^2 = \frac{m_1 + m_2}{2}\,\overline{v}^2 + \frac{D}{2}\,s^2$$

Impulssatz: $$m_1\,v_1 + m_2\,v_2 = (m_1 + m_2)\,\overline{v}$$

$$\Rightarrow \qquad m_1\,v_1^2 + m_2\,v_2^2 = \frac{(m_1\,v_1 + m_2\,v_2)^2}{m_1 + m_2} + D\,s^2$$

$$\Rightarrow \qquad s = \sqrt{\frac{1}{D}\left[m_1\,v_1^2 + m_2\,v_2^2 - \frac{(m_1\,v_1 + m_2\,v_2)^2}{m_1 + m_2}\right]}$$

## (5–5) Impulssatz

**a)** Für die horizontale Richtung gilt der Impulssatz, da das System in dieser Richtung abgeschlossen ist. Da der Gesamtimpuls von Mann und Anhänger vor dem Gehen Null ist, verschwindet er auch beim Gehen:

$$0 = m_1\,v_1 + m_2\,v_2 \qquad \text{mit} \qquad v_1 < 0 \quad \text{und} \quad v_2 > 0$$

Wir brauchen für die 2 Unbekannten $v_1$, $v_2$ eine zweite Gl. Sie wird durch die Relativgeschwindigkeit von 0,8 m/s gegeben:

$$v_2 = 0{,}8\ \text{m/s} + v_1$$

$$\Rightarrow \qquad v_1 = -\frac{m_2}{m_1 + m_2}\cdot 0{,}8\ \text{m/s} \qquad v_2 = +\frac{m_1}{m_1 + m_2}\cdot 0{,}8\ \text{m/s}$$

**b)** Der Gesamtimpuls ist immer noch Null:

$$0 = (m_1 + m_2)\,u_1 \qquad \Rightarrow \qquad u_1 = 0$$

d. h. der Anhänger steht wieder.

## (5–6) Sprunghöhe

$$m_1 = \rho\,\frac{\pi}{6}\,d_1^3 \qquad m_2 = \rho\,\frac{\pi}{6}\,d_2^3$$

$$v = \sqrt{2\,g\,h_0} \approx 4{,}429\ \mathrm{m/s}$$

Nach dem Bodenaufprall der dicken Kugel und unmittelbar vor dem Zusammenstoß beider Kugeln sind die Geschwindigkeiten

$$v_1 = -v \qquad\qquad v_2 = v$$

Nach Gl. (5.2–11) gilt

$$u_2 = \frac{m_2 - m_1}{m_1 + m_2}\,v_2 + \frac{2\,m_1}{m_1 + m_2}\,v_1 = \left(\frac{d_2^3 - d_1^3}{d_1^3 + d_2^3} - \frac{2\,d_1^3}{d_1^3 + d_2^3}\right) v =$$

$$= \frac{d_2^3 - 3\,d_1^3}{d_1^3 + d_2^3}\,v = -\frac{23}{9}\,v \approx -11{,}32\,\frac{\mathrm{m}}{\mathrm{s}}$$

Für den Aufstieg gilt wieder der Energiesatz:

$$m_2\,g\underbrace{\left(H - d_1 - \frac{d_2}{2}\right)}_{\text{Höhendifferenz}} = \frac{m_2}{2}\,u_2^2$$

$$H = \frac{u_2^2}{2g} + d_1 + \frac{d_2}{2} \approx 6{,}6559\ \mathrm{m}$$

## (5–7) Schwingungsamplitude

Für das Eindringen gilt der Impulssatz (*nicht* der Energiesatz). Sei $u$ die Geschwindigkeit von $(m + M)$ unmittelbar nach dem Steckenbleiben von $m$. Dann gilt:

$$m\,v = (m + M)u \quad\Rightarrow\quad u = \frac{m}{m + M}\,v$$

Für die anschließende Schwingung gilt der Energiesatz:

$$\frac{M + m}{2}\,u^2 = \frac{D}{2}\,A^2$$

$$\Rightarrow \qquad A = \sqrt{\frac{M + m}{D}}\,u = \frac{m\,v}{\sqrt{(M + m)D}}$$

## (5–8) Geschwindigkeit

$$m\,\ddot{x}(t) = F(t) = 10^3\mathrm{N}\cdot\left(\frac{t}{T}\right)^3$$

$$\Rightarrow \qquad \ddot{x}(t) = \frac{10^3\mathrm{N}}{0{,}1\ \mathrm{kg}}\,\frac{t^3}{8\ \mathrm{s}^3} = 1250\cdot t^3\,\frac{\mathrm{m}}{\mathrm{s}^5}$$

$$\Rightarrow \qquad \dot{x}(t) = \dot{x}(t) - \dot{x}(t=0) = \int_0^t \ddot{x}(t')\,dt' =$$

$$= 1250\,\frac{\text{m}}{\text{s}} \cdot \int_0^t t'^3\,dt' = 312{,}5 \cdot t^4\,\frac{\text{m}}{\text{s}}$$

## (5–9) Zusammenstoß von zwei PKW´s

**a)** $a = \mu \cdot g = 0{,}8\,g$

**b)** $u(t) = u_0 - a\,t = u_0 - 0{,}8\,g\,t$

$$\Rightarrow \qquad u(t_{\text{Brems}}) = 0 = u_0 - a\,t_{\text{Brems}} \qquad \Rightarrow \qquad t_{\text{Brems}} = \frac{u_0}{0{,}8\,g}$$

Weiterhin gilt:

$$10\,m = s_{\text{Brems}} = u_0\,t_{\text{Brems}} - \frac{a}{2}\,t_{\text{Brems}}^2 = \frac{u_0^2}{2 \cdot 0{,}8\,g}$$

$$\Rightarrow \qquad u_0 = \sqrt{2 s_{\text{Brems}} \cdot 0{,}8 g} \approx 12{,}53\,\frac{\text{m}}{\text{s}}$$

**c)** Für den Zusammenstoß gilt der Impulssatz – *nicht* der Energiesatz:

$$m_1\,v_0 = (m_1 + m_2)\,u_0$$

$$\Rightarrow \qquad v_0 = \frac{m_1 + m_2}{m_1}\,u_0 \approx 22{,}56\,\frac{\text{m}}{\text{s}} \approx 81{,}2\,\frac{\text{km}}{\text{h}}$$

## (5–10) Kraftstoß

Die Impulsänderung eines Körpers ist gleich dem Kraftstoß $\int F(t)dt$. Folglich gilt:

**a)** $$p(5\text{ ms}) - p(0) = m\,v_5 = \int_0^{5\text{ ms}} F(t)\,dt = 0 \qquad \Rightarrow \qquad v_5 = 0$$

**b)** $$p(10\text{ ms}) - p(5\text{ ms}) = m\,v_{10} = \int_{5\text{ ms}}^{10\text{ ms}} F(t)\,dt = 40\text{ Ns} \qquad \Rightarrow \qquad v_{10} = 8\,\frac{\text{m}}{\text{s}}$$

## (5–11) Unelastischer Stoß

Impulssatz: $m\,v = m\,(u_1 + u_2)$

Allgemeiner Energiesatz: $\frac{2}{3}\frac{m}{2}\,v^2 = \frac{m}{2}\left(u_1^2 + u_2^2\right)$

Auflösung der ersten Gl. nach $u_1$ bzw. $u_2$ und Einsetzung in die 2. Gl. führt auf eine quadratische Gl. für $u_1$ bzw. $u_2$ mit den Lösungen

$$u_1 = \left(\frac{1}{2} - \sqrt{\frac{1}{12}}\right) v \quad \text{für stoßende Masse}$$

$$u_2 = \left(\frac{1}{2} + \sqrt{\frac{1}{12}}\right) v \quad \text{für gestoßene Masse}$$

## (5–12) Impulssatz in zwei Dimensionen

Bei der Explosion bleibt der Gesamtimpuls – und damit auch seine y-Komponente – erhalten:

$$v_{1y} + v_{2y} = 0 \quad \Rightarrow \quad v_{1x} = v_{2x} \quad \Rightarrow \quad v_1 = v_2 =: v$$

$$v_x = \frac{v}{\sqrt{2}} = v \cos 45°$$

Impulssatz in x-Richtung:

$$m \cdot 12 \frac{\text{m}}{\text{s}} = \frac{m}{3}\left(24 \frac{\text{m}}{\text{s}} + \frac{v}{\sqrt{2}} + \frac{v}{\sqrt{2}}\right)$$

$$\Rightarrow \qquad v = \frac{12 \cdot \sqrt{2}}{2} \frac{\text{m}}{\text{s}} \approx 8{,}49 \frac{\text{m}}{\text{s}}$$

## (5–13) Kreisbewegungen mit verschiedenen Bezugspunkten

**a)** $\mathbf{M}'$ verschwindet für $\mathbf{r} \parallel \mathbf{r}'$ und ist extremal, wenn $\mathbf{r}$ und $\mathbf{r}'$ ungefähr senkrecht aufeinander stehen. Daher ist $\mathbf{M}'$ nicht konstant.

**b)** $$\mathbf{L}' = \mathbf{r}' \times \mathbf{p} = (\mathbf{r} - \mathbf{a}) \times \mathbf{p} = \mathbf{L} - \mathbf{a} \times \mathbf{p}$$

$$\Rightarrow \qquad \dot{\mathbf{L}}' = \dot{\mathbf{L}} - \mathbf{a} \times \dot{\mathbf{p}} \tag{1}$$

$$\mathbf{M}' = \mathbf{r}' \times \mathbf{F} = (\mathbf{r} - \mathbf{a}) \times \mathbf{F} = \mathbf{M} - \mathbf{a} \times \mathbf{F} \tag{2}$$

Mit $\dot{\mathbf{L}} = \mathbf{M}$ und $\dot{\mathbf{p}} = \mathbf{F}$ ergeben die Gln. (1 und 2) sofort:

$$\dot{\mathbf{L}}' = \mathbf{M}'$$

Die Rechnungen gelten nicht nur für Kreisbahnen, sondern für ganz beliebige Bahnkurven und für beliebige Kräfte. Stets gilt:

$$\left.\begin{aligned} \dot{\mathbf{L}}' &= \dot{\mathbf{L}} - \mathbf{a} \times \dot{\mathbf{p}} \\ \mathbf{M}' &= \mathbf{M} - \mathbf{a} \times \mathbf{F} \end{aligned}\right\} \quad \Rightarrow \quad \dot{\mathbf{L}}' = \mathbf{M}'$$

### (5–14) Unwuchtkräfte

Für die zwei Unbekannten $F_A, F_B$ werden zwei Gln. benötigt. Die erste Gl. gilt in beiden Teilaufgaben a und b

$$m\,\omega^2\, r = F_A + F_B \tag{1}$$

und besagt, daß die Zentrifugalkraft durch beide Lager aufgefangen wird.

Im folgenden geben die zwei groß-geschriebenen Indices an den Vektoren **r** den Anfangs- und den Endpunkt an. So ist z. B. $\mathbf{r}_{AB}$ der Vektor von A nach B.

**a)** Der Koordinatenursprung liegt im linken Lager, also im Punkt A.

$$\mathbf{M} = \mathbf{r}_{AB} \times \mathbf{F}_B = 3\,l\,F_B\,\mathbf{e}_\perp \tag{2}$$

Der Einheitsvektor $\mathbf{e}_\perp$ steht nach der Zeichnung in der Aufgabenstellung senkrecht auf $\overline{\text{CD}}$ und zeigt in das Blatt hinein.

$$\begin{aligned}\mathbf{L} &= \mathbf{r}_{AD} \times (m\,\mathbf{v}) \underset{\substack{\uparrow\\ \text{Gl. (2.4-8)}}}{=} m\,\mathbf{r}_{AD} \times (\vec{\omega} \times \mathbf{r}_{CD}) = \\ &= m\left[\vec{\omega}\,(\mathbf{r}_{AD}\cdot\mathbf{r}_{CD}) - \mathbf{r}_{CD}\,(\mathbf{r}_{AD}\cdot\vec{\omega})\right] = \\ &= m\,r^2\,\vec{\omega} - 2\,m\,l\,\omega\,\mathbf{r}_{CD}\end{aligned}$$

In dieser Gl. ist nur der Vektor $\mathbf{r}_{CD}$ zeitabhängig. (Die Winkelgeschwindigkeit $\vec{\omega}$ ist parallel zur Drehachse und konstant.) Daher führt die Zeitableitung auf

$$\begin{aligned}\dot{\mathbf{L}} &= -2\,m\,l\,\omega\,\dot{\mathbf{r}}_{CD} \underset{\substack{\uparrow\\ \text{Gl. (2.4-8)}}}{=} -2\,m\,l\,\omega\,(\vec{\omega} \times \mathbf{r}_{CD}) = \\ &= 2\,m\,l\,r\,\omega^2\,\mathbf{e}_\perp\end{aligned} \tag{3}$$

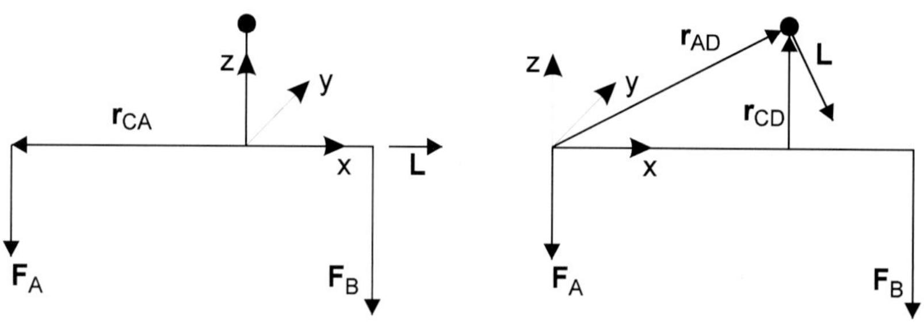


Die Abbn. zeigen den Drehimpuls für zwei verschiedene Koordinatenursprünge. Links liegt der Koordinatenursprung im Punkt C, rechts im Punkt A.

Die Gln. (2 und 3) ergeben mit $\mathbf{M} = \dot{\mathbf{L}}$

$$F_B = \frac{2}{3} m \omega^2 r \tag{4}$$

Mit Gl. (1) folgt

$$F_A = \frac{1}{3} m \omega^2 r \tag{5}$$

**b)** Der Ursprung des Koordinatensystems liegt jetzt im Punkt C auf der Achse.

$$\mathbf{M} = \mathbf{r}_{CA} \times \mathbf{F}_A + \mathbf{r}_{CB} \times \mathbf{F}_B = (2\, l\, F_A - l\, F_B)\, \mathbf{e}_\perp \tag{6}$$

$$\mathbf{L} = \mathbf{r}_{CD} \times (m\, \mathbf{v}) = m\, \mathbf{r}_{CD} \times (\vec{\omega} \times \mathbf{r}_{CD}) = m\, r^2\, \vec{\omega}$$

$$\Rightarrow \qquad \dot{\mathbf{L}} = \mathbf{0} \tag{7}$$

Der Drehimpuls hat sich wegen der Verschiebung des Koordinatenursprungs gegenüber Teil a der Aufgabe geändert.

Die Gln. (6 und 7) ergeben mit $\mathbf{M} = \dot{\mathbf{L}}$

$$2\, F_A = F_B \tag{8}$$

Die Gln. (1 und 8) führen wieder auf das bekannte Ergebnis (4 und 5).

# Lösungen: 6 Starrer Körper

## (6–1) Kraft einer Sanduhr auf den Boden

Sei $N$ die nach oben gerichtete Normalkraft des Bodens auf die Sanduhr, $m$ die Masse und S der Schwerpunkt der Sanduhr – einschließlich des Sandes. Dann gilt nach dem Schwerpunktsatz bei nach unten gerichteter z-Achse

$$m\,\ddot{z}_S = m\,g - N \qquad \Leftrightarrow \qquad N = m\,(g - \ddot{z}_S)$$

Sobald der Sand zu rinnen beginnt, die ersten Körner den Boden aber noch nicht erreicht haben, wird der Schwerpunkt nach unten beschleunigt $(\ddot{z}_S > 0)$, so daß kurzfristig gilt: $N < m\,g$.
Solange die Körner unten auf den Boden rieseln und der Sand mit konstanter Rate $\dot{m}$ fließt, wandert der Schwerpunkt S mit konstanter Geschwindigkeit nach unten $(\ddot{z}_S = 0)$, so daß $N = m\,g$.
Wenn der obere Behälter leer ist und die Flußrate $\dot{m}$ abnimmt, fällt die Geschwindigkeit des Schwerpunktes auf Null ab $(\ddot{z}_S < 0)$, so daß kurzfristig $N > m\,g$.

## (6–2) Im Gegentakt schwingende Massen

Da in horizontaler Richtung keine äußeren Kräfte wirken, bleibt der Schwerpunkt beider Massen in Ruhe:

$$x_S = \frac{m_1\,x_1 + m_2\,x_2}{m_1 + m_2} = \text{const}$$

Wir legen den Koordinatenursprung in den Schwerpunkt, so daß $x_S = 0$ gilt.

$$\Rightarrow \qquad \frac{x_1}{x_2} = -\frac{m_2}{m_1} \qquad \Rightarrow \qquad \frac{A_1}{A_2} = \frac{m_2}{m_1}$$

Mit der zweiten Bestimmungsgl. $A_1 + A_2 = s_0$ finden wir

$$A_1 = \frac{m_2}{m_1 + m_2}\,s_0 \qquad A_2 = \frac{m_1}{m_1 + m_2}\,s_0$$

## (6–3) Trägheitsmoment eines Zylinders

In Zylinderkoordinaten $z, r, \varphi$ lautet das infinitesimale Volumenelement $dV = dz \cdot dr \cdot r\,d\varphi$

$$\Rightarrow \qquad I = \rho \int_0^{2\pi} \int_0^R \int_0^l dz \cdot r^3 dr \cdot d\varphi = \rho\,l\,\frac{R^4}{4}\,2\pi = \frac{m}{\pi R^2 l}\,l\,\frac{R^4\,\pi}{2} = \frac{m}{2}\,R^2$$

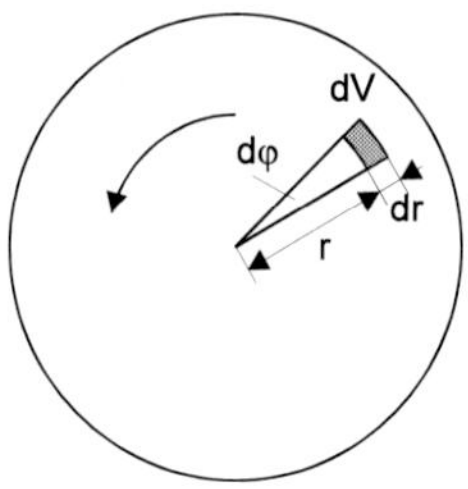

## (6–4) Trägheitsmoment eines dünnen Ringes

**a)** $$I = \frac{m}{2} R^2 + m R^2 = \frac{3}{2} m R^2$$

**b)** Sei $A$ wieder die Querschnittsfläche des dünnen Ringes.

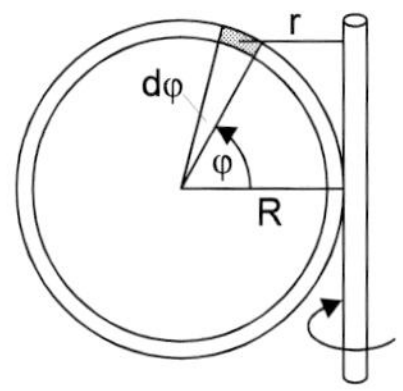


Mit $r = R(1 - \cos\varphi)$ und $dV = A\,R\,d\varphi$ folgt:

$$I = \rho \int_0^{2\pi} R^3 (1 - \cos\varphi)^2 A\,d\varphi$$

$$= \rho R^3 A\,3\pi = \frac{m}{2\pi R A} R^3 A\,3\pi = \frac{3}{2} m R^2$$

## (6–5) Reibungsmoment eines Schwungrades

**a)** Das analoge translatorische Problem lautet: Ein Massenpunkt $m$ mit Anfangsgeschwindigkeit $v_0$ wird in der Zeit $T$ gleichförmig auf die Geschwindigkeit $v = 0$ abgebremst. Berechne die Reibungskraft $R$. Mit Gl. (2.3–4) für gleichförmig beschleunigte Bewegungen ist die Lösung einfach:

$$v(t) = v_0 + a\,t \quad\Rightarrow\quad v(T) = 0 = v_0 + a\,T$$

$$\Rightarrow \quad a = \frac{R}{m} = -\frac{v_0}{T} \quad\Rightarrow\quad R = -\frac{m\,v_0}{T}$$

**b)** Analog gilt für gleichförmige Winkelbeschleunigungen:

$$\dot\varphi(t) = \dot\varphi_0 + \ddot\varphi\,t \quad\Rightarrow\quad \dot\varphi(T) = 0 = \dot\varphi_0 + \ddot\varphi\,T$$

$$\Rightarrow \quad \ddot\varphi = \frac{M_R}{I} = -\frac{\dot\varphi_0}{T}$$

$$\Rightarrow \quad M_R = -\frac{I\,\dot\varphi_0}{T} = -\frac{m}{2} R^2 \frac{120 \cdot 2\pi}{60 \cdot 36} \approx -5{,}03\ \text{Nm}$$

## (6–6) Fallbeschleunigung

**a)** $F_2 > F_1$, da die Seilspannung $F_2$ nicht nur die Masse $m_1$, sondern auch noch die träge Rolle beschleunigt. Nur für $I = 0$ ist $F_2 = F_1$.

**b)** Wir schneiden das System frei und erhalten drei sog. „Freikörperbilder“ – ein Begriff, der in der Technischen Mechanik ständig vorkommt. Die Freikörperbilder enthalten die Kräfte, die auf die drei Körper wirken und liefern die Gln.

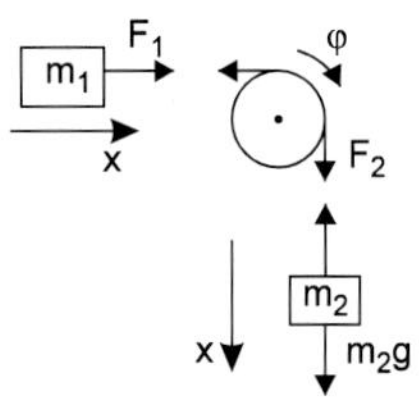


$$m_1\,\ddot x = F_1$$

$$m_2\,\ddot x = m_2\,g - F_2$$

$$I\,\ddot\varphi = R(F_2 - F_1)$$

Diese drei Gln. enthalten die vier Unbekannten $\ddot{x}$, $\ddot{\varphi}$, $F_1, F_2$. Da zwischen Rolle und Seil kein Schlupf auftreten soll, gilt noch die Nebenbedingung

$$x = R\,\varphi \quad \Leftrightarrow \quad \ddot{x} = R\,\ddot{\varphi}$$

Aus diesen vier Gln. folgt

$$\ddot{x} = \frac{m_2\, g}{m_1 + m_2 + I \,/\, R^2}$$

Kontrolle und Veranschaulichung:

- Die Einheiten sind richtig.
- Für $I = 0$ folgt $\quad \ddot{x} = \dfrac{m_2\, g}{m_1 + m_2}$
- Für $m_2 \rightarrow 0$ geht $\ddot{x} \rightarrow 0$.
- Für $m_2 \rightarrow \infty$ geht $\ddot{x} \rightarrow g$.

## (6–7) Drehbalken

Wenn sich die Mädchen dem Drehpunkt nähern, bleibt der Drehimpuls $L$ erhalten, da kein äußeres Drehmoment wirkt. Mit dem Trägheitsmoment $I_B \approx m\,l^2 \,/\, 12$ (siehe Gl. (6.2–9b)) des Balkens lautet der Drehimpulssatz

$$\left[ I_B + 2\,m \left( \frac{l}{2} \right)^2 \right] 2\,\pi\, n_0 = \left[ I_B + 2\,m \left( \frac{l}{2} - s \right)^2 \right] 2\,\pi\, n_1$$

$$\Rightarrow \qquad n_1 = \frac{I_B + \dfrac{m}{2}\, l^2}{I_B + \dfrac{m}{2}\,(l - 2\,s)^2}\, n_0 \approx 15{,}4\ \mathrm{U/min}$$

## (6–8) Drehmoment und Leistung eines Automotors

$$v_A = 15\,\frac{\mathrm{m}}{\mathrm{s}} \qquad v_E = 30\,\frac{\mathrm{m}}{\mathrm{s}} \qquad \omega_E = 2\pi \cdot 70\,\frac{1}{\mathrm{s}}$$

Die gleichmäßige Beschleunigung beträgt

$$a = \frac{v_E - v_A}{t_B} = 3\,\frac{\mathrm{m}}{\mathrm{s}^2} \approx 0{,}3\,\mathrm{g}$$

Daher ist die gesamte Kraft der Räder auf den Boden

$$F = m\,a = 3 \cdot 10^3\ \mathrm{N}$$

$$\Rightarrow \qquad P_E = F\, v_E = 90\ \mathrm{kW}$$

Wegen der gleichförmigen Beschleunigung ist das Drehmoment des Motors konstant. Es ergibt sich aus Tabelle (6.3–1) zu

$$P_E = M \cdot \omega_E = 90\ \mathrm{kW}$$

$\Rightarrow \qquad M = P_E \,/\, \omega_E \approx 205\,\mathrm{Nm}$

## (6–9) Zwei Affen am Seil

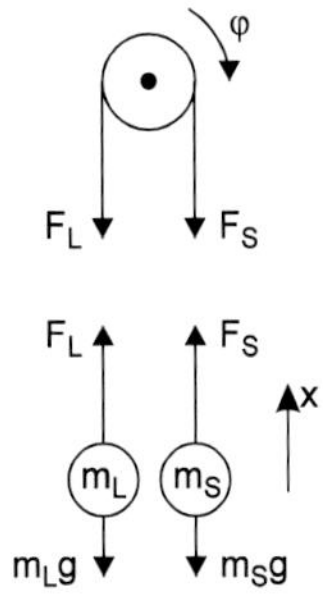


Wir schneiden das System wieder frei und erhalten drei Freikörperbilder mit den wirkenden Kräften.

Die Drehimpulsgl. für die Rolle lautet:

$$I\,\ddot{\varphi} = R\left(F_S - F_L\right)$$

Die Schwerpunktsätze für die beiden Affen lauten:

$$m_L\,\ddot{x}_L = F_L - m_L\,g$$

$$m_S\,\ddot{x}_S = F_S - m_S\,g$$

Viele Studenten wollen in die letzte Gl. noch die Muskelkraft einsetzen, mit der sich der schwere Affe hochzieht. Die Muskelkraft ist aber eine innere Kraft; sie wirkt nicht von außen und darf daher nicht in den Schwerpunktsatz eingesetzt werden. Das Hochklettern geht "indirekt" dadurch in den Schwerpunktsatz ein, daß die Fadenkraft $F_S$ für $\ddot{s} > 0$ zunimmt.

Die drei Bewegungsgln. enthalten die fünf Unbekannten $\ddot{\varphi}$, $\ddot{x}_L$, $\ddot{x}_S$, $F_L$, $F_S$. Zwei weitere Gln. werden durch die zwei Nebenbedingungen gegeben:

$$x_L = R\,\varphi \qquad \Rightarrow \qquad \ddot{x}_L = R\,\ddot{\varphi}$$

$$x_S = -R\,\varphi + s \qquad \Rightarrow \qquad \ddot{x}_S = -R\,\ddot{\varphi} + \ddot{s}$$

Auflösung der fünf Gln. nach $\ddot{x}_L$ und $\ddot{x}_S$ ergibt

$$\ddot{x}_L = \frac{\left(m_S - m_L\right) g + m_S\,\ddot{s}}{m_S + m_L + I\,/\,R^2} \tag{1}$$

$$\ddot{x}_S = \frac{-\left(m_S - m_L\right) g + \left(m_L + I\,/\,R^2\right)\ddot{s}}{m_S + m_L + I\,/\,R^2} \tag{2}$$

Der schwere Affe ist bei gleicher Anfangshöhe zuerst oben für

$$\ddot{x}_S > \ddot{x}_L$$

$$\Rightarrow \qquad \ddot{s} > \frac{2\left(m_S - m_L\right)}{m_L - m_S + I\,/\,R^2}\,g \qquad \text{für} \qquad m_L - m_S + I\,/\,R^2 > 0 \tag{3}$$

$$\text{bzw.} \qquad \ddot{s} < -\frac{2\left(m_S - m_L\right)}{m_S - m_L - I\,/\,R^2}\,g \qquad \text{für} \qquad m_S - m_L - I\,/\,R^2 > 0 \tag{4}$$

Gl. (4) kommt nicht in Frage, da $\ddot{s}$ nach Gl. (2) größer als Null sein muß, wenn $\ddot{x}_S$ positiv sein soll. Daher ist der schwere Affe nur unter folgenden *zwei* Bedingungen zuerst oben:

1) $\qquad m_L - m_S + I\,/\,R^2 > 0$

2) $$\ddot{s} > \frac{2\,(m_S - m_L)}{m_L - m_S + I\,/\,R^2}\, g$$

**(6–10) Abrollende Zylinder**

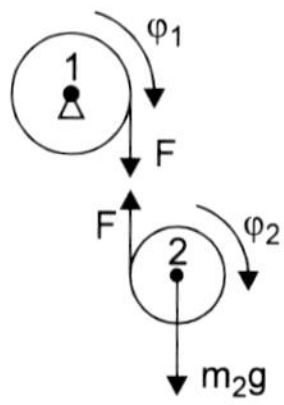


Drehimpulssatz für Zylinder 1 und 2:

$$I_1\,\ddot{\varphi}_1 = R_1\,F \qquad\qquad I_2\,\ddot{\varphi}_2 = R_2\,F$$

Schwerpunktsatz für Zylinder 2:

$$m_2\,\ddot{x} = m_2\,g - F$$

Diese drei Gln. enthalten vier Unbekannte: $\ddot{\varphi}_1, \ddot{\varphi}_2, \ddot{x}, F$. Die vierte Gl. lautet

$$\ddot{x} = R_1\,\ddot{\varphi}_1 + R_2\,\ddot{\varphi}_2$$

Mit $I_1 = m_1\,R_1^2/2$ und $I_2 = m_2\,R_2^2/2$ folgt

$$F = \frac{m_2\,g}{3 + 2\,\dfrac{m_2}{m_1}}$$

**(6–11) Hin- und herrollender Zylinder**

**a)** Im Auflagepunkt $A$ des Zylinders wirkt die horizontale Haftungskraft $H$. Ihr Vorzeichen ist für die Rechnung belanglos.

$$m\,\ddot{x} = -\,D\,x - H \qquad\qquad I\,\ddot{\varphi} = \frac{m}{2}\,R^2\,\ddot{\varphi} = R\,H$$

$$\ddot{x} = R\,\ddot{\varphi}$$

**b)** $$\ddot{x} + \frac{2D}{3m}\,x = 0 \qquad (1)$$

**c)** Die Dgl. (1) beschreibt den hin- und herrollenden Zylinder. Für ihre Lösung raten wir den Ansatz

$$x(t) = A\cos(\omega_0\,t + \varphi_0) \quad\Rightarrow\quad \ddot{x} = -\,\omega_0^2\,x$$

Daher ist der Ansatz richtig für

$$\omega_0^2 = \frac{4\pi^2}{T^2} = \frac{2D}{3m} \quad\Rightarrow\quad T = 2\pi\sqrt{\frac{3\,m}{2\,D}}$$

**(6–12) Rollender Zylinder**

Auf den Zylinder wirken vier Kräfte: Die Schwerkraft $\mathbf{G} = m_1\,\mathbf{g}$, die Normalkraft $\mathbf{F}_N$, die Fadenkraft $\mathbf{F}_F$ und die Haftkraft $\mathbf{H}$, deren Vorzeichen belanglos ist.

$$m_1\,\ddot{x}_1 = m_1\,g\sin\alpha - F_F - H$$

$$I\,\ddot{\varphi} = R\,(H - F_F)$$

$$m_2\,\ddot{h} = F_F - m_2\,g$$

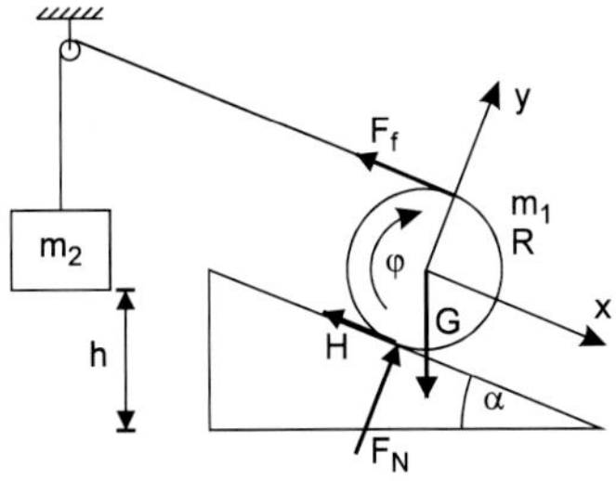


Die drei Gln. enthalten fünf Unbekannte $\ddot{x}_1,\ \ddot{\varphi},\ \ddot{h},\ F_F,\ H$. Die geometrischen Bedingungen liefern zwei weitere Gln.:

$$\ddot{x}_1 = R\,\ddot{\varphi} \qquad \ddot{h} = \ddot{x}_1 + R\,\ddot{\varphi}$$

$$\Rightarrow \qquad \ddot{x}_1 = \frac{m_1\sin\alpha - 2\,m_2}{\frac{3}{2}\,m_1 + 4\,m_2}\,g$$

## (6–13) Normalkräfte auf Vorder- und Hinterräder

Die folgenden drei Gln. gelten sowohl bei Vorderradantrieb als auch bei Hinterradantrieb. Der Schwerpunktsatz liefert

$$m\,\ddot{x} = H \qquad m\,\ddot{y} = 0 = N_V + N_H - m\,g$$

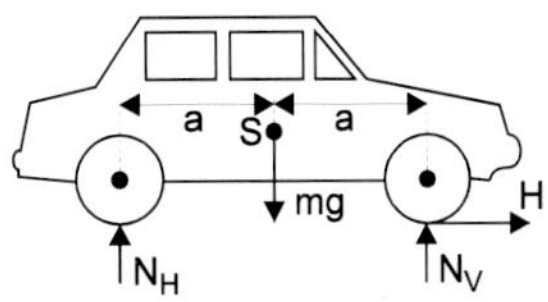


Der Drehimpulssatz lautet

$$I_S\,\ddot{\varphi} = 0 = a\,N_V + h\,H - a\,N_H$$

$$\Rightarrow \qquad N_V = \frac{m\,g}{2} - \frac{h}{2a}\,m\,\ddot{x} \qquad N_H = \frac{m\,g}{2} + \frac{h}{2a}\,m\,\ddot{x}$$

Die Hinterräder werden also beim Gasgeben ( $\ddot{x} > 0$ ) stärker belastet als die Vorderräder. Daher geht das Auto beim Gasgeben vorne leicht hoch und hinten runter und umgekehrt beim Bremsen.

## (6–14) Beschleunigung eines Karren

Mit $H$ = Haftungskraft *eines* Rades lautet der Schwerpunktsatz:

$$m_K\,\ddot{x} = F - 4H \qquad I\,\ddot{\varphi} = R\,H$$

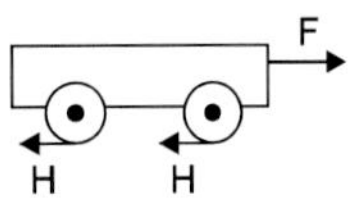


Mit $I = m\,R^2/2$ und $\ddot{\varphi} = \ddot{x}/R$ folgt

$$\ddot{x} = \frac{F}{m_K + 2\,m} \approx 3{,}6\ \mathrm{m/s^2}$$

## (6–15) Bewegung einer gezogenen Garnrolle

Schwerpunktsatz und Drehimpulsgl. liefern

$$m\,\ddot{x} = F\cos\alpha - H \qquad m\,\ddot{y} = 0 = N + F\sin\alpha - m\,g$$

$$I\,\ddot{\varphi} = R_2\,H - R_1\,F$$

Diese drei Gln. enthalten vier Unbekannte $\ddot{x}, \ddot{\varphi}, N, H$ .

Die Rollbedingung liefert eine vierte Gl.

$$\ddot{x} = R_2\,\ddot{\varphi}$$

$$\Rightarrow \qquad \ddot{x} = \frac{R_2 \cos\alpha - R_1}{I + m R_2^2} R_2\, F$$

Danach sind drei Fälle zu unterscheiden:

a) Für $\cos\alpha < R_1/R_2$ ist $\ddot{x} < 0$. Die Rolle bewegt sich nach links.

b) Für $\cos\alpha = R_1/R_2$ ist $\ddot{x} = 0$. Die Wirkungslinie der Kraft $F$ läuft durch den Auflagepunkt $A$ und erzeugt daher kein Drehmoment bzgl. $A$. Die Rolle bleibt in Ruhe.

c) Für $\cos\alpha > R_1/R_2$ ist $\ddot{x} > 0$. Die Rolle bewegt sich nach rechts.

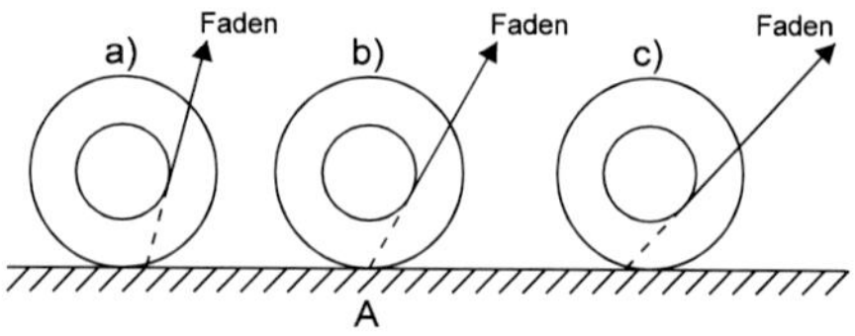


## (6–16) Beschleunigung und Stangenkraft

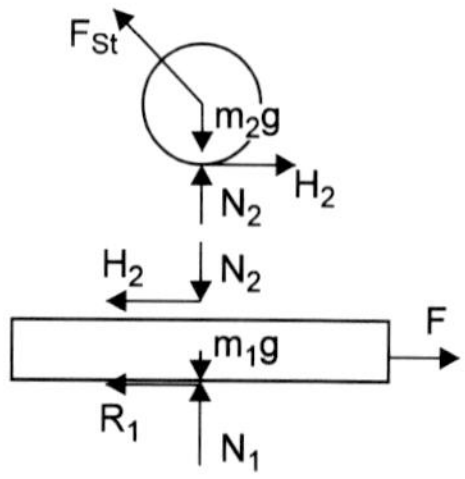


Für die Platte $m_1$ lautet der Schwerpunktsatz:

$$m_1\,\ddot{x} = F - R_1 - H_2$$

$$m_1\,\ddot{y} = 0 = N_1 - N_2 - m_1\,g$$

Für den Zylinder lauten der Schwerpunktsatz und die Drehimpulsgl.:

$$0 = H_2 - F_{St} \cdot \cos\alpha$$

$$0 = N_2 - m_2\,g + F_{St}\,\sin\alpha$$

$$I\,\ddot{\varphi} = \frac{m_2}{2} R^2\,\ddot{\varphi} = R\,H_2$$

Diese fünf Gln. enthalten sieben Unbekannte: $\ddot{x}, \ddot{\varphi}, N_1, N_2, R_1, H_2, F_{St}$ . Daher werden zwei weitere Gln. benötigt:

$$\ddot{x} = R\,\ddot{\varphi} \qquad R_1 = \mu\,N_1$$

$$\Rightarrow \qquad \ddot{x} = 2\,\frac{F - \mu\,(m_1 + m_2)\,g}{2\,m_1 + m_2 - \mu\,m_2\,\tan\alpha}$$

$$F_{St} = \frac{m_2 \ddot{x}}{2\cos\alpha} = \frac{m_2}{\cos\alpha} \frac{F - \mu (m_1 + m_2) g}{2 m_1 + m_2 - \mu m_2 \tan\alpha}$$

Kontrolle und Veranschaulichung:

- Die Einheiten sind richtig.
- $\ddot{x} = 0 \quad \Leftrightarrow \quad F - \mu (m_1 + m_2) g = 0$

  In diesem Fall ist $F_{St} = 0$ und die Kraft $F$ überwindet die Reibungskraft $\mu (m_1 + m_2) g$
- $m_2 = 0 \quad \Rightarrow \quad \ddot{x} = \frac{1}{m_1}(F - \mu m_1 g)$
- $\alpha = 0 \quad \Rightarrow \quad \ddot{x} = \frac{F - \mu (m_1 + m_2) g}{m_1 + m_2/2} = \frac{F - \mu (m_1 + m_2) g}{m_1 + I/R^2}$
- Mit zunehmendem Winkel $\alpha$ nimmt $F_{St}$ monoton zu und die Normalkraft

  $N_2 = m_2 g - F_{St} \sin\alpha$

  fällt monoton. Bei genügend großem Winkel $\alpha$, d. h. bei genügend kleinem $N_2$ reicht die Haftungskraft zwischen Zylinder und Platte nicht mehr aus, den Zylinder ohne Schlupf zu drehen. Folglich wird die Rechnung bei zu großem Winkel $\alpha$ sinnlos. Die Bedingung, daß der Zylinder ohne Schlupf auf der Platte rollt, kann dann zwar noch mathematisch, aber nicht mehr technisch realisiert werden.

## (6–17) Abrutschender Stab

Wegen der Reibungsfreiheit stehen die Kräfte $F_1, F_2$ senkrecht auf Wand und Boden. Der Schwerpunktsatz für die Schwerpunktkoordinaten $x_S, y_S$ und die Drehimpulsgl. lauten

$$m \ddot{x}_S = F_1 \qquad m \ddot{y}_S = F_2 - m g$$

$$I \ddot{\varphi} = \frac{m}{12} l^2 \ddot{\varphi} = \frac{l}{2}(F_2 \sin\varphi - F_1 \cos\varphi)$$

Die drei Gln. enthalten fünf Unbekannte: $\ddot{x}_S, \ddot{y}_S, \ddot{\varphi}, F_1, F_2$. Der kinematische Zusammenhang liefert zwei weitere Gln.:

$$x_S = \frac{l}{2} \sin\varphi \qquad y_S = \frac{l}{2} \cos\varphi$$

$$\Rightarrow \quad \ddot{x}_S = \frac{l}{2}\left(\ddot{\varphi} \cos\varphi - \dot{\varphi}^2 \sin\varphi\right) \qquad \ddot{y}_S = \frac{l}{2}\left(\ddot{\varphi} \sin\varphi - \dot{\varphi}^2 \cos\varphi\right)$$

$$\Rightarrow \quad \ddot{\varphi} = \frac{3 g}{2 l} \sin\varphi$$

# Lösungen: 7 Lineare Schwingungen

### (7–1) Kinematische Fremderregung

**a)** $$m\ddot{x} = -c\dot{x} + D\left[u - x\right]$$

$$m\ddot{x} + c\dot{x} + Dx = D\,u_0 \cos\Omega t$$

**b)** $$m\ddot{x} = D\left[u - x\right] + c\left[\dot{u} - \dot{x}\right]$$

$$m\ddot{x} + c\dot{x} + Dx = D u_0 \cos\Omega t - c\,u_0\,\Omega \sin\Omega t =$$

$$= \sqrt{D^2 + (c\,\Omega)^2}\;u_0 \cos(\Omega t + \varphi_0)$$

**c)** $$m\ddot{x} = -D\,x + c\left[\dot{u} - \dot{x}\right]$$

$$m\ddot{x} + c\dot{x} + Dx = -c\,u_0\,\Omega \sin\Omega t$$

*Die Resonanzfrequenz ist* gleich der ungedämpften Eigenfrequenz

$$\omega_R = \sqrt{D/m} = \omega_0$$

und daher in diesem Fall *unabhängig von der Reibung*.

**d)** $$m\ddot{x} = F_1 + F_2 + F_3 = c\,(\dot{u}_1 - \dot{x}) + D_2\,(u_2 - x) + D_3\,(u_3 - x)$$

Daraus folgt sofort

$$m\ddot{x} + c\dot{x} + (D_2 + D_3)\,x =$$

$$c\,\Omega\,\hat{u}_1 \cos(\Omega t) + D_2\,\hat{u}_2 \cos(2\Omega t) + D_3\,\hat{u}_3 \cos\left(\frac{\Omega}{2}t + 30°\right)$$

Die Feder $D_1$ kommt nicht (!) in der Dgl. vor, da die Bewegung des Punktes B von außen erzwungen wird.

### (7–2) Berechnung der Amplitude

Für die harmonische Schwingung gilt

$$x(t) = A\cos(\omega_0 + \varphi_0) \qquad \Rightarrow \qquad v(t) = -A\,\omega_0 \sin(\omega_0 t + \varphi_0)$$

$$\Rightarrow \qquad v_{\max} = A\,\omega_0$$

$$\Rightarrow \qquad A = \frac{v_{\max}}{\omega_0} = \frac{v_{\max}}{2\pi}T \approx 1{,}59\text{ m}$$

Die in der Aufgabenstellung angegebene Masse wird in der Lösung nicht benötigt.

## (7–3) Schwingungsdauer

**a)** $T = 2\pi\sqrt{m/D} \approx 0{,}628\,\text{s}$

**b)** Die Dämpferkonstante $c$ muß zuerst berechnet werden. Der Abfall der Schwingungsamplitude wird durch die Exponentialfunktion in Gl. (7.1–12) beschrieben:

$$e^{-\frac{c}{2m}t} = e^{-\frac{c}{2\cdot 1\,\text{kg}}0{,}6\,\text{s}} = \frac{1}{3}$$

$$\Rightarrow \qquad c = \frac{2}{0{,}6}\,\frac{\text{kg}}{\text{s}}\ln 3 \approx 3{,}662\,\frac{\text{kg}}{\text{s}}$$

$$T = \frac{2\pi}{\omega} = \frac{2\pi}{\sqrt{\dfrac{D}{m} - \dfrac{c^2}{2m^2}}} \approx 0{,}639\,\text{s}$$

Infolge der Reibung nimmt die Schwingungsdauer sehr geringfügig zu.

## (7–4) Schwingung im U-Rohr

**a)** Es handelt sich um eine harmonische Schwingung, da die rückstellende Kraft *linear* von $h$ abhängt (siehe Teil b der Lösung).

**b)** Die rücktreibende Kraft $F_R$ ist die Gewichtskraft der überstehenden Flüssigkeitssäule:

$$F_R = m_{\text{über}}\, g = \rho\, A\, 2\, h\, g$$

**c)** $m = \rho\, A\, \ell$

**d)** $m\ddot{h} = -F_R \quad \Rightarrow \quad \rho\, A\, \ell\, \ddot{h} = -\rho\, A\, 2\, h\, g$

$$\ddot{h} = -\frac{2g}{\ell}h \qquad (1)$$

Diese Dgl. ist mit der Dgl. (7.1–1) vergleichbar. Der Ansatz

$$x(t) = c\cos(\omega_0 t + \varphi_0)$$

führt auf

$$\ddot{x}(t) = -\omega_0^2\, x(t) \qquad (2)$$

Der Vergleich der Gln. (1 und 2) zeigt: Der Ansatz ist richtig für

$$\omega_0 = \sqrt{\frac{2g}{\ell}} \quad \Rightarrow \quad T = \frac{2\pi}{\omega_0} = 2\pi\sqrt{\frac{\ell}{2g}}$$

Kontrolle und Veranschaulichung:

- Die Einheiten sind richtig.
- Die Schwingungsdauer $T$ ist unabhängig vom Querschnitt $A$, weil sowohl die rücktreibende Kraft $F_R$ als auch die zu beschleunigende Masse $m$ proportional zu $A$ sind.

- Die Schwingungsdauer $T$ nimmt mit $\ell$ zu, weil die zu beschleunigende Masse $m$ proportional zu $\ell$ ist. Dies ist vergleichbar mit $T \sim \sqrt{m}$ in Gl. (7.1–3).
- Die Schwingungsdauer $T$ nimmt mit zunehmendem $g$ ab, weil die rücktreibende Kraft $F_R$ proportional zu $g$ ist. Dies ist vergleichbar mit $T \sim 1/\sqrt{D}$ in Gl. (7.1–3).

### (7–5) Schwingungsdauer des ebenen Pendels

**a)** Der zurückgelegte Weg (Bogenlänge) $s$ ist $\ell\,\varphi$, so daß $\ddot{s} = \ell\,\ddot{\varphi}$.

Die vertikale Schwerkraft $m\,g$ kann in die Komponente $m\,g\cos\varphi$ parallel zum Faden und in die Komponente $m\,g\sin\varphi$ senkrecht zum Faden zerlegt werden. Letztere ist die rücktreibende Kraft. Die Bewegungsgl. lautet

$$m\,\ddot{s} = m\,\ell\,\ddot{\varphi} = -\,m\,g\,\sin\varphi \tag{1}$$

**b)** Die Dgl. (1) kann nur mit größten Anstrengungen analytisch gelöst werden (Elliptische Integrale). Die analytische Lösung wird aber sehr einfach, wenn man für $\varphi << \pi/2$ die Funktion $\sin\varphi$ durch $\varphi$ ersetzt:

$$m\,\ell\,\ddot{\varphi} = -\,m\,g\,\varphi \qquad \text{für} \qquad \varphi << \pi/2$$

$$\Rightarrow \qquad \ddot{\varphi} = -\frac{g}{\ell}\,\varphi \tag{2}$$

Ansatz: $\varphi(t) = \varphi_0\cos(\omega_0\,t + \beta)$

$$\Rightarrow \qquad \ddot{\varphi}(t) = -\,\omega_0^2\,\varphi(t) \tag{3}$$

Ein Vergleich der Gl. (2 und 3) zeigt: Der Ansatz ist richtig für

$$\omega_0 = \sqrt{\frac{g}{\ell}} \qquad \Rightarrow \qquad T = \frac{2\pi}{\omega_0} = 2\pi\sqrt{\frac{\ell}{g}} \tag{4}$$

Bei kleinen Ausschlägen ist die Schwingungsdauer $T$ *nahezu* unabhängig von der Schwingungsamplitude $\varphi_0$, aber abhängig von der Pendellänge. Diese Eigenschaft wird für die Einstellung der Gangzeit von Pendeluhren ausgenutzt. Bei einer Pendeluhr, die vorgeht (nachgeht), ist nach Gl. (4) die Pendellänge zu vergrößern (verkleinern).

Für die größeren Amplituden

| | | | | | | |
|---|---|---|---|---|---|---|
| $\varphi_0 =$ | 10° | 20° | 40° | 60° | 90° | 120° |

übertrifft $T$ die Dauer $2\pi\sqrt{\ell/g}$ um

| | | | | | |
|---|---|---|---|---|---|
| 0,2 % | 0,8 % | 3,1 % | 7,3 % | 18 % | 37 % |

Für $\varphi_0 \to 180°$ geht $T \to \infty$.

## (7–6) Marschierende Kolonne

Eine nicht besonders stabile Brücke kann einstürzen, wenn eine Marschkolonne im Gleichschritt und mit einer "Marschfrequenz" in der Umgebung der Resonanzfrequenz über sie schreitet.

## (7–7) Zuschalten eines Dämpfers

**a)** $$\omega_0^2 = \frac{D}{m} = 100\,\mathrm{s}^{-2}$$

Der Abfall der Schwingungsamplitude wird durch die Exponentialfunktion $\exp(-\delta\, t)$ beschrieben mit $\delta = c/(2\,m)$. In unserem Fall gilt:

$$e^{-\delta \cdot 4\,\mathrm{s}} = e^{-\frac{c}{2\,m}\cdot 4\,\mathrm{s}} \approx 0{,}0498$$

$$\Rightarrow \quad \delta = \frac{c}{2\,m} = -\frac{1}{4}\frac{1}{\mathrm{s}} \ln 0{,}0498 \approx 0{,}750\,\frac{1}{\mathrm{s}}$$

$$\Rightarrow \quad \omega^2 = \omega_0^2 - \delta^2 = \left(100 - \frac{9}{16}\right)\frac{1}{\mathrm{s}^2} = 99\,\frac{7}{16}\,\frac{1}{\mathrm{s}^2}$$

$$\Rightarrow \quad \omega \approx 9{,}97\,\frac{1}{\mathrm{s}}$$

**b)** $$\omega_R = \sqrt{\frac{D}{m} - \frac{c^2}{2\,m^2}} = \sqrt{\omega_0^2 - 2\,\delta^2} \approx \sqrt{98\,\frac{14}{16}}\,\frac{1}{\mathrm{s}} \approx 9{,}94\,\frac{1}{\mathrm{s}}$$

## (7–8) Masse fällt auf Feder

**a)** Die neue Gleichgewichtslage der Schwingung liegt bei

$$x_{\mathrm{Gleich}} = \frac{m\,g}{D}$$

Zur Zeit $t = 0$ pralle $m$ auf die ungedehnte Feder. *Bezogen auf die neue Gleichgewichtslage* lauten die Anfangsbedingungen

$$x_0 = -\frac{m\,g}{D} \qquad v_0 = \sqrt{2\,g\,h}$$

$$\Rightarrow \quad A = \sqrt{x_0^2 + \left(\frac{v_0}{\omega_0}\right)^2} = \sqrt{\left(\frac{m\,g}{D}\right)^2 + \frac{2\,g\,h}{D/m}} > \frac{m\,g}{D}$$

Wegen $A > m\,g/D = |x_{\mathrm{Gleich}}|$ schwingt die Masse immer wieder auf negative x-Koordinaten hoch – über die ungedehnte Länge der Feder hinaus.

**b)** $$x(t) = x_{\mathrm{Gleich}} + A\cos(\omega_0\, t + \beta)$$

$$\Rightarrow \quad |\ddot{x}_{\max}| = |a_{\max}| = A\,\omega_0^2 = \sqrt{g^2 + \frac{2\,g\,h\,D}{m}} > g$$

**c)** Die Masse würde beim Hochschwingen an der Stelle $x = 0$ von der Feder abheben, da die Feder nicht gedehnt werden möchte.

### (7–9) Ungedämpfte Schwingung

**a)** $$\omega = \frac{2\pi}{T} = \sqrt{\frac{D}{m}} \quad \Rightarrow \quad D = \frac{4\pi^2}{T^2}\, m \approx 98{,}7\,\frac{\mathrm{N}}{\mathrm{m}}$$

**b)** Es gilt der Energiesatz:

$$\frac{D}{2} A^2 = \frac{m}{2} v_{\max}^2 \quad \Rightarrow \quad A = \sqrt{\frac{m}{D}}\, v_{\max} \approx 0{,}637\ \mathrm{m}$$

### (7–10) Schwingung nach 0,6 s

$$\omega_0 = \frac{2\pi}{T} = \frac{\pi}{2}\,\mathrm{s}^{-1}$$

Die Masse soll zur Zeit $t = 0$ durch die Gleichgewichtslage schwingen, d. h. $x(0) = 0$. Dann gilt

$$x(t) = A \sin \omega_0 t = 0{,}1 \sin \frac{\pi}{2} t$$

$$\Rightarrow \quad \dot{x}(t) = 0{,}1\, \frac{\pi}{2} \cos \frac{\pi}{2} t \qquad \Rightarrow \dot{x}(0{,}6) = 0{,}092\,\frac{\mathrm{m}}{\mathrm{s}}$$

$$\ddot{x}(t) = -\,0{,}1 \left(\frac{\pi}{2}\right)^2 \sin \frac{\pi}{2} t \qquad \Rightarrow \quad \ddot{x}(0{,}6) = -0{,}200\,\frac{\mathrm{m}}{\mathrm{s}^2}$$

### (7–11) Schuß auf ungedämpfen Schwinger

Bei der Durchdringung wird mechanische Energie in Wärme und Verformungsenergie umgewandelt, so daß der mechanische Energiesatz hier nicht gilt. Für die Durchdringung gilt aber der *Impulssatz*:

$$\underbrace{m_k\, v_k + m_0 \cdot 0}_{\text{Ges. Impuls vorher}} = \underbrace{m_k\, \frac{v_k}{2} + m_0 \cdot u_0}_{\text{Ges. Impuls unmittelbar nach der Durchdringung}}$$

$$\Rightarrow \quad u_0 = \frac{m_k}{2m_0}\, v_k = 2{,}5\,\frac{\mathrm{m}}{\mathrm{s}} = \text{Geschwindigkeit des Oszillators durch seine Ruhelage.}$$

Für die Schwingung selbst gilt der *Energiesatz*:

$$\frac{m_0}{2} u_0^2 = \frac{D}{2} A^2 \quad \Rightarrow \quad A = \sqrt{\frac{m_0}{D}}\, u_0 = 0{,}25\ \mathrm{m}$$

### (7–12) Schwingungsdauer eines Reagenzglases

Wenn das Reagenzglas aus der Gleichgewichtslage um die Strecke $x$ ins Wasser gedrückt wird, beträgt der Auftrieb

$$F_{\text{Auf}} = -\rho\, V_{\text{verdrängt}}\, g = -\rho\, \pi\, r^2\, g\, x$$

Die Bewegungsgl. lautet daher:

$$m\ddot{x} = F_{\text{Auf}} = -\rho\pi r^2 g x$$

oder $\quad \ddot{x} + \dfrac{\rho\pi r^2 g}{m} x = 0$

Ansatz: $x(t) = A\cos(\omega_0 t - \alpha)$ mit $\omega_0 = \dfrac{2\pi}{T} = \sqrt{\dfrac{\rho\pi r^2 g}{m}}$

## (7–13) Maximale Lautsprecherfrequenz

Der Koordinate $z(t)$ der vertikal schwingenden Membran ist

$$z(t) = A\sin(2\pi f t)$$

$$\Rightarrow \quad \ddot{z}(t) = -4\pi^2 f^2 A\sin(2\pi f t)$$

Der Stein hebt von der Membran ab, wenn die Membran stärker als $g = 9{,}81\,\text{m/s}^2$ nach unten beschleunigt.

Folglich bleibt der Stein ständig auf der Membran liegen, wenn das Maximum der Beschleunigung $\ddot{z}$ kleiner als $g$ ist, d. h.

$$4\pi^2 f^2 A < g \quad \Rightarrow \quad f < \frac{1}{2\pi}\sqrt{\frac{g}{A}} \approx 15{,}76\,\text{Hz}$$

## (7–14) Dämpfung

$$\omega_0 = \sqrt{\frac{D}{m}} = 10\,\text{s}^{-1} \quad \Rightarrow \quad \frac{D}{m} = 100 \cdot \text{s}^{-2}$$

$$\omega = \sqrt{\frac{D}{m} - \frac{c^2}{4m^2}} = \sqrt{100 - \frac{c^2}{4}} = 8 \cdot \text{s}^{-1} \quad \Rightarrow \quad c = 12\,\frac{\text{kg}}{\text{s}}$$

Die Amplitude fällt mit $\exp\left(-\dfrac{c}{2m}\cdot t\right)$ exponentiell ab. Innerhalb einer Periode $T = 2\pi/\omega = \dfrac{\pi}{4}\,\text{s}$

fällt die Amplitude

$$e^{-\frac{12}{2}\cdot\frac{\pi}{4}} \approx 9{,}0 \cdot 10^{-3}$$

auf etwa 0,9 % ihrer Anfangsgröße ab.

## (7–15) Absturz eines ungedämpften Schwingers

**a)** Nach dem Aufschlag hat die neue Gleichgewichtslage die Koordinate

$$x_{\text{gl}} = \frac{m g}{D}$$

Bezüglich dieser neuen Gleichgewichtslage hat die Masse beim Aufschlag die Anfangsauslenkung $x_0 = -x_{gl}$ und die Anfangsgeschwindigkeit $v_0 = v_{Aufprall} = \sqrt{2g\,h_0}$

$$\Rightarrow \qquad A = \sqrt{x_0^2 + \left(\frac{v_0}{\omega_0}\right)^2} = \sqrt{\left(\frac{m\,g}{D}\right)^2 + \frac{2m\,g\,h_0}{D}}$$

**b)** Die maximale Dehnung der Feder ist die Gleichgewichtsdehnung plus die Amplitude $A$, d. h.

$$x_{max} = x_{gl} + A = \frac{m\,g}{D} + \sqrt{\left(\frac{m\,g}{D}\right)^2 + \frac{2m\,g\,h_0}{D}} \qquad (1)$$

Bemerkung: $x_{max}$ läßt sich auch mit dem Energiesatz berechnen. Im tiefsten Punkt der Schwingung ($x = x_{max}$) sei die potentielle Energie der Schwerkraft gleich Null. Dann gilt

$$\underbrace{\frac{m}{2}v_0^2 + m\,g\,x_{max}}_{\text{Energie vor Aufschlag}} = \underbrace{\frac{D}{2}x_{max}^2}_{\text{Energie im tiefsten Punkt}}$$

Daraus folgt Gl. (1).

### (7–16) Dämpfungskonstante

Zur Zeit $t = 0$ s und $t = T = 6{,}88$ s sind die Ausschläge maximal mit den Energien

$$E_0 = \frac{D}{2}x_0^2 \quad \text{und} \quad E_1 = \frac{1}{4}E_0 = \frac{D}{2}x_1^2$$

Daher ist die Amplitude zur Zeit $T = 6{,}88$ s auf die Hälfte abgefallen – und *nicht* auf ein Viertel, wie viele Studenten glauben. Die Abnahme der Amplitude wird durch den Faktor $e^{-\delta t}$ in Gl. (7.1–12) beschrieben.

$$e^{-\frac{c}{2m}T} = 0{,}5$$

$$\Rightarrow \qquad -\frac{c}{2m}T = \ln 0{,}5 \qquad \Rightarrow \qquad c = -\frac{2m}{T}\ln 0{,}5 \approx 0{,}403\,\frac{\text{kg}}{\text{s}}$$

### (7–17) Gedämpfte Schwingung

**a)** $\qquad m_1\,g = k\,y_{gl} \qquad \Rightarrow \qquad y_{gl} = \dfrac{m_1\,g}{k}$

**b)** Die Anfangsauslenkung bzgl. der neuen Gleichgewichtslage lautet

$$y_0 = -\frac{m_1\,g}{k}$$

Die gemeinsame Geschwindigkeit nach dem Stoß $\dot{y}_0 = v_0$ ergibt sich aus dem Impulssatz (Wegen der gleichen Geschwindigkeiten von $m_1$ und $m_2$ nach dem Aufprall ist der Aufprall nach Aufgabe (5–1) unelastisch, so daß die mechanische Energie nicht erhalten ist.):

$$m_1\, v_1 = (m_1 + m_2)\, v_0$$

Nach dem Energiesatz für den freien Fall ist

$$v_1 = \sqrt{2\, g\, h}$$

$$\Rightarrow \qquad v_0 = \frac{m_1}{m_1 + m_2}\sqrt{2\, g\, h}$$

Abklingkonstante: $\delta = \dfrac{c}{2\,(m_1 + m_2)}$

Frequenz: $\omega_0^2 = \dfrac{k}{m_1 + m_2} \quad \Rightarrow \quad \omega = \sqrt{\dfrac{k}{m_1 + m_2} - \dfrac{c^2}{4(m_1 + m_2)^2}}$

Schwingung bezüglich neuer Gleichgewichtslage $\tilde{y}(t)$ :

$$\tilde{y}(t) = \mathrm{e}^{-\delta t}\left( y_0 \cos\omega t + \frac{v_0 + \delta\, y_0}{\omega}\sin\omega t\right)$$

bzw. $\tilde{y}(t) = \sqrt{y_0^2 + \dfrac{(v_0 + \delta\, y_0)^2}{\omega^2}}\; e^{-\delta t}\, \sin(\omega t + \varphi_0)$

mit $\varphi_0 = \arctan\dfrac{y_0\, \omega}{v_0 + \delta\, y_0}$

Schwingung im ursprünglichem Koordinatensystem:

$$y(t) = y_{\mathrm{gl}} + \tilde{y}(t)$$

### (7–18) Allgemeine Lösung eines gedämpften, angeregten Oszillators

Nach einem bekannten Satz der Theorie der linearen Dgln. ist die allgemeine Lösung der linearen Dgl. (7.2–1) die Summe aus der allgemeinen homogenen Lösung (7.1–18) und aus der stationären Lösung (7.2–3) mit $A$ nach Gl. (7.2–7) und $\varphi$ nach Gl. (7.2–5):

$$x(t) = \mathrm{e}^{-\delta t}\,(c_1 + c_2\, t) + A\cos(\Omega t - \varphi)$$

$$\Rightarrow \qquad x_0 = c_1 + A\cos\varphi \qquad\qquad v_0 = -\delta\, c_1 + c_2 - A\,\Omega\sin(-\varphi)$$

$$\Rightarrow \qquad c_1 = x_0 - A\cos\varphi \qquad\qquad c_2 = v_0 + \delta\,(x_0 - A\cos\varphi) - A\,\Omega\sin\varphi$$

$$\Rightarrow \qquad x(t) = \mathrm{e}^{-\delta t}\Big[x_0 - A\cos\varphi + \Big\{v_0 + \delta\,(x_0 - A\cos\varphi) - A\,\Omega\sin\varphi\Big\}t\Big]$$

### (7–19) Stabschwingung auf rotierenden Zylindern

Mit dem Hebelgesetz werden die linke Normalkraft $N_1$ und die rechte Normalkraft $N_2$ des Stabes auf die Zylinder berechnet. Zuerst wird der rechte Auflagepunkt des Stabes als "Drehpunkt" angesehen. Nach dem Hebelgesetz gilt:

$$m\,g\,(\frac{l}{2} - x) = N_1\,l \quad \Rightarrow \quad N_1 = m\,g\,\frac{\frac{l}{2} - x}{l}$$

Danach wird der linke Auflagepunkt des Stabes als "Drehpunkt" angesehen.

$$m\,g\,(\frac{l}{2} + x) = N_2\,l \quad \Rightarrow \quad N_2 = m\,g\,\frac{\frac{l}{2} + x}{l}$$

$$\Rightarrow \quad R_2 - R_1 = \mu\,(N_2 - N_1) = -\mu\,m\,g\,\frac{2\,x}{l}$$

$$\Rightarrow \quad m\,\ddot{x} = -\frac{2\,\mu\,g}{l}\,x$$

Diese bekannte lineare Dgl. beschreibt eine harmonische Schwingung mit der Kreisfrequenz

$$\Rightarrow \quad \omega = \sqrt{2\,\mu\,g\,/\,l}$$

## (7–20) Zeit bis zum Lösen des Kontaktes

$$E_0 = \frac{D}{2}\,s_0^2 \quad \Rightarrow \quad D = \frac{2\,E_0}{s_0^2}$$

Wenn die Masse – im Widerspruch zu unserem Modell – fest mit der Feder verbunden *wäre*, dann würde die Masse nach dem Schnitt harmonisch hin- und herschwingen mit der Schwingungsdauer

$$T = 2\,\pi\,\sqrt{\frac{m}{D}} = 2\,\pi\,s_0\,\sqrt{\frac{m}{2\,E_0}}$$

Die Zeit vom Anfang der Schwingung bis zum ersten Nulldurchgang – dann ist die Feder ungedehnt und verliert den Kontakt mit der Masse – ist

$$T_K = \frac{T}{4} = \frac{\pi}{2}\,s_0\,\sqrt{\frac{m}{2\,E_0}}$$

Hinweis: Beim Lösen dieser Aufgabe machen sehr viele Studenten einen Fehler, der wohl der häufigste in der Mechanik ist: Sie berechnen mit dem Energiesatz die Geschwindigkeit der Masse beim Nulldurchgang (das ist noch richtig) und versuchen dann, die Zeit $T_K$ mit den Gln. (2.3–4 und 5) für gleichförmig beschleunigte Bewegungen zu berechnen. Dieses Vorgehen ist falsch, weil die Bewegung nicht gleichförmig beschleunigt ist. Die Beschleunigung nimmt ja mit abnehmender Spannung der Feder ebenfalls ab.

# Lösungen: 9 Temperatur

## (9–1) Eichung eines Barometers

Für die Wärmeausdehnung gilt nach Gl. (9.2–2´)

$$V(\vartheta) = V_0 (1 + \gamma \vartheta)$$

$$\Rightarrow \quad \rho(\vartheta) = \frac{\rho_0}{1 + \gamma \vartheta} \quad \text{mit} \quad \rho_0 = \rho(0\,°\text{C})$$

Beim Ablesen des Luftdruckes $\hat{p}_L$ wurde die Eichtemperatur $\vartheta = 18\,°\text{C}$ unterstellt. Für diese Temperatur würde gelten

$$\hat{p}_L = \rho(18\,°\text{C})\, g\, h = \frac{\rho_0}{1 + \gamma \cdot 18\,°\text{C}}\, g\, h$$

Die abgelesene Quecksilberhöhe beträgt daher

$$h = \frac{\hat{p}_L}{\rho_0\, g} (1 + \gamma \cdot 18\,°\text{C})$$

In Wahrheit aber ist die Temperatur $\vartheta = 25\,°\text{C}$ , so daß für die abgelesene Quecksilberhöhe $h$ gilt:

$$p_L = \rho(25\,°\text{C})\, g\, h = \frac{\rho_0}{1 + \gamma \cdot 25\,°\text{C}}\, g\, \frac{\hat{p}_L}{\rho_0\, g} (1 + \gamma \cdot 18\,°\text{C}) =$$

$$= \frac{1 + \gamma \cdot 18\,°\text{C}}{1 + \gamma \cdot 25\,°\text{C}}\, p_L$$

## (9–2) Überlaufender Benzintank

$$V_{\text{Benzin}}(24\,°\text{C}) = V_{\text{Benzin}}(10\,°\text{C})\left[1 + \gamma_{\text{Benzin}} \cdot 16\,°\text{C}\right] = 60{,}912 \text{ Liter}$$

$$V_{\text{Tank}}(24\,°\text{C}) = V_{\text{Tank}}(10\,°\text{C})\left[1 + \gamma_{\text{Tank}} \cdot 16\,°\text{C}\right] \approx 60{,}035 \text{ Liter}$$

Daher laufen etwa 0,88 Liter Benzin in der Garage über.

## (9–3) Durchhängende Hochspannungsleitung

Sei $l$ die Seillänge zwischen zwei benachbarten Masten. Dann gilt nach Pythagoras

$$l(\vartheta = -15\,°\text{C}) = 2\sqrt{1600 \text{ m}^2 + 1 \text{ m}^2} \approx 80{,}025 \text{ m}$$

$$\Rightarrow \quad l(\vartheta = 40\,°\text{C}) = 80{,}025 \text{ m } (1 + 2{,}3 \cdot 10^{-5} \cdot 55) \approx 80{,}126 \text{ m}$$

$$\Rightarrow \quad x(\vartheta = 40\,°\text{C}) = \sqrt{\left(\frac{80{,}126}{2}\right)^2 - 1600} \text{ m} \approx 2{,}25 \text{ m}$$

# Lösungen: 10 Ideale Gasgleichung

### (10–1) Barometrische Höhenformel und Internationale Höhenformel

**a)** Wir betrachten eine dünne Luftschicht der vertikalen Dicke $dh$ in der Höhe $h$. Von oben wirkt auf diese Schicht die Kraft $p(h + dh)\,A$ , von unten die Kraft $p(h)\,A$ . Zusammen mit der Gewichtskraft $dG$ der dünnen Luftschicht bildet sich ein Kräftegleichgewicht:

$$p(h + dh)\,A + dG = p(h)\,A$$

$$\Rightarrow \qquad p(h + dh) - p(h) = -\frac{dG}{A} = -\rho(h)\,g\,dh \qquad (1)$$

Nach der idealen Gasgl. gilt für konstante Temperaturen:

$$\rho \sim \frac{1}{V} \sim p \qquad \Rightarrow \qquad \frac{\rho(h)}{\rho(0)} = \frac{p(h)}{p(0)}$$

$$\Rightarrow \qquad dp = -\rho(0)\,\frac{p(h)}{p(0)}\,g\,dh$$

Diese Gl. für $p(h)$ kann durch Separation der Variablen und Integration gelöst werden:

$$\frac{dp}{p} = -\frac{\rho(0)\,g}{p(0)}\,dh$$

$$\Rightarrow \qquad \int_{p(0)}^{p(h)} \frac{dp}{p} = -\frac{\rho(0)\,g}{p(0)} \int_0^h dh$$

$$\Rightarrow \qquad p(h) = p_0 \exp\left(-\frac{\rho(0)\,g}{p(0)}\,h\right) \qquad (2a)$$

Mit $\rho(0) = \dfrac{m_{mol}^{Luft}}{V_{mol}(h = 0)} = \dfrac{m_{mol}^{Luft}\,p(0)}{R\,T}$

folgt $p(h) = p(0) \exp\left(-\dfrac{m_{mol}^{Luft}\,g}{R\,T}\,h\right) \underset{T = 273{,}15\,K}{\overset{\uparrow}{\approx}} p(0) \exp\left(-\dfrac{h}{7990\,\mathrm{m}}\right) \qquad (2b)$

Danach nimmt der Luftdruck beim Anstieg um 5538 m jeweils um die Hälfte ab.

**b)** Die aus der Kräftebilanz folgende Gl. (1) gilt auch hier:

$$dp = -\rho(h)\,g\,dh \qquad (1)$$

Mit $\rho(h) = \dfrac{m_{mol}^{Luft}}{V_{mol}(h)} = \dfrac{m_{mol}^{Luft}\,p(h)}{R\,T(h)}$

folgt $dp = -\dfrac{m_{mol}^{Luft}\,g}{R\,T(h)}\,p(h)\,dh$

Diese Dgl. für $p(h)$ kann ebenfalls durch Separation der Variablen und Integration gelöst werden:

$$\frac{dp}{p} = -\frac{m_{\text{mol}}^{\text{Luft}}\, g}{R \cdot 288{,}15\ \text{K}} \frac{dh}{1 - \dfrac{6{,}5}{288{,}15\ \text{km}}\, h}$$

$$\Rightarrow \quad \int_{p(0)}^{p(h)} \frac{dp}{p} = -1{,}1865 \cdot 10^{-4}\, \frac{1}{\text{m}} \cdot \int_0^h \frac{dh}{1 - \dfrac{6{,}5}{288{,}15\ \text{km}}\, h}$$

$$\Rightarrow \quad \ln\frac{p(h)}{p(0)} = -1{,}1865 \cdot 10^{-4}\, \frac{1}{\text{m}} \cdot \left(-\frac{288{,}15\ \text{km}}{6{,}5}\right) \ln\left(1 - \frac{6{,}5}{288{,}15\ \text{km}}\, h\right)$$

$$\approx 5{,}26 \ln\left(1 - \frac{6{,}5}{288{,}15\ \text{km}}\, h\right)$$

$$\Rightarrow \quad p(h) = p(0)\left(1 - \frac{6{,}5}{288{,}15\ \text{km}}\, h\right)^{5{,}26}$$

Hier fällt der Luftdruck in 5538 m auf 49,5 % und in 11076 m auf 22,04 %. Die Unterschiede in den beiden Höhenformeln sind also in den besteigbaren Höhen gering.

Durch gleichzeitige Messung des Luftdruckes in zwei verschiedenen Höhen kann eine barometrische Höhenbestimmung ausgeführt werden.

## (10–2) Kompressibilität von idealen Gasen

$$\frac{dV}{dp} = \frac{d}{dp}\left(\frac{nRT}{p}\right) = -\frac{nRT}{p^2} \qquad \Rightarrow \qquad \kappa = \frac{1}{p}$$

Dieses anschauliche Ergebnis besagt, daß die Kompressibilität von idealen Gasen bei $T = \text{const}$ (isotherme Druckänderung) gleich $1/p$ ist.

Später werden wir die Kompressibilität bei adiabatischer Druckänderung (kein Wärmeaustausch) berechnen.

## (12–3) Temperaturerhöhung

$$\frac{m}{2} v^2 + m\,g\,h \underset{\text{Gl. (12.3-1)}}{\underset{\uparrow}{=}} m\,c\,\Delta T$$

$$\Rightarrow \quad \Delta T = \frac{\frac{v^2}{2} + g\,h}{c} \underset{\text{Tabelle (12.3-1)}}{\underset{\uparrow}{\approx}} 0{,}244\,°C$$

## (12–4) Adiabatische Kompression

**a)** Nach Gl. (12.6–3b) gilt:

$$p_1 V_1^\gamma = p_2 V_2^\gamma \quad \Rightarrow \quad \frac{V_1}{V_2} = \left(\frac{p_2}{p_1}\right)^{1/\gamma}$$

Mit Gl. (12.6–4b) folgt

$$W_{12} = \frac{p_1 V_1}{\gamma - 1}\left[\left(\frac{p_2}{p_1}\right)^{\frac{\gamma-1}{\gamma}} - 1\right] = \frac{p_2 V_2 - p_1 V_1}{\gamma - 1}$$

**b)** Nach Gl. (12.6–3c) gilt

$$p_1^{1-\gamma}\, T_1^\gamma = p_1^{1-\gamma}\, T_2^\gamma$$

$$\Rightarrow \quad T_2 = T_1\left(\frac{p_1}{p_2}\right)^{\frac{1-\gamma}{\gamma}}$$

## (12–5) Mischung von zwei Gasen

Wir berechnen zuerst die Mischtemperatur $T$. Nach der Herstellung der Verbindung wird Gas 1 abgekühlt und Gas 2 erwärmt. Dabei wird keine Volumenänderungsarbeit geleistet, so daß für die Wärme gilt:

$$\Delta Q = n\, C_{mV}\, dT$$

Nach dem ersten Hauptsatz ist die vom Gas 1 abgegebene Wärme gleich der vom Gas 1 aufgenommenen Wärme:

$$n_1\, C_{mV}\, (T_1 - T) = n_2\, C_{mV}\, (T - T_2)$$

$$\Rightarrow \quad T = \frac{n_1 T_1 + n_2 T_2}{n_1 + n_2} = \frac{p_1 V_1 + p_2 V_2}{\frac{p_1 V_1}{T_1} + \frac{p_2 V_2}{T_2}} \approx 444\text{ K} \approx 170{,}85\,°\text{C}$$

$$p = \frac{(n_1 + n_2) R T}{V_1 + V_2} = \frac{\left(\frac{p_1 V_1}{T_1} + \frac{p_2 V_2}{T_2}\right) T}{V_1 + V_2} =$$

$$= \frac{p_1 V_1 + p_2 V_2}{V_1 + V_2} = 2{,}7 \text{ bar}$$

### (12–6) Wärmezufuhr

Für die Berechnung der zwei Unbekannten $\Delta V, \Delta T$ werden zwei Gln. benötigt:

$$\Delta Q = n\, C_{m\,p}\, \Delta T \qquad \Rightarrow \qquad \Delta T = \frac{\Delta Q}{n\, C_{mp}}$$

$$p_0\, \Delta V = n\, R\, \Delta T$$

$$\Rightarrow \qquad \Delta V = n\, R \frac{\Delta T}{p_0} = \frac{\Delta Q}{\left(1 + \frac{f}{2}\right) p_0}$$

### (12–7) Berechnung von Arbeit und Wärme

**a)** Die Temperatur wird bei konstantem Volumen erhöht.

$$W_{12} = 0 \qquad Q_{12} = n\, C_{m\,V}\, (T_2 - T_1)$$

**b)** Die Temperatur wird bei konstantem Druck erhöht. Die ideale Gasgl. $p_1 V_1 / T_1 = n R = p_1 V_2 / T_2$ liefert das neue Volumen

$$V_2 = \frac{T_2}{T_1} V_1$$

$$W_{12} = -\int_{V_1}^{V_2} p_1\, d V = -p_1 \left(\frac{T_2}{T_1} V_1 - V_1\right) = -\frac{p_1 V_1}{T_1} (T_2 - T_1) = -n\, R (T_2 - T_1)$$

$$Q_{12} = U_{12} - W_{12} = n\, C_{mV}\, (T_2 - T_1) + n\, R\, (T_2 - T_1) = n\, C_{m\,p}\, (T_2 - T_1)$$

**c)** Das thermisch isolierte Gas wird komprimiert, bis die Temperatur auf $T_2$ gestiegen ist.

$$Q_{12} = 0 \qquad W_{12} = U_{12} = n\, C_{mV}\, (T_2 - T_1)$$

### (12–8) Kompressor

Pro Minute wird die Wärme

$$Q_{12} = n\, R\, T \ln \frac{V_2}{V_1} = n\, R\, T \ln \frac{p_1}{p_2}$$

abgeführt. Zur Berechnung der Molzahl $n$ wird $V_1$ auf Normalbedingungen umgerechnet:

$$V_1^{\text{normal}} = \frac{273{,}15}{293{,}15} \frac{1}{1{,}01325} 1{,}5\ \text{m}^3 \approx 1{,}38\ \text{m}^3$$

$$\Rightarrow \quad n = \frac{V_1^{\text{normal}}}{V_{\text{mol}}} \approx 61{,}6\ \text{mol}$$

$$\Rightarrow \quad Q_{12} = n\,R\,T \ln \frac{p_1}{p_2} \approx -2{,}38 \cdot 10^5\ \text{J}$$

$$\Rightarrow \quad P = \frac{|Q_{12}|}{60\ \text{s}} = \dot{m}_W\, c \cdot 2\,°\text{C} \approx 3{,}97\ \text{kW}$$

$$\Rightarrow \quad \dot{m}_W = \frac{3{,}97\ \text{kW}}{4{,}187 \frac{\text{kJ}}{\text{kg K}}\ 2\ \text{K}} \approx 0{,}47 \frac{\text{kg}}{\text{s}}$$

### (12–9) Kühlschrank

**a)** Nach der Kühlung ist der Druck auf

$$p_2 = p_1 \frac{280{,}15}{298{,}15} = 0{,}940\ \text{bar}$$

gefallen. Wegen der Druckdifferenz wirkt die Kraft

$$F = A\left(p_1 - p_2\right) = 1920\ \text{N}$$

$F$ ist gleich der Gewichtskraft von der Masse 195,7 kg.

**b)** Bei der Abkühlung mit $p = \text{const}$ fällt das ursprüngliche Volumen auf

$$V_2 = V \frac{280{,}15}{298{,}15} \approx 145{,}6\ \text{Liter} \qquad \Rightarrow \qquad 9{,}4\ \text{Liter Luft strömen nach.}$$

**c)** Zur Berechnung der Molzahl wird das gekühlte Volumen auf Normalbedingungen umgerechnet:

$$V_{\text{normal}} = 155\ \text{Liter}\ \frac{273{,}15}{280{,}15} \frac{1}{1{,}01325} \approx 0{,}149\ \text{m}^3$$

$$\Rightarrow \quad n = \frac{V_{\text{normal}}}{V_{\text{mol}}} \approx 6{,}65\ \text{mol}$$

$$Q = n\,C_{mp}\,\Delta T = n\left(1 + \frac{f}{2}\right) R\,\Delta T \underset{\substack{\uparrow \\ f=5}}{\approx} 3{,}48\ \text{kJ} = 3480\ \text{W s}$$

Diese Energie wird verbraucht, wenn eine 100 W Glühbirne 35 s lang brennt.

Bei der Berechnung der abgeführten Wärme wurde angenommen, daß der Kühlschrank absolut leer ist und die gesamte Luft ausgetauscht wird. Bei einem gefühlten Kühlschrank wird weniger Luft ausgetauscht. Dafür erwärmen sich die Lebensmittel beim langen Öffnen der Tür sehr leicht. Für eine genauere Abschätzung müßte die Konvektion (siehe Abschn. 16.2) berechnet werden.

Bei der Abschätzung des Stromverbrauches wegen zu langer Öffnung der Kühlschranktür ist außerdem zu beachten, daß der Wirkungsgrad des Kühlaggregates kleiner als Eins ist.

## (12–10) Wärme und Hubarbeit

**a)** Im linken Zylinder steigt der Druck auf

$$p_2 = p_1 + \rho\, g\, h = 1\,\text{bar} + 10^3\,\frac{\text{kg}}{\text{m}^3} \cdot 9{,}81\,\frac{\text{m}}{\text{s}^2} \cdot 0{,}3\,\text{m} \approx 1{,}029\,\text{bar}$$

$$Q_{12} \underset{\text{Gl. (12.4-5)}}{\overset{}{\underset{\uparrow}{=}}} n\,R\,T \ln\frac{V_2}{V_1} = p_1\,V_1 \ln\frac{p_1}{p_2} \approx -42{,}9\,\text{J}$$

**b)** Das von links nach rechts fließende Wasservolumen ist $9 \cdot 10^{-3}\,\text{m}^3$.

$$W_\text{H} = m\,g\,\Delta h = \rho V \cdot g\,\Delta h =$$

$$= 10^3\,\frac{\text{kg}}{\text{m}^3} \cdot 9 \cdot 10^{-3}\,\text{m}^3 \cdot 9{,}81\,\frac{\text{m}}{\text{s}^2} \cdot 0{,}3\,\text{m} \approx 26{,}5\,\text{J}$$

**c)** $$W_{12} = \left|Q_{12}\right| + W_\text{H} \approx 69{,}4\,\text{J}$$

# Lösungen: 13 Zweiter Hauptsatz

## (13–1) Wirkungsgrad eines Nicht-Carnot-Prozesses

a)

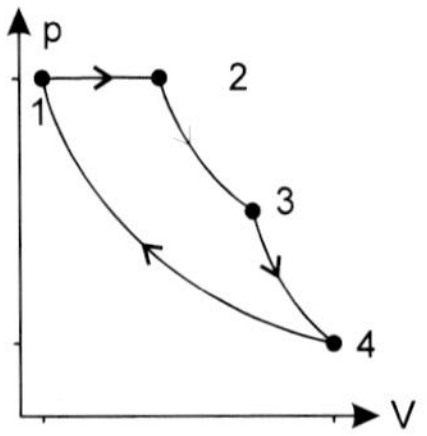


b) $n = \dfrac{p_1 V_1}{R T_1} \qquad V_3 = \dfrac{p_1}{p_3} \dfrac{T_3}{T_1} V_1$

c) $p_2 = p_1 \qquad V_2 = \dfrac{T_3}{T_1} V_1 \qquad T_2 = T_3$

d) $V_4 = \left( \dfrac{p_3 V_3^{\gamma}}{p_1 V_1} \right)^{\frac{1}{\gamma - 1}} \qquad T_4 = T_1$

e) $$\eta = \frac{\text{Nutzen}}{\text{Aufwand}} = \frac{|W_{12}| + |W_{23}| + |W_{34}| - |W_{41}|}{|Q_{12}| + |Q_{23}|} = \frac{-W_{12} - W_{23} - W_{34} - W_{41}}{Q_{12} + Q_{23}}$$

Wir müßten jetzt vier Arbeiten und zwei Wärmen berechnen, also insgesamt sechs Änderungen von Prozeßgrößen. Mit dem ersten Hauptsatz läßt sich der Aufwand auf die Hälfte reduzieren:

$$\Delta U = 0 = (W_{12} + Q_{12}) + (W_{23} + Q_{23}) + (W_{34} + Q_{34}) + (W_{41} + Q_{41})$$

$$\Rightarrow \quad -W_{12} - W_{23} - W_{34} - W_{41} = Q_{12} + Q_{23} + \underbrace{Q_{34}}_{=0} + Q_{41}$$

$$\Rightarrow \quad \eta = \frac{Q_{12} + Q_{23} + Q_{41}}{Q_{12} + Q_{23}} = 1 + \frac{Q_{41}}{Q_{12} + Q_{23}} < 1$$

mit $Q_{41} < 0$ und $Q_{12}, Q_{23} > 0$. Jetzt brauchen wir nicht mehr sechs, sondern nur noch drei Größen zu berechnen.

$$Q_{41} = -W_{41} = \int_{V_4}^{V_1} p \, dV = n R T_1 \ln \frac{V_1}{V_4} < 0$$

$$Q_{12} = n C_{mp} (T_2 - T_1) \qquad Q_{23} = -W_{23} = n R T_2 \ln \frac{V_3}{V_2}$$

Daraus folgt

$$\eta = 1 - \frac{n R T_1 \ln \dfrac{V_4}{V_1}}{n C_{mp} (T_2 - T_1) + n R T_2 \ln \dfrac{V_3}{V_2}} =$$

$$= 1 - \frac{T_1 \ln \dfrac{V_4}{V_1}}{\left(1 + \dfrac{f}{2}\right)(T_2 - T_1) + T_2 \ln \dfrac{V_3}{V_2}}$$

Der Wirkungsgrad ist anders als beim Carnot-Prozeß, da die Prozeßführung anders ist.

**f)** Der Kreisprozeß ist (nahezu) reversibel, wenn er sehr langsam durch eine Folge von Gleichgewichtszuständen geführt wird und wenn die isobare Erwärmung $1 \rightarrow 2$ nach und nach im Kontakt mit sehr vielen Wärmebäder erfolgt, die nur sehr geringe Temperaturdifferenzen aufweisen.

## (13–2) Leistungszahlen von Carnotschen Kühlschränken und Wärmepumpen

**a)** Der Nutzen eines Kühlschrankes ist die Wärme, die die Maschine aus einem zu kühlenden Medium herauszieht, d. h. die Wärme, die die Kältemaschine bei niedriger Temperatur $T_k$ aufnimmt. In Anlehnung an Abb. (6.4–1) ergibt sich

$$\eta^{\text{KM}} := \frac{\text{Nutzen}}{\text{Aufwand}} \underset{\substack{\uparrow \\ \text{Abb. (13.4-1)}}}{=} \frac{|Q_{43}|}{|W_{21}| - |W_{43}|} = \frac{Q_{43}}{W_{21} - W_{43}}$$

mit $$Q_{43} = -W_{43} = n\,R\,T_k \ln \frac{V_3}{V_4} > 0$$

$$W_{21} = -n\,R\,T_h \ln \frac{V_1}{V_2} \underset{\substack{\uparrow \\ \text{Gl. (13.4-3)}}}{=} n\,R\,T_h \ln \frac{V_3}{V_4} > 0$$

$$\Rightarrow \quad \eta^{\text{KM}} = \frac{T_k}{T_h - T_k}$$

**b)** Der Nutzen der Wärmepumpe ist die Wärme, die bei hoher Temperatur $T_h$ abgegeben wird. Da die auf den beiden Adiabaten verrichteten Arbeiten nach den Überlegungen in Abschn. 13.4 entgegengesetzt gleich groß sind, ergibt sich in Anlehnung an Abb. (13–1)

$$\eta^{\text{WP}} = \frac{\text{Nutzen}}{\text{Aufwand}} = \frac{|Q_{21}|}{|W_{21}| - |W_{43}|} = \frac{Q_{12}}{-W_{12} - W_{34}} =$$

$$= \frac{1}{\eta^{\text{Carnot}}} \underset{\substack{\uparrow \\ \text{Gl. (13.4-5)}}}{=} \frac{T_h}{T_h - T_k} > 1$$

## (13–3) Wärmekraftmaschine – nicht umkehrbar zu Kältemaschine und Wärmepumpe

**a)** $p_2 = p_1 \qquad T_2 = \frac{V_2}{V_1} T_1$

$$V_3 = V_2 \qquad p_3 = \frac{V_1}{V_2} p_1 \qquad T_3 = T_1$$

**b)** $\eta^{\text{WKM}} = \frac{|W_{12}| - |W_{31}|}{|Q_{12}|} = \frac{-W_{12} - W_{31}}{Q_{12}}$

Nach dem 1. HS gilt für den Kreisprozeß:

$$\Delta U = 0 = (W_{12} + Q_{12}) + Q_{23} + (W_{31} + Q_{31})$$

$$\Rightarrow \quad -W_{12} - W_{31} = Q_{12} + Q_{23} + Q_{31}$$

$$\Rightarrow \quad \eta^{\text{WKM}} = 1 + \frac{Q_{23} + Q_{31}}{Q_{12}} \qquad \text{mit} \qquad Q_{23}, Q_{31} < 0$$

$$Q_{12} = n\, C_{mp}\, (T_2 - T_1) = n \left(1 + \frac{f}{2}\right) R\, (T_2 - T_1)$$

$$Q_{23} = n\, C_{mV}\, (T_3 - T_2) = n \frac{f}{2} R\, (T_1 - T_2)$$

$$Q_{31} = -W_{31} = n\, R\, T_1 \ln \frac{V_1}{V_3}$$

$$\Rightarrow \quad \eta^{\text{WKM}} = 1 - \frac{\frac{f}{2}(T_2 - T_1) + T_1 \ln \frac{V_3}{V_1}}{\left(1 + \frac{f}{2}\right)(T_2 - T_1)}$$

**c)**

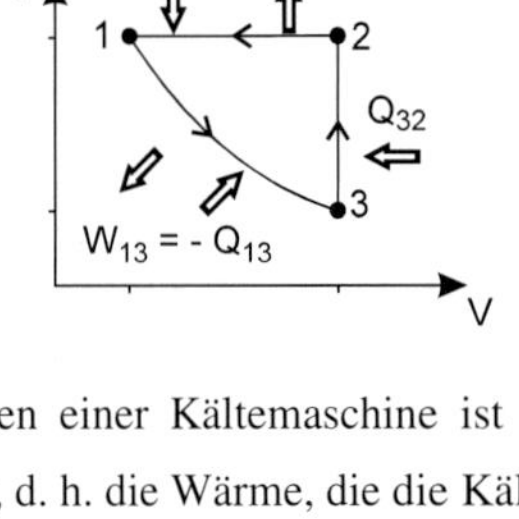


Der Nutzen einer Kältemaschine ist die Wärme, die die Maschine einem zu kühlenden Medium entnimmt, d. h. die Wärme, die die Kältemaschine bei niedriger Temperatur $T_1$ aufnimmt.

In dem Kreisprozeß $1 \to 3 \to 2 \to 1$ entnimmt das ideale Gas dem kalten Wärmebad die Wärme $Q_{13}$ und führt dem kalten Wärmebad die Wärme $|Q_{21}|$ zu. Da dem idealen Gas in dem linksläufigen Kreisprozeß mechanische Arbeit und die Wärme $Q_{32}$ aus dem heißen Medium zugeführt wird, muß wegen des ersten Hauptsatzes insgesamt Wärme an das kalte Wärmebad abgegeben werden, d. h.:

$$|Q_{21}| > |Q_{13}| \qquad (1)$$

Der linksläufige Kreisprozeß führt also dem kalten Wärmebad im Teilprozeß $2 \to 1$ mehr Wärme zu als es dem kalten Wärmebad im Teilprozeß $1 \to 3$ entnimmt. Daher kann der linksläufige Kreisprozeß nicht als Kältemaschine arbeiten.

Die Gl. (1) soll auch noch direkt bewiesen werden:

$$\left|\frac{Q_{21}}{Q_{13}}\right| = \left|\frac{n\, C_{mp}\,(T_1 - T_2)}{n\, R\, T_1 \ln \dfrac{V_2}{V_1}}\right| = \frac{\left(1 + \dfrac{f}{2}\right)\left(\dfrac{T_2}{T_1} - 1\right)}{\ln \dfrac{T_2}{T_1}} \qquad \text{mit} \quad T_2 > T_1$$

Wegen $x - 1 > \ln x$ für $x > 1$ ist der Quotient größer als Eins.

**d)** Der Nutzen der Wärmepumpe ist die Wärme, die bei hoher Temperatur abgegeben wird. Da der links-laufende Kreisprozeß keine Wärme bei hoher Temperatur $T_2$ abgibt (sondern die Wärme $Q_{32}$ bei hoher Temperatur aufnimmt), kann er nicht als Wärmepumpe arbeiten.

## (13–4) Wirkungsgrad eines idealisierten Ottomotors

Nach jedem Zyklus kommt die (nicht-ausgetauschte) Arbeitssubstanz auf ihren Anfangszustand zurück, so daß gilt

$$0 = \Delta U = W_{12} + Q_{23} + W_{34} + Q_{41}$$

$$\Rightarrow \qquad Q_{23} + Q_{41} = -(W_{12} + W_{34}) \qquad (1)$$

Der Wirkungsgrad $\eta_{\text{ideal}}$ des idealisierten Otto-Prozesses berechnet sich zu

$$\eta_{\text{ideal}} = \frac{\text{Nutzen}}{\text{Aufwand}} = \frac{\text{Geleistete Arbeit}}{\text{Wärme aus Verbrennung}} =$$

$$= \frac{|W_{34}| - |W_{12}|}{Q_{23}} = \frac{-W_{34} - (+W_{12})}{Q_{23}} \underset{\text{Gl. (1)}}{\overset{}{=}} \frac{Q_{23} + Q_{41}}{Q_{23}} = \qquad (2)$$

$$= 1 + \frac{Q_{41}}{Q_{23}} = 1 + \frac{-n\, C_{mV}\,(T_4 - T_1)}{n\, C_{mV}\,(T_3 - T_2)} = 1 - \frac{T_4 - T_1}{T_3 - T_2}$$

Hinweis: In $Q_{41}$ und $Q_{23}$ wurden dieselben Molzahlen $n$ und dieselben molaren Wärmekapazitäten $C_{mV}$ eingesetzt; das ist leider nur wenig realistisch.

Mit der Adiabatengl. $T\,V^{\gamma-1} = \text{const}$ berechnen wir $\eta_{\text{ideal}}$ als Funktion der Verdichtung $V_1 / V_2$: Die Gln.

$$T_3\,V_2^{\gamma-1} = T_4\,V_1^{\gamma-1} \qquad \text{und} \qquad T_2\,V_2^{\gamma-1} = T_1\,V_1^{\gamma-1} \qquad \text{führen auf}$$

$$\frac{T_3}{T_4} = \frac{T_2}{T_1} = \left(\frac{V_1}{V_2}\right)^{\gamma-1}$$

Zusammen mit Gl. (2) folgt

$$\eta_{\text{ideal}} = 1 - \frac{T_3\left(\dfrac{V_2}{V_1}\right)^{\gamma-1} - T_1}{T_3 - T_1\left(\dfrac{V_1}{V_2}\right)^{\gamma-1}} = 1 - \left(\frac{V_2}{V_1}\right)^{\gamma-1} \tag{3}$$

In Übereinstimmung mit dem wirklichen Otto-Prozeß nimmt der ideale Wirkungsgrad mit zunehmender Verdichtung $V_1/V_2$ zu. Die Größenordnung selber ist aber nicht sinnvoll, da $\eta_{\text{ideal}}$ viel größer ist als der in der Praxis erzielte Wirkungsgrad. Für die charakteristischen Werte $V_1/V_2 = 10$ und $\gamma = 1{,}4$ erhält man den viel zu großen Wirkungsgrad $\eta_{\text{ideal}} = 0{,}6$. In der Praxis erreicht man nur etwa den halben Wert.

### (13–5) Wirkungsgrad eines idealisierten Stirling-Motors

**a)** Bei nur *zwei Wärmebädern* gilt:

$$\eta^{\text{Stirling}} = \frac{\text{Nutzen}}{\text{Aufwand}} = \frac{|W_{12}| - |W_{34}|}{|Q_{12}| + |Q_{41}|} = \frac{-W_{12} - W_{34}}{Q_{12} + Q_{41}}$$

$$W_{12} = -\int_{V_1}^{V_2} p(V)\,dV = -n\,R\,T_h \ln\frac{V_2}{V_1} = -Q_{12}$$

$$W_{34} = -\int_{V_3}^{V_4} p(V)\,dV = -n\,R\;T_k \ln\frac{V_4}{V_3} = n\,R\,T_k \ln\frac{V_2}{V_1}$$

$$Q_{41} = n\,C_{mV}\,(T_h - T_k) = n\frac{f}{2}\,R\,(T_h - T_k)$$

$$\Rightarrow \qquad \eta^{\text{Stirling}} = \frac{(T_h - T_k)\ln\dfrac{V_2}{V_1}}{T_h \ln\dfrac{V_2}{V_1} + \dfrac{f}{2}(T_h - T_k)} = \frac{T_h - T_k}{T_h + \dfrac{f}{2\ln\dfrac{V_2}{V_1}}(T_h - T_k)} < \eta^{\text{Carnot}} \tag{1}$$

Mit nur *zwei Wärmebädern* ist der Stirling-Prozeß wegen $\eta^{\text{Stirling}} < \eta^{\text{Carnot}}$ irreversibel (siehe die dritte Formulierung des zweiten Hauptsatzes). Man erkennt die Irreversibilität auch daran, daß in einem Kreisprozeß und der nachfolgenden Umkehrung in beiden isochoren Teilprozessen (sowohl im rechts- als auch im linksläufigen Umlaufsinn) Wärme vom heißen Wärmebad aufgenommen und ans kalte abgegeben wird.

**b)** Bei *sehr vielen Wärmebädern* können die isochoren Teilprozesse (nahezu) reversibel geführt werden, indem das Arbeitsgas nacheinander mit den einzelnen Wärmebädern, deren Temperaturunterschiede nur gering sind, in Kontakt gebracht wird. Der Kreisprozeß ist jetzt reversibel.

Bei der Berechnung des Wirkungsgrades geht die Wärme $Q_{41}$ nicht mehr ein, da die sehr vielen, kleinen Einzelwärmen, die den Wärmebädern entnommen werden, zuvor schon im Teilprozeß $2 \to 3$ diesen Wärmebädern zugeführt wurden bei nahezu gleichen Temperaturen. Daher gilt bei vielen Wärmebädern

$$\eta^{\text{Stirling}} = \frac{|W_{12}| - |W_{34}|}{|Q_{12}|} = \frac{T_h - T_k}{T_h} = \eta^{\text{Carnot}} \tag{2}$$

Zum Ergebnis $\eta^{\text{Stirling}} = \eta^{\text{Carnot}}$ lassen sich einige lehrreiche Bemerkungen machen: Das Wärmebad, das den isothermen Teilprozeß $1 \to 2$ begleitet, gibt ständig Wärme auf dem Temperaturniveau $T_{\text{h}}$ ab. Das Wärmebad, das den isothermen Prozeß $3 \to 4$ begleitet, nimmt ständig Wärme auf dem Temperaturniveau $T_{\text{k}}$ auf. Die Wärmebäder bei den isothermen Teilprozessen arbeiten also als Energiespender bzw. als Energieschlucker.

Eine ganz andere Funktion haben die vielen Wärmebäder mit kleinen Temperaturdifferenzen, die in die isochoren Teilprozesse $2 \to 3$ und $4 \to 1$ eingreifen. Sie arbeiten nicht als Wärmespender und auch nicht als Wärmeschlucker, sondern als kurzfristige Wärmespeicher, die im isochoren Teilprozeß $2 \to 3$ Wärme aufnehmen und unmittelbar darauf im nächsten isochoren Teilprozeß $4 \to 1$ dieselbe Wärme auf demselben Temperaturniveau wieder abgeben.

Rein theoretisch könnte man sogar Folgendes sagen: Die in den zwei isochoren Teilprozessen benötigten Wärmespeicher kann man beim Kauf des idealisierten Stirling-Motors miterwerben. Wenn sie gegenüber der Umgebung vollständig thermisch isoliert sind (theoretisch ist das möglich, praktisch natürlich nicht), so arbeiten sie beliebig lange mit dem idealisierten Stirling-Motor zusammen, ohne sich jemals nach außen dem Betreiber gegenüber bemerkbar zu machen. Der Benutzer muß beim Betrieb des Motors nur zwei Wärmebäder zur Verfügung stellen, die ständig bei der Temperatur $T_{\text{h}}$ Wärme liefern und bei der Temperatur $T_{\text{k}}$ Wärme aufnehmen.

Bei dieser Betrachtungsweise (nur zwei Wärmebäder, die ständig Wärme bei $T_{\text{h}}$ abgeben und Wärme bei $T_{\text{k}}$ aufnehmen, und sehr viele Wärmespeicher, die die Wärme nur kurz speichern) führt die dritte Formulierung des zweiten Hauptsatzes zwangsläufig zu Gl. (2) und diese Gl. ist plausibel.

Bei dieser Betrachtungsweise ist aber die im Abschn. 13.4 formulierte Aussage *"Die Carnotsche Maschine ist die einzige reversible Wärmekraftmaschine zwischen zwei Wärmebädern"* falsch; denn der Stirling-Prozeß mit zwei Wärmebädern und mit sehr vielen Wärmespeichern arbeitet reversibel. Da in der Literatur und in den Vorlesungen kein Unterschied zwischen Wärmebädern und Wärmespeichern gemacht wird, sondern meistens nur von Wärmebädern gesprochen wird, wollen auch wir den Begriff "Wärmespeicher" nicht weiter verwenden. Dann arbeitet der Stirling-Motor mit vielen Wärmebädern und der Carnot-Prozeß ist der einzige reversible Prozeß mit nur zwei Wärmebädern.

## (13–6) Wirkungsgrad bei mehr als zwei Wärmebädern

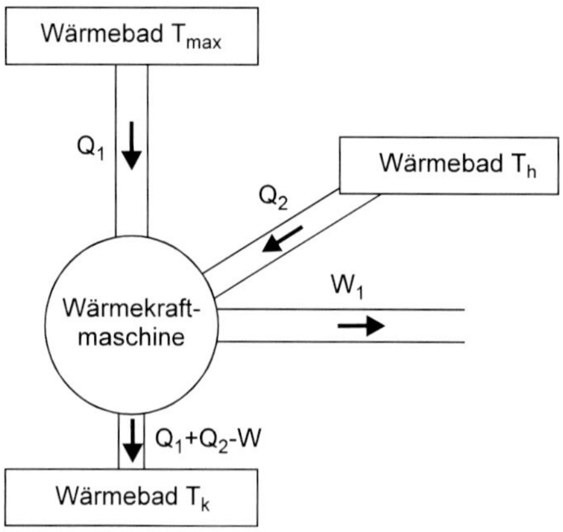


**Abb. (1)**

Ohne Beschränkung der Allgemeinheit betrachten wir eine Wärmekraftmaschine, die mit zwei heissen Wärmebädern mit Temperaturen $T_{max}$, $T_h$ ($T_{max} > T_h$) und mit einem kalten Wärmebad der Temperatur $T_k$ arbeitet (siehe Abb. (1)). Wir führen einen indirekten Beweis und nehmen an

$$\eta = \frac{W_1}{Q_1 + Q_2} \underset{\substack{\uparrow \\ \text{Annahme}}}{\geq} \frac{T_{max} - T_k}{T_{max}} \mathrel{\hat{=}} \eta^{Carnot}$$

$$\Leftrightarrow \quad W_1 \geq \frac{T_{max} - T_k}{T_{max}} (Q_1 + Q_2) \tag{1}$$

Das Wärmebad mit der Temperatur $T_h$ wird nun durch eine Carnotmaschine ersetzt, die am Wärmebad mit der Temperatur $T_{max}$ hängt und so arbeitet, daß sie die Abwärme $Q_2$ mit der Temperatur $T_h$ an die erste Wärmekraftmaschine abgibt (siehe Abb. (2)). Wegen ihres Wirkungsgrades

$$\eta^{Carnot} = \frac{T_{max} - T_h}{T_{max}}$$

nimmt sie aus dem oberen Wärmebad die Wärme $Q_2\,T_{max}/T_h$ auf und liefert die Arbeit $Q_2\,(T_{max} - T_h)/T_h$. Die untere Wärmekraftmaschine in Abb. (2) *arbeitet dann genauso wie in Abb. (1)* und „bemerkt" die von Abb. (1) nach Abb. (2) vorgenommene Änderung nicht.

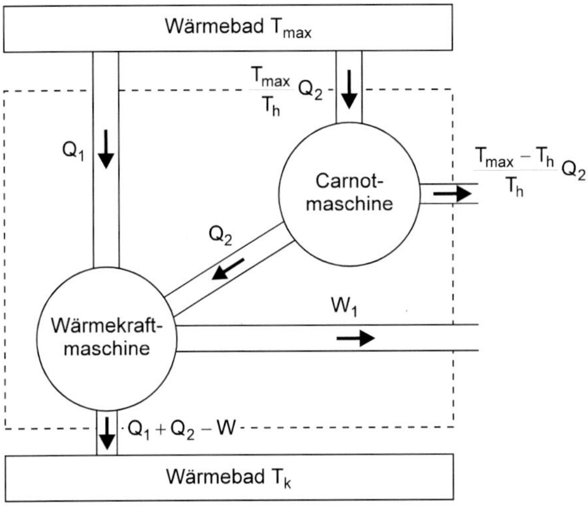


**Abb. (2)**

In den gestrichelten Grenzen in Abb. (2) arbeitet eine Wärmekraftmaschine mit nur *zwei* (!) Wärmebädern und mit dem Wirkungsgrad

$$\eta^{\text{gestrichelt}} = \frac{\text{Nutzen}}{\text{Aufwand}} = \frac{W_1 + \dfrac{T_{max} - T_h}{T_h} Q_2}{Q_1 + \dfrac{T_{max}}{T_h} Q_2} =$$

$$\underset{\text{Gl. (1)}}{\underset{\uparrow}{\geq}} \frac{\dfrac{T_{max} - T_k}{T_{max}} (Q_1 + Q_2) + \dfrac{T_{max} - T_h}{T_h} Q_2}{Q_1 + \dfrac{T_{max}}{T_h} Q_2} =$$

$$= \frac{T_{max} - T_k}{T_{max}} \cdot \frac{Q_1 + Q_2 \dfrac{T_h (T_{max} - T_k) + T_{max} (T_{max} - T_h)}{T_h (T_{max} - T_k)}}{Q_1 + \dfrac{T_{max}}{T_h} Q_2}$$

$$\underset{T_{max} > T_h}{\underset{\uparrow}{>}} \frac{T_{max} - T_k}{T_{max}} \mathrel{\hat{=}} \eta^{\text{Carnot}}$$

Das Ergebnis

$$\eta^{\text{gestrichelt}} > \eta^{\text{Carnot}} \quad \text{für eine Wärmekraftmaschine mit } \textit{zwei} \text{ Wärmebädern}$$

steht im Widerspruch zu den Gln. (13.5–1 und 2). Daher ist die anfangs gemachte Annahme falsch.

# Lösungen: 14 Entropie

### (14–1) Entropieänderung

**a)** $$S_{12} = \int_1^2 \frac{dQ_{\text{rev}}}{T} = -\int_1^2 \frac{dW}{T} = \frac{1}{T}\int_1^2 p(V)\,dV = n\,R \ln \frac{2V}{V} = n\,R \ln 2 > 0$$

$$S_{23} = \int_2^3 \frac{dQ_{\text{rev}}}{T} = n\,C_{mV} \int_2^3 \frac{dT}{T} = n\,C_{mV} \ln 4 = n\,f\,R \ln 2$$

$$\Rightarrow \quad S_{123} = n\,R\,(1 + f\,)\ln 2$$

**b)** Auf dem zweiten Weg $1 \to 4 \to 3$ ergeben sich folgende Entropieänderungen:

$$S_{14} = n\,R \ln 0{,}5 = -\,n\,R \ln 2 < 0$$

$$S_{43} = n\,C_{mp} \int_4^3 \frac{dT}{T} = n\,C_{mp} \ln 4$$

$$\Rightarrow \quad S_{143} = n\,R\left[-\ln 2 + \left(1 + \frac{f}{2}\right)2\right]\ln 2 = n\,R\,(1 + f\,)\ln 2$$

### (14–2) Mischungsentropie

Als reversiblen Ersatzprozeß wählen wir einen Prozeß, in dem die undurchlässige Trennwand durch einen Kolben ersetzt wird, der nur für die Moleküle B durchlässig ist und der langsam nach rechts bis zum Anschlag zurückgedrückt wird. Die Expansion des Gases A ist isotherm, da der ganze Behälter in einem Wärmebad der Temperatur $T_0$ eingetaucht ist.

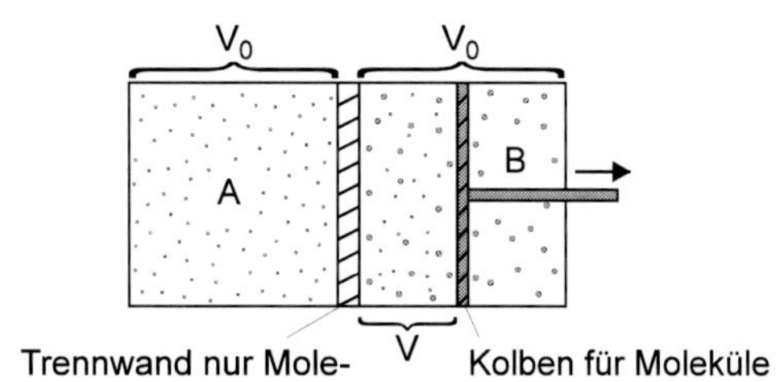


**Abb. (1):** Der Kolben wird durch den erhöhten Druck im mittleren Teilvolumen $V$ langsam nach rechts verschoben.

Durch die Verschiebung des Kolbens nimmt das vom Gas A eingenommene Volumen von $V_0$ auf $V_0 + V$ zu und der (Partial)druck sinkt von $p_0$ auf $p_0\,V_0\,/\,(V_0 + V)$. Da das Gas B rechts und links vom Kolben denselben Druck hat[1], ist die Druckdifferenz $\Delta p$ am Kolben gleich dem Partialdruck

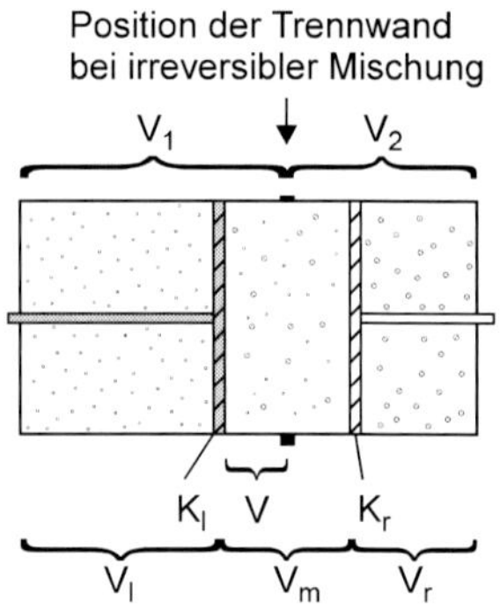


$$\Delta p = p_0 \frac{V_0}{V_0 + V}$$

Die Arbeit am Kolben beträgt

$$\Delta W = -\int_0^{V_0} \Delta p(V)\, dV = -p_0 V_0 \int_0^{V_0} \frac{dV}{V_0 + V}$$

Substitution: $\hat{V} := V_0 + V$

$$\Delta W = -p_0 V_0 \int_{V_0}^{2V_0} \frac{d\hat{V}}{\hat{V}} = -p_0 V_0 \ln 2$$

Wegen der isothermen Prozeßführung ändert sich die Temperatur und damit die innere Energie des Gases A nicht:

$$\Delta U_A = 0 = \Delta Q_{\mathrm{rev}} + \Delta W$$

$$\Rightarrow \qquad \Delta S = \frac{\Delta Q_{\mathrm{rev}}}{T_0} = \frac{p_0 V_0}{T_0} \ln 2 = n R \ln 2$$

## (14–3) Mischungsentropie

Der geschilderte Prozeß ist irreversibel, weil die Ausdehnung der beiden Gase bei festen Wänden erfolgt, so daß keine Arbeit geleistet wird. Der reversible Ersatzprozeß muß eine Arbeit leisten, damit der Prozeß mit dieser Arbeit wieder rückgängig gemacht werden kann ohne eine Änderung in der Umgebung zurückzulassen.

Wir wählen einen reversiblen Ersatzprozeß, der durch zwei Kolben $K_l$ und $K_r$ geführt wird, die anfangs nebeneinander bei der Position der Trennwand stehen und dann langsam auseinander fahren, bis sie an die Anschläge stoßen.

Die beiden Kolben sind halbdurchlässig (semipermeabel): $K_l$ läßt nur das linke Gas, $K_r$ nur das rechte Gas durch. Der Prozeß wird in einem Wärmebad isotherm geführt.

Nach den Gesetzen der kinetischen Gastheorie stören sich die beiden Gase nicht im mittleren Volumen $V_{\mathrm{m}}$. Folglich sind die Dichten des dünn gezeichneten Gases in $V_l$ und $V_m$ gleich groß und die Dichten des dick gezeichneten Gases sind in $V_r$ und $V_m$ gleich groß. Nach dem Daltonschen Gesetz für Partialdrücke ist der Druck $p_m$ im mittleren Volumen $V_m$ gleich der Summe der beiden Partialdrücke

[1] Da das Gas $B$ nicht am reversiblen Prozeß teilnimmt, kann es außer acht gelassen werden. Der Ersatzprozeß beschreibt daher nur die isotherme, reversible Expansion des idealen Gases von $V_0$ nach 2 $V_0$.

$$p_m = p_l + p_r$$

Da der mittlere Druck größer ist als die beiden äußeren Drücke, werden die semipermeablen Kolben nach außen gedrückt und verrichten Arbeit.

Gelegentlich äußern Studenten folgende Vermutung: "Wenn der Druckin $V_m$ größer ist als in $V_r$ und in $V_l$, dann müssen Moleküle aus $V_m$ herausgedrückt werden, bis die Drücke in allen drei Volumina $V_m, V_l, V_r$ gleich groß sind." Diese Vermutung ist falsch. In $V_m$ sind *zwei* Molekülsorten vorhanden, so daß dort pro Zeiteinheit mehr Moleküle auf die Wände prasseln als jeweils in $V_l$ und in $V_r$ und daher insgesamt einen höheren Druck erzeugen. Die Wahrscheinlichkeit, mit der die idealen Gasmoleküle der einen Sorte durch einen semipermeablen Kolben nach außen "gedrückt" werden, wird nicht durch die Anwesenheit der idealen Gasmoleküle der anderen Sorte beeinflußt. Die rechte (und in gleicher Weise die linke) Molekülsorte verteilt sich nach den Gesetzen der kinetischen Gastheorie und der Wahrscheinlichkeit so auf $V_r$ und $V_m$, daß *ihre und nur ihre* Moleküldichte überall gleich groß ist.

Wir berechnen die Arbeit $\Delta W_l$ am linken Kolben. Die Druckdifferenz $\Delta p_l$ an seinen beiden Kolbenwänden beträgt

$$\Delta p_l = p_r = \text{Partialdruck des rechten Gases}$$

Mit $p_0 V_2 = p_r (V_2 + V) = \Delta p_l (V_2 + V)$ folgt

$$\Delta W_l = -\int_0^{V_1} \Delta p_l \, dV = -p_0 V_2 \int_0^{V_1} \frac{dV}{V_2 + V}$$

Substitution: $\hat{V} := V_2 + V$

$$\Rightarrow \qquad \Delta W_l = -p_0 V_2 \int_{V_2}^{V_1+V_2} \frac{d\hat{V}}{\hat{V}} = -p_0 V_2 \ln \frac{V_1 + V_2}{V_2}$$

Durch Vertauschung der Indizes 1 und 2 ergibt sich die Arbeit am rechten Kolben

$$\Delta W_r = -p_0 V_1 \ln \frac{V_1 + V_2}{V_1}$$

$$\Rightarrow \qquad \Delta W_{\text{ges}} = -p_0 \left( V_2 \ln \frac{V_1 + V_2}{V_2} + V_1 \ln \frac{V_1 + V_2}{V_1} \right)$$

Die innere Energie der zwei idealen Gase ändert sich wegen der konstanten Temperatur $T = T_0$ nicht:

$$\Rightarrow \qquad 0 = \Delta U = \Delta Q_{\text{rev}} + \Delta W_{\text{ges}}$$

$$\Rightarrow \quad \Delta S \underset{T=T_0}{\underset{\uparrow}{=}} \frac{\Delta Q_{\text{rev}}}{T_0} \underset{\text{Gl. (14.2-10)}}{\underset{\uparrow}{=}} -\frac{\Delta W_{\text{ges}}}{T_0} =$$

$$\underset{\text{Gl. (14.2-9)}}{\underset{\uparrow}{=}} R\left(n_1 \ln \frac{V_1 + V_2}{V_1} + n_2 \ln \frac{V_1 + V_2}{V_2}\right)$$

Das Ergebnis kann leicht interpretiert werden: $\Delta S$ besteht aus zwei Beiträgen, die bereits beim Gay-Lussac-Versuch in Gl. (14.2–6) auftreten.

## (14–4) Entropieerhöhung bei Erwärmung von Eisen

Die plötzliche Erwärmung des Eisens im Wasserbad ist irreversibel. Als reversiblen Ersatzprozeß mit demselben Endzustand des Eisens wählen wir wieder eine schrittweise Erwärmung in vielen Wärmebädern. Dabei erhöht sich die Entropie des Eisens um

$$\Delta S_E = \int \frac{dQ_{\text{rev}}}{T} = m_E\, c_E \int \frac{dT}{T} = m_E\, c_E \ln \frac{T_h}{T_k} > 0$$

Im zweiten Teilprozeß wird die Wärme $Q = m_E\, c_E\, (T_h - T_k)$ vom heißen Wärmebad bei nahezu konstanter Temperatur $T_h$ abgegeben. Wir wählen einen (nahezu) reversiblen Ersatzprozeß, in dem die Wärme Q an ein zweites Wärmebad einer etwas kleineren Temperatur $T_h - \varepsilon$ abgegeben wird.

$$\Delta S_{WB} = \int \frac{dQ_{\text{rev}}}{T_h} = \frac{1}{T_h} \int dQ_{\text{rev}} \underset{\text{Gl. (12.3-1)}}{\underset{\uparrow}{=}}$$

$$= -\frac{1}{T_h}\, m_E\, c_E \left(T_h - T_k\right) < 0$$

$$\Rightarrow \quad \Delta S_{\text{ges}} = m_E\, c_E \left(\ln \frac{T_h}{T_k} - 1 + \frac{T_h}{T_k}\right) > 0$$

Aus mathematischen Gründen ist $\Delta S_{\text{ges}}$ größer als Null, weil $\ln x + 1/x > 1$ für $x := T_h/T_k > 1$. Aus physikalischen Gründen ist $\Delta S_{\text{ges}}$ größer als Null, weil der Gesamtprozeß adiabatisch und irreversibel ist.

# Lösungen: 15 Reale Gase

### (15–1) Beweis der Gln. (15.5–3 und 4)

$$p(V) = \frac{n\,R\,T}{V - n\,b} - a\,\frac{n^2}{V^2} \tag{1}$$

Die Isotherme hat im kritischen Punkt einen Sattelpunkt.

$$\Rightarrow \quad \left.\frac{dp}{dV}\right|_{T_{kr},\,V_{kr}} = -\frac{n\,R\,T_{kr}}{\left(V_{kr} - n\,b\right)^2} + 2\,a\,\frac{n^2}{V_{kr}^3} = 0 \tag{2}$$

$$\left.\frac{d^2p}{dV^2}\right|_{T_{kr},\,V_{kr}} = \frac{2\,n\,R\,T_{kr}}{\left(V_{kr} - n\,b\right)^3} - 6\,a\,\frac{n^2}{V_{kr}^4} = 0$$

Bringt man die ersten Terme beider Gln. auf die rechte Seite und dividiert beide Gln. durcheinander, so folgt

$$\frac{1}{3}V_{kr} = \frac{1}{2}\left(V_{kr} - n\,b\right) \quad \Rightarrow \quad V_{kr} = 3n\,b \tag{3}$$

Einsetzen in Gl. (2) ergibt

$$T_{kr} = \frac{8\,a}{27\,R\,b} \tag{4}$$

Einsetzen der Gln. (3/4) in Gl. (1) liefert

$$p_{kr} = \frac{a}{27\,b^2} \tag{5}$$

Umgekehrt folgt aus Gl. (3)

$$b = \frac{V_{kr}}{3\,n} \quad \Rightarrow \quad a = \frac{3}{n^2}\,V_{kr}^2\,p_{kr}$$

### (15–2) Erwärmung von Wasser

**a)** Wir berechnen im folgenden immer die erforderliche Wärme und die verstrichene Zeit. Für die Erwärmung des Eises bis 0 °C gilt:

$$Q_{\text{Eis}} \approx 1\,\text{kg}\cdot 20\,\text{K}\cdot 2{,}1\,\frac{\text{kJ}}{\text{kg K}} = 42\,\text{kJ} \qquad T_{\text{Eis}} \approx 14\,\text{s}$$

$$Q_{\text{Schmelz}} \approx 1\,\text{kg}\cdot 333{,}7\,\frac{\text{kJ}}{\text{kg}} = 333{,}7\,\text{kJ} \qquad T_{\text{Schmelz}} \approx 111\,\text{s}$$

$$Q_{\text{Wasser}} \approx 1\,\text{kg}\cdot 100\,\text{K}\cdot 4{,}2\,\frac{\text{kJ}}{\text{kg K}} = 420\,\text{kJ} \qquad T_{\text{Wasser}} \approx 140\,\text{s}$$

$$Q_{\text{Siede}} \approx 1\,\text{kg} \cdot 2256\,\frac{\text{kJ}}{\text{kg}} = 2256\,\text{kJ} \qquad T_{\text{Siede}} \approx 752\,\text{s}$$

Insgesamt vergehen etwa 1017 s ≈ 17 min. Davon nimmt das Sieden mit ca. 12,5 min die längste Zeit in Anspruch (siehe Abb. mit $\vartheta(t)$).

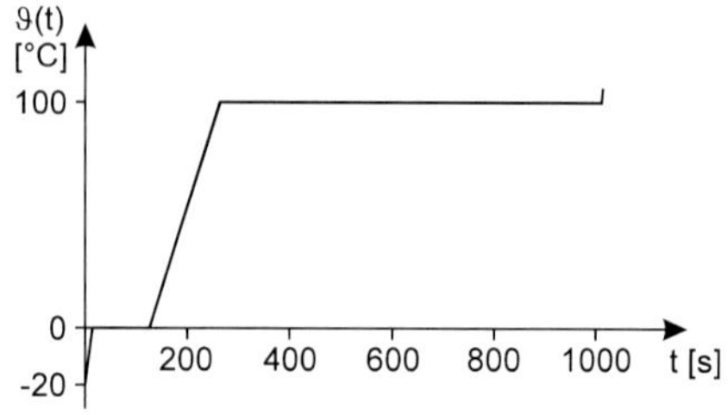


**Abb.**: Temperaturverlauf von Eis und Wasser bei konstanter Wärmezufuhr.

**b)** In den restlichen 3 s wird der Dampf um

$$\Delta T = \frac{Q}{m\,c_{\text{Dampf}}} \approx \frac{9\,\text{kJ}}{1\,\text{kg} \cdot 1{,}8\,\frac{\text{kJ}}{\text{kg K}}} = 5\,\text{K}$$

auf 105 °C erwärmt.

## (15–3) Wärme bei isothermen Prozeß

Die gegen den Binnendruck verrichtete Arbeit ist gleich der Änderung von $U$:

$$p_i\,dV = a\,\frac{n^2}{V^2}\,dV = dU$$

$$\Rightarrow \quad dQ \underset{\substack{\uparrow \\ \text{1. HS}}}{=} dU - dW = a\,\frac{n^2}{V^2}\,dV + p\,dV =$$

$$= (a\,\frac{n^2}{V^2} + p)\,dV \underset{\substack{\uparrow \\ \text{van-der-Waals-Gl.}}}{=} \frac{n\,R\,T}{V - n\,b}\,dV$$

$$\Rightarrow \quad Q_{12} = n\,R\,T \int_{V_1}^{V_2} \frac{dV}{V - n\,b} = n\,R\,T \ln \frac{V_2 - n\,b}{V_1 - n\,b}$$

$Q_{12}$ hängt nicht von $a$ ab, weil Außendruck $p$ plus Binnendruck $p_i$ nach der van der Waalsschen Gl. nicht von $a$ abhängt.

## (15–4) Wassermasse in feuchter Luft

Nach Tabelle (15.2–1) beträgt die Sättigungsmenge bei 20 °C etwa 17,32 g/m$^3$. Bei 60% Luftfeuchte sind pro Kubikmeter 10,39 g Wasserdampf in der Luft enthalten. Die gesamte Masse ist daher 649,4 g.

## (15–5) Schwitzwasser auf kaltem Boden

Interpolation der Tabelle (15.2–1) liefert den Sättigungsdampfdruck bei 32 °C zu 0,0479 bar. Bei 62% Feuchte ist der Dampfdruck 0,0295 bar. Bei

$$\vartheta = 20\,^\circ\mathrm{C} + \frac{0{,}0295 - 0{,}0234}{0{,}0317 - 0{,}0234} \cdot 5\,^\circ\mathrm{C} \approx 23{,}7\,^\circ\mathrm{C}$$

auf dem Boden oder auf der Oberfläche eines Gegenstandes entsteht Schwitzwasser.

## (15–6) Verständnisfragen

**a)** Nein, weil der Partialdruck von Kohlendioxyd unter dem Tripeldruck $p_{Tr} = 5{,}2$ bar liegt. In offenen Gefäßen existiert $CO_2$ nur in fester und gasförmiger Phase.

**b)** Nein wegen $p < p_{Tr}$.

**c)** Der Druck bleibt konstant, solange Flüssigkeit verdampfen kann. Die Verdampfungswärme muß von außen nachgeliefert werden. Wenn die Flüssigkeit vollständig verdampft ist, dann fällt der Druck bei weiterer Volumenzunahme entsprechend der Gasgl.

**d)** Solange Wasserdampf und Luft als ideale Gase angesehen werden können – das ist bei Normalbedingungen der Fall –, hängen Dampfdruck und -dichte nicht von der Anwesenheit der Luft ab. Bei vorhandener Luft ist der Gesamtdruck die Summe der Partialdrücke (Daltonsches Gesetz).

**e)** Eine Verflüssigung durch Druckerhöhung ist nur möglich, wenn die konstante Temperatur zwischen der Tripeltemperatur und der kritischen Temperatur liegt.

**f)** Die Beschreibung ist unvollständig. Im Tripelpunkt können alle drei Phasen *im Gleichgewicht* nebeneinander existieren, d. h. ihre Volumen- und Massenanteile bleiben konstant. Außerhalb des Tripelpunktes können drei Phasen nur kurzfristig nebeneinander existieren; nach einiger Zeit hat sich wenigstens eine der drei Phasen umgewandelt.

**g)** Das kalte Wasser kühlt den Dampf und der Druck in der Flasche fällt. Wenn der Druck auf die Flüssigkeit den Sättigungsdampfdruck erreicht (oder gar unterschreitet), setzt erneut Sieden ein, obwohl keine Wärme mehr zugeführt wird.

# Lösungen: 16 Wärmeübertragung

## (16–1) Wärmeverlust durch Außenwand

**a)** Nach Gl. (16.2–5) ist der k-Wert

$$\dot{Q} = A \frac{T_R - T_a}{\frac{1}{\alpha_K^{\text{innen}}} + \frac{l_1}{\lambda_1} + \frac{l_2}{\lambda_2} + \frac{l_3}{\lambda_3} + \frac{1}{\alpha_K^{\text{außen}}}} \approx 118{,}56\ \text{W}$$

$$\Rightarrow \quad \dot{Q} = k\,A\,(T_\text{R} - T_\text{a}) \approx 118{,}56\ \text{W}$$

**b)** $$T_{w,i} = T_R - \frac{\dot{Q}}{\alpha_K^{\text{innen}} A} \approx 17{,}46\,°\text{C}$$

$$T_{W,a} = T_a + \frac{\dot{Q}}{\alpha_K^{\text{außen}} A} \approx 0{,}22\,°\text{C}$$

## (16 2) Wärmeverlust durch Verbundfenster

**a)** Nach den Gln. (16.2–4/5) gilt:

$$\dot{Q} = A \frac{T_R - T_a}{\frac{1}{\alpha_K^{\text{innen}}} + \frac{l_1}{\lambda_1} + \frac{1}{\alpha_K^{\text{Luft}}} + \frac{l_3}{\lambda_3} + \frac{1}{\alpha_K^{\text{außen}}}}$$

$$\approx A \cdot 2{,}87 \frac{\text{W}}{\text{m}^2\text{K}} (T_R - T_a) \approx 113{,}65\ \text{W}$$

Der k-Wert des isolierverglasten Fensters ohne Beschichtung und ohne Spezialgas beträgt also etwa 2,8 W/(m$^2$ K).

**b)** $$T_{W,i} = T_R - \frac{\dot{Q}}{\alpha_K^{\text{innen}} A} \approx 11{,}53\,°\text{C}$$

$$T_{W,a} = T_a + \frac{\dot{Q}}{\alpha_K^{\text{außen}} A} \approx 2{,}25\,°\text{C}$$

$$\Delta T_S = \frac{\dot{Q}\, l_1}{\lambda_1 A} \approx 0{,}26\,°\text{C}$$

## (16–3) Parallelschaltung verschiedener Wärmedämmungen

**a)** Ohne Beschränkung der Allgemeinheit betrachten wir ein Flächenelement, das aus nur *einem* Holzsparren und nur *einer* Mineralfaserplatte besteht. Holz und MineralFaserplatte lassen folgende Wärmeströme passieren:

$$\dot{Q}_{\text{Ho}} = \lambda_{\text{Ho}} \frac{l\, b_{\text{Ho}}}{d} (T_i - T_a) \qquad \dot{Q}_{\text{MF}} = \lambda_{\text{MF}} \frac{l\, b_{\text{MF}}}{d} (T_i - T_a)$$

$$\Rightarrow \qquad \dot{Q}_{\text{gesamt}} = \dot{Q}_{\text{Ho}} + \dot{Q}_{\text{MF}} = \frac{\lambda_{\text{Ho}}\, b_{\text{Ho}} + \lambda_{\text{MF}}\, b_{\text{MF}}}{d\left(b_{\text{Ho}} + b_{\text{MF}}\right)} A\, (T_i - T_a)$$

mit $\quad A = l\,(b_{\text{Ho}} + b_{\text{MF}})$

$$\Rightarrow \qquad k = \frac{1}{d} \frac{\lambda_{\text{Ho}}\, b_{\text{Ho}} + \lambda_{\text{MF}}\, b_{\text{MF}}}{b_{\text{Ho}} + b_{\text{MF}}}$$

Der zweite Quotient ist die mittlere Wärmeleitfähigkeit des Daches.

**b)** $k$ kann natürlich auch mit der Analogie zur Parallelschaltung von zwei ohmschen Widerständen

$$\frac{1}{R} = \frac{1}{R_1} + \frac{1}{R_2}$$

hergeleitet werden:

$$\dot{Q} = \frac{\Delta T}{R_\lambda} = \left[\frac{\lambda_{\text{Ho}}\, A_{\text{Ho}}}{d} + \frac{\lambda_{\text{MF}}\, A_{\text{MF}}}{d}\right] \Delta T =$$

$$= \frac{1}{d} \frac{\lambda_{\text{Ho}}\, b_{\text{Ho}} + \lambda_{\text{MF}}\, b_{\text{MF}}}{b_{\text{Ho}} + b_{\text{MF}}} A\, \Delta T =: k\, A\, \Delta T$$

## (16–4) Schmelzende Eiskugel

**a)** Der Wärmeübergang führt in der Zeit $dt$ die Wärme

$$\alpha_K\, 4\pi\, R^2\, (T_U - T_0)\, dt > 0$$

zu. Sie wird als Schmelzwärme $-c_{\text{Schmelz}}\, dm$ verbraucht, wobei $dm$ die Massenabnahme der Eiskugel in der Zeit $dt$ ist:

$$\alpha_K\, 4\pi\, R^2\, (T_U - T_0)\, dt = -c_{\text{Schmelz}}\, dm =$$
$$= -c_{\text{Schmelz}}\, \rho\, dV = -c_{\text{Schmelz}}\, \rho\, 4\pi\, R^2\, dR$$

$$\Rightarrow \qquad dR = -\frac{\alpha_K\, (T_U - T_0)}{c_{\text{Schmelz}}\, \rho}\, dt$$

$$\Rightarrow \qquad R(t) = R(0) - \frac{\alpha_K\, (T_U - T_0)}{c_{\text{Schmelz}}\, \rho}\, t$$

**b)** $\qquad t_{\text{Schmelz}} = \dfrac{c_{\text{Schmelz}}\, \rho}{\alpha_K\, (T_U - T_0)} R(0) \approx 47{,}42\ \text{h}$

## (16–5) Temperaturabnahme

Da der Wärmefluß $\dot{Q}$ vom Eisen auf das Wärmebad nicht zeitlich konstant ist, sondern mit abnehmendem $T_E(t)$ kleiner wird, müssen wir infinitesimale Zeitintervalle $dt$ betrachten. Das Eisen gibt in der Zeit $dt$ die Wärme

$$dQ \underset{\text{Gl. (16.1-2)}}{\underset{\uparrow}{=}} \lambda \frac{A}{l}\left(T_E(t) - T_k\right) dt > 0$$

ab. Diese Gl. enthält die *zwei* Unbekannten $dQ$ und $T_E(t)$. Folglich benötigen wir eine zweite Gl. Die zweite Gl. läßt sich nur mit der physikalischen Intuition finden: Sie muß die spezifische Wärmekapazität $c$ des Eisens enthalten, weil die Abkühlungsgeschwindigkeit von der Wärmekapazität abhängt und weil $c$ in der ersten Gl. nicht auftritt. Gl. (12.3–1) enthält $c$.

Die Temperaturabnahme $dT_E(t) < 0$ des Eisens in der betrachteten Zeit $dt$ lautet

$$dQ \underset{\text{Gl. (12.3-1)}}{\underset{\uparrow}{=}} -m c \; dT_E(t) > 0$$

Gleichsetzen der beiden Gln. liefert

$$\frac{\lambda A}{l m c}\left(T_E - T_k\right) dt = -dT_E$$

Trennung der Variablen und Integration führt auf

$$\frac{\lambda A}{l m c} \int_0^t dt' = - \int_{T_E(0)}^{T_E(t)} \frac{dT_E}{T_E - T_k}$$

$$\Rightarrow \qquad T_E(t) = T_k + \left[T_E(0) - T_k\right] \exp\left(-\frac{\lambda A}{l m c}\, t\right)$$

mit $T_E(0) = T_h$. Die Temperatur des Eisens fällt exponentiell auf die Umgebungstemperatur ab, da der Wärmefluß $\dot{Q}(t)$ proportional ist zur Temperaturdifferenz $T_E(t) - T_k$. Dies ist das Newtonsche Abkühlungsgesetz.

## (16–6) Temperaturänderungen

**a)** Nach dem ersten Hauptsatz gilt

$$m_1 c_1 \left[T_1(0) - T_\infty\right] = m_2 c_2 \left[T_\infty - T_2(0)\right]$$

$$\Rightarrow \qquad T_\infty = \frac{m_1 c_1 T_1(0) + m_2 c_2 T_2(0)}{m_1 c_1 + m_2 c_2} \tag{1}$$

**b)** Temperaturen und Wärmefluß sind nicht konstant, so daß wir mit infinitesimalen Zeitintervallen $[t, t + dt]$ arbeiten müssen. In diesem Zeitintervall wird folgende Wärme vom Körper 1 auf den Körper 2 übertragen [2]

$$dQ \underset{\text{Gl. (9.1-2)}}{\underset{\uparrow}{=}} \lambda \frac{A}{l} \left[T_1(t) - T_2(t)\right] dt \tag{2}$$

$$dQ \underset{\text{Gl. (5.3-1)}}{\underset{\uparrow}{=}} - m_1 \, c_1 \, dT_1 \qquad \text{mit} \qquad dT_1 < 0 \tag{3}$$

$$dQ \underset{\text{Gl. (5.3-1)}}{\underset{\uparrow}{=}} + m_2 \, c_2 \, dT_2 \qquad \text{mit} \qquad dT_2 > 0 \tag{4}$$

Einsetzten der Gln. (3) und (4) in die Gl. (2) liefert die zwei gesuchten Dgln.:

$$\dot{T}_1 + \frac{\lambda \, A}{m_1 \, c_1 \, l} \left(T_1 - T_2\right) = 0$$

$$\dot{T}_2 - \frac{\lambda \, A}{m_2 \, c_2 \, l} \left(T_1 - T_2\right) = 0$$

## (16–7) Schwitzwasser am Fenster

**a)** Wir berechnen zuerst den Wärmestrom und die Temperatur $\vartheta_{\text{Fenst}}$ auf der inneren Oberfläche der Scheibe.

$$k = \frac{1}{\dfrac{1}{\alpha_{\text{K}}^{\text{innen}}} + \dfrac{d}{\lambda_{\text{Glas}}} + \dfrac{1}{\alpha_{\text{K}}^{\text{außen}}}} \approx 7{,}04 \, \frac{\text{W}}{\text{m}^2 \, \text{K}}$$

$$\Rightarrow \qquad \dot{Q} = k \, A \, (\vartheta_{\text{innen}} - \vartheta_{\text{außen}}) \approx 126{,}7 \, A \, \frac{\text{W}}{\text{m}^2 \, \text{K}}$$

Andererseits gilt für die Konvektion an der Fensterinnenseite

$$\dot{Q} = \alpha_{\text{K}}^{\text{innen}} \, A \, (\vartheta_{\text{innen}} - \vartheta_{\text{Fenst}})$$

$$\Rightarrow \qquad \vartheta_{\text{Fenst}} = \vartheta_{\text{innen}} - \frac{\dot{Q}}{\alpha_{\text{K}}^{\text{innen}} \, A} \approx 5{,}3\,^\circ\text{C}$$

Bei dieser Temperatur beträgt die Sättigungsmenge von Wasserdampf in Luft etwa $7{,}0 \, \text{g/m}^3$, d. h. die Luft kann bei 5,3 °C etwa $7{,}0 \, \text{g/m}^3$ Wasserdampf aufnehmen. Bei 18 °C beträgt die Sättigungs-

---

[2] Manche Studenten ersetzen in Gl. (2) die momentane Temperaturdifferenz $T_1(t) - T_2(t)$ zwischen beiden Massen durch die Temperaturänderung $T_1(t) - T_1(0)$ der Masse 1 in der Zeit von 0 bis $t$. Dies ist natürlich falsch und zeugt von einem mangelnden Verständnis der Wärmeleitungsgl..

menge ca. 15,4 g/m$^3$. Daher tritt Schwitzwasser am Fenster bei der relativen Luftfeuchte von 7,0/15,4 · 100% ≈ 45% auf.

Einfachverglaste Fenster beschlagen daher bereits bei Außentemperaturen in der Nähe des Gefrierpunktes.

**b)** Wegen der geänderten Fragestellung müssen wir hier in anderer Reihenfolge vorgehen.

Bei 18 °C beträgt die Sättigungsmenge ca. 15,4 g/m$^3$. Bei 70% Luftfeuchtigkeit enthält jeder Kubikmeter ca. 10,8 g Wasserdampf. Dann setzt die Kondensation des Wasserdampfes bei ca. 12,2 °C ein. $\vartheta_{\text{Fenst}}$ muß mindestens 12,2 °C sein, wenn kein Schwitzwasser auftreten soll.

Die beiden Gln.

$$\dot{Q} = k\,A\,(\vartheta_{\text{innen}} - \vartheta_{\text{außen}})$$

$$\dot{Q} = \alpha_{\text{K}}^{\text{innen}}\,A\,(\vartheta_{\text{innen}} - \vartheta_{\text{Fenst}})$$

führen auf

$$\vartheta_{\text{außen}} = \vartheta_{\text{innen}} - \frac{\alpha_{\text{K}}^{\text{innen}}}{k}(\vartheta_{\text{innen}} - \vartheta_{\text{Fenst}})$$

Für $k = 2{,}8\,\text{W}/(\text{m}^2\,\text{K})$ bzw. $k = 1{,}3\,\text{W}/(\text{m}^2\,\text{K})$ und $\vartheta_{\text{Fenst}} = 12{,}2\,°\text{C}$ folgen die Außentemperaturen, bei denen die Kondensation auf der inneren Scheibenoberfläche einsetzt, zu

$$\vartheta_{\text{außen}} \approx -2{,}8\,°\text{C} \quad \text{bzw.} \quad \vartheta_{\text{außen}} \approx -26{,}6\,°\text{C}$$

Bei hoher relativer Luftfeuchtigkeit im Raum kann sich an den alten Isolierfenstern mit k-Wert = 2,8 bereits bei leichtem Frost Schwitzwasser bilden – vorausgesetzt, unter den Fenstern stehen keine Heizkörper. Bei den modernen Scheiben mit k-Wert kleiner/gleich 1,3 ist Schwitzwasserbildung kaum noch möglich.

### (16–8) Mittlere Temperatur der Erdoberfläche

Seien $r_E$ der Radius und $\alpha_E$ der mittlere Absorptionskoeffizient der Erdkugel. Dann hat zu gelten:

$$\alpha_E\,\pi\,r_E^2 \cdot 1{,}35\,\text{kW}/\text{m}^2 = \alpha_E\,\sigma\,4\pi\,r_E^2\,T_E^4$$

$$\Rightarrow \quad T_E = \left(\frac{1{,}35 \cdot 10^{11}}{4 \cdot 5{,}67}\right)^{1/4} \approx 277{,}76\,\text{K} \mathrel{\hat{=}} 4{,}61\,°\text{C}$$

Das Ergebnis hängt natürlich nicht von $r_E$ und $\alpha_E$ ab.

## (16–9) Temperatur eines Heizdrahtes

**a)** Bei Einbeziehung der Temperaturstrahlung, die von der – nahezu schwarzen – Umgebung auf den Heizdraht fällt, gilt nach Gl. (16.3–11):

$$500\,\mathrm{W} = \alpha^{\mathrm{Draht}}\,\sigma\,A\left(T_{\mathrm{H}}^4 - T_{\mathrm{U}}^4\right)$$

$$\Rightarrow \qquad T_{\mathrm{H}} = \left(\frac{500\,\mathrm{W}}{\alpha^{\mathrm{Draht}}\,\sigma\,A} + T_{\mathrm{U}}^4\right)^{1/4} \approx 500{,}76\,\mathrm{K} \mathrel{\hat{=}} 227{,}61\,°\mathrm{C}$$

**b)** Wenn wir für den Wärmeübergangskoeffizient $\alpha_{\mathrm{K}}$ den kleinen Wert 5 W/(m² K) einsetzen, so würde die Konvektion bei der Temperaturdifferenz $\Delta T = T_{\mathrm{H}} - T_{\mathrm{U}} = 209{,}61\,\mathrm{K}$ die Leistung

$$\dot{Q} = \alpha_{\mathrm{K}}\,A\,\Delta T \approx 276{,}57\,\mathrm{W}$$

abführen. Die Konvektion nimmt also auch bei kleinem $\alpha_{\mathrm{K}}$ einen erheblichen Teil der Wärme auf und darf daher bei der Berechnung von $T_{\mathrm{H}}$ nicht vernachlässigt werden. Folglich ist die volle Energiebilanz aufzustellen:

$$500\,\mathrm{W} = \alpha^{\mathrm{Draht}}\,\sigma\,A\left(T_{\mathrm{H}}^4 - T_{\mathrm{U}}^4\right) + \alpha_{\mathrm{K}}\,A\left(T_{\mathrm{H}} - T_{\mathrm{U}}\right)$$

Diese Gl. für $T_{\mathrm{H}}$ kann mit einem Iterationsverfahren (z. B. dem Newton-Verfahren) numerisch gelöst werden. Für die gewählten Daten erhält man die Temperatur $T_{\mathrm{H}} \approx 447{,}10\,\mathrm{K} \mathrel{\hat{=}} 173{,}95\,°\mathrm{C}$.

## (16–10) Temperatur infolge Sonneneinstrahlung

**a)** Für die schwarze Platte lautet die Leistungsbilanz:

$$900\,\mathrm{W} = 0{,}9 \cdot 5{,}67 \cdot 10^{-8}\,\frac{\mathrm{W}}{\mathrm{m}^2\,\mathrm{K}^4} \cdot 1\,\mathrm{m}^2 \cdot T_{\mathrm{S}}^4 \qquad \Rightarrow \qquad T_{\mathrm{S}} \approx 364{,}42\,\mathrm{K} \mathrel{\hat{=}} 91{,}27\,°\mathrm{C}$$

Für die graue Platte lautet die Leistungsbilanz:

$$90\,\mathrm{W} = 0{,}09 \cdot 5{,}67 \cdot 10^{-8}\,\frac{\mathrm{W}}{\mathrm{m}^2\,\mathrm{K}^4} \cdot 1\,\mathrm{m}^2 \cdot T_{\mathrm{G}}^4 \qquad \Rightarrow \qquad T_{\mathrm{G}} \approx 364{,}42\,\mathrm{K} \mathrel{\hat{=}} 91{,}27\,°\mathrm{C}$$

Schwarze und graue Platte heizen sich gleich stark auf, wenn keine Konvektion auftritt. Die schwarze Platte absorbiert und emittiert zehnmal soviel Energie wie die graue Platte.

**b)** Für den schwarzen Körper gilt:

$$900\,\mathrm{W} = 0{,}9 \cdot 5{,}67 \cdot 10^{-8}\,\frac{\mathrm{W}}{\mathrm{m}^2\,\mathrm{K}^4} \cdot 1\,\mathrm{m}^2 \cdot T_{\mathrm{S}}^4 + 10\,\frac{\mathrm{W}}{\mathrm{m}^2\,\mathrm{K}} \cdot 1\,\mathrm{m}^2 \cdot \left(T_{\mathrm{S}} - T_{\mathrm{L}}\right)$$

Diese Gl. für $T_{\mathrm{S}}$ kann mit einem Iterationsverfahren (z. B. dem Newton-Verfahren) numerisch gelöst werden mit dem Ergebnis

$$T_S \approx 325{,}6\ \text{K} \mathrel{\hat{=}} 52{,}45\ °\text{C}$$

Für den grauen Körper gilt:

$$90 = 0{,}09 \cdot 5{,}67 \cdot 10^{-8}\, T_G^4 + 10\,(T_G - T_L)$$

$$\Rightarrow \quad T_G \approx 298{,}12\ \text{K} \mathrel{\hat{=}} 24{,}97\ °\text{C}$$

Wegen der Konvektion wird ein schwarzer Körper durch die Sonneneinstrahlung stärker aufgeheizt als ein grauer Körper.

## (16–11) Frequenzabhängige Strahlungsdichte

Die gesamte Strahlungsleistung beträgt

$$\Phi = \int_0^\infty \Phi_\lambda \, d\lambda$$

Die Substitution $\lambda = c/f$ ergibt:

$$\frac{d\lambda}{df} = -\frac{c}{f^2} \quad \Rightarrow \quad d\lambda = -\frac{c}{f^2}\, df$$

Das Minuszeichen tritt auf, weil für $d\lambda > 0$ gilt $df < 0$ und umgekehrt. Es darf nicht in die nächste Gl. übernommen werden, da die Strahlungsdichte $\Phi_f$ positiv sein muß. Für

$$\Phi_f = \frac{2\pi h f^3}{c^2} \frac{1}{e^{\frac{hf}{kT}} - 1} A$$

folgt $\Phi = \int_0^\infty \Phi_f \, df$

## (16–12) Verständnisfragen

**a)** Der Teppichboden ist ein schlechter Wärmeleiter und führt daher die Wärme der Haut nur schlecht ab – im Gegensatz zum Fliesenboden.

Das Material, aus dem der Hitzeschild des Space-Shuttles hergestellt wird, hat eine so kleine Wärmeleitfähigkeit, daß es sogar im glühenden Zustand vorsichtig mit den Fingern berührt werden kann.

**b)** Diese Aufgabe läßt sich durch die Betrachtung der abgegebenen Wärme am einfachsten und besten lösen: Der Milchkaffee ist beim Trinken am wärmsten, wenn davor am wenigsten Wärme abgegeben wurde, wenn also davor die über die Zeit gemittelte Temperaturdifferenz zwischen Getränk und Umgebung am kleinsten war. Das ist der Fall, wenn die kalte Milch sofort, also noch vor dem Telefongespräch zugegeben wird. Das Einfüllen der Milch kühlt den Kaffee, so daß die gesamte Wärmeabgabe bis zum Trinken kleiner ist, als wenn die Milch erst unmittelbar vor dem Trinken zugemischt wird.

**c)** Je weiter die im Winter geheizte Wohnung nachts abkühlt, desto mehr Energie spart man in der Nacht, desto mehr muß man aber auch am Morgen wieder aufheizen. Welcher dieser beiden gegenläufigen Effekte überwiegt, kann am besten wieder durch die Untersuchung der nach außen abgegebenen Wärme entschieden werden. Das Haus gibt in 24 h um so weniger Energie ab, je kleiner die mittlere Temperatur der Außenbauteile in dieser Zeit ist. Die mittlere Temperatur der Außenbauteile ist um so kleiner, je stärker das Haus nachts abkühlt. Daher ist es *für die Energiebilanz am besten, nachts möglichst wenig oder am besten gar nicht zu heizen.*

Bei diesen Betrachtungen muß vorausgesetzt werden, daß die Mauern beim morgendlichen Aufstehen der Bewohner innen so warm sind und daher so viel Strahlungswärme abgeben, daß normale Raumtemperatur ausreicht und die Raumluft nicht – zum Ausgleich einer fehlenden Strahlungswärme – überhitzt werden muß. Die Heizung muß also morgens wieder rechtzeitig hochgefahren werden.

**d)** Zur Minimierung der Konvektion.

**e)** Ein weißer Mensch gibt weniger Strahlungswärme ab.

**f)** Hohlraumstrahler sind die schwärzesten Körper, die man kennt. Bei ihnen hängt die abgestrahlte Leistung mit Sicherheit nicht von der Oberflächenbeschaffenheit im Hohlraum ab, so daß man sich voll auf den interessanten Zusammenhang zwischen Strahlung und Temperatur konzentrieren kann.

# Register

## H



## I

## P



## R

## S

## T

## Z